科学出版社"十三五"普通高等教育本科规划教材

药物合成反应

案例版

主　编　孙丽萍　黄文才
副主编　陈世武　朱启华
编　者　（按姓氏笔画排序）

王　锐（重庆理工大学）

朱启华（中国药科大学）

孙丽萍（中国药科大学）

辛敏行（西安交通大学）

张兴贤（浙江工业大学）

陈世武（兰州大学）

林爱俊（中国药科大学）

黄文才（四川大学）

翟　鑫（沈阳药科大学）

科　学　出　版　社

北　京

内 容 简 介

本书为科学出版社"十三五"普通高等教育本科规划教材,全书分为十章,以药物合成的实际案例为导向,系统介绍药物合成中常用的有机合成反应类型,主要包括烃化反应、卤化反应、酰化反应、缩合反应、重排反应、氧化反应、还原反应、官能团的保护以及合成设计策略。

本书可作为高等院校药学、药物化学、生物医药、制药工程、精细化工等专业的教材用书,也可作为相关专业领域的研究人员及生产技术人员的参考书。

图书在版编目(CIP)数据

药物合成反应/孙丽萍,黄文才主编. —北京:科学出版社,2021.1
科学出版社"十三五"普通高等教育本科规划教材
ISBN 978-7-03-061554-1

Ⅰ. ①药… Ⅱ. ①孙… ②黄… Ⅲ. ①药物化学-有机合成-化学反应-高等学校-教材 Ⅳ. ①TQ460.31

中国版本图书馆 CIP 数据核字(2019)第 112668 号

责任编辑:王 超 高 微/责任校对:严 娜
责任印制:赵 博/封面设计:陈 敬

科学出版社 出版
北京东黄城根北街 16 号
邮政编码:100717
http://www.sciencep.com
天津市新科印刷有限公司印刷
科学出版社发行 各地新华书店经销
*
2021 年 1 月第 一 版 开本:787×1092 1/16
2024 年 7 月第三次印刷 印张:23 1/2
字数:600 000
定价:88.00 元
(如有印装质量问题,我社负责调换)

高等院校制药工程专业案例版系列教材
编审委员会

前　言

"药物合成反应"课程是药学类和制药工程类等专业的主要专业基础课之一。本教材是科学出版社"十三五"普通高等教育本科规划教材制药工程专业案例版系列教材之一，由科学出版社组织编写。

"药物合成反应"，也可称药物合成化学，课程的教学目的是使学生系统掌握药物合成中涉及的重要合成反应类型、反应机理以及合成路线设计策略，培养学生在实际药物合成工作中发现问题、分析问题和解决问题的能力。

正如 2001 年度诺贝尔化学奖获得者野依良治所指出的："化学是现代科学的中心，而合成化学则是化学的中心"，合成化学是一门科学，极具实用性，又是一门艺术。药物合成反应的基础是合成化学，是制药工业的重要基础。近年来，合成化学的迅猛发展，一方面推动了化学原料药产业的发展，另一方面也促进了原料药绿色制造技术的发展。

药物的合成是原料经历一系列的化学反应实现的，其中涉及的化学反应类型繁多，不仅包含经典的有机合成反应，也涉及许多新的试剂和合成方法。本教材结合药学和制药工程的专业特点，重点介绍药物合成相关的经典反应类型，在编写过程中增加典型药物合成的案例，并基于案例提出相关问题，以启发学生的创造性思维为核心，结合理论知识对案例进行相应的分析和总结，这是本教材有别于其他教材的主要特色。

本教材共十章，第一章绪论，主要介绍本课程的研究内容、任务及发展方向；第二章至第九章则以药物合成中涉及的主要单元反应为主线，分别介绍烃化反应、卤化反应、酰化反应、缩合反应、重排反应、氧化反应、还原反应、官能团的保护等经典合成反应类型，同时介绍合成反应中的官能团保护方法，每个章节穿插了一些典型药物的合成案例，旨在使学生通过学习，能够将相关的单元反应知识应用到解决具体药物分子的合成实践中；第十章介绍了合成设计的策略及相关应用案例，使学生掌握药物分子合成路线的设计策略。

本教材在编写过程中得到了国内各高校教师的大力支持，编者们都长期从事药物合成反应的教学和科研工作。参与本教材编写的人员有：孙丽萍（中国药科大学，第一章，第十章），辛敏行（西安交通大学，第二章），陈世武（兰州大学，第三章），翟鑫（沈阳药科大学，第四章），朱启华（中国药科大学，第五章），黄文才（四川大学，第六章），王锐（重庆理工大学，第七章），林爱俊（中国药科大学，第八章），张兴贤（浙江工业大学，第九章）。黄文才、陈世武审改了全书，孙丽萍对全书进行了修改与统稿。

本教材适用于制药工程专业和药物化学专业的本科教学，也可作为药学、有机合成专业及相关科研人员的参考书使用。

本教材是在科学出版社和上述院校的关心和支持下编写出版的，在此表示衷心的感谢！在教材编写过程中，中国药科大学的徐云根教授和李志裕教授给予了大力支持和指导，在此表示衷心的感谢！同时，研究生张谨阳等为本教材的资料汇总、校对等做了大量工作，在此一并致谢！

合成化学是极富创造力的研究领域，学科的交叉融合也对药物合成反应提出了挑战，"完美合成"始终是合成化学家们追逐的终极目标。限于编者的水平和经验，本教材的内容不免有疏漏之处，恳请广大读者提出宝贵意见，以供今后修改与完善。

编　者

2019 年 4 月于南京

目　　录

前言
第一章　绪论（**Introduction**） …………………………………………………… 1
　第一节　药物合成反应的研究内容和意义 ………………………………………… 1
　第二节　药物合成反应的类型 …………………………………………………… 2
　第三节　现代药物合成反应的发展方向 ………………………………………… 2
　参考文献 …………………………………………………………………………… 5
第二章　烃化反应（**Hydrocarbylation Reaction**） ……………………………… 6
　第一节　氧原子上的烃化反应 …………………………………………………… 7
　　一、醇的 *O*-烃化反应 …………………………………………………………… 7
　　二、酚的 *O*-烃化反应 ………………………………………………………… 11
　第二节　氮原子上的烃化反应 ………………………………………………… 17
　　一、氨及脂肪胺的 *N*-烃化 …………………………………………………… 18
　　二、芳香胺的 *N*-烃化 ………………………………………………………… 25
　　三、其他胺类的 *N*-烃化 ……………………………………………………… 28
　第三节　碳原子上的烃化反应 ………………………………………………… 30
　　一、烯烃的 C-烃化 …………………………………………………………… 30
　　二、炔烃的 C-烃化 …………………………………………………………… 31
　　三、芳烃的 C-烃化 …………………………………………………………… 33
　　四、羰基化合物 *α*-位的 C-烃化 …………………………………………… 35
　　五、其他化合物的 C-烃化 …………………………………………………… 38
　参考文献 ………………………………………………………………………… 41
第三章　卤化反应（**Halogenation Reaction**） ………………………………… 43
　第一节　卤加成反应 …………………………………………………………… 43
　　一、与卤素的加成反应 ……………………………………………………… 44
　　二、与卤化氢的加成反应 …………………………………………………… 47
　　三、其他卤加成反应 ………………………………………………………… 49
　第二节　卤取代反应 …………………………………………………………… 51
　　一、脂肪烃的卤取代反应 …………………………………………………… 51
　　二、芳烃的卤取代反应 ……………………………………………………… 55
　　三、醛、酮的 *α*-卤取代反应 ……………………………………………… 58
　　四、羧酸衍生物的 *α*-卤取代反应 ………………………………………… 62
　第三节　卤置换反应 …………………………………………………………… 64
　　一、醇的卤置换反应 ………………………………………………………… 64
　　二、酚的卤置换反应 ………………………………………………………… 69

三、羧酸的卤置换反应 ·· 70

四、其他卤置换反应 ·· 72

参考文献 ··· 75

第四章 酰化反应（Acylation Reaction） ··· 77

第一节 氧原子上的酰化反应 ·· 78

一、醇的酰化反应 ·· 78

二、酚的酰化反应 ·· 87

第二节 氮原子上的酰化反应 ·· 89

一、脂肪胺的酰化反应 ·· 90

二、芳胺的酰化反应 ··· 95

第三节 碳原子上的酰化反应 ·· 97

一、芳烃的酰化反应 ··· 98

二、烯烃的酰化反应 ·· 104

三、羰基化合物 α-位的酰化反应 ··· 105

四、羰基化合物的亲核酰化反应——极性反转 ··· 109

参考文献 ··· 113

第五章 缩合反应（Condensation Reaction） ··· 115

第一节 α-羟烷基化 ··· 115

一、羟醛缩合反应 ··· 116

二、Prins 反应 ··· 121

三、芳香醛的 α-羟烷基化反应 ·· 123

四、有机金属化合物的 α-羟烷基化反应 ·· 124

第二节 α-氨烷基化反应 ·· 131

一、Mannich 反应 ··· 131

二、Pictet-Spengler 反应 ··· 134

第三节 β-羟烷基化、β-羰烷基化反应 ··· 137

一、β-羟烷基化反应 ··· 137

二、β-羰烷基化反应（Michael 加成反应） ·· 138

第四节 亚甲基化反应 ·· 139

一、羰基的烯化反应（Wittig 反应） ·· 139

二、羰基 α-位的亚甲基化反应 ·· 143

第五节 α, β-环氧烷基化反应 ·· 145

一、反应通式及反应机理 ··· 145

二、反应特点及反应实例 ··· 146

第六节 环加成反应 ··· 146

一、Diels-Alder 反应 ··· 147

二、1, 3-偶极环加成反应 ·· 149

参考文献 ··· 151

第六章 重排反应（Rearrangement Reaction） ·· 154

第一节 亲核重排 ··· 155

一、从碳原子到碳原子的亲核重排 ·· 155

二、从碳原子到氮原子的亲核重排 ·· 162

三、从碳原子到氧原子的亲核重排 ·· 168

第二节　亲电重排 ·· 171

一、从碳原子到碳原子的亲电重排 ·· 171

二、从氮原子到碳原子的亲电重排 ·· 173

三、从氧原子到碳原子的亲电重排 ·· 177

第三节　σ迁移重排 ·· 181

一、Claisen 重排 ·· 181

二、Fischer 吲哚合成法 ·· 183

参考文献 ··· 185

第七章　氧化反应（Oxidation Reaction） ··· 187

第一节　醇的氧化 ·· 187

一、一元醇的氧化 ··· 187

二、1, 2-二醇的氧化 ·· 195

第二节　羰基化合物的氧化 ··· 198

一、醛的氧化 ··· 198

二、酮的氧化 ··· 200

第三节　烃类的氧化 ·· 202

一、苄位、烯丙位及羰基 α-位氧化 ·· 202

二、烯烃的氧化 ·· 206

三、芳烃氧化 ··· 216

第四节　其他化合物的氧化 ··· 220

一、硫化物的氧化 ··· 220

二、含氮化合物的氧化 ·· 222

三、卤代烃及磺酸酯的氧化 ·· 224

参考文献 ··· 226

第八章　还原反应（Reduction Reaction） ··· 228

第一节　不饱和烃的还原反应 ·· 228

一、炔烃、烯烃的还原反应 ·· 228

二、芳烃的还原反应 ·· 235

第二节　羰基化合物的还原反应 ··· 238

一、还原成亚甲基 ··· 238

二、还原成羟基 ·· 244

三、还原胺化反应 ··· 250

第三节　羧酸及其衍生物的还原反应 ·· 253

一、羧酸或羧酸酯还原成醇 ·· 253

二、羧酸酯还原成醛 ·· 254

三、酰胺还原成胺或醛 ·· 255

四、酰卤还原成醛 ··· 256

第四节　含氮化合物的还原反应 ··· 258

一、硝基的还原反应 ·· 258

二、腈的还原反应 ··· 259

三、其他含氮化合物的还原反应 ·· 260

第五节　氢解反应 ·· 261

一、脱卤氢解反应 ··· 262

二、脱苄氢解反应 ··· 263

三、脱硫氢解反应 ··· 265

参考文献 ·· 266

第九章　官能团的保护（Protection of Functional Groups） ········ 269

第一节　羟基的保护和脱保护 ··· 269

一、一元醇的保护 ··· 269

二、二元醇的保护 ··· 279

第二节　羰基的保护与脱保护 ··· 287

一、二甲基缩醛及缩酮 ··· 287

二、环缩醛及环缩酮 ·· 288

三、半硫及硫缩醛（酮） ··· 290

第三节　羧基的保护与脱保护 ··· 292

一、甲酯衍生物 ··· 293

二、取代乙酯衍生物 ·· 294

三、叔丁酯衍生物 ··· 295

四、苄酯衍生物 ··· 295

第四节　氨基的保护与脱保护 ··· 296

一、单酰化保护 ··· 297

二、氨基甲酸酯衍生物 ··· 299

三、苄基衍生物 ··· 302

四、磺酰基衍生物 ··· 305

参考文献 ·· 308

第十章　合成设计策略(Synthetic Design Strategy) ················· 310

第一节　逆向合成分析 ··· 310

一、基本概念 ·· 311

二、逆向合成切断策略 ··· 318

三、逆向合成分析的实例 ··· 324

第二节　正向合成分析 ··· 334

一、基本概念 ·· 334

二、正向合成分析的特点 ··· 337

三、正向合成分析的实例 ··· 340

参考文献 ·· 345

附录一　全书英文缩略语列表 ··· 347

附录二　全书人名反应及药物名称索引 ···································· 352

索引 ··· 359

第一章 绪论（Introduction）

第一节 药物合成反应的研究内容和意义

合成化学是研究物质转化和合成方法学的科学，是化学学科的基础与核心，它包含无机物、有机物、高分子物质等的合成与组装，始终处于化学科学发展的前沿，是极富创造性的领域。合成化学通过分子创造和物质转化过程中选择性的控制，逐步实现具有特定性质和功能的新物质的精准制备和应用，是人类认识物质和创造物质的重要途径与手段，合成化学是化学工业、材料及能源工业的技术支撑，并积极推动和促进了人类社会的可持续发展与文明进步，也极大促进了医药业的发展，对人类的健康做出了卓越贡献。

药物合成化学是有机合成化学的重要分支学科，具有极强的实用性，是制造工业的重要基础，与药物化学、化学制药工艺学的发展密切相关，同时与有机合成一样，也是一门艺术。药物合成反应主要侧重于药物合成的反应类型研究，因此，其主要任务是探究药物合成过程中的策略与控制，研究反应物的结构因素与反应条件之间的关系，探讨药物合成反应的客观规律和特殊性质，并加以逻辑分析，用于指导药物合成方法。

药物合成反应研究的主要内容是以合成反应类型为研究对象，研究其反应机理、反应底物的结构、反应条件与反应方向、反应产物之间的关系、反应的主要影响因素、反应试剂的特点、反应的选择性控制，以及反应类型在化学药物合成中的应用范围等。

合成化学是新药发现的主要动力和药物制造工业技术进步的源头，有机药物合成和药物研发具有一致的发展方向。合成化学的发展起源于 1828 年维勒首次人工合成尿素，药物合成可以追溯到 19 世纪 60 年代，Koble 利用酚钠盐和二氧化碳合成了水杨酸，开创了药物合成的先河，也是拜耳公司实现阿司匹林工业化的基础。1927 年，第一次人工合成了磺胺类抗菌药"百浪多息"，为化学合成非天然药物分子开辟了新通道，开拓了化学治疗药物的新纪元。

药物合成化学领域的创新对药物发现极为重要。合成方法学的创新和药物合成反应类型的发展能够让药物开发人员以经济有效的方法，更快地合成具有生物活性的复杂分子结构。近 20 年，新的合成方法获得了诺贝尔奖的肯定，这些化学合成方法不但影响整个合成化学领域，而且为药物研发带来了新的研究方向。应用于药物合成化学的有机合成方法学的创新不仅得到了学术界的认可，同样也得到工业界的普遍肯定，如不对称催化氢化反应（2001 年诺贝尔化学奖）、不对称环氧化反应（2001 年诺贝尔化学奖）、烯烃复分解反应（2005 年诺贝尔化学奖）、钯催化交叉偶联反应（2010 年诺贝尔化学奖）、过渡金属催化构建 C—X 键、选择性 C—H 官能团化反应、廉价实用的氟化/三氟甲基化等，极大地方便了化合物库的构建、构效关系（SAR）研究以及合成工艺的发展，为发现成药性分子提供高效的支持，被广泛应用于制药公司的药物研发[1]。

21 世纪是人类社会发生深刻变化的世纪，人类的平均寿命和健康水平得到了空前提高，这一巨大进步很大程度上归功于合成药物的发展，化学药物是目前临床使用的主要药物，每年全球前 200 种销售额最高的药物中，至少有三分之二是化学合成药物，还不包括半合成的化学药物。在今天以及可预见的将来，化学合成药物仍然是最重要的治疗药物，所以药物合成化学在新药研究中具有举足轻重的重要作用。

第二节　药物合成反应的类型

化学药物的合成是原料经历一系列的化学反应的过程，其中每步反应过程分别属于某一类化学反应类型。药物合成涉及的反应类型较为丰富，为方便学习和研究，可以将药物合成反应进行不同的分类（图 1-1）。

1. 根据形成新化学键的类型分类

药物合成反应是一种旧化学键断裂和新化学键形成的过程。可通过形成新化学键的类型，将药物合成反应分为如下几类：碳-碳键形成的反应、碳-氢键形成的反应、碳-卤键形成的反应、碳-杂键形成的反应等类型。

2. 根据官能团转变的类型分类

在药物合成过程中，有机分子常常需要引入或脱除某些原子或基团而发挥作用。根据引入或脱除的原子或基团的不同，药物合成反应可以分为烃化反应、卤化反应、酰化反应、缩合反应、重排反应、氧化反应、还原反应、硝化反应和重氮化反应等类型。

3. 根据反应机理的类型分类

根据反应机理的不同，药物合成反应可以分为亲核取代反应、亲核加成反应、亲电取代反应、亲电加成反应、自由基反应、协同反应等类型。

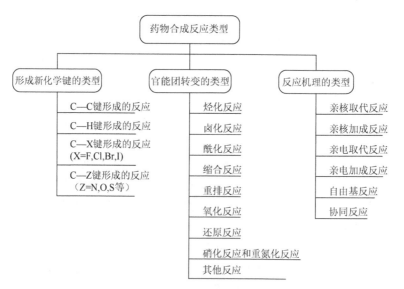

图 1-1　药物合成反应类型

第三节　现代药物合成反应的发展方向

尽管药物合成化学已经达到了空前的成熟水平，合成药物已经为人类的健康做出了卓越的贡献，但未来仍面临巨大的挑战。人类目前仍然遭受病毒感染、癌症、阿尔茨海默病等困扰，化学合成药物仍然会是当今世界各大制药公司新药研究的主题；创造更多高效、低毒的抗癌、抗病毒、抗菌和抗阿尔茨海默病等药物，仍然是人类对药物合成化学家的期盼；发展原子经济、环境友好、高效率、高选择性的药物合成反应及节省能源和资源的新技术、新方法，仍然是当今药物合成反应最终的发展方向。

1. 绿色合成

1991 年，Trost 首次提出了原子经济性的概念，也称原子利用率。理想的合成反应具有百分之百的原子利用率，即原料和试剂中的原子全部转化成我们所需产物，而不产生副产物或废物，实现废物零排放。诺贝尔化学奖获得者野依良治也指出"未来的合成化学必须是经济的、安全的、环境友好的以及节省资源和能源的化学，化学家需要为实现'完美的反应化学'而努力，即以 100%的选择性和 100%的收率只生成需要的产物而没有废物产生"。

传统的制药工业产生的副产物和"三废"，会给自然环境和人类的身体健康带来严重影响和危害。发展绿色、安全、环保节能的药物合成反应与新技术，这对医药工作者既是挑战也是机遇，由此，绿色合成应运而生。

在药物合成过程中，从根本上减少和消除污染，减少或消除有毒有害的原料、试剂、溶剂的使用和产物、副产物产生，并应遵循绿色化学中的 12 条基本原则。

绿色原料：要解决环境污染的问题，应优先利用可再生的资源作为原料，并充分考虑低排、低毒等环保理念，使药物分子的合成更具可持续发展潜力；且应实现原子经济性，减少使用各类有机溶剂，使用低毒甚至无毒的溶剂，开发代替有机溶剂的新型环境友好的介质，此外，原子经济、步骤经济以及氧化还原经济反应在药物合成中显得尤为重要，这是降低药物合成成本的最直接途径之一。

绿色反应：催化反应在药物合成中是常见的反应，催化剂对合成反应实现绿色化也有很大影响。有机小分子催化、生物催化、光催化，具有选择性高、反应条件温和、还原剂或氧化剂廉价、无金属催化剂、可重复应用等显著特点，更符合药物合成反应的绿色要求，引起了众多药物合成化学家的关注。

例如，美国默克公司对西格列汀（sitagliptin）的工艺优化，最初是利用 Mitsunobu 反应引入手性氨基的，不仅原子利用率低，而且使用三苯基膦会产生大量副产物三苯氧磷。后来引入不对称氢化技术（[Rh(COD)Cl]$_2$ 和 t-Bu Josiphos），大大降低副产物的产生，提高了原子经济性，使成本下降 70%，并无工业废水的排放，为此，美国默克公司荣获 2006 年度"美国总统绿色化学挑战奖"。考虑到不对称氢化所使用的贵金属铑是稀有贵金属，生产成本昂贵，美国默克和 Codexis 公司合作开发出人工改造的转氨酶，直接将酮转化成所需要的手性胺，避免了高压反应和重金属使用。2010 年，美国默克公司再一次荣获"美国总统绿色化学挑战奖绿色反应条件奖"。

2. 高效选择性合成

21 世纪以来，合成化学已经逐步向"精准"与"完美"的方向发展。药物合成反应中需要解决的关键问题和焦点一直是效率和选择性，药物合成方法学不断创新，与医学、生物学、计算机科学与技术等其他学科不断融合，提高合成反应的效率和选择性，发展合成的新反应、新试剂和新技术，是实现药物的"精准"与"完美"合成的必经之路，也是推动创新药物研发的原动力。

高效选择性催化反应：药物合成反应工艺中 90%以上使用催化剂，使用催化剂能降低反应的活化能，从而提高反应的效率。目前催化合成的重点不仅是使用催化剂，减少废物的产生，而更为重要的是发展高效、高选择性的催化剂及催化反应，包括发展高效、新型的选择性不对称催化剂，最终提高药物合成反应的效率和选择性，这是药物合成领域今后的重要研究内容。

碳-氢键官能团化反应：碳-氢键直接官能团化是原子经济和环境友好的合成方法，是合成化学和药物合成面临的最大挑战之一，被誉为"化学的圣杯"。目前面临的最大问题是不同类型碳-氢键的区分和选择性问题，即选择性地对某一特定位置的碳-氢键进行官能团化。发展新的催化体系（包括廉价非贵金属催化、手性催化）、新反应、新策略，实现温和条件下的高选择性官能团化，是将来药物合成反应中碳-氢键直接官能团化反应研究的重点。

3. 人工智能和计算化学的应用

目前在科学技术飞速发展的时代，计算化学、大数据、人工智能技术与自动化等技术，正在为药物合成领域带来革命性的影响。下面简单介绍几个实例。

计算机辅助设计路线：早在 20 世纪 60 年代，E. J. Corey 就开发了 LHASA 的软件，用于计算机辅助合成分析（computer-assisted synthesis analysis），但当时计算机科学技术的发展无法满足需要，导致 LHASA 的应用受到限制。2016 年，韩国 Bartosz Grzybowski 教授团队研发了 Chematica 软件，这款软件构建了一个包含 700 多万个有机分子的超大数据库，并通过相似数量的有机反应将它们彼此连接形成化学网络，同时手动录入超过 5 万个有机反应规则，化学家只需将目标分子的结构输入软件中，Chematica 软件就可以根据一组搜索和分析此网络的算法在短时间内设计出合成路线，同时从成本、原料是否易得、反应步骤数、反应的操作难度等多方面对每条路线进行评价，最后综合决策最优合成路线。

人工智能（AI）工具设计合成：AI 可以通过自主学习有机反应来设计分子合成路线。在药物合成中，E. J. Corey 提出的逆向合成分析是设计合成路线的常用策略，2018 年德国明斯特大学 M. H. S. Segler 团队开发的基于逆向合成分析的 AI 工具，预示着化学界的"AlphaGo"问世。

Segler 团队研发的 AI 工具，不需要化学家输入任何规则，只是基于已经报道的单步反应即可自行学习化学转化规则，并进行快速、高效的逆向合成分析。当该 AI 工具被要求为目标分子设计一条合成路线时，它会像人类一样进行选择和判断，根据它自学到的设计规则选出最有前景的前体分子，然后进行合成可行性的评估，直到找到最佳的合成路线。这意味着，完成规则自学和训练的这款 AI 工具，可以完全不依靠人类已有的经验和策略，自行创造新的策略去寻找合成目标分子的最佳路线[2]。

在该工作中，研究团队通过此前他们发展的深度神经网络（deep neural network），从 Reaxys 数据库中 2015 年以前的 1240 万个单步反应中自动提取出化学转化规则，经过选择，仅保留其中在反应中重复出现超过一定次数的"高质量"规则。随后，他们使用三种不同的神经网络与蒙特卡罗树搜索（Monte Carlo tree search，MCTS）结合形成新的 AI 算法（3N-MCTS），依靠自动提取的规则数据进行训练和深度学习。3N-MCTS 算法在逆向合成分析的速度上遥遥领先，进行的一项双盲测试（测试执行者与受试者都不知道路线的来源）显示，针对 9 个相同的目标分子，45 名经验丰富的化学家们与文献报道的路线做比较，对此算法提供的合成路线没有提出疑义。

Segler 团队的这一发现可以提高合成化学的成功率，加速药物发现过程，是目前使用 AI 来标记潜在反应路线的最有效程序之一，因此，化学家们将这一发现视为药物合成领域的一个"里程碑"[3]。

机器学习：英国格拉斯哥大学 L. Cronin 教授等研究人员发现，机器人也可以拥有人类化学家的"直觉"。为了证明这一点，他们开发了新的机器学习（machine learning）算法来控制有机合成机器人，可以在完成实验后独立"思考"，以便搞清楚并决定下一步该如何进行。与人类化学家在实验中采取行动的方式一样，机器人也可以独立自主地探索化学新反应和新分子，此外，利用神经网络（neural network）算法，它们更具备了准确预测化学反应收率的能力。机器学习被用来成功地预测单个反应的性能，在预测合成路线、主要产品、副产品和最佳条件等方面都得到广泛应用，极大提高药物研发效率。

自动化和智能化是药物合成领域的研究热点，也是未来发展的趋势，例如，采用流动化学技术实现小分子化合物的自动合成，采用高通量反应平台进行化合物合成条件的自动筛选和新型反应的发现，不断出现各种基于机器学习的逆向合成分析、反应产物和收率预测等，这些新技术都将在未来加快和简化药物的合成及研发过程，倘若未来在一个分子中任意地替换、添加、删除或插入原子的"分子编辑"工具能够实现，那么"精准"与"完美"的药物合成将不再是梦想。

参 考 文 献

[1]　中国科学院. 中国学科发展战略·合成化学. 北京：科学出版社，2016：553-563.

[2]　Szymkuć S，Gajewska EP，Klucznik T，et al. Computer-assisted synthetic planning: the end of the beginning. Angew Chem Int Ed Engl，2016，55（20）：5904-5937.

[3]　Campos K R，Coleman P J，Alvarez J C，et al. The importance of synthetic chemistry in the pharmaceutical industry. Science，2019，363（6424）：eaat0805.

第二章　烃化反应（Hydrocarbylation Reaction）

【学习目标】

学习目的

本章通过对 *O*-烃化、*N*-烃化和 *C*-烃化中的各类烃化剂的反应机理、反应条件、影响因素和反应实例的介绍，旨在让学生掌握烃化反应的特点和在药物合成中的应用。

学习要求

掌握烃化反应的定义、分类及应用，包括醇的 *O*-烃化、酚的 *O*-烃化；氨及脂肪胺的 *N*-烃化、芳香胺及其他胺的 *N*-烃化；*C*-烃化包括烯烃的烃化、炔烃的烃化、芳烃的烃化、羰基化合物的 α-位烃化等；掌握制备醚的 Williamson 醚化反应，制备伯胺的 Gabriel 反应，Délépine 反应，制备仲胺和叔胺的方法以及还原烃化反应的特点和应用。

熟悉各类烃化的反应机理；熟悉重要的人名反应如 Mitsunobu 反应、Leuckart 反应、Eschweiler-Clarke 反应、Ullmann 反应、Buchwald-Hartwig 反应、Heck 反应、Stille 反应、Sonogashira 反应、Suzuki 反应等的应用。

了解相转移催化反应的概念、特点及在烃化反应中的应用，了解本章中其他反应的机理和特点。

烃化反应（hydrocarbylation reaction）是指将有机物分子结构中的某些官能团（如 O、N、C 等）上的氢原子用烃基取代的反应，另外有机金属化合物的金属部分，甚至有机硼酸化合物的硼酸部分被烃基取代的反应，也属于烃化反应范畴。按照烃化反应中烃基引入部位不同，可将烃化反应分为氧原子上的烃化反应、氮原子上的烃化反应和碳原子上的烃化反应。其中氧原子和氮原子上的烃化反应为亲核取代反应，因此烃化反应的难易不但取决于被烃化物的亲核性，还与烃化剂的离去基团的性质有关；而碳原子上的烃化反应除了 Friedel-Crafts 烷基化反应为亲电取代反应外，炔烃的烃化、烯丙位及苄位的碳烃化、羰基 α-位的烃化、烯胺的碳烃化、格氏试剂的碳烃化为亲核取代反应。烃化反应可以引入饱和的、不饱和的烃基、芳基等，常见的烃化剂主要包括卤代烃（RX）、硫酸酯（R_2SO_4）、磺酸酯（RSO_2OR'）、环氧烷类、醇类、烯烃、重氮甲烷、甲醛、甲酸等，其中卤代烃作为烃化剂应用最为广泛。被烃化物则包括醇（ROH）、酚（ArOH）、氨和胺类、烯烃、炔烃、芳烃以及羰基化合物，甚至一些有机金属化合物、有机硼酸化合物。

烃化反应在药物合成中应用广泛，通过对含羟基、氨基等官能团的药物进行烃化反应可制备各种醚类化合物、胺类化合物等。引入烃基可以改善药物分子的脂溶性，改变药物在体内的代谢性质，是新药设计中常用的结构修饰策略。

第一节 氧原子上的烃化反应

在醇或酚的氧原子上引入烃基从而生成醚的反应为氧原子上的烃化反应，反应机理为亲核取代反应。简单醚的制备：可采用醇在酸性条件脱水而制得，混合醚可由羟基化合物与各种烃化剂制得。醇进行烃化反应时，常用的烃化剂有卤代烃、环氧乙烷、芳基磺酸酯、烯烃、醇等。酚与醇相似，可进行烃化反应，由于酚羟基的酸性比醇羟基强，反应更为容易，酚羟基可与硫酸二甲酯、重氮甲烷等进行甲基化反应，另外酚与醇可在 DCC（二环己基碳二亚胺）缩合剂的作用下发生烃化反应，酚与醇也可在三苯基膦及偶氮二羧酸酯的作用下发生 Mitsunobu 醚化反应。

一、醇的 *O*-烃化反应

醇羟基的氧原子上进行烃化反应可得到醚，烃化试剂主要有卤代烃、环氧乙烷、磺酸酯、烯烃、醇等。

（一）卤代烃作为烃化剂

卤代烃与醇在碱性（钠、氢化钠、叔丁醇钾、氢氧化钠、氢氧化钾等）条件下反应生成醚，即为 Williamson 醚化反应，该反应可用于制备混合醚。

1. 反应通式及反应机理

$$ROH + B^- \longrightarrow RO^- + HB$$

$$R'X + {}^-OR \longrightarrow R'OR + X^-$$

该反应为亲核取代反应，根据卤代烃结构的不同，可以是 S_N1 反应，也可以是 S_N2 反应。通常卤代烃烷基部分为伯烷基时，在强碱性条件下，按 S_N2 反应历程进行。S_N2 反应具有立体化学特征，涉及反应的碳原子发生构型反转。卤代烃烷基部分为叔烷基时，在弱碱性甚至中性条件下，以 S_N1 反应历程进行，叔卤代烷在强碱性条件下易发生消除反应。

2. 反应特点及反应实例

醇的 *O*-烃化反应受到卤代烃结构的影响，所用的卤代烃随着与卤素相连的碳原子上的取代基的数目的增加，反应按照 S_N1 机理进行的趋势增加。不同卤素影响 C—X 键的可极化性，可极化性越强，反应速率越快。对于 R 基相同的卤代烃，活性顺序一般按 RI＞RBr＞RCl＞RF 递减。R 基不同的卤代烃活性随着烃基碳链的增加而降低。引入长链烃，多采用溴代烃为烃化剂。若卤代烃活性不够强，可加入适量的碘化钾，有利于烃化反应进行，通常碘化钾的用量为卤代烃的 10mol%～20mol%[①]用量。一般当卤素相同时，伯卤代烃的活性最强，仲卤代烃次之，叔卤代烃容易发生消除副反应而生成大量的烯烃，因此采用叔卤代烃时，需在中性或弱碱性中进行。

卤代芳烃也可作为烃化剂。通常卤代芳烃中的卤素与芳环共轭，活性较低，不易反应。但当芳环上卤素的邻位或（和）对位有吸电子基团如硝基、醛基等存在时，卤原子的活性增加，

---

① mol%表示摩尔分数。

可以顺利地与醇羟基反应。卤原子的活性顺序为 F＞Cl＞Br＞I。若卤代芳烃的芳核上无取代基存在时，则卤原子的活性顺序基本与卤代烷烃相同，即为 I＞Br＞Cl＞F。

抗糖尿病药罗格列酮（rosiglitazone）中间体（**1**）可由 N-2-吡啶基-N-甲基氨基乙醇和对氟苯甲醛在氢氧化钾的四氢呋喃（THF）溶液中加热回流制得。

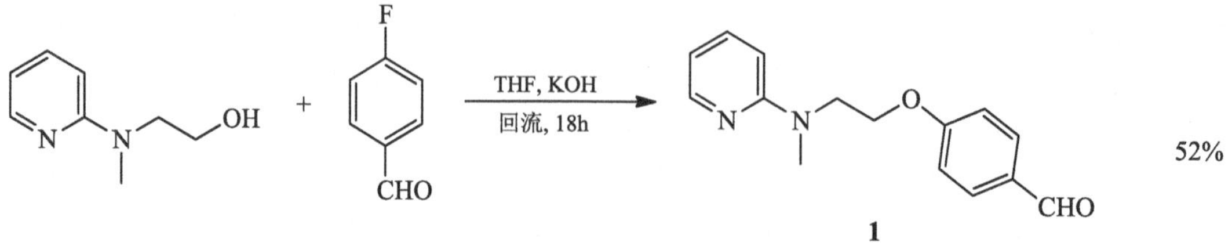

另外，吡啶、嘧啶、哒嗪和喹啉等含氮杂环化合物，若卤原子位于氮杂原子的邻位或者对位，活性增加，可与醇类发生烃化反应生成烷氧基化产物。

例如，磺胺甲氧吡嗪（sulfamethoxypyridazine，**2**）[1]即由 N-(6-氯哒嗪-3-基)-对氨基苯磺酰胺在氢氧化钠作用下与甲醇反应，再酸化制得。

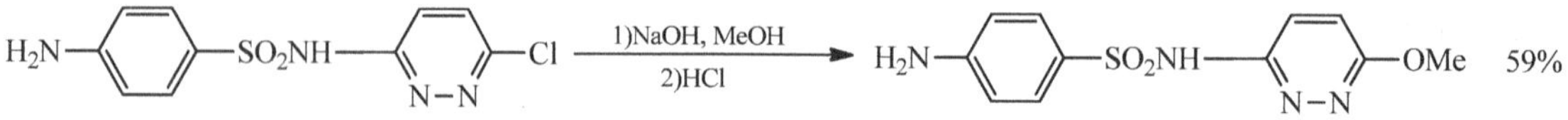

醇的 O-烃化反应受到被烃化物醇结构本身的影响。一般醇（ROH）的活性较弱，不易与卤代烃反应。因此，醇的烃化反应需加入强碱性物质如金属钠、氢化钠、叔丁醇钾、叔丁醇钠、乙醇钠、乙醇钾、氢氧化钠、氢氧化钾作为催化剂，以生成亲核性强的 RO⁻才能够进行。

选择性 β1-受体阻断剂倍他洛尔（betaxolol）中间体（**3**）[2]可由 2-(4-苄氧基苯基)乙醇与溴甲基环丙烷在氢化钠的无水二甲基甲酰胺（DMF）溶液中反应制得。

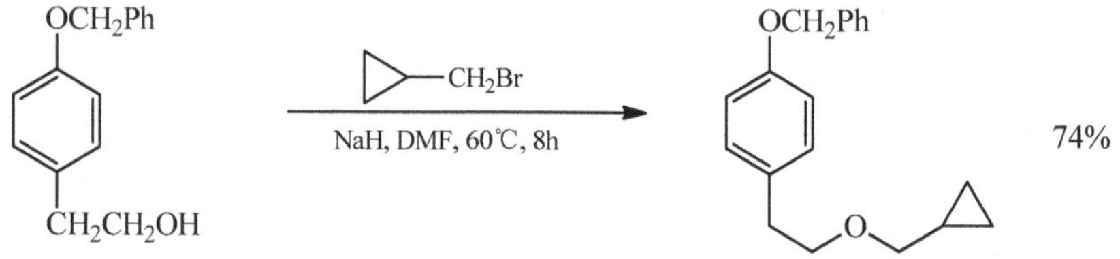

溶剂对醇的 O-烃化反应也有重要影响。烃化反应常用的溶剂可以是参与反应的醇本身，也可将醇直接溶于或制成醇盐后悬浮在醚类溶剂［如乙醚、THF 或二甲醚（DME）等］、芳烃（如苯或甲苯）、极性非质子溶剂［如二甲亚砜（DMSO）、DMF 或六甲基磷酰胺（HMPTA）］或液氨中。质子溶剂有利于卤代烃的解离，但与 RO⁻发生溶剂化作用，使 RO⁻的亲核活性降低。而在极性非质子溶剂中，醇盐的亲核性得到加强，对反应有利。

二叔丁醚（**4**）通常不能用 Williamson 反应制备。由于 Williamson 反应是在强碱条件下进行的，叔卤代烃作为烷化试剂，在强碱性条件下发生 E2 消除反应，生成烯烃。因此，二叔丁醚可由氯代叔丁烷（t-BuCl）在 SbF₅/SO₂ClF/低温条件下，生成稳定的碳正离子，再在大位阻有机碱如 N,N-二异丙基乙胺（i-Pr₂NEt）等存在下，与叔丁醇（t-BuOH）经 S_N1 反应，制得二叔丁醚，收率几乎定量[3]。

$$t\text{-BuCl} \xrightarrow[-70\text{℃}]{\text{SbF}_5,\ \text{SO}_2\text{ClF}} \left[t\text{-Bu}^+\right] \xrightarrow[-80\sim0\text{℃}]{t\text{-BuOH},\ i\text{-Pr}_2\text{NEt}} t\text{-BuOBu-}t \qquad >99\%$$

4

卤代醇在碱性条件下可发生分子内 Williamson 反应，该法是制备环氧乙烷、环氧丙烷及高环醚类化合物的常用方法。

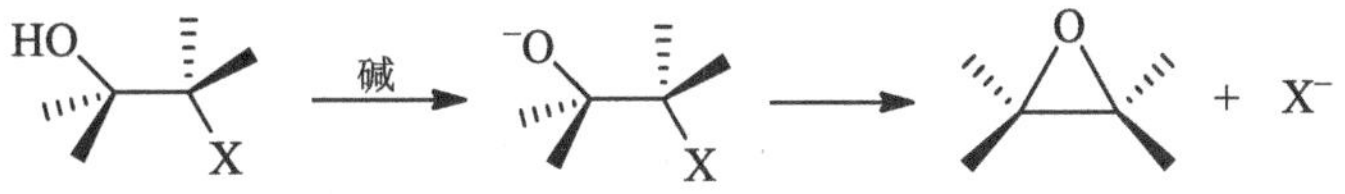

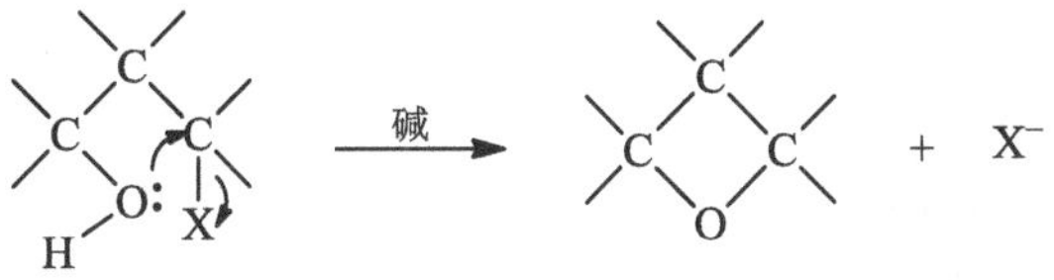

（二）环氧乙烷作为烃化剂

环氧乙烷作为烃化剂与醇反应，结果在氧原子上引入羟乙基，该反应也称羟乙基化反应。

1. 反应通式及反应机理

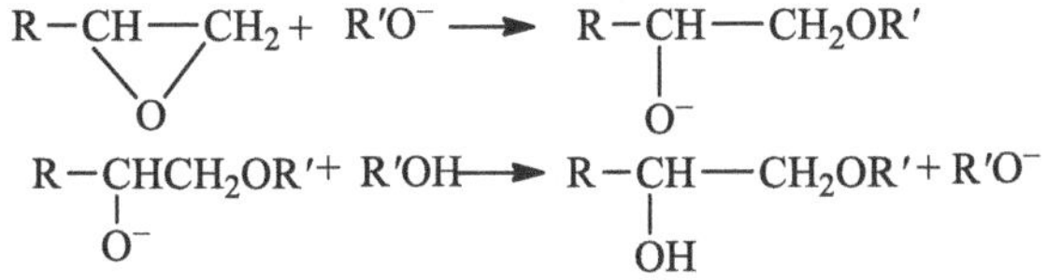

$$R-CH-CH_2 + R'O^- \longrightarrow R-CH-CH_2OR'$$

$$R-CHCH_2OR' + R'OH \longrightarrow R-CH-CH_2OR' + R'O^-$$

环氧乙烷属三元杂环化合物，环张力大，性质活泼。醇类化合物与环氧乙烷在酸或碱催化下，环氧乙烷开环，从而引入羟乙基，该烃化反应条件温和、速率较快。

在碱催化下，环氧乙烷衍生物进行的是 S_N2 反应。基于位阻原因，$R'O^-$ 通常进攻环氧环上取代较少的碳原子，环氧环打开。反应机理如下：

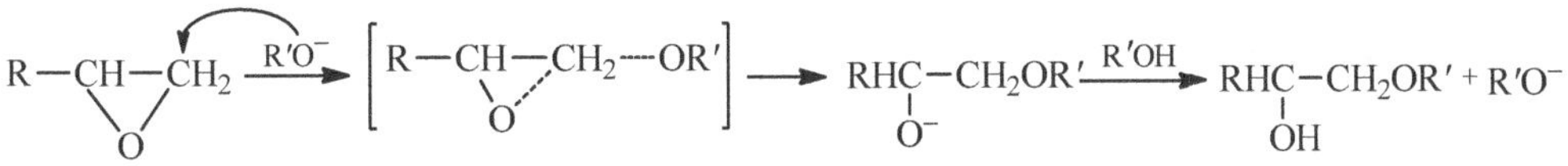

在酸催化下，环氧乙烷开环较为复杂，首先环上氧原子质子化，C—O 键极性增强，离去能力变强，亲核试剂进攻环氧环，由于键的断裂优于键的形成，中心环碳原子显示部分正电荷，反应带有一定程度的 S_N1 性质，C—O 键优先从更能容纳正电荷的碳原子一边断裂，所呈现的正电荷主要集中在该碳原子上，因此亲核试剂优先接近该碳原子，大多数情况下体现在取代较多的环碳原子上。环氧丙烷的酸性醇解反应催化机理如下：

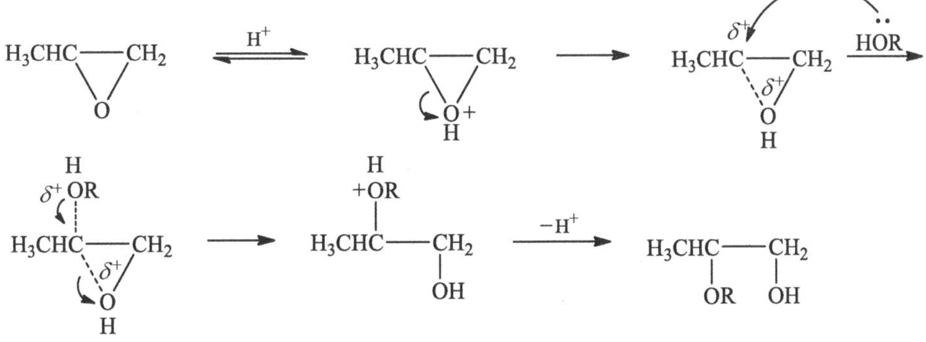

根据反应机理可以看出，开环方向主要取决于电子因素，与位阻因素关系不大，因此环氧环开环方向的一般规律为：当 R 为供电子基或苯基时，优先从 a 侧断裂，当 R 为吸电子基时，优先从 b 侧断裂。

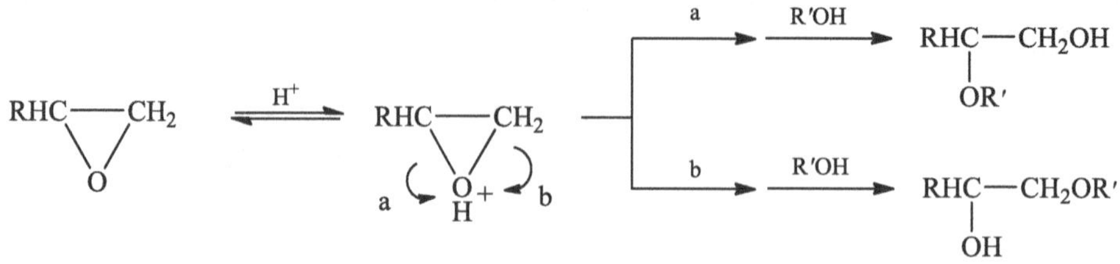

2. 反应特点及反应实例

苯基环氧乙烷在酸或碱催化下进行烃化时，可得到不同的主要产物。苯基环氧乙烷在酸催化下与甲醇反应，按酸性条件开环，产物主要是伯醇（**5**）；以甲醇钠催化，按碱性条件开环，产物则主要是仲醇（**6**）[4]。

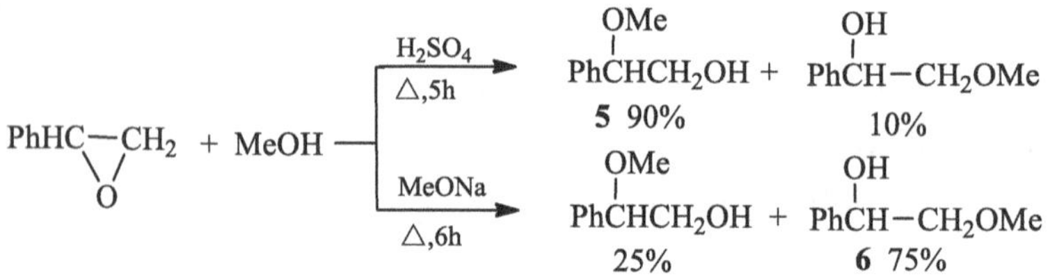

环氧乙烷进行氧原子上的羟乙基化反应时，当环氧乙烷过量时，产物中的羟基继续与过量的环氧乙烷反应从而形成聚醚。

（三）磺酸酯作为烃化剂

芳基磺酸酯、甲磺酸酯、三氟甲磺酸酯以及硫酸酯可作为烃化剂，可与醇发生 *O*-烃化反应。以芳基磺酸酯为例说明。

1. 反应通式及反应机理

$$ROH \; + \; B^- \longrightarrow RO^- \; + \; HB$$

芳基磺酸酯部分是很好的离去基团，反应机理与卤代烃相似，即在强碱性条件，按 S_N2 反应历程进行；在中性或弱碱性条件，可按 S_N1 反应历程进行。

2. 反应特点及反应实例

芳基磺酸酯作为烃化剂在药物合成中的应用范围比较广，芳基磺酸酯部分如对甲苯磺酸酯基（OTs-*p*）是很好的离去基团，常用于引入分子量较大的烃基。

促白细胞增生药鲨肝醇（batylalcohol）中间体（**7**）可由丙酮缩甘油与对甲苯磺酸十八烷酯（$C_{18}H_{37}OTs$-*p*）在氢氧化钾的甲苯溶液中反应制得。

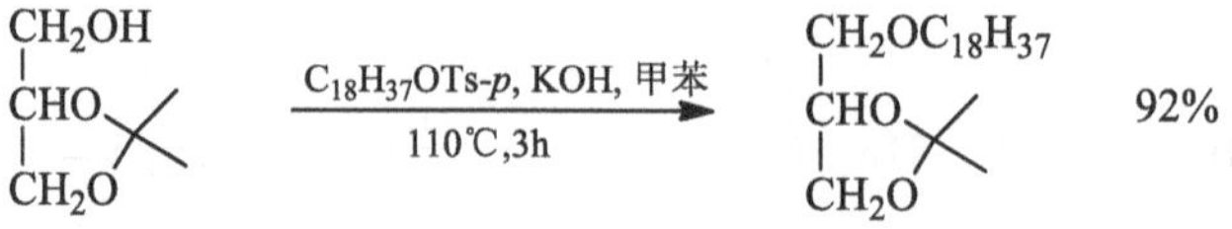

甲磺酸酯基（CH_3SO_2O）和对甲苯磺酸酯基性质相似，也是很好的离去基团，用于引入分子量较大的烃基。

支气管扩张药沙美特罗（salmeterol）中间体（**8**）[5]可由苯丁醇甲磺酸酯与 1, 6-己二醇在氢化钠的甲苯溶液中反应制得。

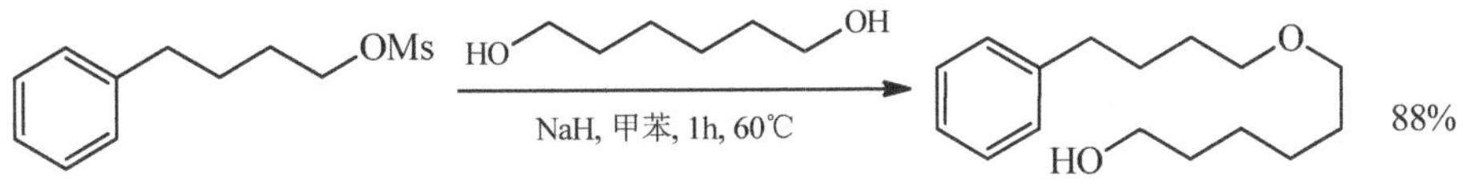

8

硫酸二甲酯是常用的甲基化试剂，经常用于酚的甲基化反应，将在酚的 *O*-烃化中介绍。

（四）其他烃化剂

醇可与烯烃双键进行加成反应生成醚，可理解为烯烃对醇的 *O*-烃化。一般只有烯烃双键的 α-位有吸电子基团如羰基、氰基、酯基、羧基等时，才可以发生烃化反应。例如，醇在碱存在下对丙烯腈的加成反应：

$$CH_3OH \longrightarrow CH_3O^- \xrightarrow{H_2C=CHCN} CH_3OCH_2\bar{C}HCN \xrightarrow{MeOH} CH_3OCH_2CH_2CN + CH_3O^-$$

另外，氟硼酸三烷基盐（$R_3O^+BF_4^-$）也是高活化的烃化剂，性质不太稳定，可用于有位阻的醇的醚化反应。例如，对于具有手性的醇，用 Williamson 反应醚化，易发生消旋化，而用 $R_3O^+BF_4^-$ 烃化，则可避免消旋化。

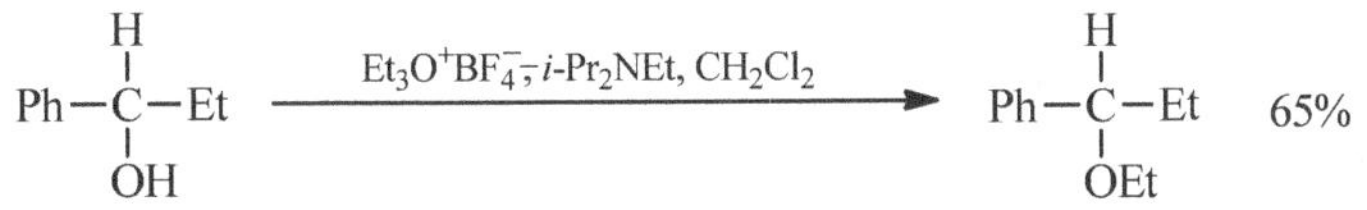

两个醇分子在酸性条件下加热脱水生成醚，可理解为醇对醇的 *O*-烃化。例如，工业上用乙二醇与磷酸一起加热得到 1, 4-二氧六环。

二、酚的 *O*-烃化反应

酚羟基的氧原子与苯基共轭，电子云密度降低，因此酚羟基上的氢的解离能力增强，所以酚羟基比醇羟基更易进行 *O*-烃化反应。酚的 *O*-烃化除可以采用卤代烃、磺酸酯、环氧乙烷、重氮甲烷等烃化剂进行烃化外，酚还可与醇在 DCC 缩合剂或者三苯基膦/偶氮二羧酸酯等试剂作用下生成活性烃化剂而发生 *O*-烃化反应。

（一）卤代烃作为烃化剂

1. 反应通式及反应机理

在碱性条件下，卤代烃与酚很容易以较高收率得到酚醚。常用的碱包括氢氧化钠、氢氧化钾、碳酸钠、碳酸钾、三乙胺、*N*, *N*-二异丙基乙胺等。一般先将酚与氢氧化钠反应形成芳氧负离子，或用碳酸钾（或碳酸钠）作缚酸剂。反应可在质子溶剂或者非质子溶剂中进行，常用的溶剂有水、醇类、丙酮、四氢呋喃、乙腈、DMF、DMSO、苯、甲苯和二甲苯等。

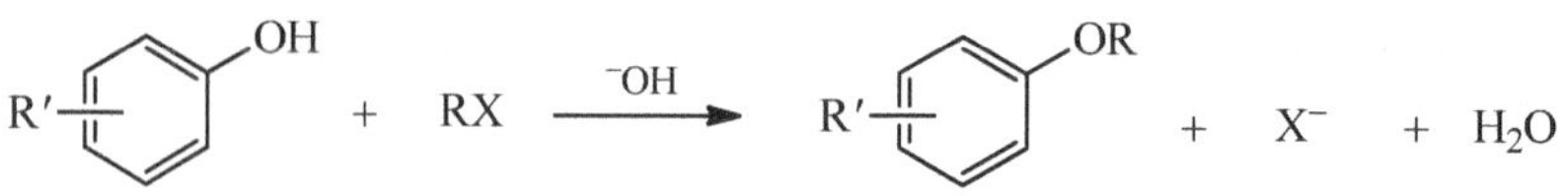

该反应一般按 S_N2 反应历程进行，芳氧负离子 ArO^- 向显电正性的 R^+ 亲核进攻，X 作为卤负离子离去。反应机理如下：

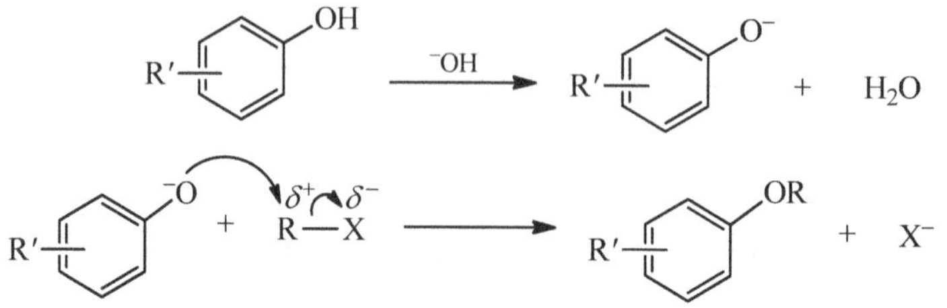

2. 反应特点及反应实例

卤代烃作为烃化剂广泛应用于酚醚的制备。例如，镇痛药邻乙氧基苯甲酰胺（ethenzamide，**10**）[6]可由邻羟基苯甲酰胺与溴乙烷在氢氧化钠作用下反应制得。

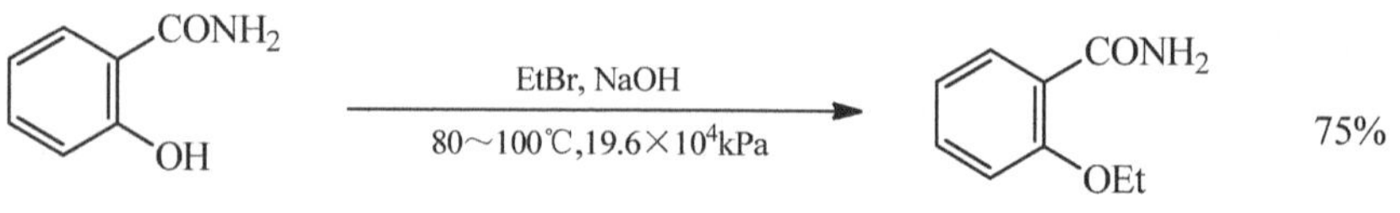

抗精神病药阿立哌唑（aripiprazole）中间体 7-(4-溴丁氧基)-3, 4-二氢-2(1*H*)-喹啉酮(**11**)[7]可由 7-羟基-3, 4-二氢-2(1*H*)-喹啉酮为起始原料与 1, 4-二溴丁烷反应制得。

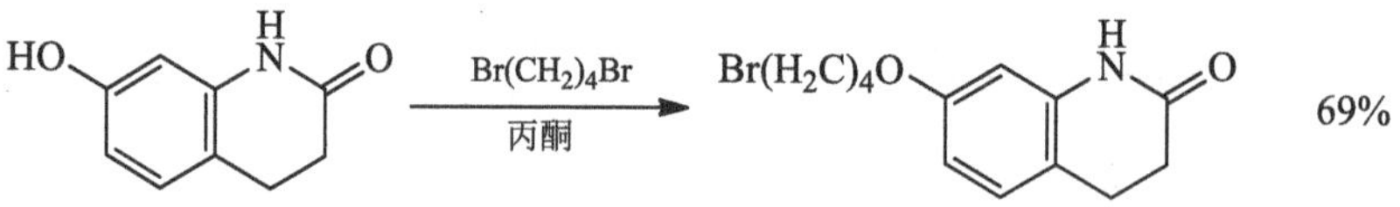

降血脂药吉非贝齐（gemfibrozil，**12**）可由 2, 5-二甲基苯酚在甲苯中与 5-氯-2, 2-二甲基戊酸-2-甲基丙基酯、碘化钾反应而制得。

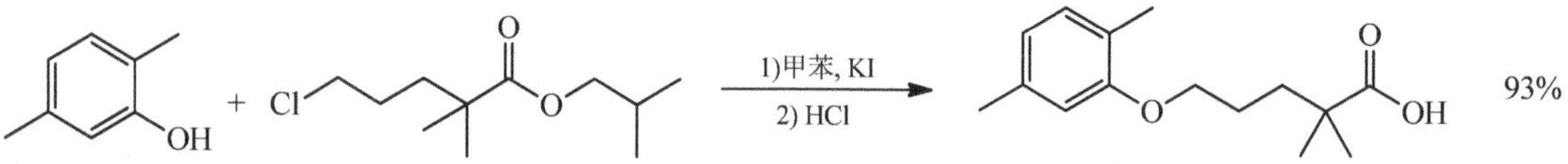

酚羟基容易生成苄醚。将 3-羟基苯乙酮置于乙醇中，与溴化苄在碳酸钾和碘化钾催化下回流即得苄基化产物 **13**[8]。

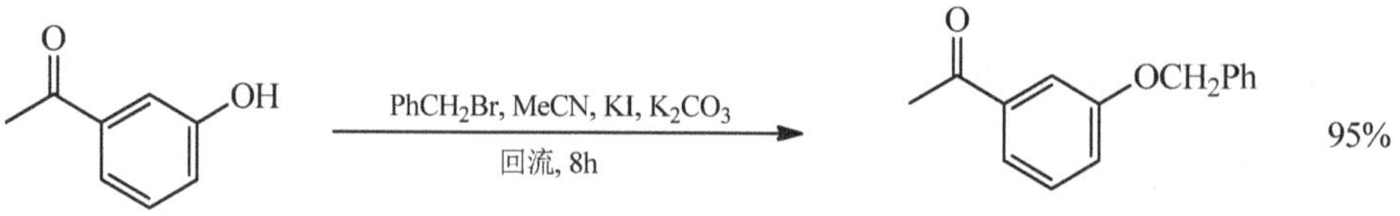

当酚羟基的邻位存在羰基时，由于羰基与羟基之间易形成分子内氢键，酚羟基的活性降低，反应结果不理想。例如，2,4-二羟基苯乙酮在碘甲烷作为甲基化试剂时，反应只得到 4-位甲氧基产物丹皮酚（paeonol，**14**），而不是 2-位甲氧基的产物。

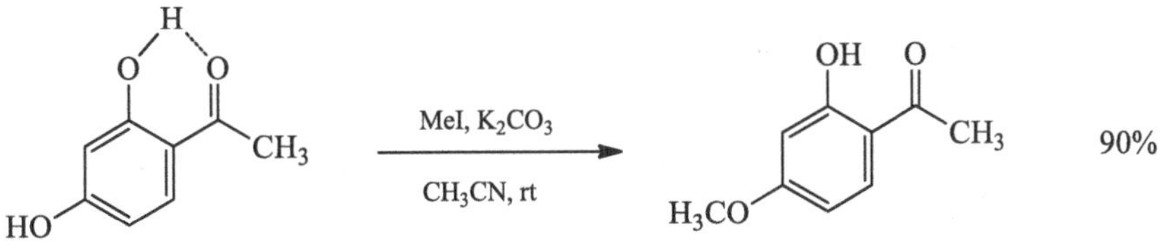

90%

14

（二）环氧乙烷作为烃化剂

环氧乙烷作为烃化剂与酚羟基容易反应，在酚氧原子上引入羟乙基。酚羟基和环氧乙烷的烃化反应机理与醇的反应相似。例如，高效成膜剂丙二醇苯醚（PPh，**15**），就是以苯酚和环氧丙烷在氢氧化钠的作用下回流制得。

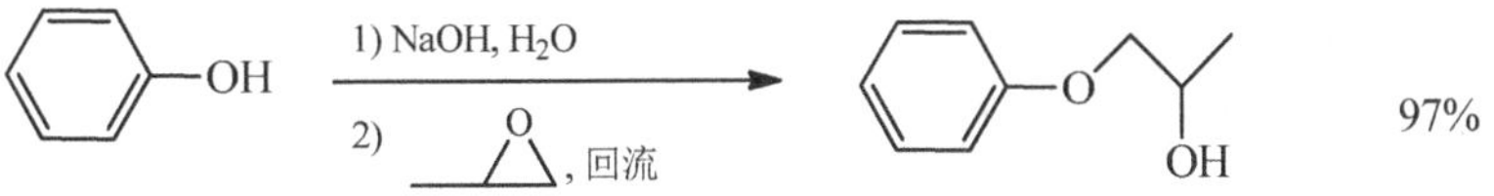

97%

15

（三）硫酸二甲酯作为烃化剂

与醇羟基的烃化相似，磺酸酯类、硫酸酯类可作为烃化剂与酚羟基发生 *O*-烃化反应。

硫酸二甲酯价格便宜，所以相比于价格昂贵的碘甲烷，硫酸二甲酯在药物生产中常用于制备酚甲醚。

1. 反应通式及反应机理

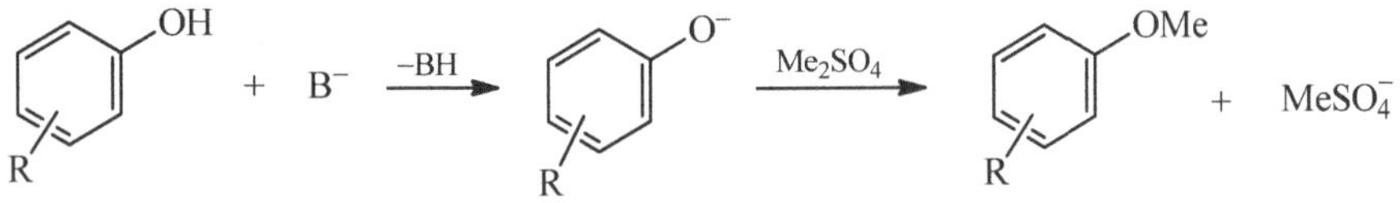

在碱性条件下，酚氧负离子向显正电性的甲基亲核进攻，$MeSO_4^-$ 作为负离子离去，从而形成芳基甲基醚。具体反应机理如下：

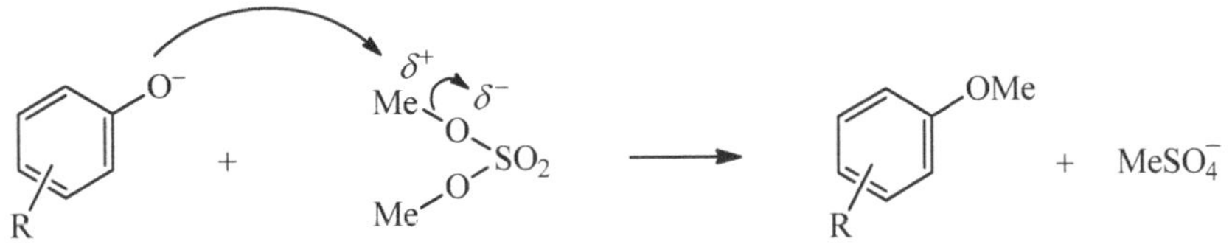

2. 反应特点及反应实例

硫酸二甲酯比相应卤代烃如碘甲烷的沸点高，可加热至较高温度，试剂中的两个甲基，只有一个参与反应。尽管硫酸二甲酯活性大，但毒性较大，使用时需要注意。另外，硫酸二甲酯在水中溶解度较小，易水解生成甲醇及硫酸氢甲酯而失效。

硫酸二甲酯与酚可在无水条件下或碱性水溶液中直接加热反应，例如降压药甲基多巴（methyldopa）的中间体 3, 4-二甲氧基苯甲醛（**16**）[9]的合成。

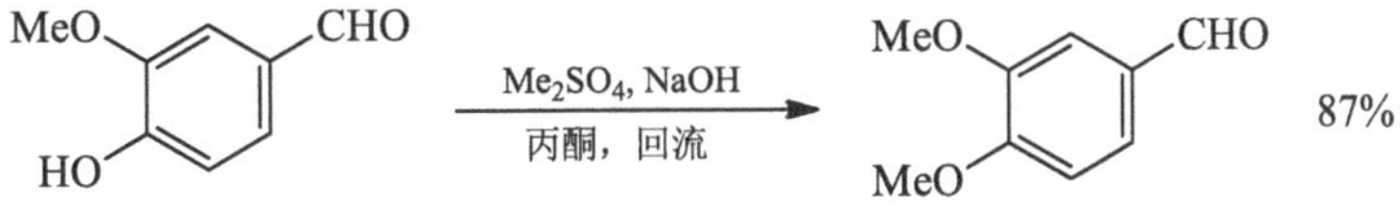

87%

16

（四）重氮甲烷作为烃化剂

重氮甲烷与酚可在乙醚、甲醇、氯仿等溶剂中发生酚羟基的 *O*-甲基化反应。

1. 反应通式及反应机理

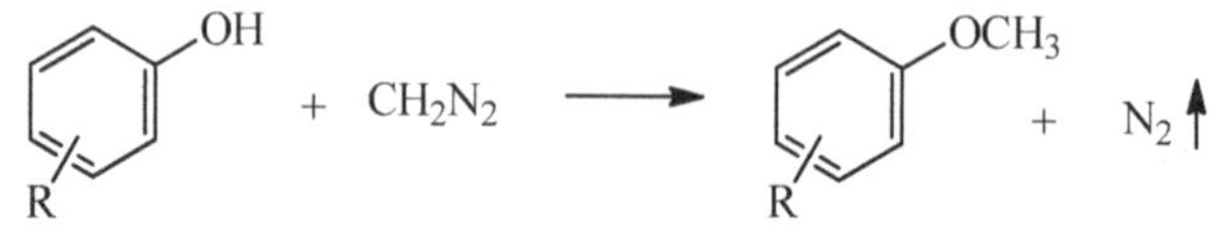

重氮甲烷的甲基化反应相对较慢，反应中除放出氮气外，无其他副产物生成，反应后处理简单，产品纯度好，收率高。重氮甲烷是实验室常用的甲基化试剂，缺点是重氮甲烷及制备的中间体均有毒，不宜大量制备。醇也可与重氮甲烷发生甲基化反应，但由于醇的酸性太弱，需要路易斯（Lewis）酸如三氟化硼或氟硼酸的催化才可进行。

反应机理可能是酚羟基的质子转移到重氮甲烷的活泼亚甲基上而形成重氮盐，重氮盐分解放出氮气形成甲醚或甲酯。羟基的酸性越大，质子越容易转移，反应越容易进行。具体如下：

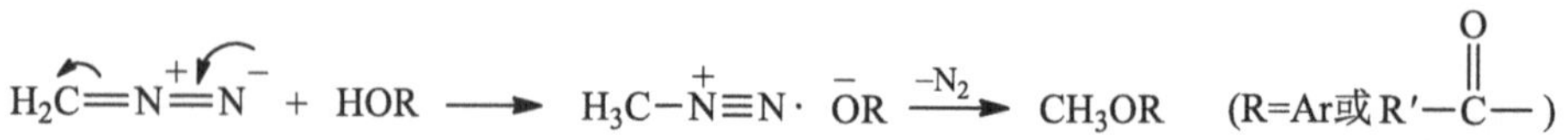

2. 反应特点及反应实例

羧酸比酚的酸性强，更易解离出质子，因此羧酸与重氮甲烷发生该反应。例如，3, 4-二羟基苯甲酸与不同摩尔量的重氮甲烷反应，产物有所差异。

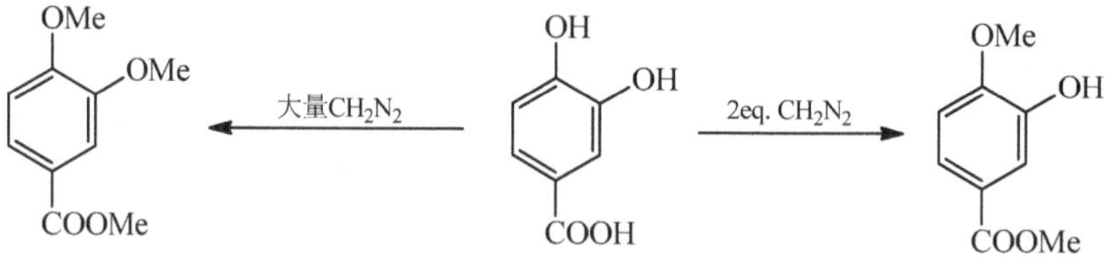

（五）醇作为烃化剂

1. DCC 缩合法

二环己基碳二亚胺（DCC）是酰化反应常用的缩合试剂，但在较强烈条件下 DCC 催化酚与醇发生烃化反应，一般伯醇收率较好，仲醇、叔醇收率偏低。

（1）反应通式及反应机理

$$PhOH + RCH_2OH \xrightarrow{DCC} PhOCH_2R$$

首先，醇先与 DCC 生成活泼中间体 *O*-烷基异脲（**17**），之后酚羟基进攻中间体 **17** 的烷基部分 R，生成酚醚和二环己基脲（DCU，**18**）。

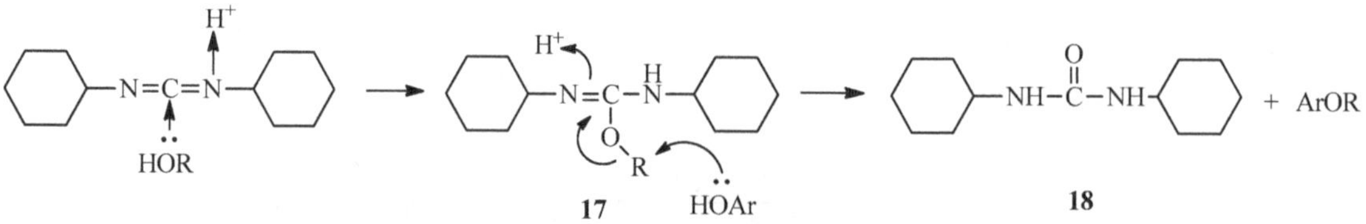

17 **18**

（2）反应特点及反应实例

例如，苄基苯基醚（**19**）可由苯酚和苯甲醇在 DCC 的催化下而制得[10]。

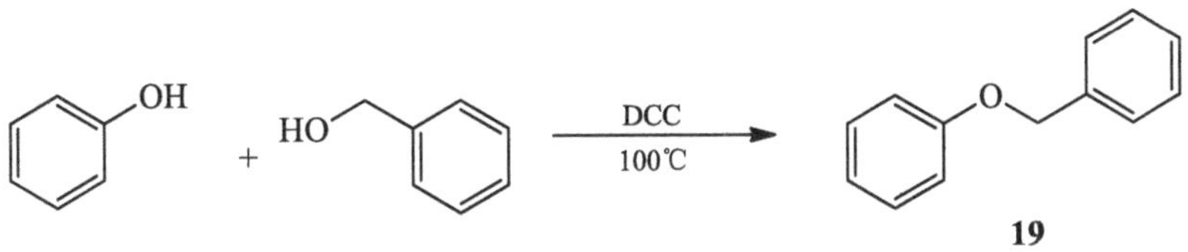

96%

19

2. Mitsunobu 醚化反应

Mitsunobu 反应（光延反应）通常是指在三苯基膦（PPh_3）和偶氮二羧酸酯的共同作用下，醇羟基和酸性化合物之间脱去水的反应。该反应使用范围广泛，许多酸性化合物如羧酸、苯酚等均可作为反应底物。苯酚与醇之间的 Mitsunobu 反应可看成醇对酚的烃化反应。

（1）反应通式及反应机理

$$PhOH + ROH \xrightarrow{PPh_3,\ DEAD} PhOR$$

Mitsunobu 反应是一种双分子亲核取代反应，反应机理较为复杂。苯酚的 Mitsunobu 反应机理可能是：首先三苯基膦进攻偶氮二甲酸二乙酯（DEAD），形成甜菜碱式中间体（**20**），**20** 夺取酸性化合物的质子形成季鳞盐（**21**），亲核性醇进攻 **21** 的膦正电部分，形成烷氧鳞盐 $PPh_3P^+ORNu^-$（**22**），之后酚对 **22** 进行亲核进攻，烷氧基断裂，完成醇对酚的烃化过程。反应机理如下：

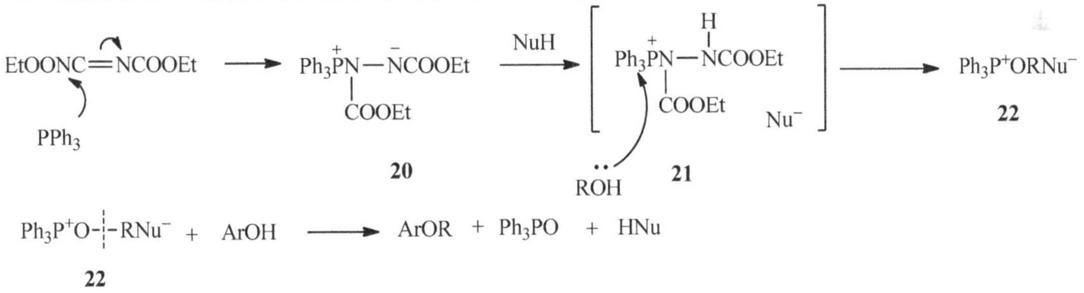

（2）反应特点及反应实例

除了酚之外，一些 pK_a 值小于甜菜碱中间体（**20**, betaine intermediate，$pK_a \approx 13$）的醇也能进行 Mitsunobu 醚化反应。该反应在较为温和的条件下即可进行，通常反应温度是 0～25℃，大部分基团都不会影响反应。常用的偶氮二羧酸酯有 DEAD、偶氮二甲酸二异丙酯（DIAD）和偶氮二甲酸二叔丁酯（DBAD），其中 DEAD 使用最为广泛。另外，除了三苯基膦外，三丁基膦、三甲基膦也有使用。低极性的溶剂有利于反应，如 THF、乙醚、二氯甲烷和甲苯等，有时乙酸乙酯、乙腈和 DMF 也用作溶剂。

例如，对羟基苯甲醛与苄醇在 Mitsunobu 醚化反应的条件下，以较高收率得到醚产物 **23**[11]。

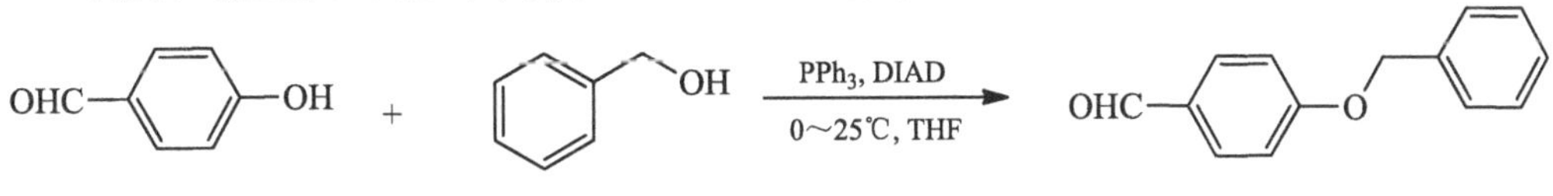

76%

23

3,4-二羟基-2,5-噻吩二甲酸二乙酯能与乙二醇类化合物进行 Mitsunobu 醚化反应可制备一系列 3,4-乙烯二氧噻吩（EDOT）类化合物[12]。

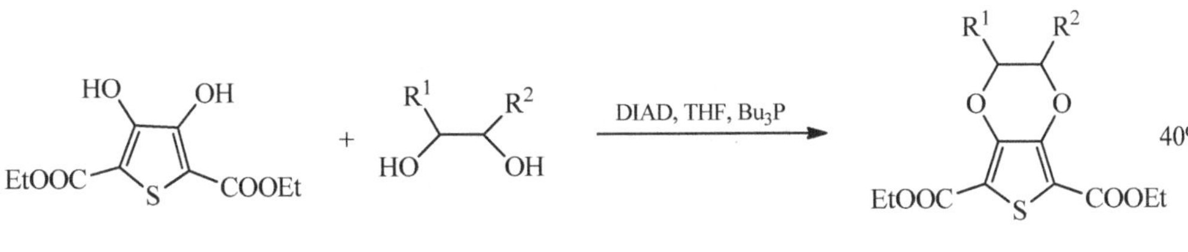

40%～80%

（六）其他烃化剂

1. 烯烃作为烃化剂

烯烃也可作为烃化剂对酚羟基进行 *O*-烃化。例如，酚与异丁烯在酸催化下进行烃化反应而制备叔丁醚。

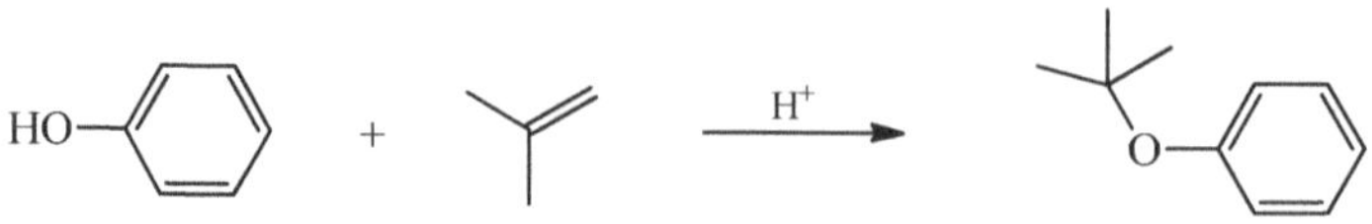

2. Ullmann 反应

酚盐与卤代芳烃在铜粉或者铜盐的存在下，加热发生 Ullmann（乌尔曼）反应，从而生成二芳醚。Ullmann 反应可看成卤代芳烃作为烃化剂对酚羟基进行 *O*-烃化。

（1）反应通式及反应机理

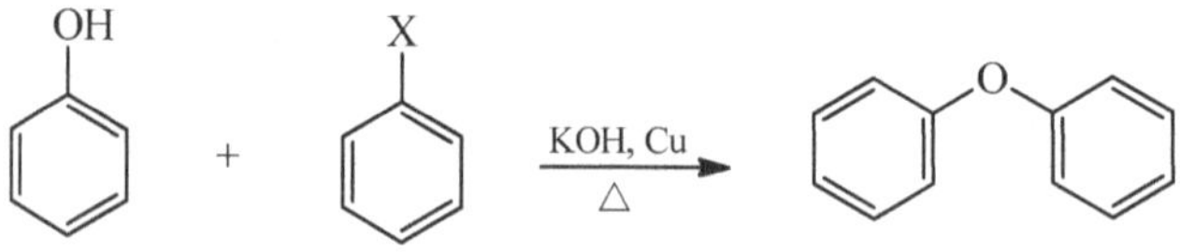

该反应可能的机理如下：

$$Ar{-}OH \xrightarrow[-H_2O]{KOH} Ar{-}OK \xrightarrow[-KCl]{CuCl} Ar{-}OCu \underset{Ar{-}OK}{\rightleftharpoons} KCu(OAr)_2 \underset{ArCl}{\rightleftharpoons} ArOAr + Ar{-}OCu + KCl$$

（2）反应特点及反应实例

近年来，随着金属催化反应的发展，Ullmann 反应的内涵已经得到了很大的拓展。除了酚之外，芳香胺也能与卤代芳烃发生 Ullmann 反应，甚至醇、脂肪胺等在某些特定的条件下也能与卤代芳烃发生 Ullmann 反应。许多高效的 Ullmann 反应催化剂体系被建立，极大地促进了该反应的发展。例如，消炎镇痛药尼美舒利（nimesulide）的中间体 **24** 的制备[13]。

24

案例 2-1

醇在碱性条件下可与卤代烷生成醚，但当卤代烷为卤代叔丁烷时，在碱性条件下易发生消除反应。

【问题】

请以甲基叔丁基醚的制备为例，思考如何有效地制备单叔丁基醚。

【案例分析】

以甲基叔丁基醚 **25** 的制备为例来解析。若要制备甲基叔丁基醚，一是可采用卤代叔丁烷与甲醇反应；二是采用叔丁醇与卤甲烷反应，采用 a 法时，卤代叔丁烷在碱性条件下，容易发生消除反应而生成异丁烯，无法合成甲基叔丁基醚。采用 b 法时，叔丁醇在碱性条件下，形成叔丁氧负离子，与卤代甲烷发生亲核取代，合成得到甲基叔丁基醚。故应采用 b 法来制备。

$$H_3C-\overset{\overset{\displaystyle CH_3}{|}}{\underset{\underset{\displaystyle CH_3}{|}}{C}}\underset{a}{\sim}O\underset{b}{\sim}CH_3 \quad \begin{cases} \xrightarrow{\;a\;} & H_3C-\overset{\overset{\displaystyle CH_3}{|}}{\underset{\underset{\displaystyle CH_3}{|}}{C}}-X \;+\; {}^-O-CH_3 \\[3em] \xrightarrow{\;b\;} & H_3C-\overset{\overset{\displaystyle CH_3}{|}}{\underset{\underset{\displaystyle CH_3}{|}}{C}}-O^- \;+\; X-CH_3 \end{cases}$$

25

a法：

$$HO-CH_3 \xrightarrow{\;Na\;} NaO-CH_3 \xrightarrow{\quad H_3C-\overset{\overset{\displaystyle CH_3}{|}}{\underset{\underset{\displaystyle CH_3}{|}}{C}}-X \quad} H_2C=\overset{\overset{\displaystyle CH_3}{|}}{C}\overset{CH_3}{}$$

3°卤代烃，容易消除

主要消除产物

b法：

$$H_3C-\overset{\overset{\displaystyle CH_3}{|}}{\underset{\underset{\displaystyle CH_3}{|}}{C}}-OH \xrightarrow{\;Na\;} H_3C-\overset{\overset{\displaystyle CH_3}{|}}{\underset{\underset{\displaystyle CH_3}{|}}{C}}-ONa \xrightarrow{\;MeI\;} H_3C-\overset{\overset{\displaystyle CH_3}{|}}{\underset{\underset{\displaystyle CH_3}{|}}{C}}-O-CH_3$$

25

案例 2-2

抗组胺药苯海拉明有两种方法合成。①二苯溴甲烷与 β-二甲氨基乙醇反应得到；②二苯甲醇与 β-二甲氨基氯乙烷反应制得。

【问题】

两种策略中采用不同的卤代烷和醇原料，如何选择？

【案例分析】

抗组胺药苯海拉明（diphenhydramine，**26**）的合成第一种方法用的原料为二苯溴甲烷与 β-二甲氨基乙醇，第二种方法用的原料为二苯甲醇与 β-二甲氨基氯乙烷。在第一种方法中，β-二甲氨基乙醇的羟基活性低，需先以强碱处理制成醇钠，再进行烃化反应；而第二种方法中，由于二苯甲醇的两个苯基的吸电子效应，羟基中氢原子的活性增大，在反应中加入氢氧化钠便可顺利进行烃化反应。因此采用第二种方法合成苯海拉明更为简单方便。具体如下：

$$\begin{array}{c} \overset{Ph}{\underset{Ph}{>}}CH-Br \;+\; NaOCH_2CH_2NMe_2 \\[2em] \overset{Ph}{\underset{Ph}{>}}CH-OH \;+\; ClCH_2CH_2NMe_2 \cdot HCl \end{array} \quad \xrightarrow[\substack{NaOH,二甲苯}]{\substack{二甲苯 \\ \triangle}} \quad \overset{Ph}{\underset{Ph}{>}}CH-OCH_2CH_2NMe_2$$

26

第二节　氮原子上的烃化反应

氮原子上的烃化反应是指氨、脂肪胺、芳香胺及其他胺类结构的氮原子上引入烃基的反应，属于取代反应。因为被烃化物上的氨或胺的氮原子都有孤对电子，具有碱性，亲核能力强，所以它们比羟基更容易进行烃化反应。一般情况下，脂肪胺的活性大于芳胺，无位阻的胺大于有位阻的胺。卤代烃与氨或伯胺、仲胺之间进行的烃化反应是合成胺类的主要方法之一，不同卤素的反应活性是不同的，其活性顺序为 I>Br≫Cl≫F。由于伯胺的氨基上两个氢原子均能被烃基取代，容易得到混合物，所以制备伯胺的方法如 Gabriel 反应、Délépine 反应是常用的方法，其他制备方法如还原烃化法、亚磷酸二酯法、Hinsberg 反应、Leuckart 反应、Eschweiler-Clarke 反应等也被用于制备胺类。

一、氨及脂肪胺的 N-烃化

卤代烃、环氧乙烷均可作为氨及脂肪胺的烃化剂。

（一）卤代烃作为烃化剂

氨与卤代烃的烃化反应又称氨基化反应。氨的三个氢原子都可被烃基取代，生成伯胺、仲胺、叔胺以及季铵盐的混合物。伯胺与卤代烃发生烃化反应，易得到多种混合物。仲胺、叔胺与卤代烃反应，可得到叔胺和季铵盐等。

1. 反应通式及反应机理

$$NH_3 + RX \longrightarrow RNH_3^+X^- \xrightarrow{OH^-} RNH_2$$

$$RNH_3^+X^- + NH_3 \rightleftharpoons RNH_2 + NH_4^+X^-$$

$$RNH_2 + RX \longrightarrow R_2NH_2^+X^-$$

$$R_2NH_2^+X^- + NH_3 \rightleftharpoons R_2NH + NH_4^+X^-$$

$$R_2NH + RX \longrightarrow R_3NH^+X^-$$

$$R_3NH^+X^- + NH_3 \rightleftharpoons R_3N + NH_4^+X^-$$

$$R_3N + RX \longrightarrow R_4N^+X^-$$

氨或伯、仲、叔胺的氮原子的孤对电子向显正电性的 R 亲核性进攻（S_N2），得到高一级的胺或季铵盐。

2. 反应特点及反应实例

氨及脂肪胺的 N-烃化反应，反应速率及生成的产物受到卤代烃结构、不同卤素的卤代烃、原料配比、反应溶剂以及添加的盐类等的影响。

卤代烃结构的影响：不同卤代烃得到不同的烃化产物。当卤代烃活性大，伯胺碱性强，且二者无位阻影响时，容易得到混合胺；当存在位阻影响，或伯胺碱性较弱而卤代烃活性大时，易得到单一的烃化产物。直链伯卤代烃与氨反应，多为混合胺。仲卤代烃或者有较大位阻的伯卤代烃与氨反应，产物中叔胺比例较少，产物比较单一。

不同卤素的卤代烃的影响：卤代烃中卤素不同，反应活性不同，通常活性顺序为 RI>RBr≫RCl≫RF。用溴代烃或氯代烃进行烃化，在反应中加入碘盐，可发生卤素交换，从而增强溴代烃或氯代烃的反应活性。

原料配比的影响：氨过量，烃化产物中伯胺比例较大；氨不足，则仲胺和叔胺比例较大。

通过调节原料配比，卤代烃与氨的反应可停止在仲胺、叔胺阶段。

反应溶剂的影响：当以水为溶剂时，反应速率比醇溶剂快；当卤代烃为高级卤代烃时，乙醇溶剂的使用可以使得反应在均相中进行；反应体系中加入铵盐如氯化铵、硫酸铵、硝酸铵、乙酸铵等可增加铵离子浓度，有利于反应进行。

尽管氨或胺易与卤代烃发生烃化反应，但容易得到多级胺混合物。在各级胺的制备中，伯胺的制备最易得到混合物，仲胺次之，并且混合物的比例受到卤代烃结构、不同烃化剂、原料配比、反应溶剂等的影响。经过实验总结逐渐形成了制备伯胺、仲胺和叔胺的方法。

（1）伯胺的制备

直接反应法：氨或伯胺与卤代烃反应可得各种胺的混合物，所以直接采用氨与卤代烷反应制备伯胺，很难得到单一的伯胺产物。但是在某些反应中，当采用大大过量的氨与卤代烃反应时，抑制产物的继续烃化，可主要得到伯胺。此外，在氨的烃化反应中，如果加入氯化铵、硝酸铵或乙酸铵等盐类，因增加了铵离子，氨的浓度升高，可使反应有利于生成伯胺。例如，2, 4-二硝基苯胺（**27**）的合成：

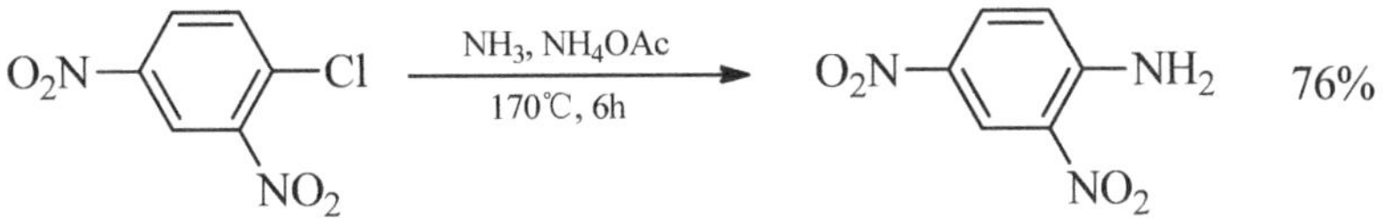

Gabriel 反应：Gabriel 反应是制备伯胺的一种常用方法，应用范围广。Gabriel 反应即为邻苯二甲酰亚胺与卤代烃反应再进行水解从而制备伯胺，由于酰亚胺中氮原子上只有一个氢，只能进行单烃化反应。首先氮原子上的氢与强碱如氢氧化钾成盐，然后带有负电荷的氮原子进攻卤代烃，发生亲核取代，得到 N-烃基邻苯二甲酰亚胺，该中间产物在肼解或剧烈的酸水解条件下，得到伯胺。剧烈的酸水解条件通常需要与盐酸在封管中加热至180℃，现多用肼解法。

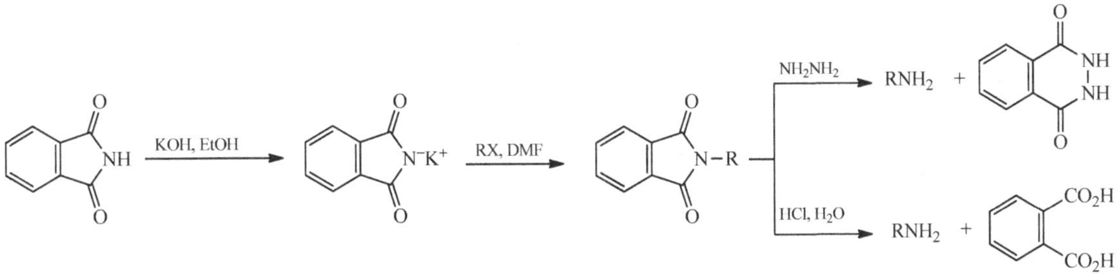

例如，治疗胃溃疡的 H_2 受体拮抗剂拉呋替丁（lafutidine）的中间体 **29** 的合成，即采用了 Gabriel 合成法。以 **28** 为起始原料与邻苯二甲酰亚胺钾发生 N-烃化反应，经肼解得到伯胺中间体 **29**。

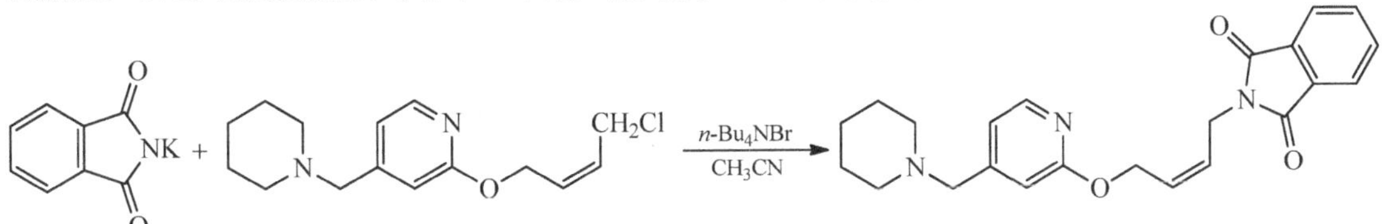

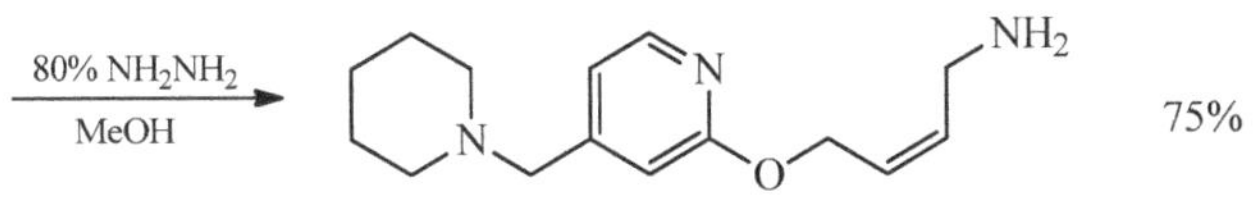

Délépine 反应：采用 Délépine 反应也能很好地制备伯胺。卤代烃与环六亚甲基四胺（乌洛托品，methenamine，**30**）反应得季铵盐（**31**），然后水解可得伯胺，称为 Délépine 反应。乌洛托品是氨与甲醛反应的产物，其氮上没有活性氢，故不能发生多取代反应。

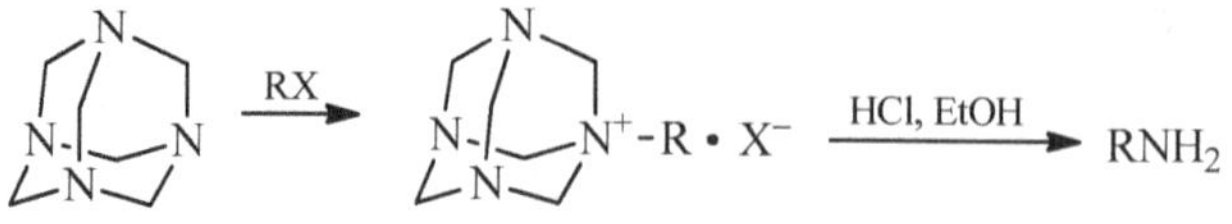

30　　　　　**31**

抗菌药氯霉素（chloramphenicol）的中间体对硝基-α-氨基苯乙酮盐酸盐（**32**）即采用 Délépine 反应来制备。

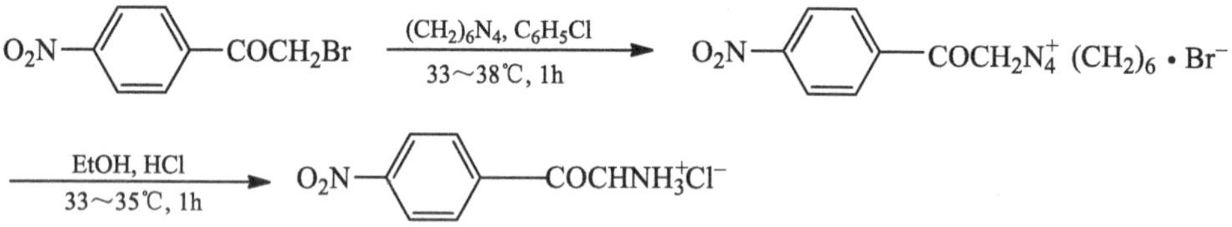

三氟甲磺酰胺法：三氟甲磺酸酐与苄胺酰化反应可得 N-苄基三氟甲磺酰胺（**33**），**33** 结构中的氮上仅有一个氢，该氢在三氟甲磺酰基吸电子效应下，具有一定的酸性，在碱性条件下易与卤代烃反应，然后在氢化钠存在条件下消除，酸性水解可制得伯胺。例如，正庚胺（**34**）的制备。

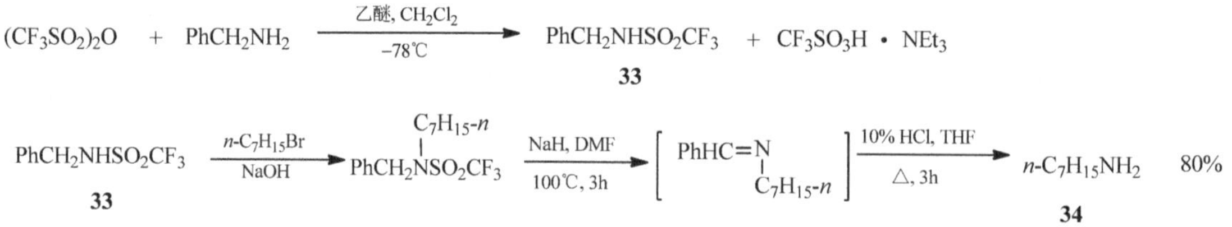

$$(CF_3SO_2)_2O + PhCH_2NH_2 \xrightarrow[-78℃]{乙醚, CH_2Cl_2} PhCH_2NHSO_2CF_3 + CF_3SO_3H \cdot NEt_3$$
33

（2）仲胺的制备

当仲卤代烷活性较大，且存在立体位阻时，与碱性较强的氨或伯胺反应，可主要得到仲胺产物及少量叔胺。例如，2-碘丙烷与 1.5 倍氨反应可得二异丙胺（**35**）；2-溴丙烷与甲胺反应可得 N-甲基异丙胺（**36**）和少量的 N-甲基二异丙胺。

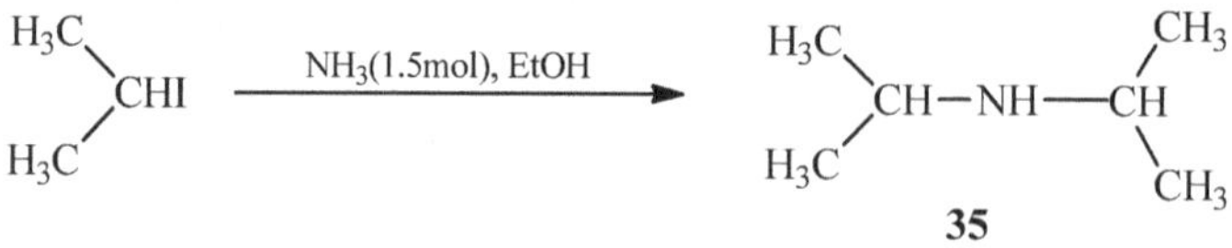

35

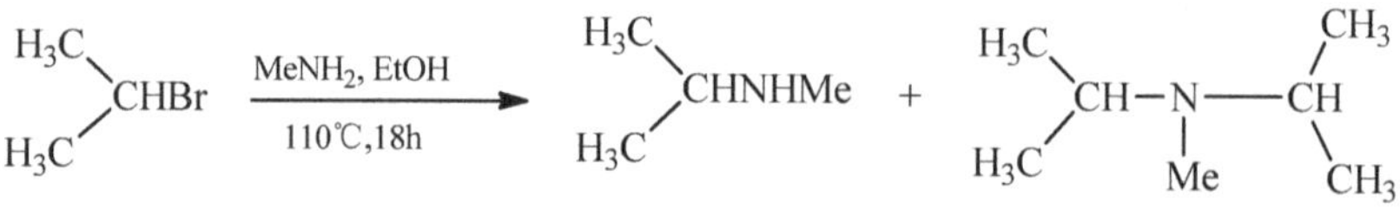

36 78%　　　　　　　少量

例如，调血脂药阿托伐他汀（atorvastatin）中间体（**37**）[14]即是以 3-氨基丙醛缩乙二醇与 2-溴-2-(4-氟苯基)乙酸乙酯经 N-烃化反应而制得。

37

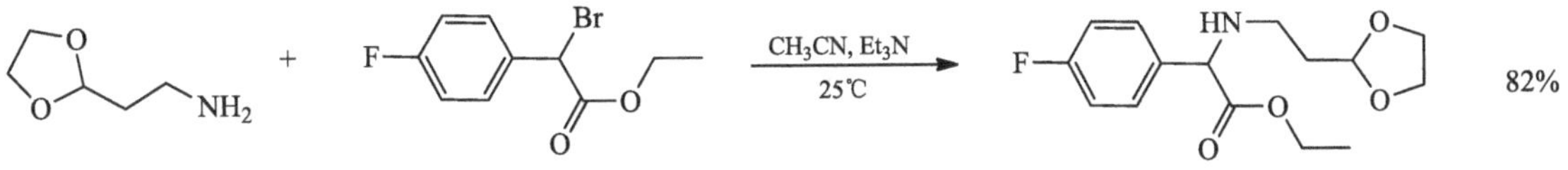

杂环卤代烃与胺类的烃化反应，在一般溶剂中反应速率较慢，产物不纯。改用苯酚、苄醇或乙二醇作溶剂，可使反应速率加快，收率及产品质量均好，如抗疟药阿的平（mepacrine，**38**）的合成。产物 **38** 结构中的仲胺具有较大的立体位阻，阻碍了继续烃化成叔胺。

38

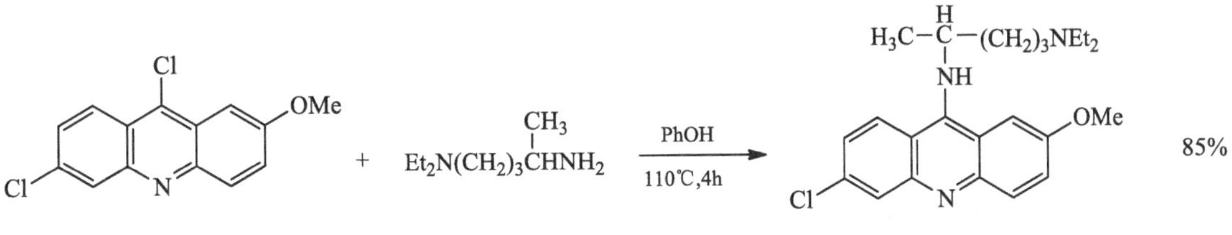

利用亚磷酸二酯与伯胺反应，氮上仅剩一个氢，再与卤代烃反应、酸性水解可得仲胺。

$$RNH_2 \xrightarrow{(EtO)_2POH,\ CCl_4} RNHPO(OEt)_2 \xrightarrow{R'X,\ NaOH} RN(R')PO(OEt)_2 \xrightarrow{HCl} R'NHR$$

当芳香卤化物的卤素位于吸电子基团如硝基、醛基的邻或（和）对位时，或者卤素位于含氮杂环化合物如吡啶、嘧啶、哒嗪和喹啉等杂原子的邻或（和）对位时，芳香卤化物也可与伯胺反应得到仲胺。例如，化合物 **39** 的合成[15]。

39

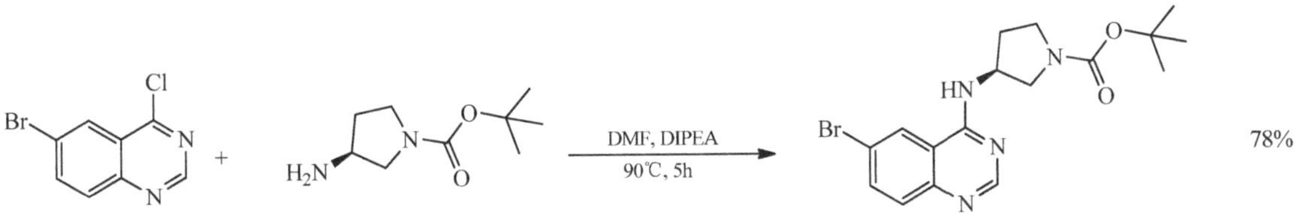

此外，与上述制备伯胺类似，将伯胺用三氟甲磺酸酐首先酰化，然后与卤代烃发生 *N*-烃化，再经过还原可得仲胺。

$$RNH_2 \xrightarrow{(CF_3SO_2)_2} RNHSO_2CF_3 \xrightarrow{R'X/NaOH} RN(R')SO_2CF_3 \xrightarrow{LiAlH_4} R'NHR$$

（3）叔胺的制备

仲胺的氮上只有一个氢，仲胺可与卤代烃反应直接得到叔胺。

降压药优降宁（pargyline，**40**）[16]即以 *N*-甲基苯甲胺与 3-溴丙炔直接发生烃化反应而制得。

40

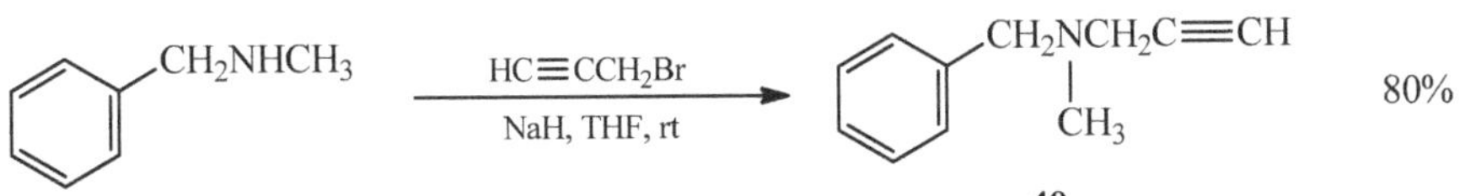

抗焦虑药丁螺环酮（buspirone，**41**）[17]即由中间体 *β*,*β*-四亚甲基戊二酰亚胺与 1,4-二溴丁烷发生 *N*-烃化反应，再与 1-(2-嘧啶基)哌嗪发生 *N*-烃化反应而制得。

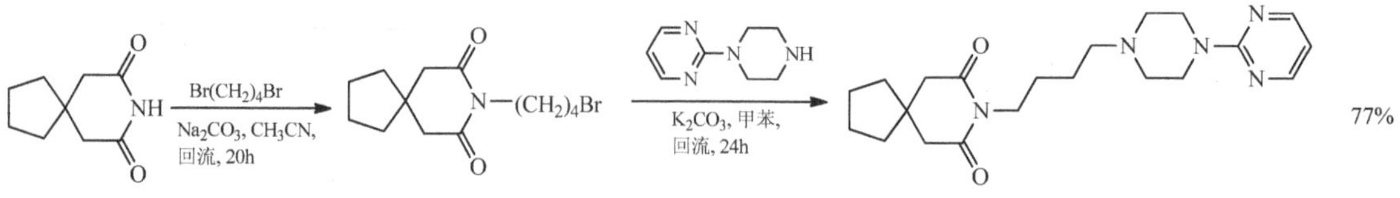

41 77%

局麻药利多卡因（lidocaine，**42**）即以中间体 2,6-二甲基氯乙酰苯胺与二乙胺发生 *N*-烃化反应制得。

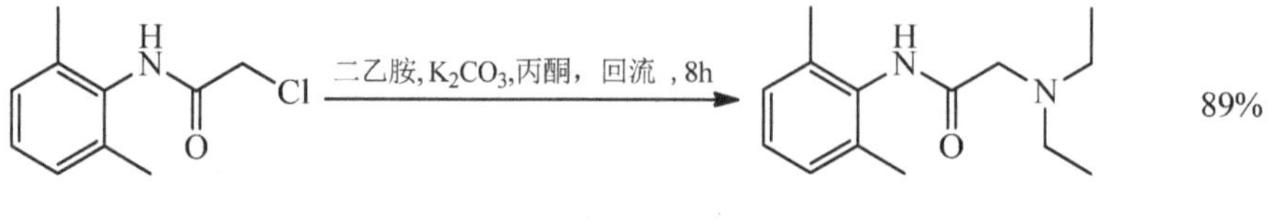

42 89%

抗精神失常药氟哌啶醇（haloperidol，**43**）[18]即以中间体 1-(对氟苯基)-4-氯-1-丁酮与 4-(对氯苯基)哌啶-4-醇经 *N*-烃化反应制得。

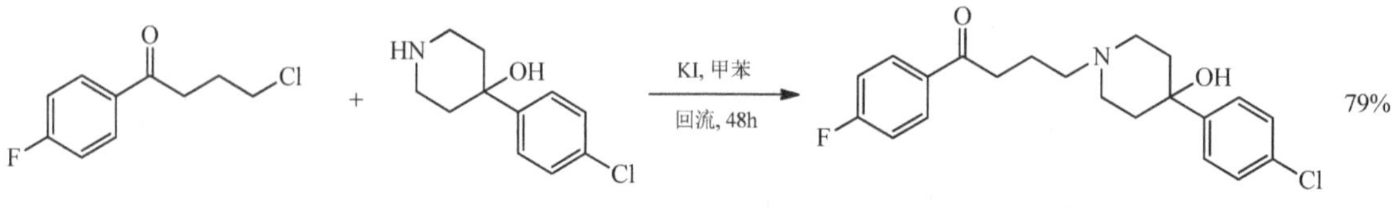

43 79%

也可将仲胺先制成钠盐、锂盐，然后与氯代烃发生 *N*-烃化反应制得叔胺。

（二）环氧乙烷作为烃化剂

氨或脂肪胺可与环氧乙烷反应，在氨基上引入羟乙基。氨或脂肪胺与环氧乙烷的烃化反应机理与醇的反应相似。

例如，β-受体阻断剂普萘洛尔（propranolol，**45**）即由 α-萘酚与氯代环氧丙烷反应后得到中间体 **44**，之后与异丙胺作用而制得。

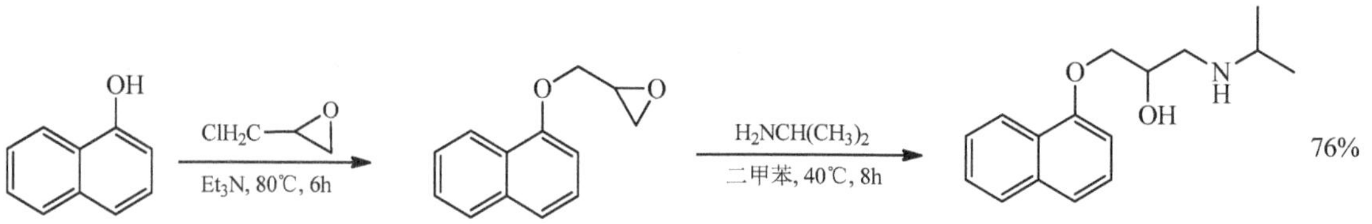

44 **45** 76%

钙拮抗剂苄普地尔（bepridil）的中间体（**46**）[19]即由环氧丙基异丁基醚在吡咯烷作用下环氧乙烷环开环而制得。

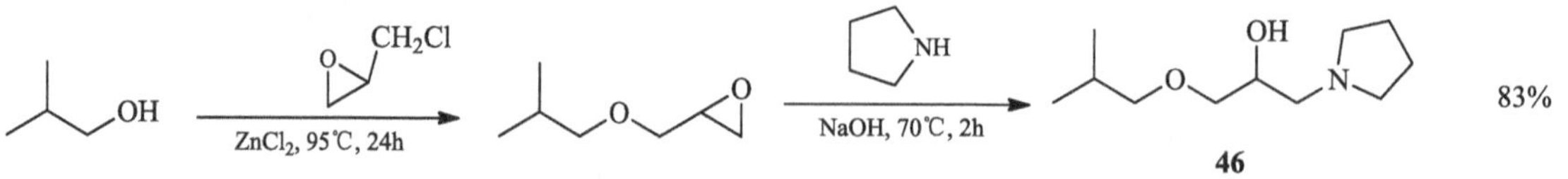

46 83%

（三）还原烃化反应

在还原剂存在下，醛或酮能够与氨或伯胺、仲胺反应，在氮原子上引入烃基的反应称为还原烃化反应，也称还原氨（胺）化反应（参见第八章还原反应中还原胺化反应）。还原烃化反应可用于胺的制备。还原烃化反应可使用的还原策略很多，有催化氢化、金属钠加乙醇、钠汞齐和乙醇、锌粉、负氢化物、甲酸及其衍生物等，其中以催化氢化和甲酸及其衍生物最为常用，当用甲酸及其衍生物作为还原剂时，反应称为 Leuckart 反应。

1. 催化氢化还原

（1）反应通式及反应机理

$$R-NH_2 + \underset{R''}{\overset{R'}{C}}O \xrightarrow{[H]} \underset{R''}{\overset{R'}{C}}-NHR$$

氨或胺对醛或酮的羰基进行亲核进攻，再经脱水生成亚胺，然后亚胺在催化氢化还原下生成相应的 N-烃化产物。还原烃化反应过程如下：

$$R-NH_2 + \underset{R''}{\overset{R'}{C}}O \rightleftharpoons \underset{R''}{\overset{R'}{\underset{OH}{C}}}NHR \xrightarrow{-H_2O} \underset{R''}{\overset{R'}{C}}NR \xrightarrow{[H]} \underset{R''}{\overset{R'}{C}}-NHR$$

$$NH_3 + \underset{R''}{\overset{R'}{C}}O \rightleftharpoons \underset{R''}{\overset{R'}{\underset{OH}{C}}}NH_2 \xrightarrow{-H_2O} \underset{R''}{\overset{R'}{C}}NH \xrightarrow{[H]} \underset{R''}{\overset{R'}{C}}-NH_2$$

（2）反应特点及反应实例

还原烃化反应是羰基化合物还原成相应碳数目胺的重要制备方法。

用 4 个碳及以下的脂肪醛与氨在雷尼镍（Raney-Ni）的催化下还原烃化，其烃化产物多为混合物。而用 5 个碳以上的脂肪醛与过量氨在雷尼镍存在下还原烃化主要得伯胺，收率可在60%以上。当苯甲醛与等摩尔量的氨烃化产物主要得到苄胺，当苯甲醛与氨的摩尔比为 2∶1 时，烃化产物则以仲胺为主。例如：

$$NH_3 + PhCHO \xrightarrow{H_2, 雷尼镍} \underset{90\%}{PhCH_2NH_2} + \underset{7\%}{(PhCH_2)_2NH}$$

$$NH_3 + PhCHO \xrightarrow{H_2, 雷尼镍} \underset{81\%}{(PhCH_2)_2NH} + \underset{12\%}{PhCH_2NH_2}$$

脂肪酮类与氨在雷尼镍存在下还原烃化，烃化产物收率的高低与酮类的立体位阻大小密切相关。芳香烷基酮及二芳基酮按上述条件还原烃化，收率较低。

$$NH_3 + \underset{R}{\overset{Me}{C}}=O \xrightarrow{H_2, 雷尼镍} \underset{R}{\overset{Me}{C}}HNH_2 \quad \begin{array}{l} R=n\text{-Pr} \ 90\% \\ R=i\text{-Bu} \ 65\% \\ R=i\text{-Pr} \ 48\% \end{array}$$

仲胺也可用还原烃化法制备。当脂肪醛酮与氨用雷尼镍催化还原烃化时主要得到混合物，仲胺收率低。增加醛酮比例，也不能提高收率。

叔胺也可用还原烃化法制备。反应的难易和收率与羰基和氨基化合物的位阻有关。例如，叔胺化合物 **50** 的合成可由不同的仲胺 **47**、**48**、**49** 与不同位阻的醛酮经还原烃化反应制得。尽管 **47** 的位阻最大，但由于另一反应物为甲醛，活性最高且位阻最小，所以产物 **50** 的收率达73%；尽管化合物 **49** 相对位阻最小，但由于3-戊酮活性低且位阻最大，所以收率极低。

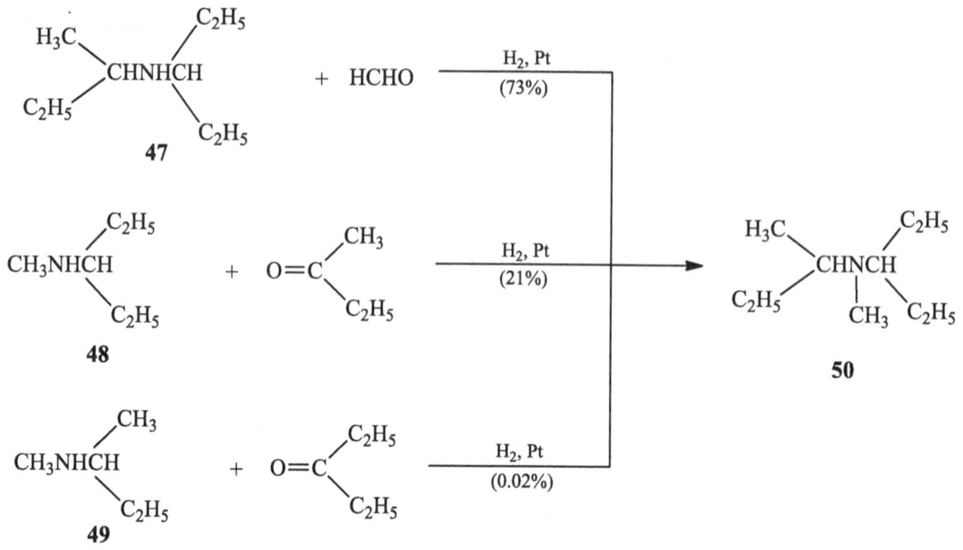

47 48 49 50

从以上实例也可以看出，在还原烃化中，甲醛的活性大且位阻最小，因此使用甲醛进行氨甲基化反应时，反应容易进行且收率较高。例如，哌啶-4-甲酰胺与甲醛在雷尼镍催化下还原烃化以较高的收率得到产物 **51**。

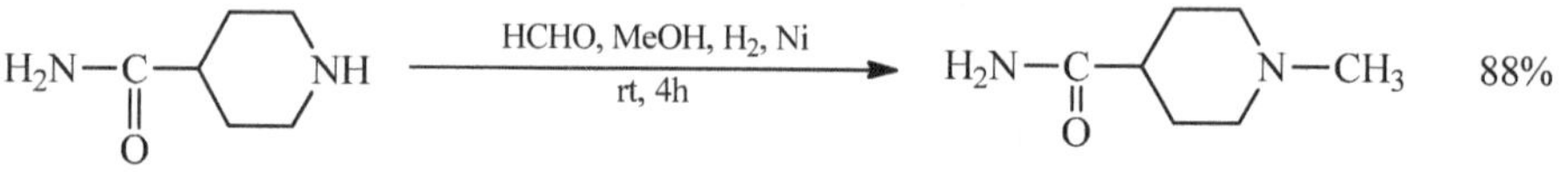

51

2. 甲酸及衍生物还原

（1）Leuckart 反应

在过量的甲酸或其衍生物的存在下，醛或酮与氨或胺的还原胺化反应称为 Leuckart 反应。

1）反应通式及反应机理

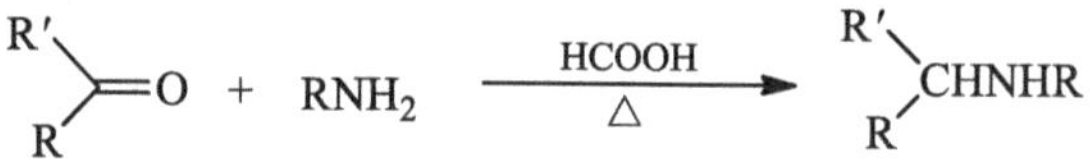

或

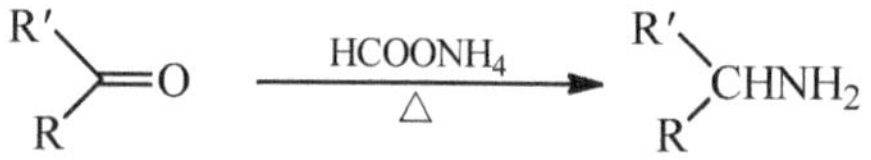

Leuckart 反应的机理为醛（或酮）与氨（或胺）反应生成席夫（Schiff）碱中间体（亚胺离子中间体），然后甲酸的氢负离子转移到亚胺碳上，得到还原胺化的产物。具体反应历程如下：

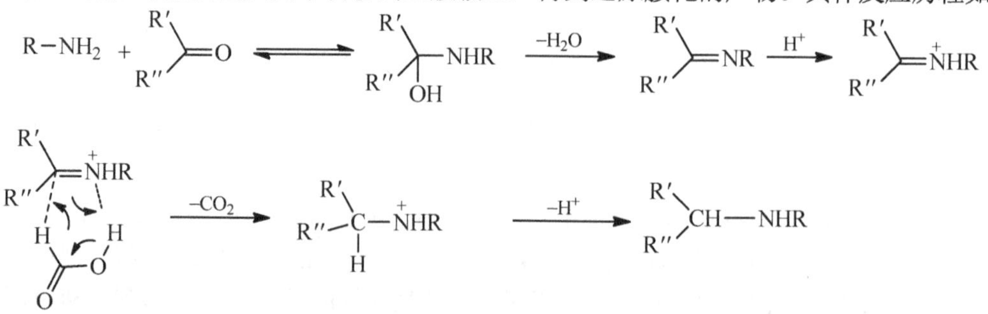

2）反应特点及反应实例

在 Leuckart 反应中，常用的还原剂有甲酸、甲酸铵、甲酰胺。该反应中甲酸及其衍生物需要过量，一般每摩尔的醛酮需要 2～4 倍量的甲酸及其衍生物。反应中水的引入会使收率下降，酮的还原胺化反应一般要求温度较高，在 150～180℃温度下进行，可通过分水器将反应产生的水去除而提高收率，可用于制备伯胺、仲胺和叔胺。例如，1-苯基 1-乙胺（**52**）的合成。

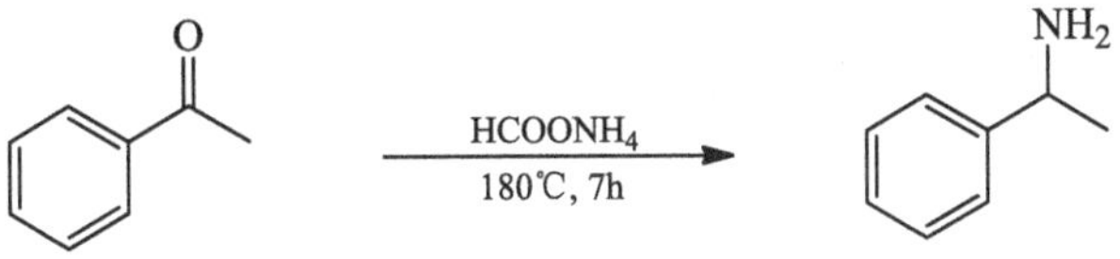

52

（2）Eschweiler-Clarke 反应

胺与甲醛及甲酸反应引入甲基的反应被称为 Eschweiler-Clarke 反应，该反应是 Leuckart反应的特例。

1）反应通式及反应机理

$$RNH_2 + HCHO + HCOOH（过量）\longrightarrow RN(CH_3)_2 + H_2O + CO_2$$

Eschweiler-Clarke 反应的机理与 Leuckart 反应相似，首先胺与甲醛生成席夫碱，然后经甲酸还原成甲基胺，并放出 CO_2 和 H_2O。

2）反应特点及反应实例

肠易激综合征的治疗药曲美布汀（trimebutine）的中间体 **53** [20]即由 Eschweiler-Clarke 反应在氨基上引入两个甲基而制得。

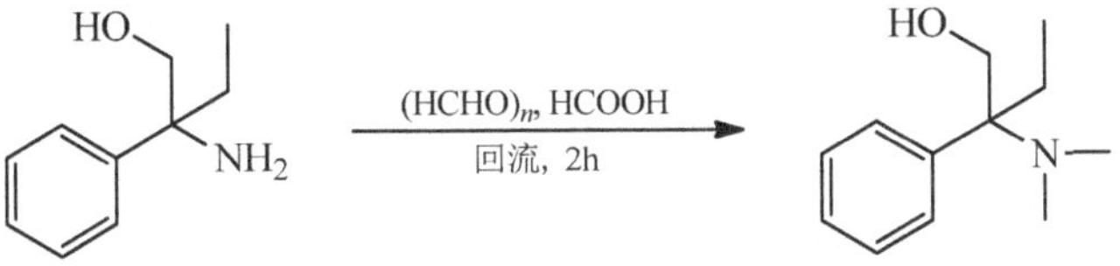

53

抗高血压药盐酸维拉帕米（verapamil hydrochloride，**54**）即由 Eschweiler-Clarke 反应在氨基上引入甲基而制得。

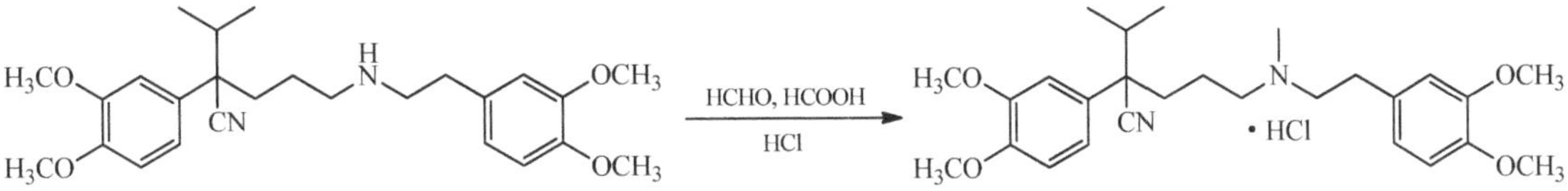

54

二、芳香胺的 *N*-烃化

由于芳香胺的氨基上的孤对电子能与苯环共轭，芳香胺的氨基的碱性比脂肪胺弱，因此亲核能力较弱，芳香胺发生 *N*-烷基化需要更强的条件。卤代烷、原甲酸酯、脂肪伯醇、硫酸酯、芳基磺酸酯等均可用于芳香胺的烃化反应，此外，Ullmann 偶联反应也可用于二芳基胺的制备。

1. 卤代烃作为烃化剂

芳香胺和卤代烃的 *N*-烃化反应与脂肪胺相似。由于芳香胺氮原子的碱性较弱，芳香胺对卤代烃的反应活性与脂肪胺相比较弱。

（1）反应通式及反应机理

$$ArNH_2 + RX \longrightarrow ArNH_2^+X^- \xrightarrow{OH^-} ArNHR$$

$$ArNHR + RX \longrightarrow ArNHR_2^+X^- \xrightarrow{OH^-} ArNR_2$$

芳香胺与卤代烃的 N-烃化反应机理是芳胺氮原子上的孤对电子对卤代烃的亲核进攻。

（2）反应特点及反应实例

芳香伯胺可与卤代烃反应得到仲胺，进一步反应得叔胺。

芳香胺与邻对位有强吸电子的芳香卤化物或卤原子位于邻对位的氮杂卤代烃可顺利发生反应。例如，抗肿瘤药吉非替尼（gefitinib，**55**）即通过 N-烃化反应来制得。

55

芳香仲胺也可用类似脂肪仲胺的方式制备。先将芳香伯胺苯磺酰化或乙酰化，转成钠盐形式，从而与卤化烃发生 N-烃化，最后经过水解可得烃化后的芳香胺。

$$ArNH_2 \xrightarrow{ArSO_2Cl} ArNHSO_2Ar \xrightarrow{NaOH} \overset{Na^+}{ArNSO_2CH_3} \xrightarrow{MeI} ArNMeSO_2CH_3 \xrightarrow{KOH} ArNHMe$$

此外，硫酸二甲酯、芳基磺酸酯也可用作烃化剂，通常得到仲胺及叔胺的混合物。

2. 还原烃化反应

还原烃化反应也可用于芳胺的 N-烃化反应，从而制备仲胺和叔胺。例如，α-萘胺与乙醛反应生成席夫碱，再经雷尼镍催化氢化，得到仲胺产物 **56**。

56

3. 其他烃化剂

（1）碱金属催化烯烃作为烃化剂

芳香胺可在碱金属存在下进行 N-烃化。钠溶于苯胺制成苯胺钠，与乙烯反应便得到 N-乙基苯胺（86%）及 N,N-二乙基苯胺（9%）的混合物。此反应也可用于对甲苯胺、苯二胺及萘胺等的 N-烃化。

$$ArNH_2 \xrightarrow{Na} Ar\overline{N}H_2Na^+ \xrightarrow{H_2C=CH_2} ArNHCH_2CH_2^-Na^+ \xrightarrow{H_2N-Ar} ArNHCH_2CH_3$$

（2）原甲酸乙酯作为烃化剂

在硫酸催化下，芳香伯胺可被原甲酸乙酯烃化生成 N-乙基甲酰苯胺类化合物，随后水解

可得 *N*-乙基苯胺。例如，由对氯苯胺与原甲酸乙酯反应后水解制备 *N*-乙基对氯苯胺（**57**）。

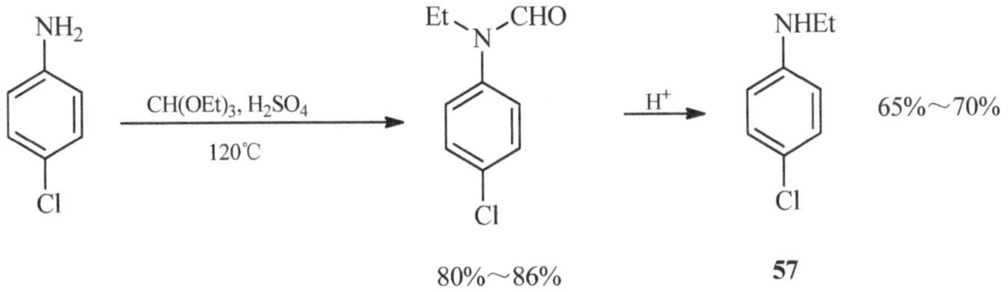

80%～86%　　　　　　　　**57**

4. Ullmann 反应

芳胺与卤代芳烃也能发生 Ullmann 反应。事实上，芳胺 Ullmann 反应比酚的应用更为广泛。特别是当卤代芳烃活性低，又存在位阻，不易与芳香胺直接反应时，可采用 Ullmann 反应合成。

（1）反应通式及反应机理

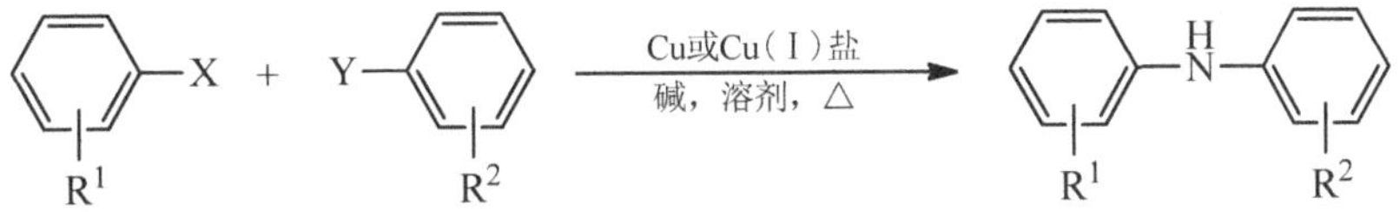

其中 X 为 I、Br、Cl 等；Y 为 NH_2、NHR、NHCOR 等。

反应机理与酚的 Ullmann 反应机理相似。

（2）反应特点及反应实例

卤代芳烃的活性较弱，在反应中需要加入催化量的铜盐和碱，常用的铜催化剂包括金属铜粉、CuCl、CuBr、CuI、Cu_2O 等，常用的碱包括 K_2CO_3、Na_2CO_3、Cs_2CO_3、*t*-BuONa、K_3PO_4 等，有时加入一些配体如 *N*, *N*'-二甲基乙二胺（DMEDA）、2, 2-联吡啶、1, 10-二氮杂菲等能显著提高反应速率和收率。

例如，氟灭酸（flufenamic acid，**58**）即由 3-三氟甲基苯胺与 2-氯苯甲酸在乙酸铜和碳酸钾的作用下经 Ullmann 反应制得[21]。

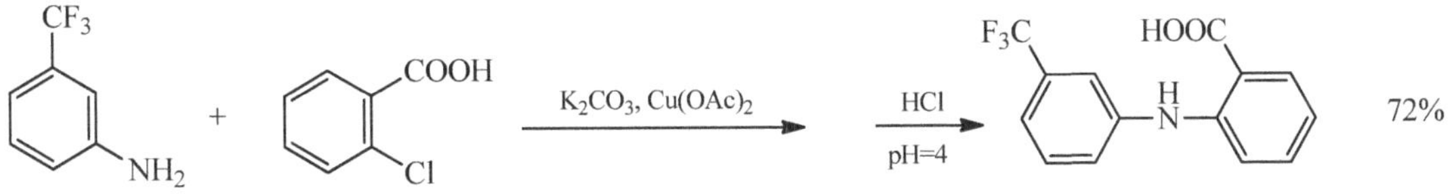

58

5. Buchwald-Hartwig 反应

Buchwald-Hartwig 反应，是指在钯催化下卤代芳烃与胺类化合物间的 C—N 反应。Buchwald-Hartwig 反应是合成芳香胺类的重要方法。

（1）反应通式及反应机理

$$ArX \quad + \quad HNR^1R^2 \xrightarrow{\text{钯催化}} Ar-NR^1R^2$$

该反应的机理大概经历四个过程：首先零价钯活性催化剂 LPd(0)（L 为配体）释放出来，与 ArX 发生氧化加成，形成二价钯的过渡态中间体 T1，T1 与底物胺发生配合，形成催化剂-卤代烃-胺的配合物过渡态 T2，T2 在碱作用下脱去质子，形成钯配合物 T3，T3 经还原消除反应生成产物芳香胺，并释放出活性钯催化剂 LPd(0)，完成催化循环。机理如下所示：

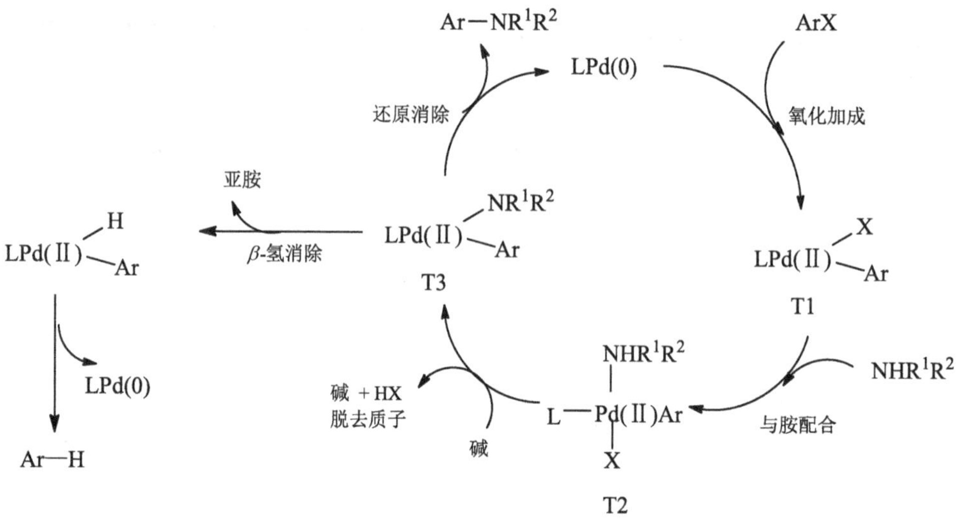

（2）反应特点及反应实例

Buchwald-Hartwig 反应过程复杂，能够得到仲胺、叔胺的收率较高，特别适合于卤代芳烃与胺的反应。Buchwald-Hartwig 反应需要无氧环境，所以反应体系在一般氮气或氩气保护下完成。

例如，N-苯基-4-甲基苯胺（**59**）和 N-正己基-4-氰基苯胺（**60**）的合成[22, 23]。

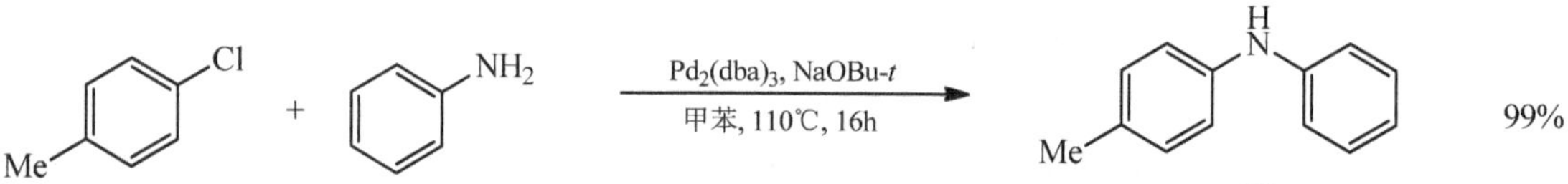

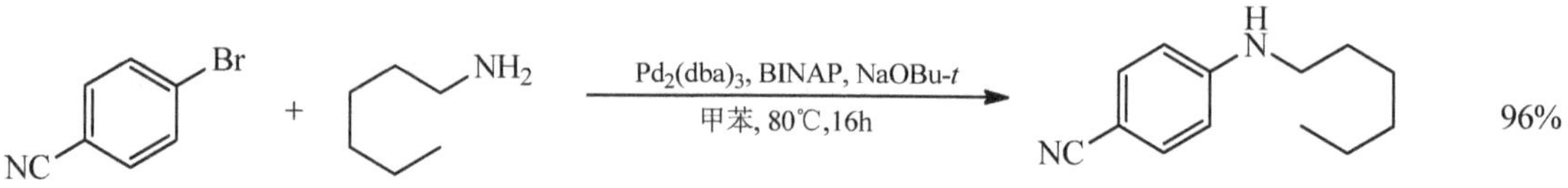

例如，小分子抗肺癌新药色瑞替尼（ceritinib，**61**）的合成[24]。

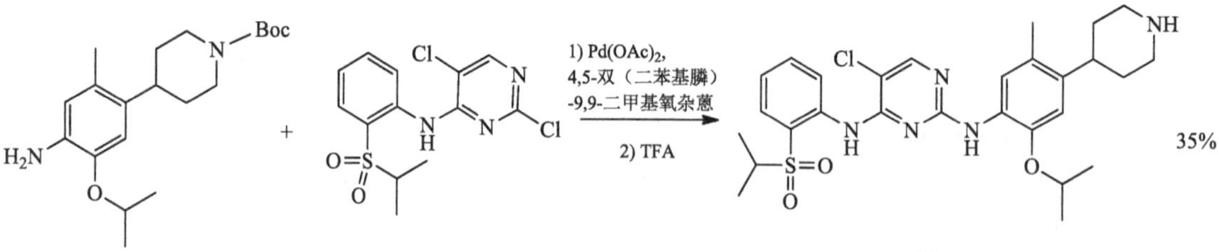

三、其他胺类的 N-烃化

除氨、脂肪胺和芳香胺类外，杂环芳胺上的氮原子由于孤对电子的存在，有亲核能力，可以与卤代烃等烃化剂发生 N-烃化反应。通常杂环芳胺氮原子的碱性弱，因而 N-烃化反应需要较为强烈的条件。

1. 反应通式及反应机理

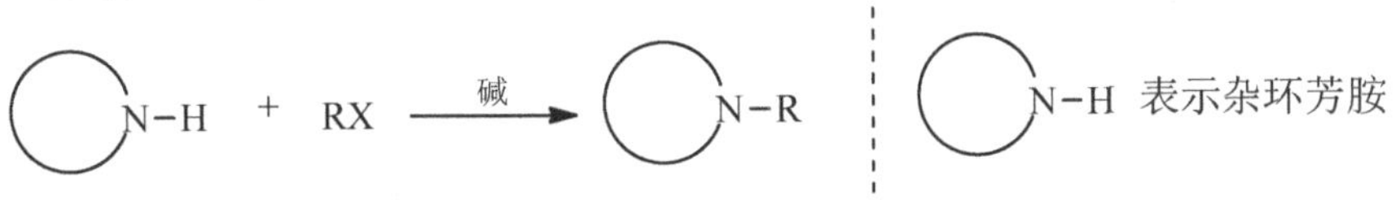

杂环芳胺与卤代烃的 N-烃化反应机理是杂环芳胺氮原子上的孤对电子对卤代烃的亲核进攻，卤素作为负离子与碱结合而离去。

2. 反应特点及反应实例

为了克服杂环芳胺的氮原子碱性弱的问题，一般可将杂环芳胺先与碱金属成盐，之后与卤代烃进行烷基化反应。

含氮六元杂环芳胺，当氨基在氮原子邻位或对位时，碱性较弱，可用氨基钠先制成钠盐再进行 N-烃化反应。例如，抗组胺药曲吡那敏（tripelennamine，**62**），则可由 2-苄氨基吡啶在甲苯溶液中与氨基钠反应制成钠盐，然后与二甲氨基氯乙烷反应制得。

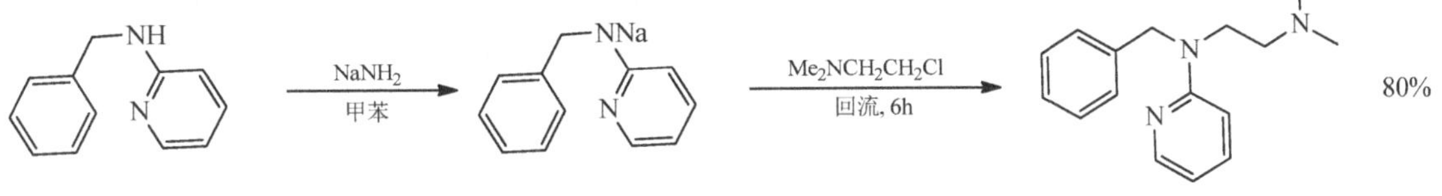

如果杂环胺的环上有多个氮原子，用硫酸二甲酯进行甲基化时，可根据氮原子的碱性不同而进行选择性烃化。例如，在黄嘌呤（**63**）结构中含有三个氮原子可被烃化，N-3 和 N-7 的碱性强，可在近中性的条件下被烃化，而 N-1 上的 H 有酸性，不易被烃化，只能在碱性条件下反应。因此，黄嘌呤（**63**）可以通过控制反应液的 pH 选择性烃化，从而分别得到可可碱（**64**）和咖啡因（**65**）。

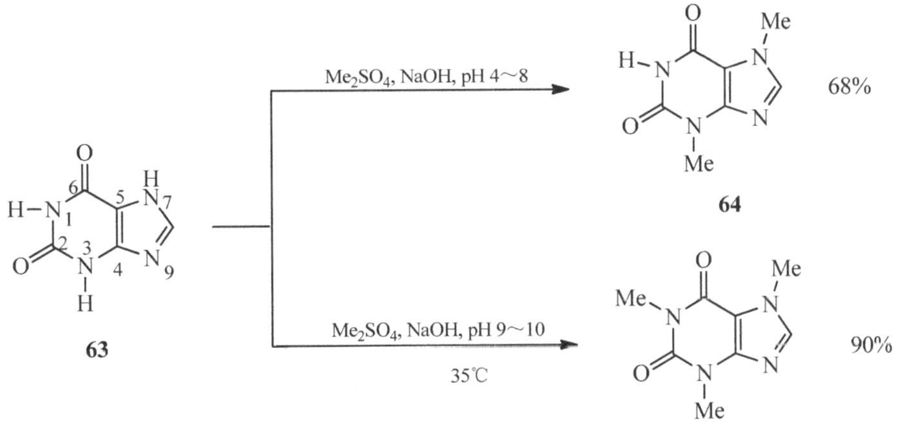

案例 2-3

　　Hinsberg 反应可以用来分离和鉴定伯胺、仲胺和叔胺。

【问题】

　　Hinsberg 反应鉴定三种胺的原理是什么？如何利用 Hinsberg 反应来制备仲胺。

【案例分析】

　　Hinsberg 反应是指伯胺、仲胺分别与对甲苯磺酰氯反应生成对甲苯磺酰胺沉淀，而伯

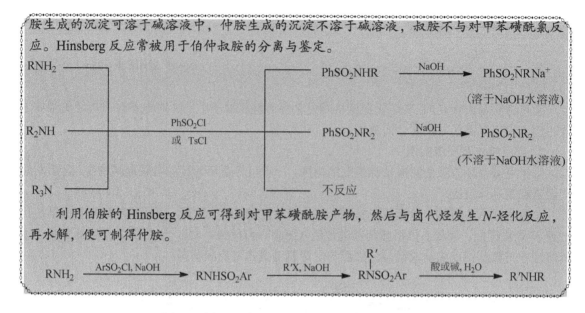

胺生成的沉淀可溶于碱溶液中，仲胺生成的沉淀不溶于碱溶液，叔胺不与对甲苯磺酰氯反应。Hinsberg 反应常被用于伯仲叔胺的分离与鉴定。

利用伯胺的 Hinsberg 反应可得到对甲苯磺酰胺产物，然后与卤代烃发生 *N*-烃化反应，再水解，便可制得仲胺。

第三节 碳原子上的烃化反应

碳原子上的烃化反应是延长碳链、增加烃基的重要方法，可发生烃化反应的部位主要有烯烃碳原子、炔烃碳原子、芳（杂）环、羰基化合物的 α-位等。具体包括：在烯烃碳上引入芳烃基的 Heck 反应、Stille 反应等；炔烃与卤代烃反应在炔烃碳上引入烃基，炔烃发生 Sonogashira 反应引入烃基；芳烃上直接引入烃基的 Friedel-Crafts 烃化反应，通过 Suzuki 反应将卤代烃与有机硼化合物反应在芳烃上引入烃基；利用羰基化合物 α-位氢具有酸性，与卤代烃反应引入烃基；烯胺化合物、格氏试剂也能 C-烃化反应。相转移催化剂在烃化反应中具有较为广泛的应用，能加快烃化反应的速率和提高收率。

一、烯烃的 C-烃化

在烯烃碳上可以导入芳基烃、烯烃和烷基烃，并以芳基烃和烯烃为主，包括 Heck 反应、Stille 反应等。

（一）Heck 反应

Heck 反应是指卤代芳烃（或卤代烯烃）与乙烯基化合物在钯催化剂的作用下发生反应。通过 Heck 反应可以实现烯烃的 C-烃化。

1. 反应通式及反应机理

$$\begin{array}{c}\overset{H}{\underset{R^1}{\diagdown}}C=C\overset{R^2}{\underset{R^3}{\diagup}} + RX \xrightarrow{\text{钯催化剂}} \overset{R}{\underset{R^1}{\diagdown}}C=C\overset{R^2}{\underset{R^3}{\diagup}}\end{array}$$

R= aryl, alkenyl;
X = I, Br, Cl, N_2X 等

Heck 反应的机理与 Buchwald-Hartwig 反应相似。

2. 反应特点及反应实例

Heck 反应特别适用于卤代芳烃与乙烯类化合物反应制取芳香取代烯烃。Heck 反应可以发生于两个分子之间，也可以发生于分子内。Heck 反应的速率及生成的产物受到多种因素影响，

包括反应底物烯烃的结构、卤代烃的结构、钯催化剂、碱、反应溶剂以及添加物等。

例如，丙烯酸甲酯和氯苯通过 Heck 反应可以合成得到苯丙烯酸甲酯（**66**）[25]。

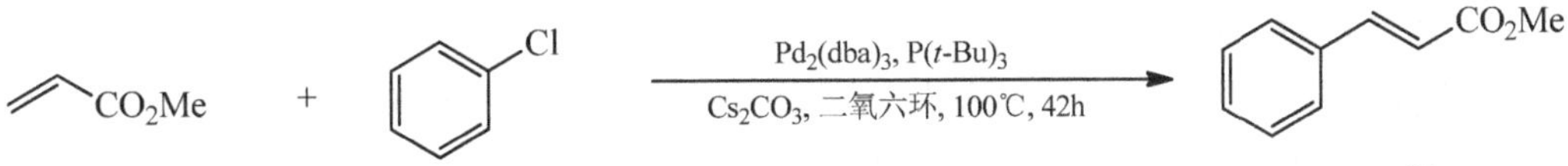

又如，小分子抗肿瘤药阿西替尼（axitinib，**68**）即以中间体（**67**）与 2-乙烯基吡啶发生 Heck 反应制得[26]。

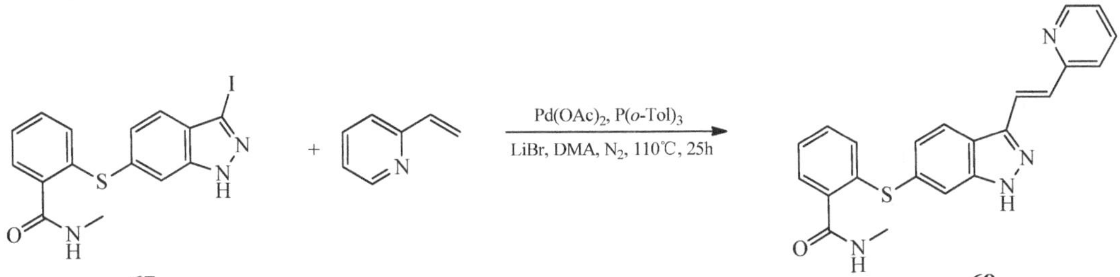

（二）Stille 反应

Stille 反应可用于在烯烃的碳原子上引入烯烃、芳烃甚至烷烃。Stille 反应是指有机锡试剂与有机亲电试剂在钯催化剂作用下发生的偶联反应。Stille 反应是合成烯基-烯基、烯基-芳基、芳基-芳基化合物的有效方法。

1. 反应通式及反应机理

$$R^1—Sn(alkyl)_3 \quad + \quad RX \quad \xrightarrow{钯催化剂} \quad R^1—R \quad + \quad X—Sn(alkyl)_3$$

R^1, R= sp^2 杂化 C (alkenyl, allyl, aryl);
X =卤素 (Cl, Br, I), 类卤化物 (OTf, OTs等)

Stille 反应的机理与 Buchwald-Hartwig 反应相似。

2. 反应特点及反应实例

Stille 反应用于烯烃的 C-烃化反应。Stille 反应对底物的兼容性好，一般在无水无氧惰性环境中进行，反应条件相对比较温和。Stille 反应使用的有机锡试剂稳定，对空气和水不敏感，保存性好，反应结束后锡盐容易分离。但是有机锡试剂有毒，极性偏小，在水中溶解度小。

Stille 反应在烯烃引入烃基有着较为广泛的应用，如化合物 **69** 的合成[27]。

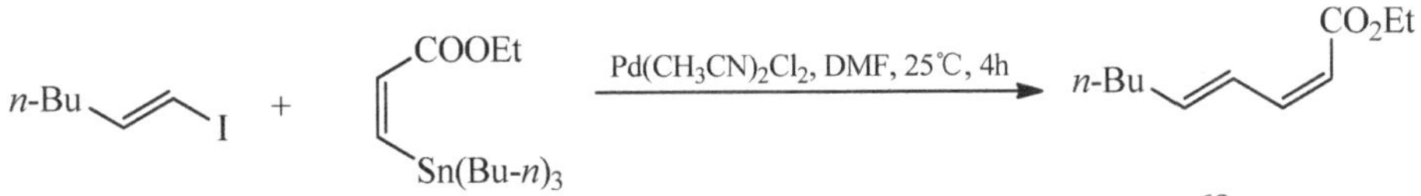

二、炔烃的 C-烃化

炔基氢具有一定的酸性，能够在强碱性条件下与卤代烃发生直接亲核取代从而实现 C-烃化，另外利用 Sonogashira 反应，也能在末端炔烃碳上引入烃基。

（一）卤代烃作为烃化剂的亲核取代反应

1. 反应通式及反应机理

由于炔基氢具有一定的酸性，因此端基炔在强碱如氨基钠、格氏试剂等作用下，形成炔负离子，与卤代烃发生反应。炔烃与卤代烃的反应通式为

$$R'C\equiv C-Na + R-X \longrightarrow R'C\equiv C-R + NaX$$

该反应的反应历程是，炔钠的 C—Na 键的 C 显电负性向卤代烃中显正电性的 R 亲核进攻，从而发生双分子亲核取代反应。炔离子常由端基炔与强碱如氨基钠反应而制得；或利用端基炔与格氏试剂反应生成炔基卤化镁 $R-C\equiv CMgX$。

2. 反应特点及反应实例

一般炔钠与卤代烃容易反应，但只有伯卤化物的 β-位没有侧链时如 RCH_2CH_2X，才有较高的收率；β-位有侧链的伯卤代烃、仲卤代烃、叔卤代烃与炔钠反应，仅能得到痕量 1-炔烃产物，大部分产物为卤代烃经消除而得到的烯。一般卤代烃的活性顺序为 RI＞RBr＞RCl＞RF。一般常用溴代烃来烃化炔离子，溴代烃是在常压下反应最好的烃化剂，氯代烃比溴代烃活性低，若将氯代烃置于高压釜中反应，搅拌可提高烃化收率。碘代烃活性最高，但易与液氨发生氨解副反应，卤代烃发生氨解副产物的活性顺序是 RI＞RBr＞RCl。

二卤化物与乙炔钠在液氨中 C-烃化反应良好。例如，1,5-二溴戊烷与乙炔钠反应得到 1,8-壬二炔（**70**）。

$$Br(CH_2)_5Br \xrightarrow{HC\equiv CNa \text{ , } NH_3(l)} HC\equiv C(CH_2)_5C\equiv CH \quad 84\%$$

70

特别需要注意的是卤代芳烃由于活性太低，不能与炔离子发生 C-烃化反应。

（二）Sonogashira 反应

Sonogashira 反应是指卤代芳烃或者卤代烯烃与末端炔烃在钯催化剂下发生的偶联反应。通过 Sonogashira 反应可以在炔烃碳上引入芳烃基或烯烃基。

1. 反应通式及反应机理

$$R'C\equiv C-H + R-X \xrightarrow[\text{碱}]{\text{钯催化剂}} R'C\equiv C-R$$

R = aryl, alkenyl;   R′ = aryl, vinyl, acyl;   X = Cl, Br, I, OTf等

Sonogashira 反应的机理与 Buchwald-Hartwig 反应相似。

2. 反应特点及反应实例

经典的 Sonogashira 反应需要 $Pd(PPh_3)_2Cl_2$ 与 CuI 组成催化体系，CuI 作为助催化剂能够活化端基炔烃形成炔铜中间体，同时 CuI 还能还原前驱体 Pd(II)形成活性 Pd(0)，但 CuI 催化剂的缺点是导致 1,3-二炔副产物的形成。选择合适的反应条件如溶剂、碱、配体等，Sonogashira 反应也能在无 Cu 催化下反应。例如，溴苯与苯乙炔利用 Bu_2NH 为碱合成 1,2-二苯乙炔（**71**）[28]。

$$\xrightarrow[\text{Bu}_2\text{NH, 60℃, 12h}]{\text{Pd(PPh}_3)_2\text{Cl}_2, \text{ DMF}} \quad 88\%$$

71

又如，抗白血病药泊那替尼（ponatinib，**72**）即采用 Sonogashira 反应制得[29]。

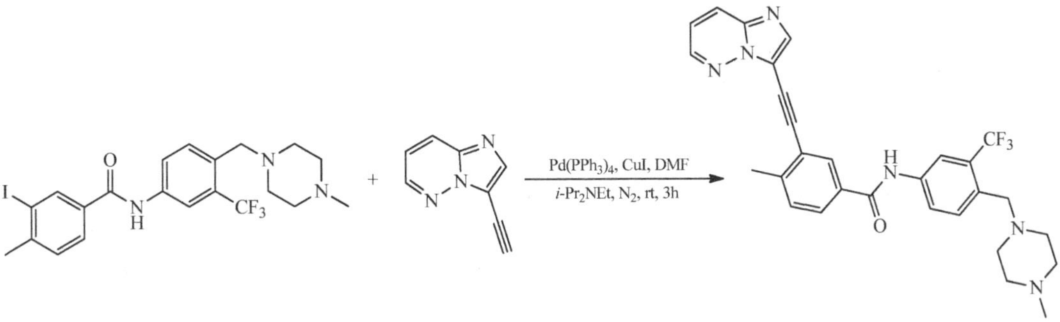

72

三、芳烃的 C-烃化

利用 Friedel-Crafts 烷化反应可以在芳烃碳上引入烷基，利用 Suzuki 反应可以在芳烃上引入芳烃基，从而实现芳烃的 C-烃化。

（一）Friedel-Crafts 烃化反应

Friedel-Crafts 反应是指在酸性催化剂作用下，卤代烃（及酰卤）与芳香族化合物反应，在环上引入烃基及酰基。本节只讨论 Friedel-Crafts 烃化反应。

1. 反应通式及反应机理

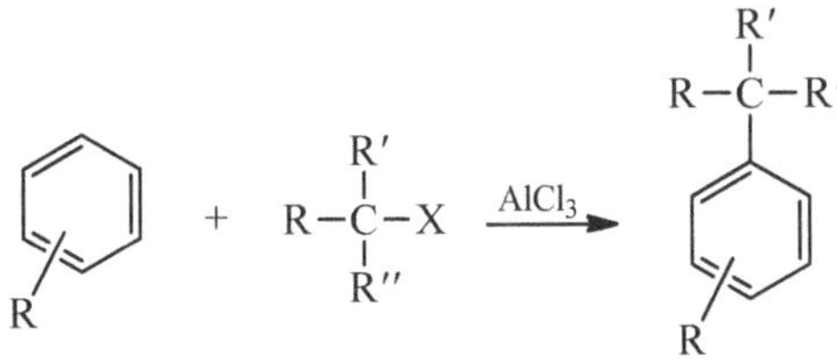

Friedel-Crafts 烃化反应是碳正离子对芳环的亲电进攻。通常碳正离子来自卤代烃与路易斯酸的络合物，其他如质子化的醇及质子化的烯等也可作为碳正离子源。

2. 反应特点及反应实例

Friedel-Crafts 烃化反应受到卤代烃结构、芳环结构、催化剂、溶剂、温度等影响。

（1）卤代烃结构的影响

最常用的烃化剂为卤代烃、烯及醇等，烃化剂 RX 的活性与 R 的结构和 X 的性质有关。当 R 为叔烃基或苄基时反应最快，R 为仲烃基时次之，R 为伯烃基时反应最慢。RX 活性较低时，可用较强催化剂或反应条件，如氯甲烷则要用相当量的强催化剂 $AlCl_3$ 以使烃化易于进行，而氯化苄与苯则在弱催化剂 $ZnCl_2$ 存在下即可反应。$AlCl_3$ 催化卤代正丁烷或叔丁烷与苯反应时，活性顺序为 RF＞RCl＞RBr＞RI，与通常的活性顺序相反。BF_3 和 HF 等常用于烯及醇烃化反应催化。烯及醇用 $AlCl_3$ 催化时，易得树脂状副产物。醚及酯极少用作烃化剂。长链状卤代烃在进行 Friedel-Crafts 反应时会发生重排，产生烃基异构化产物，如氯代正丙烷及氯代异丙烷在 $AlCl_3$ 存在下与苯反应，得到同一产物异丙苯。因为氯代正丙烷在 $AlCl_3$ 作用下生成丙基碳正离子，重排为更稳定的异丙基碳正离子，随后进攻苯环得异丙苯。

$$CH_3CH_2CH_2Cl + AlCl_3 \rightleftharpoons CH_3CH_2CH_2^+AlCl_4^- \rightleftharpoons \begin{matrix} H_3C \\ H_3C \end{matrix}CH^+AlCl_4^-$$

（2）芳环结构的影响

Friedel-Crafts 烃化反应为亲电性取代反应，苯环上的取代基对 C-烃化反应影响较大，当苯环上有供电子取代基时，反应容易进行，有时会继续发生烃化得到多烃基衍生物。苯环上有—OH、—OR 及—NH$_2$ 等供电子基时，因它们能与催化剂络合，芳香环的电子云密度和催化剂的活性降低，不利于 C-烃化反应进行。当芳香环上有卤素、羰基、羧基等吸电子基时，C-烃化反应难度增加，需要选用强催化剂或者升高反应温度。硝基苯 C-烃化反应困难，但当硝基苯上存在供电子取代基时，C-烃化反应可顺利进行。例如，邻硝基苯甲醚可在 HF 催化下引入异丙基，收率较好。芳香族化合物中的稠环体系如萘、蒽等更容易进行烃化反应，缺电子的芳杂环 C-烃化反应难度增加，富电子的芳香杂环 C-烃化反应更易进行。

（3）催化剂的影响

催化剂的作用在于与 RX 反应生成碳正离子 R$^+$。催化剂包括路易斯酸和质子酸，通常路易斯酸活性大于质子酸，其强弱程度因具体反应及条件而不同。通常路易斯酸的活性顺序是：AlBr$_3$＞AlCl$_3$＞SbCl$_5$＞FeCl$_3$＞TeCl$_2$＞SnCl$_4$＞TiCl$_4$＞TeCl$_4$＞BiCl$_3$＞ZnCl$_2$，质子酸的活性顺序通常是：HF＞H$_2$SO$_4$＞P$_2$O$_5$＞H$_3$PO$_4$。无水 AlCl$_3$ 是最常用的路易斯酸催化剂，其催化作用强，价格较便宜，在药物合成中应用较多。但无水 AlCl$_3$ 不宜用于催化富 π 电子的芳香杂环如呋喃、噻吩等的烃化反应。芳香环上的苄醚、烯丙醚等基团，在 AlCl$_3$ 作用下易发生脱保护基的反应。催化剂的种类、活性、用量也可影响烃基的异构化。例如，正醇用 AlCl$_3$ 催化不发生烃基异构化，而用硫酸或 BF$_3$ 催化，则可发生异构化。

（4）溶剂的影响

当芳烃为液体时，可用过量的芳烃既作反应物又作溶剂；当芳烃为固体时，可在惰性溶剂如 CS$_2$、CCl$_4$、C$_6$H$_5$NO$_2$、1, 2-二氯乙烷中进行。酚类的烃化常在石油醚、硝基苯或苯中进行。

（5）温度的影响

芳烃的烃化反应一般要控制在一个适宜的温度范围，否则会产生副反应。例如，在 AlCl$_3$ 催化下，叔丁醇与苯在 30℃反应，高收率（84%）得到叔丁基苯；温度升高至 80～95℃，则产物为甲苯、乙苯及异丙苯的混合物，无叔丁基苯的形成。除了卤代烃、烯及醇，其他烃化剂如多卤化物、甲醛、环氧乙烷在 AlCl$_3$ 催化下也能发生 C-烃化反应。

Friedel-Crafts 反应应用广泛，在制备烷基取代的二甲苯、萘、酚以及利用热裂解制得烯烃、石油馏分的氯化产物等方面有着重要的用途。在药物合成反应中，Friedel-Crafts 反应同样具有十分广泛的应用。例如，镇咳药地布酸钠（sodium dibunate）中间体（**73**）的制备。

73

（二）Suzuki 反应

Suzuki 反应是指卤代芳烃与芳基硼酸（或硼酸酯）在钯催化剂存在下发生的反应。通过

Suzuki 反应可以在芳烃碳上引入芳烃基甚至烷烃基。

1. 反应通式及反应机理

$$ArB(OR^1)_2 \quad + \quad R—X \quad \xrightarrow[\text{碱}]{\text{钯催化剂}} \quad Ar—R$$

R = aryl; R^1 = H, alkyl

X = Cl, Br, I, OTf等

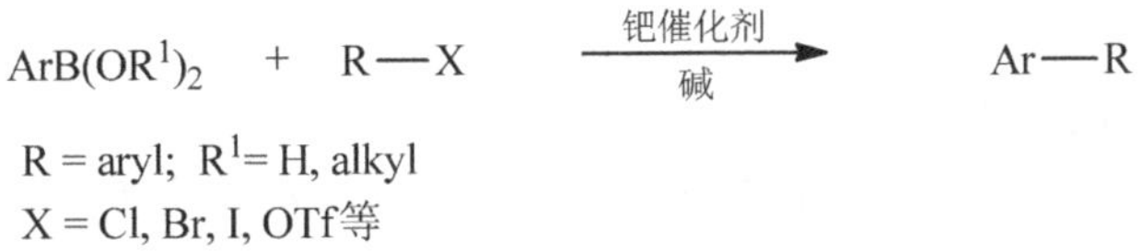

Suzuki 反应的机理与上述 Buchwald-Hartwig 反应相似。

2. 反应特点及反应实例

Suzuki 偶联反应在化学中间体和药物中间体的合成反应中应用十分广泛。例如，小分子抗白血病 BTK 抑制剂依鲁替尼（ibrutinib）的中间体（**74**）即采用 Suzuki 反应制得[30]。

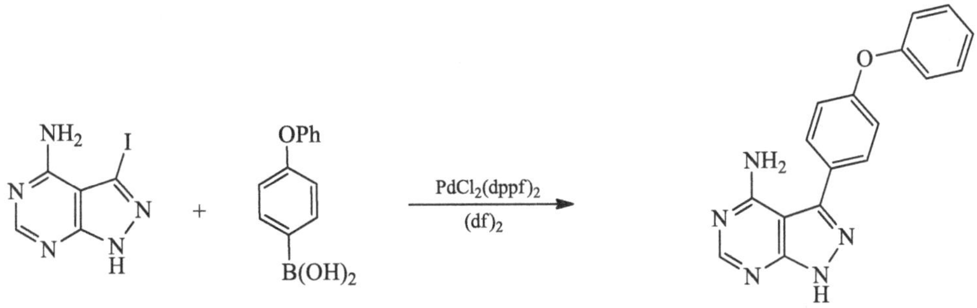

74

四、羰基化合物 α-位的 C-烃化

（一）活泼亚甲基化合物的 C-烃化

活泼亚甲基化合物的亚甲基上连有吸电子基团，因此具有一定的酸性。在碱性条件下能够与烃化剂如卤代烃发生 C-烃化反应。

1. 反应通式及反应机理

$$R—CH_2—R^1 \quad + \quad R^2—X \quad \xrightarrow{\text{EtONa}} \quad R-\overset{\overset{\displaystyle H}{|}}{\underset{\underset{\displaystyle R^2}{|}}{C}}-R^1$$

R, R^1 = 吸电子基团

R^2 = alkyl; X = Cl, Br, I, …

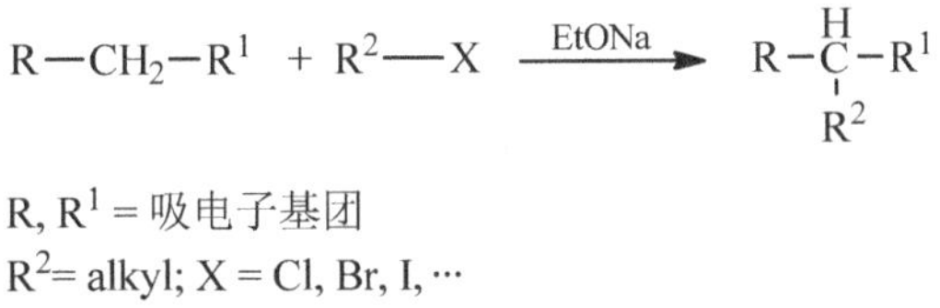

亚甲基旁吸电子基团的活性越强，则亚甲基上氢的酸性越大。常见的吸电子基团的强弱顺序为：—NO_2＞—COR'＞—SO_2R'＞—CN＞—COOR'＞—SOR'＞—Ph（R'为烃基）。常见的具有活性亚甲基的化合物有 β-二酮、β-羰基酸酯、丙二酸酯、丙二腈、氰乙酸酯、乙酰乙酸乙酯、苄腈、硝基化合物等。

活泼亚甲基化合物的烃化反应属于 S_N2 机理，在碱性条件下，活性亚甲基被碱夺取氢而形成碳负离子，并与邻位的吸电子基因产生共轭效应，增加了碳负离子的稳定性。例如，乙酰乙酸乙酯与溴正丁烷的反应历程如下：

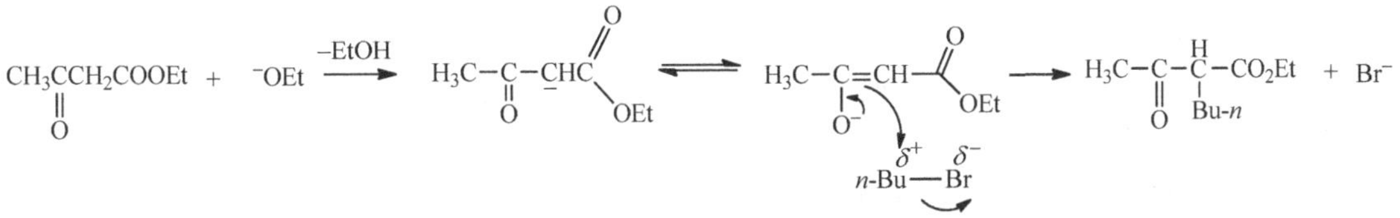

2. 反应特点及反应实例

活泼亚甲基化合物的烃化反应与亚甲基的碳负离子的形成、烃化剂的性质、溶剂、活泼亚甲基化合物结构等密切相关。

（1）碱性催化剂的影响

活泼亚甲基化合物的亚甲基的碳负离子的形成与底物本身和催化剂的碱性有关，活泼亚甲基化合物上氢原子的活性不同，选用的碱不同，一般常用的是醇类与碱金属所形成的醇盐，以醇钠最常用，碱性强弱的顺序一般为 t-BuONa＞i-PrONa＞EtONa＞MeONa。活泼亚甲基化合物的亚甲基酸性较弱时选用 t-BuONa；酸性强时可用 K_2CO_3；多数情况下选用 EtONa。

（2）烃化剂的影响

常用的烃化剂为卤代烃和磺酸酯，伯卤代烃及伯醇磺酸酯是较好的烃化剂，仲卤代烃收率较低，由于存在烃化反应与消除反应之间的竞争，叔卤代烃及叔醇磺酸酯在碱性条件下可发生消除副反应。某些仲卤代烃或叔卤代烃进行烃化反应时，容易发生脱卤化氢的副反应并伴有烯烃生成。

（3）溶剂的影响

使用不同溶剂会影响反应体系碱性的强弱。通常选用醇钠为碱时，用醇类作溶剂，难烃化的活性亚甲基化合物可用苯、甲苯等为溶剂。极性非质子溶剂如 DMF 或 DMSO 能加快反应速率，但能引起 O-烃化副反应发生。

（4）活泼亚甲基化合物结构的影响

活泼亚甲基上若有两个活性氢原子，与卤代烃反应时可发生单烃化或双烃化，这取决于活泼亚甲基化合物与卤代烃的活性大小和反应条件。另外，在足量的碱和烃化剂存在下活泼亚甲基化合物也可发生双取代。用二卤化物作为烃化剂可得环状化合物。

活泼亚甲基化合物的 C-烃化反应在药物中间体的制备中有广泛的应用。例如，镇咳药喷托维林（pentoxyverin）的中间体（**75**）即由苯乙腈与 1, 4-二溴丁烷在 NaOH 催化下制得，抗心律失常药维拉帕米（verapamil）的中间体（**76**）的合成也使用苯乙腈衍生物为原料[31]。

75

76

（二）醛、酮、羧酸衍生物的 α-位 C-烃化

当亚甲基旁只有一个吸电子基团如醛、酮、羧酸衍生物进行亚甲基的 C-烃化反应，反应比较复杂，必须控制反应条件，才可以较高收率得到 α-C-烃化衍生物。

1. 醛的 α-C-烃化

醛在碱催化下，α-C-烃化较少见，易发生碱催化羟醛缩合。

2. 酮的 α-C-烃化

由于酮结构中通常存在两个亚甲基，可以生成烯醇 A、B 的混合物，其组成由动力学因素

或热力学因素决定。当动力学因素存在时，产物组成取决于两个竞争性夺取氢反应的相对速率，产物比例由动力学控制决定。若烯醇 A 及 B 能互相迅速转变，并达到平衡，产物组成取决于烯醇的相对热力学稳定性，即为热力学控制决定。

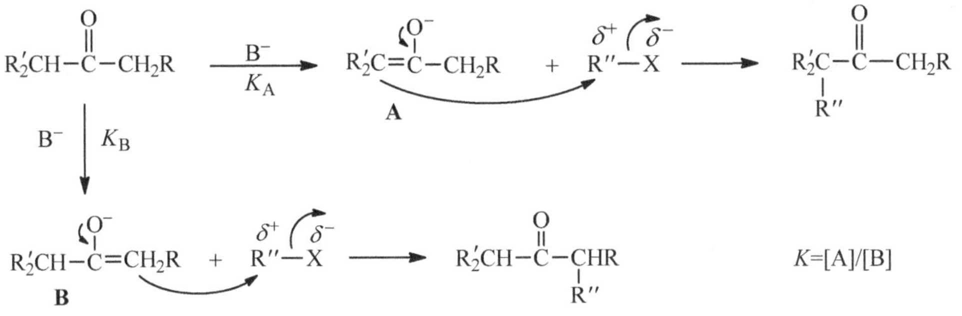

在酮不过量时，用强碱如三苯甲基锂在非质子溶剂中处理酮为动力学控制，烯醇生成后互相转变较慢，体积小的锂离子能与烯醇离子紧密地结合，降低了质子转移反应速率。当用质子溶剂及酮过量时，不利于动力学控制，生成的烯醇之间质子转移达到平衡，为热力学控制。House 等用乙酐与烯醇混合物反应研究了动力学及热力学控制下烯醇的组成，再用气相色谱或核磁共振测定烯醇乙酸酯的比例，即得出溶液中烯醇的比例。

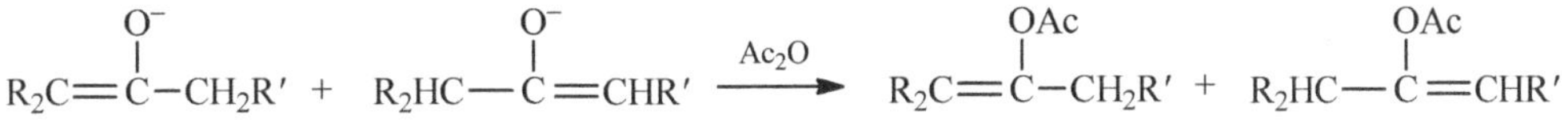

不对称酮的 α-C-烃化，根据动力学因素或热力学因素，可得到不同的主要产物。例如，α-甲基环戊酮在动力学控制或热力学控制下的烯醇的相对收率不同。

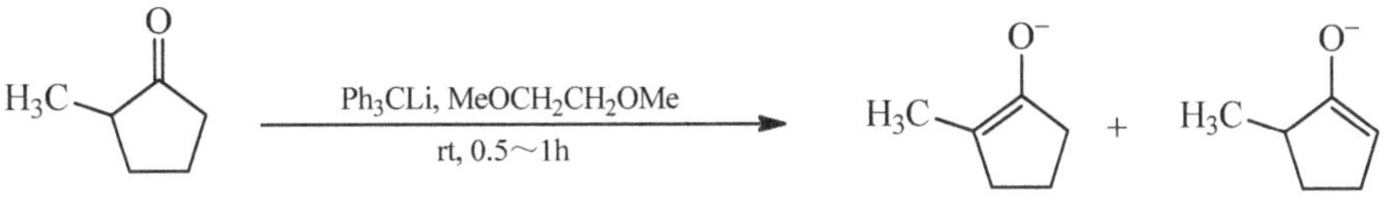

动力学控制：	28%	72%
热力学控制(酮略过量)：	94%	6%

动力学控制条件通常有利于生成取代较少的烯醇，主要原因是夺取位阻较小的氢比夺取位阻较大的氢更快些。但在热力学控制下，多取代的叔醇总是占优势，碳-碳双键的稳定性随取代增多而增强，因此较多取代的烯醇有较强的稳定性。

3. 酯 α-C-烃化

酯的 α-C-烃化较少见，需要很强的碱作催化剂，较弱的催化剂如醇钠将促进酯缩合反应。成功地制备酯烯醇要用高度立体障碍的强碱，特别是二异丙基氨基锂（i-Pr$_2$NLi，LDA）在低温下能成功地夺取酯及内酯的 α-氢，而不发生羰基加成，生成的烯醇再与溴代烷或碘代烷发生 α-C-烃化。例如，己酸乙酯经 LDA 得到酯烯醇，然后与碘甲烷反应，得到 α-C-烃化产物（**77**）。

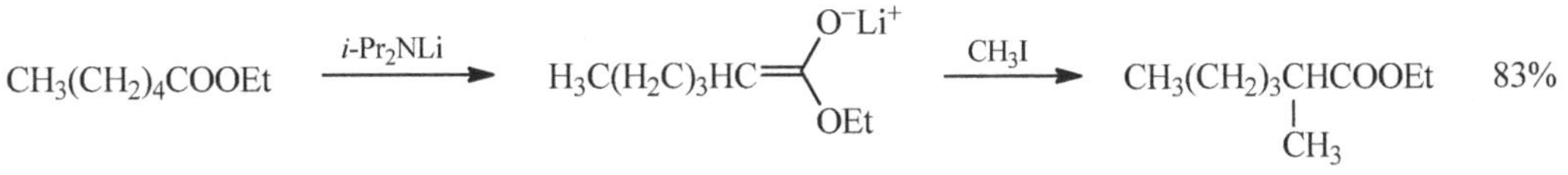

五、其他化合物的 C-烃化

（一）烯胺的 C-烃化

醛、酮的氨类似物称为亚胺，由醛、酮与胺缩合得到。当仲胺与 α-位有氢的醛、酮在酸性催化剂存在下加热发生缩合反应，产物为烯胺。可通过除水而使反应完全，如采用恒沸蒸馏法。除此法之外，还可用强脱水剂由酮和仲胺反应制备烯胺。例如，在酮与仲胺的混合物中加入无水 $TiCl_4$，可迅速得到烯胺。此法可用于普通胺及有位阻的胺的烯胺的制备。

$$RH_2C-\underset{\underset{O}{\|}}{C}-R' \ + \ R''NH_2 \ \xrightarrow{\text{无水}TiCl_4} \ RHC=\underset{\underset{R'}{|}}{C}-NR''_2$$

也可将仲胺先转变成三甲硅基衍生物，然后与含 α-H 的醛酮反应得到烯胺。硅对氧比对氮有更高的亲和力，有利于在缓和条件下产生烯胺。

$$R_2NSiMe_3 \ + \ R'H_2C-\underset{\underset{O}{\|}}{C}-R'' \ \longrightarrow \ R'HC=\underset{\underset{R''}{|}}{C}-NR_2 \ + \ Me_3SiOH$$

1. 反应通式及反应机理

烯胺的 α,β-碳碳双键与氮原子共轭，β-碳原子是亲核性的，可与卤代烃发生 C-烃化。

$$R''-\underset{\underset{O}{\|}}{C}-CHR'_2 \ + \ R_2NH \ \longrightarrow \ R''-\underset{\underset{NR_2}{|}}{C}=CR'_2 \ \xrightarrow{R'''X} \ \xrightarrow{H_2O} \ R''-\underset{\underset{O}{\|}}{C}-\underset{\underset{R'''}{|}}{\overset{R'}{\underset{|}{C}}}-R'$$

烯胺的 C-烃化的机理为 S_N2 反应机理：烯胺形成后，烯胺的 β-碳原子具有亲核性，亲核进攻卤代烃，最后水解，得到醛酮的 α-C-烃化产物。

$$R''-\underset{\underset{O}{\|}}{C}-CHR'_2 \ + \ R_2NH \ \underset{}{\overset{H^+}{\rightleftharpoons}} \ R_2N-\overset{\overset{OH}{|}}{\underset{\underset{R''}{|}}{C}}-CHR'_2 \ \rightleftharpoons \ R_2N^+=\underset{\underset{R''}{|}}{C}-CR'_2 \ \rightleftharpoons \ R_2N-\underset{\underset{R''}{|}}{C}=CR'_2 \ + \ H^+$$

$$R_2N-\underset{\underset{R''}{|}}{C}=CR'_2 \ + \ R'''-X \ \longrightarrow \ R_2N^+=\underset{\underset{R''}{|}}{C}-\underset{\underset{R'}{|}}{\overset{R'''}{\underset{|}{C}}}-R' \ \xrightarrow{H_2O} \ R''-\underset{\underset{O}{\|}}{C}-\underset{\underset{R'}{|}}{\overset{R'''}{\underset{|}{C}}}-R'$$

2. 反应特点及反应实例

对称性酮形成的烯胺的 C-烃化，操作简单，收率较高。例如，环己酮与四氢吡咯生成烯胺，与 3-溴丙烯发生 C-烃化，再经水解得到产物 **78**。

78

而对于不对称酮类形成的烯胺，C-烃化反应存在选择性。例如，甲基环己酮与四氢吡咯所生成的烯胺混合物中，可形成两种烯胺异构体，分别为少取代的烯胺（**79**）和多取代的烯胺异构体（**80**）。位阻有利于少取代烯胺（**79**）的生成。双键 π 轨道和氮上未共用电子对最大地相互作用要求氮及碳原子共平面，多取代的烯胺异构体（**80**）的非键排斥不利于此异构体的生成，因此少取代的烯胺（**79**）占优势。

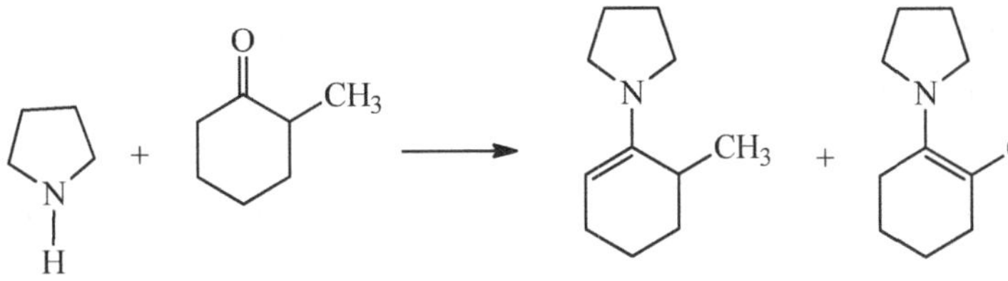

79 90%　　**80** 10%

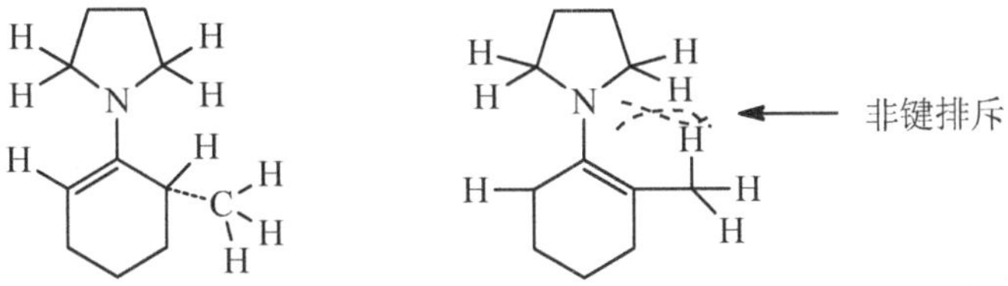

79　　　　　　　　**80**

因此，烯胺的 C-烃化则主要进攻羰基旁位阻小的 α-碳。例如，由原料 **81** 经烯胺中间体后，与 2-溴丙酸甲酯发生 C-烃化反应，水解后主要得到产物 **82**。

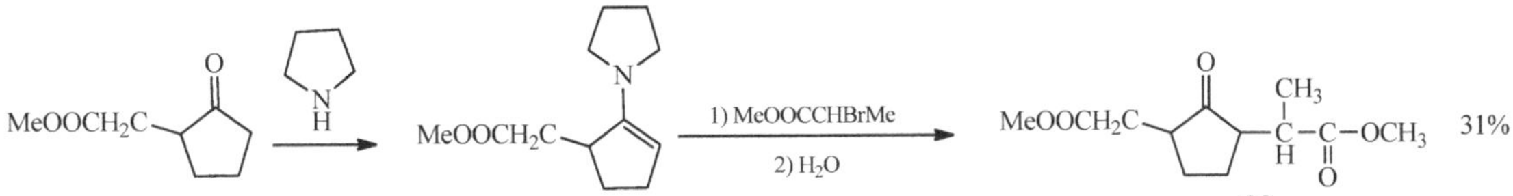

不对称烯胺的 C-烃化除了选择性外，还存在 N-烃化的竞争反应，当用活性特别高的烃化剂像碘甲烷、卤化苄、α-卤代酮、α-卤代酯及卤代醚进行 C-烃化时，烯胺的 N 上也会发生 N-烃化副反应。

（二）格氏试剂的 C-烃化

1. 反应通式及反应机理

格氏试剂有很强的碱性和亲核能力，与卤代烃、烷基硫酸酯及磺酸酯等烃化剂进行亲核取代反应，实现 C-烷基化。格氏试剂的 C-烃化的反应机理如下：

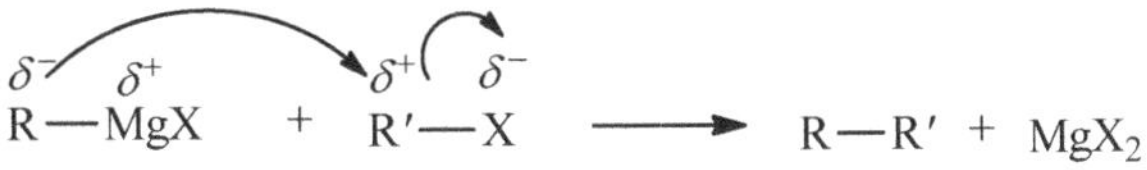

2. 反应特点及反应实例

（1）格氏试剂的制备

制备格氏试剂时，卤代烃的反应活性与 R 的结构以及卤素 X 相关。当卤代烃中 R 相同而卤素不同时，其活性顺序是：RI＞RBr＞RCl＞RF。制备格氏试剂时可加入碘、碘甲烷或溴乙烷作为引发剂，有利于与卤代烃发生反应。但碘甲烷或溴乙烷可生成另一种格氏试剂，改用二溴乙烷作为引发剂，生成乙烯逸去，不生成另一种格氏试剂。另一种方法是可通过金属钠或钾还原镁盐，将镁制备成非常活泼的黑色粉末，与有机卤化物的反应要快得多。卤乙烯也能与此粉末镁生成格氏试剂。

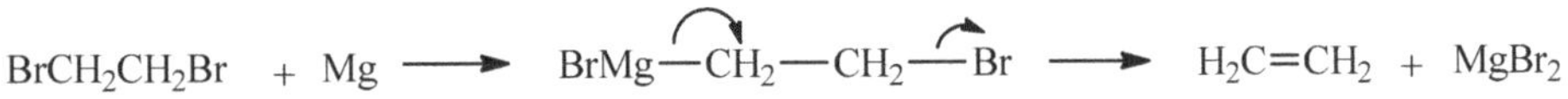

（2）溶剂的影响

格氏试剂通常以醚类如乙醚、THF 等为溶剂，格氏试剂在醚中的溶解度最大。格氏试剂在乙醚中常以聚集态存在，RMgCl 在乙醚中的主要形式为二聚体；相应的 RMgBr 或 RMgI 的结构取决于其在溶液中的浓度，在极稀溶液中，以单体形式存在。有些格氏试剂在 THF 中比在乙醚中更易生成。

格氏试剂可与活性卤化物如卤代甲烷进行烃化，也可用叔卤代烷作为烃化剂，但一般收率较低（30%～50%）。例如，化合物 **83** 的合成：

$$Ph\!-\!\overset{\displaystyle Me}{\underset{\displaystyle (CH_2)_4Me}{C}}\!-\!Cl \quad + \quad CH_3(CH_2)_9MgBr \quad \longrightarrow \quad Ph\!-\!\overset{\displaystyle Me}{\underset{\displaystyle (CH_2)_4Me}{C}}\!-\!(CH_2)_9CH_3 \qquad 30\%$$

83

（三）相转移烃化反应

在有机合成中，对于两相互不相溶的试剂，可通过相转移催化技术使一相反应物转入另一相中，从而提高反应效率，增加反应收率。相转移催化技术用于烃化反应，有助于烃化反应的效率。用于相转移催化反应的催化剂称为相转移催化剂（phase-transfer catalyst，PTC）。

常用的 PTC 包括季铵盐[如四丁基溴化铵（TBAB）、四丁基碘化铵（TBAI）、四丁基硫酸氢铵（TBAHS）等]、冠醚类（如 15-冠-5、18-冠-6 等）以及聚醚类（如聚乙二醇等）。相转移催化用于烃化反应可克服溶剂化反应，不需要无水操作，后处理容易。可用 NaOH 水溶液代替醇盐、NaH、NaNH$_2$ 或金属钠，还可降低反应温度，改变反应选择性，提高收率。

（1）相转移催化的 O-烃化

例如，正丁醇用氯化苄在碱性溶液中烃化，相转移催化剂 TBAHS 的使用可显著提高产物（**84**）收率。

$$n\text{-BuOH} \xrightarrow[\text{45℃, 6h}]{\text{PhCH}_2\text{Cl, 50\% NaOH}} n\text{-BuOCH}_2\text{Ph} \qquad 4\%$$
$$\textbf{84}$$

$$n\text{-BuOH} \xrightarrow[\text{TBAHS, C}_6\text{H}_6\text{, 35℃, 1.5h}]{\text{PhCH}_2\text{Cl, 50\% NaOH}} n\text{-BuOCH}_2\text{Ph} \qquad 92\%$$
$$\textbf{84}$$

（2）相转移催化的 N-烃化

例如，吲哚和溴苄在 TBAHS 的催化下，高收率得到 N-苄基化产物（**85**）。

$$\xrightarrow[\text{33℃, 18h}]{\text{PhCH}_2\text{Br, 50\% NaOH, TBAHS, C}_6\text{H}_6} \qquad 93\%$$

85

（3）相转移催化的 C-烃化

例如，1-苯基-2-丙酮与碘甲烷在 TBAHS 催化下，高收率得到产物（**86**）。

$$PhCH_2COCH_3 \xrightarrow{\text{MeI, NaOH, TBAHS, CH}_2\text{Cl}_2} Ph\overset{}{\underset{\displaystyle Me}{C}}HCOCH_3 \qquad 92\%$$
$$\textbf{86}$$

相转移催化在烃化反应中应用广泛，除了烃化反应，相转移催化还可用于水解、酰化、氧化、还原、消除等反应。

案例 2-4

当活泼亚甲基化合物的亚甲基上有 2 个氢时可以引入两个烃基，两个烃基引入的次序可直接影响产品的纯度和收率。

【问题】

在活泼亚甲基化合物上引入两个不同烃基时，引入次序如何设计？

【案例分析】

以丙二酸二乙酯为例说明，丙二酸二乙酯的活泼亚甲基存在两个氢。若引入两个相同而较小的烃基，丙二酸二乙酯先与等物质的量卤代烃反应，再二次烃化。若引入两个不同的伯烃基，应先引入较大的伯烃基，后引入较小的伯烃基。例如，异戊巴比妥（amobarbital）的中间体 α-乙基-α-异戊基丙二酸二乙酯（**87**）以丙二酸二乙酯为原料，先引入较大的异戊基，再引入较小的乙基，总收率为 77%。

$$CH_2(COOEt)_2 \xrightarrow[\substack{75\sim78℃,\ 6h}]{\substack{Me_2CHCH_2CH_2Br \\ EtONa,\ EtOH}} Me_2HCH_2CH_2C\begin{matrix} \\ H \end{matrix}C(COOEt)_2 \xrightarrow[\substack{35℃,\ 10h; \\ 65\sim70℃,\ 1h}]{\substack{CH_3CH_2Br \\ EtONa,\ EtOH}} Me_2HCH_2CH_2C\begin{matrix} \\ Et \end{matrix}C(COOEt)_2 \quad 77\%$$

87

若引入的两个烃基都是仲烃基，丙二酸二乙酯烃化的收率很低，宜采用氰乙酸乙酯在乙醇钠或叔丁醇钠存在下反应。例如，引入两个异丙基时，以氰乙酸乙酯为原料的收率达 95%，而丙二酸二乙酯仅为 4%。

$$\begin{matrix} i\text{-}Pr & CN \\ & C \\ H & COOEt \end{matrix} \xrightarrow{i\text{-}PrI,\ EtONa,\ EtOH} \begin{matrix} i\text{-}Pr & CN \\ & C \\ i\text{-}Pr & COOEt \end{matrix} \quad 95\%$$

$$\begin{matrix} i\text{-}Pr & COOEt \\ & C \\ H & COOEt \end{matrix} \xrightarrow{i\text{-}PrI,\ EtONa,\ EtOH} \begin{matrix} i\text{-}Pr & COOEt \\ & C \\ i\text{-}Pr & COOEt \end{matrix} \quad 4\%$$

参 考 文 献

[1] Clark H L，English J P，Jansen G R，et al. 3-Sulfanilamido-6-alkoxypyridazines and related compounds. J Am Chem Soc，1958，80（4）：980-983.

[2] 郑红，冀学时，郝锦将，等. 倍他洛尔的合成工艺改进. 中国药物化学杂志，2004，14（5）：305-306.

[3] Olah G A，Halpern Y，Lin H C. Preparative carbocation chemistry. XI. Alkylation of t-butyl alcohol and di-t-butyl carbonate with trimethylcarbenium fluoroantimonate in the presence of a hünig base，preparation of di-t-butyl ether. Synthesis，1975，（5）：315-316.

[4] 闻韧. 药物合成反应. 北京：化学工业出版社，2016：44-83.

[5] Li W，Huang H，Jin X. Stereoselective synthesis of（R）-salmeterol via asymmetric cyanohydrin reaction. Chem Res Chin U，2014，30（5）：770-773.

[6] Shapiro S L，Parrino V A，Freedman L. Hypoglycemic agents. III.[1-3] N^1-alkyl-and aralkylbiguanides. J Am Chem Soc，1959，81（14）：3728-3736.

[7] Ravi P，Kumar N P，Guruswamy B，et al. Improved process for the preparation of aripiprazole with reduced particle size： WO 2016181406. 2016.

[8] Wang Z M，Li X M，Xu W. Acetophenone derivatives：novel and potent small molecule inhibitors of monoamine oxidase B. Med Chem Comm，2015，6（12）：2146-2157.

[9] Buck J P. Veratric aldehyde（3,4-dimethoxybenzaldehyde）. Org Chem（Section 10），1923，13：102-104.

[10] Bach F L. The reaction of O^{18}-labeled ethanol with phenols with N, N'-diclohexylcarbodiimide. J Org Chem，1965，30（4）：1300-1301.

[11] Charette A B，Janes M K，Boezio A A. Mitsunobu reaction of using thiphenylphosphine linked to non-cross-linked polystyrene. J Org Chem，2001，66（6）：2178-2180.

[12] Caras-Quintero D，Bäuerle P. Effocient synthesis of 3, 4-ethylenedioxythiophenes（EDOT）by mitsunobu reaction. Chem Commun，2002，21：2690-2691.

[13] Trivedi M，Ujjain S K，Sharma R K. A cyano-bridged copper(Ⅱ)-copper(Ⅰ)mixed-valence coordination polymer as a source of copper oxide nanoparticles with catalytic activity in C-N，C-O and C-S cross-coupling reactions. New J Chem，2014，38（9）：4267-4274.

[14] Roth B D，Blankley C J，Chucholowski A W，et al. Inhibitor of cholesterol biosynthesis. 3. tetrahydro-4-hydroxy-6-[2-(1H-pyrrol-1-yl)ethyl]-2H-pyran 2-one inhibitors of HMG-CoA reductase. 2. effects of introducing substituents at positions three and four of the pyrrole nucleus. J Med Chem，1991，34（1）：357-366.

[15] Xin M，Duan W，Feng Y. Novel 6-aryl substituted 4-pyrrolidineaminoquinazoline derivatives as potent phosphoinositide 3-kinase delta（PI3Kδ）inhibitors. Bioorg Med Chem，2018，26（8）：2028-2040.

[16] Li H J，Guillot R，Gandon V. A Gallium-catalyzed cycloisomerization/Friedel-Crafts tandem. J Org Chem，2010，75（24）：8435-8449.

[17] 梁毅恒，徐燕，谢安云. 盐酸丁螺环酮的合成工艺改进. 中国医药工业杂志，1996，27（5）：203-204.

[18] Kook C S，Reed M F，Digenis G A. Preparation of fluorine-18-labeled haloperidol. J Mem Chem，1975，18（5）：533-535.

[19] 彭震云，陈锦明，谷淑玲. 苄普地尔盐酸盐的合成及其药效的研究. 中国药物化学杂志，1993，3（2）：124-125.

[20] Miura Y，Hayashida K，Chishima S，et al. Synthesis of carbon-14-and deuterium-labeled trimebutine and metabolites. J Labelled Comp Radiopharm，1988，25（10）：1061-1072.

[21] Sarrafi Y，Mohadeszadeh M，Alimohammadi K. Microwave-assisted chemoselective copper-catalyzed amination of o-chloro and o-bromobenzoic acids using aromatic amines under solvent free conditions. Chin Chem Lett，2009，20（7）：784-788.

[22] Wolfe J P，Wagaw S，Buchwald S L. An improved catalyst system for aromatic carbon-nitrogen bond formation：the possible involvement of bis(phosphine)palladium complexes as key intermediates. J Am Chem Soc，1996，118（30）：7215-7216.

[23] Hamann B C，Hartwig J F. Sterically hindered chelating alkyl phosphines provides large rate accelerations in palladium-catalyzed amination of aryl iodides，bromides，and chlorides，and the first amination of aryl tosylates. J Am Chem Soc，1998，120（29）：7369-7370.

[24] Marsilje T H，Pei W，Chen B，et al. Synthesis，structure-activity relationships，and in vivo efficacy of the novel potent and selective anaplastic lymphoma kinase（ALK）inhibitor 5-chloro-N2-(2-isopropoxy-5-methyl-4-(piperidin-4-yl)phenyl)-N4-(2-(isopropylsulfonyl)phenyl)pyrimidine-2, 4-diamine（LDK378）currently in phase 1 and phase 2 clinical trials. J Med Chem，2013，56（14）：5675-5690.

[25] Littke A F，Fu G C. Heck reactions in the presence of P(t-Bu)₃: expanded scope and milder reaction conditions for the coupling of aryl chlorides. J Org Chem，1999，64（1）：10-11.

[26] Flahive E J，Ewanicki B L，Sach N W，et al. Development of an effective palladium removal process for VEGF oncology candidate AG13736 and a simple，efficient screening technique for scavenger reagent identification. Org Proc Res Dev，2008，12（4）：637-645.

[27] Stille J K，Groh B L. Stereospecific cross-coupling of vinyl halides with vinyl tin reagents catalyzed by palladium. J Am Chem Soc，1987，109（3）：813-817.

[28] Yi C，Hua R. A copper-free efficient palladium(Ⅱ)-catalyzed coupling of aryl bromides with terminal alkynes. Catal Commun，2006，7（6）：377-379.

[29] Huang W S，Metcalf C A，Sundaramoorthi R，et al. Discovery of 3-[2-(imidazo[1, 2-b] pyridazin-3-yl)ethynyl]-4-methyl-N-{4-[(4-methylpiperazin-1-yl)methyl]-3-(trifluoromethyl)phenyl}benzamide（AP24534），a potent，orally active pan-inhibitor of breakpoint cluster region-abelson（BCR-ABL）kinase including the T315I gatekeeper mutant. J Med Chem，2010，53（12）：4701-4719.

[30] Pan Z，Scheerens H，Li S J，et al. Discovery of selective irreversible inhibitors for bruton's tyrosine kinase. ChemMedChem，2007，2（1）：58-61.

[31] Wang C，Wang T，Zhou N，et al. Design，synthesis and evaluation of 9-hydroxy-7H-furo[3, 2-g]chromen-7-one derivatives as new potential vasodilatory agents. J Asian Nat Prod Res，2014，16（3）：304-311.

第三章 卤化反应（Halogenation Reaction）

【学习目标】

学习目的

本章概述了卤化反应在药物合成中的用途，重点介绍了典型的卤化反应及其反应机理、反应特点及应用实例，旨在让学生理解并掌握常见的卤化反应，为有机药物的合成奠定基础。

学习要求

掌握常见的卤加成反应、卤取代反应和卤置换反应及其反应机理。

熟悉卤加成反应、卤取代反应和卤置换反应的影响因素及其在药物合成中的应用。

了解新型卤化反应及新型卤化试剂。

卤化反应是指在有机分子中引入卤素原子，建立新的碳-卤键的反应。根据引入卤素的不同，分为氟化、氯化、溴化和碘化等。通过卤化反应合成有机卤化物在药物研发中具有重要作用，这些卤化物可能具有不同的生物活性，用于提高药效或发现新的适应证；也可能具有不同的理化性质，用于改善和提高成药性；同时，卤化物还容易参与其他官能团转化，作为重要的医药中间体[1, 2]。总之，在药物研发中卤化反应的主要作用体现在以下几个方面：①制备具有不同生理活性的卤化物；②作为医药中间体参与官能团转化；③提高反应的选择性。

本章主要介绍在有机药物合成中广泛应用的卤化反应、卤代反应机理及主要卤化试剂，重点介绍这些反应在已有药物合成中的具体应用、反应的影响因素和条件选择。具体内容包括不饱和烃的卤加成反应，烯烃、芳烃和羰基等α-氢的卤取代反应，以及醇羟基、羧羟基、卤素之间或与重氮盐的卤置换反应。卤化反应机理有亲电加成（如大多数不饱和烃的卤加成反应）、亲电取代（如芳烃和羰基α-位的卤取代反应）、亲核取代（如醇羟基、羧羟基和其他官能团的卤置换反应）及自由基反应（饱和烃、苄位和烯丙位的卤取代反应等）。

第一节 卤加成反应

卤加成反应主要是指烯烃或炔烃等不饱和烃与卤化试剂反应生成相应卤化物的反应。常用的卤化试剂有卤素单质、卤化氢或次卤酸（酯）等，下面根据卤化试剂的不同介绍几类主要的卤加成反应。

一、与卤素的加成反应

（一）卤素对烯烃的加成反应

1. 反应通式及反应机理

$$R^1R^2C=CR^3R^4 + X_2 \longrightarrow R^1R^2C(X)-C(X)R^3R^4$$

氟、氯、溴、碘等卤素均可与烯烃发生加成反应，生成二卤代烷烃。其中，氟和烯烃反应剧烈，且在加成的同时有取代、聚合等副反应发生，故其在药物合成中应用价值不大。而碘对烯烃的加成产物不稳定，碘加成的同时会发生消除碘分子的逆反应。所以，烯烃的卤加成反应主要是指氯或溴对烯烃的加成反应，氟化物和碘化物则更多的是通过卤置换反应来制备（具体见本章第三节）。

卤素与烯烃的反应机理属于亲电加成，是卤素作为亲电试剂对烯烃双键的加成。具体为，烯烃双键的 π 电子首先进攻卤素分子生成卤鎓离子过渡态（**1**），同时产生卤负离子；接着卤负离子从背面进攻卤鎓离子中相对缺电子（或位阻较小）的碳原子，最终得到反式加成的二卤代烃。

2. 反应特点及反应实例

烯烃的结构影响烯烃的卤加成反应，当烯键碳原子连有烷基、烷氧基、苯基等供电子基团时有利于增加烯烃双键的电子云密度，加快反应的进行。例如，抗高血压的选择性 D1 样受体激动剂非诺多泮（fenoldopam）的合成中，对甲氧基苯乙烯与溴在二氯甲烷（DCM，CH_2Cl_2）中直接反应，以 86% 的收率得到其加成产物 1-(1, 2-二溴乙基)-4-甲氧基苯（**2**）。若改用乙酸中 $NaIO_4$ 选择性氧化 LiBr 生成的溴进行溴化，则收率提高至 96%[3]。

而双键碳原子上连有吸电子基团时，反应活性相应降低，此时可加入吡啶或 DMF 等进行催化，促进反应的顺利进行。

$$H_2C=CH-CN \xrightarrow[5\sim10℃, 5h]{Cl_2, CH_2Cl_2} H_2C(Cl)-CH(Cl)-CN \qquad 95\%$$

在环烯烃的卤加成反应中，由于邻位取代基等空间障碍作用，卤素必然在双键平面位阻较小的一面进攻而形成卤鎓离子（尤其是溴鎓离子），然后卤负离子从环背面进攻，生成反式-1, 2-双直立键的二卤化物。例如，刚性稠环化合物 Δ^5-甾烯-3-羟基（**3**）与溴的反应，通过溴鎓离子过渡态，进而生成反式-5, 6-双直立键的二溴化物，此反应具有非对映选择性[4]。

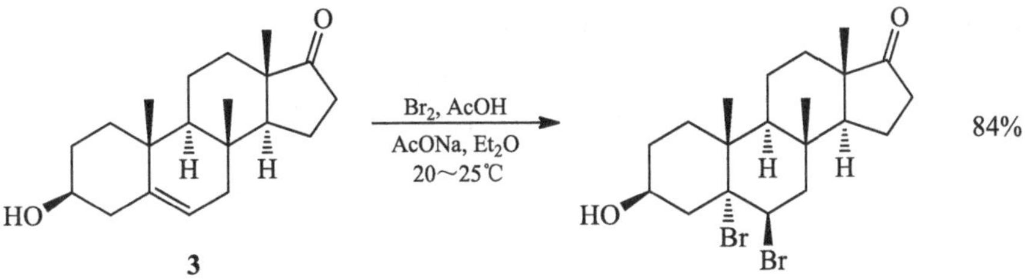

不同卤素不仅影响反应的难易程度，还影响产物的构型。极化能力较强的溴，一般以反式加成产物为主；而极化能力较弱的氯，则顺式加成产物的含量增加。例如，苊烯（**4**）用溴和氯反应时，分别得到其反式加成的二溴化物（**5**）和顺式加成的二氯产物（**6**）为主的产物。

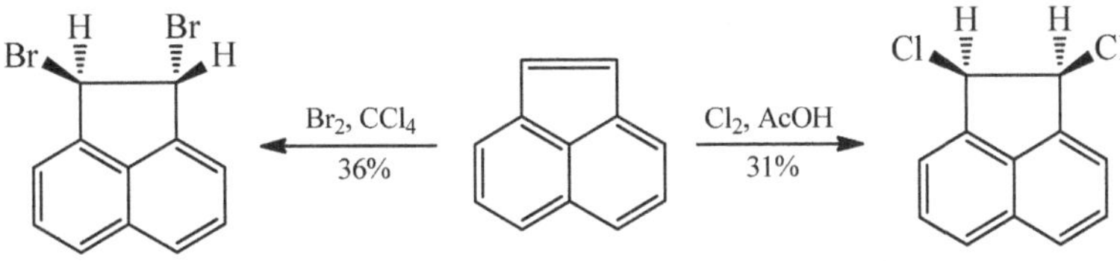

用吡啶氢溴酸盐（PyHBr₃）稳定单质溴，或亚硝酸原位氧化氢溴酸生成溴的方法，可将化合物 **5** 的收率分别提高至 93% 和 96%。

卤素对烯烃的加成反应通常在四氯化碳、氯仿、二氯甲烷及二硫化碳等非质子溶剂中进行，生成相应的二卤代物。若卤加成反应在含有亲核溶剂（如 H_2O、RCO_2H、ROH 等）中进行，由于解离产生的亲核基团 Nu⁻（HO⁻、ROO⁻、RO⁻）可进攻卤鎓离子过渡态，因此反应得到 1, 2-二卤化物的同时，还会有亲核基团参与反应的加成产物。实际反应中可根据需要，通过调控反应的条件来提高需要产物的比例。一般通过加入无机卤化物提高卤负离子浓度，提高 1, 2-二卤化物的收率。例如，匹伐他汀（pitavastatin）等他汀类药物侧链的合成中，需要手性中间体（**8**）。在其合成路线优化中发现，化合物 **7** 形成溴鎓离子后直接与溴单质反应，只能以 48% 的收率得到化合物 **9**。在 KBr 和过硫酸氢钾复合盐（oxone）作用下以 85% 的收率和 99.5% de 得到化合物 **8**，但有 10% 的化合物 **9** 生成。改用 KBr 和 m-CPBA 在 0.5mol% Pd(OAc)₂ 催化体系，能以 94% 的收率和 99.7% de 得到 **8**[5]。

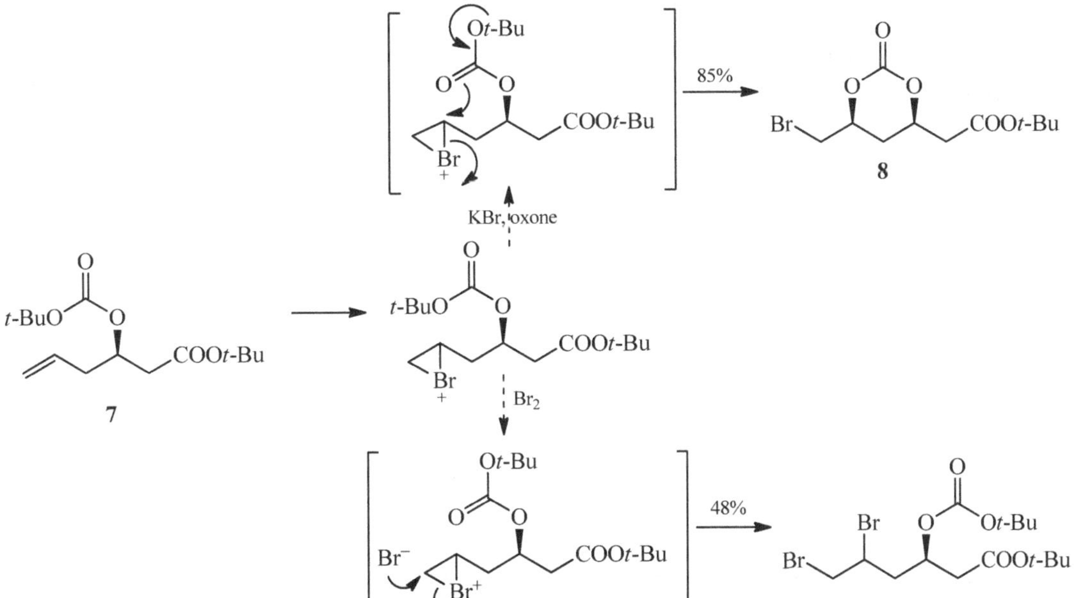

不饱和羧酸的卤内酯化反应（halolactonization）：卤素（如溴或碘）对不饱和羧酸进行加成，生成五元环或六元环卤代内酯的反应即不饱和羧酸的卤内酯化反应。不饱和羧酸的卤内酯化反应更倾向于形成五元环内酯，而不是四元环或六元环。

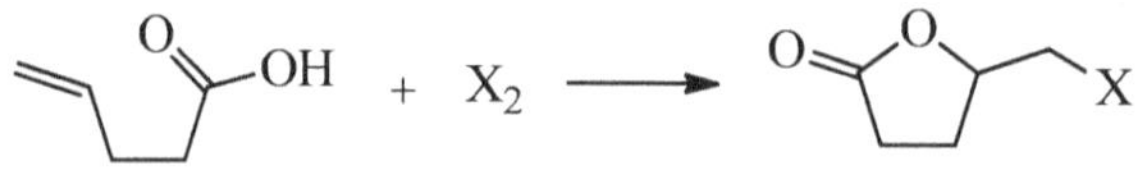

反应过程可理解为卤素与双键形成的卤鎓离子受到亲核性的羧酸负离子的进攻，进而生成稳定的卤代五元环内酯。

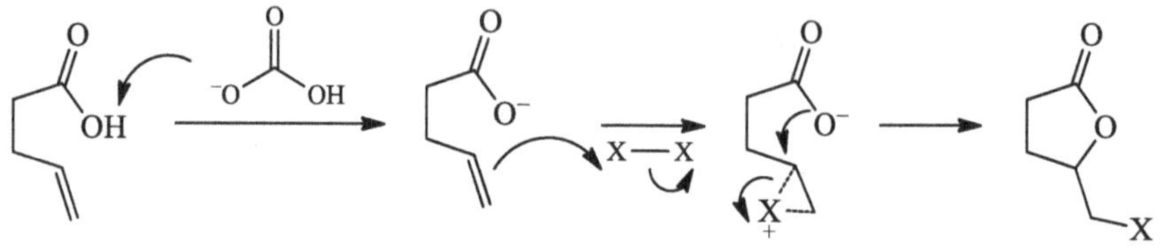

例如，抗肿瘤活性分子斑鸠菊苦素（*dl*-vernolepin）和斑鸠菊门苦素（*dl*-vernomenin）的合成中，化合物 **10** 在弱碱性条件下发生不饱和羧酸的卤内酯化反应[6]。

88%

10

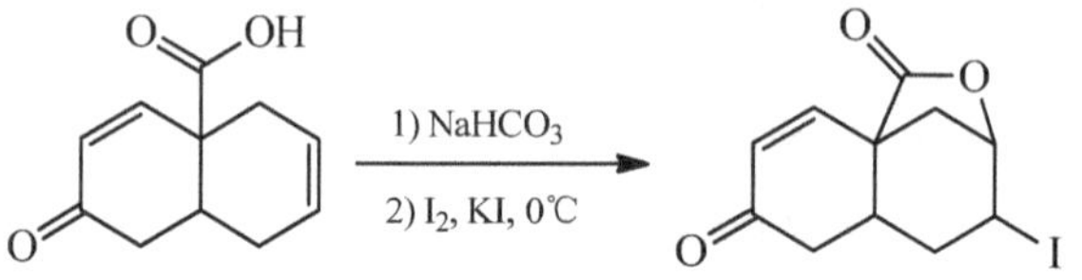

（二）卤素对炔烃的加成反应

1. 反应通式及反应机理

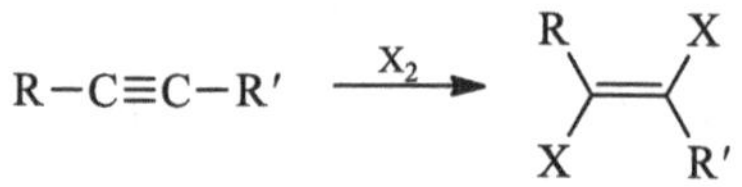

卤素对炔烃的加成反应主要生成反式二卤代烯烃。其中，炔烃的溴加成反应一般为亲电加成机理（见卤素对烯烃的加成反应），而炔烃的碘或氯加成反应多为光催化的自由基加成机理。

自由基加成反应机理： 自由基加成反应一般都包括自由基的链引发、链增长和链终止三个阶段。首先在加热、光照或自由基引发剂（如有机过氧化物、偶氮二异丁腈等）催化下，卤素形成卤自由基；接着卤自由基对炔烃键的一个碳原子进攻，形成 C—X 键和烯烃碳自由基，最后烯烃碳自由基进而与卤素反应生成卤加成产物和新的卤自由基。同时还会伴有两个碳自由基成键形成的副产物。

链引发　$X_2 \xrightarrow{h\nu} 2X\cdot$

或　$ROOR \xrightarrow{\triangle} RO\cdot$　　$RO\cdot + X_2 \longrightarrow R{-}O{-}X + X\cdot$

链增长

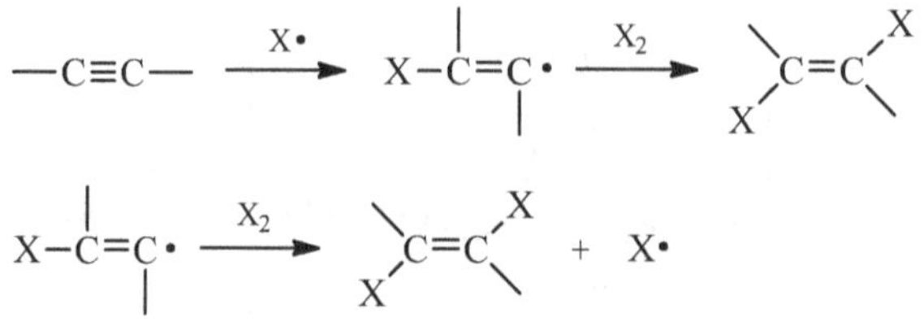

链终止　$X-\overset{|}{C}=\overset{|}{C}\cdot$ + $X\cdot$ ⟶ $\underset{X}{\overset{}{}}\overset{}{C}=\overset{X}{C}$ （主产物）

$X-\overset{|}{C}=\overset{|}{C}\cdot$ + $\cdot\overset{|}{C}=\overset{|}{C}-X$ ⟶ $X-\overset{|}{C}=\overset{|}{C}-\overset{|}{C}=\overset{|}{C}-X$ （副产物）

$2\,X\cdot$ ⟶ X_2

2. 反应特点及反应实例

卤素对炔烃的加成反应是制备二卤烯烃的主要方法。与烯烃相比，由于三键碳原子的电负性更高，对电子云的吸引较强，所以炔烃的活性反而较低。通过在反应中添加含有相同卤离子的盐，提高卤负离子的浓度，减少溶剂参与引起的副反应。例如，3-N,N-二甲基-1-丙炔在溴的水溶液中发生加成反应，能以较高收率制备其溴加成产物。

$$\text{(CH}_3)_2\text{N-CH}_2\text{-C}\equiv\text{CH} \xrightarrow[\text{H}_2\text{O}]{\text{Br}_2} \text{(CH}_3)_2\text{N-CH}_2\text{-C(Br)=CH(Br)} \quad 94\%$$

二、与卤化氢的加成反应

（一）卤化氢对烯烃的加成反应

1. 反应通式及反应机理

$$\underset{R^2}{\overset{R^1}{}}C=C\underset{R^4}{\overset{R^3}{}} + HX \longrightarrow \underset{R^2}{\overset{R^1\ H}{}}\overset{|}{C}-\overset{|}{C}\underset{X\ R^4}{\overset{R^3}{}}$$

卤化氢对烯烃加成可得到卤取代的饱和烃。反应中卤化剂通常采用卤化氢气体、饱和的卤化氢有机溶剂溶液、浓的卤化氢水溶液等。

反应机理目前主要有碳正离子过渡态和自由基加成两种。

（1）碳正离子过渡态机理

首先烯烃与质子结合形成稳定碳正离子，随后卤负离子进攻碳正离子生成卤代烃。反应倾向于生成更稳定碳正离子的过渡态（**11**），且产物遵循马氏规则。HF、HCl 和 HI 对烯烃的加成反应以碳正离子过渡态为主。

$$\underset{R^2}{\overset{R^1}{}}C=C\underset{R^4}{\overset{R^3}{}} + H-X \longrightarrow \left[\underset{R^2}{\overset{R^1}{}}\overset{X^-}{\underset{H}{\overset{+}{C}}}\underset{R^4}{\overset{R^3}{}}\right] \longrightarrow \underset{R^1}{\overset{R^2\ X}{}}\overset{}{C}-\overset{}{C}\underset{H}{\overset{R^3}{}}R^4$$

$(R^1, R^2 > R^3, R^4)$

11

（2）自由基加成机理

溴化氢在光照、加热或过氧化物等自由基引发剂作用下先生成溴自由基；然后溴自由基进攻烯烃双键中位阻较小的碳原子，生成溴代碳自由基；最后溴代碳自由基与溴化氢反应生成反马氏规则的加成产物。具体过程如下：

链引发　　$H-Br \xrightarrow{h\nu} H\bullet + Br\bullet$

或　$ROOR \xrightarrow{\triangle} RO\bullet$　$RO\bullet + HBr \longrightarrow ROH + HBr\bullet$

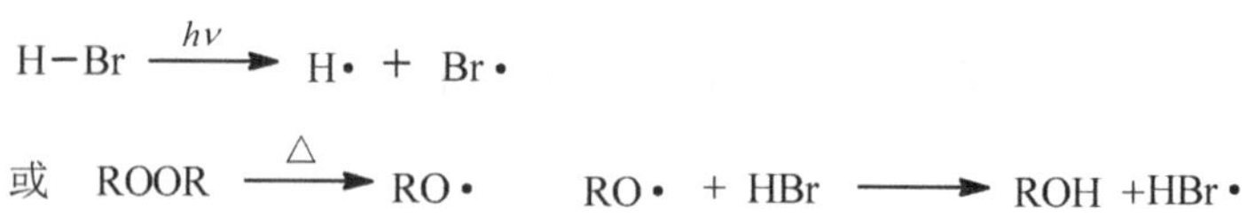

链增长

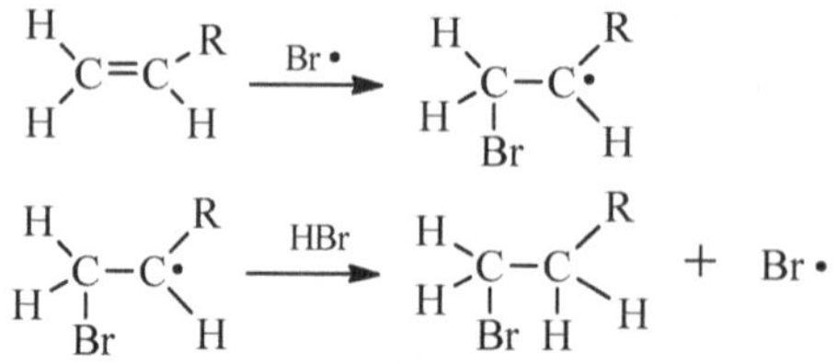

链终止

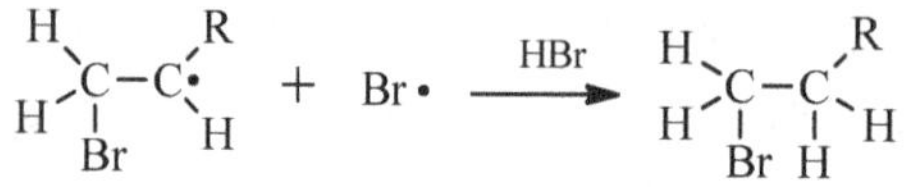

2. 反应特点及反应实例

烯烃的结构影响卤化氢加成反应的活性。当烯烃碳原子上连有供电子取代基时，反应活性较高，其马氏规则产物比例增加；反之，连有吸电子取代基时，反马氏规则产物比例增加。对于碳正离子过渡态机理的反应而言，反应过程中生成的碳正离子越稳定，反应越容易发生。因此，反应中有时会重排为更稳定的叔碳正离子过渡态，进而生成相应的重排产物。

此外，当反应在亲核溶剂中进行时，会发生亲核溶剂参与的副反应。为减少溶剂分子参与的副反应，可在反应介质中加入含卤素负离子的添加剂。例如，辛烯-1 在溴化四烷基鏻催化下很容易制备其溴化氢加成产物。

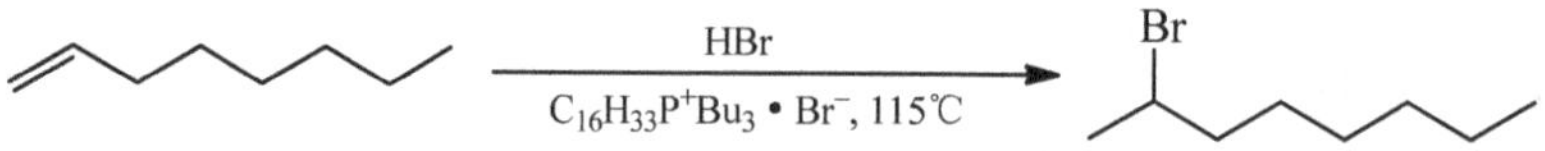

对于溴化氢参与的自由基反应，溴自由基首先进攻取代基较少的碳，得到反马氏规则的产物。例如，降血脂药物吉非贝齐（gemfibrozil）制备过程中，3-氯丙烯-1 在自由基诱导剂存在下与溴化氢反应生成 1-氯-3-溴-丙烷。

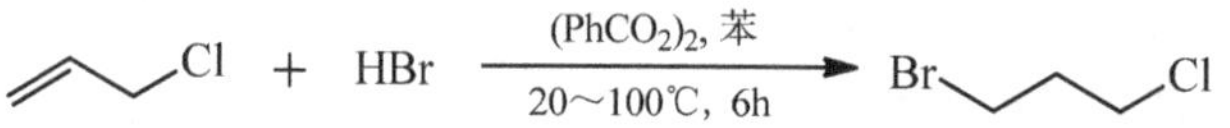

（二）卤化氢对炔烃的加成反应

卤化氢与炔烃的加成反应常用于制备单卤代烯烃。

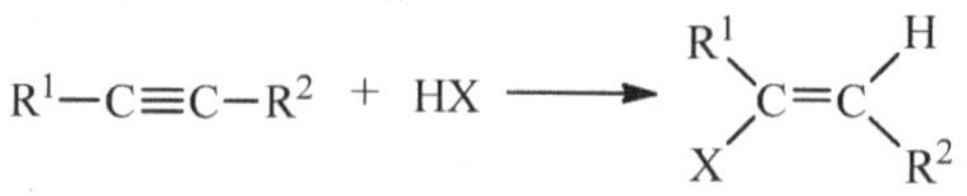

卤化氢对炔烃的加成反应机理与烯烃的加成反应类似，主要得到顺式加成产物，卤原子的定位规则遵循马氏规则。在反应中添加相同卤离子的盐，可提高卤负离子的浓度，从而减少溶剂引起的副反应。

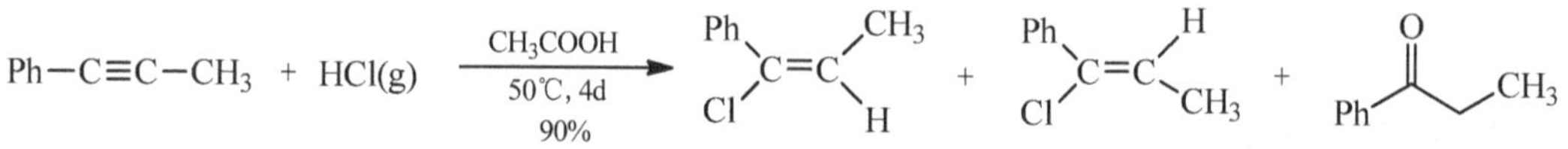

————————————

*表示不同产物在总产物中所占的比例，非实际收率，全书同。

三、其他卤加成反应

（一）次氯酸及次氯酸酯对烯烃的加成反应

1. 反应通式及反应机理

次卤酸（HOX）对烯烃的加成反应生成 β-卤醇。

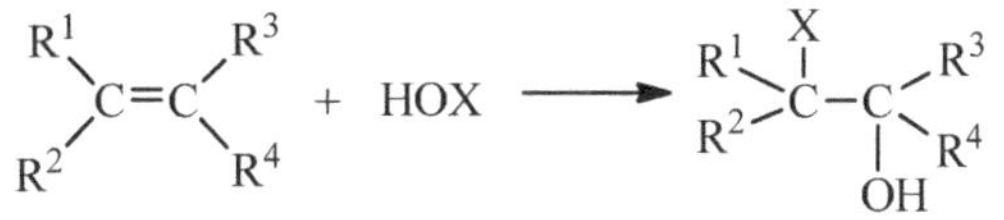

次氯酸酯（ROX）对烯烃加成在亲核溶剂 NuH（H_2O、ROH、DMF、DMSO 等）中发生时，Nu^- 参与反应而生成 β-卤醇或 β-卤醇衍生物。

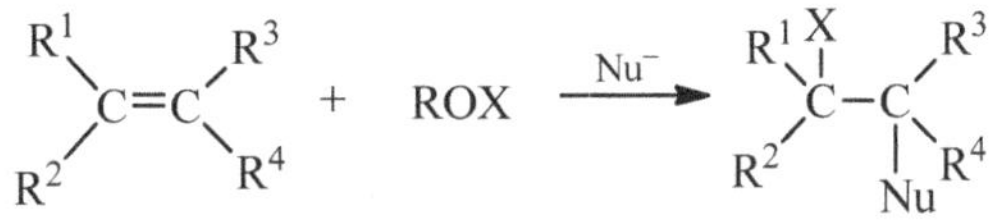

次氯酸或次氯酸酯对烯烃的加成反应机理与烯烃的卤加成反应类似，属于亲电加成机理，反应遵循马氏定位规则，即卤素加成在双键取代基较少的碳上。

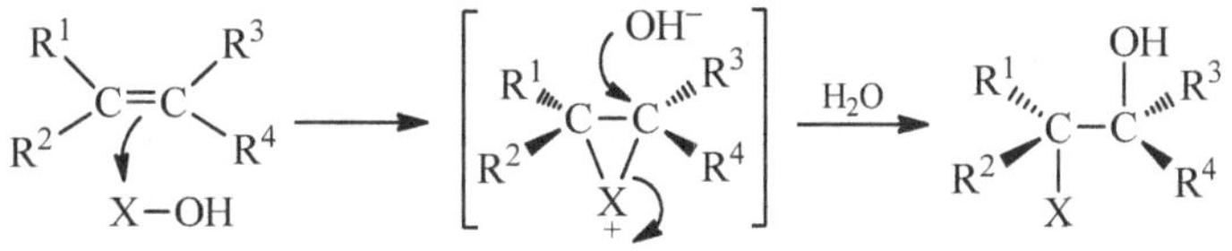

2. 反应特点及反应实例

次卤酸本身为氧化剂，且很不稳定，所以次氯酸和次溴酸常用氯气或溴和中性或含汞盐的碱性水溶液反应新鲜制备。而用此法制备次碘酸时，则必须添加碘酸（盐）、氧化汞等氧化剂，以除去还原性较强的碘负离子。例如，抗孕激素米非司酮（mifepristone）的合成中，3β-乙酰基-脱氢表雄酮（**12**）在次氯酸钙的乙酸体系中生成次卤酸加成产物[7]。

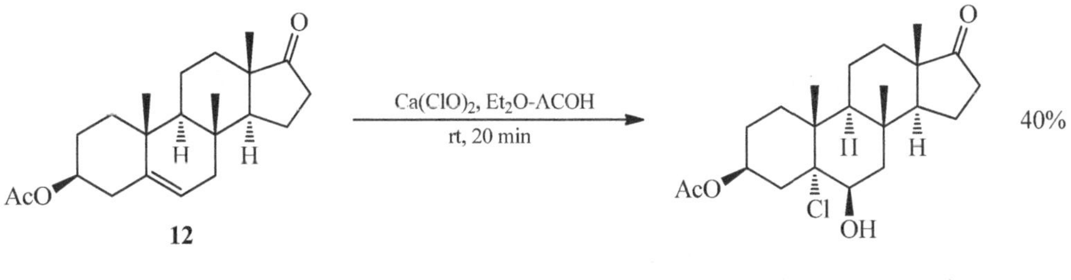

次卤酸酯比次卤酸稳定性高，最常用的是次卤酸叔丁酯。通常由叔丁醇与次氯酸钠和乙酸反应，或在叔丁醇的碱性溶液中通入氯气制备。在非水溶液中反应时，根据亲核溶剂的不同，生成相应的 β-卤醇衍生物。

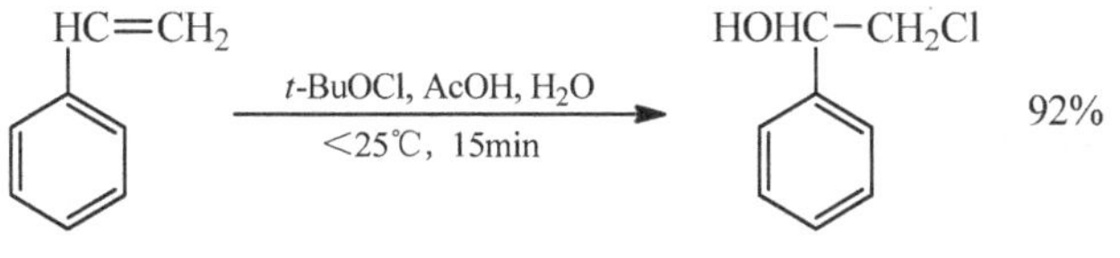

（二）N-卤代酰胺对烯烃的加成反应

1. 反应通式及反应机理

$$\underset{R^2}{\overset{R^1}{>}}C=C\underset{R^4}{\overset{R^3}{<}} \quad + \quad \underset{H}{\overset{O}{R-C-N-X}} \xrightarrow{Nu^-} \underset{R^2}{\overset{R^1\ X}{>}}C-C\underset{Nu\ R^4}{\overset{R^3}{<}}$$

（NuH=H$_2$O, ROH, DMF, DMSO）

N-卤代酰胺对烯烃的加成反应是指在酸催化下，在不同亲核溶剂中反应，生成 β-卤醇或 β-卤醇衍生物。

N-卤代酰胺对烯烃的加成反应类似于烯烃的卤加成反应，属于亲电加成反应。即质子化的 N-卤代酰胺提供卤正离子，烯烃进攻卤正离子形成卤鎓离子，然后溶剂负离子（羟基、烷氧基等）从反面进攻卤鎓离子得到 β-卤醇或 β-卤醇衍生物，反应遵循马氏定位规则。

2. 反应特点及反应实例

N-溴（氯）代丁二酰亚胺（NBS，NCS）和 N-溴（氯）代乙酰胺（NBA，NCA）是最常用的 N-卤代酰胺类卤化剂，广泛应用于烯烃的卤加成反应中。其中 NCS 活性较弱，但是在 NaHCO$_3$ 存在时，可由 NCS 和 NaI 原位生成活性较高的 N-碘代丁二酰亚胺（NIS）进行反应。例如，HIV-1 蛋白激酶抑制剂茚地那韦（indinavir）的合成中，化合物 13 在该条件下高收率得到其邻羟基碘化物[8]。

NCS, NaI, NaHCO$_3$
IPAC, H$_2$O, 5～25℃

96%

13

（三）不饱和烃的硼氢化-卤解反应

不饱和烃还可以通过硼氢化-卤解反应间接制备卤代烃。

1. 反应通式及反应机理

$$R-\underset{H}{\overset{}{C}}=CH_2 \xrightarrow{BH_3} (R-CH_2-CH_2)_3B \xrightarrow{X_2,\ MeONa} R-CH_2CH_2X$$

不饱和烃的硼氢化-卤解反应过程为：首先烯烃用硼烷进行硼氢化，得到三烷基硼烷；然后在甲醇钠的甲醇溶液中，与碘、溴素或其他亲电性卤代试剂发生卤解反应，转化为卤代饱和烃或卤代烯烃。整个反应过程是立体和区域选择性的。

2. 反应特点及反应实例

烯烃的硼氢化试剂常用的有硼烷（B$_2$H$_6$）、BH$_3$/THF 和 BH$_3$/Me$_2$S 等。硼烷和不饱和烃的反应属于顺式硼氢化加成机理，其中硼原子优先处于位阻较小的空间位置，定位为反马氏规则。

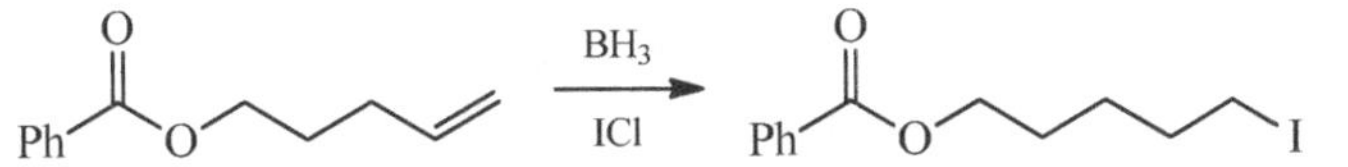

$$Ph\text{—}O\text{—}CH_2CH_2CH_2CH=CH_2 \xrightarrow[\text{ICl}]{\text{BH}_3} Ph\text{—}O\text{—}CH_2CH_2CH_2CH_2CH_2\text{—}I \quad 88\%$$

案例 3-1

咪唑类抗真菌药拉诺康唑（lanoconazole，**14**）于 1994 年上市，主要用于治疗皮肤真菌病，不仅其结构中含有氯原子，其合成中也涉及卤加成反应制备反应中间体。具体来说，拉诺康唑可由中间体 **15** 和 1-咪唑基乙腈二钾盐形成 1,3-二硫烷环骨架而得。

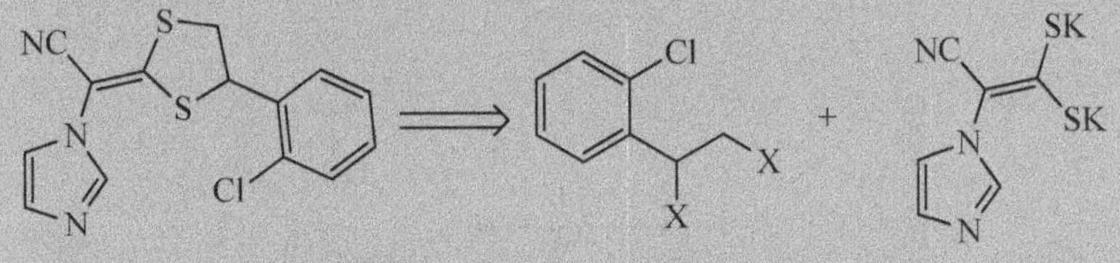

【问题】

中间体 **15** 有哪些形式，分别怎样合成？

【案例分析】

中间体 **15** 中的离去基团 X 可以是卤素或甲磺酸酯。X 为卤素原子时，考虑到反应的原子经济性，选择原子量较小的卤原子作为离去基团，效果更佳。虽然溴与碘的离去能力都较强，但毒性较大，所以一般选择氯作为离去基团。例如，用 1-氯-2-乙烯基苯与氯气通过氯加成反应可以制备中间体 1-(2-氯苯基)-1,2-二氯乙烷[9]。

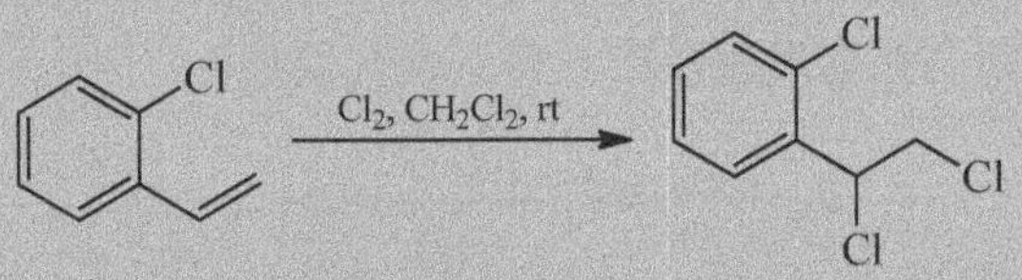

也可以用 2-氯扁桃酸作为起始原料，经酯化、四氢铝锂还原，得到 1-(2-氯苯基)-1,2-乙二醇，再与甲磺酰氯进行酰化反应得到其磺酰化产物（**16**）。

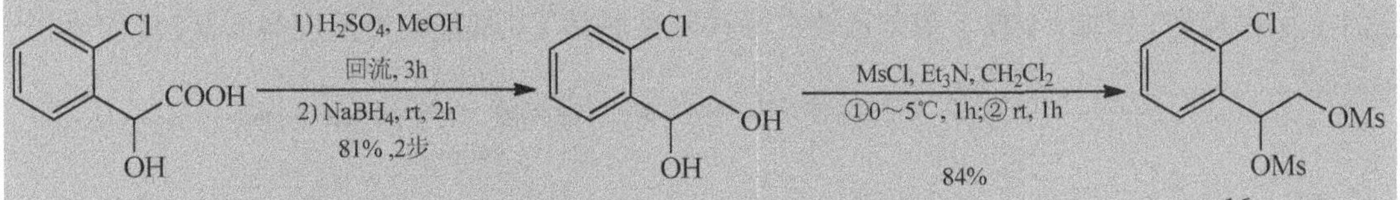

中间体 1-(2-氯苯基)-1,2-二氯乙烷比 **16** 活性更强，与 1-咪唑基乙腈二钾盐的环合反应效率更高，总收率达 34%。

第二节　卤取代反应

一、脂肪烃的卤取代反应

饱和烃的氢原子活性低，卤取代反应需要在高温、光照和/或在过氧化物等自由基引发剂存在时进行，属于自由基反应机理。但由于反应选择性差、产物复杂，卤取代反应在药物合成中意义不大。

不饱和烃的卤取代反应包括不饱和键上氢原子和其他位置活泼氢原子的卤取代反应。其中最常见的是烯丙位和苄基氢原子上的卤取代反应。

（一）不饱和键上氢原子的卤取代反应

烯烃键上的氢原子活性较低，其直接卤取代反应相对较少。不过共轭多烯和有些杂环中双键碳上的氢可以用 NCS 或 NBS 等卤化试剂卤取代。例如，咪唑喹啉类小分子免疫调节剂咪喹莫特（imiquimod）合成过程中，中间体 **17** 在 NBS 作用下实现烯烃键上氢的溴取代，但收率较低[10]。

17

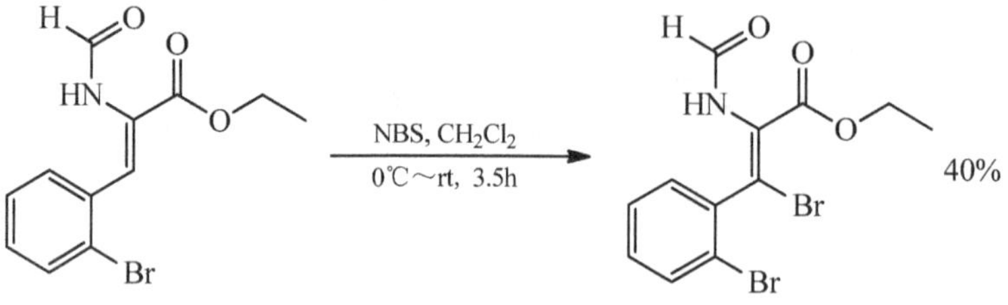

炔烃末端碳上的氢具有一定的酸性，反应活性较高。在碱性条件下与卤素可以直接反应，生成卤代炔烃。

1. 反应通式及反应机理

$$\mathrm{R{-}C{\equiv}C{-}H} + \mathrm{X_2} \xrightarrow{\text{碱}} \mathrm{R{-}C{\equiv}C{-}X} + \mathrm{HX}$$

炔烃在碱性条件下与卤素的反应属于亲电取代反应，即末端炔键氢原子在强碱性条件下首先形成炔末端碳负离子，然后与卤素发生反应，得到卤代炔烃。

$$\mathrm{R^1{-}C{\equiv}C{-}H} \xrightarrow{^{-}\mathrm{B}} \mathrm{R^1{-}C{\equiv}C^{-}} \xrightarrow[\mathrm{H_2O}]{\mathrm{X{-}X}} \mathrm{R^1{-}C{\equiv}C{-}X} + \mathrm{HX}$$

2. 反应特点及反应实例

根据不同 1-炔烃的反应活性，可选用不同强度的碱直接和卤素发生亲电取代反应，生成相应的 1-卤代炔烃。例如，4-叔丁基苯乙炔在多种碱性条件下，都能与溴反应得到其溴代产物[11]。

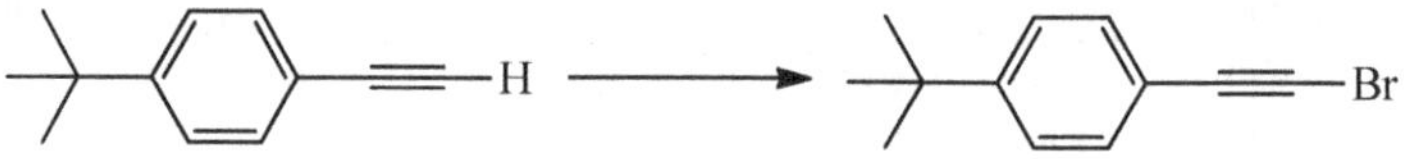

溶剂和条件	收率
NaOH, EtOH, Br_2, rt, 4h	85%
KOH, EtOH, Br_2, rt, 4h	90%
BuLi, THF/己烷, Br_2, –78℃, 45min	100%

对于不能直接制备的 1-卤代炔烃，可由易制备的 1-卤代炔烃先转化为格氏试剂等活性更大的炔烃碳负离子，然后与卤素发生卤素-金属交换来制备；也可用金属催化的方法直接得到其卤取代物。例如，苯乙炔在金催化下，与 NBS 在室温下反应，几乎定量得到产物。

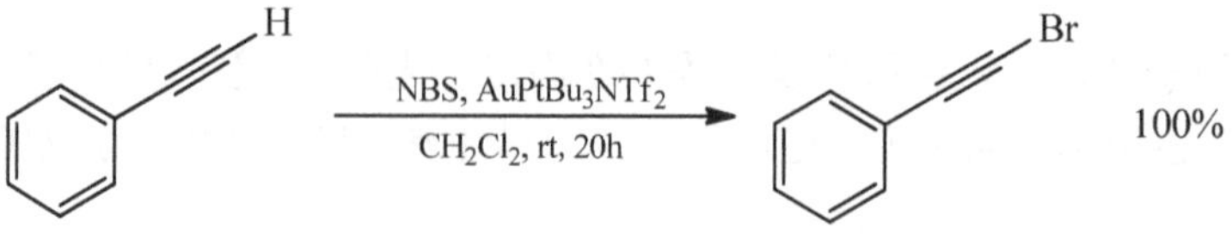

（二）烯丙位和苄基氢原子的卤取代反应

1. 反应通式及反应机理

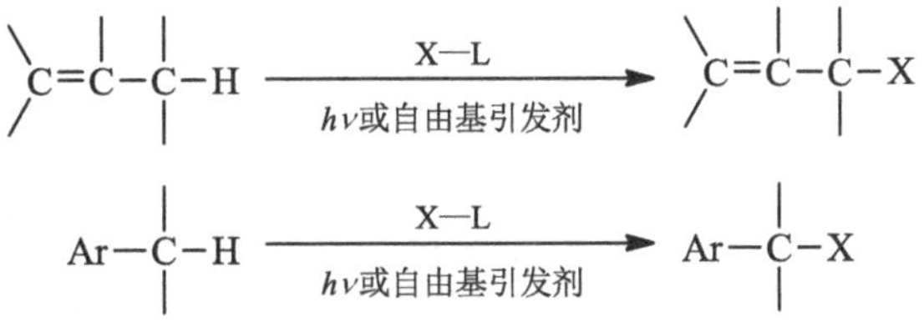

在四氯化碳、苯或石油醚等非极性惰性溶剂中，在高温、光照或存在自由基引发剂的条件下，可用卤素、N-卤代酰胺、次卤酸酯、硫酰卤、卤化铜等卤化剂对烯丙位和苄位碳原子上的活泼氢进行卤取代反应，分别生成 α-卤代烯烃或 α-卤代芳烃。其中，卤化剂 N-卤代酰胺具有选择性高、副反应少等优点。

烯丙位或苄基氢原子上的卤取代反应属于自由基反应机理。即卤素或其他卤化剂 NXS（如 NCS、NBS 或 NIS）首先在自由基引发条件下均裂成卤素自由基或琥珀酰亚胺自由基，该自由基夺取烯丙位或者苄基上的氢原子，生成相应的碳自由基（**18**），接着该自由基与卤素或 NXS 反应得到 α-卤代烯烃或 α-卤代芳烃。

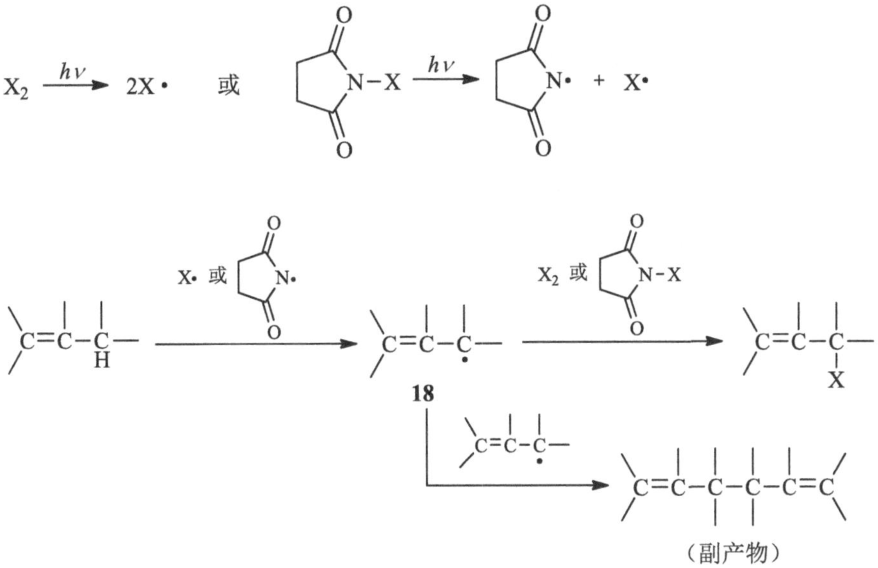

（副产物）

2. 反应特点及反应实例

烯丙位和苄基氢原子的卤取代反应分别是合成 α-卤代烯烃和 α-卤代芳烃的重要方法。烯丙位和苄基上的取代基影响反应的活性，其中供电子取代基可增加碳自由基过渡态的稳定性，有利于反应的进行；而吸电子取代基降低反应的活性。例如，异羟肟酸类小分子组蛋白去乙酰酶（HDAC）抑制剂帕比司他（panobinostat）合成中，化合物 **19** 在过氧苯甲酰（BPO）作用下和 NBS 反应，得到相应的苄位溴代产物[12]。

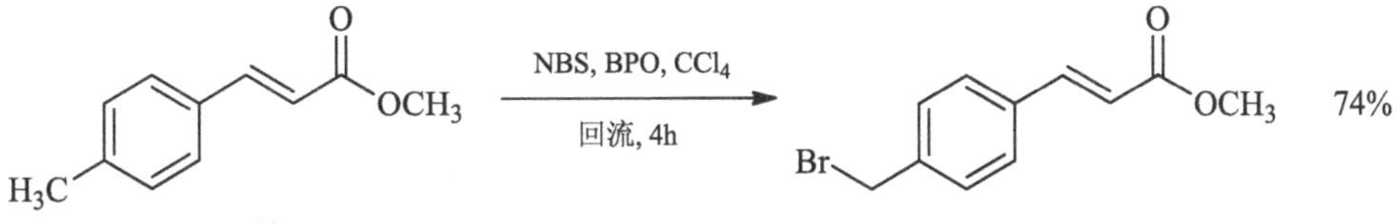

当烯丙位和苄基氢活性较低时，可通过提高卤素浓度和反应温度促进反应，或选用活性更高的卤化剂[如 Cl_2O、1, 3-二氯-5, 5-二甲基-2, 4-咪唑啉二酮（DCDMH，**20**）、1, 3-二溴-5, 5-二甲基-2, 4-咪唑啉二酮（DBDMH，**21**）和 *N*-氟苯磺酰亚胺（*N*-fluorobenzenesulfonimide，NFSI，**22**）等]直接反应。

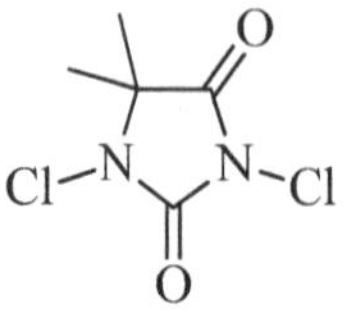

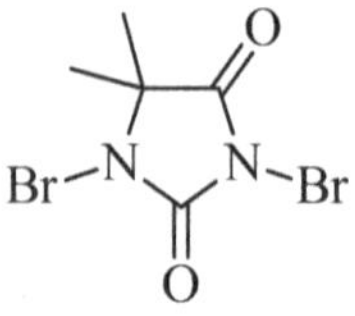

Cl_2O 是一种高效的选择性氯化试剂，可用于活性较低的芳香族化合物侧链及芳香环的氯化，反应条件温和，收率很高。例如，对于对硝基甲苯，用 Cl_2O 的 CCl_4 溶液几乎定量地进行苯甲基的全氯化。

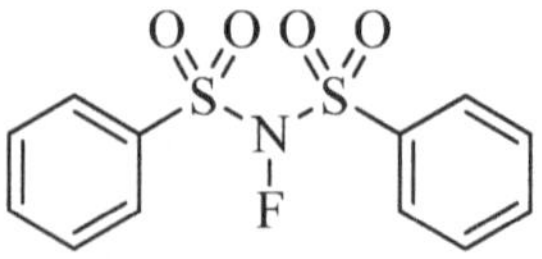

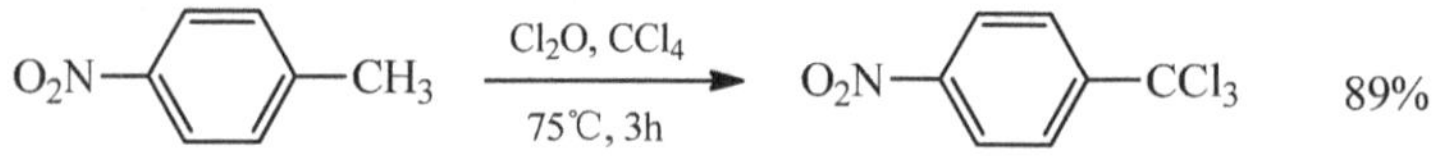

用于治疗 2 型糖尿病的选择性 DPP-4 抑制剂曲格列汀（trelagliptin）的合成中，4-氟-2-甲基苄腈在偶氮过氧化物引发剂偶氮二异丁腈（AIBN）存在下，用 DBDMH 作为溴化剂发生 Wohl-Zeigler 烯丙基溴化反应，生成 α-碳上的氢被溴取代的产物（**23**）[13]。

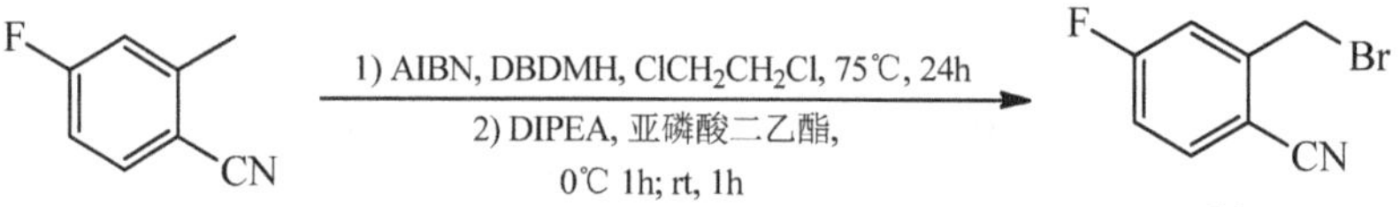

NFSI 可对富电子芳香化合物进行有效的氟化反应。例如，丙型肝炎病毒 NS5A 抑制剂雷迪帕韦（ledipasvir）合成中，化合物 **24** 在 KHMDS 和 NFSI 作用下得到其苄位二氟取代产物[14]。

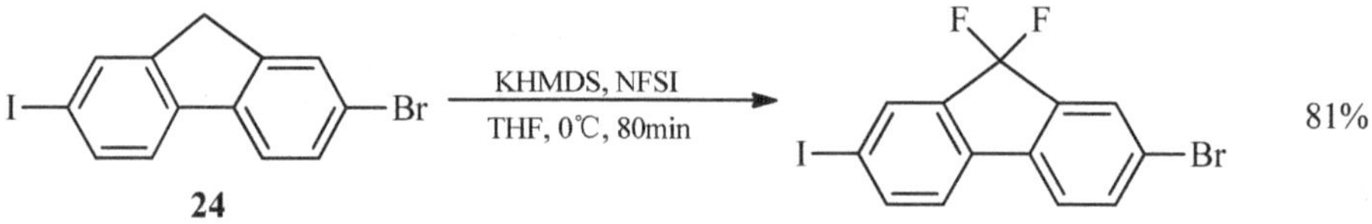

当烯烃键有两个 α-位氢原子时，烯键 α-位亚甲基一般比 α-位甲基更易反应。另外，为了有利于形成更稳定的自由基过渡态，有时双键可以发生移位或重排。例如，化合物 **25** 在氯仿中与溴反应，得到其重排产物 **26**。

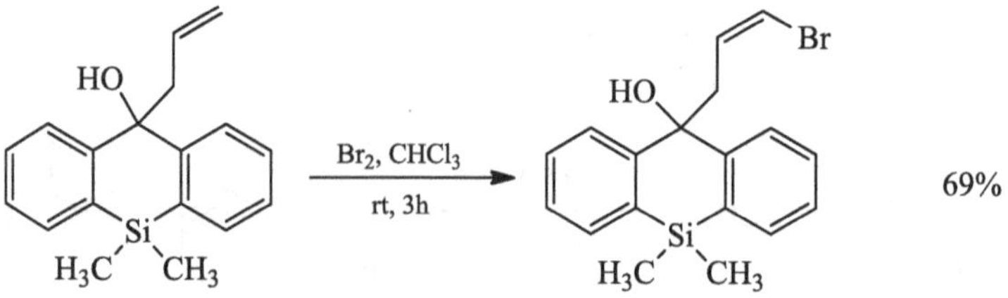

二、芳烃的卤取代反应

1. 反应通式及反应机理

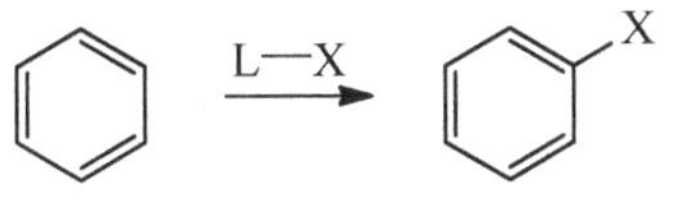

(L=X, HO, RO, H, RCONH等)

在路易斯酸催化剂（如 $AlCl_3$、$SbCl_5$、$FeCl_3$、$FeBr_3$、$SnCl_4$、$TiCl_4$、$ZnCl_2$ 等）催化下，芳烃与卤化试剂反应生成芳环上氢被卤代的反应即芳烃的卤取代反应。反应一般在稀乙酸、稀盐酸、氯仿或其他卤代烷烃等极性溶剂中进行。

芳烃氢原子的卤取代反应，属于芳烃的亲电取代反应机理。芳烃首先进攻路易斯酸催化剂极化的卤素分子或卤素正离子等亲电试剂，形成 σ-络合物中间体（**27**），然后很快脱去一个质子，得到卤代芳烃。

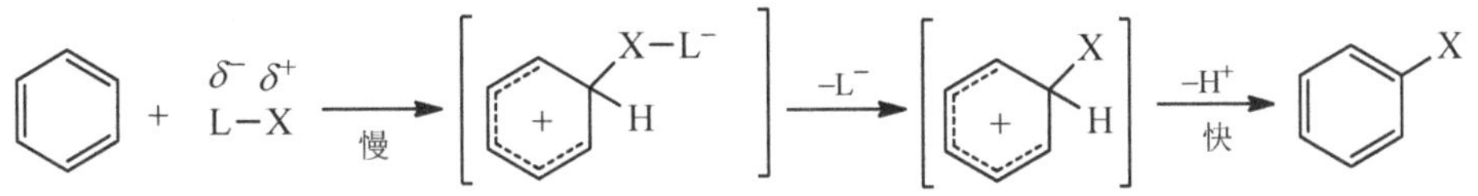

(L=X, HO, RO, H, RCONH等)　　　　**27**

2. 反应特点及反应实例

（1）氟取代反应

由于氟素对芳烃直接氟化的反应过于剧烈，需要用氢气或氮气等稀释氟素，并于低温下（$-78℃$）通入溶于惰性溶剂的芳烃溶液中进行反应。一般选用 XeF_2、XeF_4 或酰基次氟酸酐（AcOF）等氟化剂直接反应即可达到满意效果。

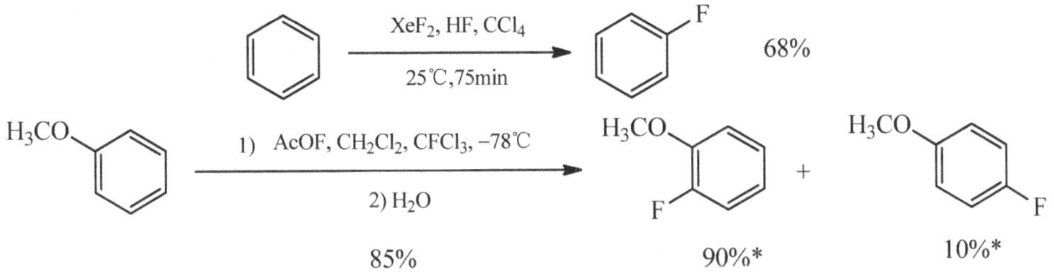

（2）氯取代反应

因为氯的电负性较强，它本身在反应中容易发生极化，因此氯单质在路易斯酸催化下可以对芳烃直接进行氯取代反应。例如，氟喹诺酮类抗菌药物非那沙星（finafloxacin）的合成中，3,5-二甲基-氟苯用氯气作为卤化试剂，在 $FeCl_3$ 催化下制备其二氯代物[15]。

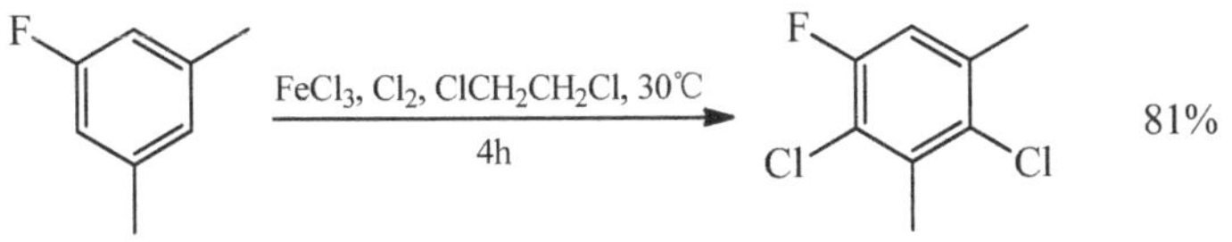

此外，常见的氯代试剂还有 NCS、HOCl、AcOCl、Cl_2O、氯化硫（S_2Cl_2）、硫酰氯（SO_2Cl_2）、次氯酸叔丁酯（t-BuOCl）等。例如，强效选择性 5-羟色胺（5-HT_4）受体激动剂莫沙必利（mosapride citrate）的合成中，化合物 **28** 在 DMF 中用 NCS 高收率制得其氯取代产物[16]。

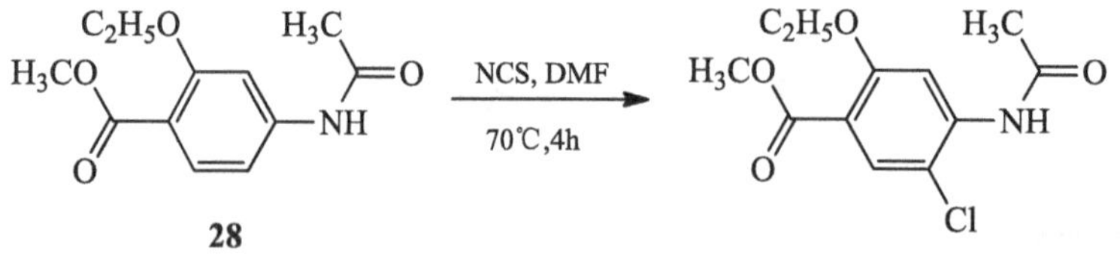

28

（3）溴取代反应

溴分子对芳烃的取代反应必须用另一分子溴来极化溴分子才能进行溴代反应，因此溴的用量较多。反应体系中加入碘单质可提高反应速率，这是因为 I_2Br^- 比 Br_3^- 更容易生成。例如，治疗慢性阻塞性肺疾病的磷酸二酯酶-4(PDE-4)抑制剂罗氟司特（roflumilast）的合成中，化合物 **29** 直接用溴素制得其溴取代物[17]。

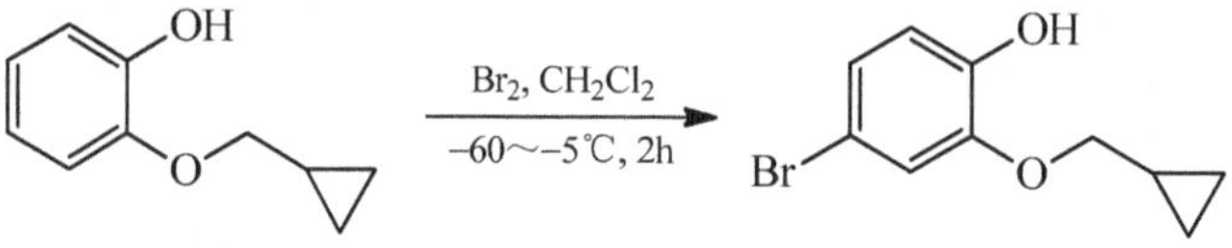

29

其他溴代试剂如 NBS、HOBr、酰基次溴酸酐（AcOBr、CF$_3$COOBr）等，直接使用或在路易斯酸催化下与芳烃也能较好地发生亲电溴取代反应。例如，治疗非小细胞肺癌（NSCLC）的第二代选择性间变性淋巴瘤激酶（ALK）抑制剂艾乐替尼（alectinib）的合成中，在乙腈中用 NBS 在室温下就可以实现化合物 **30** 的溴化[18]。

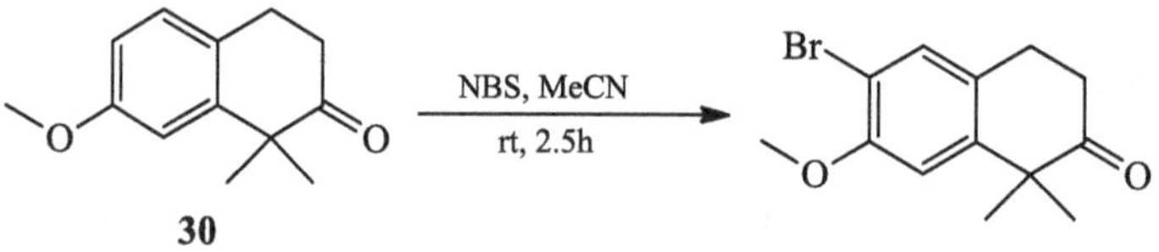

30

（4）碘取代反应

由于碘取代反应生成的碘化氢具有还原性，碘与芳烃反应生成的碘代产物又回到芳烃原料。所以，反应体系中通常需要加入可以除去碘化氢的氧化剂、碱性缓冲溶液或可以生成难溶盐的金属氧化物。例如，雷迪帕韦（ledipasvir）合成中间体 **31** 在氧化剂 KIO$_3$ 存在下，用碘单质高效地发生取代，生成其碘代物（**24**）[14]。

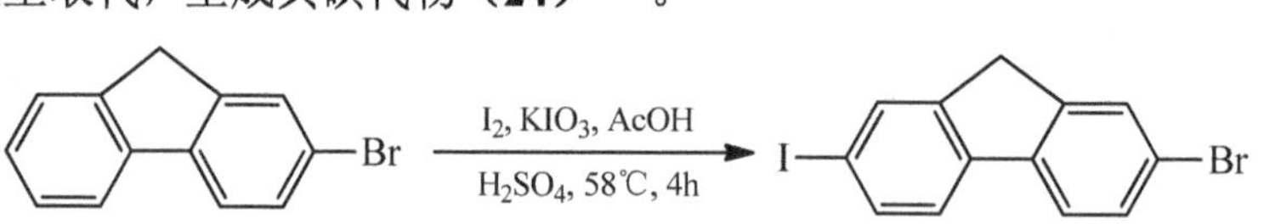

31

也可以直接采用更强的碘化剂如 ICl 等，来提高反应中碘正离子的浓度。例如，治疗偏头痛药物利扎曲坦（rizatriptan）的合成中，化合物 **32** 用 ICl 和碳酸钙在甲醇水溶液中实现碘取代[19]。

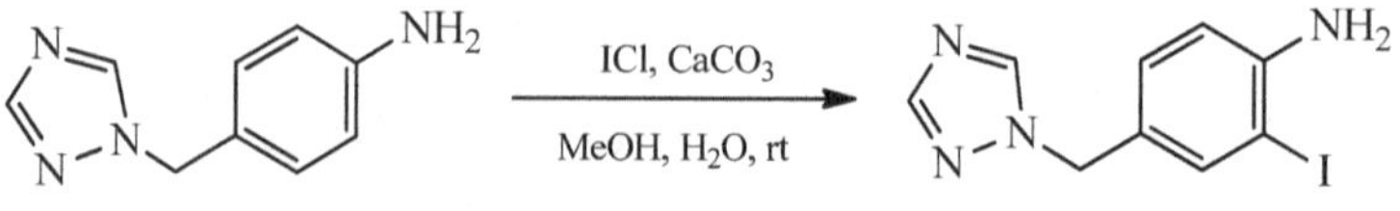

32

口服非核苷 NS5B 聚合酶抑制剂达沙布韦（dasabuvir）合成中，2-叔丁基-苯酚在碱性条件下用 NaI 反应，得到其二碘化物[20]。

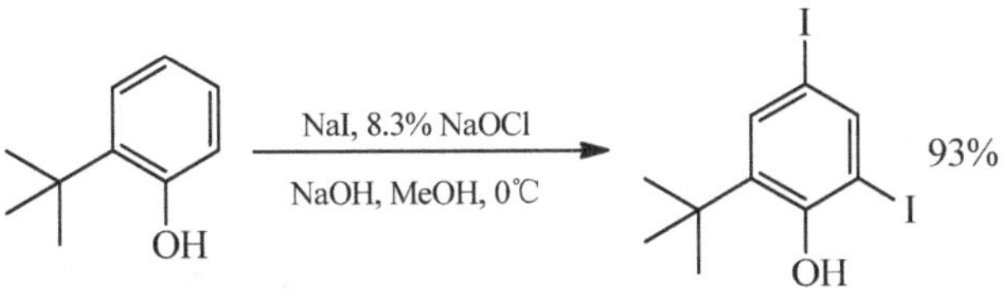

（5）芳杂环化合物的卤取代反应

含多余 π 电子的芳杂环化合物有利于卤取代反应，如吡咯、呋喃和噻吩等芳杂环的卤代反应较为容易，其反应活性次序为吡咯＞呋喃＞噻吩＞苯，且 2-位比 3-位更容易发生卤取代反应。例如，卵巢癌治疗药物芦卡帕尼（rucaparib）合成中，用三溴化吡啶鎓在 THF/CH$_2$Cl$_2$ 中对化合物 **33** 进行溴化，以 83% 的收率实现吲哚环 C2 位的溴化[21]。

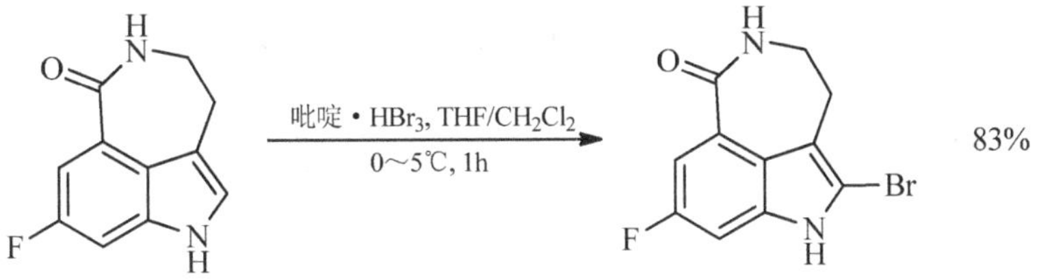

化合物 **33** ，吡啶·HBr$_3$, THF/CH$_2$Cl$_2$，0～5℃, 1h，83%

ATP 竞争性酪氨酸蛋白激酶 JAK1 和 JAK2 抑制剂鲁索替尼（ruxolitinib）的合成中，用 NIS 在 H$_2$O 中以 89% 的收率实现吡唑 4-位的碘化[22]。

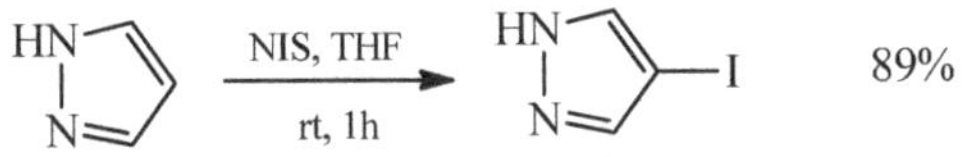

NIS, THF，rt, 1h，89%

对于缺 π 电子的芳杂环来说，其卤取代反应较困难，但选择适当的反应条件，仍能获得较好的效果。例如，抗癫痫药物吡仑帕奈（perampanel）的合成中，2-甲氧基吡啶在乙酸乙酯中用溴单质实现吡啶环 5-位氢的溴取代[23]。

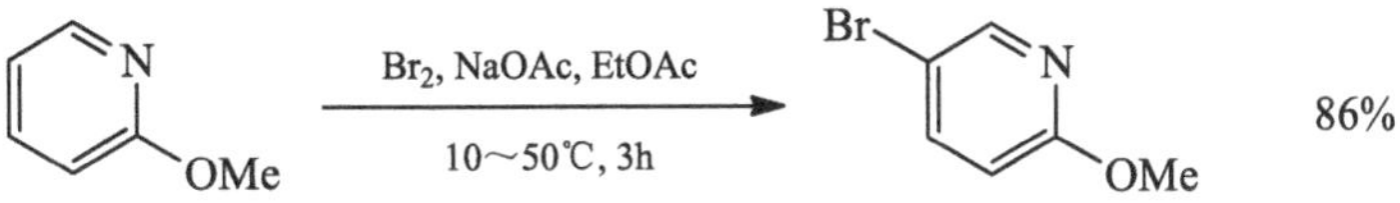

Br$_2$, NaOAc, EtOAc，10～50℃, 3h，86%

NIS 和三氟乙酸（TFA）可生成更强的碘化剂 CF$_3$CO$_2$I，用该试剂可在温和条件下以较高收率实现芳烃的碘取代。例如，用于治疗转移性黑色素瘤的 BRAF 抑制剂威罗菲尼（vemurafenib）的合成中，用 NIS 和 TFA 在 DMF 中可以几乎定量地实现化合物 **34** 中吡啶环 3-位氢的碘化[24]。

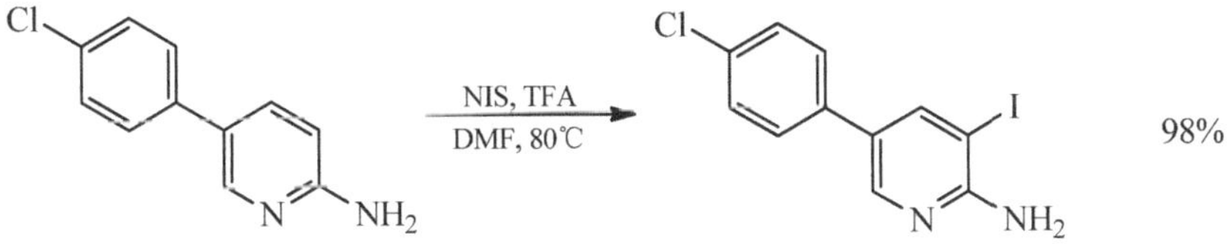

化合物 **34** ，NIS, TFA，DMF, 80℃，98%

用 NBS 在 DMF 中温和条件下可实现吡啶酮（**35**）的溴取代。

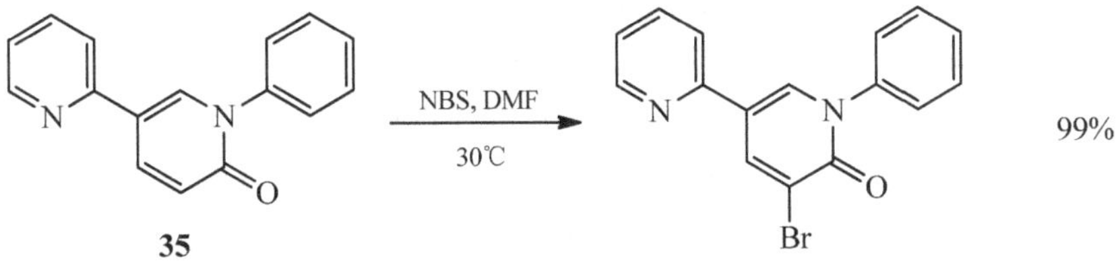

化合物 **35** ，NBS, DMF，30℃，99%

第一个治疗 HIV-I 的非核苷类逆转录酶抑制剂依曲韦林（etravirine）的合成中，用 Br$_2$ 在 CH$_2$Cl$_2$ 中对嘧啶类化合物 **36** 以 80% 的收率实现嘧啶环 5-位的溴取代[25]。

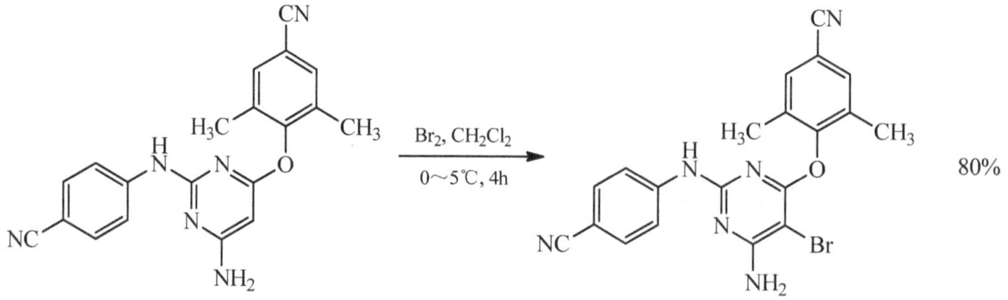

36

三、醛、酮 α-卤取代反应

（一）酮 α-卤取代反应

1. 反应通式及反应机理

（L=X, HO, RO, H, RCONH 等）

由于酮羰基的诱导效应，其 α-位氢具有一定的酸性，可用卤素、N-卤代酰胺、次卤酸酯、硫酰卤化物等卤化试剂，在四氯化碳、氯仿、乙醚和乙酸等溶剂中发生 α-卤取代反应，生成相应的 α-卤代酮。

一般来说，羰基 α-位氢被卤素取代的反应属于亲电取代机理。通常羰基化合物在酸（包括路易斯酸）或碱（无机或有机碱）的催化下，转化为烯醇或其氧负离子形式，再和亲电的卤化剂进行反应。具体过程如下：

（1）酸催化机理

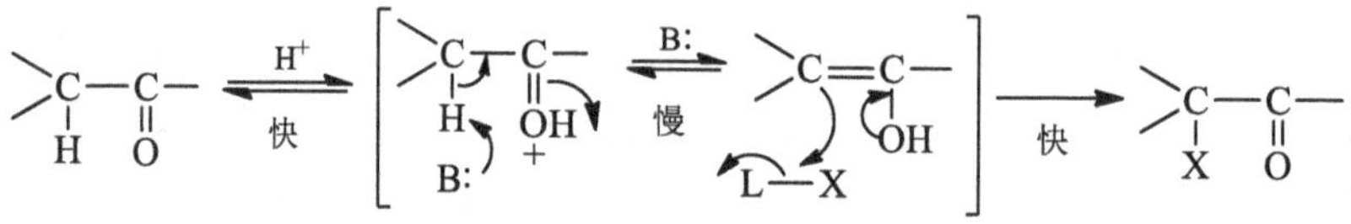

（2）碱催化机理

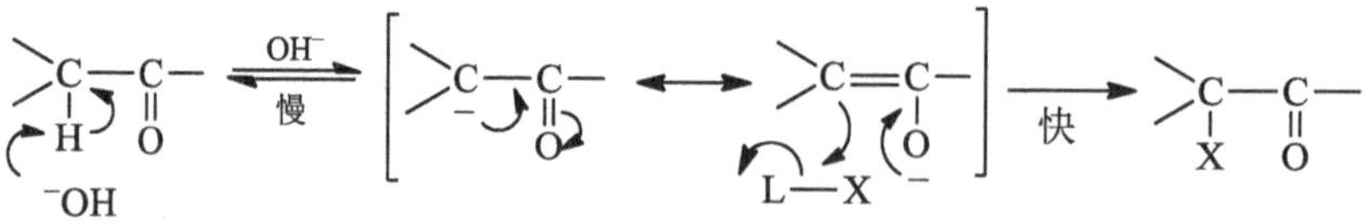

2. 反应特点及反应实例

（1）羰基 α-位取代基的电性效应对反应的影响

酸催化的羰基 α-卤取代反应中，羰基 α-位上连有供电子取代基时，有利于烯醇的稳定化，α-卤取代反应更容易发生；反之，连有吸电子取代基时反应不易进行。当不对称酮有多个 α-位氢时，单卤取代反应主要得到在烷基较多的 α-位上卤取代酮；双卤取代反应中，同一个 α-位碳原子上欲引入第二个卤原子时相对较难，通常第二个卤素原子取代在 α'-位氢原子。例如，用于治疗多发性硬化病的免疫抑制剂特立氟胺（teriflunomide）的合成中，化合物 **37** 在 KBr/H_2O_2 体系中得到亚甲基溴取代产物[26]。

67%

与酸催化的情况相反，碱催化的羰基 α-卤取代反应中，吸电子基使 α-质子的酸性增加，有利于卤取代反应的进行。因此，若在过量卤素存在下，碱性催化的反应不会停留在 α-单取代阶段，而是在同一个 α-位上继续反应，直至所有 α-氢原子都被取代为止。甲基酮类化合物在碱催化下发生的"卤仿反应"（haloform reaction）就是其典型的应用。为了避免溴易挥发的弊端，之后又发展了一些可替代溴的反应试剂，例如，在 NaOH 溶液中 $NaBrO_2$ 和 NaBr 合用，与底物反应后酸水解也可达到较好的效果。

94%

（2）卤化试剂及催化剂的影响

羰基 α-位氢原子可用的卤化剂较多，根据不同活性的卤化剂，选择相应的催化剂及反应条件，均可达到满意的效果。例如，治疗胃溃疡、十二指肠溃疡和反流性食管炎的胃酸分泌抑制剂沃诺他赞（vonoprazan）的合成过程中，由 2-氟苯乙酮可在多个条件下制备 2-氟-苯-α-溴乙酮。

试剂和条件	收率
Br_2, H_2O, AcOH, rt, 2h	97%
NBS, MsOH, AcOEt, rt, 72h	95%
$CuBr_2$, $CHCl_3$, AcOEt, 85℃, 3h	81%

在用溴分子对酮进行卤取代反应时，虽然反应中生成的溴化氢具有加快烯醇化速率的作用；但溴化氢具有还原性，也能消除 α-溴酮中的溴原子，使 α-溴化反应的收率降低。

PCl_5 也可以作为羰基 α-氢的卤化试剂，其作用机理是烯醇化后，双键进攻 P—Cl 键而形成新的 C—Cl 键。例如，可逆的选择性 Xa 因子抑制剂阿哌沙班（apixaban）的合成中，化合物 38 在氯仿中用 PCl_5 实现其羰基 α-位的二氯双取代[27]。

87%

酸催化的酮 α-卤取代反应中，需要适当的碱参与，以帮助 α-氢质子的脱去，未质子化的羰基化合物也可发挥有机碱的作用。例如，治疗青光眼和高眼压症的药物布林佐胺（brinzolamide）的合成中，用溴吡啶盐实现化合物 39 的 α-氢的溴取代[28]。

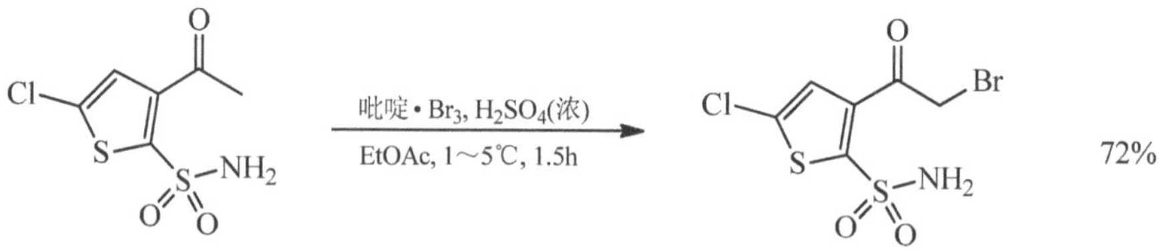

同样，三溴化四丁铵也可作为溴化试剂用于羰基 α-位氢的取代。例如，治疗慢性阻塞性肺疾病的奥达特罗（olodaterol）的合成过程中，化合物 **40** 的溴取代[29]。

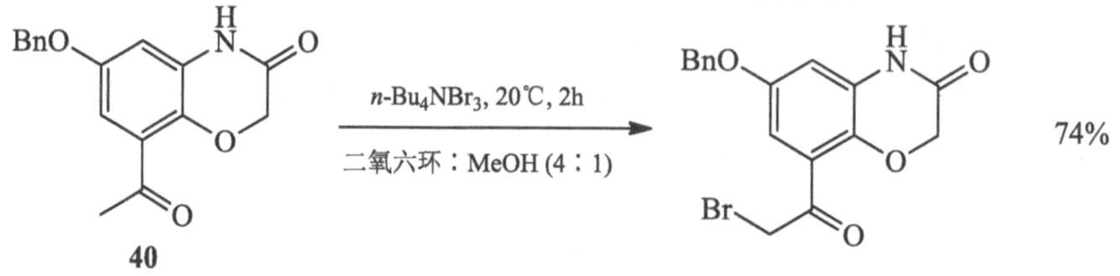

（二）醛 α-卤取代反应

在酸或碱催化下，醛基氢原子和 α-碳原子上氢原子都可以被卤素取代。要得到预期的 α-卤代醛，最常用的方法是在碱性条件下将醛转化成烯醇乙酸酯，然后再与卤素反应。

1. 反应通式及反应机理

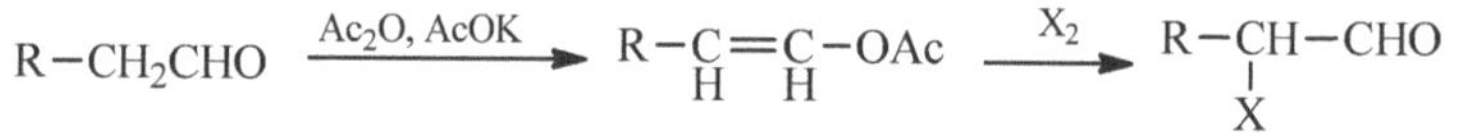

反应中，醛首先转化为烯醇并形成羧酸酯，然后卤正离子进攻烯醇双键 β-碳原子，生成 α-卤取代物。

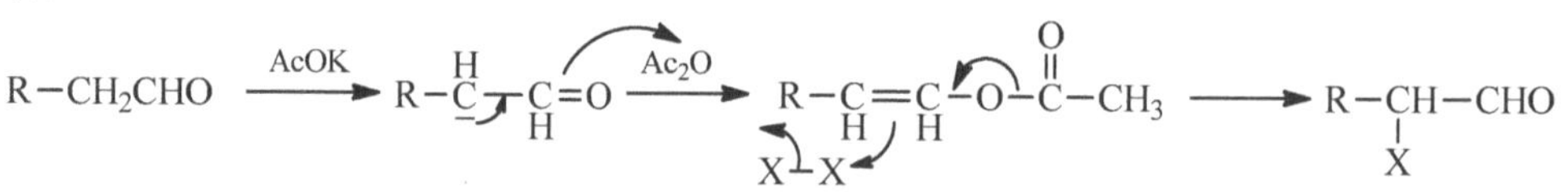

2. 反应特点及反应实例

用于治疗恶性胸膜间皮瘤培美曲塞（pemetrexed）的合成中，化合物 **41** 在醛 α-位的溴取代，产物未经纯化直接用于下一步反应[30]。

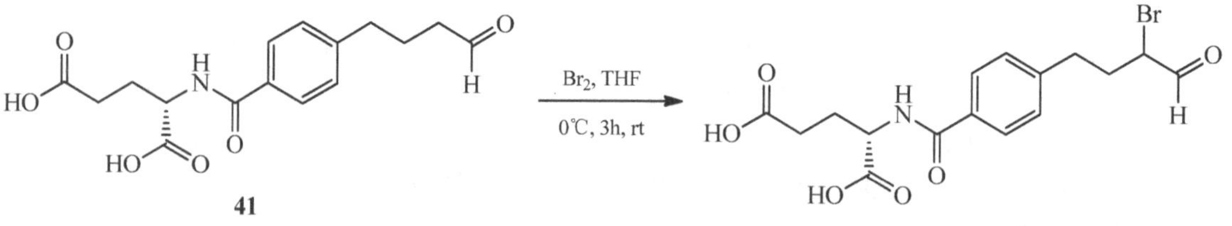

（三）不对称酮的选择性卤取代反应

对于普通卤化剂，不对称酮的直接卤化的区域选择性不高。为此，可先将不对称酮转化为相应的烯醇或烯胺衍生物，然后进行卤取代反应，可达到区域选择性 α-卤取代的目的。醛也可以用此法进行有效的 α-卤取代。

1. 烯醇酯的卤取代反应

酮或醛用乙酸酐或乙酸异丙烯酯在酸催化下可转化为其烯醇乙酸酯，再与提供卤正离子的卤化剂反应可以得到 α-卤代酮或醛，其历程和上述酮的 α-卤取代反应的酸催化机理类似。卤素、N-卤代酰胺等普通卤化剂均可以使用。

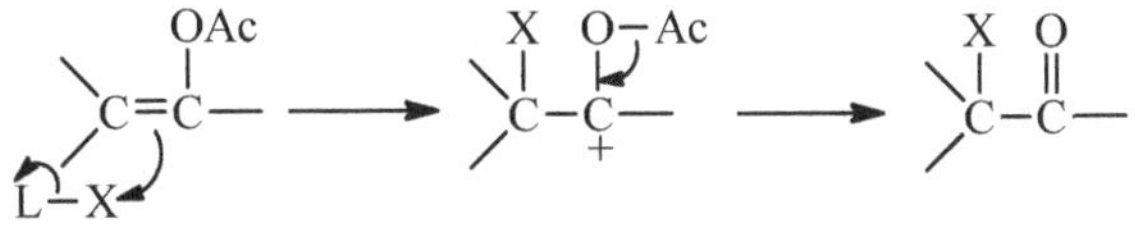

将不对称酮转化为其烯醇乙酸酯，常用酸酐或乙酸异丙烯酯作为酰化试剂，其中乙酸异丙酯在酸催化下反应生成的丙酮易于蒸馏除去。例如，(Z)-6-甲基庚-2, 5-二烯-2-酮形成的乙酸酯用 CuBr$_2$ 作为卤化剂在乙腈中回流加热，能以中等收率得到其 α-溴代酮。

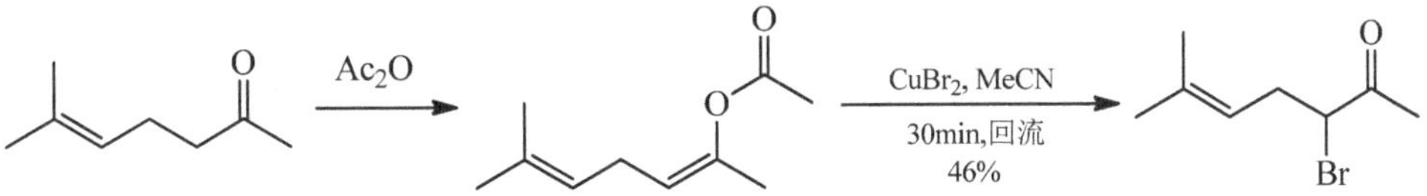

2. 烯醇硅烷醚的卤取代反应

烯醇硅烷醚的卤取代与烯醇酯的卤取代类似，因烯醇硅烷醚 β-碳原子的亲核性比相应的烯醇酯更强，故比烯醇酯更容易进行卤取代反应。

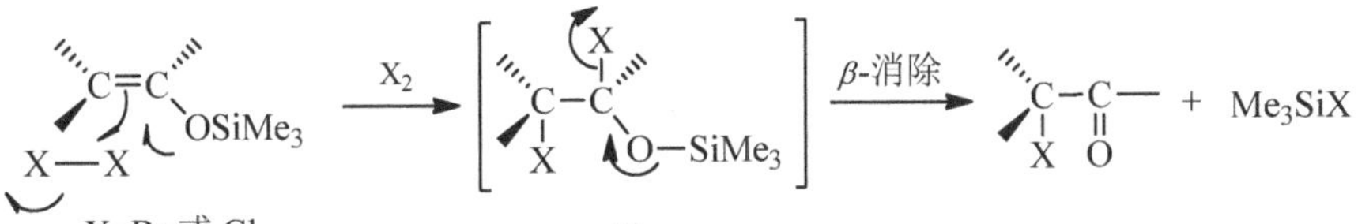

烯醇硅烷醚可与卤素直接发生反应，卤素首先对烯醇双键进行亲电加成，加成中间体 **42** 经 β-消除后得到 α-卤代酮或醛。利用此法还可制备某些难以得到的 α-卤代醛，且不影响分子中原来存在的芳核和双键，或不发生酯羰基 α-卤取代反应。例如，治疗骨质疏松的药物米诺膦酸（minodronic acid）的合成中，化合物 **43** 先用 Me$_3$SiCl 制备烯醇硅烷醚，然后用溴单质处理即可合成其 α-溴代醛[31]。

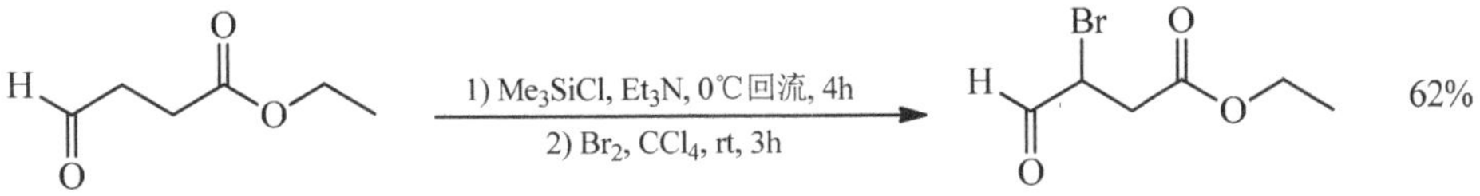

用烯醇硅烷醚中间体进行不对称酮区域选择性卤取代，一方面不同烯醇硅烷醚异构体易于制备和分离，另一方面选择不同条件可以获得主要产物分别为动力学控制的或热力学控制的烯醇硅烷醚。一般来说，用 Me$_3$SiCl 在低温下反应主要得到位阻较小、取代较少的动力学控制的烯醇烷硅醚，而在过量丙酮和三乙胺存在下长时间加热，则主要得到稳定的、取代较多的热力学控制的烯醇烷硅醚。

3. 烯胺的卤取代反应

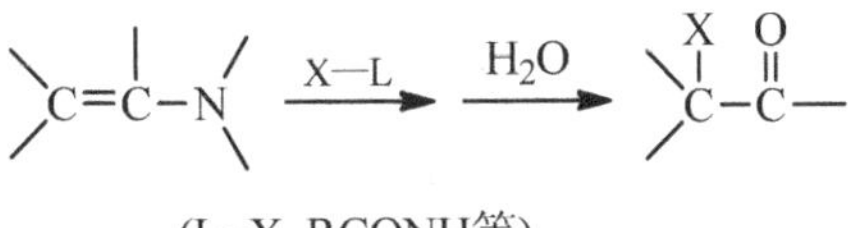

(L=X, RCONH等)

酮与仲胺首先脱水缩合转变为烯胺衍生物，然后卤化剂对烯胺双键亲电加成，再经水解可以得到 α-卤代酮。烯胺的制备多用哌啶、吗啉、四氢吡咯等仲胺，卤化剂为可提供卤正离子的卤素、N-卤代酰胺等。其机理如下：

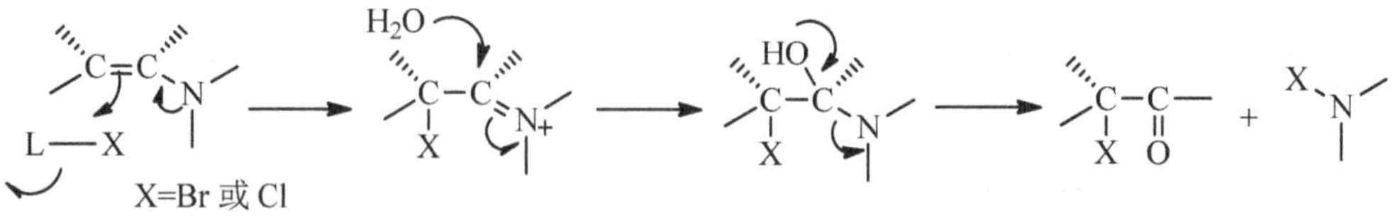

酮的烯胺衍生物的亲核能力比它们的母体结构强，且在卤取代反应中区域选择性常常不同于母体羰基化合物或其烯醇衍生物，故常用于不对称酮的选择性 α-卤取代反应。例如，2-苯基环己酮的吗啉衍生物中，由于取代较少的烯胺异构体 **44** 比取代较多的异构体稳定，且亲核性强，低温下即可与溴分子反应，水解得到单溴代化合物（**45**）。

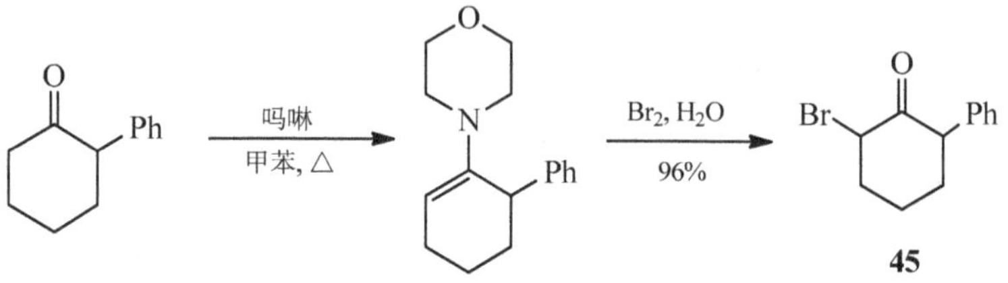

44 **45**

四、羧酸衍生物的 α-卤取代反应

1. 反应通式及反应机理

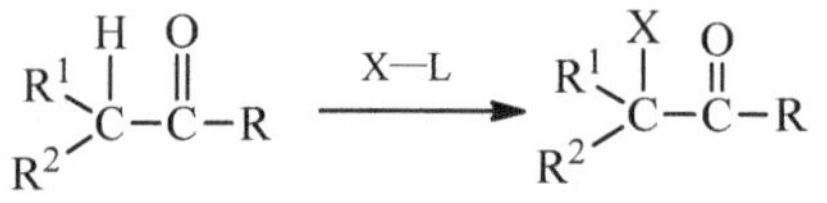

L=X, HO, RO, H, RCONH等；R=OR′, OCOR′等

羧酸酯、酰卤、酸酐、腈、丙二酸及其酯等羧酸衍生物可以用提供卤正离子的卤化剂进行 α-卤取代反应。

与醛、酮的 α-卤取代反应机理类似，大多数羧酸衍生物的 α-卤取代反应属于亲电取代机理。

2. 反应特点及反应实例

（1）酰卤、酸酐、腈、丙二酸及其酯的 α-卤取代反应

酰卤、酸酐、腈、丙二酸及其酯的 α-氢原子活性较大，可以直接用各种卤化剂进行 α-卤取代反应。例如，2-(4-氯苯基)乙腈在 AIBN 存在下与 NBS 反应得其 α-氢的溴取代产物。

（2）饱和脂肪酸酯的 α-卤取代反应

饱和脂肪酸酯的 α-卤取代反应，可在强碱（如 NaH 等）作用下生成活性较大的烯醇 β-负离子，然后和卤素温和地进行反应，以良好的收率得到 α-卤代酯。

（3）羧酸的 α-卤取代反应

对于羧酸的 α-卤取代反应来说，由于羧酸的 α-氢原子活性较小，一般需要先转化成酰氯或酸酐，然后用卤素、*N*-卤代酰胺等卤化剂进行卤取代。此外，羧酸也可以在催化量三溴化磷或磷存在下和溴单质直接反应制备 α-溴代羧酸，即 Hell-Volhard-Zelinsky 反应。

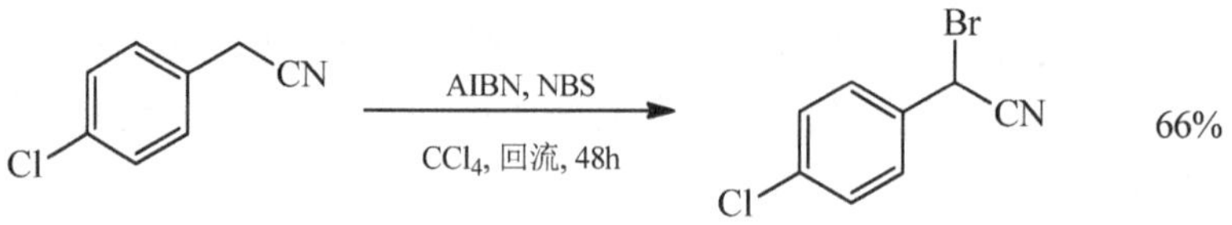

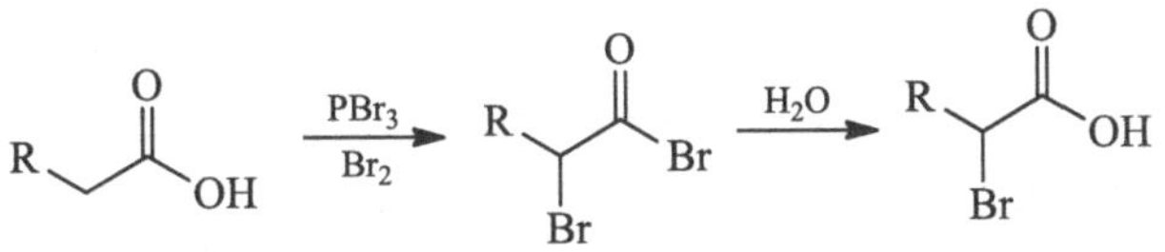

例如，环己基甲酸在溴和磷酸催化下反应，得到其 α-溴代环己基甲酸。

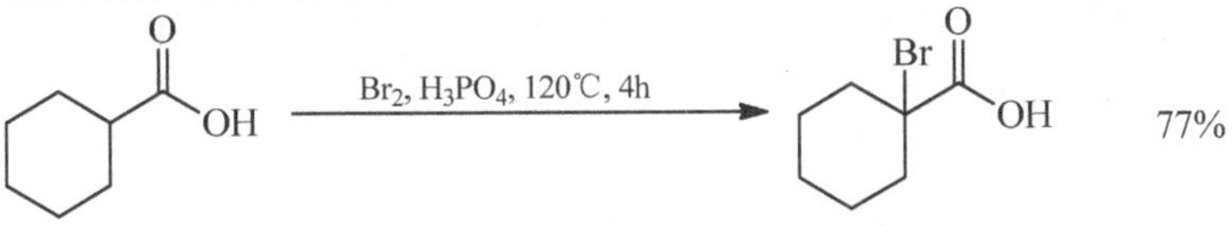

77%

案例 3-2

　　琥珀酸普卡必利（prucalopride succinate）是一种特异性 5-HT$_4$ 受体完全激动剂，主要用于治疗各种便秘及术后胃肠道蠕动无力和假性梗阻等。其合成过程中涉及由 2-羟基-4-乙酰氨基苯甲酸甲酯（**46**）合成含有三个卤素原子的中间体 **47** 的反应。

【问题】

　　用什么策略和卤取代反应实现下述转化？

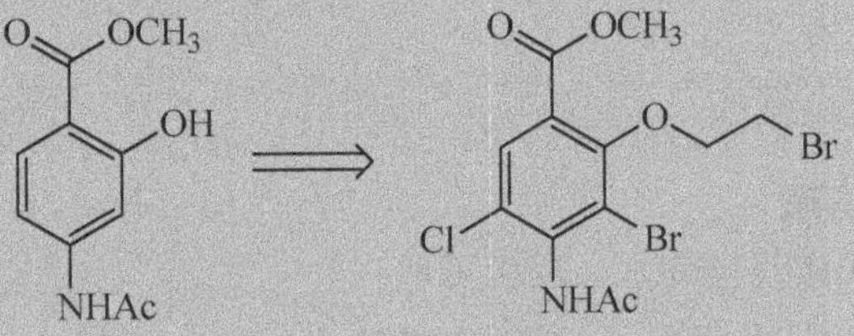

46　　　　　　　　　　　　　　　　　**47**

【案例分析】

　　首先苯环上直接相连的氯和溴可以通过亲电卤取代反应来实现。一般来说，溴化试剂比氯化试剂活性高，若先进行溴代反应，可能同时发生两个溴原子的卤取代反应；同时，由于羟基和乙酰氨基的双重定位作用，要引入氯的 5-位反应活性更高，所以应先进行氯代，再溴代。第三个溴乙基则通过 1,2-二溴乙烷与酚羟的烃化反应引入，并不属于卤取代反应。具体来说，先用硫酰氯引入氯，然后用溴在 3-位进行溴取代[32]。具体过程如下：

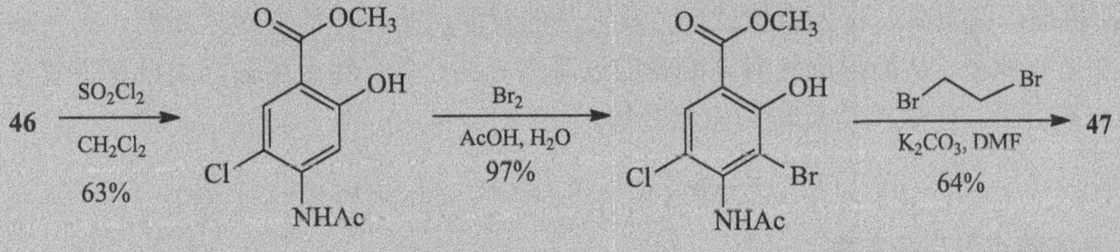

48　　　　　　　　　　　　　　　**49**

反应操作：

　　向 1L 三颈瓶中加入 **46**（30g，143mmol）和二氯甲烷（300ml），室温搅拌下滴加硫酰氯（20.25g，150mmol）的二氯甲烷（50ml）溶液，控制温度在 20～25℃，约 1h 内滴毕。滴加饱和碳酸氢钠溶液（150ml），滴毕搅拌 5min，分取有机层，减压蒸除溶剂，剩余物用乙醇重结晶，得白色固体 **48**（22.1g，63%）。

　　向 500ml 单颈瓶中依次加入 **48**（12.95g，53mmol）、水（100ml）和乙酸（100ml），于 25℃搅拌下缓慢滴加液溴（9.36g，58.3mmol），同温反应 16h。抽滤，滤饼用水（20ml×3）洗涤，减压干燥 20h，得白色固体 **49**（16.5g，97%）。

　　向 250ml 单颈瓶中依次加入 **49**（16.15g，0.05mol）、碳酸钾（6.91g，0.05mol）和 *N,N*-二甲基乙酰胺（100ml），升温至 50℃搅拌 1h。加入 1,2-二溴乙烷（8.66ml，0.1mol），同温反应 5h。加入 45～60℃的温水（75ml），15min 后析出固体。于 50℃搅拌 1h，再加入温水（25ml），室温搅拌 16h。抽滤，滤饼用适量水洗涤后加至 500ml 四颈瓶中。加入甲苯（200ml）和硅藻土（2.5g），搅拌下回流分水，反应液温度达到 110℃时趁热抽滤，滤液于 15℃析晶 16h。过滤，减压干燥 16h，得白色固体 **47**（13.76g，64%）。

第三节　卤置换反应

一、醇的卤置换反应

　　醇羟基的卤置换反应是制备卤化物的重要方法，更多情况是可由此制备药物合成过程中需要的医药中间体。常用的卤化剂有卤化氢（或氢卤酸）、含硫卤化物、含磷卤化物等能提供卤素负离子的试剂。

（一）醇和卤化氢的反应

1. 反应通式及反应机理

　　醇和卤化氢反应生成卤代烃和水，反应可逆。

$$R\text{—}OH + HX \rightleftharpoons R\text{—}X + H_2O$$

　　醇羟基的卤置换反应属于亲核取代反应机理，其亲核反应历程主要有单分子亲核取代反应历程（S_N1）和双分子亲核取代反应历程（S_N2）。

　　S_N1 机理：醇在一定条件下首先异裂形成碳正离子，然后卤负离子以均等的机会迅速从碳正离子平面两侧进行亲核进攻，生成外消旋的卤代产物。其中第一步是反应的决速步骤，易形成稳定碳正离子的反应倾向于按 S_N1 机理进行卤置换反应。

$$R\text{—}OH \xrightarrow{\text{慢}} R^+ \xrightarrow{X^-} R\text{—}X$$

　　S_N2 机理：卤负离子作为亲核试剂，从羟基的背面进攻，但原有键未断裂，离去基团还没有离开中心碳原子，从而形成具有高能量的过渡态 σ 络合物；然后离去基团羟基带着一对电子离开中心碳原子，生成构型反转的卤代产物。

$$R\text{-}OH + X^- \longrightarrow \left[X^{\delta^+}\text{-----}R\text{-----}OH^{\delta^-} \right] \longrightarrow R\text{-}X + OH^-$$

2. 反应特点及反应实例

　　醇的结构和卤化氢的种类是决定卤化氢与醇的卤置换反应速率的主要因素。对 S_N1 历程的反应，反应中生成的碳正离子越稳定，反应活性越高。一般来说，烯丙型醇≈苄基型醇≈叔醇＞仲醇＞伯醇。卤化氢的活性顺序取决于卤负离子的亲核能力，即 HI＞HBr＞HCl。反应中增加醇和卤化氢的量，并不断除去生成的水，有利于反应的进行和提高收率。

　　（1）醇的氟置换反应

　　醇与氢氟酸的置换反应中，一般在氢氟酸中加入吡啶可得到满意的反应效果。

$$C_2H_5\text{—}\overset{\displaystyle OH}{\underset{\displaystyle |}{C}}\text{—}CH_3 \xrightarrow[20℃, 1h]{HF, 吡啶, C_6H_{14}} C_2H_5\text{—}\overset{\displaystyle F}{\underset{\displaystyle |}{C}}\text{—}CH_3$$

（2）醇的氯置换反应

醇与氯化氢的置换反应中，对于叔醇和苄醇等反应活性较高的醇，一般使用浓盐酸或氯化氢气体进行反应。对于伯醇等反应活性较弱的醇，常用 Lucas 试剂（浓盐酸与无水氯化锌的混合物，由 2.25mol 熔化过的无水氯化锌溶于 2.52mol 冷的浓盐酸而制得）进行氯置换。反应结束后，可在除去产物的氯化锌溶液中鼓入氯化氢气体，形成 1∶1 的溶液继续用于反应，以提高金属锌的利用率。例如，薄荷醇用该溶液在室温下快速地反应，以高收率得到薄荷氯，且保持手性。

浓HCl, ZnCl₂
rt, 0.5h

95%

（3）醇的溴置换反应

醇与氢溴酸反应，可以直接用 HBr 的乙酸溶液进行溴置换反应。例如，凝血因子 Xa 抑制剂利伐沙班（rivaroxaban）合成中，中间体 **50** 在溴化氢的乙酸溶液中回流即可获得其伯醇被溴置换的产物[33]。

HBr, AcOH,
21～26℃, 30min
Ac₂O, 60～65℃, 3h

71%

50

溴化氢也可由浓硫酸滴入溴化钠和醇的水溶液来原位制备。反应中需要及时蒸除产物水或加入添加剂 LiBr 等，以维持足够的溴化氢浓度。例如，选择性钙离子通道调节剂阿尔维林（alverine）的合成中，其合成中间体 γ-溴代苯就是将 3-苯基丙醇用溴化氢置换制备的。

NaBr, H₂SO₄
回流, 4h

87%

（4）醇的碘置换反应

醇与碘化氢的反应速率虽然很快，但得到的碘代烃容易被碘化氢还原，因此需要将生成的碘代烃及时移出。也可直接用有机磷等碘化试剂进行碘置换。不过醇的碘置换更多的情况是先将醇转化为氯化物、溴化物或磺酸酯，然后用碘化钠进行置换。

$$HO(CH_2)_6OH \xrightarrow[100\sim130℃, 2h]{HI, H_2O} I(CH_2)_6I \quad 94\%$$

（二）醇和卤化亚砜的反应

1. 反应通式及反应机理

$$R-OH + SOX_2 \longrightarrow R-X + SO_2 + HX \ (X = Cl, Br)$$

醇和卤化亚砜反应生成卤代烃、二氧化硫和卤化氢。氯化亚砜是最常用的氯化试剂。

醇与氯化亚砜的反应中，首先形成氯化亚硫酸酯（**51**），然后氯负离子进攻中心碳原子，C—O 键断裂生成氯代烃，并释放出二氧化硫。

2. 反应特点及反应实例

醇和卤化亚砜的反应中，中间体氯化亚硫酸酯（**51**）的分解方式与溶剂的极性有关，同时决定了醇碳原子构型在氯化反应中的变化。

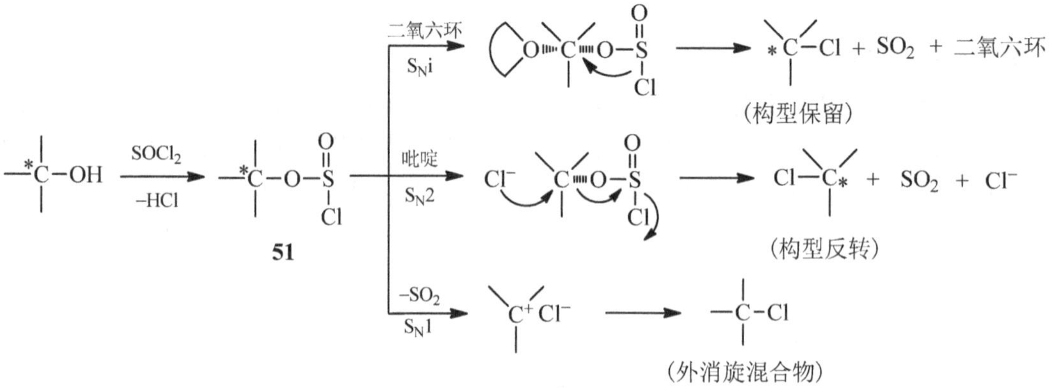

在二氧六环（1, 4-dioxane）、二甲醚（DME）等醚类溶剂中，氧原子上的未共用电子对，与酯碳原子会形成一定的作用力，并增加了氯离子反向进攻的位阻，从而使与硫相连的氯进攻碳原子，得到构型保留的产物，该反应属于 S_Ni 机理。而在吡啶等碱性溶剂中，溶剂与氯化氢成盐，此时氯负离子能够从酯基的相反方向进行取代反应，得到构型反转的产物，反应为 S_N2 机理。某些催化剂（如氯化锌等）存在的条件下，氯化亚硫酸酯会直接脱掉一分子二氧化硫，从而形成离子对的形式，得到外消旋产物，反应属于 S_N1 机理。例如，抗病毒药物药物利托那韦（ritonavir）或洛匹那韦（lopinavir）的合成中，中间体(*S*)-1-羟基-3-苯基丙-2-胺（**52**）在 DME 中用 $SOCl_2$ 进行氯置换，得到其构型保持的产物(*S*)-1-氯-3-苯基丙-2-胺[34]。

52

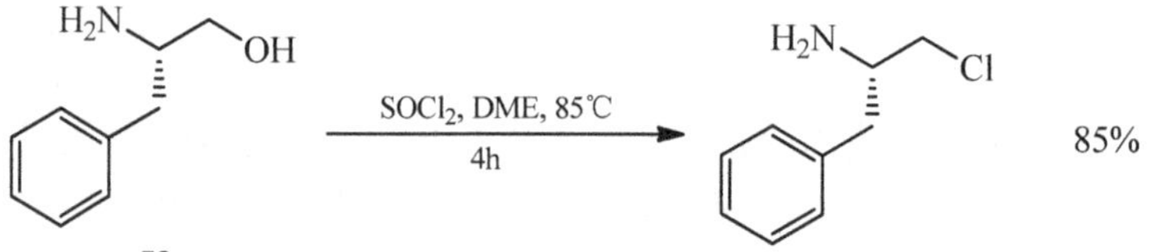

在反应中加入有机碱，或醇分子本身分子内存在氨基等碱性基团，因能与反应生成的氯化氢结合，有利于提高氯代反应的速率，该法也适宜于一些对酸敏感的醇类的氯置换反应。例如，咪唑类抗真菌药物硝酸布康唑（butoconazole nitrate）的制备中，4-(4-氯苯基)-1-(1*H*-咪唑-1-基)丁-2-醇（**53**）用 $SOCl_2$ 得到其氯置换产物[35]。

53

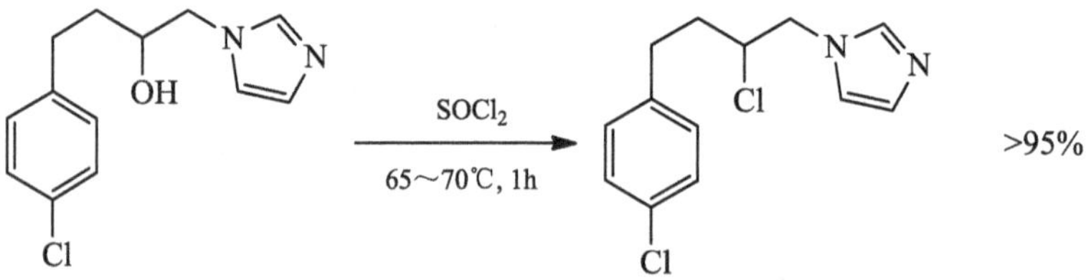

在 $SOCl_2$ 和 DMF 或六甲基磷酰三胺（HMPA，催化兼溶剂）合用时，其氯化剂的实际形式为 **54** 或 **55**。它们具有反应活性高、反应迅速、选择性好等优点，并能有效地结合反应中生成的 HCl，适宜于某些有特殊要求的醇羟基氯置换反应。例如，乙内酰脲类抗癫痫药物磷苯妥英钠（fosphenytoin disodium）的合成中，3-羟甲基-5, 5-二苯基咪唑-2, 4-二酮（**56**）在 DMF 催化下用 $SOCl_2$ 作为氯化试剂得到其氯置换产物[36]。

$$Me_2N{-}CHO \xrightarrow{SOCl_2} [\ Me_2\overset{+}{N}{=}CHCl\ ]Cl^- \qquad (Me_2N)_3PO \xrightarrow{SOCl_2} [(Me_2N)_2PCl{=}\overset{+}{N}Me_2]Cl^-$$

54 **55**

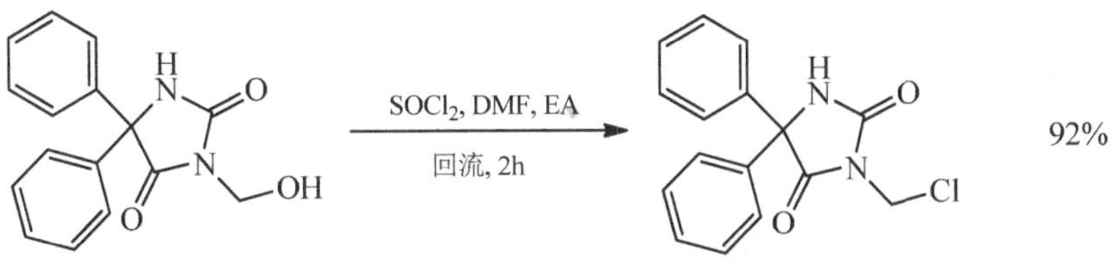

56

（三）醇和卤化磷的反应

1. 反应通式及反应机理

$$R-OH \xrightarrow{PX_3/PX_5} R-X$$

醇与卤化磷反应生成卤代烃和磷酸（酯）。

三卤化磷、五卤化磷对醇羟基的卤置换反应属 S_N2 机理。醇与卤化磷的反应过程中，卤化磷中的磷原子向醇羟基中的氧原子进行亲电进攻，脱去一分子 HX，生成亚磷酸的单、双或三酯；然后卤素负离子对亚磷酸酯中的亲电性烷基进行亲核取代，生成卤化物。

$$R-OH \xrightarrow[-HX]{PX_3} \left[-\overset{|}{\underset{|}{P}}-O-R \right] \xrightarrow{X^-} R-X + -\overset{|}{\underset{|}{P}}-OH$$

2. 反应特点及反应实例

三卤化磷或五卤化磷通常由相应的卤单质与红磷直接反应制得。三卤化磷或五卤化磷与醇羟基的反应是经典的卤置换反应。其反应活性比卤化氢大，且重排副反应少。例如，治疗肥胖症的选择性 5-羟色胺 2C（5HT2C）受体激动剂氯卡色林（lorcaserin）的合成过程中，2-(4'-氯苯基)乙醇（**57**）与三溴化磷反应即得到其溴置换产物。

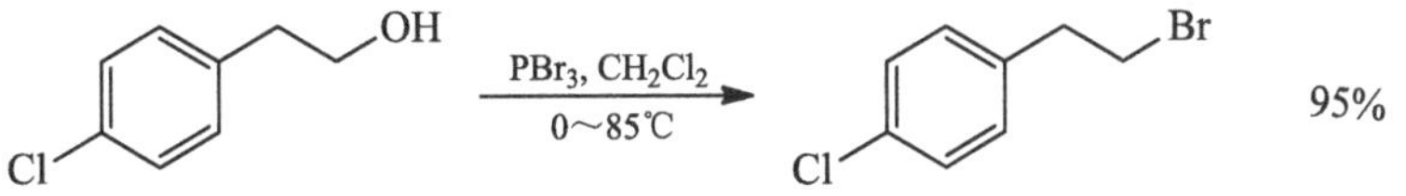

57

光学活性醇在三卤化磷反应得到构型反转的卤化物。例如，治疗阿尔茨海默病药物利凡斯的明（rivastigmine）的合成中，化合物 **58** 与 PBr_3 在 CH_2Cl_2 中反应，得到其构型反转的溴置换产物[37]。

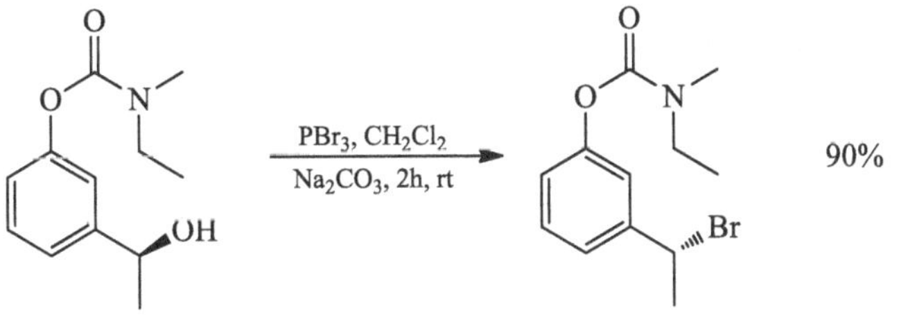

58

POCl_3 的氯取代能力比三氯化磷和五氯化磷弱，与 DMF 反应生成氯代亚氨盐（**59**）（Vilsmeier-Haack 试剂），在氯置换反应中具有重要的应用。例如，抑制肾素的抗高血压药阿利吉仑（aliskiren）的合成中，用 POCl_3 和催化量的 DMF 在甲苯中实现中间体 **60** 的氯取代[38]。

$$POCl_3 + HCONMe_2 \xrightarrow{0\,℃,\ 10\ min} \left[Me_2\overset{+}{N}=CHCl \right] \overset{-}{O}PHOCl_2$$

78%

化合物 **60**

（四）醇和有机磷卤化物的反应

1. 反应通式及反应机理

$$R{-}OH \xrightarrow{\text{有机磷卤化物}} R{-}X$$

有机磷卤化物，像三苯磷卤化物（如 Ph_3PX_2、$Ph_3P^+CX_3X^-$）以及亚磷酸三苯酯卤化物[如 $(PhO)_3PX_2$、$(PhO)_3P^+CX_3X^-$]等，一般由三苯磷或亚磷酸三苯酯和卤素或卤代烷直接制备。

三苯磷卤化物或亚磷酸三苯酯卤化物和醇反应，首先生成醇烷氧基取代的三苯磷加成物（**61**）或相应的亚磷酸酯（**62**），再经卤素负离子对具有亲电性的醇烷基碳原子进行 S_N2 反应，生成构型反转的卤化物。

$$PPh_3 + X_2 \longrightarrow Ph_3PX_2$$

$$ROH + Ph_3PX_2 \xrightarrow{-HX} ROP^+Ph_3X^- \xrightarrow{X^-} RX + Ph_3P{=}O$$

61

$$P(OPh)_3 + RX \longrightarrow (PhO)_3P{-}^+RX^-$$

$$R'OH + (PhO)_3P{-}^+RX^- \xrightarrow{-PhOH} (PhO)_2P{-}^+R \xrightarrow{X^-} R'X + (PhO)_2P{=}O$$

62

2. 反应特点及反应实例

有机磷卤化物的应用广泛，且具有活性大、反应条件温和等优点。

$$\xrightarrow[\text{CH}_2\text{Cl}_2, \text{rt}]{\text{PPh}_3, \text{CBr}_4} \quad 92\%{\sim}99\%$$

$(n = 0{\sim}6)$

丙肝病毒 NS5A 聚合酶抑制剂雷迪帕韦（ledipasvir）的合成中，化合物 **63** 在咪唑存在下用三苯基膦和碘得到其双碘置换产物[39]。

$$\xrightarrow[\text{CH}_2\text{Cl}_2, 10℃]{\text{I}_2, \text{PPh}_3, \text{咪唑}} \quad 70\%$$

63

（五）醇的间接卤置换反应

$$R{-}OH \xrightarrow{R'SO_2Cl} R{-}O{-}\overset{O}{\underset{O}{S}}{-}R' \xrightarrow{X^-} R{-}X + R'SO_3^-$$

对于反应活性不够的醇，若无合适的卤化试剂直接卤化时，可将醇羟基先用磺酰氯（TsCl 或 MsCl）制备成磺酸酯，再与碱金属的卤化物作为卤化试剂置换得到卤代烃。这是因为卤负离子作为亲核试剂，而磺酸基是很好的离去基团。

磺酸酯与亲核性卤化剂反应，常用钠盐、钾盐或锂盐等卤化剂，丙酮、醇、DMF 等作溶剂。例如，抗丙型肺炎病毒药物索非布韦（sofosbuvir）的合成中，化合物 **64** 先磺酰化再用溴化锂取代得到其溴化物[40]。

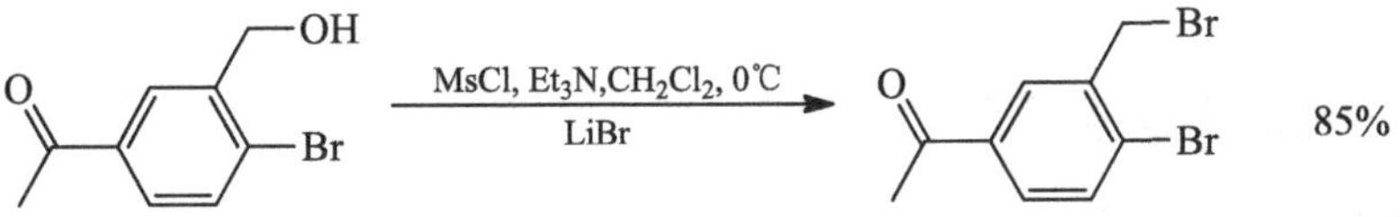

二、酚的卤置换反应

1. 反应通式及反应机理

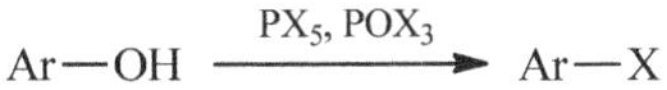

$$Ar—OH \xrightarrow{PX_5, POX_3} Ar—X$$

酚羟基的活性较弱，所以一般要用较强的卤代试剂（如五卤化磷）或与氧卤化磷合用（兼作溶剂），才能高效地合成卤代芳烃。

酚与卤化磷的反应机理与醇羟基的卤置换机理相似，首先含磷卤化剂和酚形成亚磷酸酯，以削弱酚的 C—O 键，然后卤素负离子对酚碳原子进行亲核进攻而得到卤置换产物。

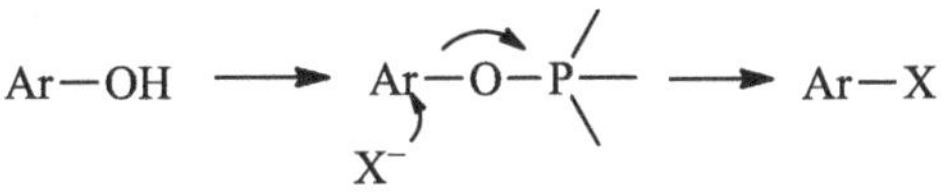

2. 反应特点及反应实例

酚类化合物的苯环与氧原子上的孤电子对形成大 π 键，不易断裂，因此卤置换反应条件一般比较苛刻，需要五卤化磷或与氧卤化磷合用，并在高温条件下才能发生反应。例如，HIV-1 抑制剂的 dipyridodiazepinone 类衍生物的合成中，吡啶化合物 **65** 在五卤化磷或与氧卤化磷合用时能以较高收率得到其氯置换产物。

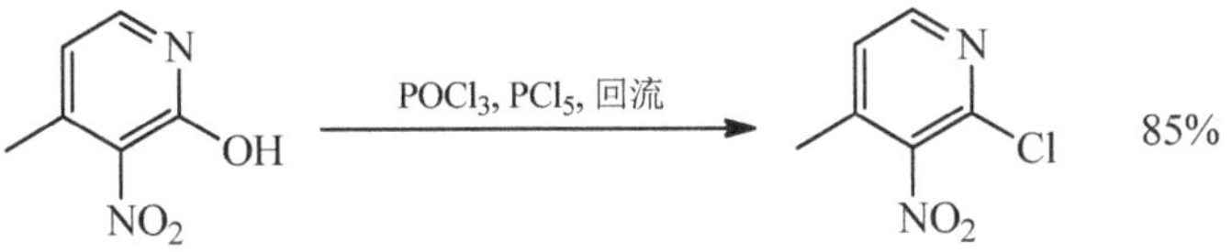

缺 π 电子杂环上羟基的卤置换反应相对比较容易，单独使用氧卤化磷即可达到较好的效果。例如，新型非核苷类逆转录酶抑制剂利匹韦林（rilpivirine）的合成中，4-((4-羟基嘧啶-2-基)氨基)苄腈（**66**）直接在三氯氧磷中回流即可得到其氯置换产物[41]。

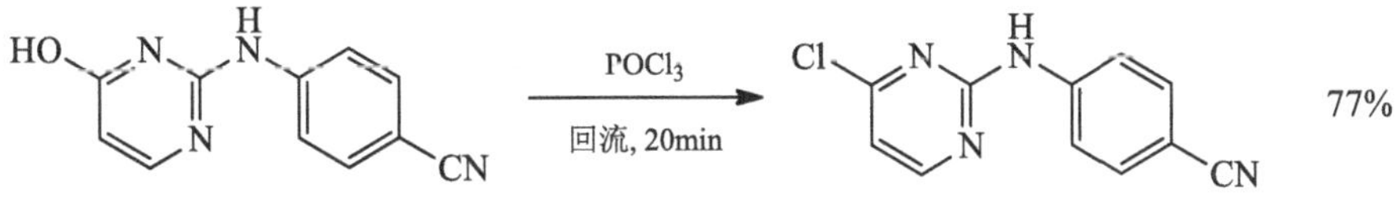

氧卤化磷不仅可以与酚羟基直接反应，也可与环内酰胺异构化的杂环酚羟基反应，生成相应的卤化物。例如，化合物 **67** 在 Et₃N 存在下与氧卤化磷反应得到其双氯置换产物[42]。

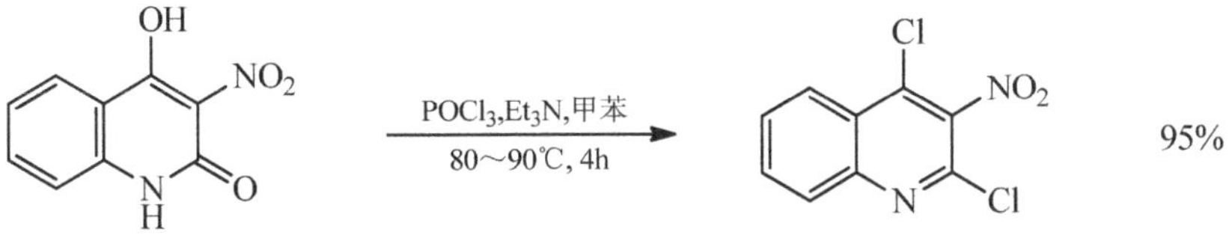

三、羧酸的卤置换反应

（一）羧羟基的卤置换反应

1. 反应通式及反应机理

$$\text{R-}\overset{\overset{\text{O}}{\|}}{\text{C}}\text{-OH} \xrightarrow{\text{PX}_3 \ (\text{PX}_5, \text{POX}_3, \text{SOX}_2)} \text{R-}\overset{\overset{\text{O}}{\|}}{\text{C}}\text{-X}$$

羧酸可以与卤化磷 PX_3、PX_5、POX_3、SOX_2 和草酰氯 $[(COCl)_2]$ 等卤化试剂进行羧羟基的卤置换反应，生成相应的酰卤。

卤化磷作为卤化剂的反应历程：卤化剂中的磷原子对羧基氧原子进行亲电进攻，形成卤代磷酸酯过渡态，然后酯中的酰基碳原子被卤素负离子进行分子内亲核进攻，最后生成酰卤。

$$\text{RCOOH} + \text{PX}_3 \xrightarrow{-\text{HCl}} \text{R-}\overset{\overset{\text{O}}{\|}}{\text{C}}\text{-O}\overset{\overset{}{\underset{\underset{\text{Cl}}{|}}{}}}{\text{P}}\text{-Cl} \longrightarrow \text{R-}\overset{\overset{\text{O}}{\|}}{\text{C}}\text{-X}$$

氯化亚砜作为卤化剂的反应历程：羧基氧原子进攻氯化亚砜的硫原子生成一个混合酸酐，脱去的氯离子进攻羰基碳原子，形成一个四面体的中间体；在氧原子的孤对电子推动下，脱去一分子二氧化硫和一分子氯化氢，从而得到酰氯。

2. 反应特点及反应实例

一般来说，脂肪羧酸的卤置换反应活性高于芳香羧酸，供电子取代基可增加芳香羧酸的反应活性，吸电子取代基降低芳香羧酸的反应活性。

不同磷卤化剂对羧酸的置换反应的活性顺序为：$PCl_5 > PBr_3(PCl_3) > POX_3$。$PCl_5$ 活性大，适用于具有吸电子取代基的芳香羧酸或芳香多元羧酸的卤置换反应；PCl_3 和 PBr_3 适用于脂肪羧酸的卤置换反应；活性最弱的 POX_3 适用于羧酸盐的卤置换反应。例如，第三代半成广谱头孢菌素类抗菌药头孢哌酮钠（cefoperazone sodium）的合成中，化合物 **68** 在 N,N-二甲基乙酰胺（DMAC）存在下用 $POCl_3$ 为卤化剂反应制得其酰氯衍生物[43]。

68

氯化亚砜是羧酸制备酰氯最常用的卤化剂，广泛应用于各种酰卤的制备。例如，治疗原发性高血压坎地沙坦（candesartan）和治疗帕金森病的恩他卡朋（entacapone）的合成中，化合物 **69** 和 **70** 与氯化亚砜在甲苯中回流即可定量地得其酰氯[44]。

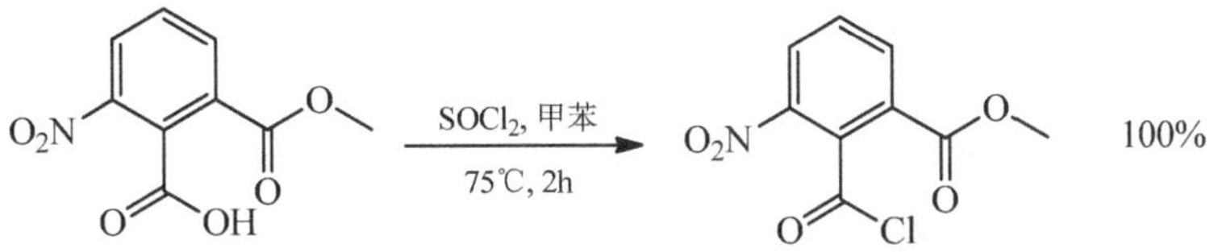

69

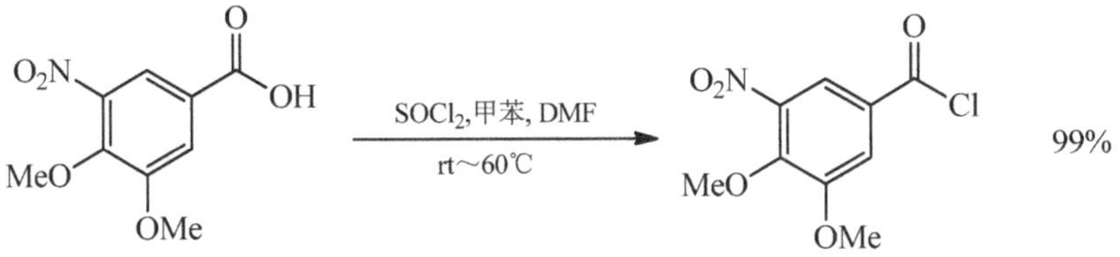

70

草酰氯是一种环境友好的氯化试剂，和羧酸或其盐发生卤置换反应，生成相应的酰氯。反应生成的草酸易分解并放出一氧化碳和二氧化碳气体，有利于反应平衡的移动。该反应条件温和，常用烃类作为溶剂，DMF 是该反应的催化剂。

$$2RCO_2H + (COCl)_2 \rightleftharpoons 2RCOCl + (CO_2H)_2 \longrightarrow CO_2\uparrow + CO\uparrow$$

草酰氯通常由无水草酸和 PCl_5 反应制备。

$$(CO_2H)_2 + PCl_5 \longrightarrow (COCl)_2 + POCl_3$$

对于分子中具有对酸敏感的官能团或在酸性条件下易发生构型转化的羧酸而言，用草酰氯可有效地将其转化为相应的酰氯，而分子中其他基团、不饱和键和高度张力的桥环等不受影响。例如，广谱抗真菌药艾沙康唑（isavuconazonium）和丙型肺炎病毒 NS5A 抑制剂艾尔巴韦（elbasvir）的合成中，2-氯烟酸和 2-(2, 5-二溴苯基)乙酸分别在 DMF 催化量下用草酰氯转化为其酰氯[45]。

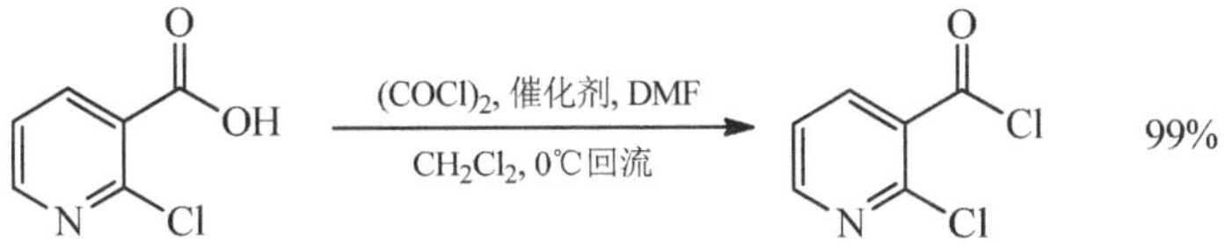

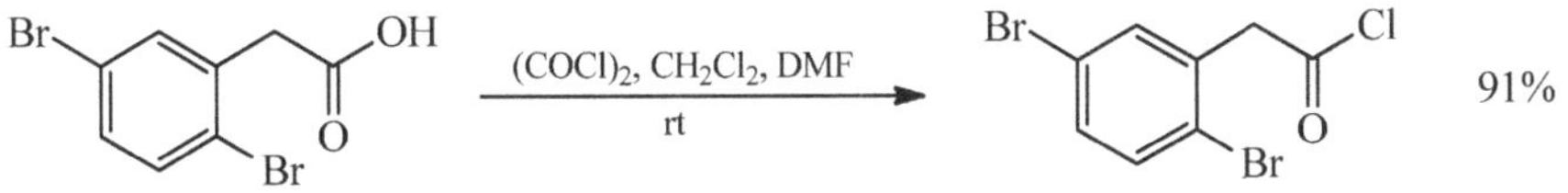

（二）羧酸的脱羧卤置换反应

1. 反应通式及反应机理

$$R-\overset{O}{\overset{\|}{C}}-O-Ag + X_2 \longrightarrow R-X + AgX\downarrow + CO_2\uparrow \quad (X=Br, Cl)$$

羧酸银盐（或汞盐）与卤单质（溴或碘）等卤化试剂反应，脱去二氧化碳，生成比原反应物少一个碳原子的卤代烃，即 Hunsdiecke 反应。

羧酸的脱卤置换反应属于自由基反应历程，具体为：羧酸负离子进攻卤素单质，形成的酰基次卤酸酐发生均裂生成酰氧自由基，然后脱除一分子二氧化碳生成烷基自由基，再与卤自由基结合或与卤素单质反应得到卤代烷。

$$RCO_2Ag + X_2 \xrightarrow{-AgX} RCOOX \xrightarrow{-X\cdot} RCOO\cdot \xrightarrow{-CO_2} R\cdot \xrightarrow[\text{或 } X_2]{X\cdot} RX$$

有立体异构的脂肪酸银盐反应后得到构型反转产物。

2. 反应特点及反应实例

Hunsdiecke 反应对于含 2~18 个碳原子的饱和脂肪酸和芳香羧酸都有较好的效果。其中，脂肪酸银盐不稳定，反应过程需严格控制无水环境。对于芳香羧酸，反应主要取决于与苯环连接的基团的性质，吸电子基团有利于反应的进行。

$$O_2N—C_6H_4—CH_2COOAg \xrightarrow[\text{回流, 3h}]{Br_2, CCl_4} O_2N—C_6H_4—CH_2Br \qquad 85\%$$

上述方法必须在严格无水条件下进行，改用羧酸的汞（Ⅱ）盐和卤素反应可避免上述弊端。也可在光照情况下，用羧酸、过量氧化汞和卤素直接反应，效果优于银盐法。还可以用羧酸的铊（Ⅰ）盐直接与卤素反应。

$$n\text{-}C_7H_{15}—CO_2H \xrightarrow[\text{回流, 4h}]{Tl_2O, Br_2, CCl_4} n\text{-}C_7H_{15}—Br \qquad 98\%$$

羧酸用四乙酸铅（LTA）和氯化锂在苯、吡啶或乙醚中加热发生脱羧氯化作用，生成少一个碳原子的氯代烃的反应称为 Kochi 反应。该反应与 Hunsdiecke 反应有效互补，适用于伯、仲、叔氯代烃等的合成，且具有副反应少的特点。例如，环己基酸在该反应条件下几乎定量得到单氯代环己烷。

$$C_6H_{11}—COOH \xrightarrow[\text{80℃}]{LTA, LiCl, 苯} C_6H_{11}—Cl \qquad 100\%$$

为了克服反应中使用化学计量的银、铅或铊等金属盐的缺陷，近年来发展了一些金属催化反应。例如，用催化量的银盐与次氯酸叔丁酯在乙腈中室温即可反应。

$$\text{(adamantyl)}—CO_2H \xrightarrow[\text{CH}_3\text{CN, rt, 3h}]{t\text{-BuOCl, Ag(Phen)}_2\text{OTf (5mol\%)}} \text{(adamantyl)}—Cl \qquad 93\%$$

四、其他卤置换反应

（一）卤化物的卤素置换反应

1. 反应通式及反应机理

$$RX + X'^- \longrightarrow RX' + X^- \qquad (X = Cl, Br; \quad X' = I, F)$$

有机卤化物与无机卤化物之间进行的卤原子交换反应，即 Finkelstein 反应。通常利用该反应制备其他直接卤化法难以制得的碘代烃或氟代烃。

经典的 Finkelstein 反应是指在丙酮中用碘化钠将氯代烃或溴代烃转变为碘代烃的反应。这是因为碘化钠可溶于丙酮，但反应生成的氯化钠或溴化钠溶解度很小，会从反应液中析出，从而促使氯代烃或溴代烃不断地转化为碘代烃。

卤素置换反应大多数属于 S_N2 反应机理，即无机卤化物中的卤负离子作为亲核试剂，被置换的卤负离子作为离去基团，故离去基团的离去能力越强，亲核试剂的亲核能力越强，置换反应越易进行。

2. 反应特点及反应实例

卤素离子的亲核能力在很大程度上取决于它们在不同溶剂中的溶剂化程度。在质子溶剂中，I^- 的亲核能力最强，F^- 的亲核能力最弱；而在非质子溶剂中，F^- 为强亲核试剂。常用的溶剂有：DMF、丙酮、四氯化碳、二硫化碳或丁酮等非质子溶剂。溶剂选择的原则是：无机卤化物在溶剂中的溶解性大，而生成的无机卤化物溶解度小甚至不溶。一般溴代烃比氯代烃容易发生取代反应。例如，诱导干扰素产生剂 1*H*-咪唑并[4, 5-*c*]喹啉的合成中，化合物 **71** 与 NaI 在丙酮中反应得到其碘代产物[46]。

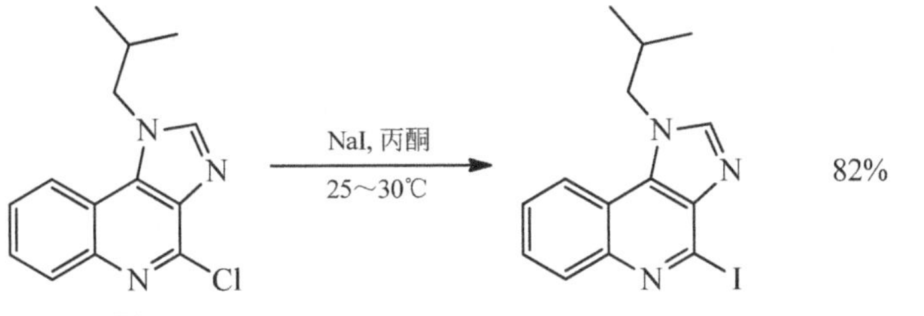

抗肿瘤药物阿伐斯汀（acrivastine）的合成中，由 1, 3-二氯吡啶与溴化氢进行卤置换反应，得到中间体 1, 3-二溴吡啶[47]。

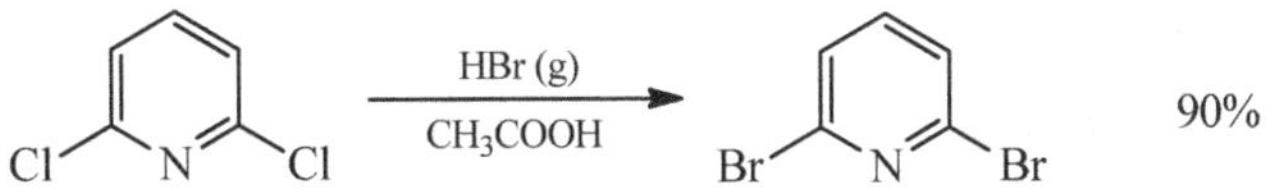

（二）芳香重氮盐化合物的卤置换反应

1. 反应通式及反应机理

$$ArN_2^+ X^- \xrightarrow[\triangle]{HX, CuX} ArX + N_2\uparrow$$

芳香重氮盐化合物与可提供卤素负离子的卤化剂反应生成相应的卤代芳烃。利用该卤置换反应，可将卤素原子引入难以引入的芳烃位置上，是制备卤代芳烃方法的重要补充形式。

芳香重氮盐通常可通过芳香胺与亚硝酸钠和无机酸制备，也可用有机亚硝酸酯试剂，如亚硝酸异戊（叔丁）酯、硫代（亚）硝酸酯等制备。常用的卤化剂为金属卤化物、卤素、卤化氢等。

芳香重氮盐化合物的卤置换反应为自由基反应历程，重氮盐先被亚铜离子还原为芳基自由基，然后芳基自由基从反应中生成的 CuX_2 中摄取卤素，得到卤代芳烃，CuX_2 被还原为 CuX，继续参与催化作用。

$$Ar-\overset{+}{N}\equiv N + X^- + CuX \longrightarrow Ar\cdot + N_2 + CuX_2$$

$$Ar\cdot + CuX_2 \longrightarrow ArX + CuX$$

2. 反应特点及反应实例

用氯化亚铜或溴化亚铜在相应的卤化氢存在下，将芳香重氮盐转化为卤代芳烃的反应，称为 Sandmeyer 反应。利用该反应可高效地制备氯代芳烃和溴代芳烃，如喹诺酮类抗菌药物环丙沙星（ciprofloxacin）中间体 **72** 的合成[48]。

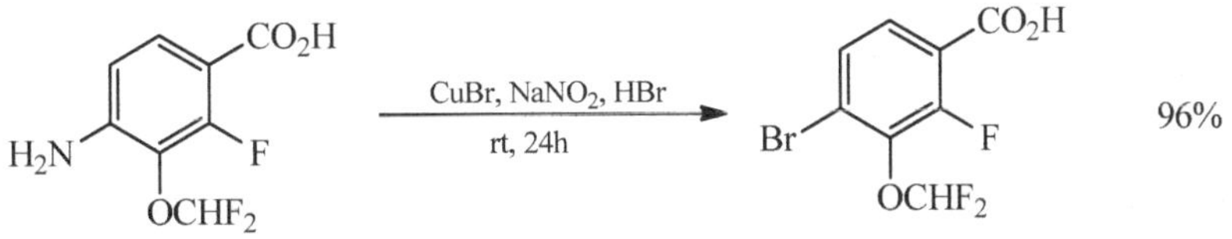

另外，用反应体系中的溴离子或碘离子都可以与芳香重氮盐进行高效的反应，得到相应的卤代芳烃。例如，凝血因子 Xa 抑制剂依度沙班（edoxaban）中间体（**73**）、ATP 竞争性 VEGFR/PDGFR 抑制剂利尼法尼（linifanib）中间体（**74**）的合成[49]。

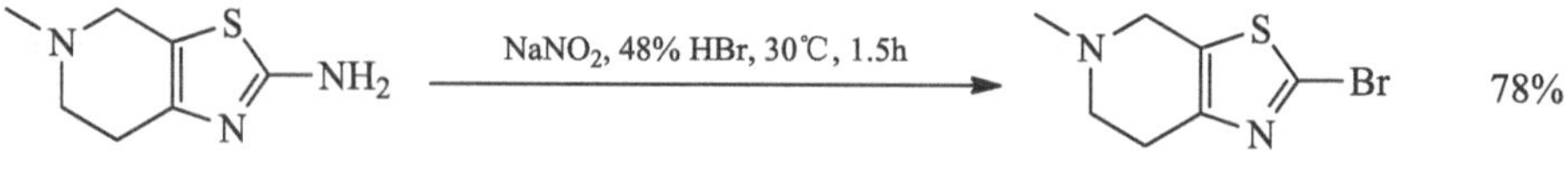

案例 3-3

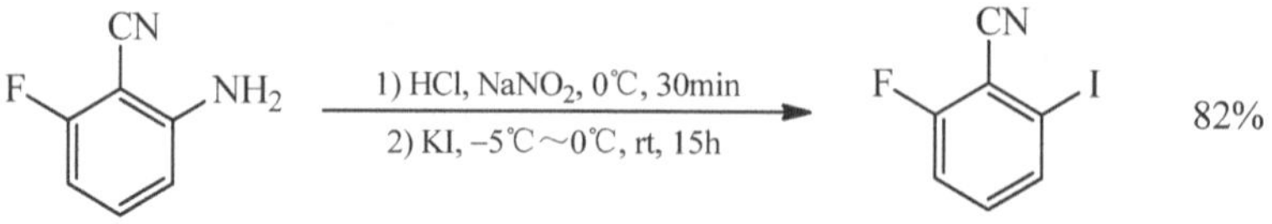

卡博替尼（cabozantinib，**75**）临床用于甲状腺髓样癌（MTC）的治疗，属于同时对 RET、MET、VEGFR-1、VEGFR-2 和 VEGFR-3、KIT、TRKB、FLT-3 和 AXL 等多种受体酪氨酸激酶有抑制作用的多靶点抑制剂。后来，还开展治疗前列腺癌、卵巢癌、脑癌、黑色素瘤、乳腺癌、非小细胞肺癌、胰腺癌、肝细胞癌和肾癌的临床试验。其合成路线如下[50]：

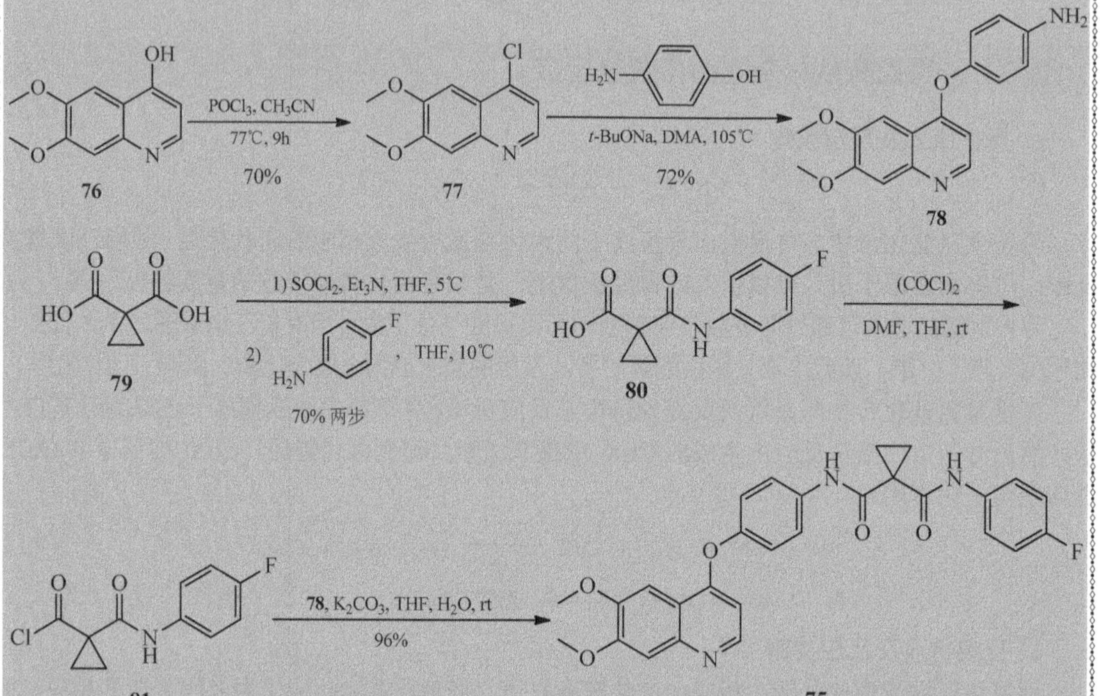

【问题】

在合成过程中，有酚羟基的氯化、羧羟基的选择性氯化。尤其是先后采用氯化亚砜和草酰氯两种氯化试剂，试比较氯化亚砜和草酰氯的氯化能力。

【案例分析】

在上述合成路线中，采用 POCl₃ 为化合物 **76** 中酚羟基的氯化试剂，反应需要在约 80℃进行 9h，收率 70%。在环丙烷-1,1-二羧酸 **79** 的单酰氯化中，一方面要控制酰化试剂氯化亚砜的量，同时反应要在 10℃以下进行，避免两个羧酸同时酰化。最后，中间体 **80** 中羧酸的酰化用草酰氯，反应在室温进行，同时反应产物不需要进一步纯化，直接用于下一步反应。所以，在实际应用中，根据需要对酰化试剂及反应条件进行筛选。

参 考 文 献

[1] 闻韧. 药物合成反应. 4 版. 北京：化学工业出版社，2017：1-47.

[2] 陈仲强，李泉. 现代药物的制备与合成. 第三卷. 北京：化学工业出版社，2015.

[3] Weinstock J, Ladd D L, Wilson J W, et al. Synthesis and renal vasodilator activity of some dopamine agonist 1-aryl-2, 3, 4, 5-tetrahydro-1H-3-benzazepine-7, 8-diols：halogen and methyl analogues of fenoldopam. J Med Chem, 1986, 29（11）：2315-2325.

[4] Chen W, Tao H, Huang W, et al. Hantzsch ester as a photosensitizer for the visible-light-induced debromination of vicinal dibromo compounds. Chem Eur J, 2016, 22（28）：9546-9550.

[5] Xiong F, Wang H, Yan L, et al. Diastereoselective synthesis of pitavastatin calcium via Bismuth-catalyzed two-component hemiacetal/oxa-Michael addition reaction. Org Biomol Chem, 2015, 13：9813-9819.

[6] Danishefsky S, Schuda P F, Kitahara T, et al. The total synthesis of dl-vernolepin and dl-vernomenin. J Am Chem Soc, 1977, 99（18）：6066-6075.

[7] Jen T, Wolff M E. C-19 functional steroids. V.1 Synthesis of estrogen biosynthesis intermediates2. J Org Chem, 1963，28（6）：1573-1575.

[8] Maligres P E, Weissman S A, Upadhyay V, et al. Cyclic imidate salts in acyclic stereochemistry：diastereoselective syn-epoxidation of 2-alkyl-4-enamides to epoxyamides. Tetrahedron, 1996, 52（9）：3327-3338.

[9] 陈言德，孟霆，金荣庆，等. 拉诺康唑的合成工艺研究. 精细化工中间体，2009, 39（4）：28-29.

[10] Colombo L, Mariotti E, Allegrini P, et al. Process for the preparation of imiquimod and intermediates thereof：US 7301027 B2. 2007.

[11] Dooleweerdt K, Birkedal H, Ruhland T, et al. Irregularities in the effect of potassium phosphate in ynamide synthesis. J Org Chem, 2008，73（23）：9447-9450.

[12] 刘倩，江健安，冀亚飞，等. 帕比司他的合成. 中国医药工业杂志，2011, 42（10）：725-727.

[13] Xu S, Hao Q, Li H, et al. Synthesis of trelagliptin succinate. Org Proc Res Dev, 2017, 21（4）：585-589.

[14] Link J O, Taylor J G, Xu L, et al. Discovery of ledipasvir（GS-5885）：a potent, once-daily oral NS5A inhibitor for the treatment of hepatitis C virus infection. J Med Chem, 2014, 57（5）：2033-2046.

[15] Matzke M，Petersen U，Jaetsch T，et al. Use of 7-(2-oxa-5, 8-diazabicyclo[4.3.0]non-8-yl)-quinolone carboxylic acid and naphthyridon carboxylic acid derivatives for the treatment of helicobacter pylori infections and associated gastroduodenal diseases：US 6133260. 2000.

[16] Kato S, Morie T, Kon T, et al. Novel benzamides as selective and potent gastrokinetic agents. 2. Synthesis and structure-activity relationships of 4-amino-5-chloro-2-ethoxy-N-[[4-(4-fluorobenzyl)-2-morpholinyl]methyl]benzamide citrate（AS-4370）and related compounds. J Med Chem, 1991, 34（2）：616-624.

[17] Williams E L, Wu T C. Process for production of fluoroalkoxy-substituted benzamides and their intermediates：WO 2004033430. 2004.

[18] Kinoshita K, Kobayashi T, Asoh K, et al. 9-substituted 6, 6-dimethyl-11-oxo-6, 11-dihydro-5H-benzo [b] carbazoles as highly selective and potent anaplastic lymphoma kinase inhibitors. J Med Chem, 2011, 54（18）：6286-6294.

[19] Chen C Y, Larsen R D, Verhoeven T R, et al. Palladium catalyzed ring closure of triazolyltryptamine：WO 1995032197. 1995.

[20] Shekhar S, Franczyk T S, Barnes D M, et al. Process for preparing antiviral compounds：WO 2012009699. 2012.

[21] Gillmore A T, Badland M, Crook C L, et al. Multkilogram scale-up of a reductive alkylation route to a novel PARP inhibitor. Org Process Res Dev, 2012, 16（12）：1897-1904.

[22] Zhou J, Liu P, Lin Q, et al. Processes for preparing JAK inhibitors and related intermediate compounds：US 9000161. 2015.

[23] Schunk S, Reich M, Jakob F, et al. Heteroaryl substituted heterocyclyl sulfones：US9879000. 2018.

[24] Brumsted C J, Moorlag H, Radinov R N, et al. Novel processes for the manufacture of propane-1-sulfonic acid-amide：WO 2012010538. 2012.

[25] Joshi S, Maikap G C, Titirmare S, et al. An improved synthesis of etravirine. Org Proc Res. Dev, 2010, 14（3）：657-660.

[26] Deo K, Patel S, Dhol S, et al. A process for the preparation of teriflunomide：WO 2010013159. 2010.

[27] Gant T G, Shahbaz M. Pyrazole carboxamide inhibitors of factor Xa：WO 2010030983. 2010.

[28] Conrow R E, Dennis Dean W, Zinke P W, et al. Enantioselective synthesis of brinzolamide（AL-4862），a new topical carbonic

anhydrase inhibitor. The "DCAT route" to thiophenesulfonamides. Org Proc Res Dev，1999，3（2）：114-120.

[29] Hagenkoetter R，Rodriguez D J M，Schul M，et al. Method for producing betamimetics：EP 2125759. 2009.

[30] Dong L，Chuanwen F，Lijuan W，et al. Novel midbody of pemetrexed，preparing method and application thereof：CN 101293854 . 2008.

[31] Yang L. High-purity minodronic acid and preparation method thereof：CN 101531681. 2009.

[32] 原友志，唐家邓，岑均达. 琥珀酸普卡必利的合成. 中国医药工业杂志，2012，43（1）：5-8.

[33] Thomas C R. Method for producing 5-chloro-*n*-（{5*s*}-2-oxo-3-[4-(3-oxo-4-morpholinyl)-phenyl]-1, 3-oxazolidin-5-yl- methyl)-2-thiophene carboxamide：US 20070149522. 2007.

[34] Roy A，Reddy L A，Dwivedi N，et al. Diastereoselective synthesis of a core fragment of ritonavir and lopinavir. Tetrahedron Lett，2011，52（51）：6968-6970.

[35] Walker K A M，Braemer A C，Hittet S，et al. 1-[4-(4-chlorophenyl)-2-(2, 6- dichlorophenylthio)-*n*-butyl]-1*H*-imidazole nitrate, a new potent antifungal agent. J Med Chem，1978，21（8）：840-843.

[36] Henze H R. Method for obtaining hydantoins：US 2409754. 1946.

[37] Sethi M K，Bhandya S R，Maddur N，et al. Asymmetric synthesis of an enantiomerically pure Rivastigmine intermediate using ketoreductase. Tetrahedron：Asymmetry.，2013，24（7）：374-379.

[38] Sandham D A，Taylor R J，Carey J S，et al. A convergent synthesis of the renin inhibitor CGP60536B. Tetrahedron Lett，2000，41（51）：10091-10094.

[39] Scott R W，Vitale J P，Matthews K S，et al. Synthesis of antiviral compound：US 2013324740 . 2013.

[40] Yalamareddy K R，Leigh C，Subramanian S，et al. Process for the preparation of intermediates useful in the preparation of hepatitis c virus（HCV）inhibitors：US 9957279. 2018.

[41] Janssen Pharmaceutica N V. Processes for the Preparation of 4-[[4-[[4-(2-cyanoethenyl)-2, 6-dimethylphenyl]amino]-2-pyrimidinyl] amino]benzonitrile：WO 2004016581. 2004.

[42] Gerster J F，Lindstrom K J，Miller R L，et al. Synthesis and structure-activity-relationships of 1*H*-imidazo[4, 5-*c*]quinolines that induce interferon production. J Med Chem，2005，48（10）：3481-3491.

[43] Saikawa I，Takano S，Yoshida C，et al. 2, 3 Diketo-piperazinocarbonylamino alkanoic acids and derivatives：US 4110327. 1978.

[44] Arava V R A，Jasti V J. An improved process for the preparation of entacapone：WO 2007094007. 2007.

[45] Mangion I K，Chen C Y，Li H，et al. Enantioselective synthesis of an HCV NS5A antagonist. Org Lett，2014，16（9）：2310-2313.

[46] Gerster J F，Lindstrom K J，Miller R L，et al. Synthesis and structure-activity-relationships of 1*H*-imidazo[4, 5-*c*]quinolines that induce interferon production. J Med Chem，2005，48（10）：3481-3491.

[47] Boudakian M M. Continuous process for the production of polybromopyridine compounds：US 4521603. 1985.

[48] Zhang L，Zheng J，Hu J，et al. 2-Chloro-2, 2-difluoroacetophenone：a non-ODS-based difluorocarbene precursor and its use in the difluoromethylation of phenol derivatives. J Org Chem，2006，71（26）：9845-9848.

[49] 刘海龙，朱五福，果秋婷，等. 抗肿瘤药物 Linifanib 的合成. 中国药物化学杂志，2012，22（11）：26-28.

[50] Bannen L C，Chan D S M，Forsyth T P，et al. Methods of using C-met modulators：US 20120070368. 2012.

第四章　酰化反应（Acylation Reaction）

【学习目标】

学习目的

本章介绍了酰化反应的定义、各种酰化剂及被酰化物的活性特征，并分类介绍了氧、氮和碳原子上的酰化反应的机理和反应特点，旨在让学生掌握各类酰化反应及其在合成中的应用，可熟练运用该类反应开展药物分子的合成。

学习要求

掌握酰化反应的定义、分类和应用，各种酰化剂对氧原子、氮原子和碳原子上的酰化反应的机理和特点，Friedel-Crafts 酰化反应、活性亚甲基的碳酰化和 Claisen 反应、Dieckmann 反应、Vilsmeier-Haack 反应等的定义、特点及其在合成中的应用。

熟悉亲电酰化反应的一般过程，被酰化物的化学结构与酰化反应难易的关系，酰化剂的种类和活性强弱与结构的关系，Hoesch 反应、Gattermann 反应和 Reimer-Tiemann 反应等的特点及其在合成中的应用。

了解极性反转在亲核酰化反应中的应用，新型酰化剂在合成中的应用。

酰化反应是指在有机物分子结构中的氧、氮和碳原子上导入酰基的反应，其产物分别是酯、酰胺和酮（醛）等。按照酰基导入部位，可将酰化反应分为氧原子、氮原子和碳原子上的酰化反应。其中，氧原子和氮原子上的酰化反应为直接酰化反应，以亲电酰化为主；而碳原子除直接酰化反应外，还可发生间接酰化反应，反应机理包括亲电酰化反应及羰基化合物通过"极性反转"而发生的亲核酰化反应。酰化剂一般为羧酸及其衍生物（RCOZ），一般的活性顺序为酰氯＞酸酐＞羧酸、酯＞酰胺，其酰化能力与离去基团 Z 的电负性和稳定性有关，Z 的电负性越大、稳定性越强，则酰化能力越强。被酰化物的亲核能力越强，则越容易被酰化，一般的活性顺序为 $RCH_2^- > RNH^- > RO^- > RNH_2 > ROH$；且脂肪胺反应活性强于芳胺，醇强于酚；随着被酰化物立体位阻的增加，其反应活性降低，需采用强酰化剂。电子云密度较高的芳（杂）环、羰基、腈（硝）基的 α-位及烯烃的碳原子上易发生 C-酰化反应，这是制备酮类化合物的主要方法，如芳烃的 Friedel-Crafts 酰化反应、芳烃间接酰化反应（Hoesch 反应、Vilsmeier-Haack 反应、Gattermann 反应和 Reimer-Tiemann 反应）和羰基 α-位的 Claisen 酯缩合反应等。

酰化反应在药物的合成中应用广泛，通过对含有羧基、羟基、氨基等官能团的药物进行酰化反应，可修饰得到酯或酰胺的"前药"；许多药物结构中含有酰基药效团。同时，酰化反应是一类常见的基团保护方法，也是药物合成中官能团转换的重要手段，酰基可通过氧化、还原、加成、成肟重排等反应转化成其他基团。

第一节 氧原子上的酰化反应

在醇或酚的氧原子上导入酰基而制备羧酸酯的反应为氧原子上的酰化反应，一般为直接亲电酰化反应。酰化剂为羧酸及其衍生物，酰氯和酸酐为活性较高的酰化剂，以 S_N1 反应历程进行；而羧酸、酯活性较低，按照 S_N2 反应历程进行，但活性酯或活性酰胺的反应活性反而提高。对被酰化物来说，醇的亲核能力大于酚，随立体位阻增加，其反应活性降低。

一、醇的酰化反应

醇羟基的氧原子可发生直接亲电酰化反应而得到羧酸酯。羧酸、酯、酸酐、酰氯、酰胺和烯酮等均可作为醇的酰化剂。根据酰化剂种类的不同，分别以 S_N1 反应历程或 S_N2 反应历程进行，下面以不同的酰化剂为序介绍。

（一）羧酸为酰化剂

羧酸为酰化剂的醇的氧原子上的酰化即为酯化反应，一般为可逆平衡反应。

1. 反应通式及反应机理

羧酸是常见的酰化剂，但其酰化能力较弱，通常加入各类催化剂以增加其反应活性，常见的催化剂包括质子酸、路易斯酸、二环己基碳二亚胺（DCC）和强酸型阳离子交换树脂等，按 S_N2 反应历程进行。

该反应为可逆平衡反应。羧酸羰基的氧原子首先与质子酸催结合成𨦨盐（**1**），使羰基碳正电性增强；随后，醇羟基氧原子对羰基碳原子进行亲核进攻而得到四面体中间体（**2**），**2** 在质子酸的作用下脱水得𨦨盐中间体（**3**），**3** 进一步脱质子而得到酰化产物。

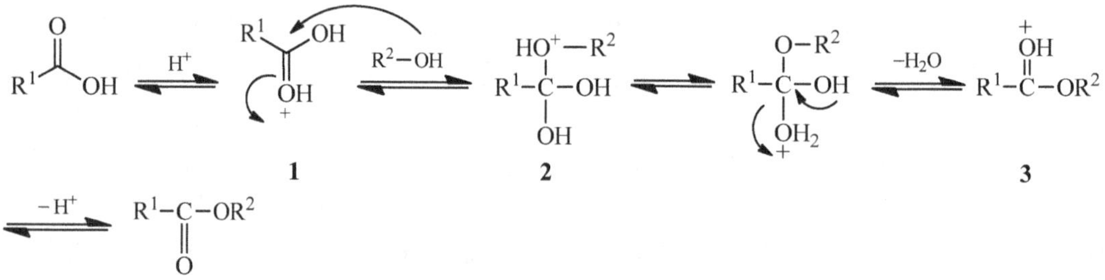

羧酸羰基的氧原子与路易斯酸结合成络合物，脱氯离子经共振形成碳正离子（**4**），显电负性的醇羟基氧原子对 **4** 进行亲核进攻并脱去一分子水得酰化产物。

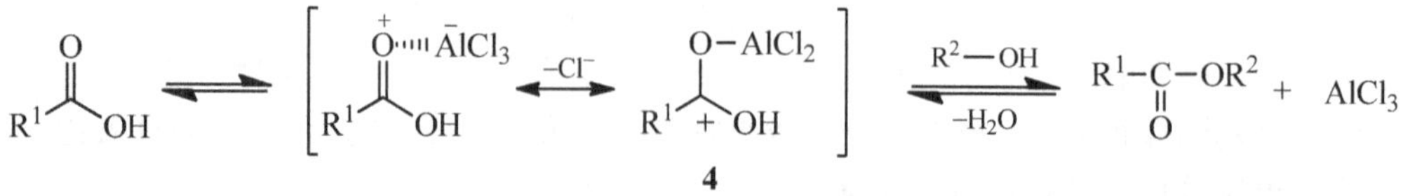

DCC 是良好的 *O*-酰化反应的催化剂，它可与羧酸作用形成活性酯 **5**，酸催化下醇羟基氧原子对活性酯 **5** 的羰基碳原子进行亲核进攻，并脱去一分子二环己基脲而得到酰化产物。此外，

也可经活性酯 **5** 与酸根作用得到酸酐，其酰化能力大大增强，进而发生 *O*-酰化反应得到酯。

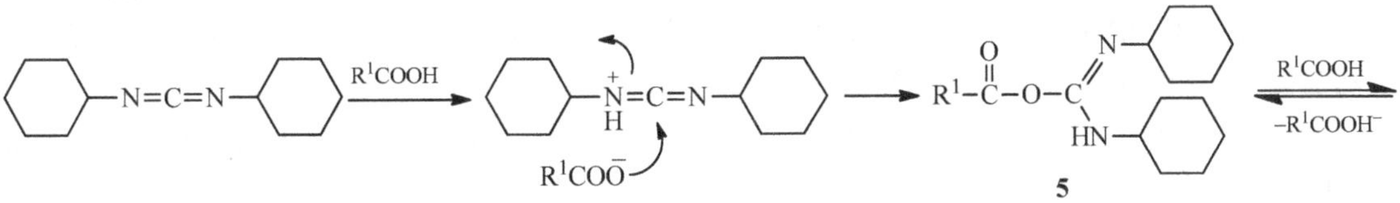

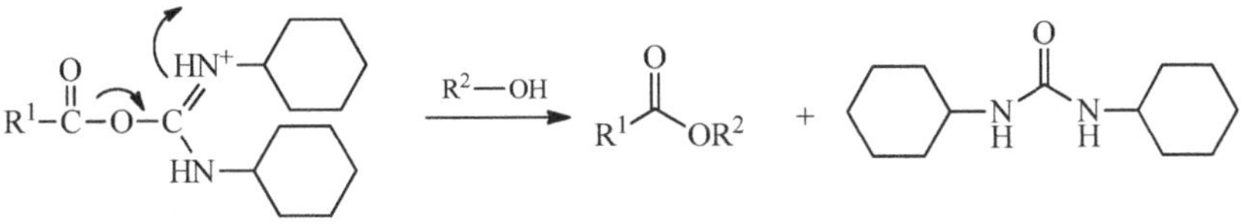

2. 反应特点及反应实例

羧酸为酰化剂的 *O*-酰化反应为可逆的平衡反应，一些方法可促使平衡向生成酯的方向移动，以提高收率，主要有：加入过量的醇，可兼作反应溶剂，反应结束后可回收套用；若所生成的酯的沸点低于反应物的沸点，可蒸出反应生成的酯；除去反应生成的水，除水的方法有直接蒸馏除水（要求反应物及产物的沸点均高于水）和共沸除水，或加入分子筛、无水 $CaCl_2$、H_2SO_4 等吸水剂除水。中枢兴奋剂莫达非尼（modafinil）中间体（**6**）[1]即由羧酸与醇的酯化反应制得。

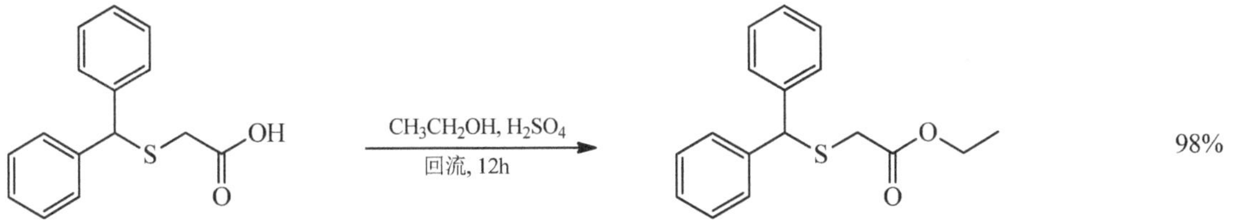

该反应采用硫酸催化，硫酸具有氧化能力强、性质稳定等优势，但有氧化性，易于发生磺化、脱水、脱羧等副反应。可采用的质子酸催化剂还有氯化氢、磷酸、四氟硼酸、对甲苯磺酸、萘磺酸等。比较而言，对甲苯磺酸、萘磺酸等有机酸具有硫酸的优点，但无氧化性且与反应溶剂互溶，在共沸带水的反应中尤为适用，因其价格较高，一般用于复杂酯的制备。无水氯化氢具有催化能力强、价廉且无氧化性的优点，但对设备有腐蚀性，易于发生加成、氯代等副反应，故不饱和醇（酸）的酯化反应不宜采用。路易斯酸催化剂具有收率高、反应条件温和、操作简便、产品纯度好、不发生加成重排副反应等优点，适合于不饱和酸（醇）及杂环酸（醇）的酯化反应，但对位阻大的叔醇酯反应结果不理想。

醇羟基的亲核能力越强，反应活性越高。一般来说，伯醇反应活性最强，仲醇次之；叔醇由于立体位阻大，当采用氯化氢等质子酸催化时，易脱去羟基而形成较稳定的叔碳正离子，使酰化反应趋于按烷氧发生断裂的 S_N1 历程进行而使酰化反应难以完成。反应生成的碳正离子可同时与水或羧酸作用，但由于水的亲核性强于羧酸，所以该反应倾向于与水作用而使反应向逆反应方向进行。此外，因苄醇和烯丙醇也易于脱去羟基而形成较稳定的碳正离子，从而表现出同叔醇类似的性质，故氯化氢等质子酸不适于催化叔醇、苄醇和烯丙醇的酰化反应。

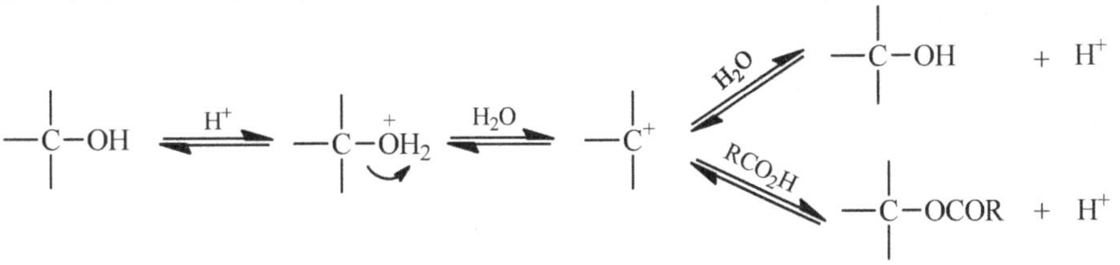

一般来说，脂肪羧酸的活性强于芳酸，且羧酸羰基的 α-位具有吸电子基团时活性较强；随着羧酸立体位阻的增加，其活性降低。有些立体位阻大的芳酸需制成羧酸盐（碱金属盐、银盐、汞盐等），再与卤代烃作用，从而得到相应的酯。

DCC 催化能力强、反应条件温和，一般加入 4-二甲氨基吡啶（DMAP）或 4-吡咯烷基吡啶（PPY）等来增强反应活性从而提高收率。因其价格昂贵，多用于具有敏感基团和结构复杂的酯及大环内酯类化合物的合成，也广泛应用于半合成抗生素和多肽类化合物的合成。

非甾体抗炎药吲哚美辛（indometacin）中间体（**7**）是在 DCC 的催化下，吲哚乙酸对叔丁醇羟基的 *O*-酰化反应制得的。

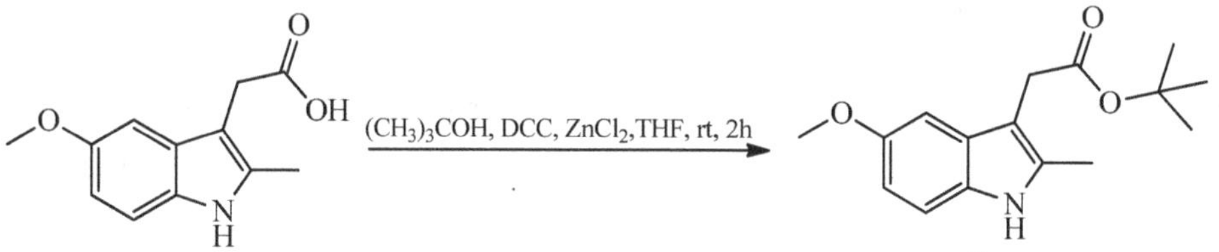

$$(CH_3)_3COH, DCC, ZnCl_2, THF, rt, 2h$$

80%

采用强酸性离子交换树脂加入硫酸钙为催化剂即为 Vesley 法，该方法可催化羧酸与醇的酯化，具有催化能力强、反应速率快、收率高等优点。

偶氮二甲酸二乙酯（DEAD）-三苯基膦催化体系也可活化醇而用于羧酸酯的合成，但其反应机理有所不同。DEAD 与三苯基膦作用生成活性中间体 **8**，受三苯基膦位阻的影响，**8** 可选择性地对伯醇或仲醇进行酰化得到中间体 **9**，受三苯基膦的屏蔽作用，羧酸负离子从背后进攻 **9** 使所生成的酯的构型发生反转。

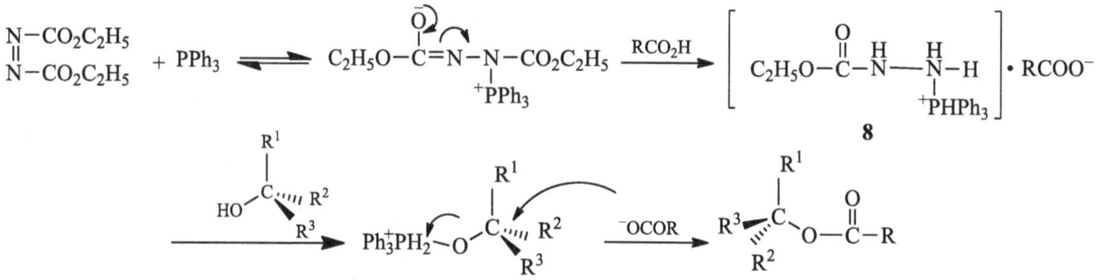

该反应可用于手性仲醇的构型转化反应。例如，祛风药 L-薄荷醇（L-menthol，**10**）[2]可在 DEAD-三苯基膦催化下进行酯化反应，其仲醇羟基发生了构型反转。

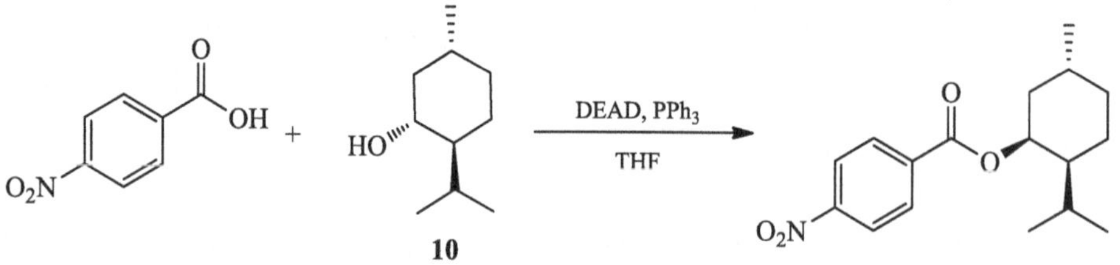

$$DEAD, PPh_3$$
$$THF$$

86%

（二）羧酸酯为酰化剂

羧酸酯为弱的酰化剂，它对醇的 *O*-酰化反应过程是通过酯分子中的烷氧基交换完成的，即由一种酯转化为另一种酯。

1. 反应通式及反应机理

羧酸酯的弱碱性的烷氧基与醇交换而制备新的酯，同时得到一分子的醇。

$$RCOOR^1 + R^2OH \rightleftharpoons RCOOR^2 + R^1OH$$

该反应是可逆的，一般按 S_N2 历程进行，需要质子酸、路易斯酸或醇钠等催化。羧酸酯的烷氧基（—OR^1）在酸性条件下形成锌盐（**11**），使羰基碳的亲电性增强，另一分子的碱性较强的醇氧原子（—OR^2）从背侧进攻羰基碳原子，同时碱性较弱的 R^1OH 离去，得烊盐（**12**），**12** 脱氢质子得到新的羧酸酯。

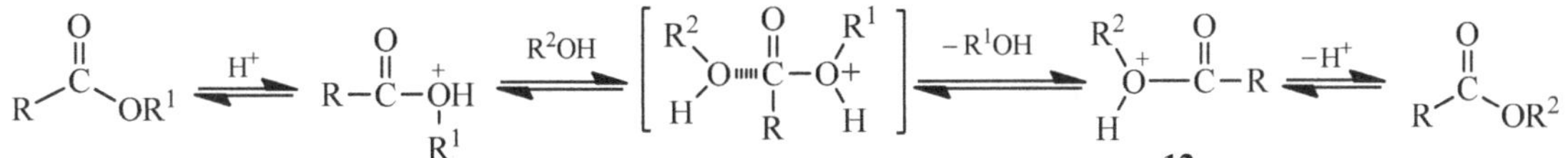

醇在醇钠等强碱条件下脱氢得到碱性较强的烷氧基负离子（—OR^2），—OR^2 进攻羰基碳而形成正四面体过渡态（**13**），—OR^1 基团离去而得到新的羧酸酯。该反应存在两个烷氧基的亲核竞争，一般要求—OR^2 的碱性要高于—OR^1，即 R^1OH 的酸性要强于 R^2OH。

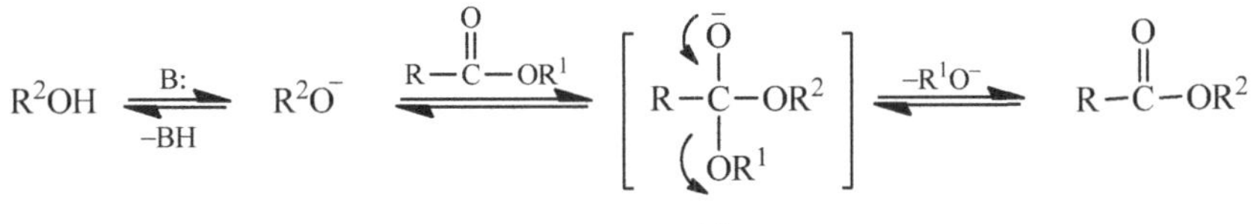

2. 反应特点及反应实例

该反应是可逆的，常用羧酸甲酯或羧酸乙酯为酰化剂，通过蒸出生成的低沸点的甲醇或乙醇来打破平衡，使反应趋于完成。该反应比羧酸酰化反应条件温和，蒸出醇的温度低，适用于热敏性或活性小的羧酸以及结构复杂的醇的反应。含有碱性基团的醇或酸不稳定的叔醇一般宜采用醇钠催化。例如，抗胆碱能药物溴美喷酯（piperidinium）中间体（**14**）的合成即采用羧酸酯为酰化剂的酰化反应。

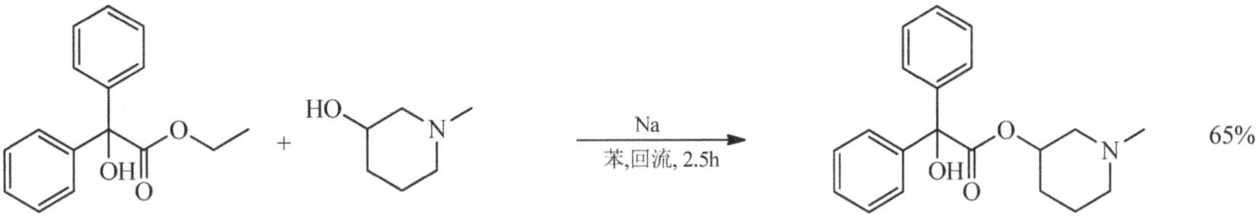

局麻药丁卡因（tetracaine，**15**）[3]也可采用羧酸酯的酯化反应来制备。

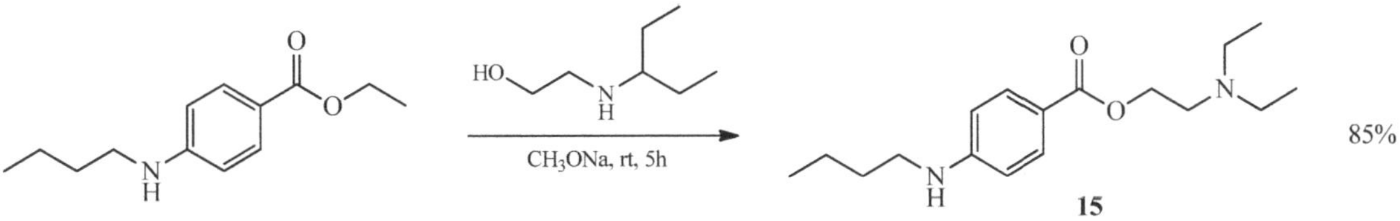

通过增加—OR^1 的离去能力，即增加 R^1OH 的酸性可增强羧酸酯的酰化能力，由此得到了一些硫醇酯、酚酯和芳杂环酯等活性酯，如 2,2'-二吡啶二硫化物（**16**）、2-吡啶硫醇酯（**17**）、双 1,4-二叔丁基-2-咪唑二硫化物（**18**）或双-1-甲基-2-咪唑二硫化物（**19**）。其中，**17** 可由羧酸与 **16** 在三苯基膦的存在下反应或通过酰氯与 2-吡啶硫醇反应制得。该反应条件温和、收率高，常用于结构复杂的化合物如肽、大环内酯类天然化合物的合成。

16　　17

18

19

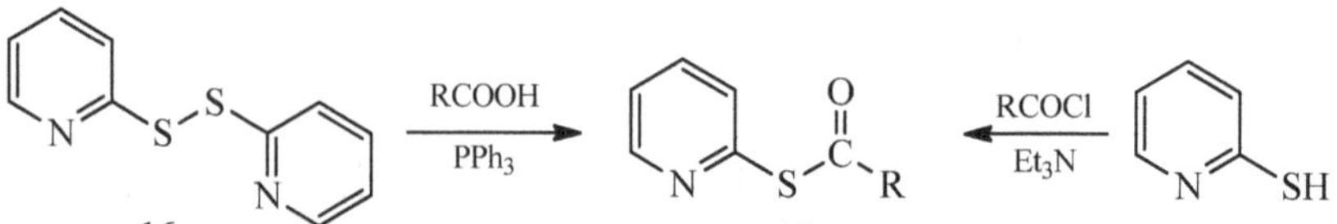

抗真菌药物布雷菲德菌素 A（brefeldin A，**20**）的合成中，羧酸在 **16** 的催化下先形成 2-吡啶硫醇酯，再分子内酯化得到大环内酯产物。

20

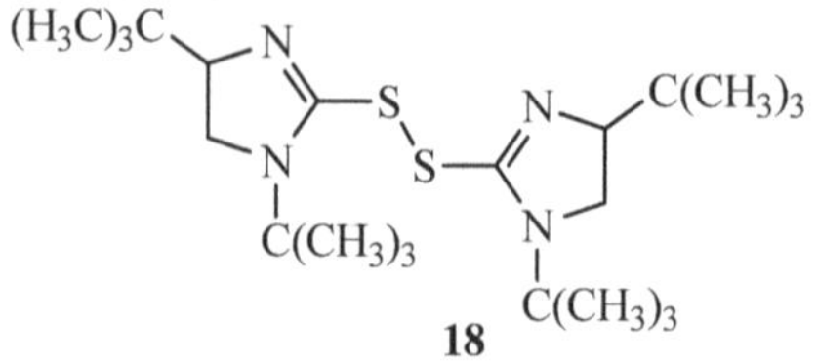

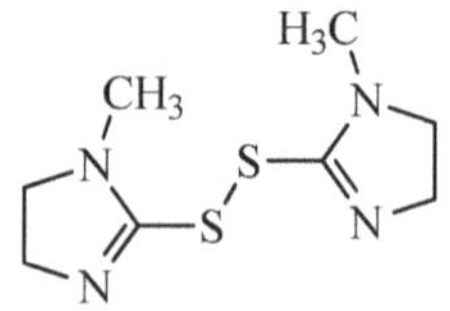

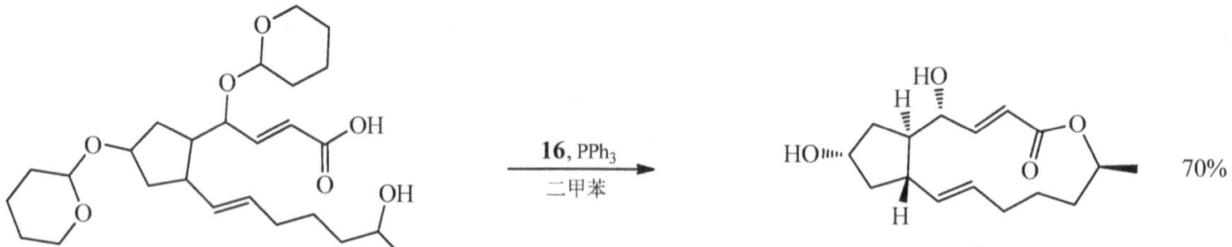

前列腺素（prostaglandin）衍生物（**21**）[4]也经 **18** 催化的酯化反应而制得。

21

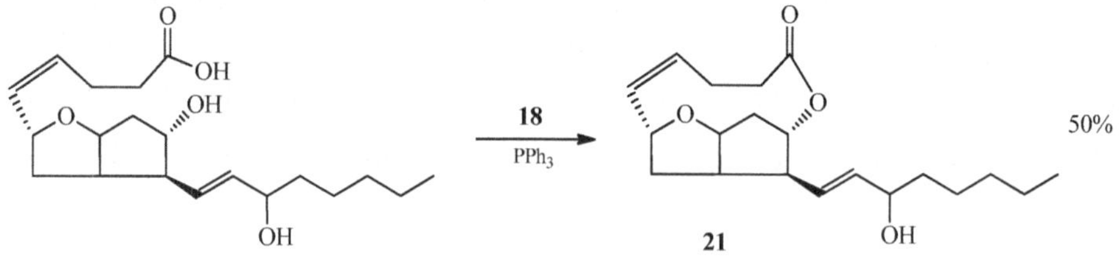

羧酸-2-吡啶酯（**22**）由羧酸与 2-卤代吡啶季铵盐或氯甲酸-2-吡啶酯作用得到，由于吡啶正电荷的作用，羧酸羰基的活性增强，一般在加热条件下可与醇进行酯交换反应。此外，羧酸三硝基苯酯（**23**）、羧酸异丙烯酯（**24**）、羧酸二甲硫基烯醇酯（**25**）、羧酸-1-苯并三唑酯（**26**）等均为活性较强的羧酸酯。具有反应条件温和、收率高、对脂肪醇或胺可进行选择性酰化等特点，但 **23** 对位阻大的醇的酯化收率较低。

22

23

24

25

26

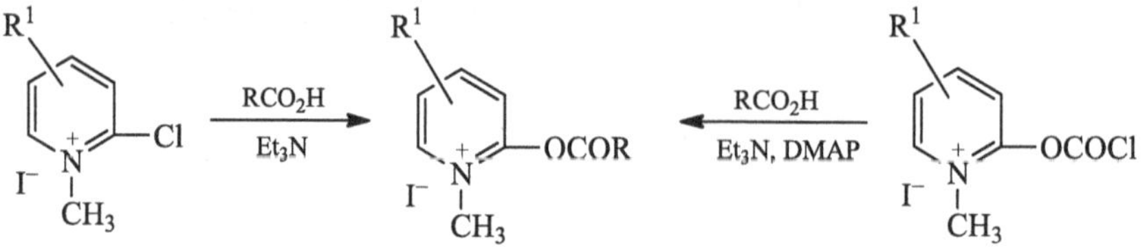

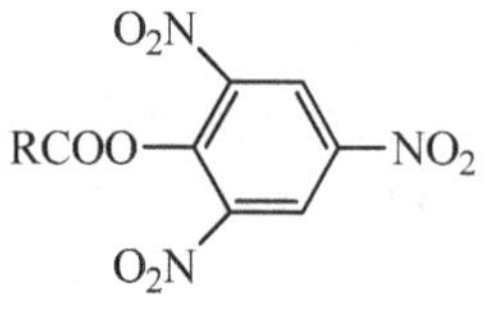

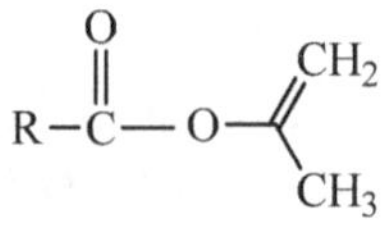

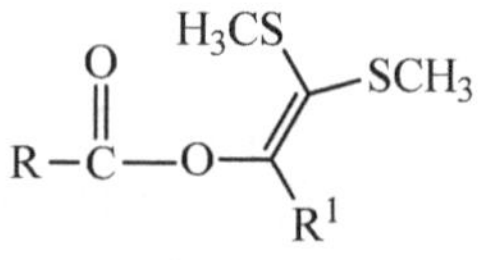

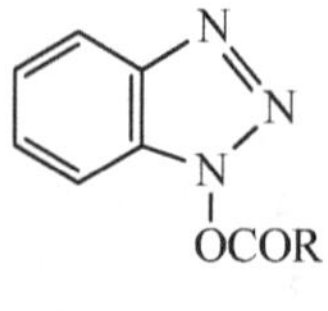

（三）酸酐为酰化剂

1. 反应通式及反应机理

酸酐为强酰化剂，可用于立体位阻大的叔醇及酚羟基的酰化，生成羧酸酯并产生一分子羧酸。常加入少量的质子酸、路易斯酸等酸性催化剂或吡啶等碱性催化剂催化。

$$(RCO)_2O + R^1OH \longrightarrow RCOOR^1 + RCOOH$$

该反应一般按 S_N1 历程进行，在高氯酸等质子酸或氯化锌等路易斯酸的催化下，酸酐可形成𨥉盐（**27**）或络合物（**28**），解离后产生酰基正离子（**29**），进一步对醇氧原子进行亲电酰化反应而得到羧酸酯，同时生成一分子羧酸。

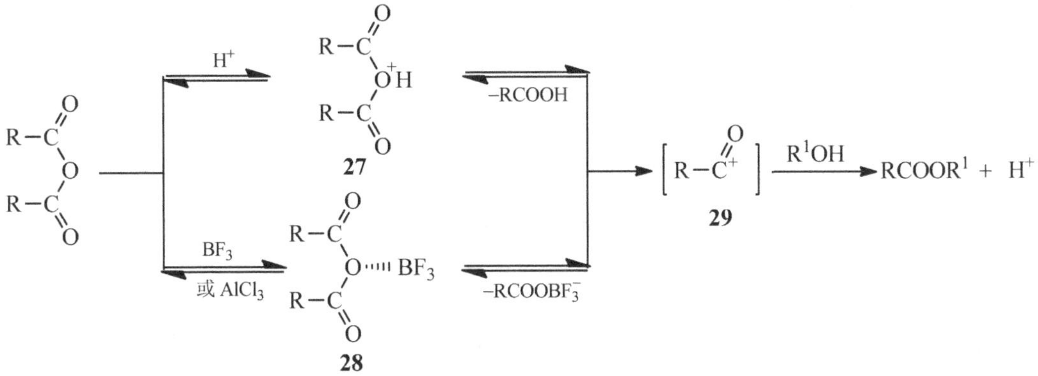

酸酐也可在吡啶等碱性催化剂存在下，通过生成酰基吡啶𨥉盐（**30**）而活化，解离出的酰基正离子与醇进行单分子的亲电反应而得到酰化产物，同时产生一分子羧酸吡啶盐。碱性催化剂还有三丁基膦、三乙胺、DMAP、PPY 及乙酸钠等。

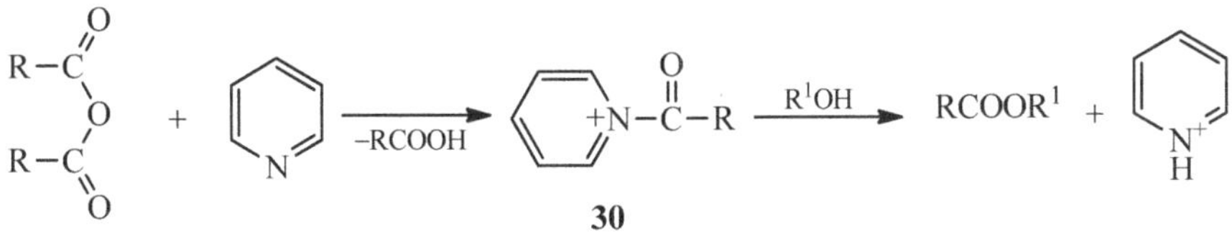

2. 反应特点及反应实例

酸酐的活性与结构有关，当酸酐的羧基 α-位上连有吸电子基团时，由于电性效应，羧基的电子云密度降低，亲电酰化能力增强。该反应一般以乙酸酐本身为溶剂，也可以碱性催化剂如吡啶、三乙胺等为溶剂，还可选择水、二氯甲烷、三氯甲烷、石油醚、乙腈、乙酸乙酯、甲苯等其他溶剂。除了质子酸、路易斯酸或碱性催化剂外，三氟甲磺酸盐如 $Sc(OTf)_3$、$Cu(OTf)_2$ 等是一类新型有效的催化剂，不仅适用于伯醇的酰化，还可在温和的条件下对仲醇和叔醇进行酰化。由于酸酐的酰化能力强，一般在较低的温度下将其滴加到反应体系中，于室温或升温反应。

长效孕激素羟孕酮（hydroxyprogesterone）中间体（**31**）[5]是在对甲苯磺酸催化下，乙酸酐对 17-位羟基的 O-酰化反应制得的。

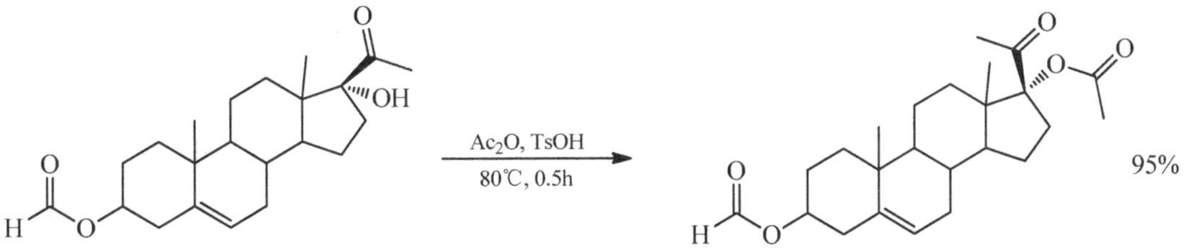

　　除了常用的乙酸酐、丙酸酐、苯甲酸酐和一些二元酸酐外，其他单一酸酐较少。因此，常通过制备混合酸酐来引入多种酰基。混合酸酐容易制备，且酰化能力强，因而更具实用价值。将羧酸与三氟乙酸酐反应可以方便地得到羧酸-三氟乙酸混合酸酐，临时制备，不需分离直接使用，适于进行立体位阻大的醇的酰化反应。羧酸与磺酰氯在吡啶催化下得到羧酸-磺酸混合酸酐，适用于位阻大的醇，尤其是对酸敏感的叔醇、烯（炔）丙醇、苄醇等的酰化。

$$RCOOH \ + \ R^1SO_2Cl \ \xrightarrow{\text{吡啶}} \ \text{（混合酸酐）} \ + \ HCl \qquad R^1=CF_3, \ CH_3, \ Ph, \ p\text{-}CH_3Ph$$

　　例如，利尿药阿米洛利（amiloride）中间体（**32**）[6]即为羧酸与氯磺酸形成活化的羧酸-磺酸混合酸酐后，进一步对甲醇进行酰化反应而得到的。

$$\text{（结构式）} \xrightarrow[\text{rt, 16h}]{\text{MeOH, ClSO}_3\text{H}} \text{（结构式 32）} \qquad 80\%$$

　　多种磷酸酯和磷酰胺类缩合剂也被广泛应用于酯的缩合。羧酸与二（2-氧-3-唑烷基）磷酰氯（BOP-Cl，**33**）在三乙胺存在下可生成羧酸-磷酸混合酸酐。因醇不与卤代磷酸酯反应，故可不经分离直接采用一锅法，操作简便。但 BOP-Cl 的溶解性较差，反应时间较长（约 100h），常用 DMF 作溶剂。其他相似的氯代磷酸酯还有二苯基次磷酰氯（DPP-Cl，**34**）、氰代磷酸二乙酯（DECP，**35**）、叠氮化磷酸二苯酯（DPPA，**36**）和硫代二甲基磷酰基叠氮（MPTA，**37**）等。

$$R-COOH \ + \ \text{（BOP-Cl 结构式）} \xrightarrow{-HCl} \text{（中间体结构式）} \xrightarrow[\text{rt}]{R'OH} RCOOR'$$

BOP-Cl, **33**

BOP-Cl, **33** 　　　　 DPP-Cl, **34** 　　　　 DECP, **35** 　　　　 DPPA, **36** 　　　　 MPTA, **37**

　　羧酸在 DMAP 等碱性催化剂存在下与多种取代苯甲酰氯如三氯苯甲酰氯（**38**）反应，可制得羧酸-取代苯甲酸混合酸酐。还可加入氯甲酸酯、光气、草酰氯、氧氯化磷、二氯磷酸酐等形成混合酸酐，用于结构复杂的酯类的制备。

$$H_3CH_2CH_2C-\underset{\underset{CH_3}{|}}{\overset{\overset{H}{|}}{C}}-CO_2H \ + \ H_3C-\underset{\underset{CH_3}{|}}{\overset{\overset{CH_3}{|}}{C}}-OH \xrightarrow[\text{DMAP, rt}]{\text{(38)}} H_3CH_2CH_2C-\underset{\underset{CH_3}{|}}{\overset{\overset{H}{|}}{C}}-CO_2C(CH_3)_3 \qquad 95\%$$

　　乙烯酮（**39**）可视为乙酸脱水形成的酸酐，在酸性条件下具有很强的酰化能力，可与醇作用得到乙酸酯。该反应条件温和，收率高，适于某些位阻较大的醇、叔醇及酚的乙酰化。但 **39** 有毒性，仅适用于工业生产。烯醇化的醛或酮，可被 **39** 酰化而得到烯醇酯，如乙酸异丙烯酯（**40**）的制备。

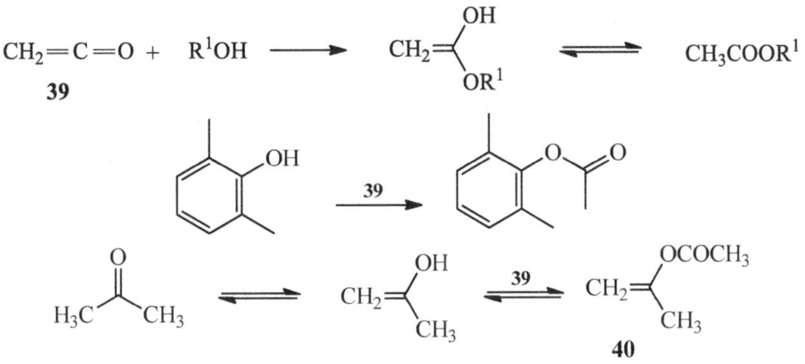

$$CH_2=C=O + R^1OH \longrightarrow CH_2=\overset{OH}{\underset{OR^1}{C}} \quad\Longleftrightarrow\quad CH_3COOR^1$$

39

双乙烯酮（**41**）是 **39** 在高温下聚合得到的二聚体，具有内酯环结构，可在酸或相应的醇钠等碱催化条件下进行醇的酰化反应，是工业制备乙酰乙酸乙酯的方法之一。**41** 性质活泼，长期放置或高温易聚集引起爆炸，故需冷藏保存。

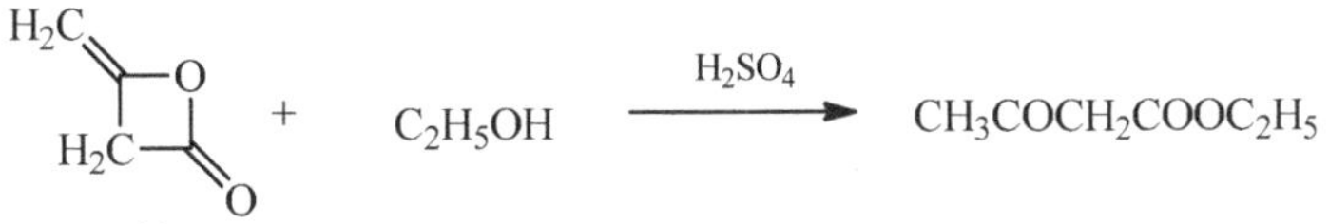

$$\text{41} + C_2H_5OH \xrightarrow{H_2SO_4} CH_3COCH_2COOC_2H_5$$

41

（四）酰氯为酰化剂

酰氯是最活泼的酰化剂，酰化能力强，虽然某些酰氯的性质不如酸酐稳定，但其制备方便，采用酰氯为酰化剂是非常有效的方法。

1. 反应通式及反应机理

$$R^1-\overset{O}{\underset{}{C}}-Cl + HOR^2 \longrightarrow R^1-\overset{O}{\underset{}{C}}-OR^2 + HCl$$

各种脂肪族和芳香族酰氯均可作为酰化剂与各种醇进行酰化反应，其反应过程一般按 S_N1 历程进行，常加入路易斯酸或碱性催化剂（兼作缚酸剂）。路易斯酸可催化酰氯生成羰基复合物（**42**），从而解离出酰基正离子中间体（**43**），进一步与被酰化的醇进行单分子亲电反应而得到羧酸酯。

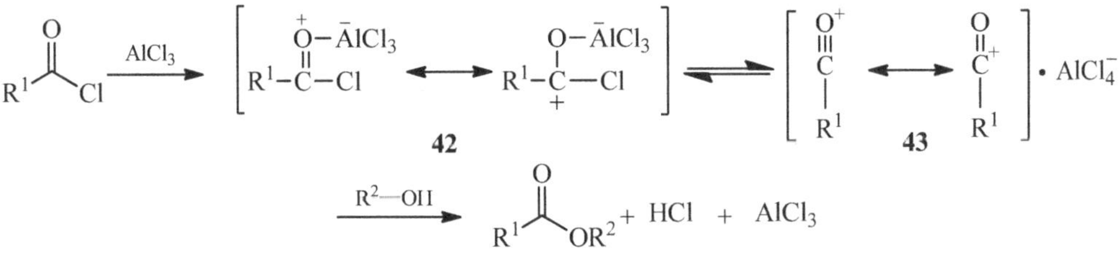

酰氯可与吡啶生成酰基吡啶镓盐（**44**）而活化酰基，解离出的酰基正离子与被酰化的醇发生亲电反应，再脱去质子后得到酰化产物。

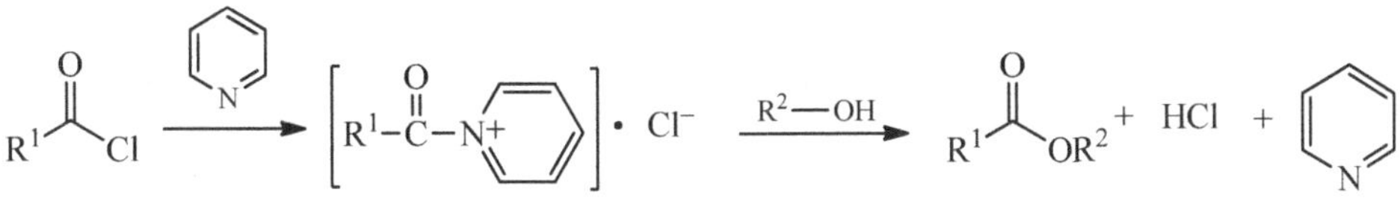

2. 反应特点及反应实例

脂肪酰氯的活性一般强于芳酰氯，芳酰氯的邻位有取代基时活性进一步下降；酰氯的羰基

α-位上连有吸电子基团时活性增强。有些立体位阻大的酰氯或醇难于进行酰化反应，可将醇制成碱金属盐或银盐、汞盐等，从而得到相应的酯。麻醉药可卡因（cocaine，**45**）[7]是以苯甲酰氯为酰化剂，在酸催化下对醇氧负原子进行酰化反应得到的。因原料位阻大，故将醇制成醇钠以有利于反应发生。2, 4, 6-三甲基苯甲酸酯（**46**）是将位阻大的叔醇转化为银盐再进行酰化反应得到的。

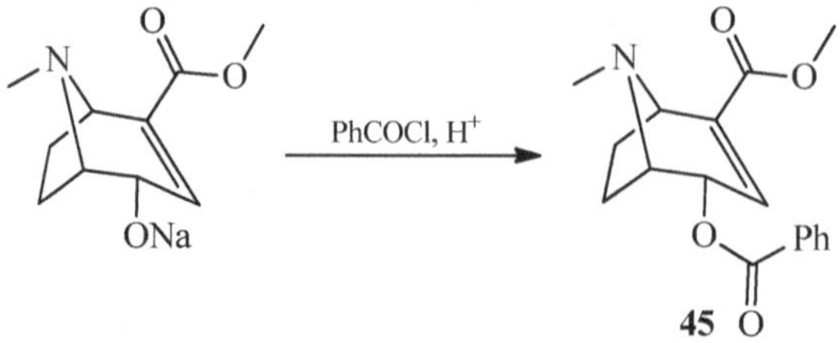

在某些羧酸为酰化剂的反应中，加入 $SOCl_2$、$POCl_3$、PCl_3 和 PCl_5 等氯化剂，使之生成酰氯，原位参与酰化反应，使反应更加简便。抗结核药物吡嗪酰胺（pyrazinamide）中间体（**47**）即通过先生成酰氯，再进行 O-酰化反应制得。

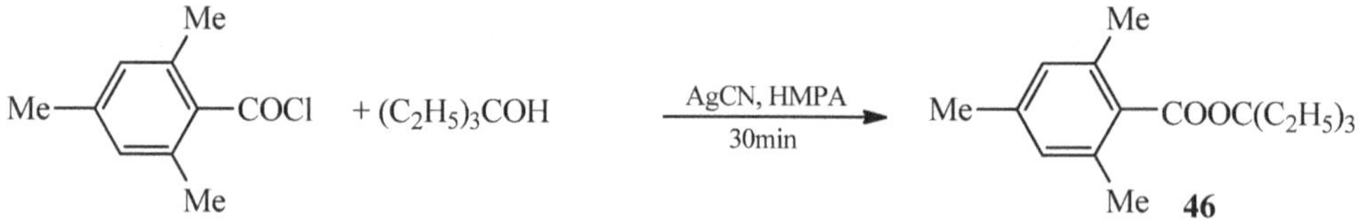

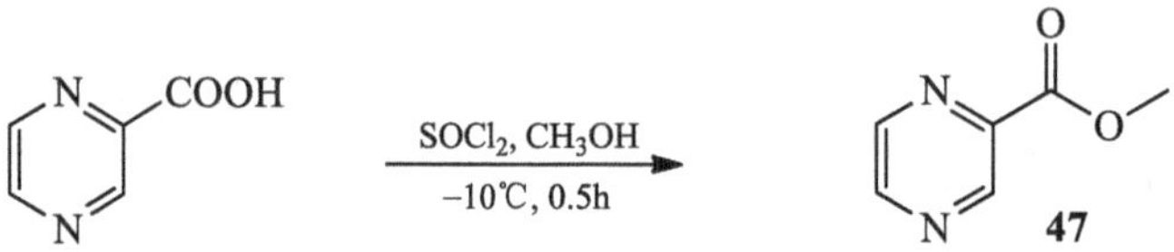

酰氯为酰化剂的反应可选用卤代烃、乙醚、THF、DMF、DMSO 等为溶剂，也可以直接采用过量的酰氯或过量的醇为溶剂。常加入吡啶、DMAP、N, N-二甲基乙酰胺（DMA）、4-苄基吡啶或碳酸钠等碱来中和反应生成的氯化氢，兼具催化作用。其中，DMAP 增强了吡啶氮的碱性，尤其适用于位阻大的醇的酰化。酰氯的酰化反应一般在较低的温度（0℃～室温）下进行，对于较难酰化的醇，也可以在加热或回流条件下反应。

（五）酰胺为酰化剂

普通的酰胺结构中氮原子的供电效应使酰胺羰基的酰化能力降低，故很少将其用作酰化剂，只有一些具有芳杂环结构的活性酰胺才可用于酰化反应中。

1. 反应通式及反应机理

$$R^1—OH + R—\overset{O}{\underset{\|}{C}}—NR^2R^3 \longrightarrow RCOOR^1 + HNR^2R^3$$

活性酰胺可用于醇羟基的 O-酰化反应来制备羧酸酯，常加入醇钠、氨基钠等强碱催化。以最为常用的酰基咪唑（**48**）为例说明其反应机理。**48** 的离去基团为含 N 原子的五元芳杂环，诱导效应使羰基碳原子的亲电性增强，可与醇氧作用形成过渡态（**49**），咪唑环作为稳定的离去基团，离去后即得 O-酰化产物。

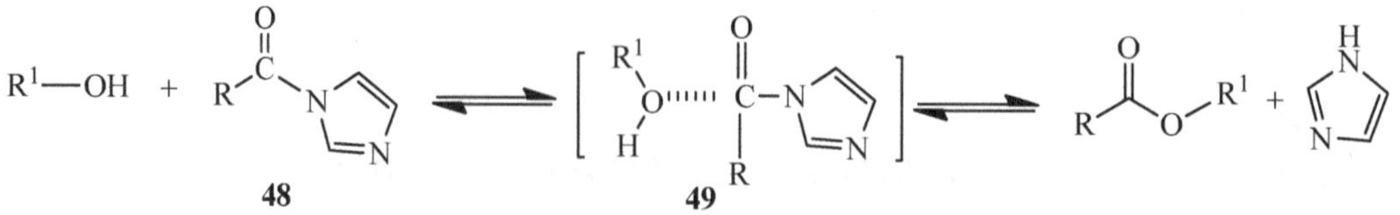

2. 反应特点及反应实例

酰基咪唑（**48**）是最常用的活性酰胺类酰化剂，可由羰基二咪唑（CDI）与羧酸直接反应制得。反应中如果同时加入 NBS，可使咪唑环生成活化形式的中间体而活性更强，在室温下即可反应。该类反应常加入醇钠、氨基钠、氢化钠、DBU 等强碱以增加反应活性。

CDI **48** **50**

51

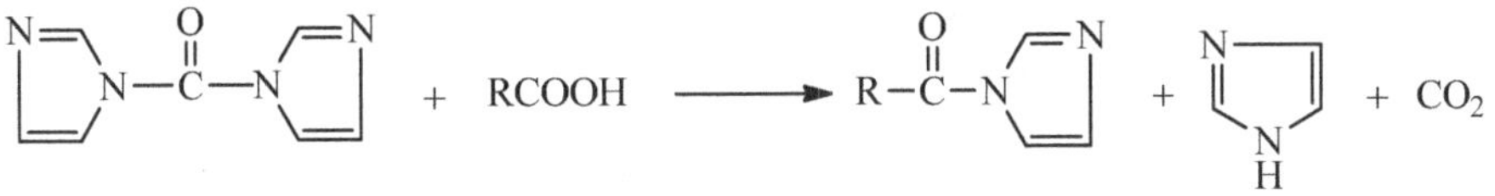

其他类似的常见活性酰胺的结构如化合物 **48**、**52**、**53**。

48

52

53

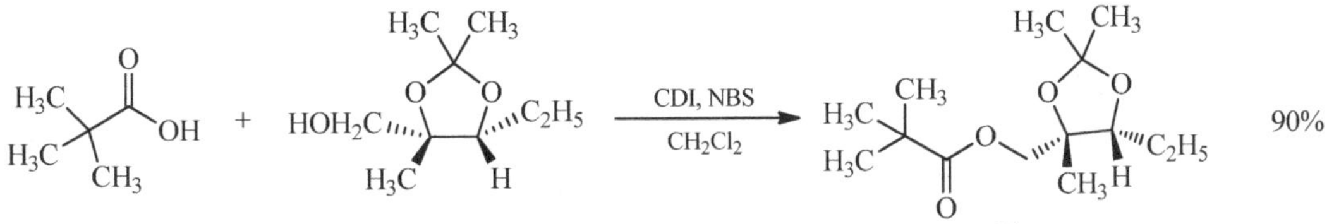

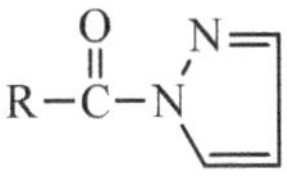

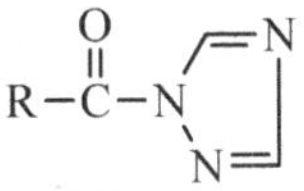

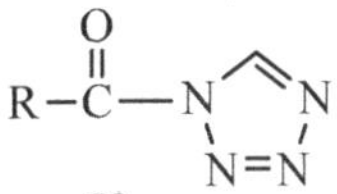

3-特戊酰基-1, 3-噻唑烷-2-硫酮（PTT，**54**）为高活性的酰胺酰化剂，可选择性地进行伯醇的酰化反应，还可用于对酸、碱不稳定的化合物的酯化反应。

PTT, **54**

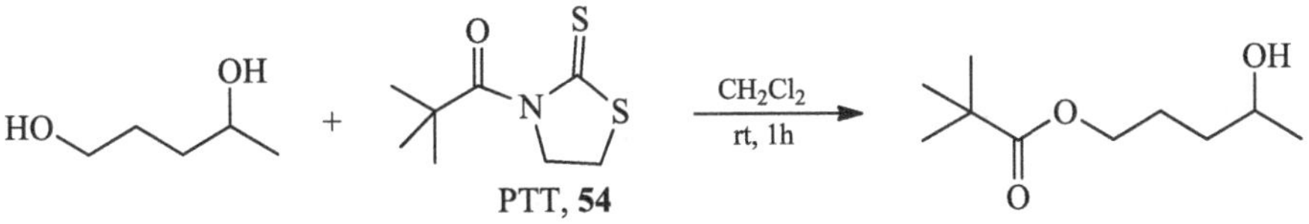

二、酚的酰化反应

酚的 *O*-酰化反应机理与醇相同，但酚羟基的氧原子因与苯基共轭而电子云密度降低，其反应活性比醇羟基弱，所以一般采用酰氯、酸酐或活性酯等酰化能力较强的酰化剂，在碱性催化剂存在下进行酰化反应。例如，中枢镇痛药吗啡（morphine）中间体（**55**）[8]及抗胆碱酯酶药物新斯的明（neostigmine）中间体（**56**）[9]均是以酰氯为酰化剂进行 *O*-酰化反应制得的。

55

56

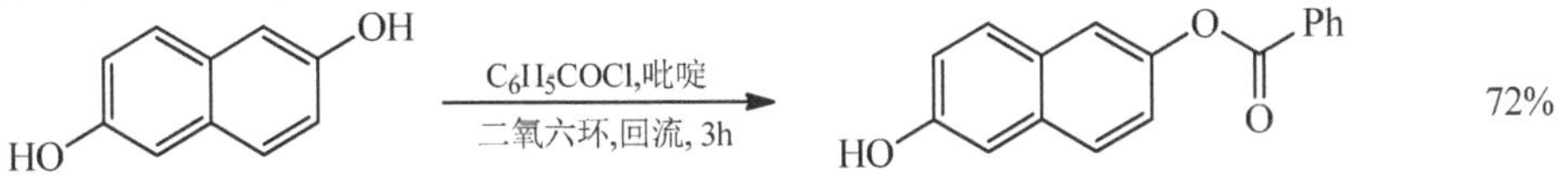

非甾体抗炎药布洛芬愈创木酚酯（ibuprofen guaiacol ester，**57**）通过将布洛芬先与 $SOCl_2$ 反应生成酰氯后，再与愈创木酚进行 *O*-酰化反应制得。对于位阻大的酚酯的合成，可加入氰化银等得到羰基正离子，使酚酰化的效果更好[10]。

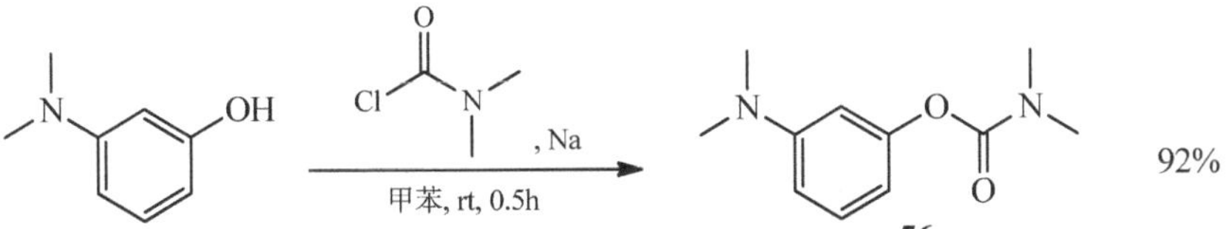

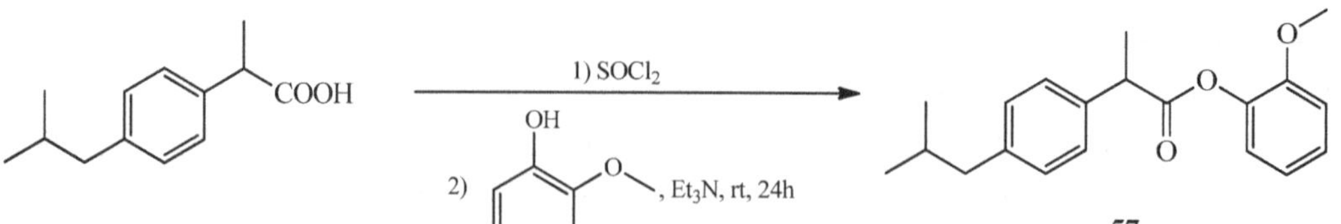

51%

57

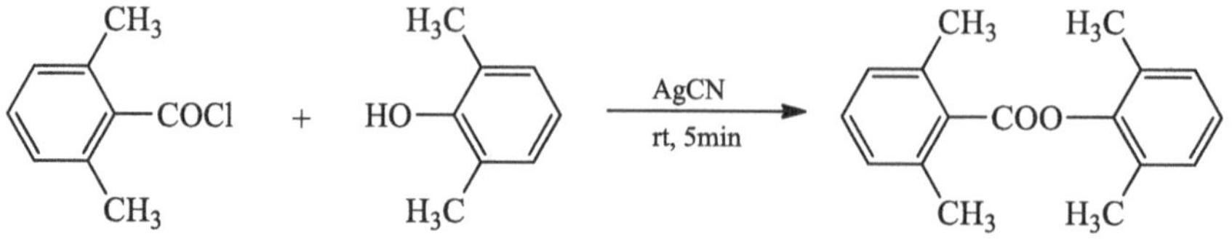

92%

若采用羧酸为酰化剂时，常需要加入多聚磷酸（PPA）、DCC 等缩合剂来增加其反应活性；或加入 POCl$_3$、SOCl$_2$ 等氯化剂，使其转变成酰氯后进行酰化反应；还可以加入三氟乙酸酐、三氟甲基磺酸酐、氯甲酸酯、磺酰氯、草酰氯、光气等，通过形成混合酸酐再与酚作用，适用于有位阻的酚及羧酸的酰化反应。羧酸与 BOP-Cl 形成的羧酸-磷酸混合酸酐以及醇酰化反应中的活性硫醇酯等也可用于酚的酰化反应，在肽的合成中采用催化量的 BOP 即可得到高收率的氨基酸苯酯。例如，蛋白酶抑制剂甲磺酸萘莫司他（nafamostat mesilate，**58**）[11]即通过苯甲酸在 DCC 的催化下与萘酚进行酰化反应制得。

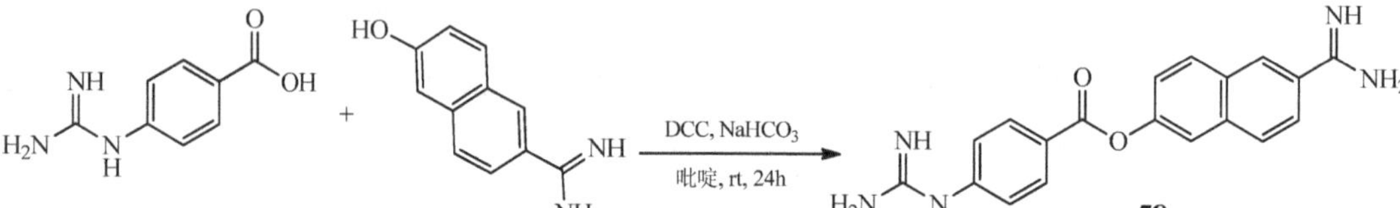

50%

58

胰腺炎治疗药甲磺酸加贝酯（gabexate mesilate，**59**）是羧酸在 2-氯代吡啶甲基季铵盐（**60**）催化下转变为羧酸吡啶酯，再与苯酚进行 *O*-酰化反应制得的。

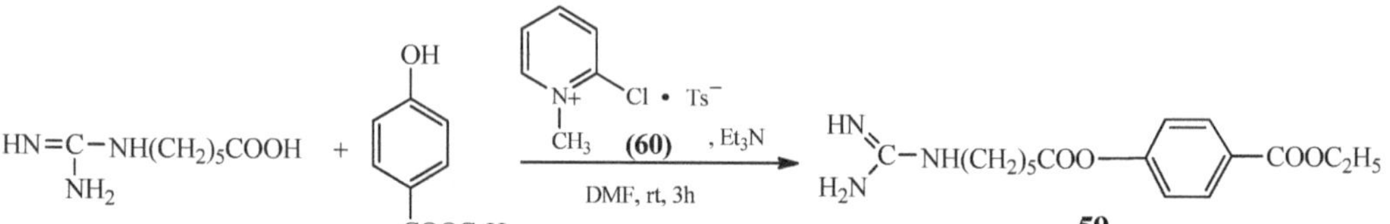

71%

59

3-乙酰-1, 5, 5-三甲基乙内酰脲（Ac-TMH）具有活性酰胺的结构，可由 1, 5, 5-三甲基乙内酰脲与乙酸酐反应制得，为选择性的乙酰化试剂。当酚羟基和醇羟基共存在于同一分子中时，可选择性地对酚羟基进行乙酰化。

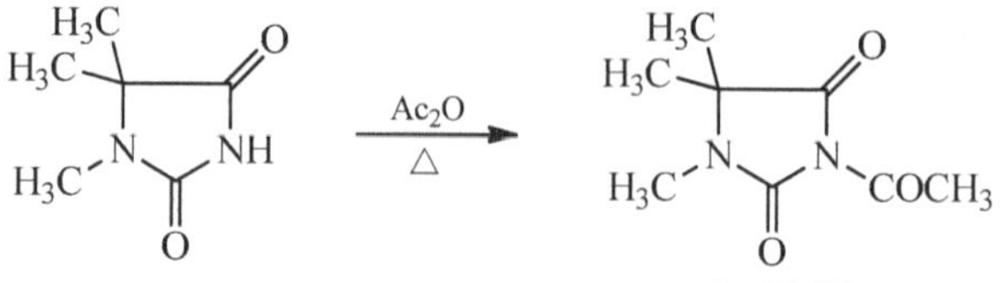

Ac-TMH

案例 4-1

因醇羟基的亲核性大于酚羟基，当分子中同时存在酚和醇时，一般醇羟基优先被酰化。

【问题】

如何实现酚羟基的选择性酰化反应？

【案例分析】

若要实现酚羟基的选择性酰化，一是可采用酚的选择性酰化试剂 Ac-TMH 进行酰化反应；二是可以基于电子效应的差异，将酚转变为酚钠，酚氧负离子电子云密度增加，从而优先与酰化剂进行酰化反应；三是可以采用基团保护策略，将醇羟基先保护起来再进行酚的选择性酰化。以雌二醇（estradiol，**61**）的酰化为例，当以乙酸乙酯为酰化剂时，电负性较高的 17-位醇羟基被酰化得到产物 **62**；采用 Ac-TMH 则 3-位酚羟基被选择性酰化得到产物 **63**；当在相转移催化剂的碱性条件下，可在脂肪仲醇存在下选择性地进行酚的酰化，同样得到产物 **63**。

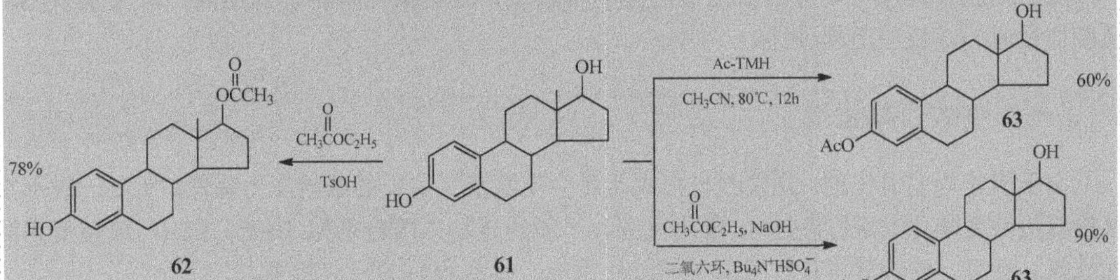

62 **61** **63** **63**

案例 4-2

结合(*S*)-1-苯基乙烷-1, 2-二醇与苯甲酰氯的酰化反应，说明如何控制反应条件，分别进行伯醇及仲醇羟基的选择性酰化。

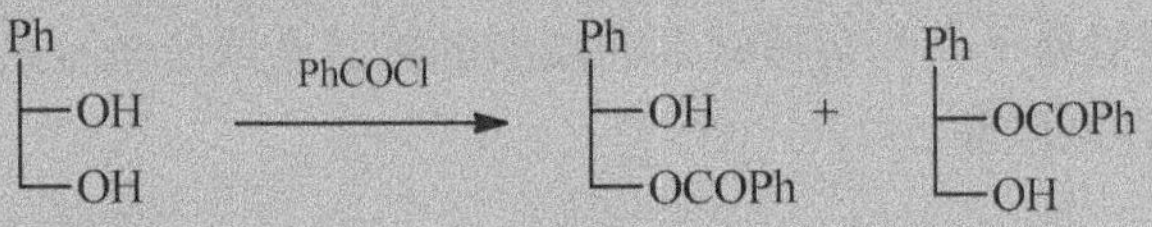

64 **65**

【问题】

如何获得 1-位（**64**）或 2-位（**65**）醇羟基的选择性酰化产物？

【案例分析】

对于 1, 2-二醇的酰化，利用有机锡化物为催化剂可得到二醇的单酯，若在弱碱 K_2CO_3 条件下，位阻小的伯醇羟基发生酰化，主产物为 **64**；而在氯代三甲硅烷中反应，仲醇羟基被选择性酰化，主产物为 **65**。

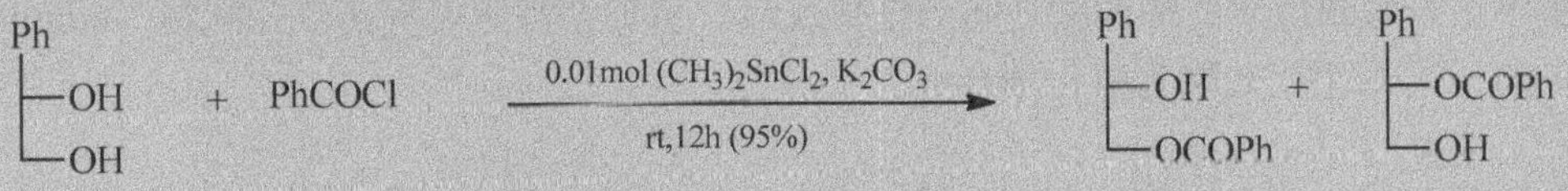

(90%) **64** (5%)

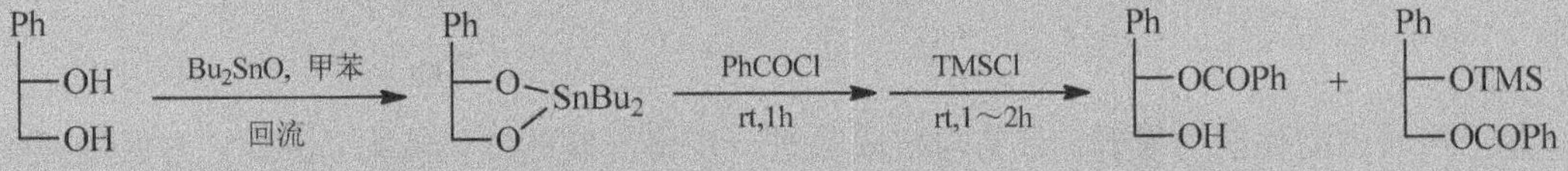

(98%) **65** (2%)

第二节 氮原子上的酰化反应

氮原子上的酰化反应是在脂肪胺或芳胺的氮原子上导入酰基而制备酰胺的反应，属于亲电反应。因氨基氮原子上电子云密度比醇及烷烃高，其亲核能力更强，故酰化反应更易发生；脂肪胺的活性大于芳胺，伯胺大于仲胺，无位阻的酰胺大于有位阻的酰胺。酰化剂的一般活性顺序为酰氯＞酸酐＞羧酸、酯＞酰胺，但活性酯或活性酰胺的反应活性反而提高。

一、脂肪胺的酰化反应

脂肪伯胺和仲胺可与各类酰化剂反应制备酰胺，根据酰化剂种类的不同，可分别以 S_N1 反应历程或 S_N2 反应历程进行。

（一）羧酸为酰化剂

由于羧酸为弱酰化剂，且羧酸与胺成盐后会使氨基氮原子的亲核能力降低，所以一般不宜直接以羧酸为酰化剂进行胺的 N-酰化反应。一般通过加入缩合剂如 DCC、CDI，或转变为活性酰氯、酸酐、酰胺等再进行氮原子的酰化反应，具有很好的反应效果。

1. 反应通式及反应机理

羧酸与脂肪伯胺或仲胺进行 N-酰化反应，得到酰胺，同时生成一分子水。

$$R-\overset{\overset{O}{\|}}{C}-OH + R^1R^2NH \Longrightarrow R-\overset{\overset{O}{\|}}{C}-NR^1R^2 + H_2O$$

该反应中胺的碱性氮原子作为亲核试剂向羧酸的羰基碳原子进行亲核进攻，生成四面体过渡态（**66**），经脱水后得到酰胺。

$$R-\overset{\overset{O}{\|}}{C}-OH + R^1R^2NH \Longrightarrow \left[R-\overset{\overset{O^-}{|}}{\underset{\overset{|}{{}^+NHR_1R_2}}{C}}-OH \right] \Longrightarrow R-\overset{\overset{O}{\|}}{C}-NR^1R^2 + H_2O$$

66

2. 反应特点及反应实例

该反应为可逆平衡反应，采用过量的反应物或除去反应生成的水，均有利于平衡向生成产物的方向移动。通常是在反应物中加入苯或甲苯进行共沸蒸馏除水，反应常需要在较高温度下进行，故不适合对热敏感的酸或胺之间的酰化反应。例如，静脉麻醉药依托咪酯（etomidate）中间体（**67**）[12]即采用羧酸为酰化剂合成。

67

鉴于羧酸的酰化能力极弱，且易与胺成盐进一步降低胺的酰化能力，因此，为促进羧酸进行酰化反应，常需要加入催化剂，如 DCC 等碳二亚胺类缩合剂。但 DCC 缩合反应有两个副反应，一是酰基进攻 N 原子形成酰基脲；二是光学活性的氨基酸易消旋化，故使其适用范围受到限制。常用的相似缩合剂还有 N,N-二异丙基碳二亚胺（DIC）和 1-(3-二甲氨基丙基)-3-乙基碳二亚胺（EDC），其中，DIC 常用于固相合成。抗炎药扎鲁司特（zafirlukast，**68**）[13]即为芳酸在 DCC 催化下进行 N-酰化反应制得，收率较好。

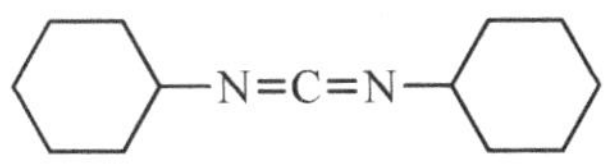

DCC

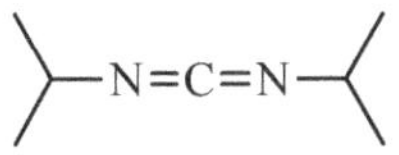

DIC

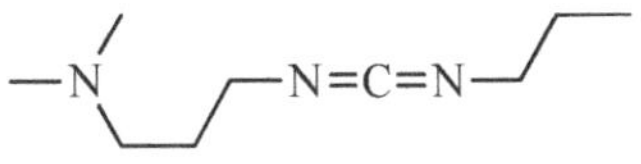

EDC

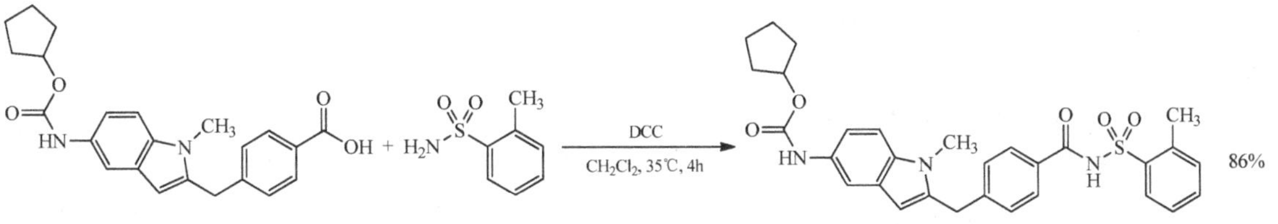

68 86%

碳鎓盐缩合剂近年来被广泛用于酰胺的缩合反应，如 O-(7-氮杂苯并三唑-1-基)-N, N, N′, N′-四甲基脲六氟磷酸盐（HATU，**69**），其机理为：羧酸氧负离子与 HATU 作用得到中间体 **70**，**70** 经分子内的电子转移，一步得到相应的活性酯（**71**），**71** 与各类胺进行酰化即得产物酰胺。常用的碳鎓盐缩合剂还有 O-苯并三氮唑-N, N, N′, N′-四甲基脲四氟硼酸（TBTU）、N, N, N′, N′-四甲基-O-(N-琥珀酰亚胺)脲四氟硼酸盐（TSTU）和 2-(5-降冰片烯-2, 3-二甲酰亚胺基)-1, 1, 3, 3-四甲基脲四氟硼酸季铵盐（TNTU）等。

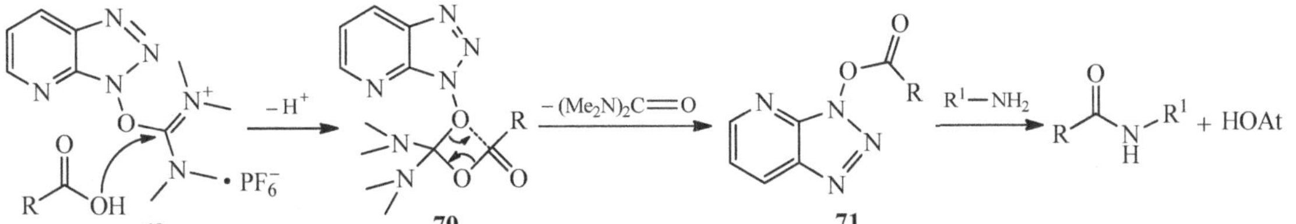

69 **70** **71**

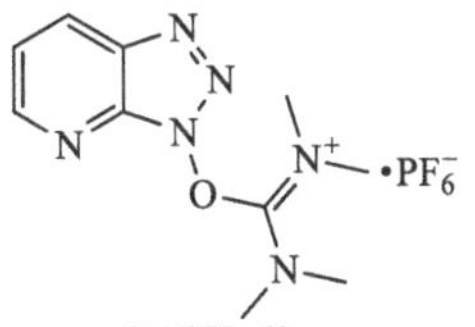

HATU, 69 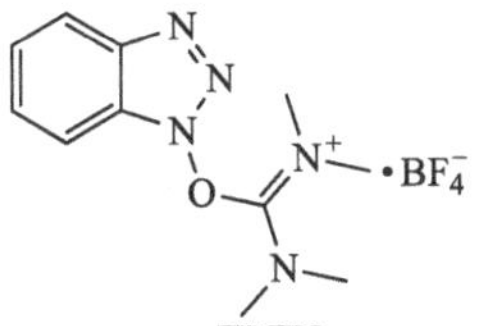   TBTU 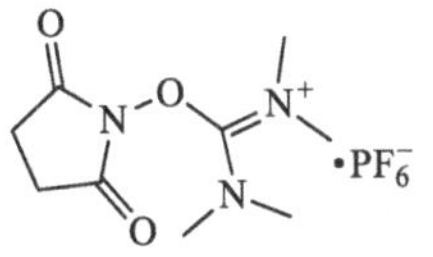   TSTU 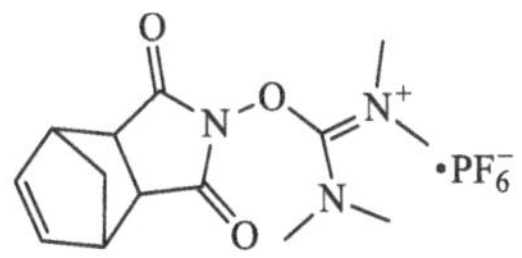   TNTU

广谱驱肠虫药噻苯达唑（thiabendazole）中间体（**72**）的合成即为 TBTU 催化下进行的羧酸对芳胺的 N-酰化反应。

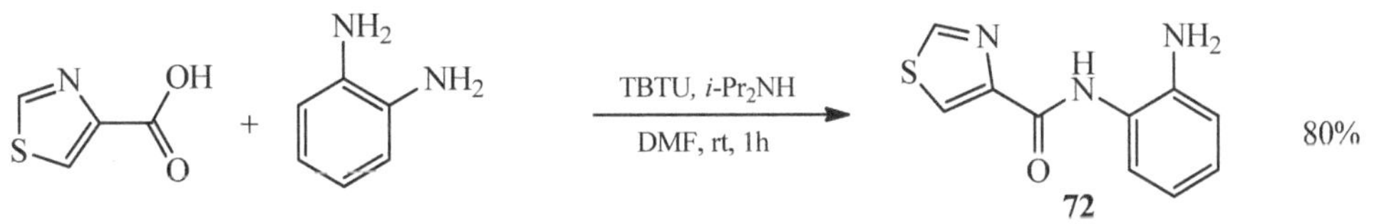

72 80%

除了加入碳二亚胺类缩合剂及碳鎓盐类缩合剂外，活化羧酸的酰化反应可采用的手段还包括：①加入 CDI 转变为活性酰胺；②转化为活性的混合酸酐，包括羧酸-碳酸混合酸酐、羧酸-磺酸混合酸酐、羧酸-Boc 酸酐、羧酸-磷酸混合酸酐等；③加入三苯基膦复合物，如三苯基膦-多卤代甲烷、三苯基膦-六氯丙酮、三苯基膦-NBS 等。以上方法在前述的氧原子上的酰化反应中均有应用，转化为活性酸酐及活性酰胺中间体的反应将在本章相应部分具体介绍。

（二）羧酸酯为酰化剂

羧酸酯的活性比酸酐、酰氯弱，但它易于制备且性质稳定，具有不与胺成盐的优点，故在 N-酰化中广泛应用。

1. 反应通式及反应机理

$$R-\overset{\overset{O}{\|}}{C}-OR^1 + R^2R^3NH \rightleftharpoons R-\overset{\overset{O}{\|}}{C}-NR^2R^3 + HOR^1$$

脂肪或芳香伯胺、仲胺及氨与羧酸酯进行 *N*-酰化反应而生成酰胺，同时得到一分子醇。该反应为双分子的可逆反应，常在醇钠等强碱的催化下完成。

羧酸酯的 *N*-酰化反应也是酯的氨解反应，其反应历程与酯水解反应类似，为 S_N2 反应历程。胺的碱性氮原子对酯羰基碳原子进行亲核进攻生成正四面体过渡态，通过质子交换生成过渡态（**73**），**73** 在胺或强碱性催化剂的作用下脱去烷氧基负离子 OR^1，即可得到 *N*-酰化产物酰胺。

$$R-\overset{\overset{O}{\|}}{C}-OR^1 + R^2R^3NH \rightleftharpoons \left[R-\overset{\overset{O^-}{\|}}{\underset{\overset{+}{N}HR^2R^3}{C}}-OR^1 \right] \rightleftharpoons \left[R-\overset{\overset{OH}{\|}}{\underset{NR_2R_3}{C}}-OR^1 \right]$$

73

$$\xrightarrow[\text{或 B}^-]{R^1R^2NH} \left[R-\overset{\overset{O^-}{\|}}{\underset{NR_2R_3}{C}}-\overset{\curvearrowright}{O}HR^1 \right] \xrightarrow{-H_2\overset{+}{N}R^2R^3} R-\overset{\overset{O}{\|}}{C}-NR^2R^3 + {}^-OR^1$$

2. 反应特点及反应实例

N-取代酰胺一般利用相应的伯胺或仲胺与酯直接反应得到，若被酰化的胺的碱性较弱，可加入金属钠、醇钠、氢化钠等强碱性催化剂在较高的温度下反应。反应中应用较多的是羧酸甲酯、乙酯和苯酯。一般脂肪酸酯的反应活性要优于芳酸酯，甲酯优于乙酯；脂肪酸酯 α-位的位阻也影响反应速率。反应溶剂一般为醚类、卤代烃及苯等；另外，要严格控制反应体系的水分，防止催化剂分解以及酯和酰胺水解。

利尿药阿米洛利（amiloride）中间体（**74**）[14]即采用芳甲酸酯在金属钠的催化下对胍进行 *N*-酰化反应制得的。

半合成青霉素哌拉西林（piperacillin）中间体（**75**）是分别以草酸二乙酯和氯甲酸三氯甲酯为酰化剂，经过两次 *N*-酰化反应得到的。

在前述的 *O*-酰化中讨论过的一些活性酯也可用于 *N*-酰化反应中。条件温和，反应收率较高，可广泛用于半合成抗生素及肽类化合物等结构较为复杂的酰胺的合成。酯与脂肪仲胺或者芳胺的酰化反应不易发生，需要在 *n*-BuLi 等强碱或 AlMe₃ 催化剂存在下，通过转变为相应的氨基负离子才能使反应顺利进行。

（三）酸酐为酰化剂

酸酐为强酰化剂，其活性比相应的酰氯稍弱，因此，它与胺的反应速率比酰卤慢。酸酐性质比较稳定，反应一般以酸或碱催化，产生的羧酸可以自行催化。

1. 反应通式及反应机理

酸酐可对胺（或氨）进行 N-酰化反应以制备酰胺，同时产生一分子羧酸。酰化剂可为脂肪酸酐、芳香酸酐或者混合酸酐。

$$R-C(=O)-O-C(=O)-R \ + \ R^1R^2NH \ \longrightarrow \ R-\overset{O}{\overset{\|}{C}}-NR^1R^2 \ + \ RCOOH$$

该反应一般按 S_N1 历程进行。在质子酸催化下，酸酐可生成酰基正离子（**76**），**76** 对胺的氮原子进行亲电反应而得到酰胺，同时生成一分子酸，可作为催化剂。

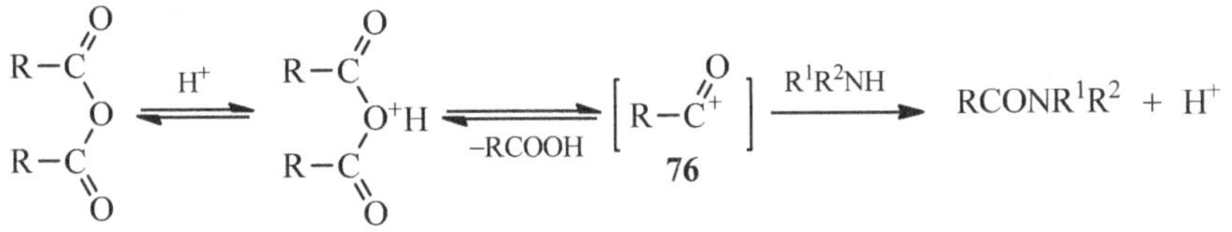

$$\text{(机理图示)} \quad \overset{H^+}{\rightleftharpoons} \quad \underset{-RCOOH}{\rightleftharpoons} \quad \left[R-\overset{O}{\overset{\|}{C^+}} \right]_{\textbf{76}} \quad \overset{R^1R^2NH}{\longrightarrow} \quad RCONR^1R^2 \ + \ H^+$$

胺的碱性氮原子对酸酐羰基碳原子进行亲核进攻，形成正四面体过渡态（**77**），脱去一分子羧酸后得到酰胺。酸酐也可在吡啶等碱性催化剂的存在下，通过生成酰基吡啶锡盐而活化酰基，再进行 N-酰化反应。

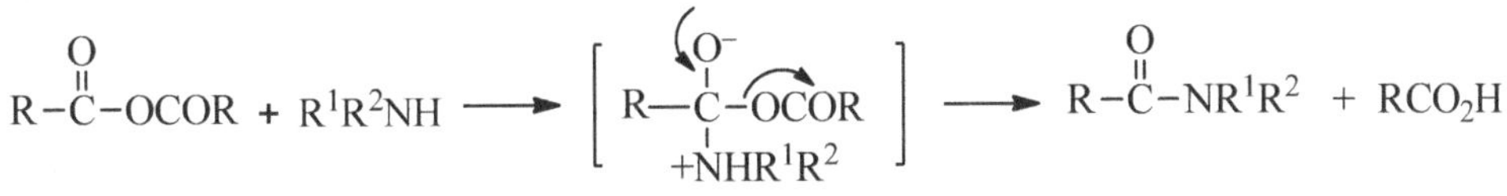

$$R-\overset{O}{\overset{\|}{C}}-OCOR \ + \ R^1R^2NH \ \longrightarrow \ \left[\underset{+NHR^1R^2}{R-\overset{O^-}{\underset{|}{C}}-OCOR} \right] \ \longrightarrow \ R-\overset{O}{\overset{\|}{C}}-NR^1R^2 \ + \ RCO_2H$$

$$\textbf{77}$$

2. 反应特点及反应实例

对于一些难于酰化的胺类，可加入酸、碱等催化剂以加快反应进行，常用的催化剂为硫酸、过氧酸等。当采用碱催化时，一般用过量的胺，也可加入吡啶、三乙胺、DMAP、LiCl 等碱。反应溶剂包括醚类、卤代烷类及有机酸类等。脂肪伯胺与乙酸酐反应易生成 N-乙酰化及 N, N-二乙酰化的混合物，随着氨基所连烃基体积的增大，N-乙酰化产物的比例增加。

肺炎治疗药物乙酰半胱氨酸（acetylcysteine，**78**）[15]即采用乙酸酐对半胱氨酸在室温条件下进行 N-酰化反应而制得，反应时间较短。

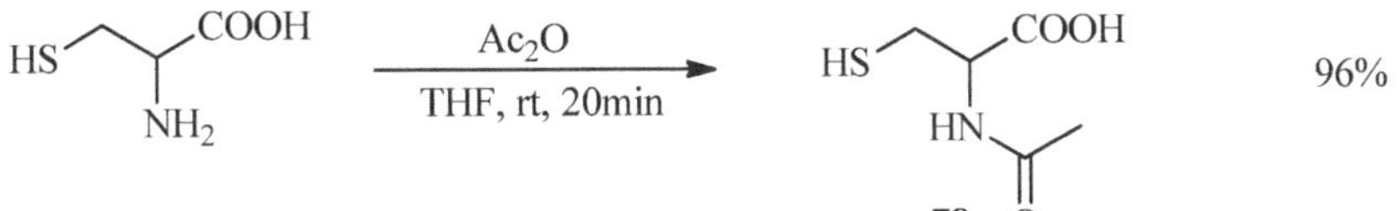

$$\underset{NH_2}{\overset{COOH}{HS-\!\!\!\diagup\!\!\!\diagdown}} \quad \xrightarrow[\text{THF, rt, 20min}]{Ac_2O} \quad \underset{\underset{\textbf{78}\ \ O}{HN\diagdown}}{\overset{COOH}{HS-\!\!\!\diagup\!\!\!\diagdown}} \quad 96\%$$

混合酸酐也可广泛用于 N-酰化中，特别是在一些复杂结构化合物的制备中更为常见，可使反应在较温和的条件下进行且收率高，混合酸酐一般采用临时制备的方式加入。抗菌药物头孢呋辛（cefuroxim）中间体（**79**）[16]的合成是将羧酸制成羧酸-磺酸混合酸酐，再与 7-氨基头孢烷酸（7-ACA）衍生物进行 N-酰化反应。

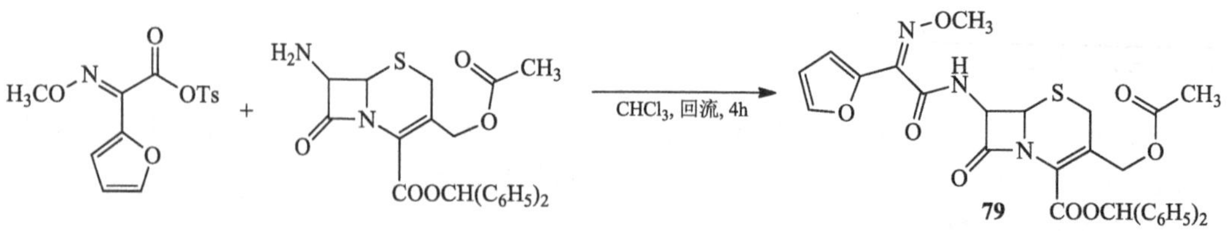

60%

血管紧张素转化酶抑制剂阿拉普利（alacepril）中间体（**80**）[17]的合成是将羧酸与氯甲酸苯酯先制备混酐，再与伯胺进行 *N*-酰化反应。

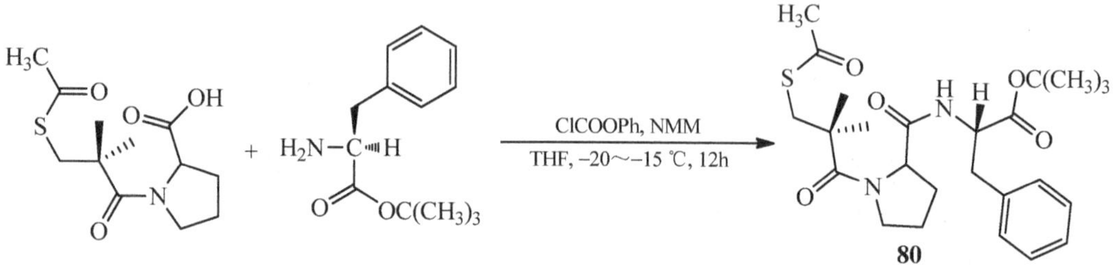

95%

α$_1$-肾上腺素受体拮抗剂阿夫唑嗪（alfuzosin，**81**）的合成也是采用将羧酸与氯甲酸乙酯合成混合酸酐后，再进行 *N*-酰化反应。

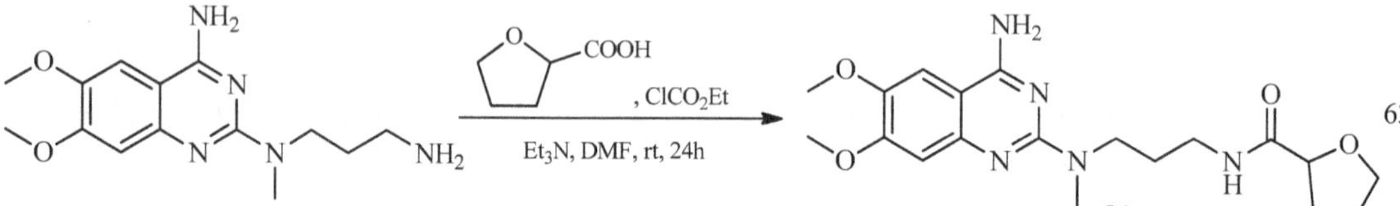

63%

O-酰化中讨论的多种磷酸酯和磷酰胺类缩合剂也被广泛用于酰胺的缩合，如 DECP 常用于少量的多肽的合成，BOP-Cl 适合用于氨基酸的合成，收率高、不易消旋；缺点是当胺的反应活性低时，常常得到酰化的唑烷。

（四）酰氯为酰化剂

由于酰氯酰化能力强，一般在位阻较大的胺、热敏性的胺以及芳胺的 *N*-酰化中应用较为普遍。

1. 反应通式及反应机理

胺进攻酰氯羰基碳原子形成正四面体过渡态（**82**），脱除一分子氯化氢后得到 *N*-酰化产物。

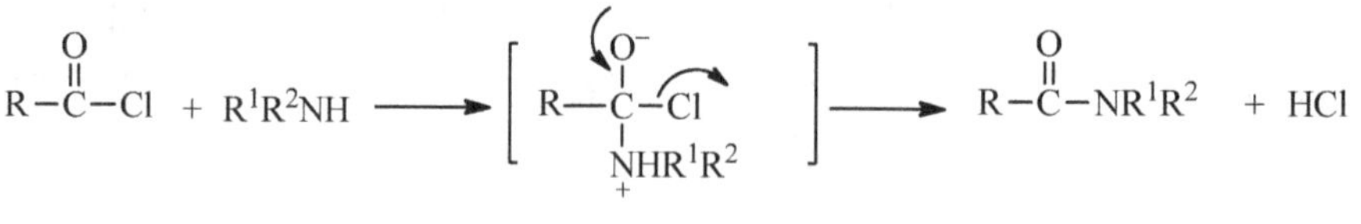

82

2. 反应特点及反应实例

由于反应中生成的卤化氢与胺成盐可降低氮原子的亲核能力，因此需要加入碱来除去卤化氢。通常加入氢氧化钠、碳酸钠、乙酸钠等无机碱或吡啶、三乙胺等有机碱；溶剂为二氯乙烷、丙酮、乙醚、四氯化碳、甲苯和乙酸乙酯等。对于稳定的酰氯，可以以无机碱为缚酸剂，在水溶液中反应。酰氯与胺的反应通常都是放热反应，因此，反应在室温或更低的温度下进行。

抗菌药甲氧西林（methicillin，**83**）是 6-氨基青霉烷酸（6-APA）与 2,6-二甲氧基苯甲酰氯发生 *N*-酰化反应合成的。

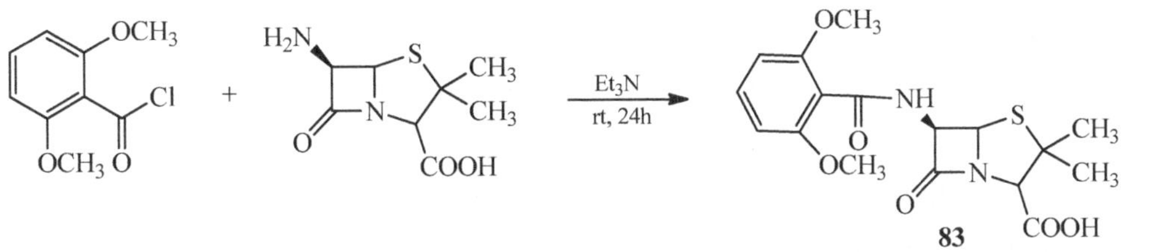

83 62%

降压药卡托普利（captopril）中间体（**84**）也是酰氯的 N-酰化反应制得的。

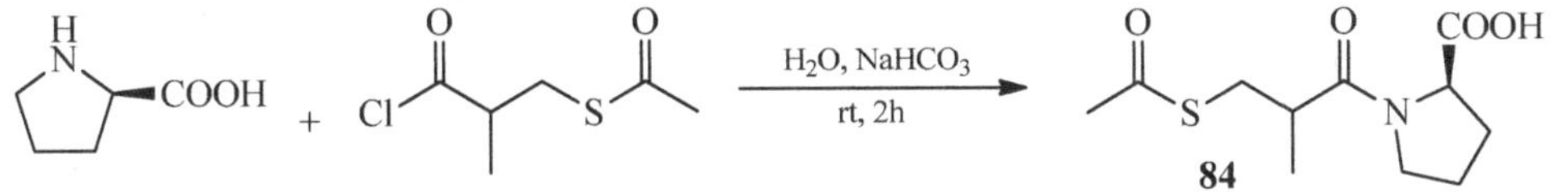

84 85%

（五）酰胺及其他酰化剂

在 O-酰化反应中讨论过的底物羧酸与 CDI 反应形成的酰基咪唑（**48**）及其类似的活性酰胺，均可用于 N-酰化反应中。酰基叠氮是一种温和的酰化试剂，不引起光学物质的消旋化，且对水及其他亲核试剂稳定，常用于肽类化合物的合成。但其反应活性不高，不可用于位阻大且活性低的胺的酰化。例如，抗精神病药物舒必利（sulpiride，**85**）可采用以 CDI 为催化剂的活性酰胺法制备得到。

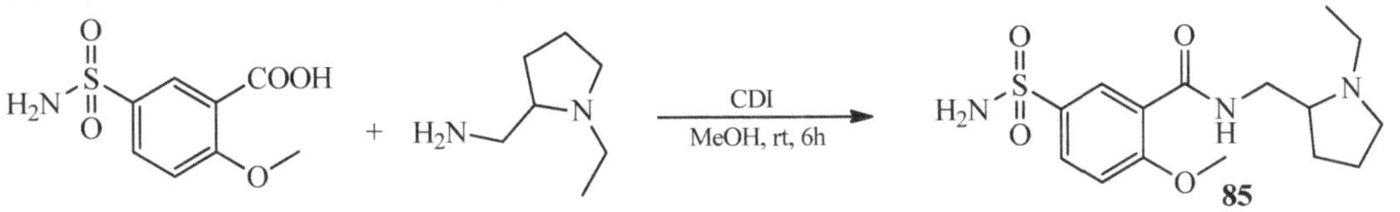

85 90%

降糖药妥拉磺脲（tolazamide，**87**）[18]的制备即采用活性酰胺（**86**）为酰化剂，对 4-甲基苯磺酰胺进行 N-酰化反应。

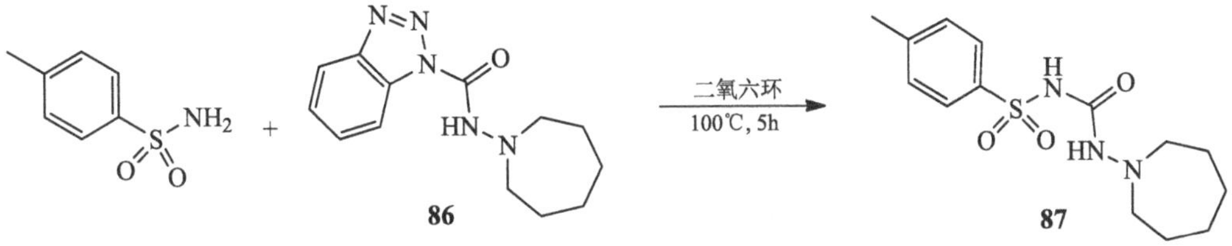

86 **87** 65%

二、芳胺的酰化反应

芳胺的氮原子上的孤对电子与苯环共轭，使其反应活性比脂肪胺的氨基弱，所以宜采用酰氯等较强的酰化剂进行 N-酰化反应。例如，非甾体抗炎药吲哚美辛（indometacin）中间体（**88**）[19]的合成即为酰氯对芳腙的 N-酰化反应。

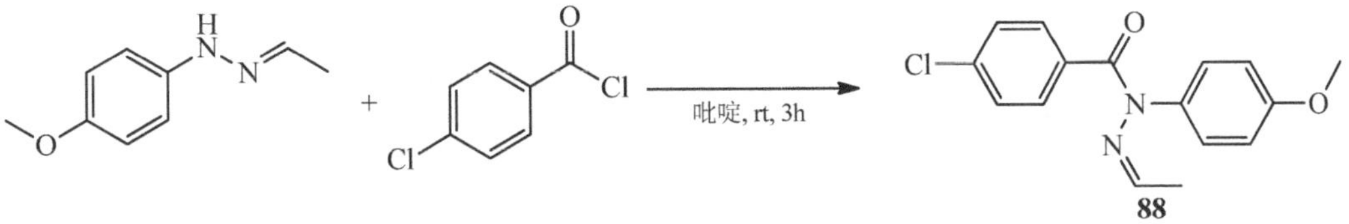

88 34%

某些芳胺也可以用羧酸酰化，如非甾体抗炎药双氯芬酸钠（diclofenac sodium）中间体（**89**）[20]是在 DCC 催化下以苄氧羰基乙酸为酰化剂，室温下对 N-甲基-4-甲氧基苯胺进行 N-酰化制得的。

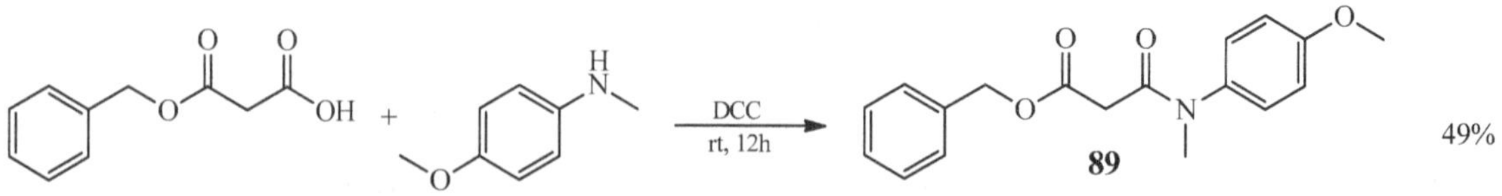

非甾体抗炎药依索昔康（isoxicam）中间体（**90**）[21]和保泰松（phenylbutazone）中间体（**91**）也是以羧酸酯为酰化剂，对芳胺的 *N*-酰化反应制得的。

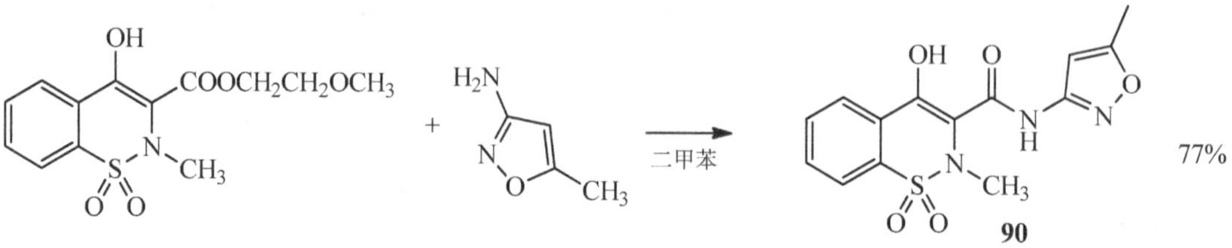

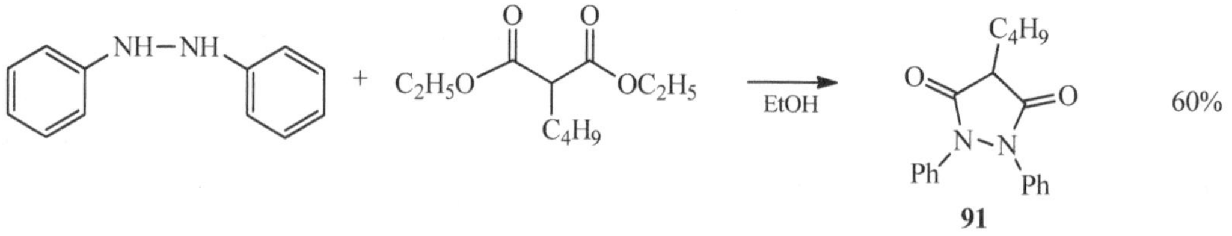

由于芳胺的亲核性稍弱，芳胺与酯直接反应不易。一般可通过加入强碱如 BuLi、NaHMDs、NaOEt 等将芳胺变为相应的负离子，再发生相应的酯交换反应。

3-酰基-2-硫噻唑啉（**92**）是一种较为温和的活性酰胺类酰化剂，对胺的反应选择性较好，可以用乙醇作溶剂，用于合成各类酰胺。

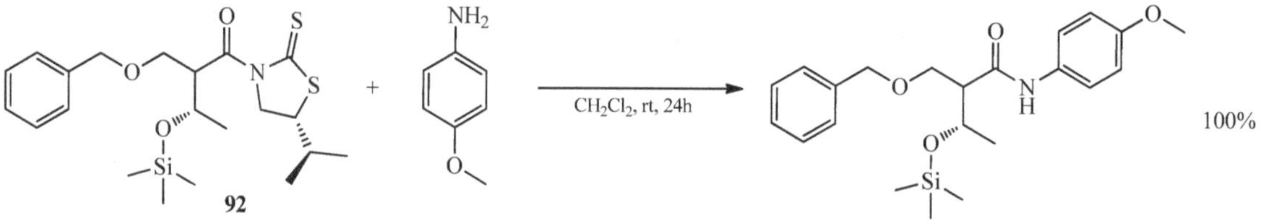

案例 4-3

　　Ritter 反应——一种合成酰胺的重要方法

【问题】

　　简述 Ritter 反应的定义、机理及其应用。

【案例分析】

　　Ritter 反应是用烷基化试剂（如异丁烯）在强酸条件下将腈转化为 *N*-烷基酰胺的反应。例如：

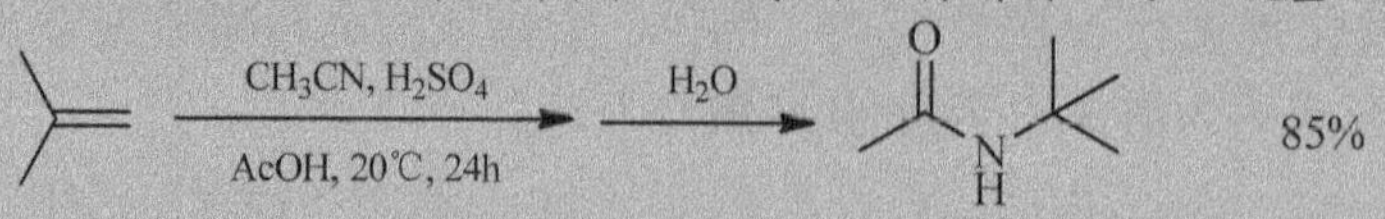

　　反应机理为：烯烃在强酸性溶液中生成稳定的叔碳正离子（**93**），**93** 受到氰基氮原子的亲核进攻生成鎓离子（**94**），经水解后质子转移即得相应的 *N*-取代酰胺（**95**），若进一步水解可得到叔胺。

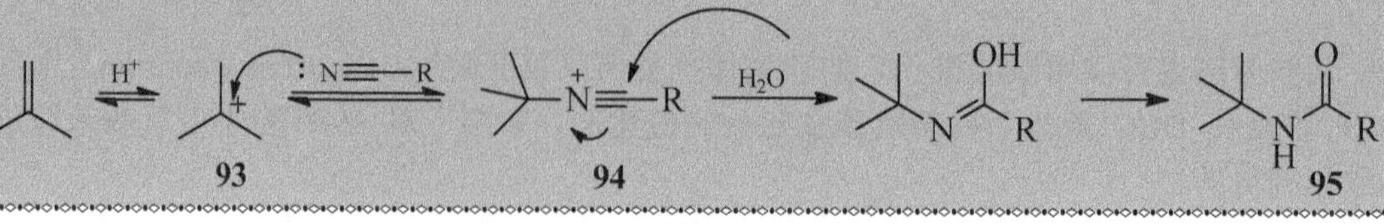

一般能产生碳正离子的化合物均可发生 Ritter 反应。腈和酸可直接在乙腈中反应，而对于结构复杂、沸点较高的底物，一般用冰醋酸进行稀释。

通过卤素或有机硒等对烯烃加成得到的碳正离子中间体，也可用于与乙腈的 Ritter 反应，环状烯烃得反式加成产物，如降压药美卡拉明（mecamylamine）中间体（**96**）的合成。

案例 4-4
氨基作为高活性的反应基团，对多种反应敏感，通常需要保护。氨基的保护在天然含氮化合物及肽类化合物中具有重要的意义。

【问题】
常用氨基保护的方法有哪些？如何脱去保护基？

【案例分析】
对氨基的保护可采用形成氨基甲酸酯类衍生物、酰胺衍生物或 N-烃基化合物（见"氮原子上的烃化反应"部分）的方法。

烷氧羰基作为氨基的保护基易于引入和脱除，氨基甲酸酯类衍生物广泛用于肽和蛋白质合成中，常用的有以下几种。①苄氧羰基化（Cbz）：氨基物与氯代甲酸苄酯、苄氧羰基活性酯等反应制得，可采用催化氢化法或酸裂解、Na/NH₃ 化学还原法脱除；②叔丁氧羰基化（Boc）：氨基物与 Boc 酸酐反应制得，产物对碱、多种亲核试剂及催化氢化稳定，易于酸解脱除，广泛用于多肽合成中；③9-芴甲氧羰基化（Fmoc）：Fmoc-Cl 在弱碱溶液中同氨基物反应制得，对酸极其稳定，可由吡啶等简单的胺在温和的条件下脱保护，可用于液相和固相的肽合成。

酰胺衍生物主要用于生物碱及核苷碱基中氮的保护，酰胺类保护基常用的有以下几种。①甲酰化：与 98%甲酸-乙酸酐或甲酸五氟苯酯加热，或采用 HCOOH-DCC-Py 法进行甲酰化；采用催化氢化脱除甲酰基，反应几乎定量。②乙酰化：采用乙酸、乙酸酐、乙酸五氟苯酯等进行乙酰化；在酸或碱性条件下分解，或转化为叔丁氧羰基后再分解。③卤代乙酰化：常见的有三氟（氯）乙酰基、氯乙酰基、二氯乙酰基等，三氟乙酰基可在弱碱性条件下分解，而氯乙酰基可用邻苯二胺或硫脲"助脱"。④对甲苯磺酰化：胺和对甲苯磺酰氯在吡啶或水溶性碱存在下制得，是最稳定的氨基保护基之一，常用 Na(Li)/NH₃(l)脱除，或采用 HBr/苯酚等除去。⑤邻苯二甲酰化：邻苯二甲酸酐与核苷作用形成邻苯二甲酰亚胺衍生物，优选用于②伯胺的保护，性质稳定；可肼解或浓 HCl 回流或 NaBH₄ 还原脱去保护基。此外，还有形成特戊酰胺、苯甲酰胺的方法。

第三节　碳原子上的酰化反应

碳原子上的酰化反应是用来制备醛、酮类化合物的主要方法，可发生酰化反应的部位主要包括电子云密度较高的芳（杂）环、羰基、硝基和腈的 α-位以及烯烃碳原子。具体包括直接酰化反应（Friedel-Crafts 反应），间接酰化反应（Hoesch 反应、Gattermann 反应、Vilsmeier-Haack 反应、Reimer-Tiemann 反应），羰基化合物 α-位的 Claisen 酯缩合反应和 Dieckmann 反应。绝大部分 C-酰化反应属于亲电反应，在某些条件下，羰基化合物可通过"极性反转"而发生亲核酰化反应。

一、芳烃的酰化反应

（一）Friedel-Crafts 酰化反应

羧酸及羧酸的衍生物（酰氯、酸酐等）在质子酸或路易斯酸的催化下，对芳烃进行亲电取代生成芳酮的反应，称为 Friedel-Crafts 酰化反应。

1. 反应通式及反应机理

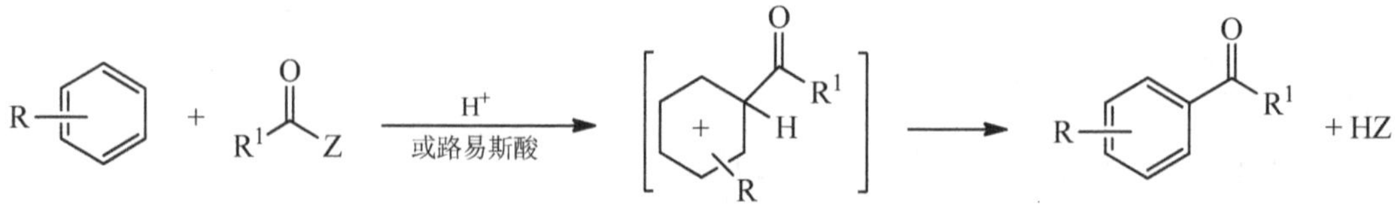

$$Z = 卤素, R^2COO, R_2O, OH$$

常见的酰化剂为脂肪族或芳香族的羧酸、酰氯、酸酐及酯，通常的反应活性次序为酰氯＞酸酐＞酯≈羧酸；被酰化物为电子云密度较高的芳环及芳杂环。

Friedel-Crafts 酰化反应的实质为芳环上的亲电取代反应，常以质子酸或路易斯酸催化，反应历程复杂。在不同的条件下，酰氯与路易斯酸作用，会生成络合物（**97，98**）或酰基正离子（**99，100**）等不同的酰基活化形式。多种情况下，以离子对（**99**）或酰基正离子的游离态（**100**）参与反应，有时则以络合物（**97，98**）的形式与芳烃反应。芳烃与 **97** 或 **99** 进行亲电酰化反应，分别生成中间体 **101** 或 **102**，脱 HCl 并经水或稀酸处理溶解铝盐，即可生成产物芳酮。

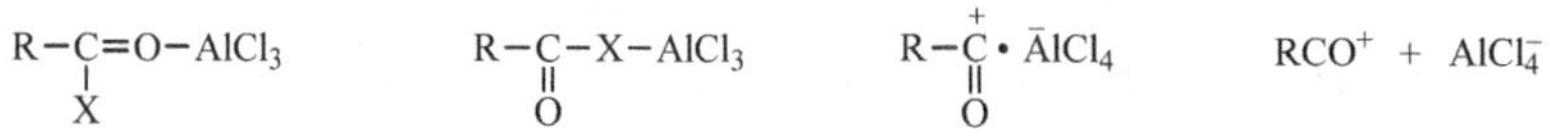

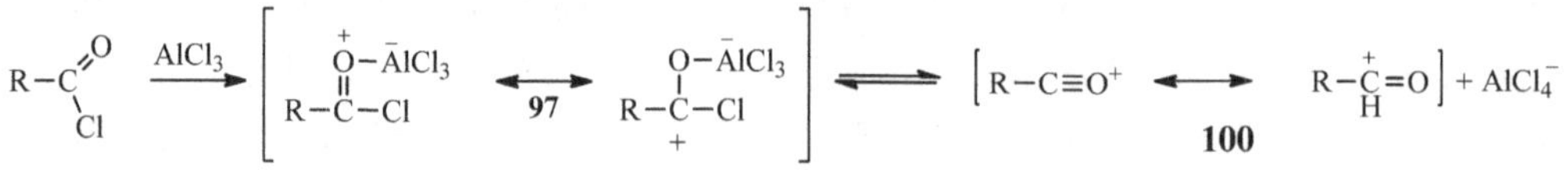

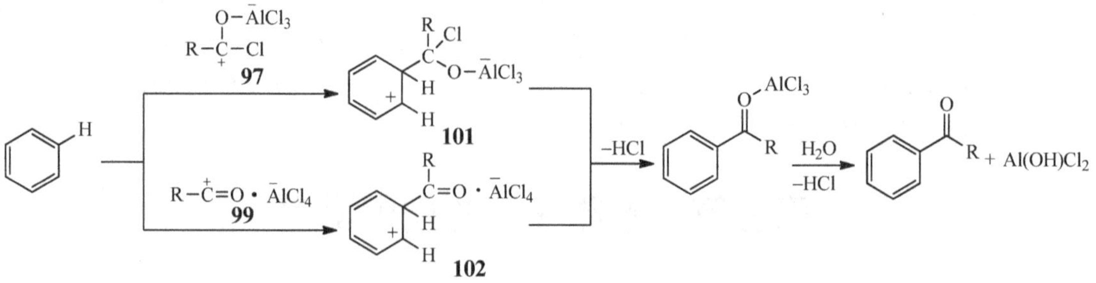

2. 反应特点及反应实例

酰卤、酸酐及羧酸等是常用的酰化剂。酰卤多用酰氯和酰溴，其反应活性与催化剂有关，以 AlX_3 为催化剂，其活性顺序是：酰碘＞酰溴＞酰氯＞酰氟；以 BX_3 为催化剂时活性顺序为：酰氟＞酰溴＞酰氯。酰化剂的结构对酰化产物也有影响，例如，脂肪族酰氯的羰基 α-位为叔碳原子时，酰氯易在三氯化铝的催化下脱去羰基，而最终生成烃化产物。抗肿瘤药苯丁酸氮芥（chlorambucil）中间体（**103**）[22]即通过丁二酸酐对乙酰苯胺的 Friedel-Crafts 反应制得。**103** 的羰基经还原后，羧基在硫酸催化下再次经分子内 Friedel-Crafts 酰化反应得到六元环酮。

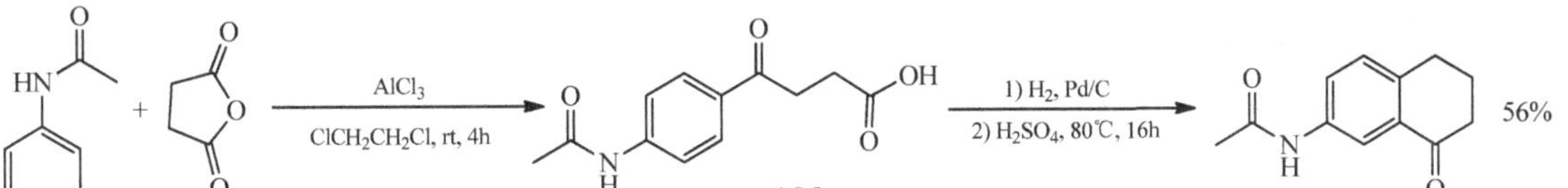

若酰化剂的烃基中有芳基取代，且芳基取代在 β-位、γ-位、δ-位上，则易发生分子内酰化而得到环酮。成环的难易与环的大小有关，一般六元环＞五元环＞七元环，若同时存在其他电子云密度较高的芳杂环，则以分子间酰化为主，得到开链酮。抗抑郁药舍曲林（sertraline）中间体（**104**）为分子内的 Friedel-Crafts 反应制得的。

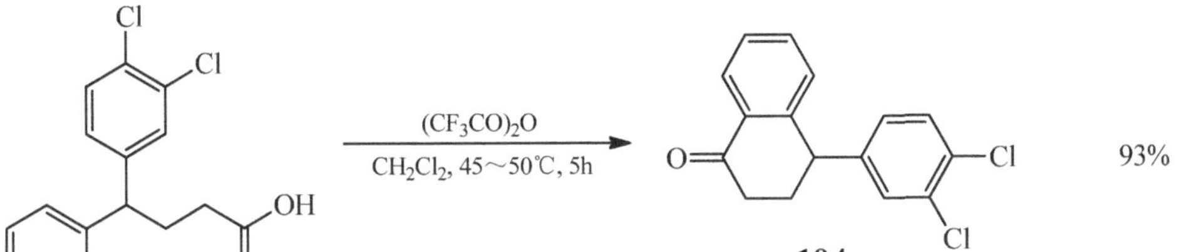

当酰化剂的羰基 β-位、γ-位、δ-位上有卤素、羟基及不饱和双键等活性基团时，如果反应催化剂过量，反应时间过长，则有部分分子内烃化的产物生成。

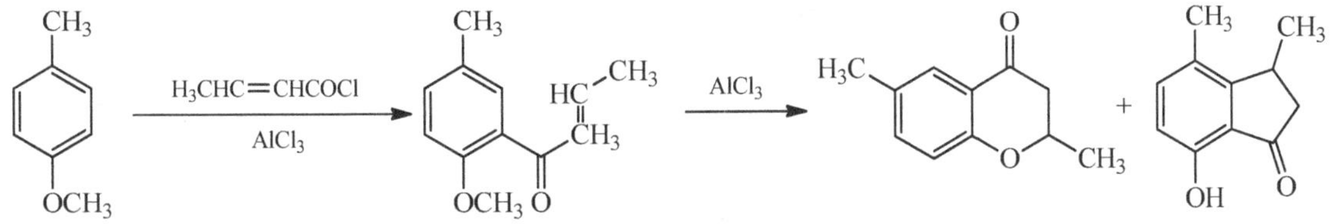

多 π 芳杂环如呋喃、噻吩、吡咯等易发生 Friedel-Crafts 反应，而缺 π 芳杂环如吡啶、嘧啶、喹啉等则难以发生反应。抗痛风药物苯溴马隆（benzbromarone）中间体（**105**）的合成即为酰氯对多 π 的苯并呋喃进行的 Friedel-Crafts 反应。

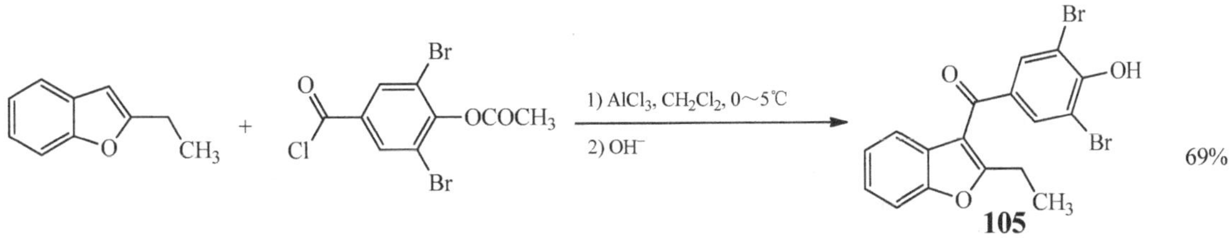

当芳环上连供电基团时，反应容易进行，酰基主要进入供电基团的邻、对位；当芳环上连吸电子基团时，一般不发生 Friedel-Crafts 酰化反应，因此，一般难以通过 Friedel-Crafts 酰化反应引入第二个酰基，但当环上同时存在强供电子基团时，可发生反应。如果酰基的两侧存在供电子基团，可抵消酰基的吸电效应，此外，由于立体位阻的原因，羰基不能与芳环共平面，

而显现不出酰基对芳环的钝化作用，可引入第二个酰基。例如，镇静催眠药氯普唑仑（loprazolam）中间体（**106**）[23]的合成。

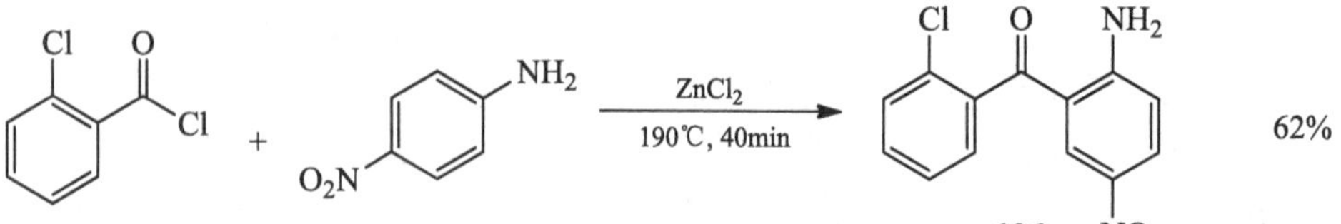

62%

AlCl₃ 为催化剂时，若在芳基烷基醚烷氧基邻位引入酰基，则会发生脱烷基化或烷基异构副反应。在抗抑郁药物多塞平（doxepin）中间体（**107**）[24]的合成中，因存在酸敏感的醚键，故采用活性较弱的 FeCl₂ 催化进行 Friedel-Crafts 反应。

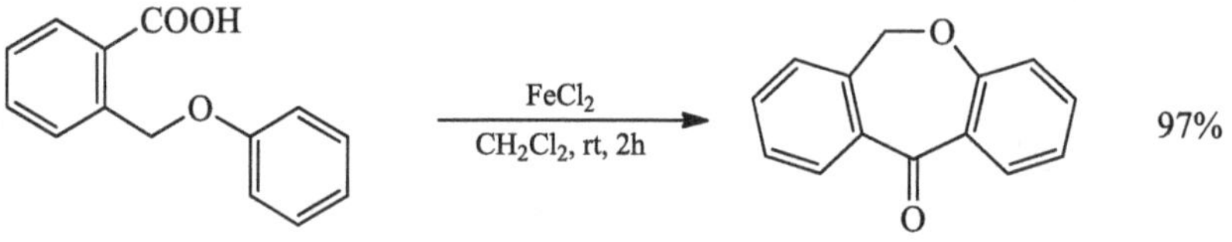

97%

慢性脑血管病治疗药物艾地苯醌（idebenone）中间体（**108**）[25]的合成中，脂肪酸在 PCl₅ 和 AlCl₃ 的作用下先转化为酰氯，再进行 Friedel-Crafts 酰化反应。同时，2-位甲氧基发生脱甲基化反应。

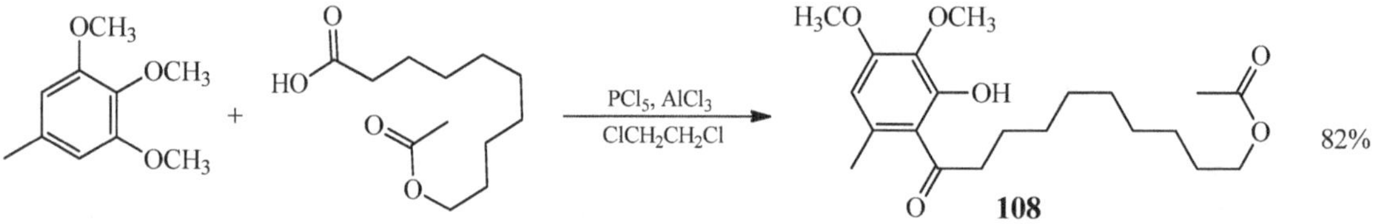

82%

Friedel-Crafts 酰化反应常用的催化剂有路易斯酸和质子酸两类。其中，路易斯酸包括（活性由大到小）AlBr₃、AlCl₃、FeCl₃、BF₃、SnCl₄、ZnCl₂，其中无水 AlCl₃ 及 AlBr₃ 最为常用，其价格便宜、活性高，但产生大量的铝盐废液，一般用于酰氯和酸酐为酰化剂的反应。呋喃、噻吩、吡咯等容易分解破坏的芳杂环选用活性较小的 BF₃、SnCl₄ 等弱催化剂进行 Friedel-Crafts 酰化反应较为适宜。常用质子酸有 HF、HCl、H₂SO₄、H₃BO₃、HClO₄、PPA 等无机酸以及 CF₃COOH、CH₃SO₃H、CF₃SO₃H 等有机酸，多用于羧酸为酰化剂的反应。常用的反应溶剂有醚类、卤代烃、苯及其同系物、二氯乙烷、三氯甲烷、四氯乙烷等。其中硝基苯与 AlCl₃ 可形成复合物，反应呈均相，极性强，应用较广。低沸点的芳烃进行 Friedel-Crafts 酰化反应时，可以直接采用过量的芳烃作溶剂。

（二）Hoesch 反应

腈类化合物与无水氯化氢在路易斯酸催化剂的存在下与具有羟基或烷氧基的芳烃反应生成相应的脂-芳酮亚胺（ketoimine），再经水解生成脂-芳酮的反应称为 Hoesch 反应。

1. 反应通式及反应机理

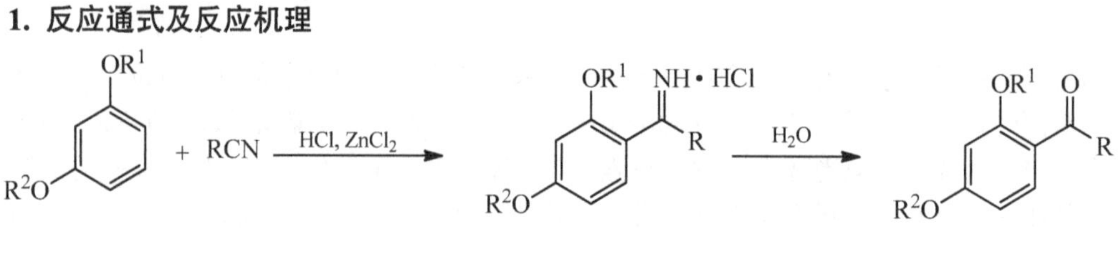

该反应是以腈为酰化剂，在无水氯化氢在路易斯酸催化下，间接将酰基引入酚或芳醚的芳环上的方法。腈类化合物首先与氯化氢在无水氯化锌的催化下生成碳正离子中间体 **109** 或 **110**，该中间体与芳环进行亲电取代反应得到中间体 **111**，**111** 脱质子得到酮亚胺中间体 **112**，**112** 进一步水解得到脂-芳酮。

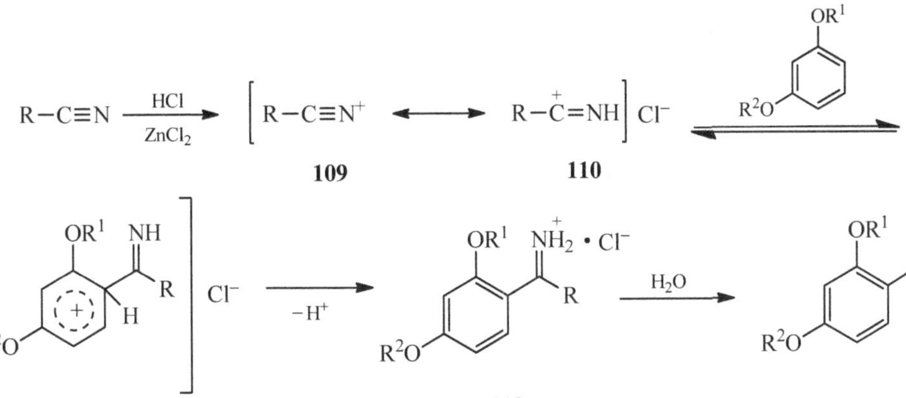

2. 反应特点及反应实例

该反应为芳环上的亲电取代反应，芳环上有较高的电子云密度有利于反应进行。一般被酰化物为间苯二酚、间苯三酚及其相应的醚以及某些多 π 的芳杂环等。对于一元酚或苯胺来说，通常得到 O-酰化或 N-酰化产物而得不到酮。某些电子云密度较高的芳稠环如 α-萘酚，虽然是一元酚，也可发生 Hoesch 反应。

抗炎药物杜鹃素（farrerol）中间体（**113**）[26]和血管扩张药盐酸丁咯地尔（buflomedil hydrochloride）中间体（**114**）均采用 Hoesch 反应合成。

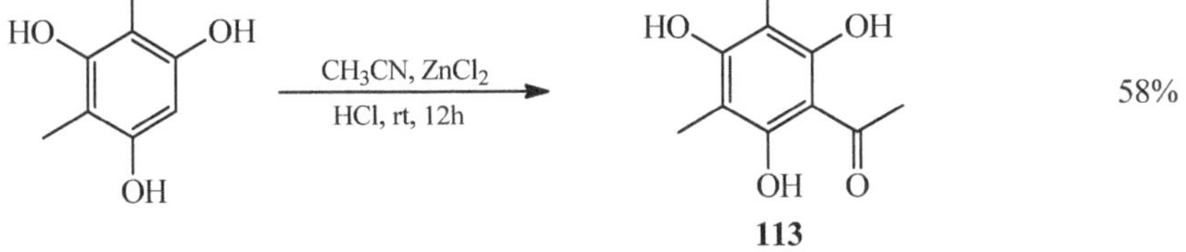

作为酰化剂的脂肪腈类化合物的活性强于芳腈，反应收率较高，且脂肪腈的氰基 α-位被卤素取代时活性增加。活性较弱的烷基苯、氯苯等芳烃一般可与强的卤代腈（如 Cl_2CHCN、Cl_3CCN 等）发生 Hoesch 反应。常用无水乙醚为溶剂，还可使用冰醋酸、三氯甲烷-乙醚、丙酮、氯苯等。催化剂为无水 $ZnCl_2$、$AlCl_3$、$FeCl_3$ 等路易斯酸，当采用 BCl_3、BF_3 为催化剂时，一元酚则可得到邻位产物。

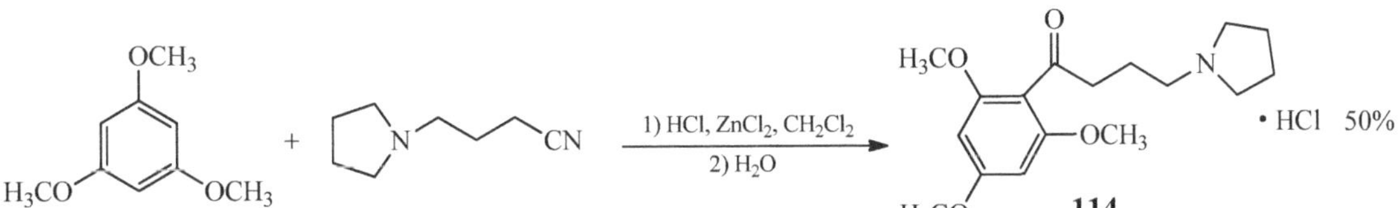

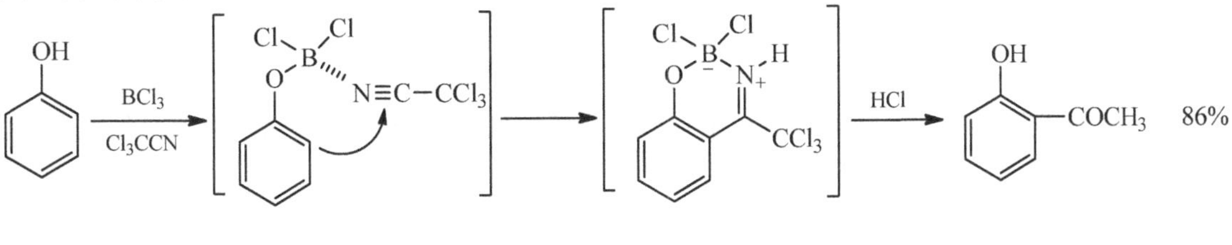

（三）Gattermann 反应

羟基或烷氧基取代的芳烃在 AlCl₃、ZnCl₂ 等路易斯酸催化下与 HCN 及 HCl 作用，得到芳香醛的反应称为 Gattermann 反应。该反应可以看作 Hoesch 反应的特例。

1. 反应通式及反应机理

$$Ar + HCN \xrightarrow[\text{或 ZnCl}_2]{\text{AlCl}_3} ArCH{=}NH \cdot HCl \xrightarrow{H_2O} ArCHO + NH_4Cl$$

HCN 与 AlCl₃ 等路易斯酸作用先生成亚胺甲酰氯（**115**），进一步与芳烃发生亲电取代反应而生成酰亚胺中间体（**116**），再经水解生成芳香醛。

$$HCN + HCl \xrightarrow{AlCl_3} \underset{\textbf{115}}{H-\overset{\overset{\displaystyle Cl}{|}}{C}{=}NH} \xrightarrow{ArH,\ AlCl_3} \underset{\textbf{116}}{ArCH{=}NH} \xrightarrow{H_2O} ArCHO + NH_4Cl$$

2. 反应特点及反应实例

该反应中酰化剂的活性比 Hoesch 反应强，因此，芳环上有 1 个供电子基团即可顺利发生反应，芳杂环也可顺利反应，反应中可以用 Zn(CN)₂/HCl 代替毒性大的 HCN/HCl，称为 Gattermann-Schmidt 反应。

$$\xrightarrow[\text{Et}_2\text{O, 0℃, 3h}]{\text{Zn(CN)}_2/\text{HCl}}$$

85%

对活性较低的芳环，可采用改良的 Gattermann-Koch 反应，即以 CO/HCl/AlCl₃ 为酰化剂在氯化亚铜的存在下反应，收率较高，是工业上制备芳香醛的主要方法。

抗炎药联苯乙酸（felbinac）中间体（**117**）即采用 Gattermann-Koch 反应来合成。

$$\xrightarrow[\text{PhCl, 40℃, 1h}]{\text{CO, HCl, AlCl}_3,\text{CuCl}}$$

95%

117

（四）Vilsmeier-Haack 反应

以 *N*-取代甲酰胺为甲酰化试剂，在三氯氧磷（POCl₃）作用下，在电子云密度较高的芳环或芳杂环上引入甲酰基的反应称为 Vilsmeier-Haack 反应。

1. 反应通式及反应机理

$$ArH + \underset{H}{\overset{\overset{\displaystyle O}{||}}{C}}-NR^1R^2 \xrightarrow{POCl_3} ArCHO + R^1-NH-R^2$$

N-取代甲酰胺与 POCl₃ 反应生成加成物，进一步解离为具有碳正离子的活性中间体（Vilsmeier 试剂，**118**），再对芳环进行亲电取代反应得到 α-氯胺（**119**）后，水解得到芳香醛，同时生成一分子胺。

2. 反应特点及反应实例

Vilsmeier-Haack 反应为芳环上的亲电取代反应，适用于富电子的活泼的酚（醚）类、二烷基胺类的甲酰化，还可以与多环芳烃类、吡咯、呋喃、噻吩、吲哚等多 π 杂环反应。若分子内含有缩醛、氰乙基及酰基时，常伴随分子内的环合反应。

抗癣药阿维 A 酯（etretinate）中间体（**120**）[27]即通过该反应制得。

除常用的 DMF 外，其他烷基或芳基取代的甲酰胺、N-甲酰基哌啶、N-甲酰基吗啉等也可作为酰化剂，其产物为芳酮[28]。催化剂除了常用 $POCl_3$ 外，还可采用 $COCl_2$、$SOCl_2$、$ZnCl_2$ 和$(COCl)_2$ 等。

降血脂药氟伐他汀（fluvastatin）中间体（**121**）的合成即采用 3-(甲基苯胺基)丙烯醛为酰化剂，在吲哚 2-位发生 Vilsmeier-Haack 反应，产物为芳丙烯醛。

（五）Reimer-Tiemann 反应

苯酚和氯仿在强碱性水溶液中加热，生成芳香醛的反应称为 Reimer-Tiemann 反应。

1. 反应通式及反应机理

苯酚与氯仿在碱液中反应得到邻位及对位羟基苯甲醛。常用的碱包括氢氧化钠、碳酸钾、碳酸钠等。氯仿在极性溶液中形成二氯卡宾，它作为缺电子的亲电试剂，与酚的负离子 **122** 或 **123** 发生亲电取代反应生成中间体 **124**，**124** 经质子转移并发生偕二氯化物的水解得到醛。

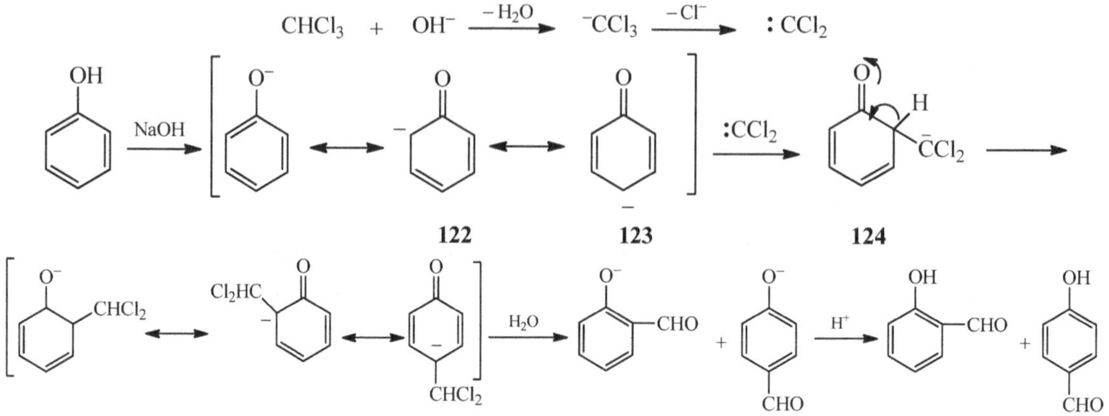

$$CHCl_3 + OH^- \xrightarrow{-H_2O} {}^-CCl_3 \xrightarrow{-Cl^-} :CCl_2$$

2. 反应特点及反应实例

被酰化物一般包括酚类、N,N-二取代的苯胺类和某些带有羟基取代的芳杂环类化合物，喹啉、吡咯、茚等也能进行该反应。产物为羟基的邻、对位混合物，但邻位产物的比例较高，邻位占据时进入对位。不能在水中进行的反应可在吡啶中进行，此时仅得到邻位产物。当酚羟基的邻位或对位有取代基时，常伴有 2,2-或 4,4-二取代环己二烯酮副产物。虽然该反应制备羟基醛的收率不高，但未反应的酚可以回收利用，且具有原料易得、方法简便等优势，因此有广泛的应用。

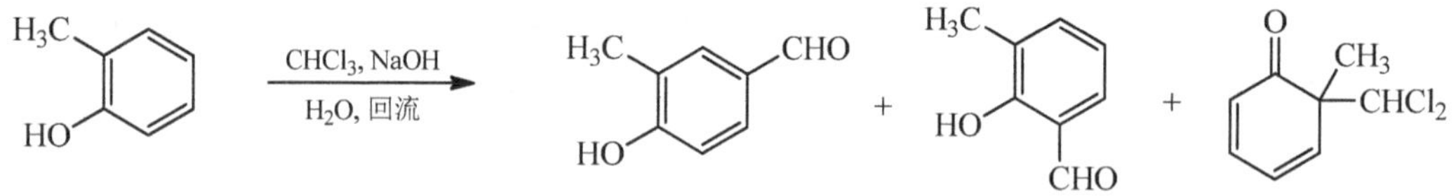

抗癫痫药香草醛（vanillin，**125**）即采用 Reimer-Tiemann 反应制备。

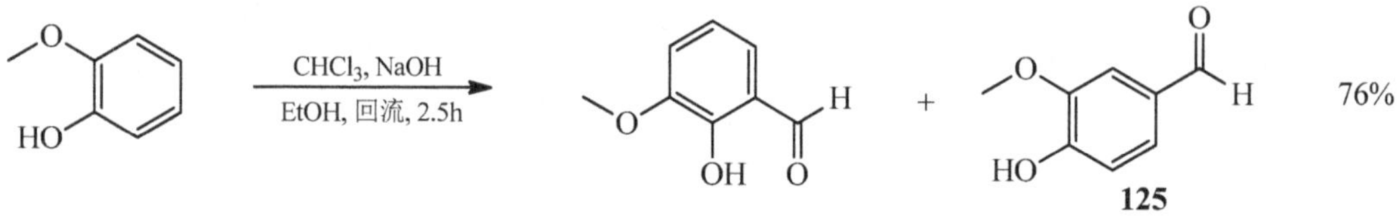

二、烯烃的酰化反应

烯烃与酰氯在 AlCl$_3$ 等路易斯酸催化下可发生 C-酰化反应，可看作脂肪族碳原子的 Friedel-Crafts 反应，产物为 α,β-不饱和酮。

1. 反应通式及反应机理

酰氯与 AlCl$_3$ 反应生成络合物或酰基正离子（**126**），**126** 可进攻烯烃而得到烯烃碳正离子（**127**），**127** 与 Cl$^-$ 结合得到 β-氯代酮后消除一分子 HCl 得到 C-酰化产物。**127** 直接脱质子也可得到 α,β-不饱和酮。

$$RCOCl \xrightarrow{AlCl_3} [\overset{+}{R}CO] \cdot AlCl_4^{-} \xrightarrow{R^1CH=CH_4} [R^1\overset{+}{C}HCH_2COR] \cdot AlCl_4^{-}$$

126   127

$$\longrightarrow \left[\underset{Cl}{R^1CHCH_2COR}\right] \xrightarrow{-HCl} R^1CH=CHCOR$$

2. 反应特点及反应实例

烯烃的酰化反应为酰基对烯烃的亲电加成反应，加成的方向符合马氏规则，酰基优先进攻氢原子较多的碳原子。这是由不饱和烃制备不饱和酮的方法，适用于不饱和脂肪酮及不饱和脂环酮的制备。酸酐、羧酸（H^+或 PPA 催化）或酯也可发生 C-酰化反应。例如，ACE 抑制剂雷米普利（ramiprilat）中间体（**128**）[29]即通过苯甲酰氯对丙烯酸甲酯的烯键的 C-酰化反应制得的。

CF₃SO₃SiMe₂Bu-t   39%

采用烯基硅烷及烯丙基硅烷为底物进行的酰化反应，其酰化位置及双键的定位均具有区域专一性[30]。烯基硅烷受 β-三甲基硅烷的影响，亲电试剂倾向于进攻硅所连接的碳上而直接形成烯酮。烯基硅烷的分子内酰化也比简单烯烃 C-酰化的效果要好。

BF₃, Et₂O   89%

H₂SO₄ 回流, 6h   98%

TiCl₄, CH₂Cl₂   84%

三、羰基化合物 α-位的酰化反应

羰基化合物 α-位受相邻羰基的影响显一定的酸性，比较活泼，在碱性催化剂的存在下可与酰氯、酸酐等发生 C-酰化反应而生成 1,3-二酮或 β-酮酸酯。

（一）活性亚甲基化合物 α-位的酰化反应

1. 反应通式及反应机理

活泼亚甲基化合物如丙二酸酯类、乙酰乙酸酯类、氰乙酸酯类等在强碱性催化剂（如醇钠、氢钠、氨基钠等）的存在下，与酰氯、酸酐或羧酸等发生酰化反应而得到 1,3-二羰基化合物。

$$X, Y = COOR^1, CHO, COR^1, CONR_2^1, COOH, CN, NO_2, Ar$$

$$B = RONa, NaH, NaNH_2, NaCPh_3, t\text{-BuOK}; \qquad Z = Cl, OCOR', OH, OR'$$

活泼亚甲基化合物的 α-位碳原子在碱作用下脱氢成为 α-碳负离子中间体,该中间体对酰化剂羰基碳原子进行亲核进攻得到正四面体过渡态(**129**),经分子内重排脱去离去基团 Z 而得到酰化产物。

129

2. 反应特点及反应实例

利用羰基化合物 α-位的酰化反应可以获得其他方法不易制得的 β-酮酸酯、1,3-二酮、不对称酮等化合物。产物中含有三个活性基团,因此很容易分解其中的一个或两个活性基团而完成官能团之间的转化。利用该方法可由丙二酸酯制取 α-酰基丙二酸酯,该中间体在酸性条件下加热则可发生脱羧反应,从而制备用其他方法不易获得的酮。例如,平喘药氯丙那林(clorprenaline)中间体(**131**)的合成中,采用邻氯苯甲酰氯与乙酰乙酸乙酯反应得到二酰基取代的乙酸乙酯(**130**),利用氯化铵水溶液选择性地水解除去乙酰基而获得 β-酮酸酯(**131**)。

活泼亚甲基化合物所连有吸电子基团的吸电能力越强,其 α-氢原子的酸性越强,反应越容易发生。α-氢原子的酸性可通过活性亚甲基化合物的 pK_a 值来判定,pK_a 值越小,酸性越强。碱的选择与活性亚甲基化合物的活性有关,α-氢原子的酸性越强,则可选择相对较弱的碱。该反应常用酰氯为酰化剂,当用羧酸酰化时一般需要在氰代磷酸二乙酯催化下反应,具有反应条件温和、收率高的优点。

(二)Claisen 反应和 Dieckmann 反应

以羧酸酯为酰化剂对另一分子的酯羰基 α-位的 C-酰化反应称为 Claisen 反应,其产物为 β-酮酸酯,发生在同一分子内的 Claisen 反应称为 Dieckmann 反应,是 Claisen 反应的特例。

1. 反应通式及反应机理

各种脂肪族或芳香族羧酸酯作为酰化剂,在碱性催化剂存在下,可对另一分子具有 α-活泼氢的羧酸酯进行 C-酰化反应而生成 β-酮酸酯。

作为被酰化物的酯 α-碳原子在碱作用下生成碳负离子中间体（**132**），**132** 对酰化剂的酯羰基碳原子进行亲核进攻生成四面体过渡态（**133**），再经分子内重排脱去烷氧基负离子，得到酰化产物 β-酮酸酯（**134**），**134** 与醇钠作用以不可逆形式转化成其钠盐（**135**），使反应趋于完成。

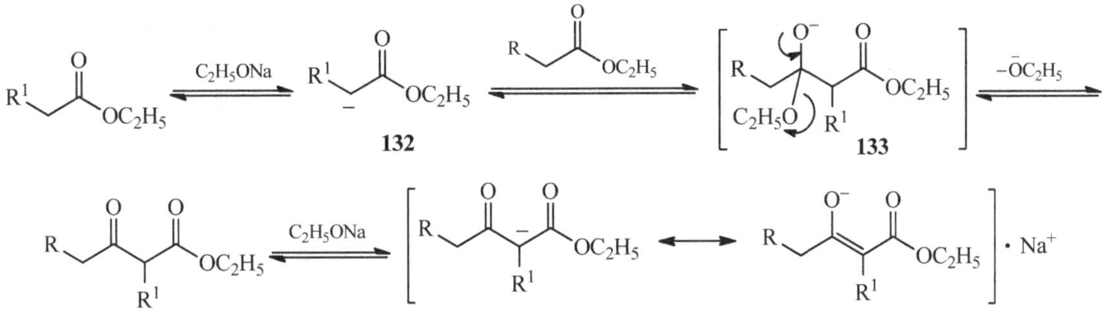

132　**133**　**134**　**135**

2. 反应特点及反应实例

两种含 α-活泼氢的酯进行缩合时理论上应该有 4 种产物生成，缺乏实用价值。相同的酯之间的 Claisen 反应产物单一，有实用价值。甲酸酯、苯甲酸酯、草酸酯及碳酸酯等不含 α-活泼氢的酯与另一分子含 α-活泼氢的酯进行 Claisen 反应时，通过适当控制反应条件可以得到单一的产物。

抗菌药磺胺多辛（sulfadoxine）中间体（**136**）即采用草酸二甲酯与甲氧基乙酸甲酯的 Claisen 反应来合成。

136

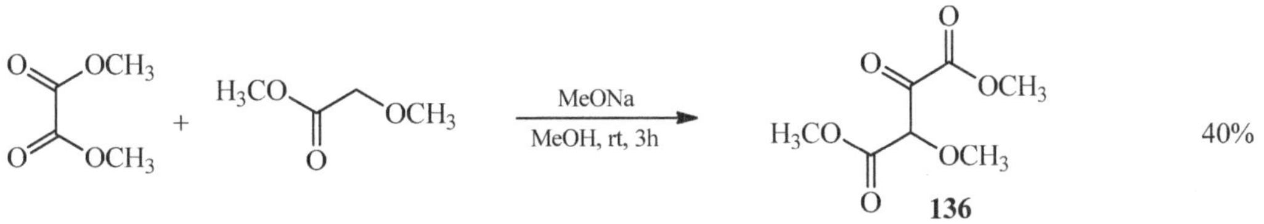

α_2-受体激动剂利美尼定（rilmenidine）中间体（**137**）[31]也采用 Claisen 反应合成，得到 β-酮酸酯。

137

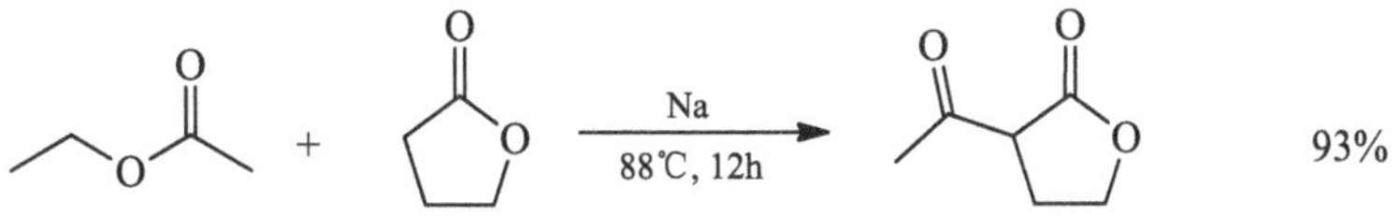

若两个酯羰基在同一分子内，可发生分子内的 Claisen 反应，即 Dieckmann 反应，得到单一的环状 β-酮酸酯。例如，抗阿尔茨海默病药物奥拉西坦（oxiracetam）的中间体（**138**）和止泻药洛哌丁胺（loperamide）的中间体（**139**）均采用 Dieckmann 反应制备。

138

139

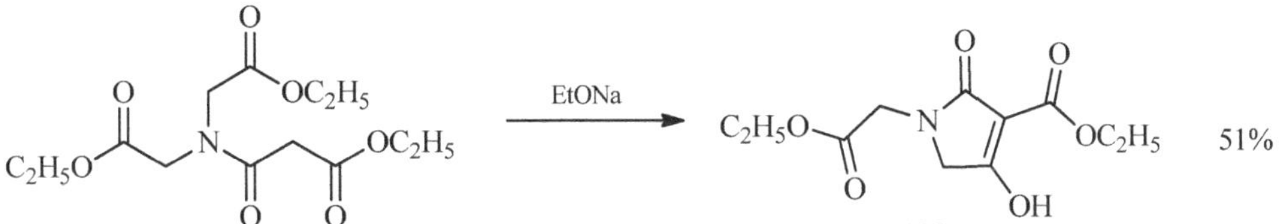

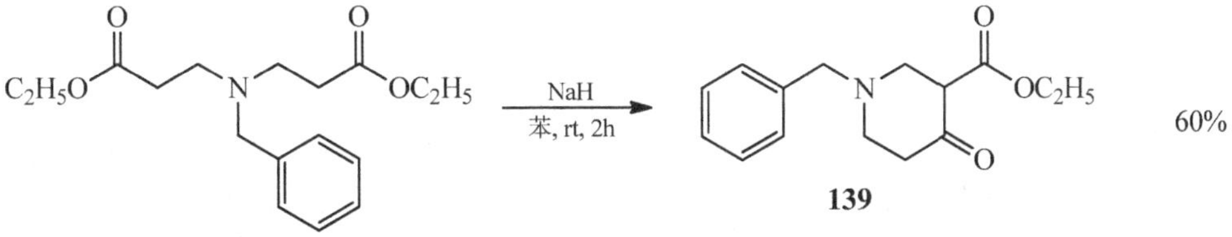

　　Claisen 反应过程为可逆平衡反应，当催化剂的用量在等摩尔以上时，产物全部转化为稳定的 β-酮酸酯的钠盐，使反应平衡右移。常用的碱性催化剂有醇钠、氨基钠、氢化钠、三苯甲基钠、氢氧化钠以及三乙胺、吡啶等有机碱等。碱的选择与酯羰基 α-活泼氢的酸性强弱有关。所用碱的共轭酸的酸性越弱，碱夺取质子的能力越强，对反应越有利。同时，溶剂的酸性应比碱的共轭酸的酸性弱，反应才可顺利完成。

　　反应溶剂一般采用乙醚、四氢呋喃、乙二醇二甲醚、芳烃、DMSO 和 DMF 等非质子溶剂。在反应中有一些常见的碱/溶剂的组合，如 RONa/ROH、NaH/甲苯、NaNH$_2$/NH$_3$、NaNH$_2$/甲苯、NaH/DMF、Ph$_3$CONa/甲苯、Me$_3$COK/叔丁醇等。

（三）酮和腈 α-位的 C-酰化反应

　　酮羰基 α-位和腈基 α-位均可以与羧酸酯及其他羧酸衍生物发生 C-酰化反应，这是合成 β-二酮或 β-羰基腈的有效方法。

1. 反应通式及反应机理

$$Z = COR^2 \ 或 \ CN$$

　　羧酸酯等酰化剂在碱性条件下与含 α-氢的酮或腈反应，在其 α-位引入羰基而合成 β-二酮或 β-羰基腈，同时脱去一分子醇。该反应机理与 Claisen 反应类似。

2. 反应特点及反应实例

　　不对称酮进行反应时，酯酰基进攻取代基少的 α-碳原子，一般的活性顺序为：CH$_3$CO—＞RCH$_2$CO—＞R$_2$CHCO—，即甲基酮优先被酰化。抗结核药乙硫异烟胺（ethionamide）中间体（**140**）的合成即为草酸二乙酯为酰化剂对 2-丁酮羰基 α-位的酰化反应，在甲醇钠的催化下，高活性的甲基酮优先反应得到。

140

　　酮与含 α-活泼氢的酯反应时，酮的 α-氢的酸性较强，在碱性条件下更容易形成负碳离子，因此，酰化反应趋于发生在酮羰基的 α-位从而得到 1,3-二酮衍生物。不含 α-活泼氢的酯为酰化剂时，则副产物少，产物较单纯。

　　抗凝药双香豆素（dicoumarol）中间体（**141**）是在氢钠催化下，不含 α-氢的碳酸二乙酯对邻羟基苯乙酮的 α-位碳原子进行酰化反应，同时发生分子内酯交换反应而制得的。

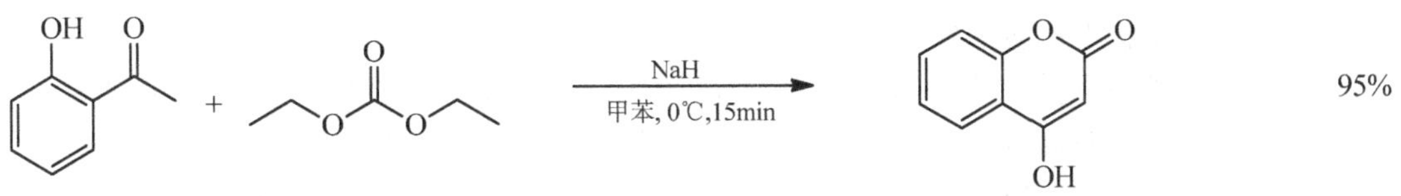

当同时存在酮基和酯基时，可发生分子内 C-酰化而得到环合产物，如化合物（**142**）的合成。

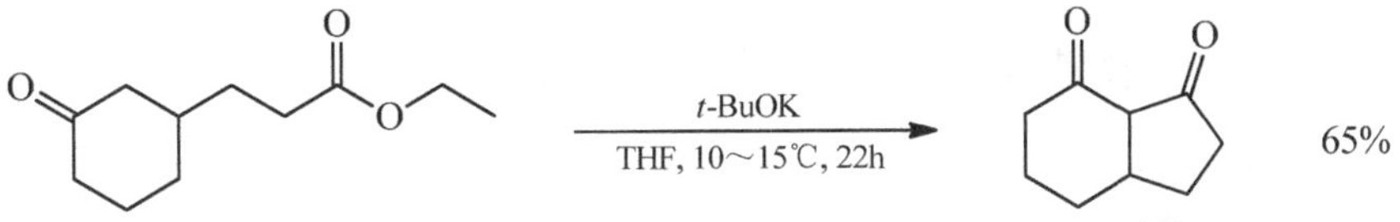

腈与酮类似，其 α-位也可与酯或其他酰化剂发生 C-酰化反应而得到 β-羰基腈。

例如，抗疟药乙胺嘧啶（pyrimethamine）中间体（**143**）[32]和抗抑郁药甲基多巴（methyldopa）的中间体（**144**）[33]均通过氰基 α-位的 C-酰化反应制得的。

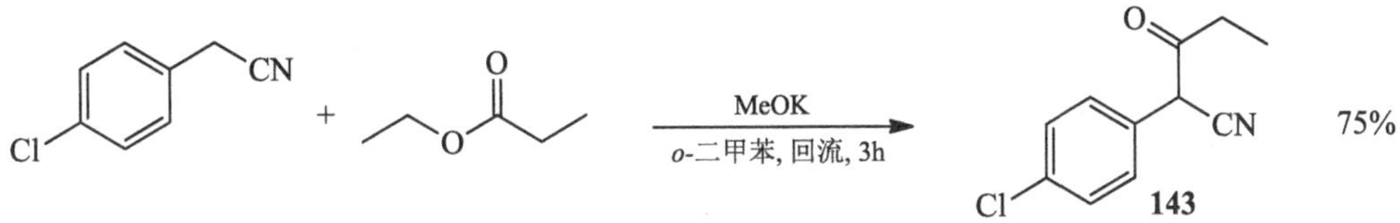

将醛、酮与仲胺（如哌啶、吗啉、四氢吡咯等）缩合脱水后转化为烯胺，其 β 位碳原子（原羰基）的亲核性增强，易与酰卤等亲电试剂反应。利用形成烯胺中间体的 C-酰化反应，可在醛、酮的 α-位导入酰基。该方法不使用强碱性催化剂，可避免醛、酮在碱性条件下的自身缩合反应。该反应选择性强，且收率较高，反应生成的氯化氢可用等摩尔的三乙胺或过量的烯胺中和。

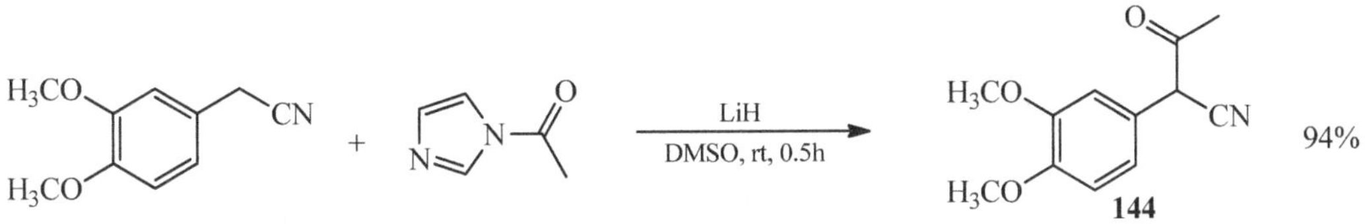

聚酮类天然产物 psymberin 中间体（**145**）[34]的合成中，即采用将异丁醛先转化为烯胺，再与乙酰氯进行 C-酰化反应。

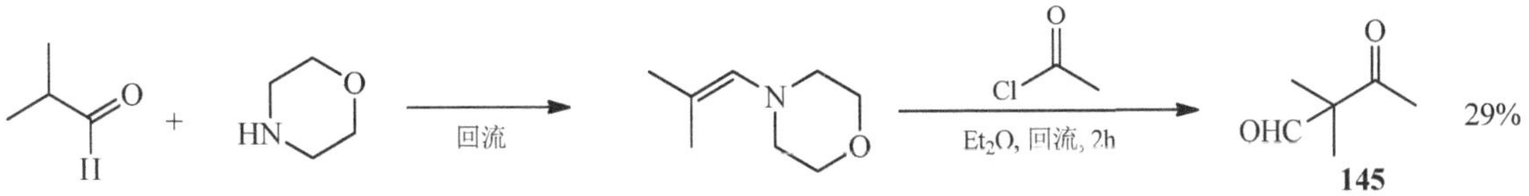

四、羰基化合物的亲核酰化反应——极性反转

化学反应的原子或原子团具有一定的特征反应性，如醛、酮等羰基碳原子具有亲电性，而醛、酮的 α-位碳原子则表现出亲核性。两个具有相同反应性（亲电性或亲核性）的原子或原子团之间通常不能成键，但是如果在反应中采用某些特殊的方法使两者之一的特征反应发生暂时的反转（逆转），就可以使它们顺利进行化学反应，这种方法称为极性反转（polarity inversion）。通常条件下，羰基碳原子受到杂原子氧的影响而显部分正电性，其参与的酰化反应为亲电酰化，但通过极性反转的方法，可将其转变成具有亲核性的羰基，从而可以与某些具有亲电性的被酰化物之间发生亲核酰化反应。

使羰基碳原子极性反转主要有两种方式，一是将羰基直接转化成羰基负离子，二是采用屏蔽法，将羰基屏蔽成羰基负离子的等价体（潜在的羰基）。前者是将醛在惰性溶剂中直接与活泼金属作用，生成酰基负离子。但因甲酰基中氢的酸性很小，难于直接用金属取代，且酰基负离子易进一步发生亲核反应，故本法应用范围有限，一般只适于可生成金属取代的甲酰基衍生物。屏蔽法是目前应用较多的方法，分别介绍如下。

（一）将羰基化合物转化为 1,3-二噻烷衍生物

1,3-二噻烷是目前最常见且具有实用价值的试剂，它易与羰基形成硫缩醛，与丁基锂作用后生成的 1,3-二噻烷基锂在 0℃ 以下稳定并具有较高的活性，可与各种亲电试剂反应，1,3-二噻烷易于水解除去。

1. 反应通式及反应机理

将醛与 1,3-二硫醇作用生成 1,3-二噻烷，其结构中两个硫原子的极性效应使其在丁基锂强碱作用下脱氢而形成较稳定的碳负离子中间体（**146**），从而使醛基的羰基碳原子极性发生反转，**146** 可以与酰卤、酮、卤代烃、环醚等亲电试剂反应，最后经水解去除屏蔽基团 1,3-二噻烷得到相应的目标产物。

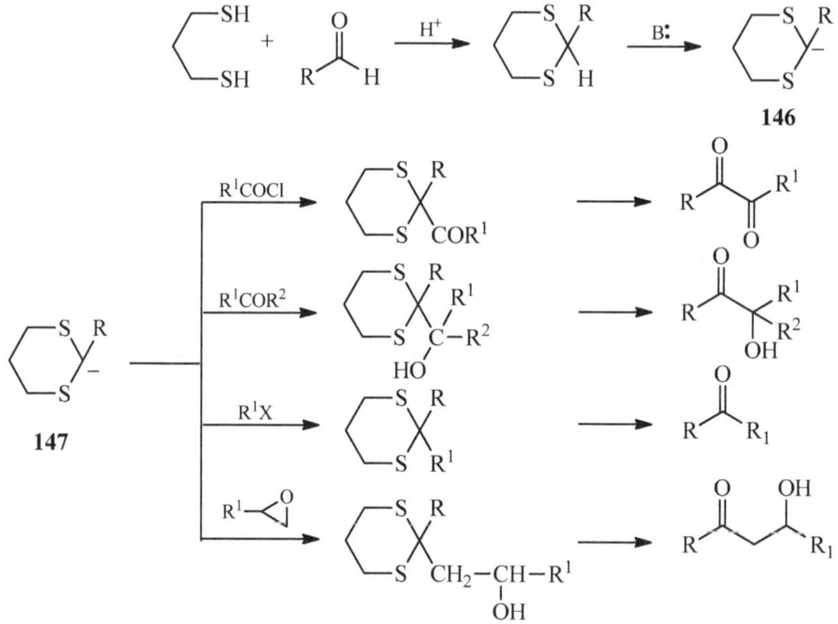

2. 反应特点及反应实例

抗癫痫药物苯妥英钠（phenytoin sodium）中间体（**147**）二苯乙醇酮即采用将苯甲醛转化为 1,3-二噻烷衍生物，进而与另一分子苯甲醛进行亲核酰化反应制得。有机中间体 **149** 也通过先极性反转形成双 1,3-二噻烷衍生物（**148**）后，再经亲核酰化反应得到的。

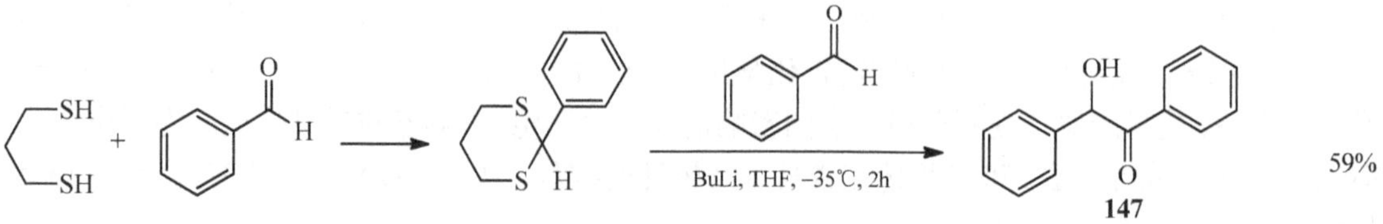

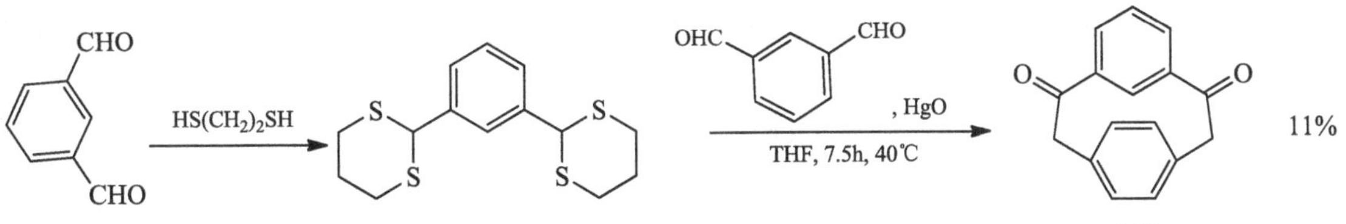

148   **149**

除了形成 1,3-二噻烷以外，与其相似的屏蔽形式还有以下化合物：

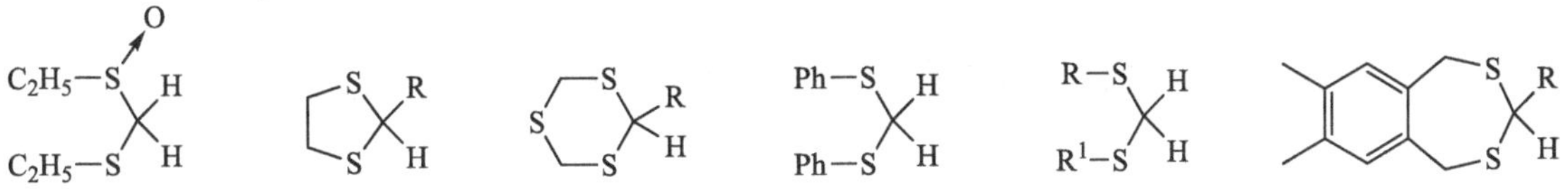

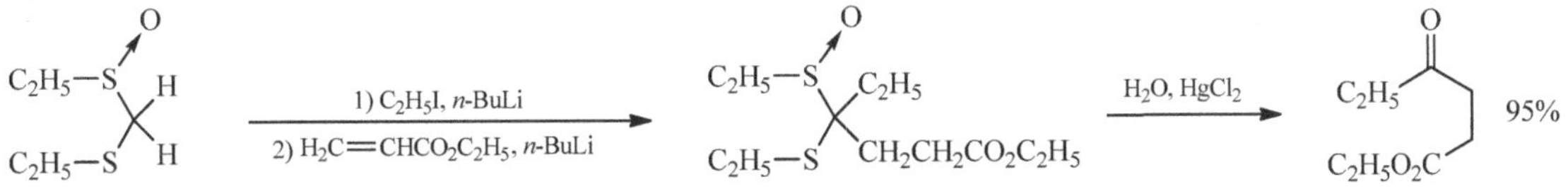

（二）将羰基化合物转变为 α-氰醇衍生物

芳香醛的羰基可与氰基加成而生成 α-氰醇负离子中间体，使原来的醛羰基碳原子进行极性反转，再与各种亲电试剂反应。典型的代表性反应为安息香缩合反应。

1. 反应通式及反应机理

芳香醛的醛羰基可与氰基加成而生成 α-氰醇负离子中间体，它与各种亲电试剂（E$^+$）作用后，最后经水解得到产物。

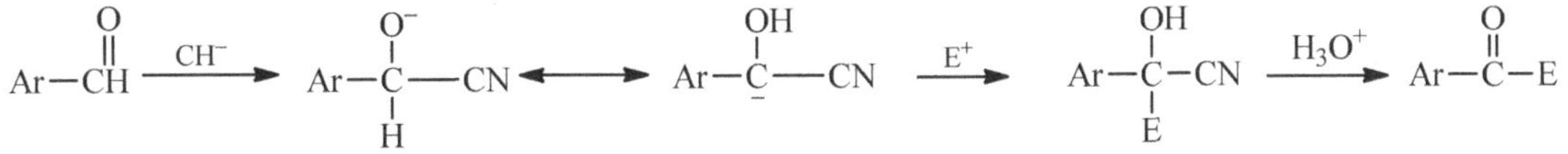

2. 反应特点及反应实例

杀虫剂鱼藤酮（rotenone）衍生物（**150**）即采用氰化钾催化下，将醛羰基转变为 α-氰醇衍生物，从而进行安息香反应而合成。

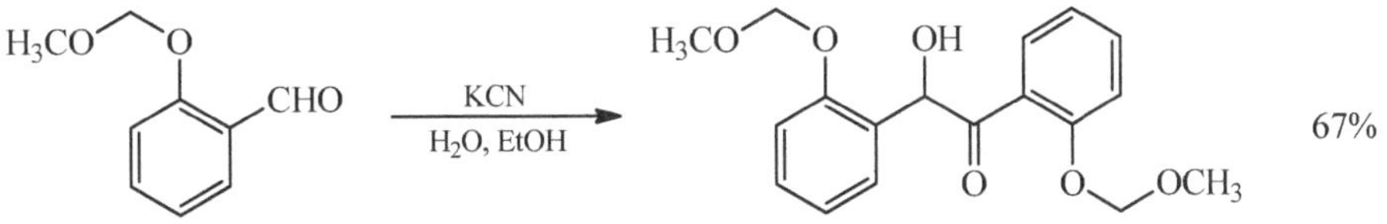

150

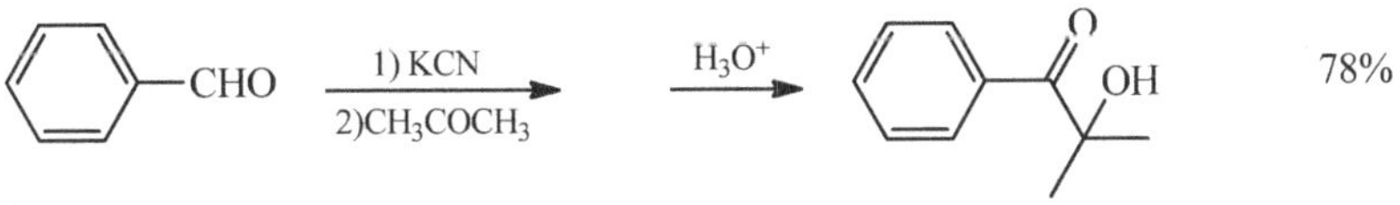

除了氰离子可作为催化剂外，也可用 N-烷基噻唑鎓盐（**151**）、咪唑鎓盐（**152**）、维生素 B$_1$（**153**）等作为催化剂。

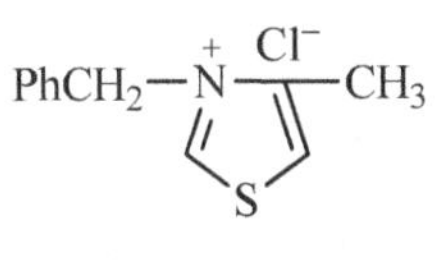

151 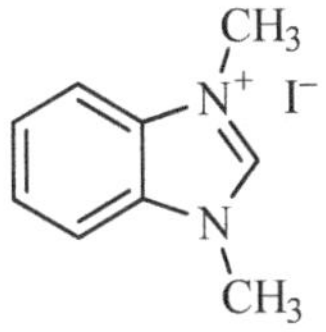   **152** 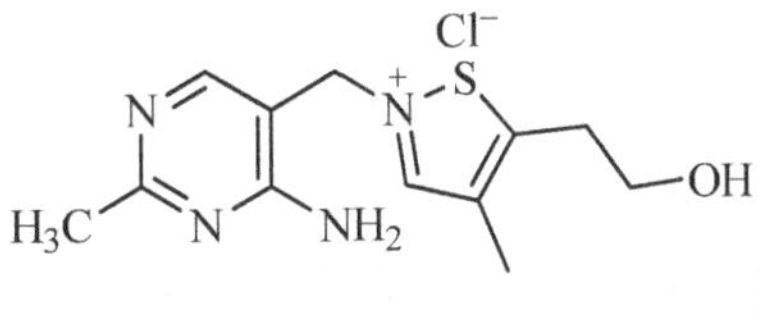   **153**

苯妥英钠（phenytoin sodium）中间体（**154**）也可采用 *N*-烷基噻唑鎓盐（**151**）或维生素 B_1（**153**）催化来制备。

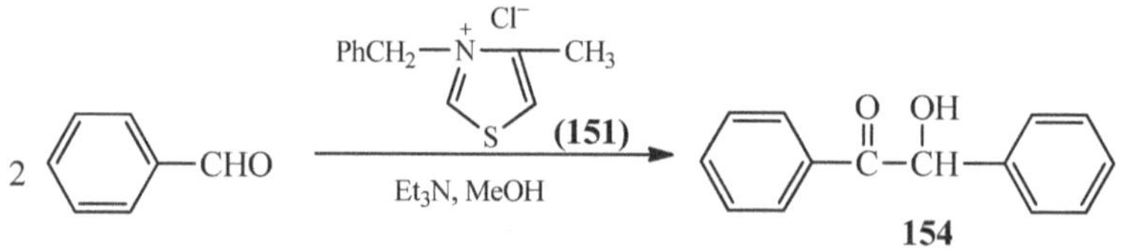

154

79%

（三）将羰基化合物转化为烯醇醚及其他衍生物

将羰基化合物转化成相应形式的烯醇醚，再在碱作用下形成碳负离子，使原羰基的极性发生反转。

1. 反应通式及反应机理

将羰基化合物转化成相应形式的烯醇醚（**155**）后，与强碱作用形成碳负离子中间体（**156**），再与各种亲电试剂（E^+）作用，最后经水解得到产物。

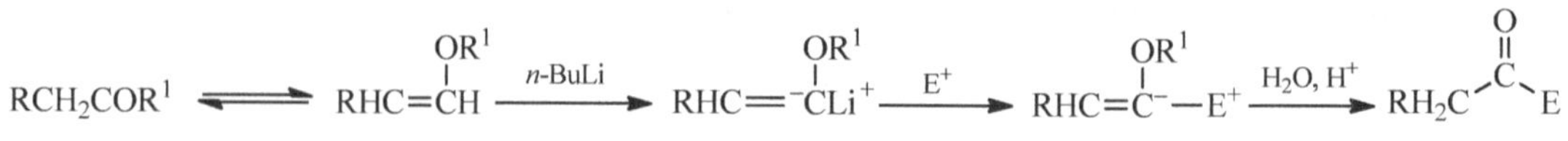

155 **156**

2. 反应特点及反应实例

研究较多的烯醇醚是甲氧乙烯基锂，它作为乙酰基负离子的等价体，可与醛酮等发生亲核酰化反应。该反应若用锂盐则只对羰基发生 1, 2-加成反应，而用铜锂盐则发生 1, 4-加成反应。

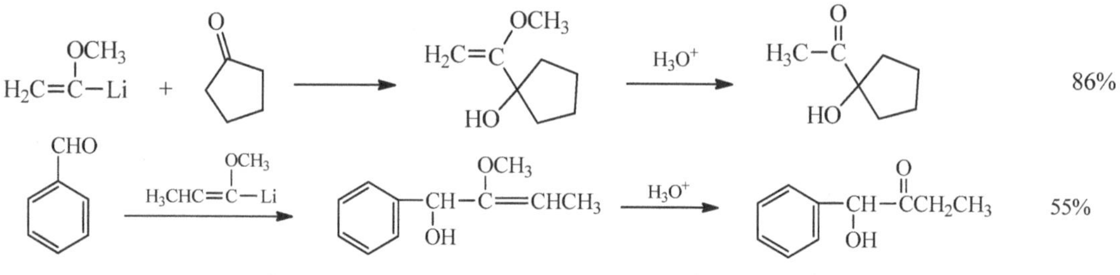

案例 4-5

有机金属化合物因具有亲核性而易与酰化剂作用生成酮类化合物。例如，有机镉试剂（**157**）可与酰氯反应制备酮，且不影响反应物结构中的酯基、酰胺基、羰基等。

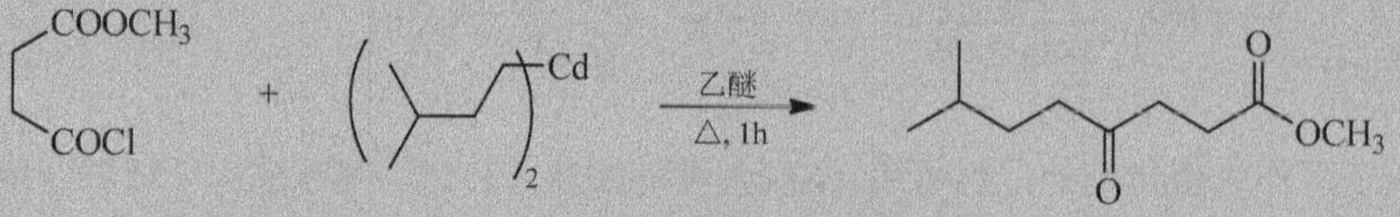

157

78%

【问题】

可与酰化剂反应的常见的有机金属化合物还有哪些？

【案例分析】

常见的有机金属化合物包括格氏试剂和有机锂试剂。格氏试剂可与各种酰化剂反应，与产物酮还可进一步加成生成叔醇。

$$R-COY \ + R'-MgX \longrightarrow R-\overset{\overset{\displaystyle O}{\|}}{C}-R' \xrightarrow{R'-MgX} \xrightarrow{H_2O} R-\overset{\overset{\displaystyle OH}{|}}{\underset{\underset{\displaystyle R'}{|}}{C}}-R'$$

$$Y=Hal, -OCOR, -OR, -NR_2, -O^-M^+$$

为防止产物酮进一步与格氏试剂反应，可采用 N-甲氧基-N-甲基酰胺、活性硫醇酯、羧酸吡啶酯、吡啶酰胺或原甲酸酯为酰化剂。

有机锂试剂与羧酸反应生成酮，常用于天然产物的合成。为避免产物酮的进一步反应，可加入三甲基氯硅烷。

参 考 文 献

[1] Wang S，Ye X J，Qian S，et al. Synthesis of the levoisomer of modafinil. Chin J Med Chem，2009，19（2）：106-108.

[2] Navarro O，Kelly R A，Nolan S P. A general method for the Suzuki-Miyaura cross-coupling of sterically hindered aryl chlorides：synthesis of di-and tri-ortho-substituted biaryls in 2-propanol at room temperature. J Am Chem Soc，2003，125（52）：16194-16195.

[3] Yuan M L，Xie J H，Zhou Q L. Boron lewis acid promoted ruthenium-catalyzed hydrogenation of amides：an efficient approach to secondary amines. ChemCatChem，2016，8（19）：3036-3040.

[4] Corey E J，Pearce H L，Szekely I，et al. Configuration at C-6 of 6，9α-oxido-bridged prostaglandins. Tetrahedron Lett，1978，19（12）：1023-1026.

[5] Ringold H J，Bjarte L，Rosenkranz G，et al. Steroids. LXXIII. the direct oppenauer oxidation of steroidal formate esters. A new synthesis of 17α-hydroxyprogesterone. J Am Chem Soc，1956，78（4）：816-819.

[6] Farrán M，Claramunt R M，López C. Structural characterisation of 2, 3-disubstituted pyrazines：NMR and X-ray crystallography. J Mol Struct，2005，741（1）：67-75.

[7] Perkins F K，Snow E S，Robinson J T，et al. Reduced graphene oxide molecular sensors. Nano Lett，2008，8（10）：3137-3140.

[8] Gates M. Additions and corrections-the synthesis of ring systems related to morphine. III. 5, 6-Dimethoxy-4-cyanomethyl-1, 2-naphthoquinine and its condensation with dienes. J Am Chem Soc，1950，72（1）：228-234.

[9] Rugaev P V，Altukhov S P，Dorodnykh E M，et al. Method for preparing methyl sulphate neostigmine and iodide neostigmine：RU 2010130899. 2010.

[10] Lester R D，Jo M，Montel V，et al. uPAR induces epithelial-mesenchymal transition in hypoxic breast cancer cells. J Cell Biol，2007，178（3）：425-436.

[11] Aoyama T，Okutome T，Nakayama T，et al. Synthesis and structure-activity study of protease inhibitors. IV. Amidinonaphthols and related acyl derivatives. Chem Pharm Bull，1985，33（4）：1458-1471.

[12] Kuznetsova E A，Sinyagina E D，Burov Y V，et al. Synthesis and pharmacological study of ptically active analogs of etomidate. Cheminform，1978，9（31）：213-214.

[13] Goverdhan G，Reddy A R，Sampath A，et al. An improved and scalable process for Zafirlukast: an asthma drug. Org Process Res Dev，2009，13（1）：67-72.

[14] Matthews H，Ranson M，Tyndall J D，et al. Synthesis and preliminary evaluation of amiloride analogs as inhibitors of the

urokinase-type plasminogen activator (uPA). Cheminform, 2012, 43 (14): 6760-6766.

[15] Amoyaw P N A, Springer J B, Gamcsik M P, et al. Synthesis of 13C-labeled derivatives of cysteine for magnetic resonance imaging studies of drug uptake and conversion to glutathione in rat brain. J Labelled Compd Rad, 2011, 54 (9): 607-612.

[16] Wang K. Cefuroxime sodium and preparations through utilizing advanced on-line process control technology: CN 106366098. 2017.

[17] Hui Y U, Guan X W, Wang L, et al. Synthesis of alacepril as an angiotensin transferase inhibitor. Fine Chem Intermediate, 2014, 44 (4): 40-42.

[18] Butula I, Vela V, Proštenik M V. Reaction with 1-benzotriazolecarboxylic acid chloride V. Synthesis of sulfonylureas and related compounds. Croat Chem Acta, 1979, 52 (1): 47-49.

[19] Prusakiewicz J J, Felts A S, Mackenzie B S, et al. Molecular basis of the time-dependent inhibition of cyclooxygenases by indomethacin. Biochem, 2004, 43 (49): 15439-15445.

[20] Kumar N, Ghosh S, Bhunia S, et al. Synthesis of 2-oxindoles via 'transition-metal-free' intramolecular dehydrogenative coupling (IDC) of sp^2 C-H and sp^3 C-H bonds. Beilstein J Org Chem, 2016, 12 (1): 1153-1169.

[21] Svoboda J, Paleček J, Dědek V. The synthesis of substituted 2H-1, 2-benzothiazines 1, 1-dioxides. Collect Czech Chem C, 1986, 51 (5): 1133-1139.

[22] Sun P Y, Chen Y J, Yu G L. Method for preparing R-beta-aminobenzene butyric acid derivative: CN 20081134472. 2008.

[23] Shen X, He H, Yang B, et al. Studies on the activities of electrophilic sites on benzene ring of 4-substituted anilines and their acyl compounds with multiphilicity descriptor. Chem Res Chin U, 2017, 33 (5): 773-778.

[24] Scoccia J, Castro M J, Faraoni M B, et al. Iron (Ⅱ) promoted direct synthesis of dibenzo[b, e]oxepin-11(6H)-one derivatives with biological activity. A short synthesis of doxepin. Tetrahedron, 2017, 73 (20): 2913-2922.

[25] Goto G, Okamoto K, Okutani T, et al. ChemInform abstract: a facile synthesis of 1, 4-benzoquinones having a hydroxyalkyl side chain. Chem Inform, 1986, 17 (16): 176-177.

[26] Shi L, Ban S R, Feng X E, et al. Synthesis and antitumor activities of flavanone derivatives. Chin J Med Chem, 2010, 20 (3): 176-180.

[27] Yeung L, Pilkington L I, Cadelis M M, et al. Total synthesis of panicein A$_2$. Beilstein J Org Chem, 2015, 11 (1): 1991-1996.

[28] Jones G, Stanforth S P. The Vilsmeier reaction of fully conjugated carbocycles and heterocycles. Org React, 1996, 28 (15): 1-330.

[29] Kim J H, Sun H J. Facile β-Alkoxycarbonylation and β-acylation of α, β-unsaturated lactones and esters via the phosphoniosilylation process. Cheminform, 2005, 36 (13): 1729-1732.

[30] Erman W F, Kretschmar H C. The stereochemistry of acyl halide addition to olefins. The intramolecular cyclization of -4-cyclooctene-1-carboxylic acid chloride. J Org Chem, 1968, 33 (4): 1545-1550.

[31] Zhang S W, Wang W, Qi C F, et al. Process for preparation of α-acetyl-γ-butyrolactone from acetylation of γ-butyrolactone: CN102030729. 2011.

[32] Zhu X L, Zhang M M, Liu J J, et al. Ametoctradin is a potent Qo site inhibitor of the mitochondrial respiration complex Ⅲ. J Agr Food Chem, 2015, 63 (45): 3377-3386.

[33] Grenning A J, Tunge J A. Deacylative allylation: allylic alkylation via retro-claisen activation. J Am Chem Soc, 2011, 133 (37): 14785-14794.

[34] Sander W, Exner M, Winkler M, et al. Vibrational spectrum of m-benzyne: a matrix isolation and computational study. J Am Chem Soc, 2002, 124 (44): 13072-13079.

第五章 缩合反应（Condensation Reaction）

【学习目标】

学习目的

本章对缩合反应进行了概述，介绍了缩合反应的一些基本概念、常见的缩合反应以及在药物合成中的应用实例。旨在让学生能够了解并掌握如何利用缩合反应构建新的化学键或骨架，为今后药物分子合成路线的设计奠定基础。

学习要点

掌握延长碳链的基本方法和原理、具有活泼氢化合物和羰基（醛、酮、酯）化合物间的缩合和分子内环加成反应以及 Aldol、Mannich、Michael、Wittig 等反应的机理、影响因素和应用。

熟悉缩合反应的基本概念、反应机理及反应的影响因素。

了解缩合反应在药物合成中的应用特点。

缩合反应是构建分子骨架的重要反应类型之一，既合成开链的化合物，也可以合成环状的化合物。因此，缩合反应被广泛应用于医药、农药、香料、染料等化工产品的合成中。

缩合反应（condensation reaction）是指在同一个分子内或者多个有机物分子间通过反应生成新的碳-碳、碳-杂原子或杂原子-杂原子键，从而形成一个新分子的反应。有些缩合反应在形成新的共价键过程中常伴有失去某一种简单的小分子（如水、卤化氢、醇、氨等），也有些缩合反应是加成缩合反应，不脱去任何小分子。

缩合反应机理主要包括亲核加成-消除（各类亲核试剂对醛或酮的亲核加成-消除反应）、亲核加成（活性亚甲基化合物对 α, β-不饱和羰基化合物的加成反应）、亲电取代、环加成（包括[4 + 2]、[3 + 2]等反应）等。

由于缩合反应的种类繁多，从形成化学键的角度来看，通过缩合反应可以形成碳-碳键（如碳-碳单键、碳-碳双键和碳-碳三键）、碳-杂原子键（如碳-氧键、碳-氮键、碳-硫键、碳-磷键、碳-硅键等）、氮-氮键等，本章讨论的内容将仅限于形成新的碳-碳键的反应。此外，对目前应用较多的环加成反应也作适当的介绍。

第一节 α-羟烷基化

α-羟烷基化反应主要包括羰基 α-位碳原子的羟醛缩合反应、不饱和烃的 α-羟烷基化反应（Prins 反应）、芳香醛的 α-羟烷基化反应（安息香缩合）和有机金属化合物的 α-羟烷基化反应（Reformatsky 反应、格氏反应）等。

一、羟醛缩合反应

具有 α-活泼氢的羰基化合物（醛或酮），在酸或碱的催化下发生自身缩合，或与另一分子的醛或酮发生缩合，生成 β-羟基醛或酮类化合物的反应，称为 α-羟烷基化反应。由于生成的 β-羟基醛或酮类化合物不稳定，易脱水生成 α,β-不饱和醛或酮。因此，这类反应又称羟醛缩合（Aldol 缩合）反应。通过羟醛缩合反应，可以在分子中形成新的碳-碳键，从而可以增长碳链或者构建新的五元环或者六元环。

（一）反应通式及反应机理

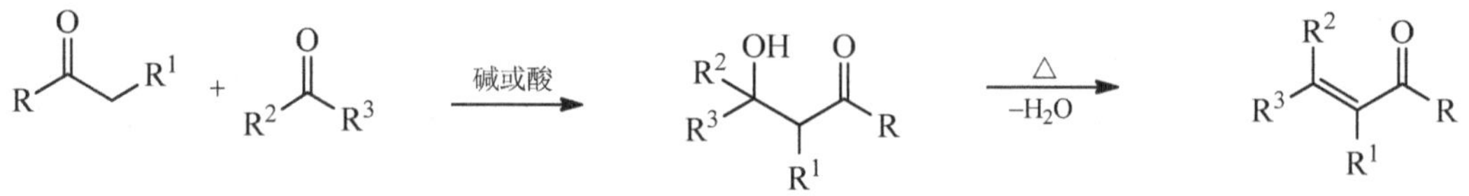

羟醛缩合反应既可被碱催化，也可被酸催化；其中碱催化应用较多。该缩合反应属于亲核加成-消除反应机理。

1. 碱催化

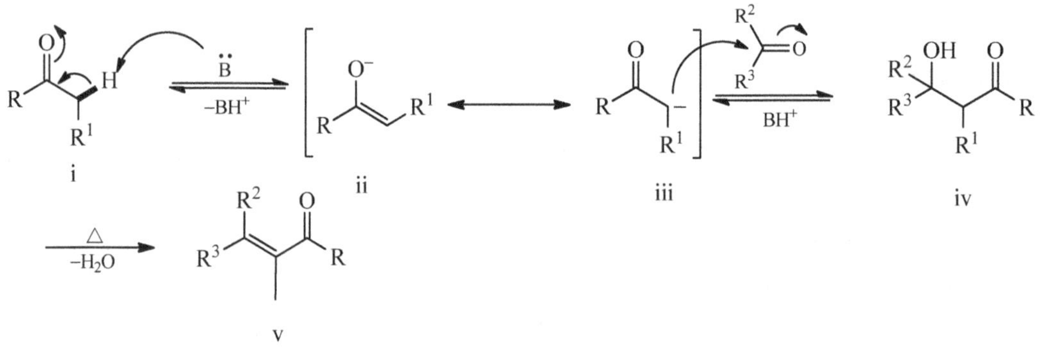

具有 α-活泼氢的醛或酮（i），在碱（B）催化下先脱去 α-氢生成烯醇负离子（ii），然后烯醇负离子作为亲核试剂对另一分子醛或酮的羰基进行亲核加成并质子化，生成 β-羟基醛或酮（iv），或进一步失去一分子水而生成 α,β-不饱和醛或酮（v）。

2. 酸催化

酸作为催化剂进行的羟醛缩合反应应用较少，目前常用的酸催化剂有硫酸、盐酸、对甲苯磺酸、阳离子交换树脂以及三氟化硼等。

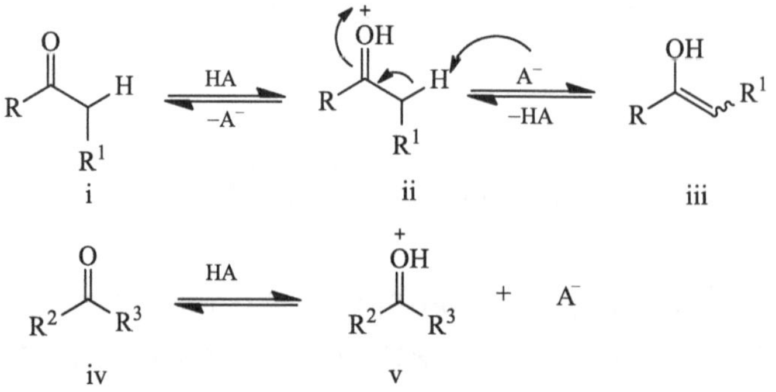

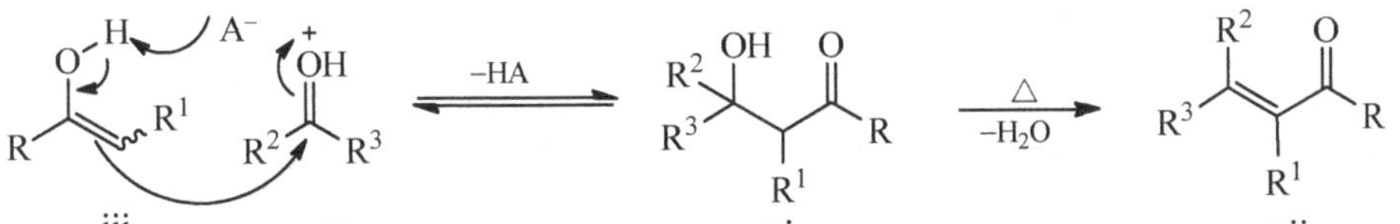

酸催化下，首先醛或酮（ⅰ）的羰基氧发生质子化，得到中间体（ⅱ），由于碳-氧双键的极化增强，醛或酮转变成烯醇式（ⅲ），再与另一被质子化的醛或酮（ⅴ）的羰基发生亲核加成反应生成缩合产物（ⅵ），最后脱水得到 α,β-不饱和醛或酮（ⅶ）。

无论是碱催化还是酸催化，生成 β-羟基醛或酮的反应都是可逆反应。但是 β-羟基醛或酮很容易发生不可逆的脱水反应而生成 α,β-不饱和醛或酮，从而使平衡反应向有利于产品的方向进行。

（二）反应特点及反应实例

根据反应底物的不同，该反应可分为同分子醛或酮的自身缩合、异分子醛或酮的交叉缩合以及分子内的缩合等。

1. 自身缩合

含有 α-活泼氢的醛自身缩合时，根据反应条件的不同，将会得到不同的缩合产物。例如，正丁醛在稀碱、低温的条件下生成 β-羟基醛；当在较高温度下或者用酸作为催化剂，均得到 α,β-不饱和醛，并且以醛基与另一个双键碳原子上的大基团处在反位上的异构体为主。

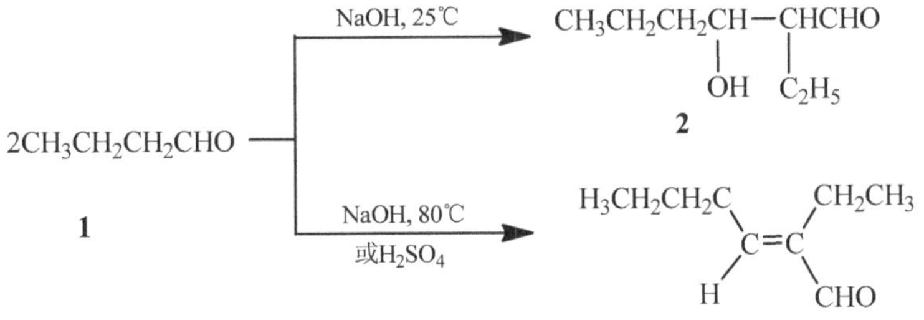

含 α-活泼氢的脂肪酮自身缩合比醛慢得多，常用强碱来催化，如醇钠、叔丁醇铝等，有时也可以使用氢氧化钡。例如，丙酮自身缩合反应速率很慢，当反应达到平衡时，缩合物的浓度仅为丙酮的 0.01%，为了打破这种平衡，可采用索氏（Soxhlet）抽提等方法，将氢氧化钡置于抽提器中，丙酮反复回流进入抽提器中与催化剂接触从而发生自身缩合，生成的缩合产物则留在烧瓶中，从而避免了可逆反应，提高了反应收率。

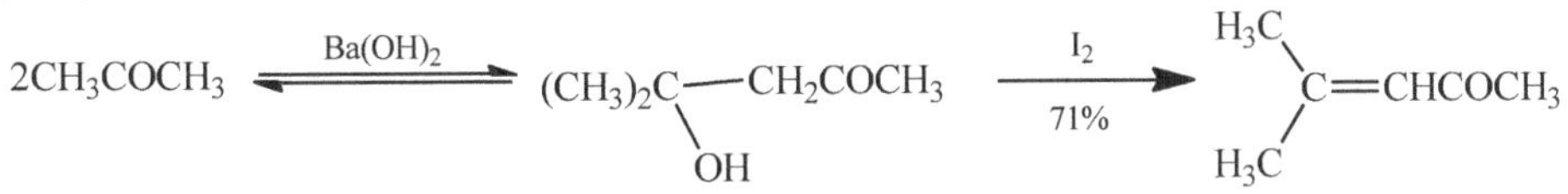

2. 交叉缩合

在不同的醛或酮分子间进行的缩合反应称为交叉缩合。交叉缩合主要包括以下两种情况。

（1）两个不同的含 α-活泼氢的醛或酮分子之间的交叉缩合

当两个不同的含 α-活泼氢的醛进行缩合时，若两者的活性差别很小，除了生成两种自身缩合产物外，也可以发生交叉羟醛缩合。产物复杂，没有应用价值。若两者的活性差别较大，则可以利用不同的反应条件，得到某一种主要的产物。例如，乙醛（**7**）和丙醛（**8**）在碱性条件下缩合时，由于乙醛在碱性条件下比丙醛容易脱去 α-活泼氢，因此，能够得到以 3-羟基-戊醛（**9**）为主的缩合产物，脱水后得到戊-2-烯醛（**10**）。同样在酸性条件下，丙醛形成的烯醇式中间体稳定，因此，能够得到以 2-甲基-3-羟基丁醛（**11**）为主的缩合产物，脱水后生成 2-甲基-丁烯醛（**12**）。

$$CH_3CHO \ + \ CH_3CH_2CHO$$

$$\xrightarrow{NaOH} \quad CH_3CH_2CHCH_2CHO \xrightarrow{-H_2O} CH_3CH_2CH=CHCHO$$

$$\overset{|}{\underset{}{OH}}$$

9　　　　　　　**10**

$$\xrightarrow[\text{rt}]{HCl} \quad CH_3CHCHCHO \xrightarrow{-H_2O} CH_3CH=CCHO$$

7　　　　**8**

$$\underset{HO \ \ CH_3}{|\ \ \ |}$$

11　　　　　　**12**　　$\underset{CH_3}{|}$

含 α-活泼氢的醛与含 α-活泼氢的酮，在碱性条件下缩合时，由于酮自身缩合比醛慢得多，则可以通过控制反应的操作，得到主要产物 β-羟基酮，失去一分子水后生成 α,β-不饱和酮。

近年来含 α-活泼氢的不同醛或酮分子之间的区域选择性及立体选择性的羟醛缩合，已经发展成为一类形成新的碳-碳键的重要方法，这种方法称为定向羟醛缩合（directed aldol condensation）。定向羟醛缩合主要采用的方法是将亲核试剂完全转化为烯醇盐、烯醇硅醚、亚胺负离子或腙 α-碳负离子，然后与羰基化合物反应，得到羟醛缩合产物。常用的方法包括：烯醇盐法、烯醇硅醚法和亚胺法。

1）烯醇盐法

反应中先将醛或酮的某一组分，在强碱作用下，形成烯醇盐，再与另一分子的醛或酮反应，从而实现区域或立体选择性羟醛缩合。烯醇盐包括烯醇锂盐、烯醇镁盐、烯醇钛盐、烯醇锆盐和烯醇锡盐等。对于该类反应，无论是烯醇负离子的形成，还是在加成步骤，均需在动力学控制的条件下进行。例如，2-丁酮（**13**）在强碱 LDA 作用下，形成烯醇锂盐中间体（**14**），再与正丁醛（**15**）缩合，可以生成 6-羟基-辛-4-酮（**16**）。

13　　　　　　　**14**　　　　　　　　**16**　　65%

2）烯醇硅醚法

该反应是由 Mukaiyama 于 1973～1974 年提出来的，因此又称 Mukaiyama 反应，这是定向羟醛缩合的一种重要的方法。该方法首先将一种羰基化合物与三甲基氯硅烷反应生成烯醇，再在四氯化钛、三氟化硼、四烃基氟化铵等路易斯酸催化剂存在下与另一分子的羰基化合物发生羟醛缩合。例如，2-甲基环己酮（**17**）与三甲基氯硅烷反应，主要生成动力学控制的产物 1-三甲基硅氧基-6-甲基环己烯（**18**），然后与苯甲醛（**21**）缩合得到缩合产物 2-((S)-羟基(苯基)甲基)-6-甲基环己酮（**22**）。

17　　　　　　　　　　　　　**18**　98%　　**19**　2%

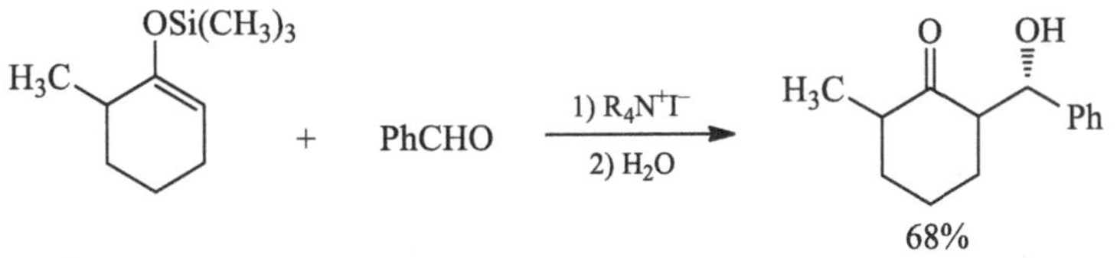

20　　21　　22

Mukaiyama 反应最佳的溶剂是二氯甲烷，使用烷烃会降低收率。乙醚、四氢呋喃、二氧六环易与路易斯酸结合使反应难以进行。

3）亚胺法

醛类化合物形成的碳负离子容易发生自身缩合，因而可先将醛与胺类反应形成亚胺，再与 LDA 作用转变成亚胺锂盐，然后与另一分子的醛或酮发生羟醛缩合，生成 *α*, *β*-不饱和醛或 *β*-羟基醛。

例如，丙醛（**8**）与二苯甲酮（**26**）的缩合反应，首先丙醛与环己胺反应脱水生成亚胺中间体（**24**），**24** 在 LDA 作用下生成亚胺的锂盐（**25**），然后与二苯甲酮（**26**）发生羟醛缩合而生成 *β*-羟基亚胺类化合物（**27**），最后在酸性条件下脱保护得到最终的缩合产物 *β*-羟基醛（**28**）。

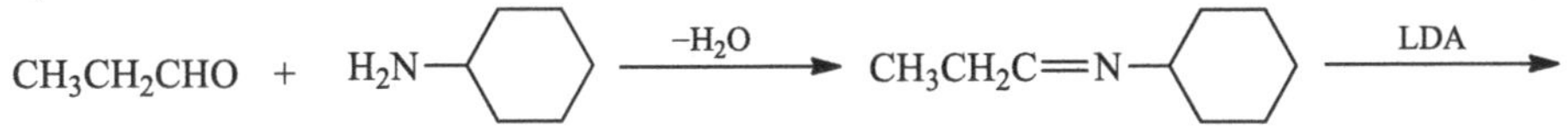

8　　23　　24

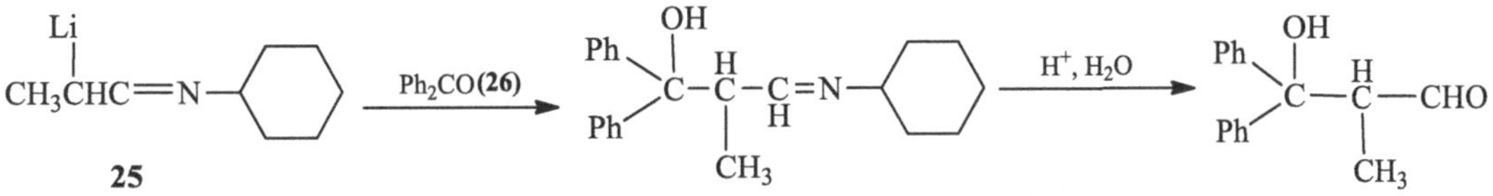

25　　27　　28

（2）不含 *α*-活泼氢的甲醛、芳香醛、酮与含 *α*-活泼氢的醛或酮的缩合

1）Tollens 缩合反应

在碱性催化剂[如氢氧化钠（钾）、氢氧化钙、碳酸钠（钾）等]存在下，甲醛与含 *α*-活泼氢的醛或酮反应，在醛或酮的 *α*-碳原子上引入羟甲基，该反应称为 Tollens 缩合反应，又称羟甲基化反应。

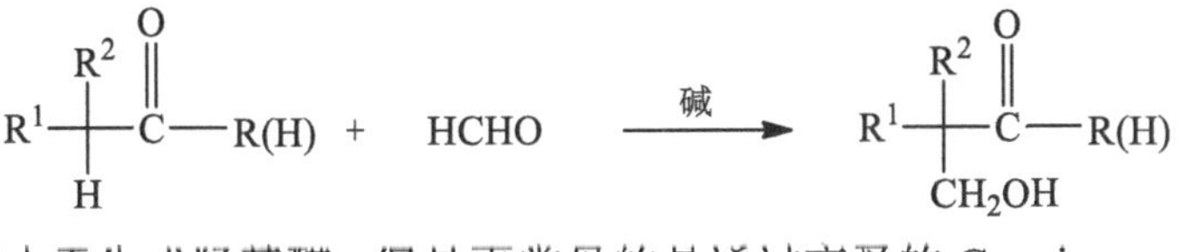

该反应可以停止于生成羟基醛，但是更常见的是通过交叉的 Cannizzaro 反应，另一分子的甲醛将新生成的羟基醛还原为 1, 3-二醇。例如，3-甲基丙醛（**29**）在碱性（NaOH）条件下与甲醛缩合得到 3-甲基-2-羟亚甲基丙醛（**30**），**30** 与过量的甲醛发生 Cannizzaro 反应，得到醛基被还原的产物 2, 2-二甲基-1, 3-丙二醇（**31**）。

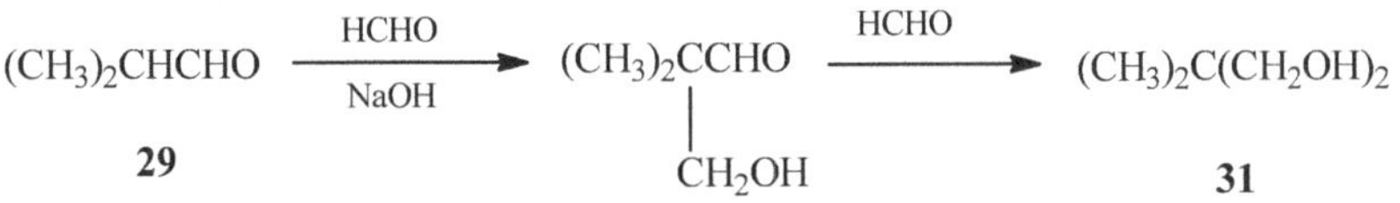

29　　30　　31

2）Claisen-Schmidt 反应

芳香醛与含 *α*-活泼氢的醛或酮在碱催化下进行羟醛缩合，脱水后生成 *α*, *β*-不饱和羰基化

合物的反应，称为 Claisen-Schmidt 反应。产物的构型一般都是反式。

$$ArCHO + R^1CH_2CR^2 \rightleftharpoons Ar\underset{H}{\overset{OH}{-}}C\overset{H}{\underset{R^1}{-}}C\overset{O}{-}C-R^2 \xrightarrow{-H_2O} Ar\underset{H}{-}C=C\overset{\overset{O}{\parallel}}{\underset{R^1}{}}C-R^2$$

当芳香醛与只有一种 α-活泼氢的酮反应时，无论是碱催化还是酸催化，产物的构型都是相同的。例如，抗肿瘤药物普拉曲沙（pralatrexate）中间体（**33**）的合成。

当芳香醛与含有两种 α-活泼氢的酮反应时，反应条件不同，生成的主要产物也可能不同。例如，在碱催化下，苯甲醛（**21**）与 2-丁酮（**34**）缩合时，在 1-位甲基上形成碳负离子比 3-位的亚甲基容易，因此，一般得到甲基位（1-位）上的缩合产物（**35**）；若用酸催化时，由于形成烯醇的稳定性为 $CH_3CH=\overset{OH}{\underset{}{C}}CH_3 > CH_3CH_2\overset{OH}{\underset{}{C}}=CH_2$，因而缩合反应主要发生在 3-位上，得到带支链的不饱和酮（**36**）。

$$C_6H_5CHO + \overset{3}{C}H_3CH_2CO\overset{1}{C}H_3$$

$$\xrightarrow[\text{EtOH}]{OH^-} C_6H_5CH=CHCOC_2H_5 + H_2O \quad \textbf{35}$$

$$\xrightarrow{\text{浓HCl}} C_6H_5CH=\overset{\overset{CH_3}{\vert}}{C}COCH_3 + H_2O \quad \textbf{36}$$

21　　　**34**

3）分子内的缩合和 Robinson 环化反应

含有 α-活泼氢的脂肪族二羰基化合物，可以进行分子内的羟醛缩合，生成环状的 α,β-不饱和羰基化合物。分子内的羟醛缩合是合成脂环族羰基化合物的重要方法之一。

脂环酮与 α,β-不饱和酮的加成产物能够发生分子内的羟醛缩合反应，可以在原来环结构的基础上再引入一个环，因此该反应称为 Robinson 环化反应，该反应是由 Robinson 于 1935 年在研究甾体化合物的合成过程中发现的。例如，睾酮（testosterone）中间体（**38**）的合成[1]。

目前，Robinson 环化反应常常与 Michael 加成反应一起使用来合成稠环化合物。例如，2-甲基环己酮（**17**）与甲基烯丙基酮（**39**）反应，首先进行 Michael 加成而生成 1,5-二羰基化合物（**40**），然后在碱催化下发生 Robinson 反应生成 8a-羟基-4a-甲基八氢萘-2-酮（**41**），再在脱水生成环状 α,β-不饱和酮（**42**）。

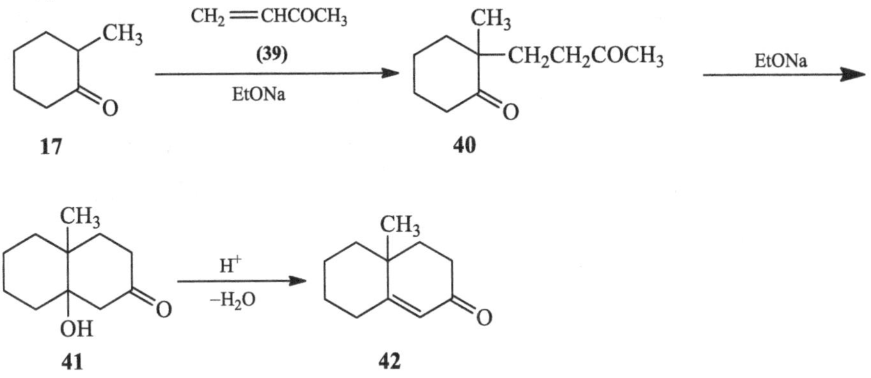

二、Prins 反应

烯烃与甲醛（或其他醛）在酸催化下加成而得到 1,3-二醇或其环状缩醛 1,3-二氧六环及 α-烯醇的反应称为普林斯（Prins）反应。

1. 反应通式及反应机理

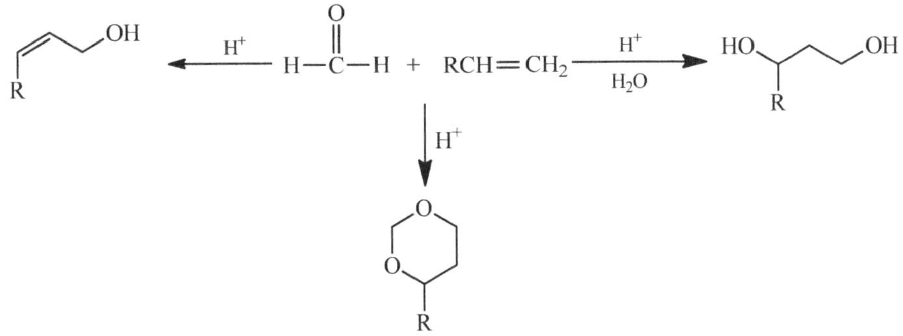

反应机理如下所示：

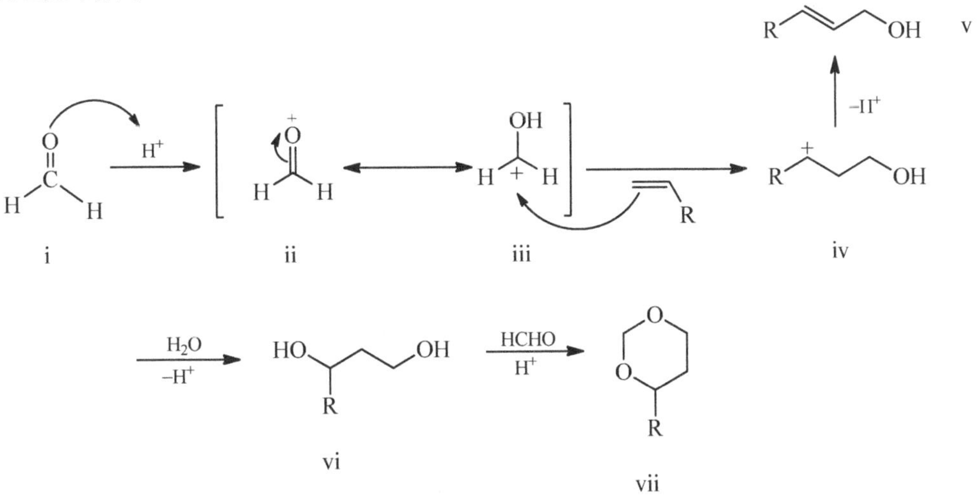

在酸催化下，甲醛经质子化形成碳正离子（ii）后，与烯烃进行亲电加成反应形成氧鎓离子中间态（iv）。根据反应条件的不同，氧鎓离子中间态（iv）脱氢得到 α-烯醇（v），或与水反应得到 1,3-二醇（vi），vi 可再与另一分子甲醛发生缩醛化反应得到 1,3-二氧六环型产物（vii）。

2. 反应特点及反应实例

Prins 反应过程中会生成 1,3-二醇和环状缩醛两种产物，两者的比例则取决于烯烃的结构、酸催化的浓度以及反应温度等因素。通常乙烯的反应活性较低，具有烃基取代的烯烃则比较容易反应。含有非末端烯键的化合物（RCH=CHR 型烯烃）反应主要得到 1,3-二醇，但收率较低。而含有末端烯键的化合物（如 $R_2C=CH_2$ 或 $RCH=CH_2$ 型）反应后主要得到环状缩醛，且收率较好。例如，4-氯苯乙烯（**43**）在硫酸催化下与甲醛缩合，得到环状缩醛（**44**）。

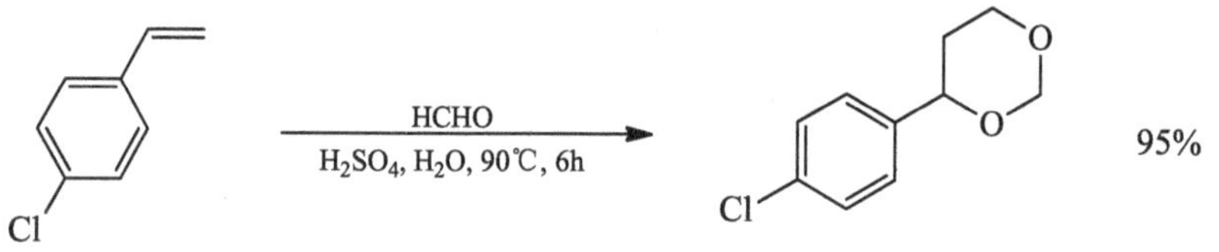

形成的环状缩醛在酸液中、较高温度下水解，或在浓硫酸中与甲醇一起回流醇解均可得到 1,3-二醇。

当反应在甲酸中进行时，则将不会产生缩醛，而是生成 1,3-二醇甲酸酯，后者经水解后得到 1,3-二醇。例如，苯乙烯（**45**）在甲酸中与甲醛缩合生成 1-苯基丙烷-1,3-二醇甲酸酯（**46**），**46** 水解得到 1-苯基丙烷-1,3-二醇（**47**）。

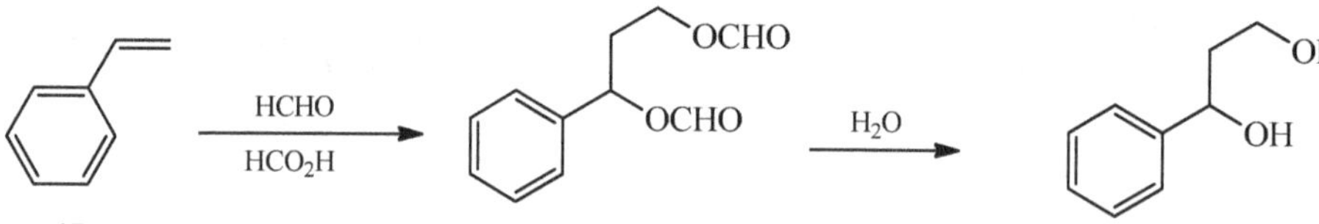

除了常用的稀硫酸可以催化 Prins 反应外，磷酸、强酸性的离子交换树脂以及 BF_3、$ZnCl_2$ 等路易斯酸液可以催化该反应。需要注意的是，如果用盐酸催化时，可能会产生 γ-氯代醇的副产物。例如，环己烯（**48**）在盐酸和氯化锌的催化下，与甲醛发生缩合反应，有 2-氯环己基甲醇副产物的生成（**49**）。

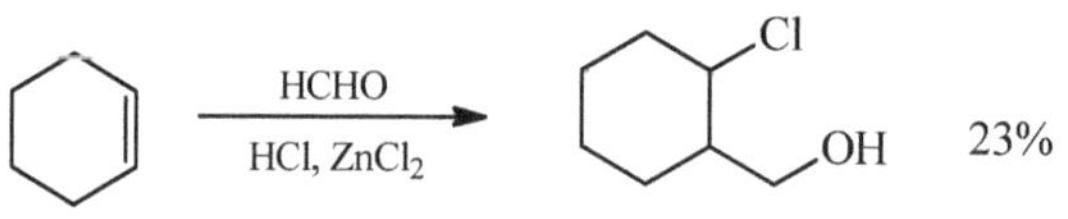

除了甲醛能够与烯烃发生 Prins 反应外，其他醛也能够发生类似的反应。例如，苯甲醛（**21**）与 1-苯基丙-2-烯-1-醇（**50**）在离子交换树脂（Amberlyst-15）的催化下反应得到 4-羟基-2,6-二苯基六氢吡喃（**51**）。

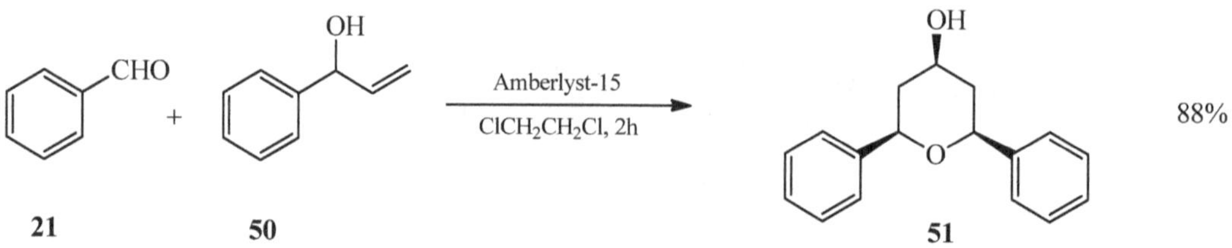

三、芳香醛的 α-羟烷基化反应

芳香醛在氰基负离子（NaCN 或 KCN）催化下，分子间缩合生成安息香（二苯羟乙酮）的反应称为安息香缩合（benzoin condensation），又称苯偶姻缩合。

1. 反应通式及反应机理

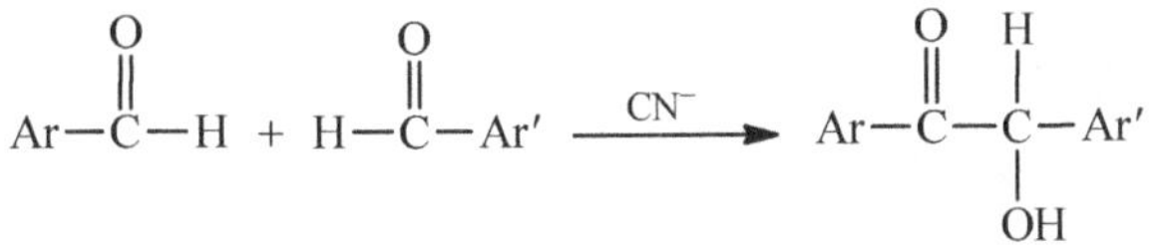

反应机理如下所示：

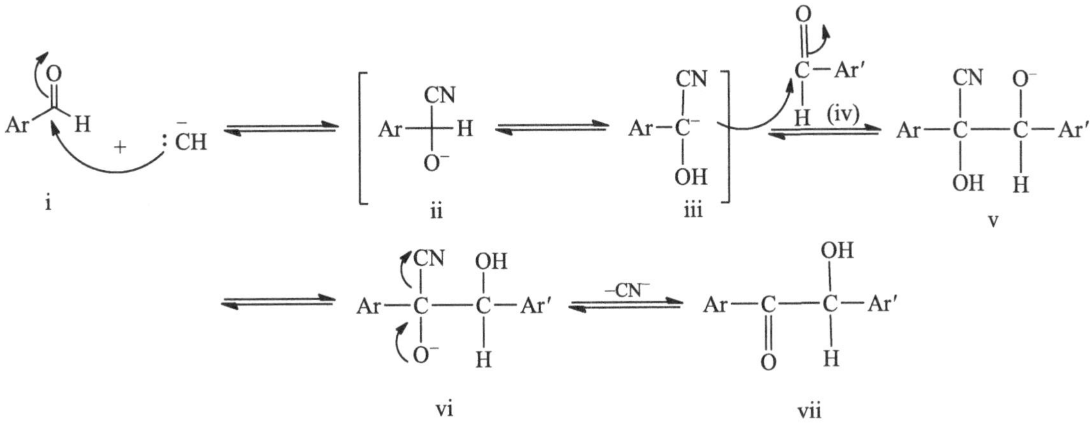

首先氰基负离子对一分子芳香醛进行羰基加成，形成氧鎓离子中间态，继而发生质子转移，形成碳负离子中间体 iii（benzoyl anion equivalent），该碳负离子对另一分子芳香醛的羰基进行加成，进而消除氰负离子，得到 α-羟基酮。

2. 反应特点及反应实例

安息香缩合是一个可逆的反应，将安息香（**52**）与对甲氧基苯甲醛（**53**）在氰化钾存在下，可得到交叉结构的安息香类似物（**54**）。

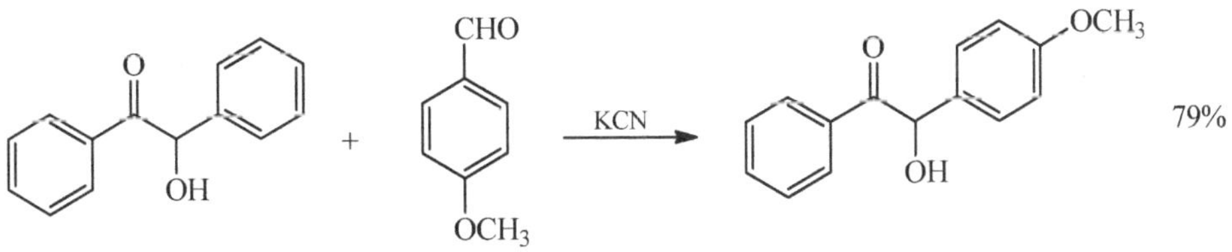

早期安息香缩合常在碱性环境中使用剧毒的氰化物作为催化剂，极为不便。20 世纪 70 年代后，开始采用维生素 B₁（又称盐酸硫胺，**55**）代替氰化物作为催化剂进行缩合反应。以维生素 B₁ 作为催化剂，具有廉价易得、操作安全、污染少等特点。另外，人们还陆续发展了一些对环境友好的催化剂，如噻唑啉负离子、取代咪唑啉啶等。这类催化剂可以催化脂肪族醛的缩合反应。

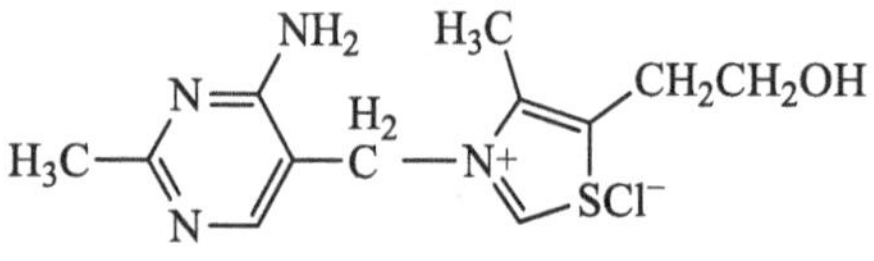

维生素B₁ 噻唑啉负离子 取代咪唑啉啶
55 **56** **57**

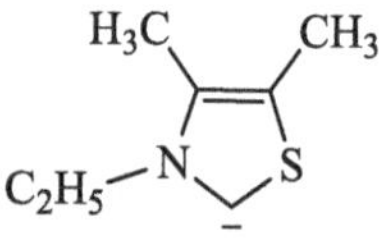

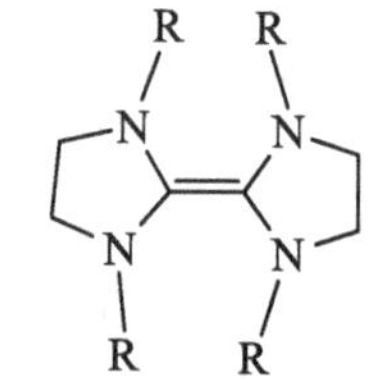

例如，抗癫痫、抗心律失常药苯妥英钠（phenytoin sodium）以及胃病治疗药物贝那替嗪（benactyzine）等中间体苯偶姻的合成[2]。

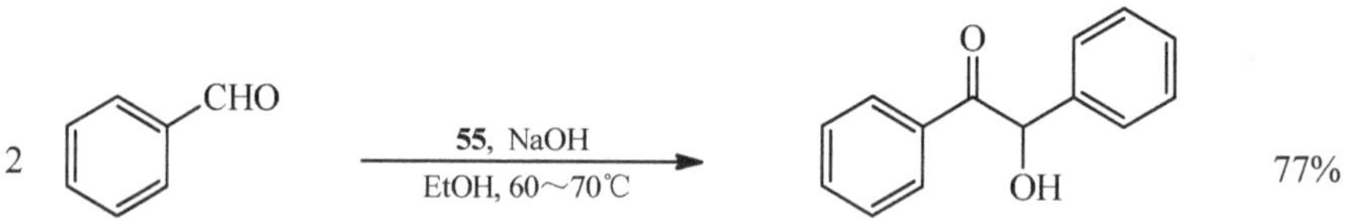

维生素 B₁ 分子中的噻唑环在碱作用下失去一个质子生成碳负离子，然后作为亲核试剂进攻芳香醛的羰基，最后再作为离去基团离去。但是反应需要在冰水浴中操作，而且反应收率往往比较低。

分子内也可以进行该反应，例如，1, 1′-二苯基-2, 2′-二甲醛（**59**）在噻唑鎓盐 **60** 的催化下，发生分子内的安息香缩合反应制备化合物 **62**。

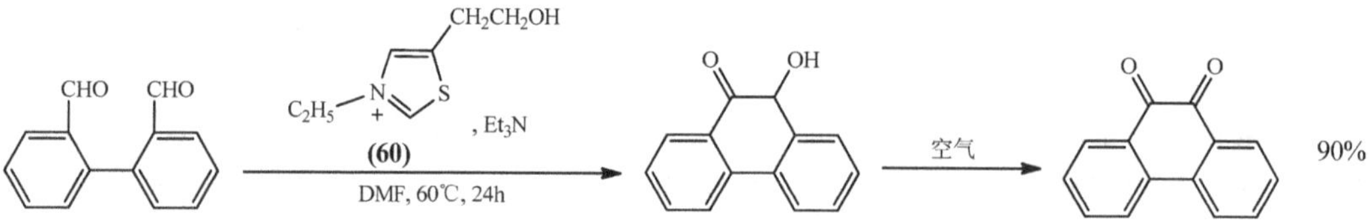

四、有机金属化合物的 α-羟烷基化反应

（一）Reformatsky 反应

在惰性溶剂中，醛或酮与 α-卤代酸酯在金属锌粉存在下缩合生成 β-羟基酸酯的反应，称为瑞福马斯基（Reformatsky）反应。β-羟基酸酯进一步脱水可得到 α, β-不饱和酸酯。该反应是由俄国化学家 S. N. Reformatsky 于 1887 年首次发现。

1. 反应通式及反应机理

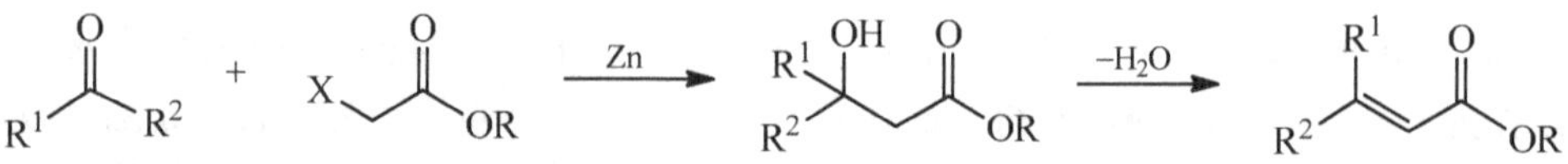

反应机理如下所示：

α-卤代酸酯（i）与锌粉首先经氧化加成形成有机锌试剂（ii 或 iii），有机锌试剂作为亲核试剂与醛、酮（v）的羰基发生亲核加成，经六元环结构，生成 β-羟基酸酯的卤化锌盐（vi），经酸性水解得到 β-羟基酸酯（vii）。若后者的 α-碳原子上具有氢原子，则在较高温度或脱水剂存在下，脱水得到 α,β-不饱和酸酯（viii）。反应中生成稳定的六元环结构而使反应容易进行。

2. 反应特点及反应实例

该反应所使用的 α-卤代酸酯中的卤素，可以是碘（I）、溴（Br）或氯（Cl），其反应活性顺序为：$ICH_2CO_2R > BrCH_2CO_2R > ClCH_2CO_2R$，$XCH_2CO_2R > XCHRCO_2R > XCR_2CO_2R$，最常用的是 α-溴代酸酯。因为碘代酸酯虽然活性高，但稳定性差，而氯代酸酯则活性较低，反应速率慢。随着 Reformatsky 反应的不断发展，反应中的有机卤代物已经不仅仅局限于 α-卤代酸酯，还包括：α-卤代物（α-卤代硫酯、腈、氨基化合物，酰亚胺，酸酐等）、α-多卤代物和 β-多卤代物、γ-多卤代物，甚至其他的卤代物。此外，除了卤代物以外，含有其他离去基团（Me_3Si—、—OBz）的有机化合物也可以发生类似的反应。

反应中生成的有机锌试剂称为 Reformatsky 烯醇盐或者 Reformatsky 试剂，其反应活性低于格氏试剂，因此不会发生对酯的加成反应。Reformatsky 试剂是 Reformatsky 反应中原位生成的中间体，它既是共价型有机金属化合物，也含有一定的离子化成分。X 射线及核磁共振分析证明有如下两种形式，其中以环状二聚体为主，在反应中二聚体解离，与羰基化合物形成六元环加成物，并最终生成相应的产物。

二聚体

Reformatsky 试剂不稳定，很容易发生自身的水解和缩合反应。因此，通常情况下在反应过程中一般不进行分离和鉴定，一步完成。例如，2-甲基-2-溴丙酸乙酯（**63**）制备 Reformatsky 试剂时会发生自身的缩合反应生成 **64**，同样也会发生水解反应生成 2-甲基丙酸乙酯（**65**）。

为了避免羰基化合物被锌还原的副反应，有时也会采用两步反应法，即首先将 α-卤代酸酯与锌反应生成有机锌试剂，然后再加入羰基化合物，这样有利于提高反应收率。在两步法中，二甲氧基甲烷是优良的溶剂，第一步几乎可以定量地生成有机锌试剂。例如：

$$BrCH_2CO_2C_2H_5 \xrightarrow[CH_2(OCH_3)_2]{Zn} BrZnCH_2CO_2C_2H_5 \xrightarrow[CH_2(OCH_3)_2]{(68)} \text{（结构 69）}$$

66　　　　　　　　　　　　　**67**　　　　　　　　　　　　　　**69**

对亲核试剂而言，除了醛羰基以外，酮羰基也可以发生类似的反应，但是其反应活性没有醛羰基高。例如，抗抑郁药阿戈美拉汀（agomelatine）中间体（**69**）的合成[3]。

$$\text{（结构 70）} + BrCH_2CO_2C_2H_5 \xrightarrow[\text{2) P}_2\text{O}_5, \text{回流}]{\text{1)Zn, I}_2, 60℃, \text{回流}} \text{（结构 71）}$$

70　　　　　　　　　　**66**　　　　　　　　　　　　　　　　　　　　　**71**

除了醛或酮以外，酯、腈、酰卤、二羰基化合物、α, β-不饱和羰基化合物、缩醛、席夫碱甚至环氧化合物等均可以用作 Reformatsky 反应中的亲核试剂。例如，在钯催化下，4-氯苯甲酰氯（**72**）也能够与 Reformatsky 试剂反应生成 β-羰基酯（**73**）。

$$Cl-\text{（苯环）}-COCl + BrZnCH_2CO_2C_2H_5 \xrightarrow{Pd(0)} \text{（结构 73）} \quad 90\%$$

72　　　　　　　　　　　**67**　　　　　　　　　　　　　　　　　　**73**

Reformatsky 反应是一个放热反应，一般在中性条件下进行。常用的溶剂有乙醚、苯、甲苯、四氢呋喃、二甲亚砜、二氧六环、N, N-二甲基甲酰胺或者这些溶剂的混合液体。反应需要在无水条件下进行。若反应中加入硼酸三甲酯，其可以中和反应中生成的碱式氯化锌，使反应在中性条件下进行，抑制了脂肪醛的自身缩合，从而提高了反应的收率。例如，乙醛（**74**）与溴乙酸乙酯（**66**）发生 Reformatsky 反应时，在反应体系中加入硼酸三甲酯，能够以 95% 的收率得到 3-羟基丁酸乙酯（**75**）。

$$CH_3CHO + BrCH_2CO_2C_2H_5 \xrightarrow[THF, rt]{Zn, B(OCH_3)_3} \underset{\underset{OH}{|}}{CH_3CHCH_2CO_2C_2H_5} \quad 95\%$$

74　　　　　　　**66**　　　　　　　　　　　　　　　**75**

（二）格氏反应

格氏反应通常由有机卤代烃在无水乙醚或四氢呋喃中与金属镁反应生成格氏试剂（RMgX），后者再与羰基化合物（醛、酮等）反应，生成相应醇的反应。格氏试剂是由法国化学家格林尼亚（V. Grignard）发明的，这一发明极大地促进了有机合成的发展，格林尼亚也因此获得了 1912 年诺贝尔化学奖。格氏试剂是有机合成中应用最为广泛的试剂之一。

1. 反应通式及反应机理

$$
RCH_2X \xrightarrow[\text{无水乙醚}]{Mg} RCH_2MgX
$$

分支反应：

- $\xrightarrow{HCHO} RCH_2CH_2OMgX \longrightarrow RCH_2CH_2OH + Mg(OH)X$
- $\xrightarrow{R'CHO} RCH_2\underset{R'}{CHOMgX} \longrightarrow RCH_2\underset{R'}{CHOH} + Mg(OH)X$
- $\xrightarrow{R'COR''} RCH_2\underset{R''}{\overset{R'}{COMgX}} \longrightarrow RCH_2\underset{R''}{\overset{R'}{COH}} + Mg(OH)X$

反应机理如下所示：

格氏反应的机理：首先格氏试剂中带由正电荷的镁离子与羰基氧结合，进而另一分子格氏试剂中的烃基进攻羰基碳原子，形成环状过渡态，经单电子转移生成相应的醇盐，最后经水解得到醇。

2. 反应特点及反应实例

（1）格氏试剂的制备

格氏试剂的制备对于格氏反应能否顺利进行是至关重要的。格氏试剂必须在无氧、无水的条件下进行，因为微量的水不但不利于卤代烃与金属镁的反应，而且会使生成的格氏试剂分解，从而影响收率。

$$
RCH_2X \xrightarrow[\text{无水乙醚}]{Mg} RCH_2MgX \xrightarrow{H_2O} RCH_3 + Mg(OH)X
$$

同样，格氏试剂如果遇氧后，会发生如下反应：

$$
RCH_2MgX \xrightarrow{[O_2]} RCH_2OMgX \xrightarrow{H_3O^+} RCH_2OH + Mg(OH)X
$$

所以，在反应前可通入氮气将反应器中的空气赶尽。实验室一般用无水乙醚作溶剂，乙醚的挥发性大，可用乙醚蒸气进一步赶走反应器中的空气。在制备格氏试剂时需要用活化试剂进行活化，碘是常用的活化剂，有时也使用碘甲烷、溴乙烷、1, 2-二溴乙烷等。

对于相同的 R 基团，卤代烃与金属镁反应制备格氏试剂时，其活性顺序为：RI＞RBr＞RCl≫RF；在制备格氏试剂时常用溴化烃。对于相同的卤素原子，R 基团的活性顺序为：烯丙基、苄基＞一级烷基＞二级烷基＞＞三级烷基、芳基＞乙烯基；烯丙基卤化镁活性很高，很容易在制备过程中发生偶联反应，因此可以使用大大过量的镁来减少偶联副反应的发生。

对于二卤代烃，只有两个卤素原子相隔 4 个或 4 个以上的—CH₂—，才可以形成双格氏试剂。

除了使用卤代烃与金属镁反应制备格氏试剂外，还有其他的一些制备方法。

1）氢-镁交换法

端基炔与普通的格氏试剂反应，可以顺利生成炔基格氏试剂，这是制备炔基格氏试剂的一种常用的方法。例如，环丙基丙炔（**76**）与乙基溴化镁（**77**）反应，生成新的格氏试剂（**78**），**78** 再与 **79** 发生格氏反应，生成抗艾滋病药物艾法韦仑（efavirenz）中间体（**80**）。

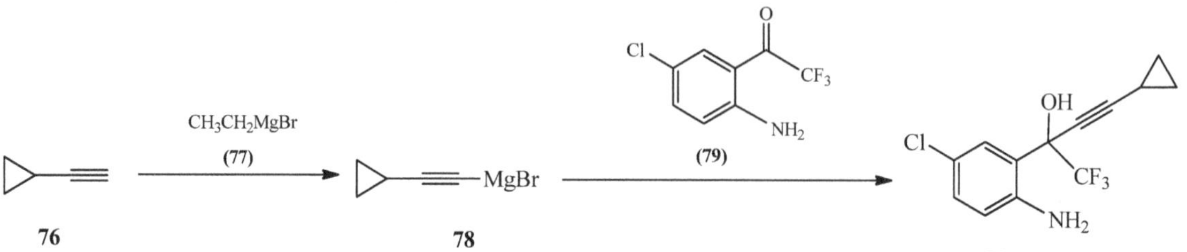

76　　78　　80

2）卤素-镁交换法

该反应一般使用碘代芳烃，在低温下进行。含吸电子基团的卤代芳烃，卤素原子也可以是溴或氯。

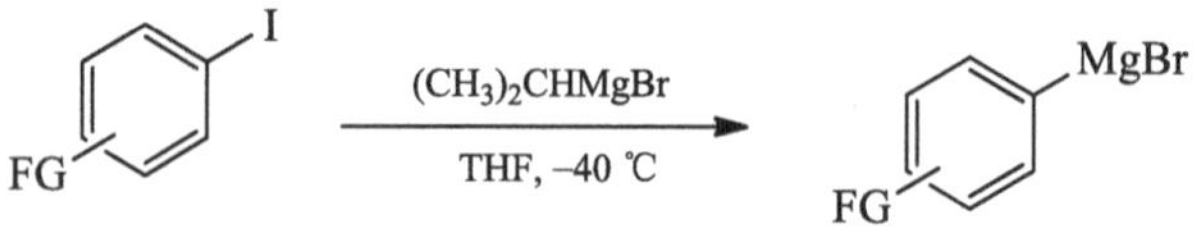

另外，一些含官能团的烯基、环丙基格氏试剂也可以采用此法制备。例如：

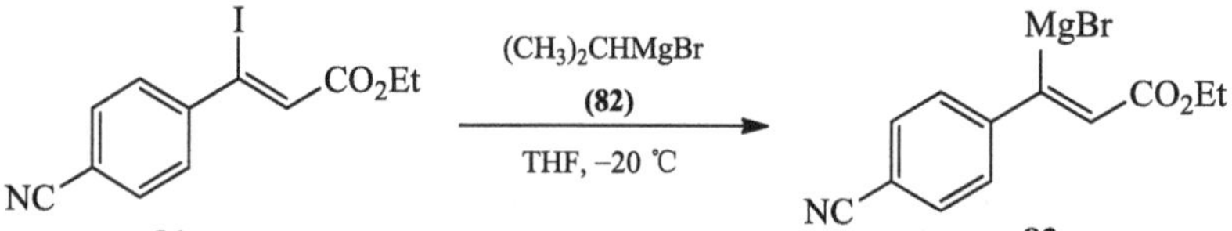

81　　83

3）金属-金属交换法

对于一些难以用卤代烃与金属镁反应制备的格氏试剂，可以由烷基锂与MgX_2反应来制备。

$$RLi + MgX_2 \longrightarrow RMgX + LiX$$

（2）格氏反应

1）与环氧化合物的反应

格氏试剂除了能够与羰基化合物发生亲核加成反应外，还能够与环氧乙烷反应，生成多两个碳原子的伯醇。例如，抗凝血药物噻氯匹定（ticlopidine）的中间体 2-噻吩乙醇（**86**）[4]和抗乙肝病毒药物恩替卡韦（entecavir）中间体（**89**）[5]的合成。

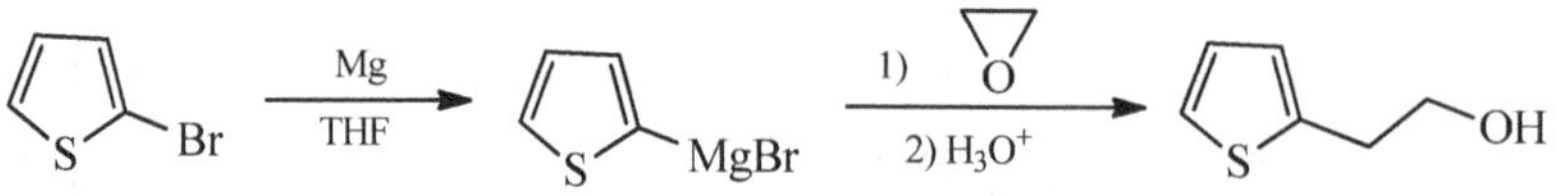

84　　85　　86

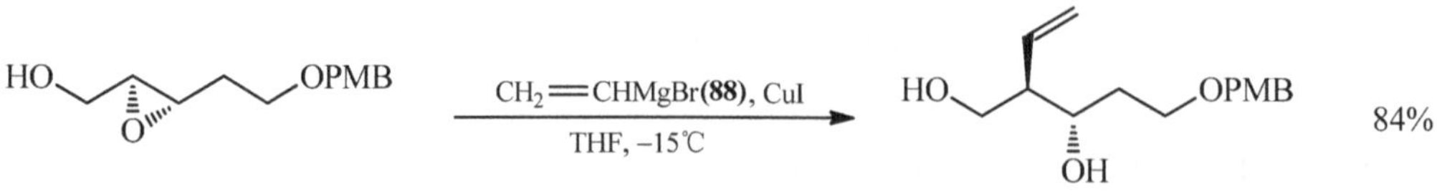

87　　89

2）与二氧化碳反应

格氏试剂可以与二氧化碳反应，生成羧酸。例如，镇痛抗炎药物布洛芬（ibuprofen，**92**）的合成。

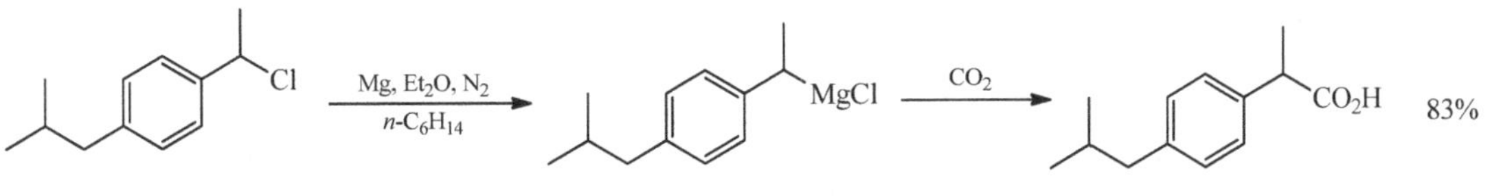

90　**91**　**92**

3）与酯、酸酐、酰氯、酰胺的反应

格氏试剂与酯、酸酐、酰氯、酰胺反应的第一步都是生成酮。但是由于酮的反应活性高，一般难以停留在酮阶段，而是进一步反应生成叔醇。在低温条件下，使用过量的酰基化合物并缓慢地滴加格氏试剂，反应可能停留在生成酮的阶段。例如，治疗灰指甲药物艾氟康唑（efinaconazole）中间体（**95**）[6]的合成。

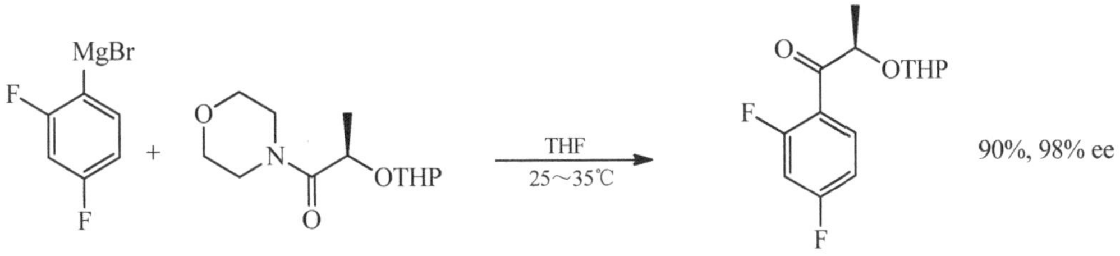

93　**94**　**95**

4）与腈、亚胺和亚胺盐的反应

格氏试剂与腈的反应是制备酮的有效方法。例如，预防血栓形成的药物普拉格雷（prasugrel）中间体（**98**）的合成[7]。

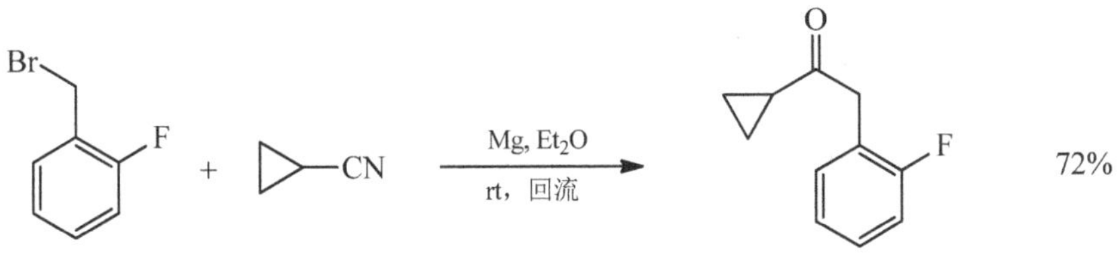

96　**97**　**98**

该反应是格氏试剂与腈缩合，形成亚胺盐加成产物，经水解得到最终产物酮。

5）与 α,β-不饱和化合物的加成

格氏试剂与 α,β-不饱和化合物反应，可以发生 1, 2-加成或 1, 4-加成，通常都会生成一定比例的 1, 2-加成和 1, 4-加成产物。如果体系中存在催化量的 Cu(Ⅰ)，则可以得到 1, 4-加成为主或者单一的产物。例如，阿片类镇痛药他喷他多（tapentadol）中间体（**100**）的合成[8]。

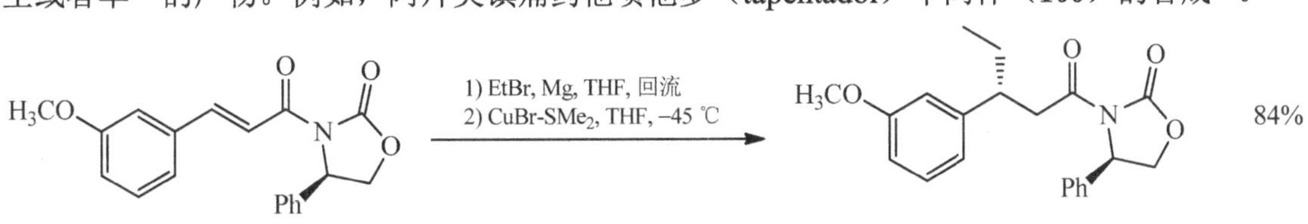

99　**100**

（三）Claisen 酯缩合反应

含有 α-H 的羧酸酯在碱性（如醇钠等）条件下缩合生成 β-酮酸酯的反应称为 Claisen 酯缩合反应，又称酯缩合反应，该反应是由 R. L. Claisen 于 1887 年首次报道的。

1. 反应通式及反应机理

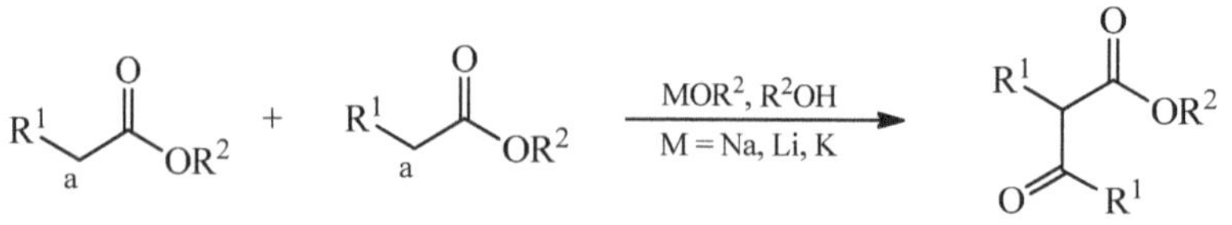

反应机理如下所示：

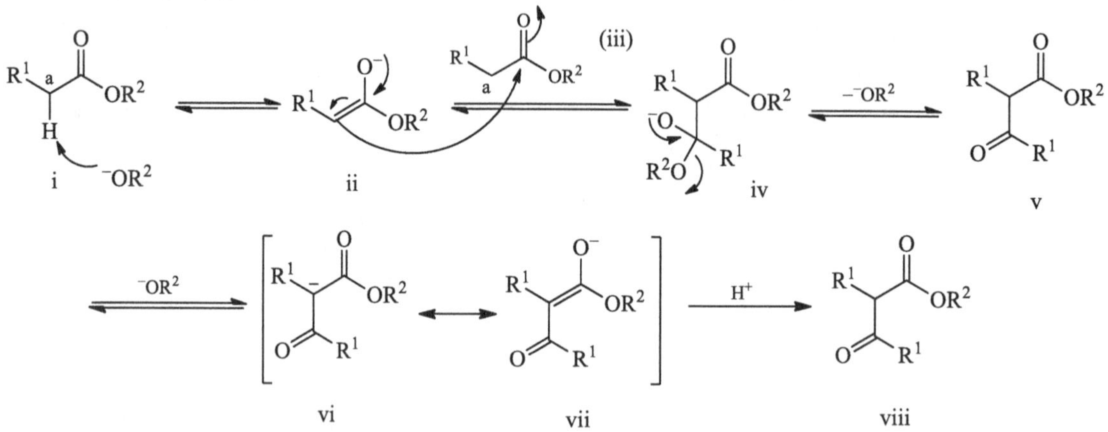

2. 反应特点及反应实例

根据反应底物的不同，可以进行酯-酯缩合与酯-酮缩合。其中二元羧酸酯可以发生分子内的酯缩合反应生成环状化合物。

（1）酯-酯缩合

酯-酯缩合包含两种情况：同酯缩合与异酯缩合。

1）同酯缩合

具有 α-H 的酯发生同酯缩合的产物单一，且收率也较高。由乙酸乙酯（**101**）自身缩合生成乙酰乙酸乙酯（**102**）的反应就是同酯缩合经典的例子。

$$2CH_3CO_2Et \xrightarrow{EtONa} CH_3COCH_2CO_2Et + EtOH$$
$$\textbf{101} \qquad\qquad\qquad \textbf{102}$$

2）异酯缩合

两种不同的酯之间进行的缩合称为异酯缩合，又称交叉酯缩合反应。

（a）若两种酯均含有 α-H，并且活性相差不大，则在碱性条件下，既可以发生同酯缩合，也可以发生异酯缩合，反应得到的是含有四个缩合产物的混合物，因此实用价值不大。若两种 α-H 的酸性不同时，则酸性较强的酯优先在碱的作用下生成碳负离子，然后作为亲核试剂与另一分子酯进行缩合反应。一般情况下三种酯的 α-H 的强弱顺序为：$H_3CCO_2CH_3 > RCH_2CO_2CH_3 >$ $RR'CHCO_2CH_3$。若酯的 α-碳上既有 α-H 又有芳环，由于失去 α-H 后生成的碳负离子负电荷得到分散而容易形成，故更容易作为亲核试剂发生异酯缩合。

（b）若含有 α-H 的酯与另一种不含 α-H 的酯（如甲酸甲酯、草酸二乙酯、碳酸二乙酯、芳香羧酸酯等）缩合时，则能以高收率生成 β-酮酸酯。例如，镇静药苯巴比妥（phenobarbital）中间体（**105**）[9]的合成。

$$PhCH_2CO_2Et + C_2H_5OCOC_2H_5 \xrightarrow[\text{2) } H_3O^+]{\text{1) NaH, THF}} PhCH(CO_2Et)_2 + EtOH$$
$$\textbf{103} \qquad\qquad \textbf{104} \qquad\qquad\qquad\qquad \textbf{105}$$

（c）二酯在碱作用下发生分子内酯缩合生成环状 β-酮酸酯的反应，称为分子内的 Claisen 缩合反应，又称 Dieckmann 缩合反应。该反应可用于 5～7 元环的环状 β-酮酸酯的合成。反应生成的 β-酮酸酯进一步水解脱羧，生成环酮，是合成五元、六元环酮的方法之一。例如，己二酸二乙酯（**106**）在醇钠的作用下生成 2-氧代-环戊基-甲酸乙酯（**107**），然后经水解、酸化脱羧得到环戊酮（**108**）。

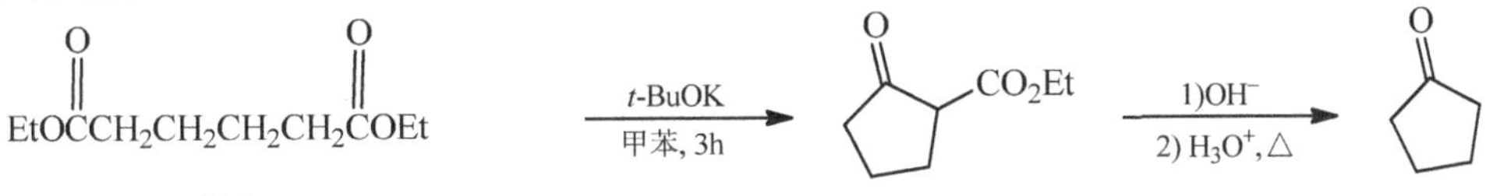

一般情况下使用乙醇钠作为碱，在无水乙醇中进行反应。目前，常用的位阻大、亲核性小的碱，如叔丁醇钾、二异丙基氨基锂（LDA）、双三甲基硅基氨基锂（LHMDS）等，反应在非质子溶剂如四氢呋喃中进行。

利用 Dieckmann 反应除了可以制备五元、六元的脂环酮外，还可以制备氮杂的环酮类化合物。例如，阿片类镇痛药芬太尼（fentanyl）中间体 N-苯乙基-4-哌啶酮（**111**）的合成[10]。

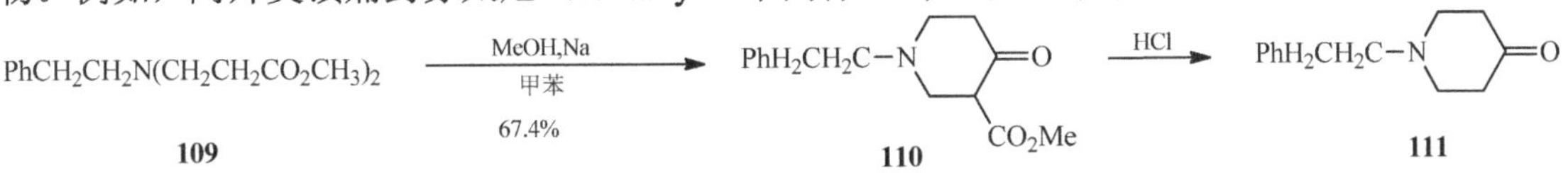

（2）酯-酮缩合

由于酮的 α-H 酸性比酯强，容易生成碳负离子进攻酯羰基发生亲核加成，生成 1,3-二酮。该反应是制备 1,3-二酮的重要方法之一。反应条件和反应机理与 Claisen 酯缩合相似。例如，N-Boc-哌啶-3-酮（**112**）与三氟乙酸乙酯（**113**）发生类 Claisen 缩合反应制备抗高血糖药物吉格列汀（gemigliptin）中间体（**114**）[11]。

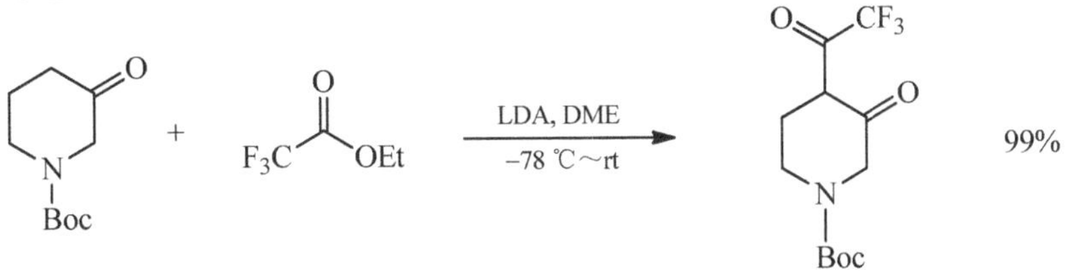

不对称的酮与酯缩合，一般反应发生在取代基少的一边。例如，磷酸二酯酶抑制剂西地那非（sildenafil）中间体 2-丙基吡唑-3-羧酸乙酯（**117**）[12]。

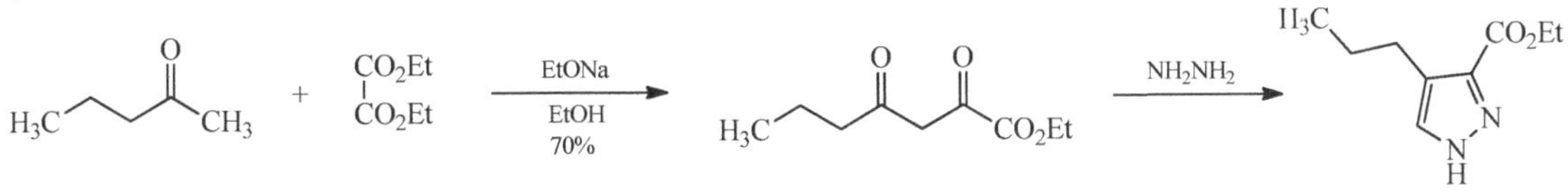

第二节　α-氨烷基化反应

一、Mannich 反应

具有 α-活泼氢的化合物与甲醛（或其他的醛）以及氨或胺发生三组分缩合反应，脱水生成

β-氨甲基类化合物的反应称为曼尼希（Mannich）反应，又称氨甲基化反应。其反应产物称为 Mannich 碱或盐。Mannich 反应是 20 世纪初发展起来的重要的有机化学反应，Mannich 碱及其衍生物是药物合成中主要的中间体或目标化合物，其在药物合成中起着巨大的推动作用，被广泛用于药物分子和生物碱的合成。

1. 反应通式及反应机理

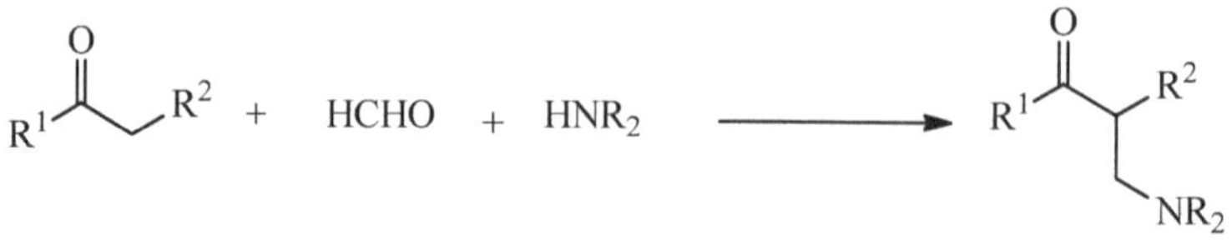

动力学研究表明，Mannich 反应为三级反应，酸和碱都可以用于催化该反应。

（1）酸催化

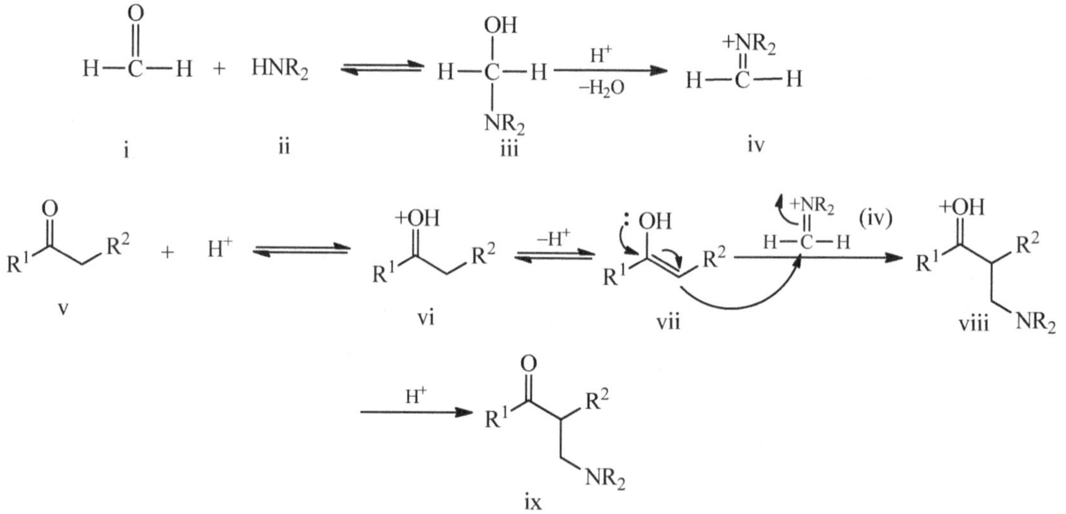

首先亲核性较强的胺与甲醛反应生成 N-羟基甲胺，并在酸催化下脱水生成亚胺盐后（亚胺鎓离子，又称 Eschenmoser 盐），与具有 α-活泼氢的烯醇式化合物反应，失去质子后生成最终产物 Mannich 碱。

（2）碱催化

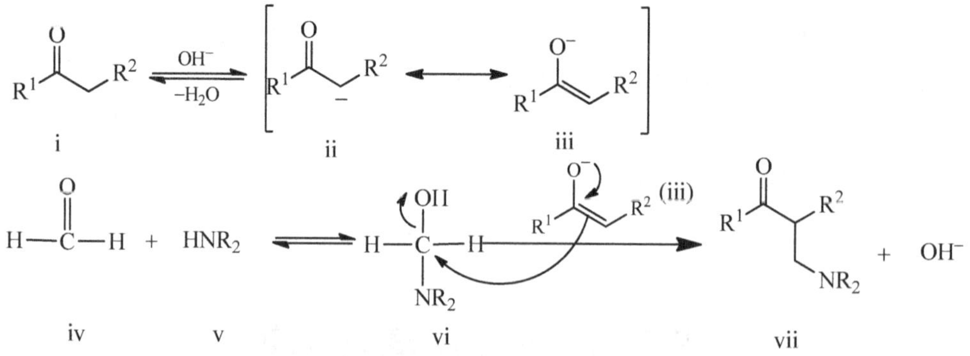

首先碱与具有 α-活泼氢的化合物反应生成碳负离子，后者再和醛与胺（氨）反应生成的加成物 N-羟甲基胺缩合，生成最终产物 Mannich 碱。

2. 反应特点及反应实例

1）含有 α-活泼氢的化合物除了醛、酮以外，还有羧酸、酯、腈、硝基烷烃、炔以及邻、对位未取代的酚类等也能进行 Mannich 反应，甚至一些杂环化合物如吲哚、α-甲基吡啶也可以发生该反应。例如，高血压治疗药物布新洛尔（bucindolol）中间体（**119**）[13]与抗骨质疏松新药米诺膦酸（minodronic acid）中间体（**121**）[14]的合成。

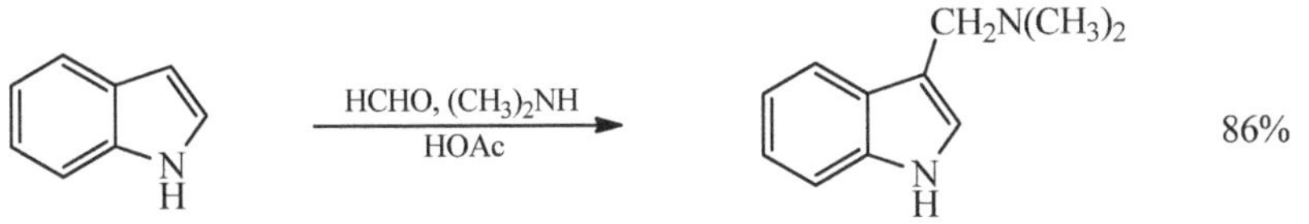

118 → **119** 86%

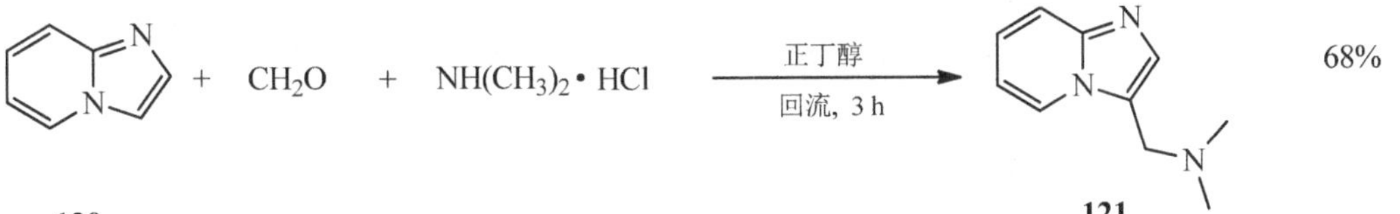

120 **121** 68%

2）在 Mannich 反应中，除了使用甲醛（或多聚甲醛）外，也可以使用其他醛，包括脂肪醛和芳香醛，但反应活性低于甲醛。当使用的二醛类化合物进行 Mannich 反应时，则可以合成环状化合物，如抗胆碱药物阿托品（atropine，**127**）中间体颠茄酮（**126**）的合成[15]。

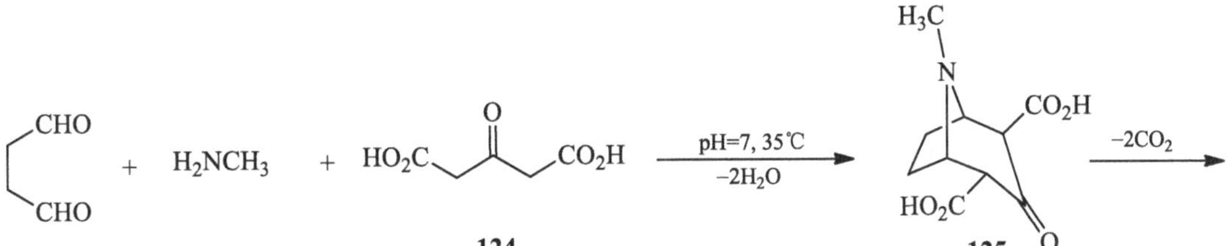

122 **123** **124** **125**

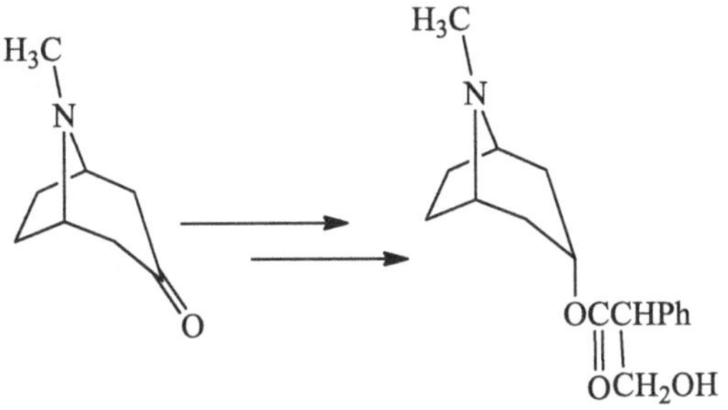

126 **127**

3）胺可以是伯胺、仲胺或氨。芳香胺类化合物也可以进行 Mannich 反应。根据反应条件的不同，芳香胺可以作为活泼氢化合物，也可以作为胺进行反应，反应常在醇、乙酸、硝基苯等溶剂中进行该反应。例如，2mol 取代苯胺与 1mol 甲醛可以生成 1mol Mannich 碱（**130**），后者又可以进一步发生 Mannich 反应，生成四氢喹唑啉（**131**）和稠环碱（**132**）。

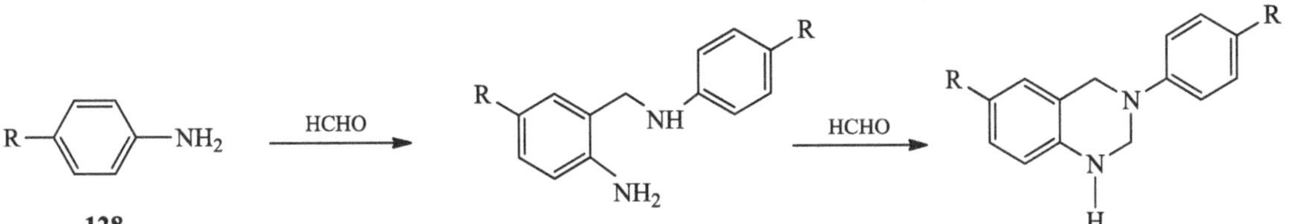

128 **129** **130**

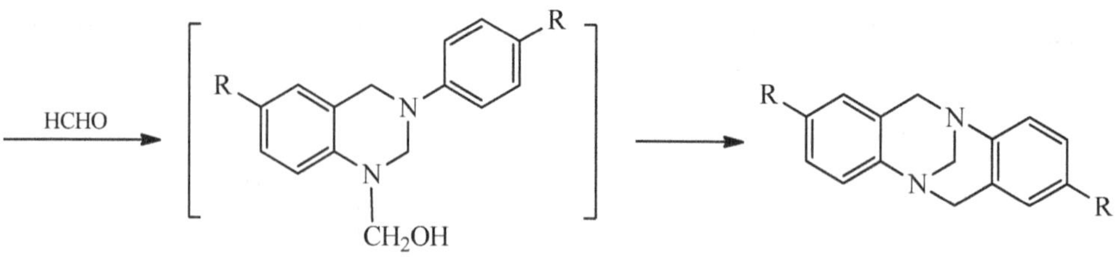

131 → **132**

4）Mannich 碱通常是不太稳定的化合物，可以发生多种化学反应，包括脱氨甲基反应、脱胺反应、取代反应、还原反应、与金属化合物的反应、成环反应等。利用这些反应可以制备各种不同的新化合物，在药物合成和有机合成中具有重要的用途。

（a）脱胺反应：在 Mannich 碱中，若氨基 β-位上有氢原子，加热时可以使 Mannich 碱分解得到胺及不饱和化合物。该反应的特点是在原来含有活泼氢化合物的碳原子上增加一个亚甲基双键。例如，利尿酸（ethacrvnic acid）中间体（**134**）的合成[16]。

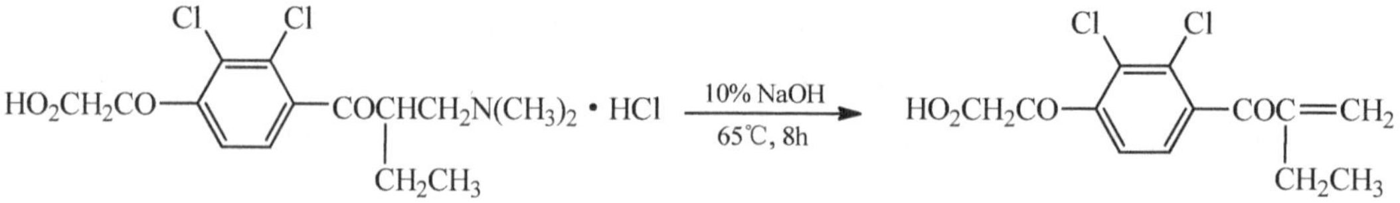

133 → **134**

（b）取代反应：Mannich 碱的季铵盐与氰化钠反应，可以被氰基取代生成腈。例如，强心、降压药盐酸匹莫苯（pimobendan hydrochloride）以及心脏病治疗药物左西孟旦（levosimendan）的中间体（**138**）[17]的合成。

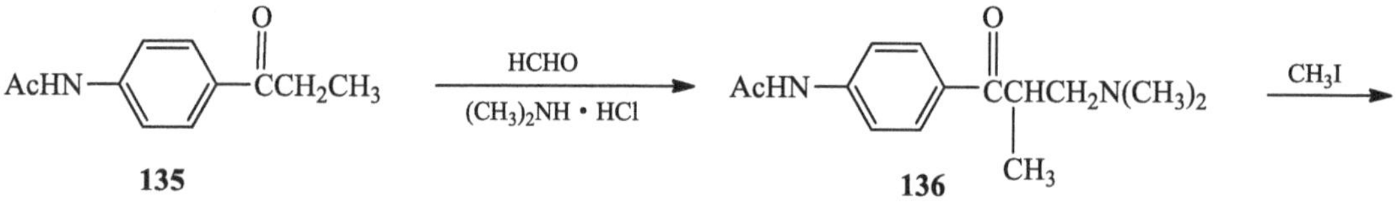

135 → **136**

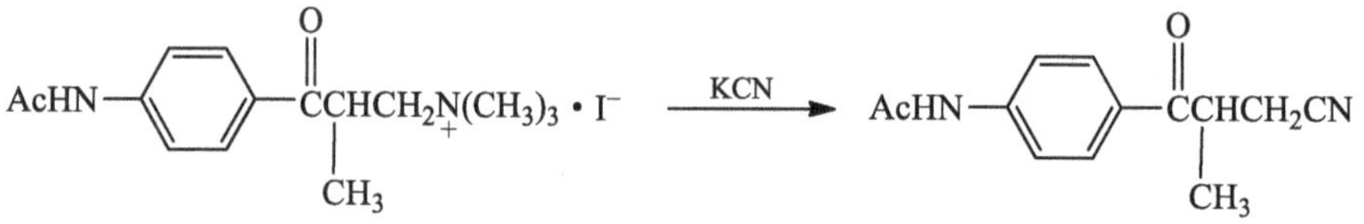

137 → **138**

二、Pictet-Spengler 反应

β-芳基乙胺与羰基化合物缩合，生成 1, 2, 3, 4-四氢异喹啉衍生物的反应称为 Pictet-Spengler 反应。目前，该反应被广泛用于合成异喹啉和 β-咔啉类衍生物。

1. 反应通式及反应机理

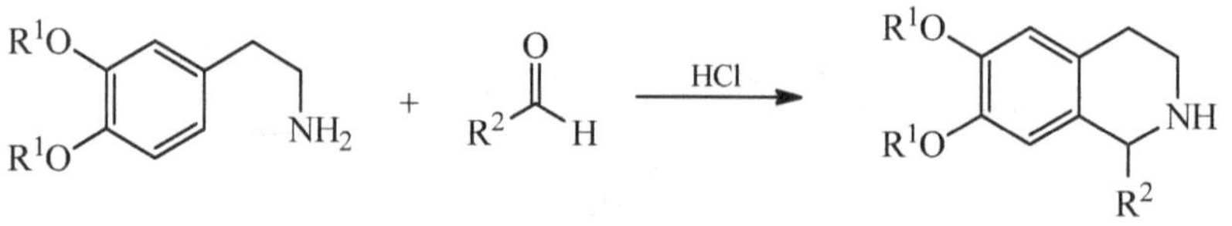

反应机理如下所示：

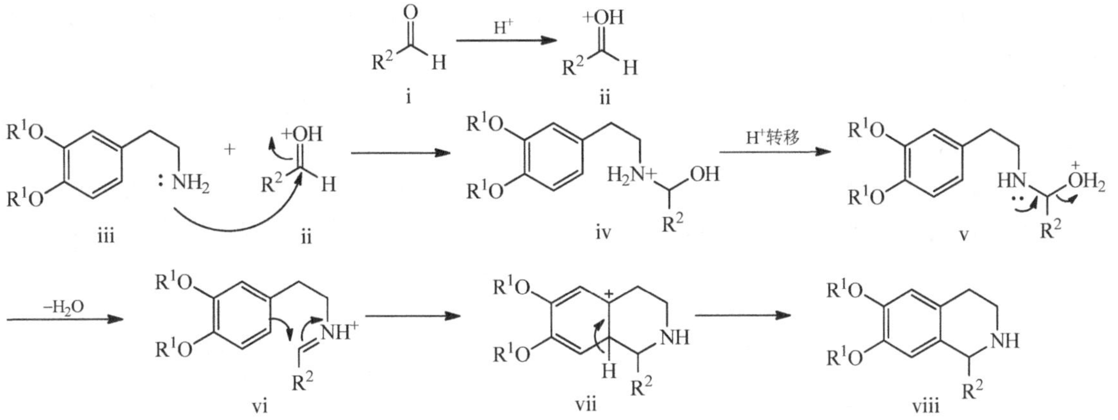

Pictet-Spengler 反应实质上是 Mannich 氨甲基化反应的特殊例子。反应一般需要经过两个步骤：①芳乙胺类衍生物与羰基化合物在酸或路易斯酸催化下发生缩合反应生成亚胺衍生物；②亚胺衍生物质子化后生成亚胺鎓盐，再与富电子的芳香环发生分子内的亲电取代反应闭环得到四氢异喹啉。

2. 反应特点及反应实例

在 Pictet-Spengler 反应过程中，最后环化的过程属于芳环的亲电取代反应，因此，在芳环上有供电子取代基（如烷氧基、羟基等）则有利于反应的进行。反之，则不利于反应的进行。例如，非去极化型肌松药顺苯磺酸阿曲库铵（cisatracurium besilate）中间体 6,7-二甲氧基-1,2,3,4-四氢异喹啉草酸盐（**140**）的合成[18]。

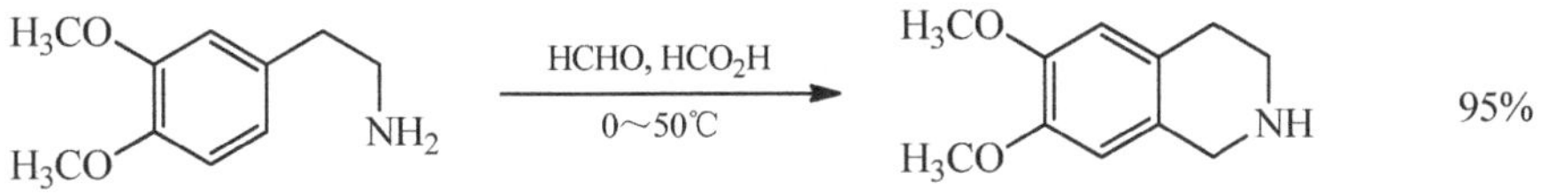

139 **140** 95%

在 Pictet-Spengler 反应中，非取代或者邻、对位单取代的苯乙胺作为反应底物时，只能得到一种成环产物，无需考虑其区域选择性。如果使用间位单取代的苯乙胺作反应底物，则存在对位或者邻位成环两种可能的方式，这时需要考虑反应的区域选择性问题。例如，以 3-甲氧基苯乙胺与甲醛为原料合成生物碱育亨宾（yohimbine）的中间体时，由于位阻的原因，只生成 6-甲氧基-1,2,3,4-四氢异喹啉（**142**）[19]。

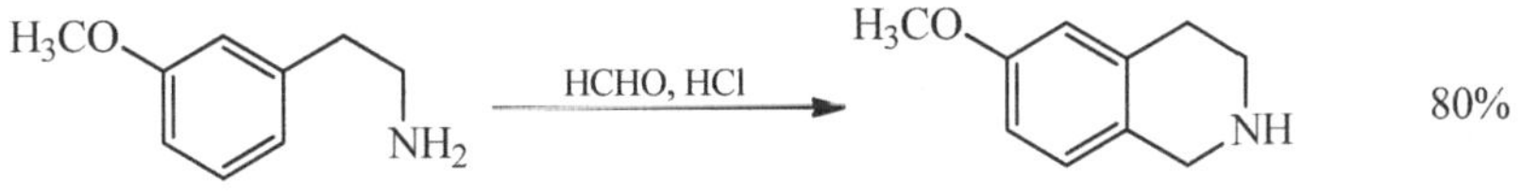

141 **142** 80%

除了醛基可以作为 Pictet-Spengler 反应底物外，半缩醛和缩醛由于在酸性条件下可以原位转化成相应的醛，因此也可以作为反应合适的底物。例如，5-溴色氨酸乙酯与二甲基缩甲醛，在乙酸催化下进行 Pictet-Spengler 反应生成 β-咔啉类衍生物（**144**）[20]。

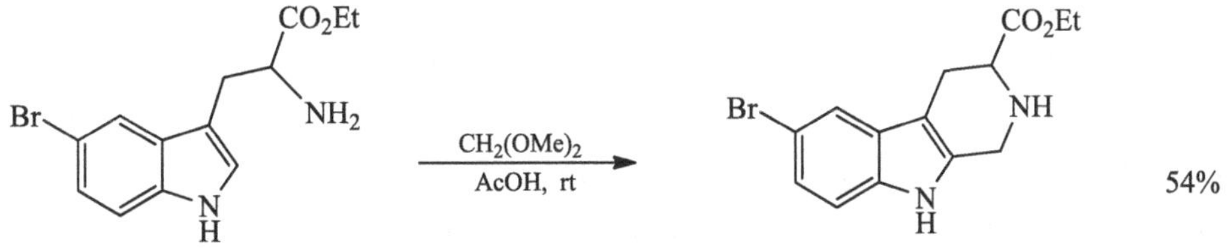

143 **144** 54%

因此，Pictet-Spengler 反应除了可用于制备四氢异喹啉外，还常用于制备其他不同类型的稠环化合物，如 β-咔啉类衍生物。

案例 5-1 Strecker 反应

Strecker 反应由德国化学家 A. Strecker 于 1854 年首次报道，其是指脂肪族或芳香族化合物与氰化氢在过量的氨或胺存在下反应生成 α-氨基氰，后者经酸或碱水解生成(D, L)-α-氨基酸的反应，通常情况下用该方法合成的氨基酸是外消旋体。其反应通式和反应机理如下：

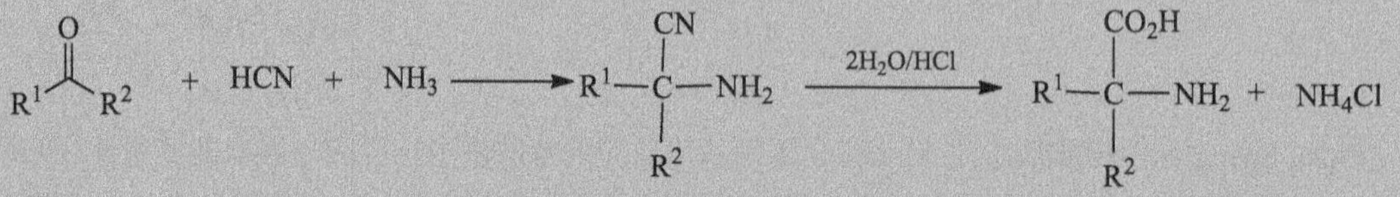

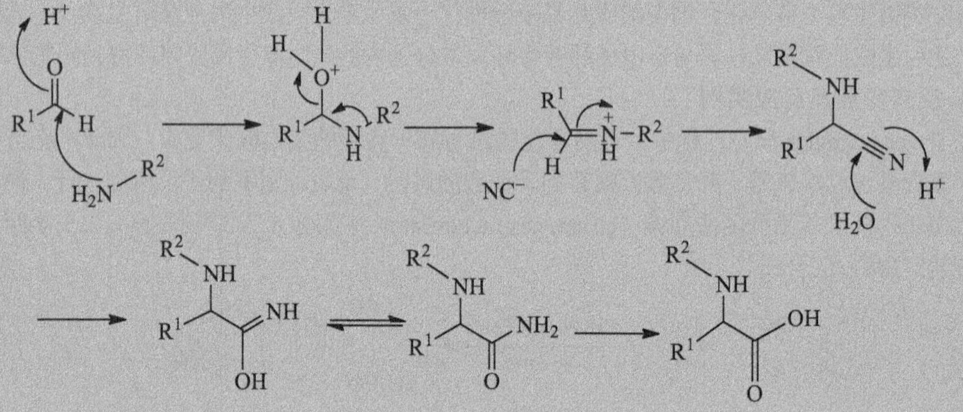

【问题】

（1）氨基酸是蛋白质的组成部分，在维持生命代谢过程中具有特殊的作用。因此，其合成方法一直受到广泛关注。目前氨基酸的主要合成方法有哪些？

（2）早期在 Strecker 反应中使用的氰化物为氰化氢、氰化钠等，均为剧毒化学品，极大地限制了该反应的应用。目前，哪些化学试剂可以替代这些氰化物？

（3）通过 Strecker 反应合成的氨基酸一般是消旋体，为了获得光学纯的氨基酸，不对称的 Strecker 反应得到迅速的发展。而实现这一立体选择性的方法有哪些？

【案例分析】

（1）目前世界上氨基酸的合成方法主要有四种方法：发酵法、化学合成法、化学合成-酶法和蛋白质水解提取法。Strecker 反应是一种常用的合成氨基酸的化学方法。

（2）近年来使用有机氰化物替代氰化钠、氰化钾等的报道越来越多，如 Me₃SiCN、Bu₃SnCN、EtAl(OPr-i)CN、(EtO)₂POCN 等。利用这些有机氰化物进行 Strecker 反应时，常常需要在反应中加入一些催化剂，主要是路易斯酸或路易斯碱，如高氯酸锂、氯化镍、氯化铋、三氟化硼等。

（3）在 Strecker 不对称合成中，氰基进攻亚胺碳原子后生成目标产物的手性中心。而为了实现这一立体选择性，目前主要的方法有三种。一是在醛部分引入手性基团；二是在胺部分引入手性基团生成手性胺；三是使用手性催化剂。例如，用手性的 1,2-异亚丙基-D-甘油醛与苄胺经一系列反应，可以合成手性的 β,γ-二羟基-α-氨基酸。

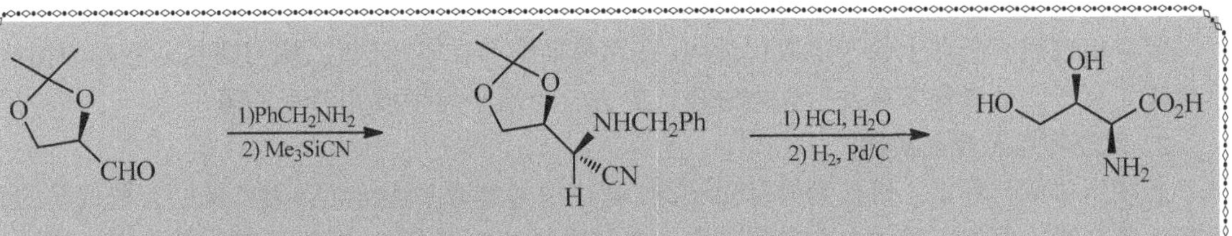

145 → **146** → **147**

使用手性苯乙胺醇作为亚胺底物的手性胺，与醛反应首先生成亚胺底物，再与 Me_3SiCN 反应引入氰基，经水解、脱保护可以得到手性 α-氨基酸。

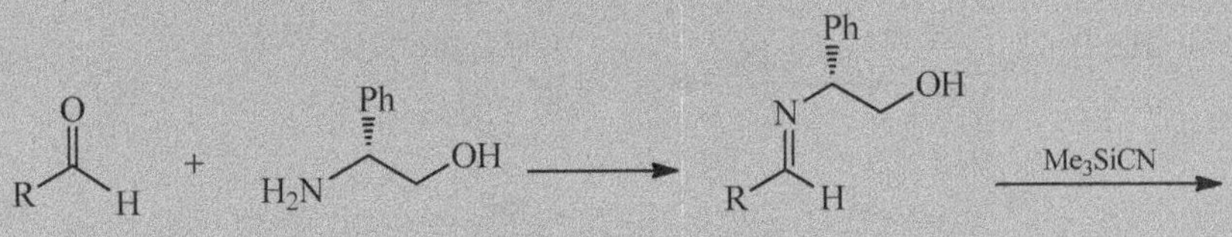

148　**149** → **150** →

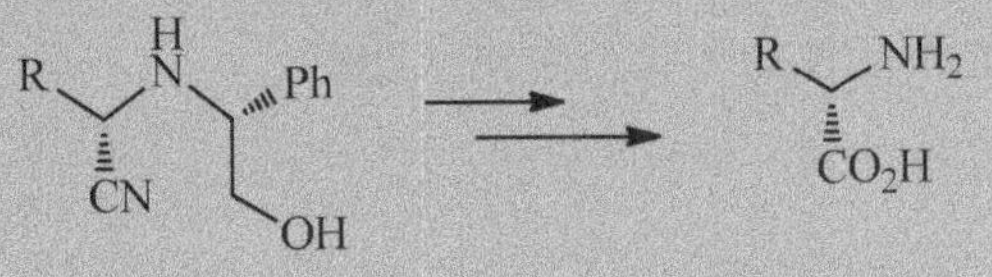

151 → **152**

目前已经报道的手性催化剂有如下几种：手性噁唑硼烷催化剂、手性钛配合物催化剂、手性镧系金属配合物催化剂、手性镁配合物催化剂、手性小分子催化剂等。

第三节　β-羟烷基化、β-羰烷基化反应

一、β-羟烷基化反应

环氧乙烷为三元环醚，分子具有较大的张力，容易开环，性质非常活泼，可以作为羟乙基化试剂，在碳、氧、氮、硫等原子上引入羟乙基。本节主要讨论碳原子上由环氧乙烷及其衍生物引起的 β-羟烷基化反应。

在路易斯酸（如三氯化铝、四氯化锡等）催化下，芳烃与环氧乙烷及其衍生物发生 Friedel-Crafts 反应，生成 β-羟烷基类化合物。

1. 反应通式及反应机理

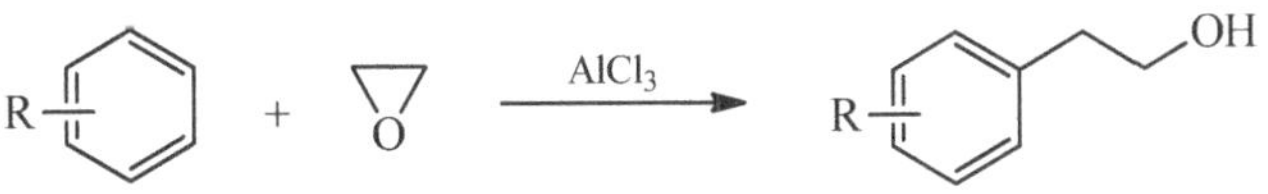

反应机理如下所示：

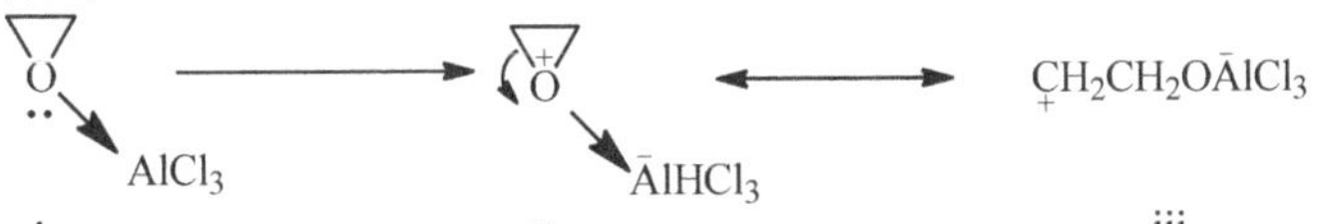

i　　　　ii　　　　iii

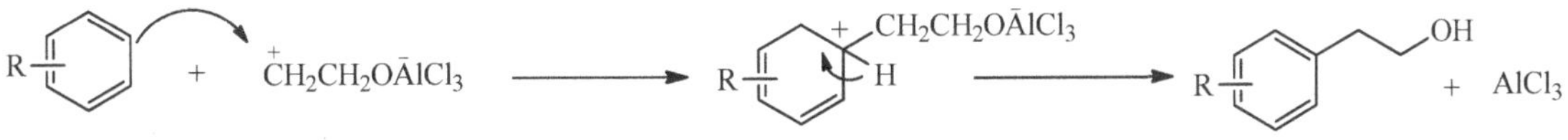

iv　　　iii　　　　v　　　　vi

反应机理属于芳环上的亲电取代反应。在路易斯酸存在下，环氧乙烷与路易斯酸形成鎓盐，生成碳正离子。后者向苯环发生亲电进攻，失去一个质子后生成 β-芳基乙醇。

2. 反应特点及反应实例

若使用单取代环氧乙烷作为烃基化试剂，则往往得到芳基连接在环氧乙烷已有取代基的碳原子上的产物。例如，胃动力药马来酸曲美布汀中间体 2-苯基-1-丁醇（**155**）的合成，该反应主要的副产物为环氧乙烷开环生成的氯代醇（**156**）[21]。

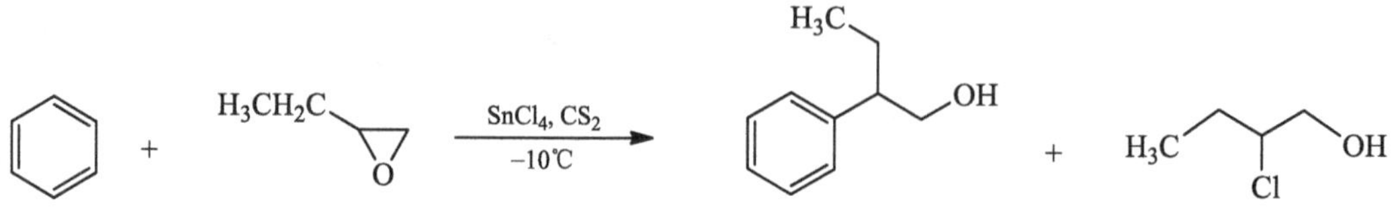

$$ 153 + 154 \xrightarrow[-10^\circ C]{SnCl_4,\ CS_2} 155 + 156 $$

除了苯环及其衍生物可以进行 β-羟烷基化反应外，吲哚、吡咯以及吡唑也能与环氧乙烷进行该反应。例如，在 $InBr_3$ 催化下，吲哚（**118**）与具有光学活性的苯基环氧乙烷（**157**）发生开环反应，得到高光学活性的吲哚衍生物（**158**）。

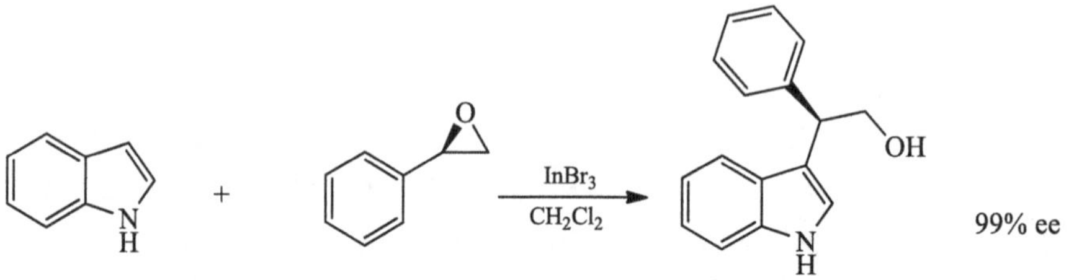

$$ 118 + 157 \xrightarrow[CH_2Cl_2]{InBr_3} 158 \quad 99\%\ ee $$

二、β-羰烷基化反应（Michael 加成反应）

活泼亚甲基化合物在碱性条件下与 α,β-不饱和羰基化合物发生 1,4-加成反应，生成 β-羰烷基类化合物的反应，称为 Michael 加成反应。反应中 α,β-不饱和羰基化合物常称为 Michael 受体，活泼亚甲基化合物称为 Michael 供体。

1. 反应通式及反应机理

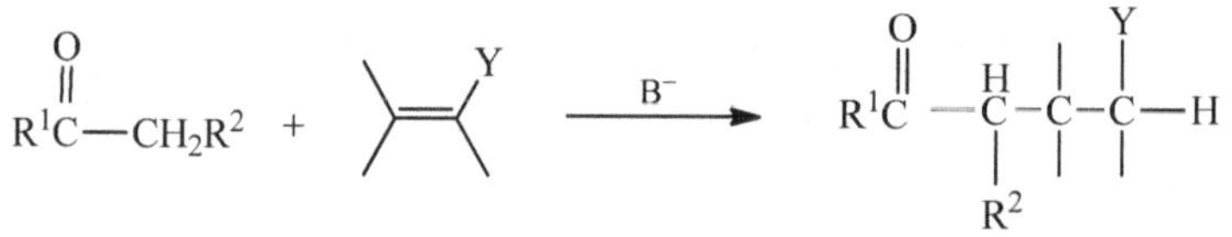

$$ R^1C(=O)-CH_2R^2 + \text{（Michael受体）} \xrightarrow{B^-} \text{产物} $$

反应机理如下所示：

（机理示意图，经中间体 i → ii ↔ iii → (iv) → v ↔ vi → vii）

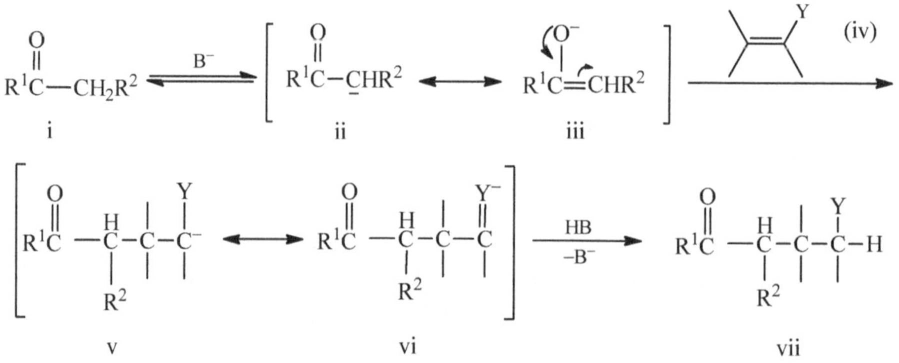

从反应机理上看，属于共轭加成或 1, 4-加成。反应中活泼亚甲基化合物首先在碱的作用下烯醇化，生成烯醇负离子，继而烯醇负离子的碳原子进攻 α, β-不饱和羰基化合物中碳-碳双键的 β-碳，生成 β-羰烷基化合物。

2. 反应特点及反应实例

一般而言，Michael 受体的活性与 α, β-不饱和键上连接的官能团的性质有关。若相连的官能团的吸电子能力强，则 β-碳上的电子云密度低，容易受到亲核试剂的进攻，反应活性高，容易发生反应。官能团吸电子能力的顺序如下：$NO_2 > SO_3R > CN > CO_2R > CHO > COR$。

对于 Michael 供体而言，其酸性越大，则更加容易形成碳负离子，其活性也大。例如，丙二酸二甲酯（**160**）的亚甲基由于两个酯基的吸电子作用，亚甲基的酸性强于 Michael 受体中的甲基，因此在甲醇钠的作用下，丙二酸二甲酯（**160**）首先失去一个质子形成碳负离子，然后与 **159** 发生 Michael 加成反应得到加成产物 **161** 后，再在甲醇钠的作用下甲基酮的甲基失去一个质子，形成碳负离子发生分子内的 Michael 加成反应得到加成产物 **162**，在水解、酸化后得到目标化合物 **163**。

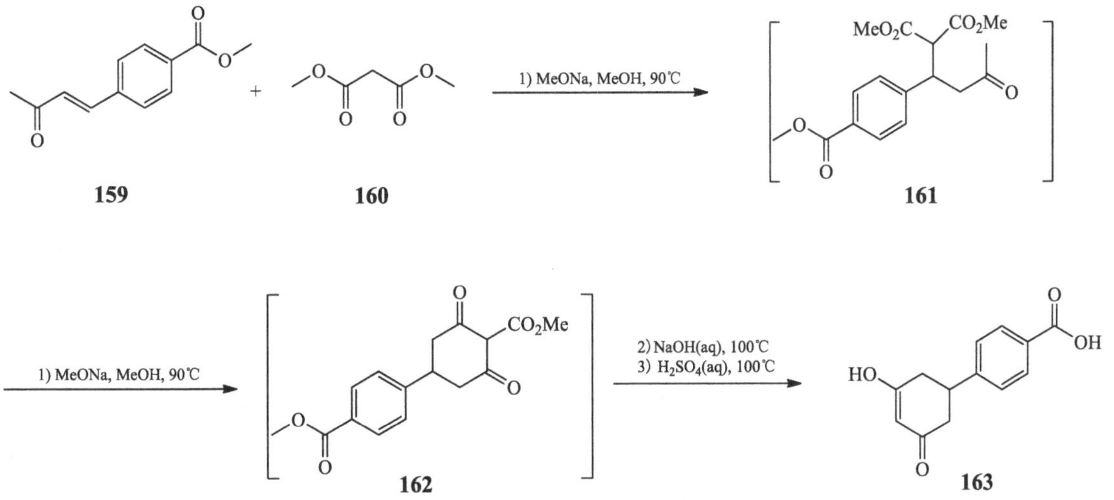

第四节　亚甲基化反应

亚甲基化反应是在药物分子中引入碳-碳双键的一种重要的反应。目前在药物分子中引入碳-碳双键的方法主要有两种：一是双键已存在于原料中，如有机金属试剂与卤代烃的偶联反应（Heck 反应）等；二是通过化学反应重新构建双键，如消除反应、碳负离子与羰基化合物的缩合等。本节主要介绍羰基化合物的亚甲基化反应，包括羰基的烯化、羰基 α-位的亚甲基化。这些反应在有机合成、药物合成中具有广泛的应用。

一、羰基的烯化反应（Wittig 反应）

醛或酮与磷叶立德反应合成烯烃的反应称为羰基烯化反应。此反应由 Wittig 于 1953 年发现的，所以又称 Wittig 反应。Wittig 反应是合成烯键的一种重要的方法。

1. 反应通式及反应机理

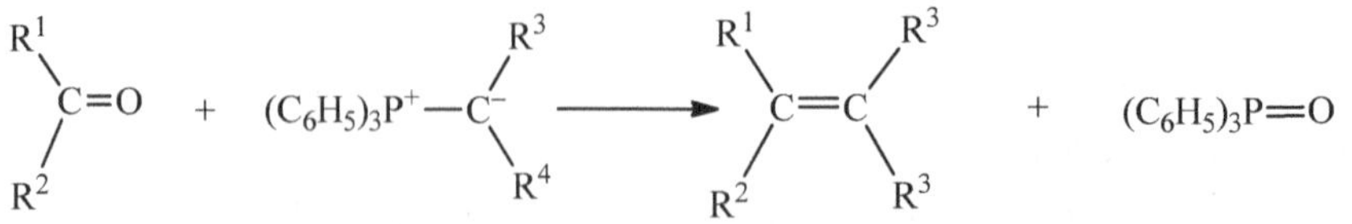

关于 Wittig 反应的机理，目前有两种观点，一种认为反应必须首先形成内锡盐，再生成磷氧杂环丁烷；另一种认为反应不必经过内锡盐，而是直接形成磷氧杂环丁烷。

目前认为，Wittig 反应的机理与反应物结构和反应条件有关。低温下在无盐体系中，活泼的磷叶立德主要是通过氧磷杂丁烷中间体机理进行的；在有盐（如锂盐）体系中磷叶立德与醛、酮的反应可能是通过形成内锡盐进行的。

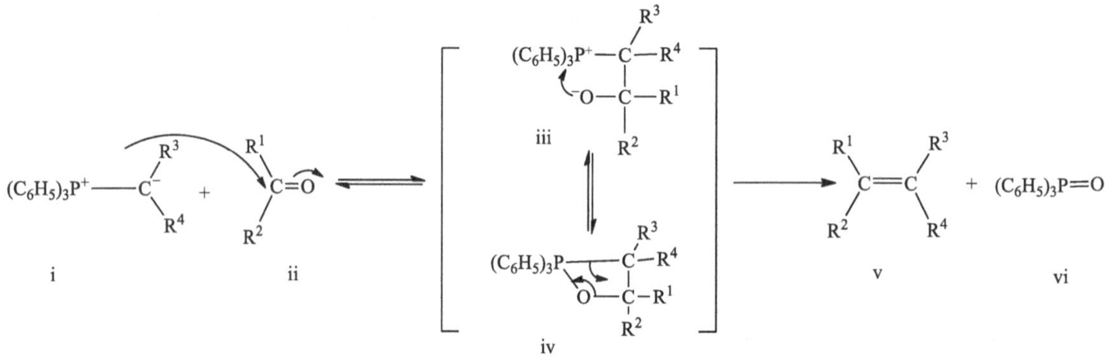

磷叶立德作为亲核试剂，与羰基进行亲核加成形成内锡盐或氧磷杂丁烷中间体进而经顺式消除分解成烯烃以及三苯基氧膦。

2. 反应特点及反应实例

（1）产物的立体选择性

在 Wittig 反应中，反应产物烯烃可能存在顺式（Z）、反式（E）两种异构体，影响 Z、E 两种异构体组成比例的因素很多，包括磷叶立德的反应活性和稳定性，溶剂的种类与极性、体系中是否有盐等。一般情况下的立体选择性可归纳于表 5-1。

表 5-1　Wittig 反应立体选择性参数

反应条件		稳定的活性较小的试剂	不稳定的活性较大的试剂
极性溶剂	无质子	选择性差，以 E 式为主	选择性差
	有质子	Z 式异构体的选择性增加	E 式异构体的选择性增加
非极性溶剂	无盐	高度选择性，E 式占优势	高度选择性，Z 式占优势
	有盐	Z 式异构体的选择性增加	E 式异构体的选择性增加

当磷叶立德的 α-碳上连接供电子基团（如烷基类）时，由于增加了 α-碳的负电荷，磷叶立德稳定性变小，有利于亲核加成，此时反应为动力学控制反应，得到的产物以 Z 型烯烃为主；当磷叶立德的 α-碳上连接吸电子基团（如酯基）时，由于降低了 α-碳原子的电子云密度，磷叶立德稳定性增加，不利于亲核加成，此时反应为热力学控制反应，主要生成更稳定的 E 型烯烃。例如，治疗膝关节骨性关节炎和其他神经性疼痛的药物珠卡赛辛（zucapsaicin）中间体（**166**）[22] 与治疗真性红细胞增多症药物鲁索替尼（ruxolitinib）中间体（**169**）[23] 的合成。

164 + **165** $\xrightarrow[\text{rt}\sim80℃]{\text{苯}}$ **166** 53%

167 + **168** $\xrightarrow[90℃]{t\text{-BuOK, DMF}}$ **169**

（2）制备共轭多烯化合物

Wittig 试剂与 α,β-不饱和醛反应时，一般不发生 1,4-加成，只发生 1,2-加成，且反应生成的双键位置是固定的。因此，利用此特性可以合成许多共轭多烯化合物，如维生素 A（**173**）的合成。

170 + **171** $\xrightarrow[\substack{\text{MeOH}\\75\%}]{\text{HBr, PPh}_3}$ **172**

$\xrightarrow{\text{LiAlH}_4}$ **173**

（3）制备环外烯键化合物

Wittig 反应条件比较温和，收率较高，生成的烯烃一般不会异构化，而且双键的位置是确定的，利用此特征可以制备能量上不利的环外双键化合物。例如，治疗胆囊炎、胆汁缺乏、肠道消化不良等症的胆酸（cholic acid）中间体（**176**）的合成[24]。

174 + $\text{Ph}_3\overset{+}{\text{P}}\text{CH}_2\text{CH}_3\ \text{Br}^-$ **175** $\xrightarrow{t\text{-BuOK, THF, 25℃}}$ **176**

（4）Horner-Wittig 反应

由于应用广泛，Wittig 反应已经成为烯烃合成的重要方法。但由于 Wittig 反应生成的三苯基氧膦的处理比较困难，因此，近年来出现了很多的改良方法。例如，用膦酸酯、硫代膦酸酯、膦酰胺等替代三苯基氧膦来制备 Wittig 试剂。

$$(RO_2)\overset{\overset{\text{O}}{\|}}{P}\text{—CH}_2R^1 \qquad (RO_2)\overset{\overset{\text{S}}{\|}}{P}\text{—CH}_2R^1 \qquad (RN_2)\overset{\overset{\text{O}}{\|}}{P}\text{—CHR}^1R^2$$

      膦酸酯   硫代膦酸酯   膦酰胺

利用膦酸酯与醛、酮在碱存在下生成烯烃的反应，称为 Horner 反应，又称 Horner-Wittig 反应。该反应中膦酸酯可通过 Arbuzow 重排来制备。一般情况下，由于在磷和相邻碳负离子上都连有位阻较大的取代基，因而有利于生成 *E* 型烯烃。反应的副产物 *O*, *O*-二烷基磷酸盐可溶于水，很容易通过水溶液萃取而与生成的不饱和酸酯分离。

反应通式如下所示：

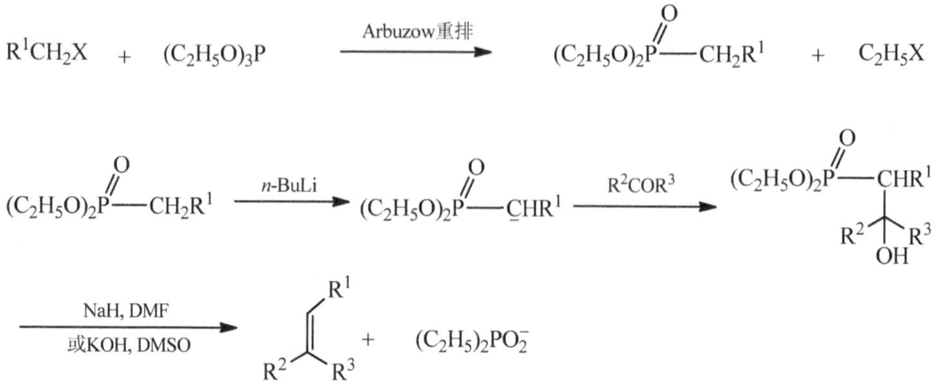

反应机理如下所示：

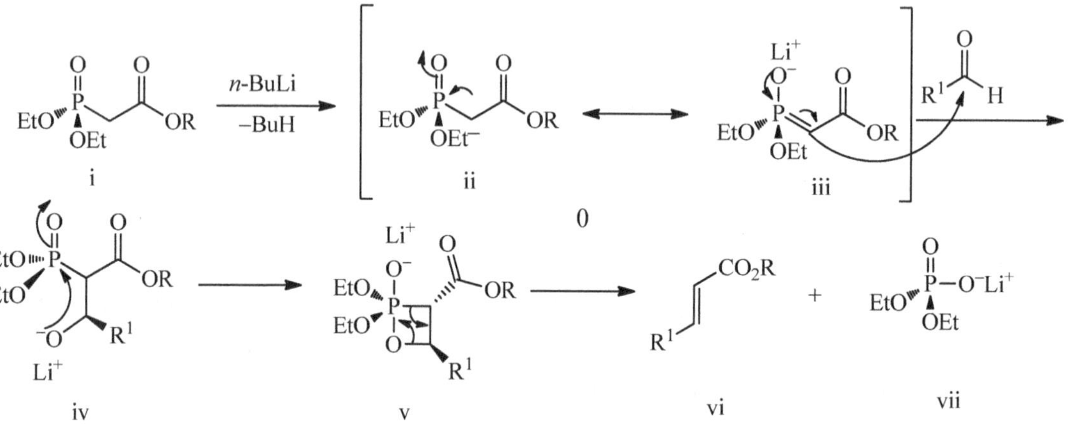

Horner 反应机理与 Wittig 反应相似，但在消除步骤略有差别。首先膦酸酯 *α*-碳在碱性作用下失去一个质子，生成碳负离子（ii），碳负离子作为亲核试剂与醛、酮进行加成反应，得到具有氧负离子的中间体（iv），继而氧负离子进攻磷原子，生成一个氧杂的四元环中间体（v），最后发生逆[2 + 2]环加成反应，消除生成 *E* 型烯烃。

与 Wittig 试剂相比，膦酸酯制备容易，反应活性强，稳定性高，可以与一些难以发生 Wittig 反应的醛或酮进行反应。反应结束生成的水溶性的磷酸盐，很容易与生成的烯烃分离。反应选择性高，产物主要为反式异构体。例如，抗结核药物贝达喹啉（bedaquiline）中间体（**179**）[25] 的制备。

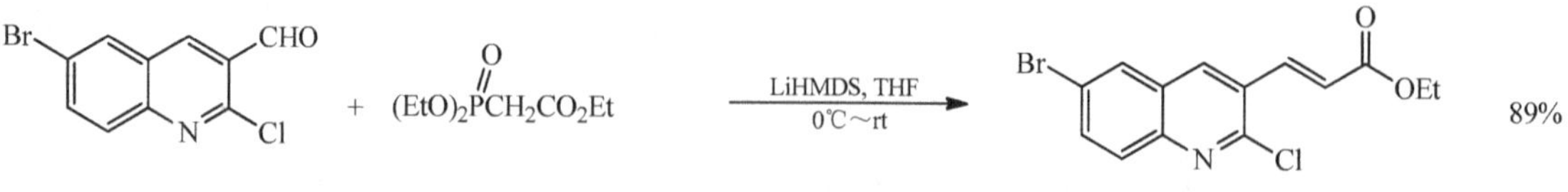

177 **178** **179**

Horner 反应适用于各种取代烯烃的制备。膦酸酯与 *α*, *β*-不饱和醛、双烯酮等都可以发生反应制备共轭多烯烃化合物。例如，治疗骨质疏松药物米诺膦酸（minodronic acid）中间体（**181**）的制备[26]。

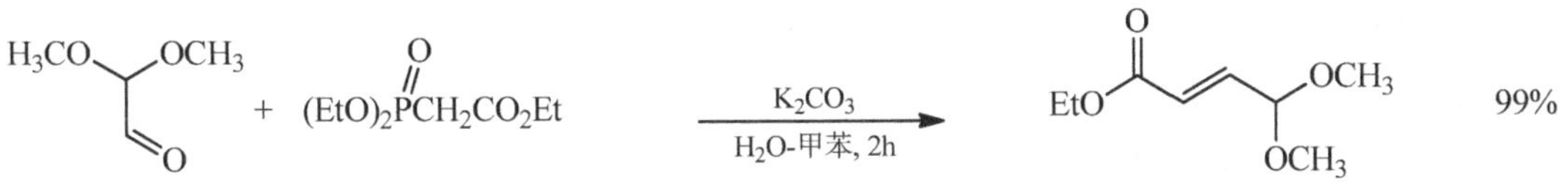

180 **178** **181** 99%

二、羰基 α-位的亚甲基化反应

含活泼亚甲基的羰基化合物，羰基 α-位的氢由于受到邻近羰基吸电子作用的影响具有弱酸性，在碱的作用下失去质子生成碳负离子（或烯醇负离子），后者作为亲核试剂与另一个羰基化合物进行亲核加成，而后脱去水生成烯键，这一反应相当于在原来羰基化合物的 α-位引入了烯键。

（一）Knoevenagel 缩合反应

含有活泼亚甲基的化合物与醛或酮在弱碱催化下，失水缩合生成 α,β-不饱和羰基化合物及其类似物，称为 Knoevenagel 缩合反应。

1. 反应通式及反应机理

$$X, Y = CN, NO_2, COR^2, COOR^2, CONHR^2 等$$

目前此反应的机理有以下两种情况。

一种机理是羰基化合物在伯胺、仲胺或铵盐的催化下形成亚胺过渡态（iii），然后与活性亚甲基的碳负离子加成。

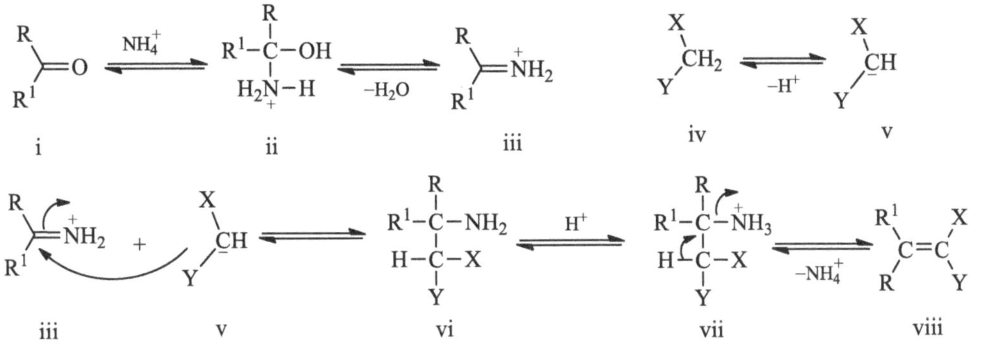

另一种机理类似于羟醛缩合，反应在极性溶剂中进行，在碱作用下，活性亚甲基失去一个质子形成碳负离子，然后与醛、酮缩合。

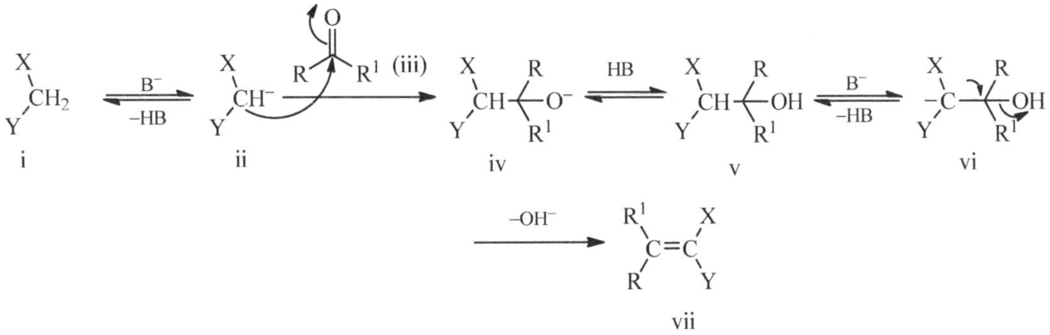

一般认为采用伯胺、仲胺催化，有利于形成亚胺中间体，反应可能按照前一种机理进行。反应如果在极性溶剂中进行，则类似于羟醛缩合的机理可能性较大。

2. 反应特点及反应实例

在 Knoevenagel 缩合反应中，若使用丙二酸作为亲核试剂，则消除反应与脱酸反应同时发生，是合成 α,β-不饱和酸的较好方法之一。例如，口服抗血小板药物替格瑞洛（ticagrelor）中间体（**184**）的合成[27]。

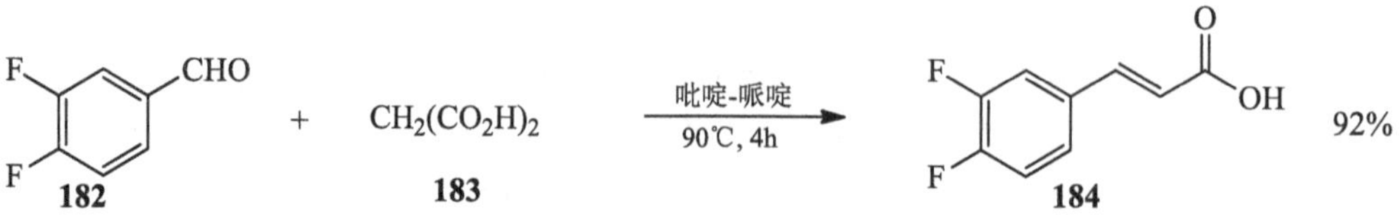

乙酸-哌啶很容易催化芳香醛与 β-羰基化合物的缩合反应。例如，治疗高血压、心绞痛的药物非洛地平（felodipine）与氯维地平（clevidipine）中间体（**187**）的合成[28]。

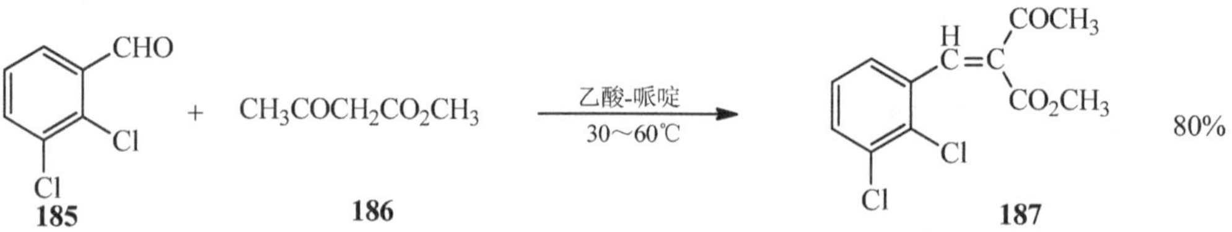

利用 Knoevenagel 缩合反应可以合成香豆素类化合物。邻羟基苯甲醛与含活泼亚甲基化合物（如丙二酸酯、氰基乙酸酯、丙二腈等）在哌啶存在下发生环合反应，生成香豆素-3-羧酸衍生物。

（二）Perkin 反应

芳香醛与脂肪酸酐在相应的脂肪酸金属盐的催化下缩合，生成 β-芳基丙烯酸衍生物的反应，称为 Perkin 反应。该反应是由 W. H. Perkin 于 1868 年首先报道的。

1. 反应通式及反应机理

$$ArCHO + (RCH_2CO)_2O \xrightarrow{RCH_2CO_2K} ArCH=CRCO_2H + RCH_2CO_2H$$

R = 脂肪族或芳香族烃基

反应机理如下所示：

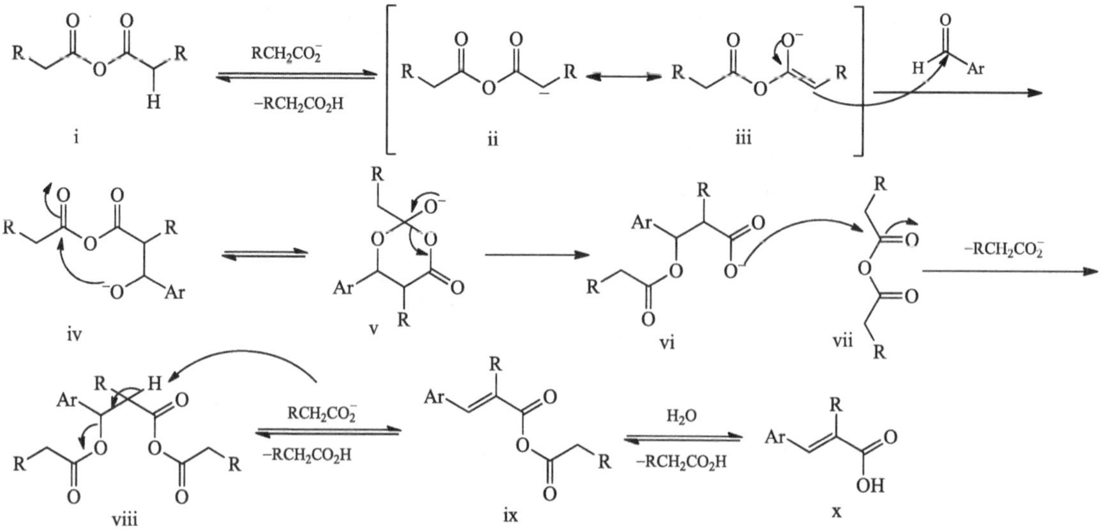

在碱作用下，酸酐经烯醇化后与芳香醛进行羟醛缩合，经酰基转移、消除、水解得到 β-芳基丙烯酸类化合物。

由于酸酐的 α-氢原子比羧酸盐的 α-氢原子活泼，故更容易被碱夺去而产生碳负离子，所以一般认为 Perkin 反应与芳香醛作用的是酸酐而不是羧酸盐。

2. 反应特点及反应实例

Perkin 反应通常仅适用于芳香醛和无 α-氢的脂肪醛。芳香醛的芳基可以是苯基、萘基、蒽基、杂环基等。芳环上的取代基对 Perkin 反应的收率有影响，芳环上有吸电子取代基团时，反应容易进行，收率较高，反之则反应较慢，收率较低。

Perkin 反应生成的 α,β-不饱和酸有顺反异构体，占优势的异构体为 β-碳上大基团与羧基处于反位的异构体。例如，抗癫痫药甲琥胺（methsuximide）中间体 α-甲基肉桂酸（**189**）的合成[29]。

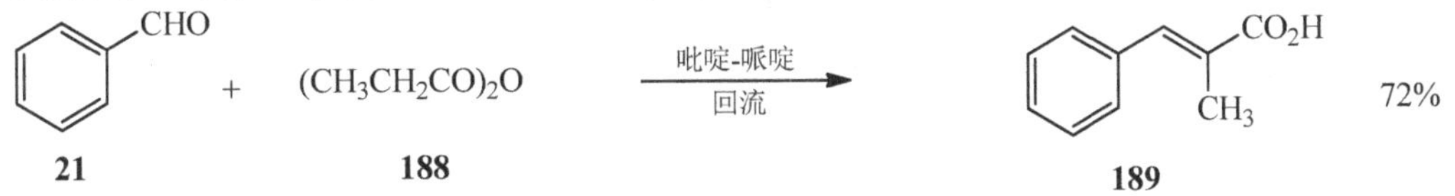

如果苯环上的醛基邻位上有羟基，生成的不饱和酸将失水环化，生成香豆素类化合物。例如，水杨醛（**190**）与乙酸酐发生 Perkin 反应，顺式异构体（**191**）可自发生成香豆素（**193**），而反式异构体（**192**）发生乙酰基化生成乙酰香豆酸（**194**）。

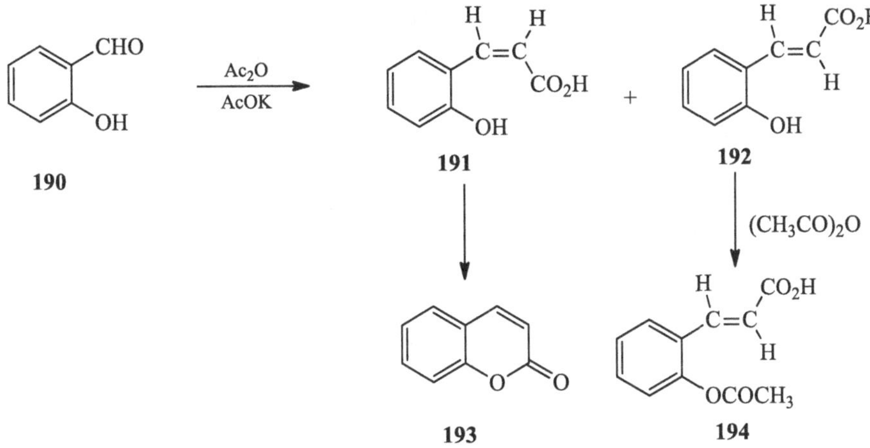

第五节　α,β-环氧烷基化反应

醛、酮在碱性条件下与 α-卤代酸酯作用，生成环氧乙烷衍生物的反应，称为 Darzens 反应。该反应是由 G. Darzens 于 1902 年首次报道的。

一、反应通式及反应机理

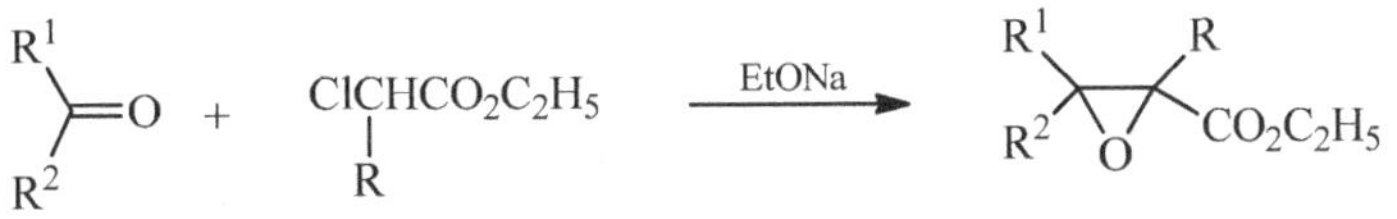

反应机理如下所示：

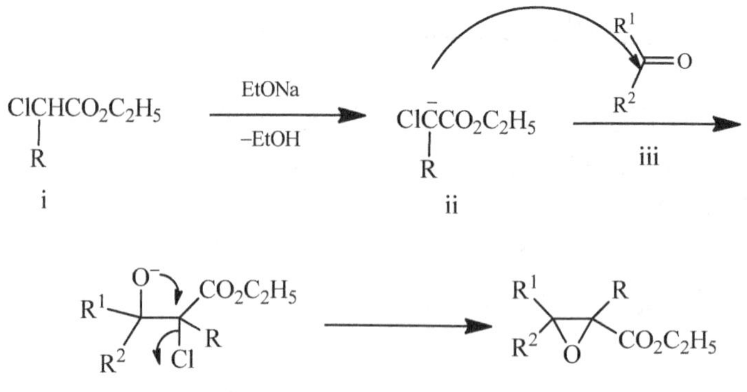

i　　ii　　iv　　v

在碱性条件下，α-卤代酸酯生成相应的碳负离子中间体后，进攻醛或酮的羰基碳原子，发生 Knoevenagel 缩合反应，再经分子内 S_N2 反应形成环氧丙酸酯类化合物。

二、反应特点及反应实例

该反应常用的碱包括：醇盐（如乙醇钠、异丙醇钠）、氢氧化钠、碳酸盐、丁基锂、LDA、NaHMDS 和氨基钠等，反应的收率普遍较高。

反应中使用的羰基化合物，由于脂肪醛在碱性条件下存在自身缩合，因此脂肪醛的收率不高。其他的芳香醛、脂肪基芳基酮、脂环酮以及 α, β-不饱和醛酮和酰基磷酸酯等，都可以顺利进行。

α-溴代或碘代酸酯活性较高，容易发生取代反应使产物变得复杂，因此一般 α-卤代酸酯最好使用 α-氯代酸酯。

Darzens 反应产物 α, β-环氧酸酯是极其重要的药物合成中间体，经水解、脱羧可以转化为比原来反应物醛、酮增加一个碳原子的醛、酮。

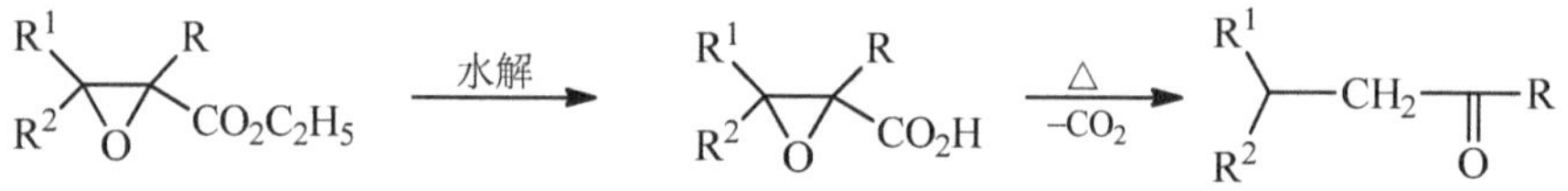

例如，治疗肺动脉高压的药物安立生坦（ambrisentan）中间体（**197**）的合成[30]。

195　　**196**　　**197**

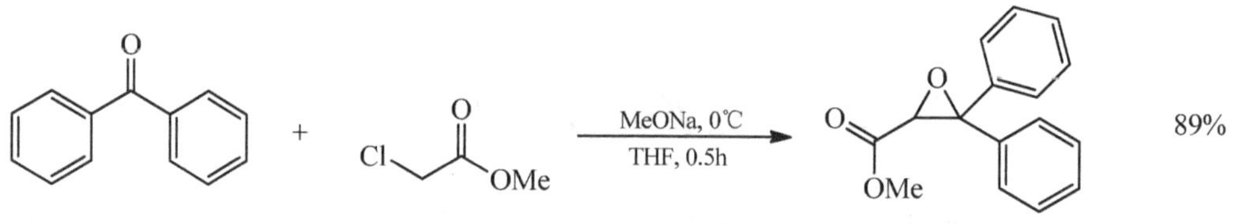

第六节　环加成反应

环加成反应（cycloaddition reaction）是在光照或加热条件下，两个或多个带有双键、共轭双键或孤对电子的化合物相互作用生成环状化合物的反应。环加成反应在反应过程中不消除小分子化合物，没有 σ 键的断裂。根据成环原子数目，环加成反应可分为[4 + 2]、[3 + 2]、[2 + 2]、[2 + 1]等。其中 Diels-Alder 反应就属于[4 + 2]环加成反应。

一、Diels-Alder 反应

共轭二烯烃与烯烃、炔烃进行环化加成，生成环己烯衍生物的反应称为 Diels-Alder 反应，也称双烯加成。该反应是由德国化学家 O. Diels 和 K. Alder 于 1928 年发现的。参与反应的共轭二烯及其衍生物称为双烯体，与其加成的烯烃或者炔烃称为亲双烯体。

1. 反应通式及反应机理

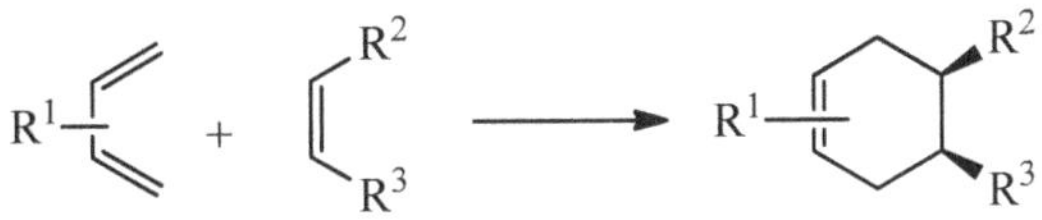

Diels-Alder 反应属于六个电子参与的[4 + 2]环加成协同反应机理。

2. 反应特点及反应实例

在 Diels-Alder 反应中，比较常见的亲双烯体一般连有吸电子基团（包括 NO_2、SO_2Ph、CN、CO_2R、COR 等）。

（1）顺式原理

Diels-Alder 反应是立体转移性的顺式加成反应，双烯体和亲双烯体的立体构型在反应前后保持不变，这一现象称为顺式原理。例如，1, 3-丁二烯（**198**）与顺式丁烯二酯（**199**）反应，生成顺式 1, 2, 3, 4-四氢苯二甲酸酯（**200**），而与反式丁烯二酯（**201**）反应生成相应的反式衍生物（**202**）。

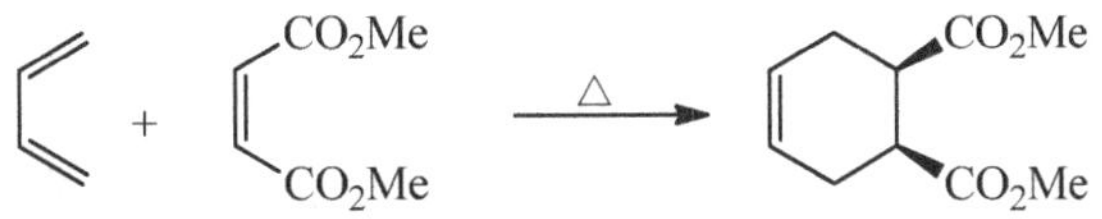

198 **199** **200**

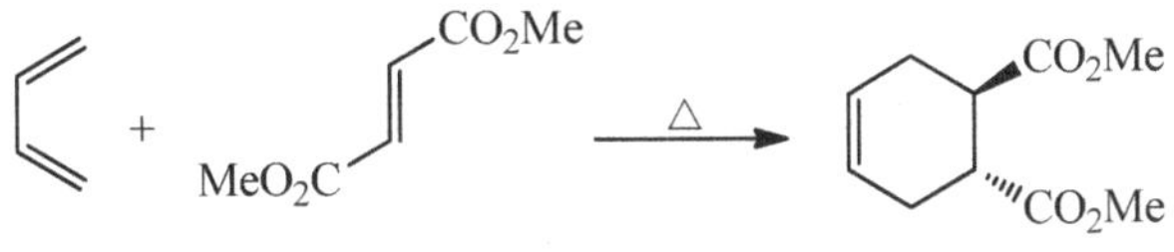

198 **201** **202**

（2）内向加成规则

环状二烯与环状亲双烯体反应，可能生成内向及外向产物，但是一般优先生成内向产物，这一规律称为内向加成规则。内向加成规则主要适用于环状亲双烯体的 Diels-Alder 反应，对于非环状亲双烯体并不完全遵循此规则。例如，环戊二烯与顺丁烯二酸酐反应，产物几乎为内向产物（**203**）。

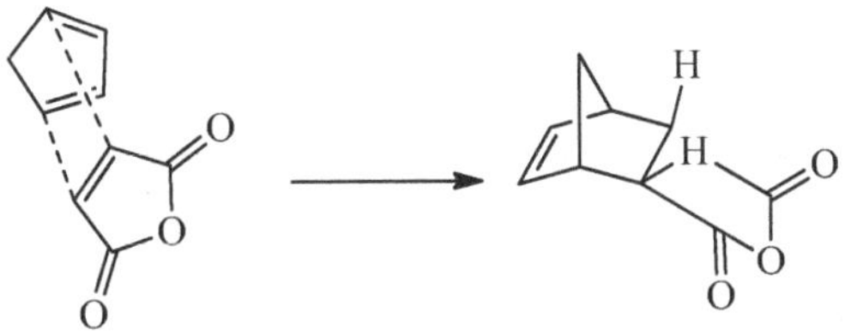

内向(*endo*)加成

203

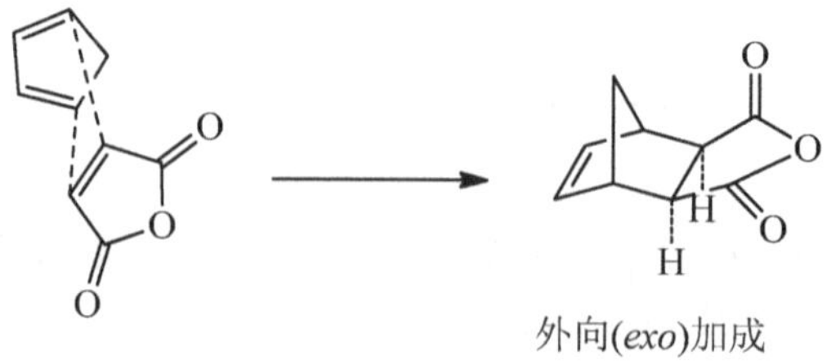

外向(exo)加成

204

Diels-Alder 反应生成热力学不稳定的内向异构体为主的产物，说明 Diels-Alder 反应是受热力学和动力学控制的反应。反应条件对内向加成规则有规律性的影响：升高反应温度会减小内向产物的比例；增大压力会增大内向产物的比例；使用路易斯酸催化会显著增大内向产物的比例。

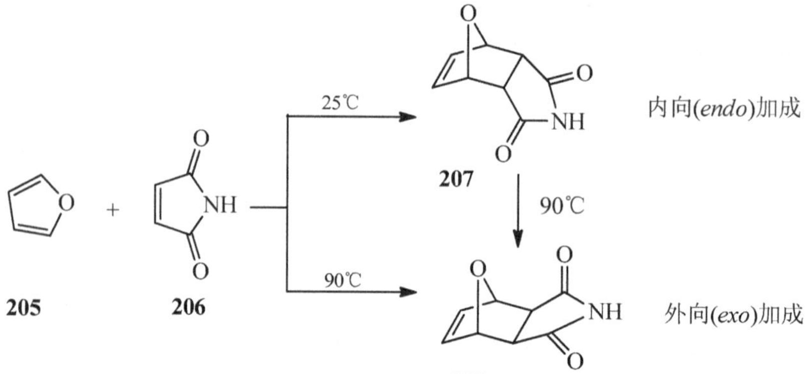

3. Diels-Alder 反应的区域选择性

当不对称双烯体与不对称亲双烯体反应时,可能生成两个位置异构体,但根据取代基性质,往往得到一种主要产物。双烯体和亲双烯体的取代基影响前线轨道各碳原子位置的轨道系数而造成反应的区域选择性。当双烯体 C1 位有取代基时，C4 位的轨道系数最大；在 C2 位有取代基时，C1 位的轨道系数最大；连有吸电子基团的亲双烯体则是 C2′位的轨道系数最大。Diels-Alder 反应中双烯体和亲双烯体轨道系数大的原子之间结合成键，这就决定了邻、对位加成的区域选择性。

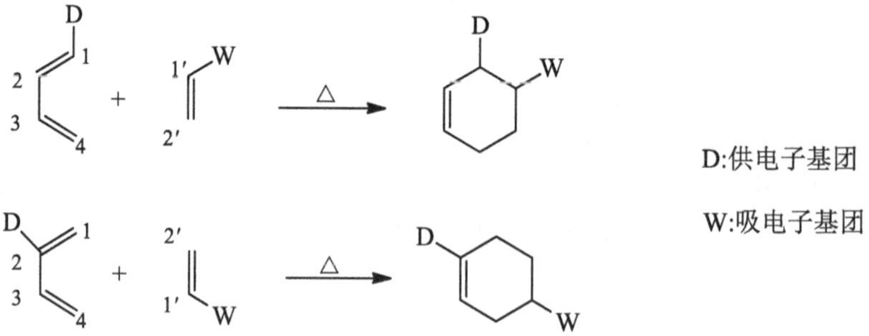

D:供电子基团

W:吸电子基团

4. 杂 Diels-Alder 反应

由杂二烯体或杂亲二烯体发生的[4 + 2]环化加成反应称为杂 Diels-Alder 反应，其中最常见的杂原子包括硫、氧和氮。由于具有合适反应性的杂二烯体不易获得，因此，绝大多数杂 Diels-Alder 反应使用的是杂亲二烯体。常见的杂亲二烯体包括：$N\equiv C-$、$-N=C-$、$-N=N-$、$O=N-$、$-C=O$、$S=C-$ 以及氧分子。例如，治疗骨质疏松症的药物艾地骨化醇（eldecalcitol）中间体（**211**）的合成[31]。

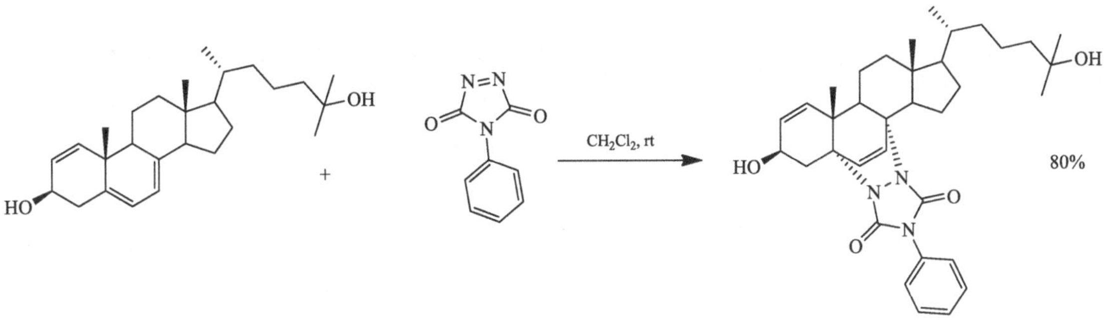

| 209 | 210 | 211 |

二、1,3-偶极环加成反应

1,3-偶极体和亲偶极体形成五元环的反应称为 1,3-偶极环加成反应（1,3-dipolar cycloaddition），又称 Huisgen 环加成反应。

1. 反应通式及反应机理

其中，1,3-偶极体一般有这样一种原子序列：a-b-c。其中 a 原子的外层有六个电子，而 c 原子的外层有八个电子，且至少有一对孤对电子。亲偶极体可以是含碳、氮、氧、硫等原子的重键化合物。

1,3-偶极环加成反应与 Diels-Alder 反应机理类似，为协同反应。

2. 反应特点及反应实例

1,3-偶极体结构可以分为含杂原子的 1,3-偶极体和全碳原子的 1,3-偶极体，常见的 1,3-偶极体见表 5-2。所以，1,3-偶极环加成反应可以分为含杂原子的 1,3-偶极体的环加成反应和全碳 1,3-偶极体的环加成反应。

表 5-2　常见的 1,3-偶极体

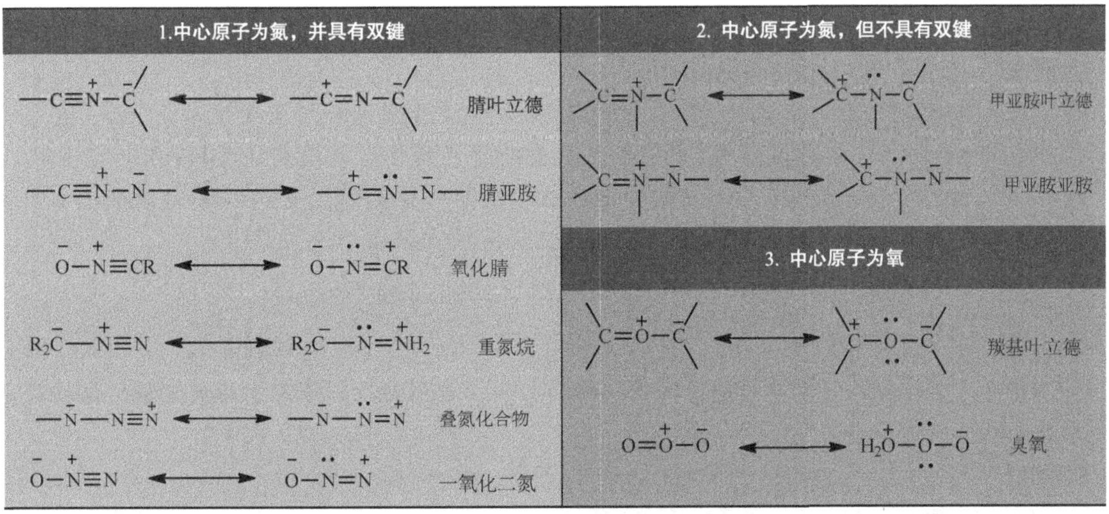

续表

4. 中心原子为碳

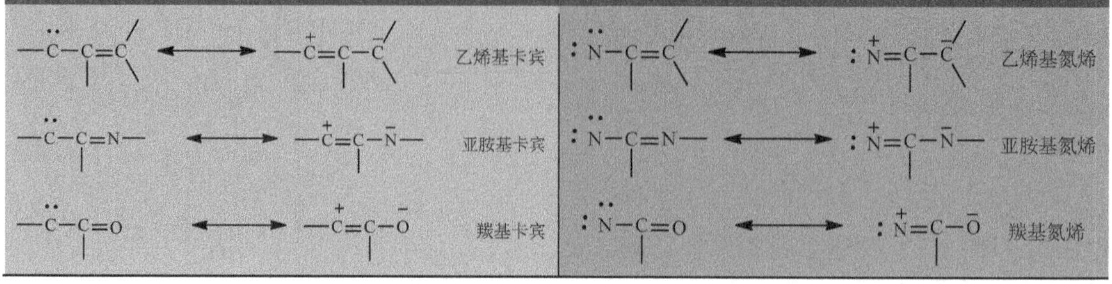

在含杂原子的 1, 3-偶极体进行的环加成反应中，以中心原子为氮的 1, 3-偶极体进行的环加成反应最为重要，是合成含氮五元环状化合物的有价值的方法。常见的是重氮烷、叠氮等 1, 3-偶极体与亲偶极体进行的环加成反应。例如，羟胺唑头孢菌素（cefatrizine）中间体 1, 2, 3-三唑-5-硫醇（**215**）[32]和抗惊厥药物卢非酰胺（rufinamide）中间体（**218**）的合成[33]。

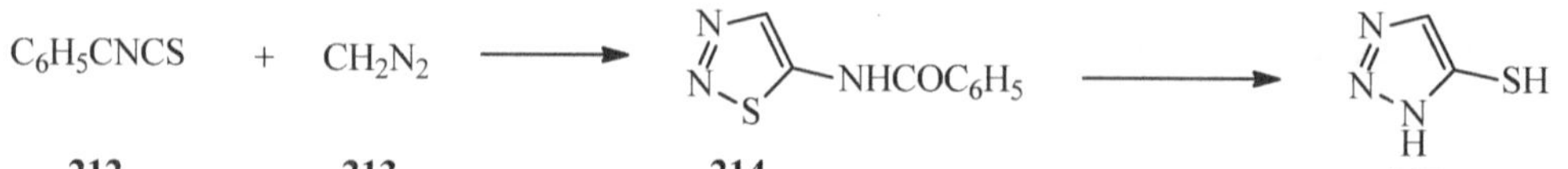

212 **213** **214** **215**

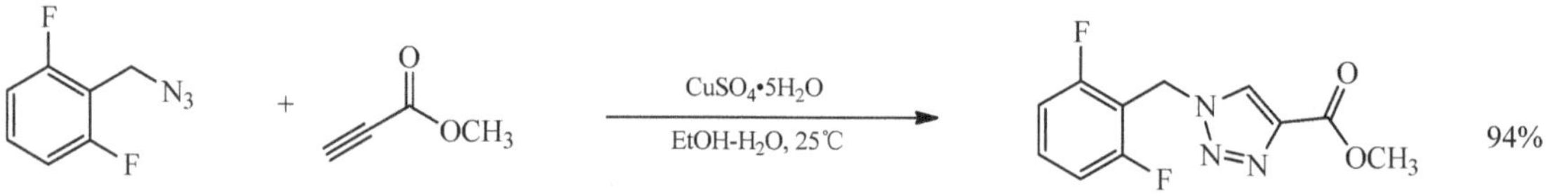

216 **217** **218**

另外，分子内 1, 3-偶极环加成反应是合成某些具有生理活性化合物的重要手段。例如，可卡因（cocaine）中间体（**221**）的合成[34]。

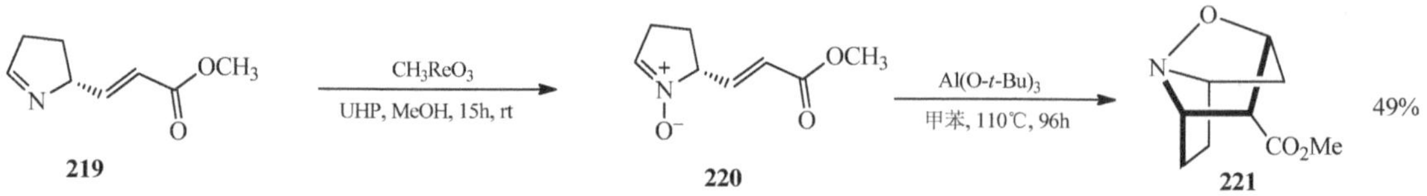

219 **220** **221**

案例 5-2 点击化学（click chemistry）

点击化学，又称“链接化学”“动态组合化学”“速配结合组合式化学”，这一概念是 2001 年诺贝尔化学奖获得者、美国斯克里普斯研究所化学教授 K. B. Sharpless 首先提出的[35]，2002 年 Sharpless 和 Medal 组分别独立报道了一价铜催化叠氮化物-端炔的[3 + 2]环加成（copper-catalyzed 1, 3-dipolar cycloaddition，CuAAC）反应[36]。

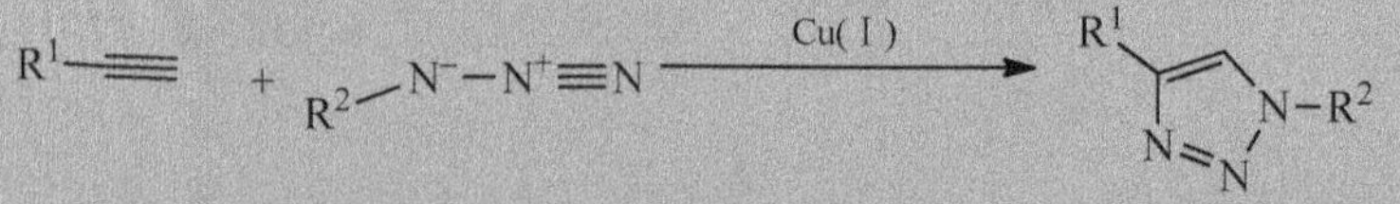

利用该方法能够简单高效地获得多样性的分子，目前被广泛应用于药物化学、材料科学和化学生物学等领域。

【问题】

（1）理想的点击化学应该具备哪些特征？

（2）CuAAC 反应的机理是什么？

（3）除了 CuAAC 反应外，点击化学的类型还有哪些？

【案例分析】

（1）理想的点击化学应该具备如下特征：①反应采用"组合"的概念，应用广泛；②原料和反应试剂易得；③反应条件温和，不使用溶剂或在良性溶剂中进行，最好是水；④几乎没有副产物生成，或生成的副产物无毒且易于分离；⑤反应快速、选择性高等。

（2）CuAAC 反应可谓是点击化学的第一个经典之作，Sharpless 和 Medal 对其反应机理也进行了详细的研究。其具体的反应机理如下：

（3）鉴于点击化学成为国际医药领域最吸引人的发展方向。目前，除 CuAAC 反应外，点击化学已经发展出多种类型的反应包括本节所介绍的环加成反应，特别是 1, 3-偶极环加成、Diels-Alder 反应等，另外还包括亲核开环反应、非醇醛的羰基化反应、碳-碳多键的加成反应、环氧化反应等。

参 考 文 献

[1] Ihara M，Tokunaga Y J，Fukumoto K. A novel synthetic approach to steroids via intramolecular 1, 3-dipolar cycloaddition. A highly stereocontrolled synthesis of testosterone，J Org Chem，1990，55（15）：4497-4498.

[2] Miao Q，Gao J，Wang Z，et al. Syntheses and characterization of several nickel bis(dithiolene)complexes with strong and broad near-IR absorption. Inorg Chim Acta，2011，376（1）：619-627.

[3] Ferraz H M C，Silva L F. Construction of functionalized indans by thallium(Ⅲ)promoted ring contraction of 3-alkenols. Tetrahedron，2001，57（50）：9939-9949.

[4] 李雯，陈水库，张志明，等. 依非韦伦中间体的制备方法：CN 103254087. 2013.

[5] Chandrasekhar S，Babu G S K，Mohapatra D K. Practical syntheses of(2S)-R207910 and(2R)-R207910. Eur J Org Chem，2011，（11）：2057-2061.

[6] Kim B T，Min Y K，Lee Y S，et al. Antifungal azole derivatives having a fluorovinyl moiety and process for the preparation thereof：WO 2005014583. 2005.

[7] Rao A V V，Jaware J，Goud S，et al. Process for the preparation of 2-aCETOXY-5-(a-cycloprpylcarbonyl-2-fluorobenzyl)-4, 5, 6, 7-tetrahydrothieno[3, 2-c]pyridine：WO 2009122440. 2009.

[8] Zhang Q，Zhang R X，Tian G H，et al. Substituted n-pentanamide compounds，preparation method and the use thereof：US 201446074. 2014.

[9] Guo J，Xu C，Liu X，et al. Aryltrifluoromethylative cyclization of unactivated alkenes by the use of PhICF₃Cl under catalyst-free

conditions. Org Biomol Chem，2019，17（8）：2162-2168.

[10] Sun C W，Wang H F，Zhu J，et al. Novel symmetricaltrans-bis-Schiff bases of N-substituted-4-piperidones：synthesis，characterization，and preliminary antileukemia activity mensurations. J Heterocylic Chem，2013，50（6）：1374-1380.

[11] Ward S E，Harries M，Aldegheri L，et al. Integration of lead optimization with crystallography for a membrane-bound ion channel target：discovery of a new class of AMPA receptor positive allosteric modulators. J Med Chem，2011，54（1）：78-94.

[12] Marina K，Jean-Charles L，Patrick D，et al. Synthesis of novel pyrazolopyrrolopyrazines，potential analogs of sildenafil. J Heterocyclic Chem，2001，38：1045-1050.

[13] Liao Y X，Guo J C，Shih W L，et al. A novel process for preparing enzalutamide：WO 2016200338. 2016.

[14] Shultz M D，Cao X，Chen C H，et al. Optimization of the in vitro cardiac safety of hydroxamate-based histone deacetylase inhibitors. J Med Chem，2011，54（13）：4752-4772.

[15] Findlay S P. Concerning 2-carbomethoxytropinone. J Org Chem，1957，22（11）：1385-1394.

[16] Sankar A，Dhanapal R，Sasidaran M. Process for the preparation of ethacrynic acid：US 2018111890. 2016.

[17] Armitage M A，Crowe A M，Lawrie K W M，et al. The synthesis of(-)，(+)and(+-)-[14C] SK and F 94836：a selective PDE III inhibitor. J Labelled Compd Rad，1989，27（3）：331-341.

[18] Louafi F，Hurvois J P，Chibani A，et al. Synthesis of tetrahydroisoquinoline alkaloids via anodic cyanation as the key step. J Org Chem，2010，75（16）：5721-5724.

[19] Bojarski A J，Mokrosz M J，Sijka Charakchieva M，et al. The influence of substitution at aromatic part of 1,2,3,4-tetrahydroisoquinoline on in vitro and in vivo 5-HT（1A）/5-HT（2A）receptor activities of its 1-adamantoyloaminoalkyl derivatives. Bioorgan Med Chem，2002，10（1）：87-95.

[20] Cao L X，Choi S，Moon Y C，et al. Carbazole，carboline，and indole derivatives useful in the inhibition of VEGF production：WO 2006058088. 2006.

[21] Tadashi N，Yoshiaki N，Sohei S. Asymmetric induction in Friedel-Crafts reaction with (+)-1, 2-epoxybutane and(-)-2-chloro-1-butanol. B Chem Soc Jpn，1975，48（3）：960-965.

[22] Haydl A M，Xu K，Breit B. Regio- and enantioselective synthesis of N-substituted pyrazoles by rhodium-catalyzed asymmetric addition to allenes. Angew Chem，2015，46（42）：7149-7153.

[23] Gannett P M，Nagel D L，Reilly P J，et al. Capsaicinoids：their separation，synthesis，and mutagenicity. J Org Chem，1988，53（26）：6162.

[24] Moriarty R M，Rao P. Method for preparing synthetic bile acids and compositions comprising the Same：WO 2012047495. 2012.

[25] Chandrasekhar S，Babu G S K，Mohapatra D K. Practical syntheses of (2S)-R207910 and (2R)-R207910. Eur J Org Chem，2011，（11）：2057-2061.

[26] Hong B C，Chen P Y，Kotame P，et al. Organocatalyzed Michael-Henry reactions：enantioselective synthesis of cyclopentanecarbaldehydes via the dienamine organocatalysis of a succinaldehyde surrogate. Chem Comm，2012，48（63）：7790-7792.

[27] Fabio P，Syed T A，Nicholas J W，et al. Telescopic one-pot condensation-hydroamination strategy for the synthesis of optically pure L-phenylalanines from benzaldehydes. Tetrahedron，2016，72（46）：7256-7262.

[28] Sonavane S U，Nikam R A，Ranbhan K J，et al. Process for the preparation of 4-substituted-1, 4-dihydropyridines：WO 2012123966. 2012.

[29] Kerwat D，Grätz S，Kretz J，et al. Synthesis of albicidin derivatives：assessing the role of N-terminal acylation on the antibacterial activity. ChemMedChem，2016，11（17）：1899-1903.

[30] Hartmut R，Hans-Peter A，Willi A，et al. Discovery and optimization of a novel class of orally active nonpeptidic endothelin-a receptor antagonists. J Med Chem，1996，39（11）：2123-2128.

[31] Kubodera N，Hatakeyama S. Process development for the practical production of eldecalcitol by linear，convergent and biomimetic syntheses. Anticancer Res，2012，32（1）：303-309.

[32] Dieter M，Wolfgang M. Cycloaddition of diazoalkanes to isothiocyanates. Justus Liebigs Annalen der Chemie，1965，（682）：90-98.

[33] Emanuele A，Lino C，Ilaria M，et al. Method for the preparation of rufinamide：US 2010234616. 2006.

[34] Davis F A，Theddu N，Eolupuganti R，et al. Asymmetric total synthesis of (S)-(+)-cocaine and the first synthesis of cocaine C-1 analogs from N-sulfinyl β-amino ester ketals. Org Lett，2010，12（18）：4118-4121.

[35] Kolb H C，Finn M G，Sharpless K B. Click chemistry：diverse chemical function from a few good reactions. Angew Chem Int Ed，2001，40：2004-2021.

[36] （a）Rostovtsev V V，Green L G，Fokin V V，et al. A stepwise Huisgen cycloaddition process：copper（Ⅰ）-catalyzed regioselective "ligation" of azides and terminal alkynes. Angew Chem Int Ed，2002，41（14）：2596-2599；（b）Tornoe C W，Christensen C C，Meldal M. Peptidotriazoles on solid phase：[1, 2, 3]-triazoles by regiospecific copper（Ⅰ）-catalyzed 1,3-dipolar cycloadditions of terminal alkynes to azides. J Org Chem，2002，67（9）：3057-3064.

第六章　重排反应（Rearrangement Reaction）

【学习目标】

学习目的

本章概述了重排反应的定义和特点，重点对亲核重排、亲电重排和 σ 迁移重排这三类重排反应的反应机理、特点及应用实例进行了介绍，其中涉及了多个重要的人名反应。旨在让学生理解和掌握常见的重排反应并能在实际的药物合成工作中加以应用。

学习要求

掌握重要的亲核和亲电重排反应的基本原理、反应规律、影响因素及其在药物合成中的应用。

熟悉重排反应的定义、分类、迁移基团的迁移能力等基本概念。

了解 σ 迁移重排反应的基本特点及其在药物合成中的应用。

重排反应是指在同一分子内，一个基团从一个原子迁移至另一个原子而形成新分子的反应。重排前后分子的骨架发生了变化，这是与其他类型有机反应的最大区别。正是由于这种特殊性，通过重排反应可以合成出按照常规合成路线难以得到的一些药物分子或中间体。另外，在进行亲核取代、亲电加成及消除反应以进行官能团转换时经常会发生碳骨架改变的重排副反应，在这种情况下弄清重排反应发生的机理对抑制副反应、提高产物收率也有很重要的意义。因此，重排反应在药物合成中具有重要的研究和应用价值。

重排反应可以用以下的通式简要表示，其中重排起点原子 A、重排终点原子 B 及迁移基团 MG 是其中的三要素。由于具体的重排反应类型多种多样，因而已有多种不同的方法对它们进行分类。

$$\underset{A\sim\sim B}{\overset{MG}{|}} \longrightarrow \underset{A\sim\sim B}{\overset{MG}{|}}$$

按照分子内迁移基团 MG 迁移的距离，可以分为 1,2-重排和非 1,2-重排。1,2-重排指重排起点原子 A 和重排终点原子 B 之间没有间隔其他的原子，A 和 B 处于邻位，这类重排所占的比例最大。如果 A 和 B 之间间隔了一个原子，则称为 1,3-重排，依此类推。

同时根据原子 A 和 B 种类的不同又可以将重排反应分为从碳原子到碳原子、从碳原子到氮原子、从碳原子到氧原子、从氮原子到碳原子、从氧原子到碳原子的重排等，它们分别对应于不同的起始原料和产物类型。

另外，按照迁移基团 MG 的电子特性可以将重排反应分为亲核重排、亲电重排、自由基重排、σ 迁移重排等。如果 MG 带着一对成键电子迁移到带有正电荷的 B 原子上则称为亲核重排；MG 以正离子形式迁移到带有负电荷的 B 原子上则称为亲电重排；而 MG 带着单电子迁移到带有单电子的 B 原子上则称为自由基重排。如果 MG-A 之间 σ 键的断裂与 MG-B 之间新 σ 键的形成是一协同过程，最终共轭体系中与共轭双键相连的 A 上的氢原子或其他基团随 σ 键从共轭体系的一端迁移到另一端的 B 上，则这种重排被称为 σ 迁移重排。在以上几种重排中，亲核重排和亲电重排相对较为常见，σ 迁移重排次之。自由基重排较为少见，故在本书中不作介绍。

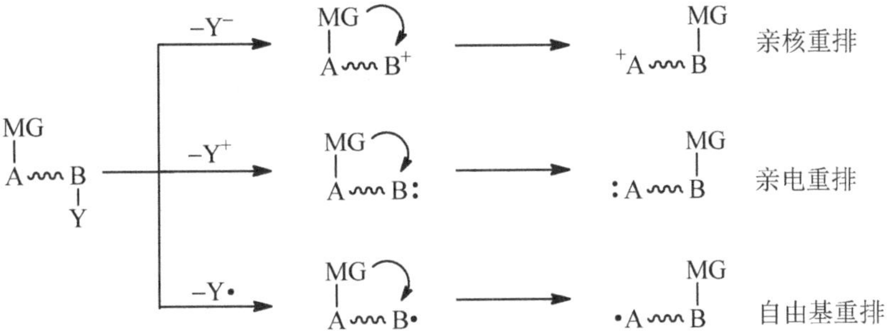

本书将主要根据迁移基团 MG 的电子特性及重排起点的 A 和终点的 B 原子类型的不同对重排反应进行分类介绍。

第一节 亲核重排

亲核重排又称缺电子重排，其特点是反应物分子先在迁移终点形成一个缺电子的活性中心，然后迁移的原子或基团带着成键电子对发生迁移，并通过进一步的变化生成稳定的重排产物。

该类重排反应中涉及的缺电子活性中心主要包括碳正离子（Wagner-Meerwein 重排、Pinacol 重排）、羰基碳（二苯羟乙酸重排）、碳烯（Wolff 重排）、氮烯（Beckmann 重排、Hofmann 重排、Curtius 重排、Schmidt 重排）等，其中以碳正离子和氮烯最为重要。大多数亲核重排属于 1,2-重排，另外根据重排起点原子和重排终点原子的不同，又可以把这类反应分为从碳原子到碳原子的重排、从碳原子到氮原子的重排、从碳原子到氧原子的重排等三类。

一、从碳原子到碳原子的亲核重排

这类重排反应发生时首先在重排终点形成一个缺电的碳原子，该缺电中心可以是碳正离子或碳烯等，然后迁移基团从重排起点的碳原子带着一对成键电子重排到缺电中心，形成一个更稳定的碳正离子，该碳正离子（重排的起点碳原子）再经过消除或亲核加成反应生成稳定的产物。该类反应中 Wagner-Meerwein 重排、Pinacol 重排的缺电子活性中心是碳正离子，二苯羟乙酸（benzil-benzilic acid）重排中的缺电子活性中心是羰基碳，而 Wolff 重排则涉及缺电的碳烯。根据反应条件的不同，该类重排反应的产物可以是醇、烯、醛、酮、羧酸及衍生物等。

（一）Wagner-Meerwein 重排

醇在质子酸或路易斯酸作用下生成碳正离子，然后邻位碳原子上的芳基、烷基或氢向该碳正离子迁移的反应称为 Wagner-Meerwein 重排反应。

1. 反应通式及反应机理

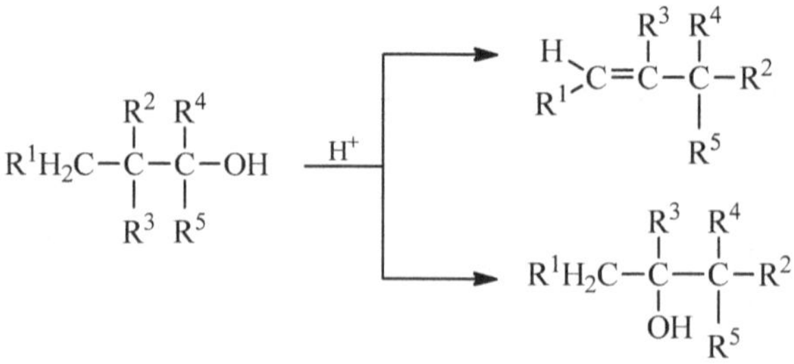

该反应的机理如下所示：

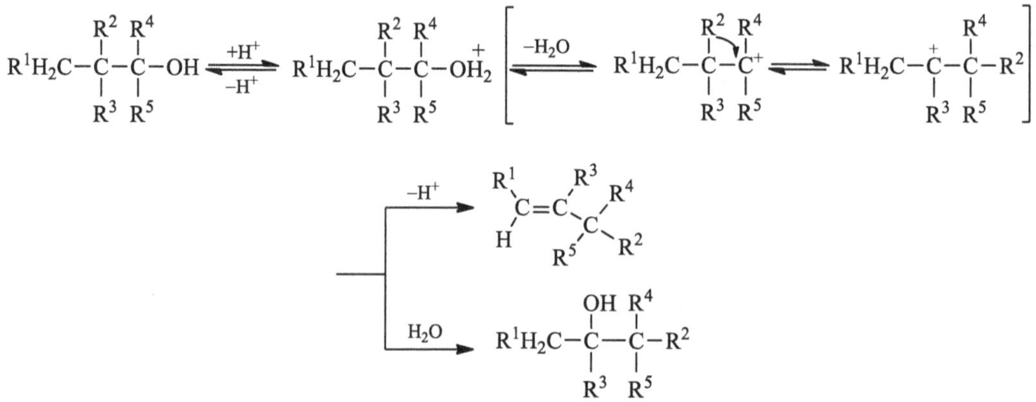

醇的羟基首先在质子酸作用下发生质子化，然后消去一分子水形成碳正离子，之后邻近碳原子上的 R^2 基团发生 1, 2-迁移而生成一个更稳定的新碳正离子。该碳正离子可以消去邻位碳原子上的一个氢生成烯烃，也可以和水加成形成一分子新的醇。

上述 R^2 基团发生迁移的推动力是能形成更稳定的碳正离子或张力更小的环，如由仲碳正离子重排为叔碳正离子。因此，如果醇的 β-碳原子上有两个或三个烷基或芳基取代，该重排反应更容易发生。

大多数情况下 Wagner-Meerwein 重排按以上的 S_N1 机理进行，但当反应物中迁移基团可以通过与离去基团所在的碳产生邻基效应时，也可以经邻基参与方式促进离去基团的离去，重排反应的速率较快。此时重排反应按照 S_N2 机理进行。

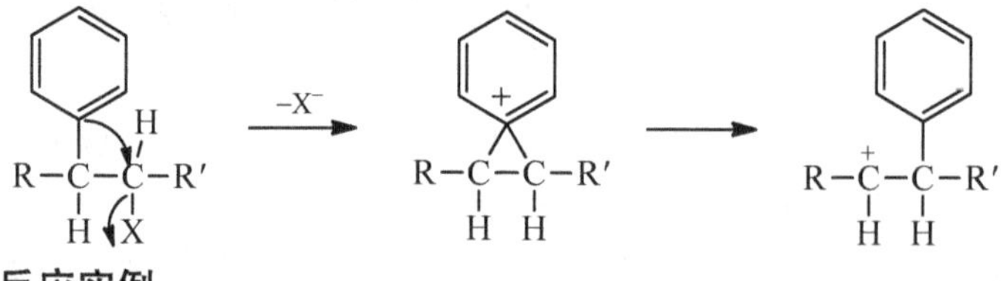

2. 反应特点及反应实例

Wagner-Meerwein 重排反应的发生涉及碳正离子中间体，除醇与酸作用外，其他能产生碳正离子的条件下也可能发生该类重排。例如，卤代烃与路易斯酸或银离子作用、烯烃质子化、胺与亚硝酸作用等，其中经氨基重氮化生成碳正离子的重排也被称为 Demyanov 重排。

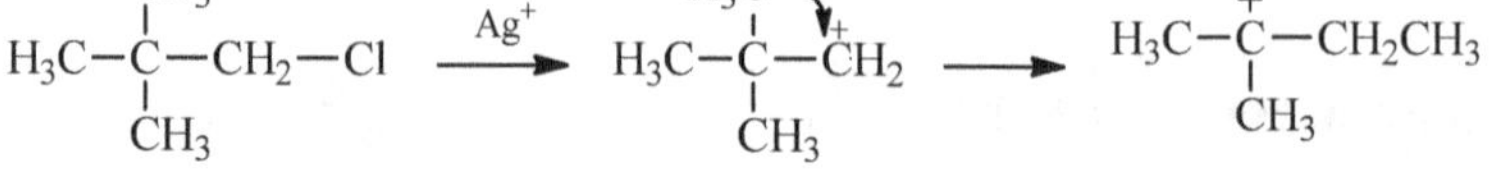

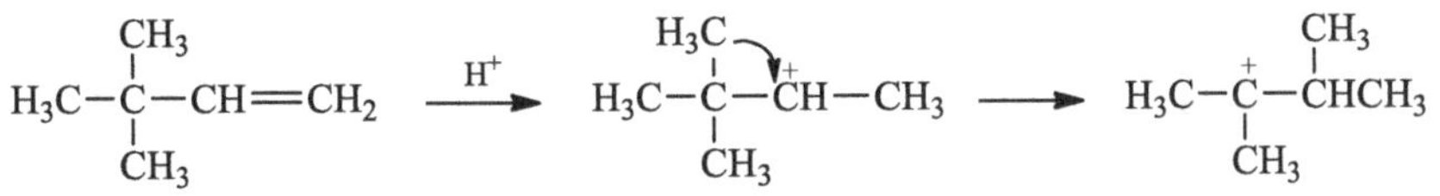

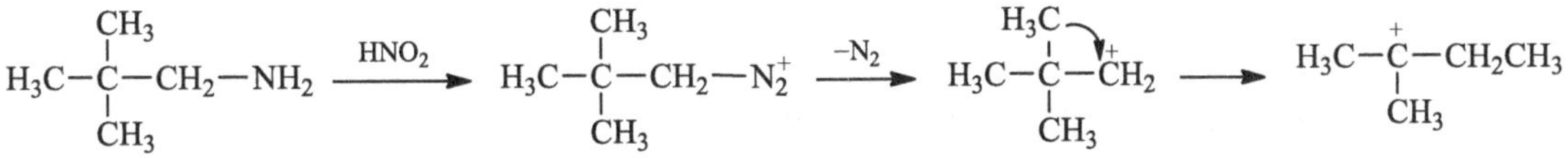

在这些经过碳正离子的重排中，如果同时有多个基团都可能发生迁移，则基团迁移的活泼性顺序大致为

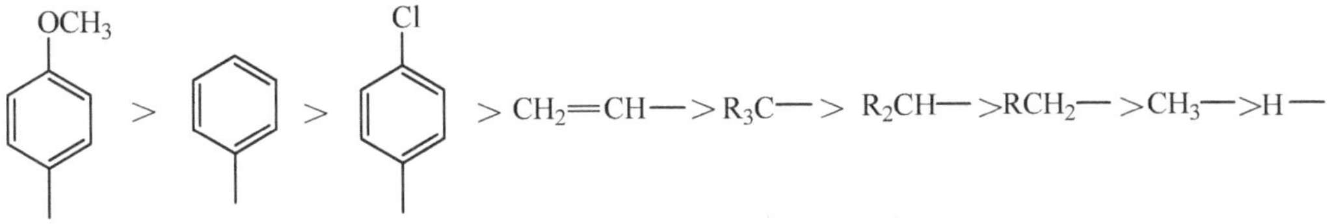

对苯基而言，其对位取代基的供电子能力越强，则迁移能力也越强。另外，如果重排基团为手性碳原子，则由于反应一般按 S_N1 机理进行，将得到消旋化的产物。

对同一个反应底物，不同基团发生迁移往往会形成不同的重排碳正离子，而这些碳正离子又可能发生消去或加成反应，所以 Wagner-Meerwein 重排反应一般很难得到单一产物，经常是几种产物的混合物。尽管如此，该重排反应在某些特殊结构的化合物合成中还是具有特殊的应用价值。

以环丙基甲醇（**1**）为原料，经 Wagner-Meerwein 重排及氧化反应可方便地得到农药甲氰菊酯（fenpropathrin）的中间体环丁酮（**3**）[1]。其中，环丁醇（**2**）是环丙甲基碳正离子重排为环丁基碳正离子后再与水加成的产物。

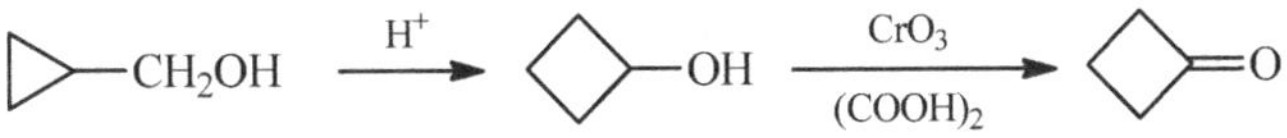

Wagner-Meerwein 重排反应对于构建某些环状骨架特别有用，可以大大缩短合成路线。在 $AgBF_4$ 催化作用下苯并螺环-卤代酮（**4**）的 Wagner-Meerwein 重排反应可用于快捷地构筑 $n, 7, 6$-三环骨架，并成功地应用于合成天然产物秋水仙碱（colchicine，**5**）[2]。

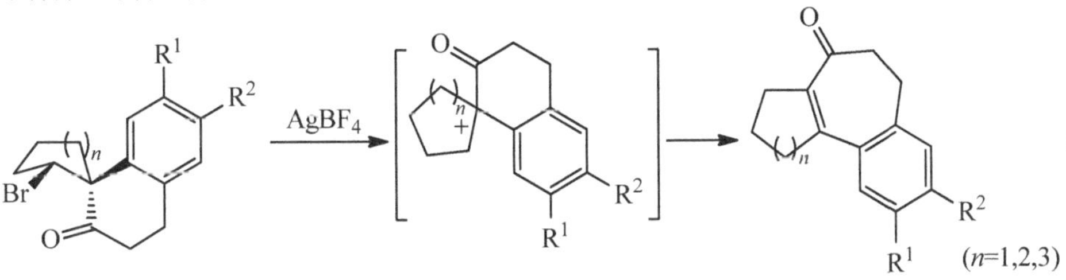

莰烯（camphene，**7**）是以 α-蒎烯（α-pinene，**6**）为原料经异构化、酯化、皂化、脱氢等几步反应合成天然药物樟脑（camphor）的关键中间体。其中的异构化反应即是 Wagner-Meerwein 重排反应。**6** 与质子作用生成碳正离子，继而发生重排生成一个更稳定的碳正离子，再消去氢得到 **7**。在以上重排过程中环张力比较大的四元环变为五元环，产物更加稳定。这也是 Wagner-Meerwein 重排反应的一个特点，即在二环体系中，一般由四元环、七元环重排生成较稳定的五元环、六元环。

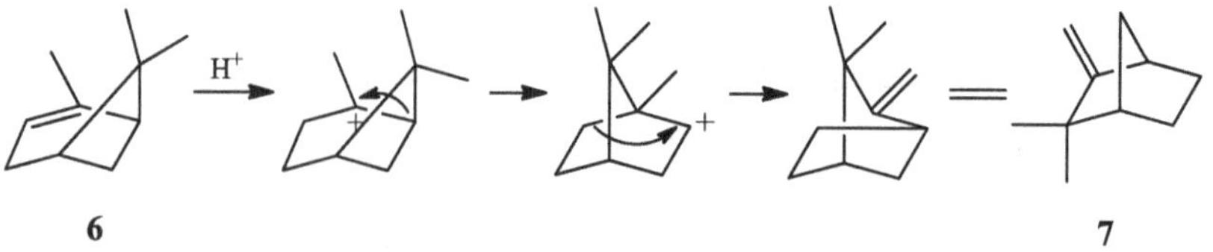

58%

6 **7**

醇、卤代物、烯和胺类等化合物在一定条件下都可能经碳正离子发生 Wagner-Meerwein 重排，重排产物的结构受迁移基团的迁移能力、碳正离子的稳定性、环张力大小、亲核试剂种类等因素影响，产物往往比较复杂。

（二）Pinacol 重排

邻二醇在酸催化下失去一分子水，重排生成醛或酮的反应称为 Pinacol 重排。

1. 反应通式及反应机理

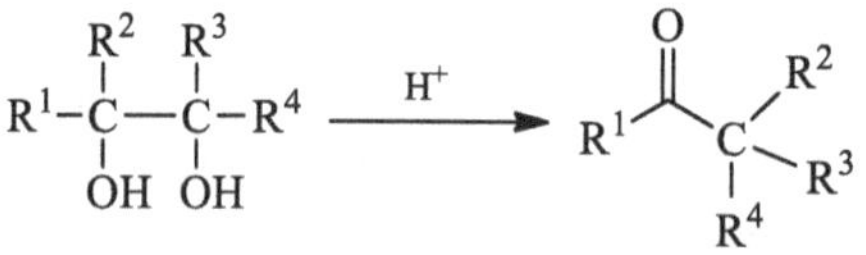

在以上重排过程中，R^2 基团（芳基、烷基或氢）迁移到酸催化所形成的碳正离子上，继而生成醛（$R^1 = H$）或酮（$R^1 = $ 芳基或烷基）。

该反应的机理如下所示：

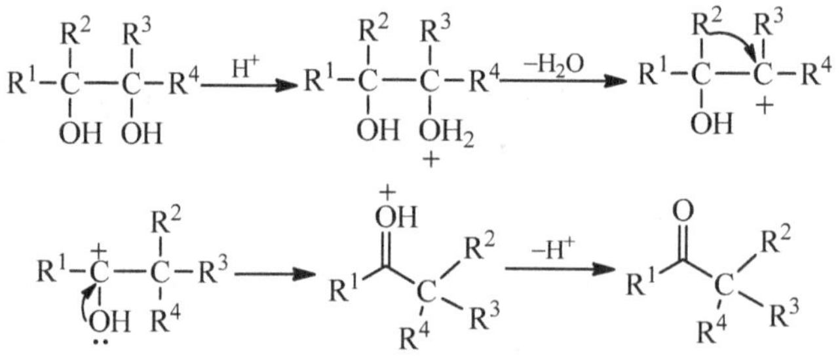

首先邻二醇的一个羟基质子化后脱去一分子水，生成一个碳正离子中间体，然后邻近碳上的 R^2 基团（芳基、烷基或氢）进行迁移产生更稳定的碳正离子，再失去质子生成醛（$R^1 = H$）或酮（$R^1 = $ 芳基或烷基）。

2. 反应特点及反应实例

如果邻二醇结构中的四个取代基一样，则重排反应后生成单一的产物，如 2, 3-二甲基-2, 3-丁二醇（pinacol，**8**）在酸性条件下重排生成甲基叔丁基酮（pinacolone，**9**），这也是 Pinacol 重排反应的由来，而化合物 **9** 本身可以作为抗真菌药特比萘酚（terbinafine）的中间体。

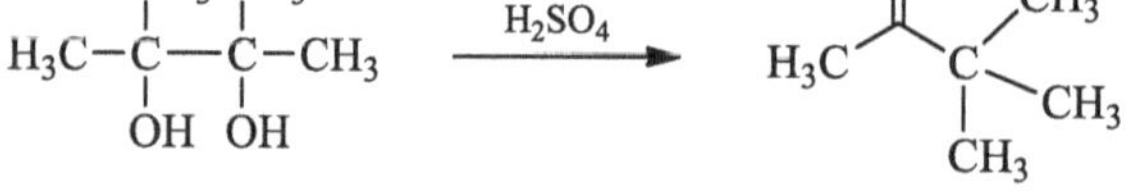

65%～72%

8 **9**

如果邻二醇结构中的四个取代基不同，则在重排过程中一个羟基的脱水一般趋向于生成更稳定的碳正离子，或者说与供电子基相连的碳上的羟基更容易失去。而下一步哪一个基团发生迁移则是由基团的迁移能力、迁移时的空间位阻及产物的稳定性等多方面因素所决定。一般来讲，能使正电荷稳定的取代基，即供电性好的基团迁移能力大，常见基团的相对迁移能力顺序为：带供电子基的芳基＞带吸电子基团的芳基≈氢≈乙烯基（烷烯基）＞叔烷基＞环丙基＞仲烷基＞

伯烷基，而氢的迁移能力表现得不太规律，有时小于烷基，有时又大于芳基。

对于对称的邻二醇，由于生成的碳正离子是唯一的，因而生成的产物主要取决于迁移基团的迁移能力。对于非对称的邻二醇，如果可能形成的两种碳正离子的稳定性差别不大，而几个取代基的迁移能力也比较接近，则重排的产物将非常复杂。

喹诺酮类抗菌药环丙沙星（ciprofloxacin）的中间体环丙基甲醛（**11**）即是以反-1, 2-环丁二醇（**10**）为原料，在三氟化硼作用下经 Pinacol 重排反应而制得的[3]。

$$
\text{(structure 10)} \xrightarrow{\text{BF}_3\text{-}(n\text{-C}_4\text{H}_9)_2\text{O}} \text{(structure 11)} \quad 65\%\sim80\%
$$

10   **11**

某些化合物中羟基的 β-碳原子在一定条件下也能产生正电荷，这时也可发生 Pinacol 重排得到酮类化合物，这种重排称为 Semipinacol 重排。该类化合物包括 β-氨基醇、β-卤代醇、邻二醇的单磺酸酯等。

环庚酮（**13**）是抗高血压药硫酸胍乙啶（guanethidine sulfate）的中间体，它的合成方法就是以 1-氨甲基环己醇（**12**）为原料经与亚硝酸钠的重氮化反应生成碳正离子，然后重排生成扩环的产物 **13**。类似地，如果邻二醇中一个羟基连接在脂环上，经过重排也可以得到扩环的产物。

$$
\text{(structure 12)} \xrightarrow{\text{NaNO}_2} \text{(structure 13)} \quad 40\%\sim42\%
$$

12   **13**

环氧乙烷衍生物也可以发生 Semipinacol 重排，如抗阿尔茨海默病药物多萘哌齐（donepezil）的合成中，苄基哌啶酮与碘化三甲基亚砜盐在氢氧化钠作用下反应得到环醚（**14**），**14** 经溴化镁催化重排生成 N-苄基-4-哌啶基甲醛（**15**）[4]，需注意的是在该重排反应中迁移基团为 H 原子。

$$
\text{(structure 14)} \xrightarrow{\text{MgBr}_2} \text{(structure 15)} \quad 86\%
$$

14   **15**

（三）二苯羟乙酸重排

α-二酮类化合物在碱作用下重排生成二苯基 α-羟基酸盐的反应称为二苯羟乙酸重排。

1. 反应通式及反应机理

$$
\text{(structure)} \xrightarrow{\text{KOH}} \text{(structure)}
$$

该反应的机理如下所示：

$$
\text{(mechanism structures)} \xrightarrow[\triangle]{\text{KOH}} \cdots \xrightarrow{\text{H}_2\text{O}} \cdots
$$

首先氢氧根负离子对羰基进行亲核加成，接着发生芳基的迁移，重排产物再进行质子转移，生成羧酸盐而使反应不可逆。如果用乙醇钠、叔丁醇钾等代替苛性碱，则生成的产物将是羧酸酯。在以上重排过程中，虽然吸电子基取代芳环的迁移能力大于供电子基取代芳环，但无论哪个芳环进行迁移，实际得到的产物结构是相同的。

二苯羟乙酸重排虽属于亲核 1, 2-重排的范畴，但迁移终点的羰基碳原子只带部分正电荷，这与其他向碳正离子的迁移有所不同。

2. 反应特点及反应实例

二苯羟乙酸重排是制备二芳基乙醇酸的常用方法，原料 α-芳基二酮一般是由 α-羟基酮的氧化来合成，而 α-羟基酮又可以由芳香醛通过苯偶姻缩合反应来制备。

$$ArCHO \xrightarrow{NaCN} \underset{Ar}{\overset{HO}{\underset{Ar}{|}}}C-\underset{Ar}{\overset{O}{||}}C \xrightarrow{[O]} \underset{Ar}{\overset{O}{||}}C-\underset{Ar}{\overset{O}{||}}C \xrightarrow[H^+]{OH^-} Ar-\underset{Ar}{\overset{HO}{|}}C-\underset{OH}{\overset{O}{||}}C$$

抗癫痫药物苯妥英钠（phenytoin sodium，**18**）的合成过程中，首先二苯基乙二酮（**16**）发生重排生成二苯基羟基乙酸（**17**），**17** 再与尿素环合生成 **18**。

$$Ph-\overset{O}{\overset{||}{C}}-\overset{O}{\overset{||}{C}}-Ph \xrightarrow{NaOH} \underset{Ph}{\overset{Ph}{|}}C\overset{OH}{\underset{}{}} \xrightarrow{H_2NCONH_2} \qquad 84\%$$

16   **17**   **18**

环状的 α-芳基二酮发生二苯羟乙酸重排则生成环状的 α-羟基酸，如植物生长调节剂抑草丁（flurenol）中间体 9-羟基芴-9-羧酸（**20**）是以菲醌（**19**）为原料，在氢氧化钾作用下经重排反应而得到[5]。

$$\xrightarrow{KOH} \qquad 95\%$$

19   **20**

脂肪族的 α-二酮也可以发生该类重排反应，如柠檬酸（citric acid，**22**）是一种药用的有机酸，其钠盐也可用作抗凝血剂，它的化学合成方法是以 3,4-二氧代己二酸（**21**）为原料，在季铵碱的作用下发生二苯羟乙酸重排而得到。

$$\begin{array}{l} O=C-CH_2COOH \\ O=C-CH_2COOH \end{array} \xrightarrow[H^+]{OH^-} \begin{array}{l} CH_2COOH \\ HO-C-COOH \\ CH_2COOH \end{array} \qquad 85\%$$

21   **22**

（四）Wolff 重排和 Arndt-Eistert 反应

α-重氮酮在光、热或金属化合物的催化作用下重排生成烯酮的反应称为 Wolff 重排反应，烯酮性质非常活泼，可再与水、醇、胺反应生成相应的羧酸、酯、酰胺等衍生物。

特别地，以羧酸为原料，经酰氯化、与重氮甲烷反应、Wolff 重排、水解等步骤，可以得到比原来的羧酸增加一个碳原子的羧酸，该反应被称为 Arndt-Eistert 反应。

1. 反应通式及反应机理

$$R^1-\overset{O}{\overset{||}{C}}-\overset{N_2^-}{\underset{R^2}{C}} \longrightarrow \overset{R^1}{\underset{R^2}{}}C=C=O$$

Wolff 重排反应的机理如下所示：

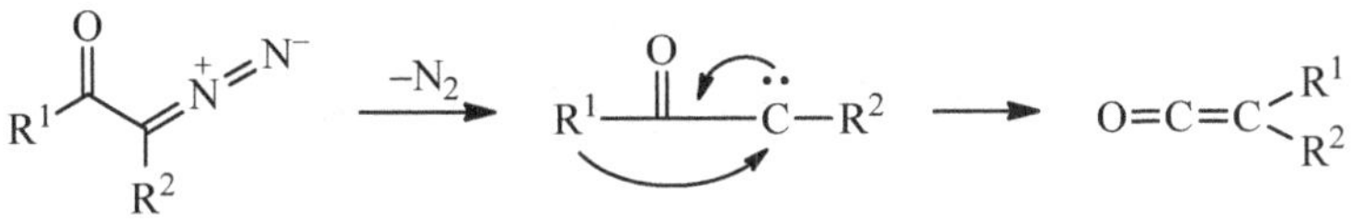

α-重氮酮（**23**）失去氮后形成碳烯（**24**），碳烯又称卡宾，是含二价碳的电中性化合物，碳烯碳原子外层只有六个电子，所以碳烯是一种非常活泼的缺电子中间体。很快 R^1 迁移基团带着其成键电子向碳烯碳原子迁移，生成烯酮（**25**）。烯酮能迅速与水、醇或胺反应生成相应的羧酸衍生物。

2. 反应特点及反应实例

Wolff 重排得到的烯酮反应活性很强，常见的亲核试剂如水、醇、胺或氨都可以和它反应生成相应的产物。

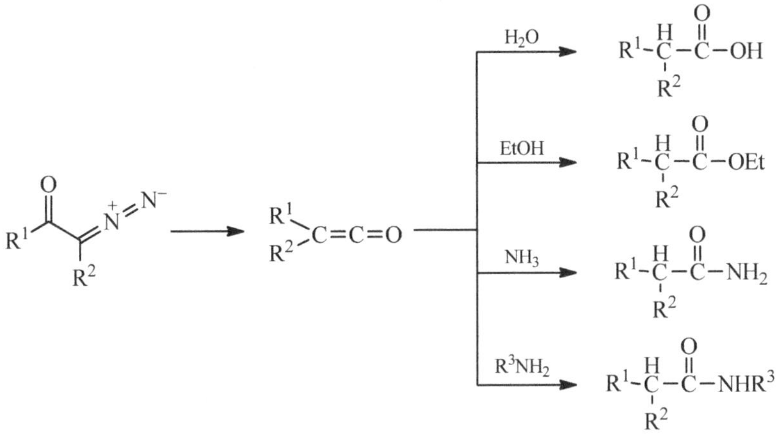

1-萘乙酸乙酯（**28**）是植物生长调节剂，同时也是一种医药中间体。其合成是以萘甲酰氯（**26**）为原料，与重氮甲烷反应得到 α-重氮酮（**27**），然后发生 Wolff 重排，得到的烯酮迅速与乙醇反应得到 **28**[6]。

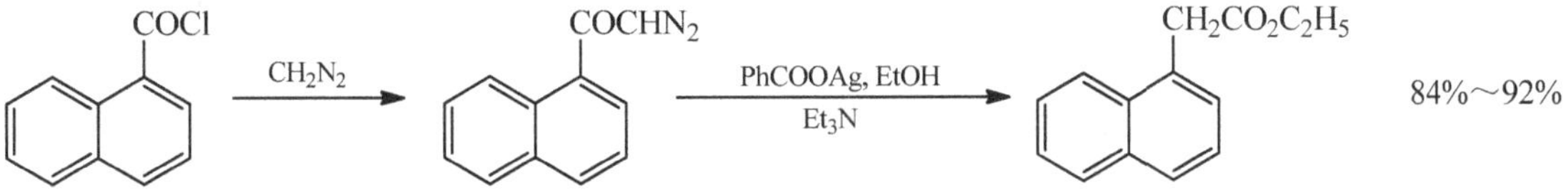

抗 HIV 病毒药物欧芹籽油（oxetanocin）的中间体（**30**）是以 α-重氮酮（**29**）为原料，经过 Wolff 重排反应而制得，在该重排过程中发生了环的缩小[7]。

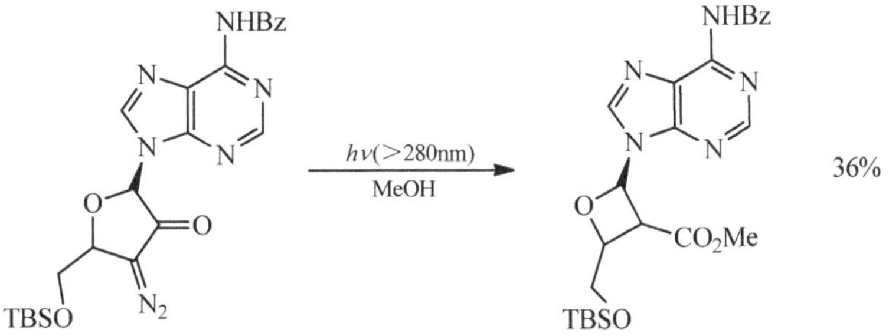

二、从碳原子到氮原子的亲核重排

从碳原子到氮原子的亲核重排反应中涉及的缺电子活性中心主要是氮烯（nitrene），氮烯是碳烯的氮类似物，氮原子外周有 6 个电子，具有较强的亲电性，其性质与碳烯类似。因此，迁移基团从碳原子迁移到该氮原子后可以生成各种胺类及其衍生物。这类反应主要包括 Beckmann 重排、Hofmann 重排、Curtius 重排、Schmidt 重排等。

（一）Beckmann 重排

在酸性条件下，酮类和醛类化合物与羟胺形成的羟亚胺（也被称为"肟"）结构中烃基向氮原子迁移而生成取代酰胺的反应称为 Beckmann 重排。

1. 反应通式及反应机理

$$\underset{R^2}{\overset{R^1}{\diagdown}}C=N\diagdown OH \xrightarrow{\ H^+\ } R^1\overset{O}{\overset{\|}{C}}\underset{H}{N}-R^2$$

该反应的机理如下所示：

$$\underset{R^2}{\overset{R^1}{\diagdown}}C=N\diagdown OH \xrightarrow{\ H^+\ } \underset{R^2}{\overset{R^1}{\diagdown}}C=\overset{+}{N}\diagdown OH_2 \xrightarrow{\ -H_2O\ } \underset{R^1}{\overset{}{}}C\overset{+}{=}N-R^2 \quad \textbf{31}$$

$$\xrightarrow{\ H_2O\ } \underset{H_2\overset{+}{O}}{\overset{R^1}{\diagdown}}C=N\diagdown R^2 \xrightarrow{\ -H^+\ } \underset{HO}{\overset{R^1}{\diagdown}}C=N\diagdown R^2 \longrightarrow R^1\overset{O}{\overset{\|}{C}}\underset{H}{N}\diagdown R^2$$

$$\qquad\qquad\qquad\qquad\qquad\qquad \textbf{32} \qquad\qquad\qquad\qquad \textbf{33}$$

在酸催化作用下，肟羟基质子化变成易离去的基团，脱水的同时与羟基处于反位的 R^2 基团向氮原子发生迁移，生成的碳正离子（**31**）立即与反应体系中的亲核试剂（如 H_2O）作用，生成亚胺（**32**），最后异构化生成取代酰胺（**33**）。

在以上过程中发生迁移的是与肟羟基处于反位的基团 R^2，而且脱水和基团的迁移是同时发生的，所以该重排反应具有立体专一性。事实上，在酮与羟胺形成肟时，绝大多数情况下肟的羟基都与酮的大基团处于反式，因此，Beckmann 重排中主要是体积大的基团发生迁移。另外，如果迁移基团具有手性，则重排产物的立体构型通常保持不变，这也说明了 Beckmann 重排属于分子内的反应。

还需注意的是，以上的碳正离子中间体（**31**）性质非常活泼，如果反应体系中含有亲核性化合物或溶剂本身为亲核性化合物（如醇、酚、硫醇、胺或叠氮等），该碳正离子将与其结合得到相应化合物，而得不到酰胺（**33**）。

2. 反应特点及反应实例

质子酸，如硫酸、盐酸、PPA、三氟乙酸酐（TFAA）是 Beckmann 重排反应常用的催化剂，其他能将肟羟基转化为易脱去基团的物质也可以作为 Beckmann 重排反应的催化剂，如 $POCl_3$、PCl_5、$SOCl_2$、$MeSO_2Cl$、$PhSO_2Cl$ 等，这些非质子酸催化剂对于带有对酸敏感的取代基的肟类化合物尤为适用。

在 Beckmann 重排反应中，反应物醛或酮的 R^1、R^2 可以是烷基，也可以是芳基或氢。酮肟包括脂肪族酮肟、芳香族酮肟、芳香脂肪混合酮肟、环酮肟、杂环酮肟等，都可以发生 Beckmann 重排反应。

脂-芳酮肟比较稳定，重排时通常是芳基发生迁移从而得到芳胺的酰胺，因而产物相对比较单一。以对羟基苯乙酮为原料，先和盐酸羟胺反应生成肟（**34**），然后在硫酸作用下即可发生 Beckmann 重排生成解热镇痛药对乙酰氨基酚（paracetamol，**35**）。

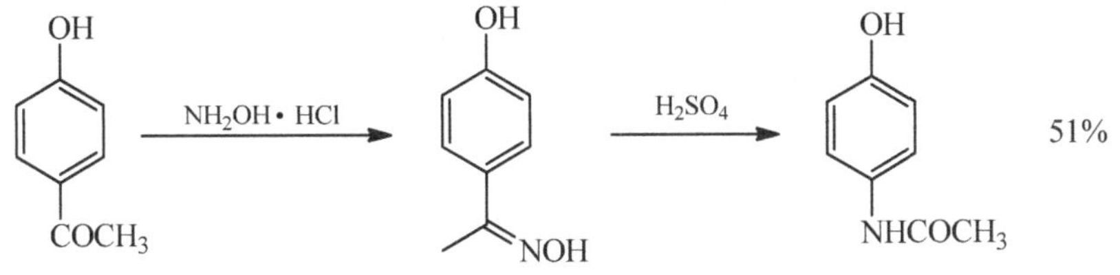

抗癫痫药加巴喷丁（gabapentin）中间体 2-氮杂-螺[4.5]-癸酮（**37**）的合成是环状酮（**36**）经 Beckmann 重排生成扩环的环状酰胺的实例[8]。类似地，环己酮、环庚酮经过该重排反应也能生成己内酰胺和庚内酰胺。

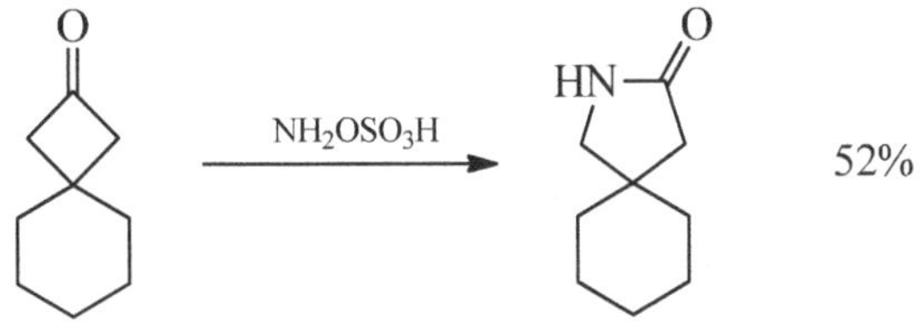

大环内酯类抗生素阿奇霉素（azithromycin）合成中的关键步骤是以红霉素肟硫氰酸盐（**38**）为原料，在对甲苯磺酰氯作用下经 Beckmann 重排后得到扩环产物（**39**），再经还原、N-甲基化等反应而制得阿奇霉素，在该例中采用非质子酸 TsCl 作为 Beckmann 重排反应的催化剂。

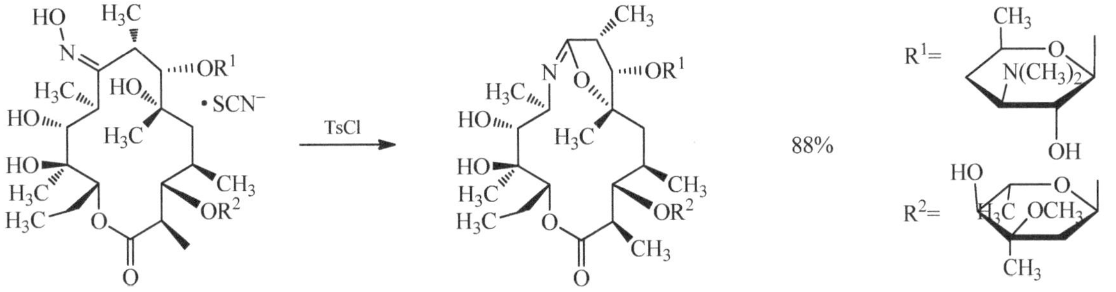

由于醛分子羰基碳原子上有一个氢原子，它形成的肟重排后只能得到 N-取代甲酰胺或甲酰胺，所以其应用不多。

（二）Hofmann 重排

N 原子上无取代基的酰胺在次卤酸（HClO、HBrO）或 Br_2 与碱（NaOH）作用下，重排生成比原料酰胺少一个碳原子的伯胺的反应称为 Hofmann 重排或 Hofmann 降解反应。

1. 反应通式及反应机理

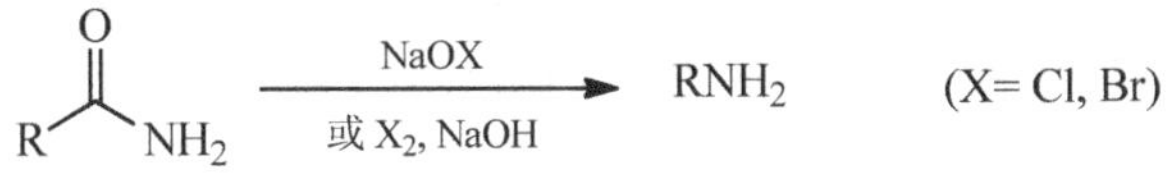

该反应的机理如下所示：

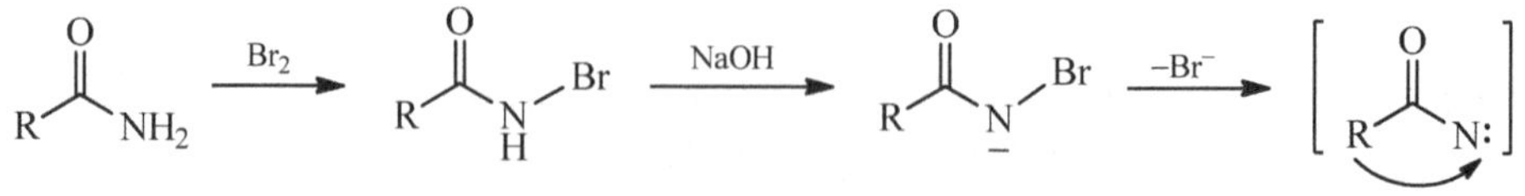

40　41　42

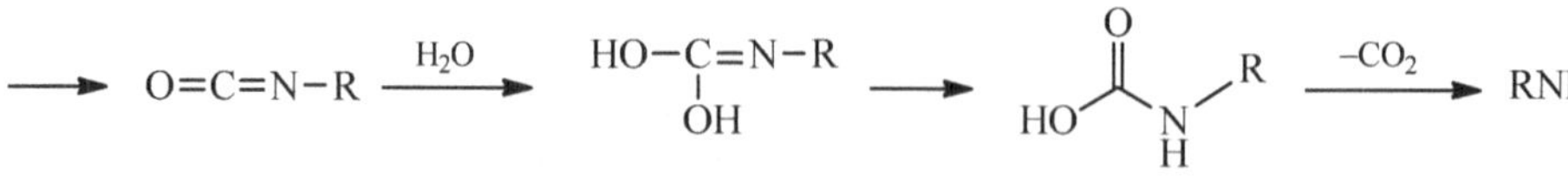

43　44

酰胺首先进行氮原子上的卤化，先生成 *N*-溴代酰胺（**40**），由于 **40** 的氮原子上有两个吸电子基团，所以氮原子上的氢显酸性，可以与碱反应生成溴代酰胺负离子（**41**）。随着溴离子的离去，生成的氮烯中间体（**42**）的 R 带着一对电子向氮迁移，生成关键中间体异氰酸酯（**43**），再在碱性条件下水解得到氨基甲酸（**44**），由于其不稳定，很快分解得到伯胺和二氧化碳。

由于 *N*-烃基取代的酰胺分子中氮原子上没有活泼的氢，不能生成 *N*-卤代酰胺负离子，因而不能发生 Hofmann 重排反应。

2. 反应特点及反应实例

Hofmann 重排反应是制备伯胺的一种重要方法，适用的范围很广。反应物可以是脂肪族、脂环族、芳香族的酰胺，也可以是杂环族的酰胺。其中低级脂肪族酰胺合成伯胺的收率较高。如果与酰胺相连的碳为手性的，经过 Hofmann 重排后所得产物的构型保持不变。

反应时，一般将酰胺溶解于 NaOX（X = Cl、Br）的水溶液中，然后加热进行重排，中间体异氰酸酯一般不用分离而直接水解得到产物。例如，外周神经痛治疗药物普瑞巴林（pregabalin）中间体 3-氨甲基-5-甲基己酸（**46**）的合成如下：脂肪族酰胺（**45**）经 Hofmann 重排后生成少一个碳原子的伯胺 **46**。

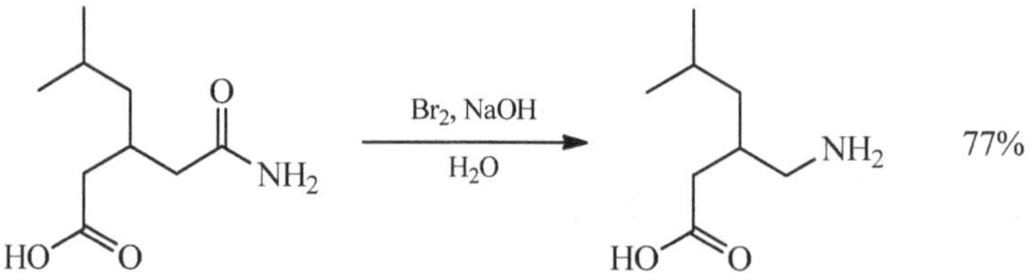

45　46

又如，抗病毒药奈韦拉平（nevirapine）中间体 2, 6-二氯-3-氨基-4-甲基吡啶（**48**）的合成是以杂环族的酰胺（**47**）为原料，产物收率较高[9]。

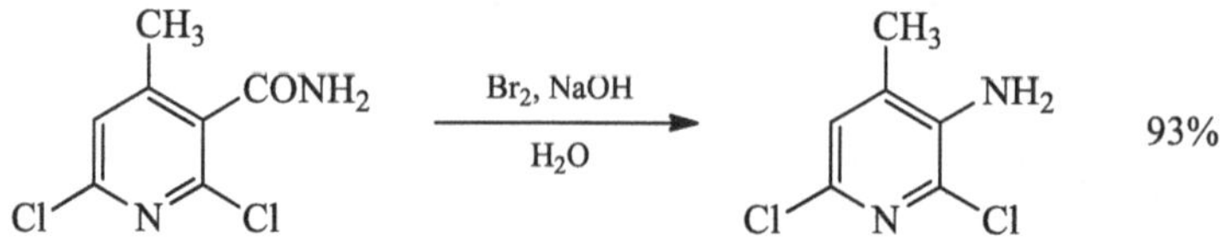

47　48

对于长链酰胺及水溶性差的酰胺，采用上述在水溶液中反应的方法收率较低，这时采用醇钠代替 NaOH 往往可以增加收率。在此条件下，反应关键中间体异氰酸酯加成的产物是氨基甲酸甲酯，其稳定性比氨基甲酸高，容易分离或直接水解得到伯胺。例如，喹诺酮类抗菌药帕珠沙星（pazufloxacin，**49**）的合成即采用这种方法[10]。

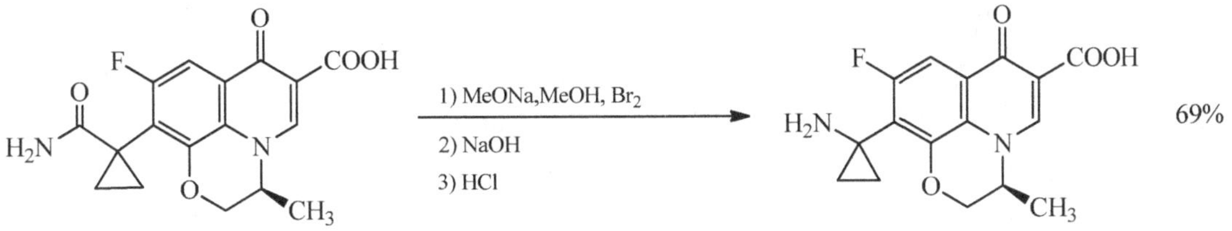

69%

49

Hofmann 重排反应除用于制备伯胺外，还可利用该重排反应的活泼中间体异氰酸酯来合成其他类型的化合物，如 Hofmann 重排反应若在醇中进行，则可以合成比反应物酰胺少一个碳原子的氨基甲酸酯，如果以邻氨基芳甲酰胺为原料则可重排生成环脲。

（三）Curtius 重排

酰基叠氮化合物在光照或加热条件下分解放出氮气，生成异氰酸酯的反应称为 Curtius 重排。羧酸经过酰基叠氮转化为少一个碳原子的伯胺的反应则称为 Curtius 反应。

1. 反应通式及反应机理

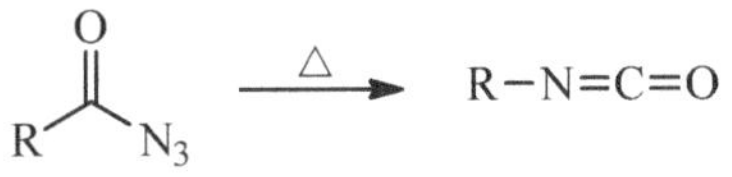

该反应的机理如下所示：

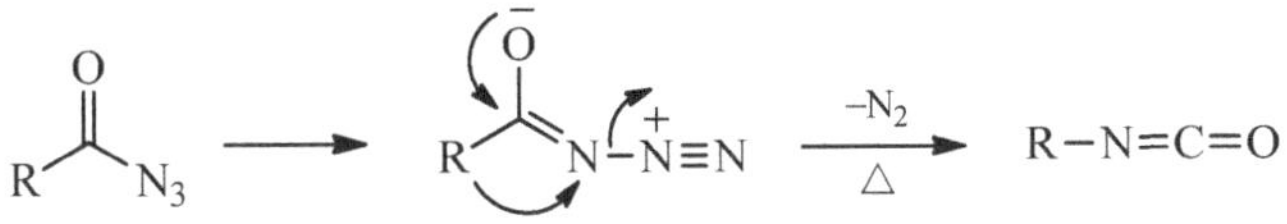

该反应的机理与 Hofmann 重排的相似，重排产物也是异氰酸酯。反应中氮气作为离去基团，N_2 的失去与 R 基团的迁移同时进行。若 R 基团为手性基团，则重排后 R 基团的绝对构型保持不变。

2. 反应特点及反应实例

酰基叠氮化合物的重排反应实际是其热分解反应，该反应的温度不高，一般在 100℃ 左右。如果反应在苯、甲苯、氯仿等非质子溶剂中进行时，可以得到高收率的异氰酸酯。如果在水、醇或胺中反应时，产物分别为胺、氨基甲酸酯或取代的脲，这些化合物都可进一步水解为胺。

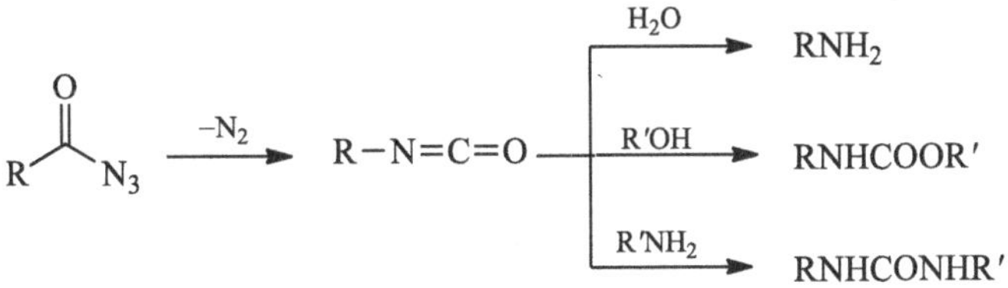

该反应几乎适用于所有类型的羧酸，包括脂肪酸、脂环酸、芳香酸、杂环酸和不饱和酸。含有多官能团的羧酸只要可以生成酰基叠氮，大的就能进行 Curtius 重排。

酰氯与叠氮钠反应是制备酰基叠氮的常用方法，酯类化合物、酸酐与叠氮钠反应也能生成酰基叠氮。此外，酰肼与亚硝酸反应生成 N-亚硝基酰肼，后者脱水也可生成酰基叠氮，而酰肼可以由酰氯、酸酐或酯的肼解来制备。在实际操作中，究竟采用哪种方法合成酰基叠氮，要根据反应物的结构来决定。例如，长碳链酸的酯肼解生成酰肼的反应速率较慢，宜选择其酰氯与叠氮化钠反应制备酰基叠氮。不饱和酸的双键可能与肼反应而产生副产物,也宜选择此方法。

磺酰脲类抗糖尿病药格列美脲(glimepiride)中间体反-4-甲基环己基异氰酸酯(**51**)是以羧酸(**50**)为原料,经酰氯、酰基叠氮中间体再发生 Curtius 重排而得到[11]。

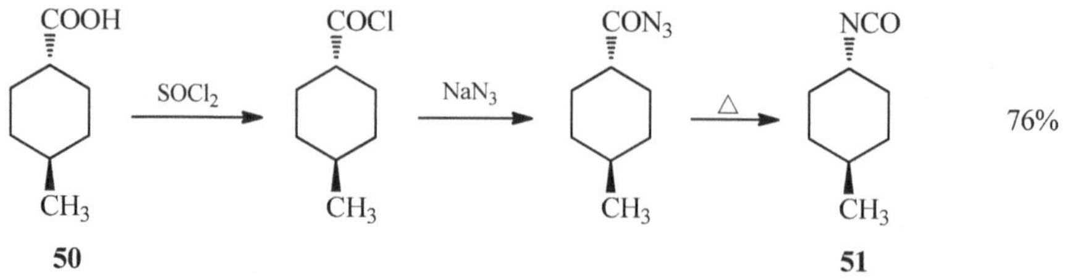

抗高血压药阿奇沙坦(azilsartan)中间体 2-(叔丁氧羰基)氨基-3-硝基苯甲酸甲酯(**53**)的合成:以取代苯甲酸(**52**)为原料,依次与氯化亚砜、叠氮钠反应得到酰基叠氮,再发生 Curtius 重排得到 **53**[12]。

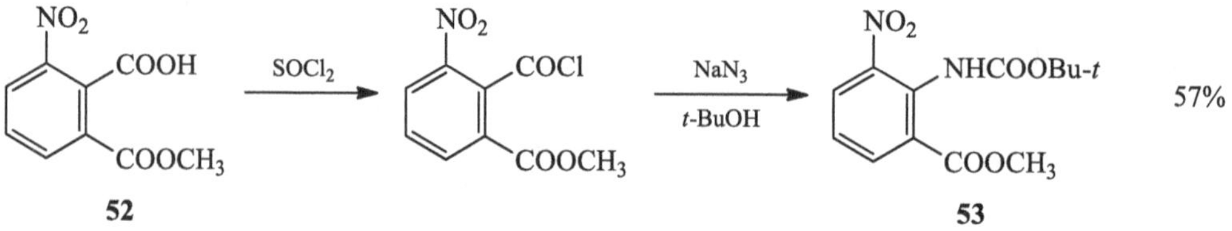

2-(1-咪唑基)乙胺(**55**)是具有抑制 γ-分泌酶作用的 N-烷基磺胺类药物等的中间体,其合成中采用的是酯(**54**)肼解得到酰肼,然后与亚硝酸反应生成酰基叠氮,重排后生成的异氰酸酯水解就得到了伯胺 **55**。

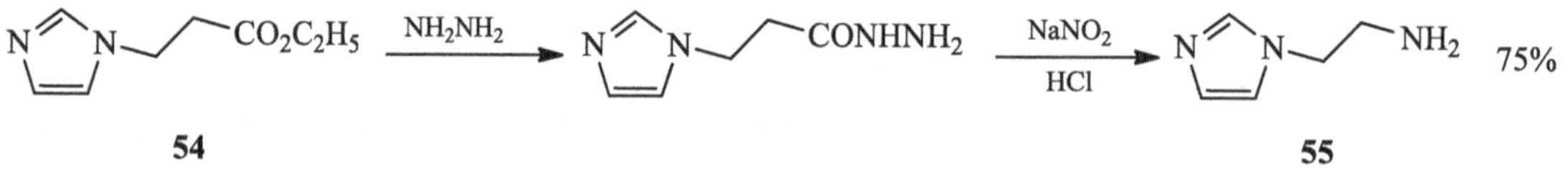

（四）Schmidt 重排

羧酸、醛和酮在酸性条件下与叠氮酸(HN₃)反应,经重排分别得到胺、腈和酰胺的反应,称为 Schmidt 重排。

1. 反应通式及反应机理

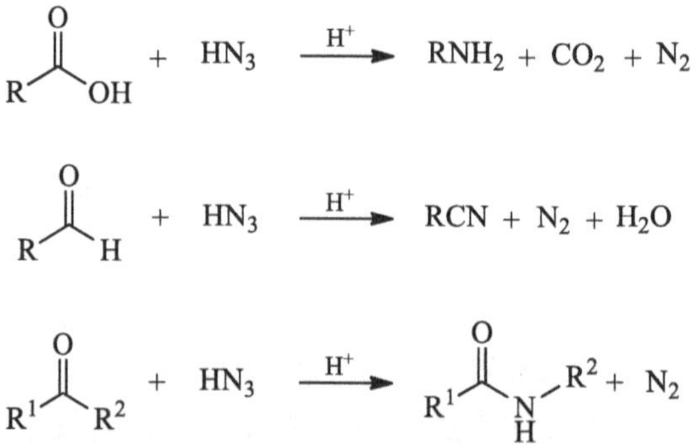

羧酸与叠氮酸的反应机理:

$$R-C(=O)-OH \xrightarrow{H^+} R-C(=O)-OH_2^+ \longrightarrow R-\overset{+}{C}=O \xrightarrow{HN_3} R-C(=O)-N_3$$

$$\longrightarrow R-\overset{O}{\underset{}{C}}-N=\overset{+}{N}=NH \xrightarrow[-N_2]{\triangle} R-N=C=O \xrightarrow[-CO_2]{H_2O} RNH_2$$

在强酸条件下，羧酸生成酰基正离子，叠氮酸对其进行亲核加成生成酰基叠氮，然后失去氮气分子并重排成异氰酸酯，再水解生成伯胺。

醛与叠氮酸的反应机理：

$$R-C(=O)-H \xrightarrow{H^+} R-\overset{OH}{\underset{H}{\overset{+}{C}}} \xrightarrow{HN_3} R-\overset{OH}{\underset{H}{C}}-\overset{H}{N}-N=\overset{+}{N} \xrightarrow{-H_2O} $$

$$R-\overset{}{\underset{H}{C}}=N-\overset{+}{N}\equiv N \xrightarrow{-N_2} R-\overset{+}{C}=N-H \xrightarrow{-H^+} R-C\equiv N$$

叠氮酸对质子化的醛进行亲核加成，经脱水、失去氮分子，重排生成质子化的亚胺，再消去质子得到腈。

酮与叠氮酸的反应机理：

$$R^1-C(=O)-R^2 \xrightarrow{H^+} R^1-\overset{OH}{\underset{R^2}{\overset{+}{C}}} \xrightarrow{HN_3} R^1-\overset{OH}{\underset{R^2}{C}}-\overset{H}{N}-N=\overset{+}{N} \xrightarrow{-H_2O} R^1-\overset{}{\underset{R^2}{C}}=N-\overset{+}{N}\equiv N$$

$$\xrightarrow{-N_2} R^1-\overset{+}{C}=N-R^2 \xrightarrow[-H^+]{H_2O} R^1-\overset{\overset{+}{O}H_2}{\underset{}{C}}=N-R^2 \xrightarrow{-H^+} R^1-\overset{OH}{\underset{}{C}}=N-R^2 \rightleftharpoons R^1-\overset{O}{\underset{}{C}}-\overset{H}{N}-R^2$$

反应中质子化的酮羰基与叠氮酸反应，经脱水、失去氮分子，重排生成质子化的 N-取代亚胺，后者与水分子结合，最终生成 N-取代酰胺，氮上的取代基就是原来酮分子中羰基上的一个取代基。

在上述三种不同底物的反应中，都是首先进行羰基上的质子化，与叠氮酸加成后再通过消除和重排等过程，最后得到相应的产物。羧酸重排后得到比原来羧酸少一个碳原子的胺；酮重排后得到 N-取代酰胺，相当于在酮的 R^1（或 R^2）与羰基之间插入了 NH；而醛重排后得到相同碳原子数的腈。

2. 反应特点及反应实例

Schmidt 重排反应适用的范围很广，羧酸、醛、酮甚至酯类化合物都可以发生该反应。其中以羧酸与叠氮酸作用直接得到胺的反应最为重要，羧酸可以是直链脂肪族羧酸、脂环酸、芳香酸、杂环酸等，与 Hofmann 重排、Curtius 重排相比，Schmidt 重排反应只需一步操作且胺的收率较高，但缺点是反应条件较为剧烈。

在实际操作中，叠氮酸有毒且容易爆炸，限制了其应用，因而可以由叠氮钠与浓硫酸在氯仿或苯中作用得到叠氮酸的氯仿或苯溶液后再进行反应。例如，抗结核病药利福平（rifampicin）的中间体环丁基胺（**57**）是以环丁基甲酸（**56**）为原料，经与叠氮钠和硫酸的反应而得到[13]。

56   **57**   60%～80%

  酮与叠氮酸反应的活性比羧酸高，当酮分子中同时存在羧基或酯基时，控制叠氮酸的加入量，可停留在只有酮基参与反应的阶段。各种酮类化合物发生 Schmidt 重排反应的活性顺序为：二烷基酮，环酮＞烷基芳基酮＞二芳基酮。对称酮重排后的产物比较简单，只有一种 N-取代酰胺，如果反应物为环酮，则 Schmidt 重排的产物是内酰胺，例如：

  混合酮发生 Schmidt 重排反应将得到两种酰胺的混合物，混合物的比例取决于基团的迁移能力，一般是体积较大的基团优先迁移。例如，非天然氨基酸（**59**）的合成是以 β-酮酸酯（**58**）为原料，在 Schmidt 重排过程中体积较大的叔碳发生迁移生成取代的乙酰胺，且该手性碳的绝对构型保持不变。

58   **59**   95%

  Schmidt 重排反应在药物合成中具有广泛的用途，以羧酸为原料可制备减少一个碳原子的伯胺，以酮为原料可以制备 N-取代酰胺，醛类进行 Schmidt 重排反应生成腈的应用较少。除了叠氮酸，三甲基硅基叠氮（TMS-N$_3$）也可以代替叠氮酸进行 Schmidt 重排反应，此外，如果用烷基叠氮代替叠氮酸进行反应，则该烷基将被带到产物的 N 原子上，如烷基叠氮与酮反应则生成仲胺的酰胺。

  以上的 Hofmann 重排、Curtius 重排和 Schmidt 重排都是由羧酸制备少一个碳原子的伯胺的有效方法，其中 Hofmann 重排反应应用较多，尤其是分子中不含对卤素及碱敏感的基团时。Curtius 重排反应条件温和，但需要将羧酸转化为酰基叠氮，危险性较大。Schmidt 重排只需一步反应，操作简便，但常用硫酸作为催化剂，因而对硫酸敏感的羧酸不宜采用 Schmidt 重排反应。

  此外，Losson 重排也可实现类似的转化，该重排是指酰氯或酯等羧酸衍生物与羟胺反应得到的异羟肟酸或其 O-酰基衍生物在单独加热或在 P$_2$O$_5$、Ac$_2$O、SOCl$_2$ 等脱水剂存在下加热发生重排生成异氰酸酯，再经水解得到伯胺的反应。由于起始原料异羟肟酸稳定性有限且在反应过程中可与生成的异氰酸酯发生缩合等副反应，所以该反应的实际应用相对较少。

三、从碳原子到氧原子的亲核重排

  从碳原子至氧原子的亲核重排反应过程中涉及带正电性的氧，代表性的反应是 Baeyer-Villiger 重排反应。

醛、酮类化合物在酸的催化下与过氧酸作用生成酯的反应称为 Baeyer-Villiger 重排。反应结果相当于在底物分子的氢或烃基与羰基之间插入一个氧原子从而生成了酯。

1. 反应通式及反应机理

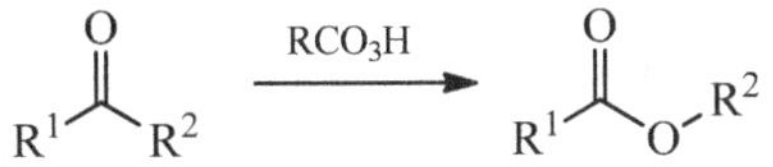

该反应的机理如下所示：

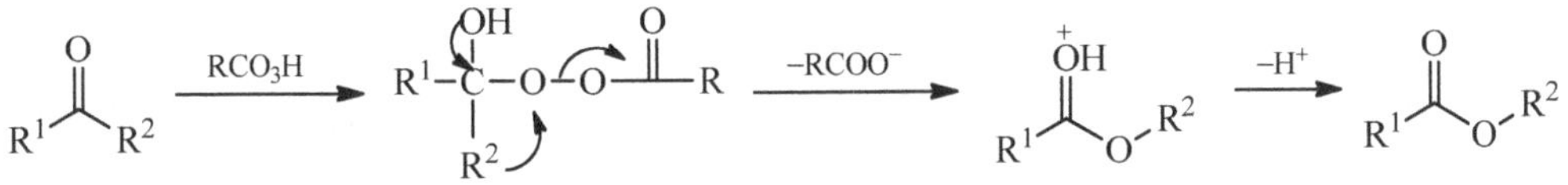

在酸催化下，过氧酸对羰基进行亲核加成，然后迁移基团 R^2 带着成键电子向氧迁移，同时脱去羧酸根，最后生成产物酯。

2. 反应特点及反应实例

Baeyer-Villiger 重排反应的适用范围很广，脂肪酮、芳香酮、烷基芳基酮等都可以发生该反应，环酮则生成扩环的内酯，α-二酮重排生成酸酐，β-二酮由于容易发生烯醇化而不发生此重排反应。醛在该重排反应中一般发生氢迁移而生成酸，相当于醛直接氧化为羧酸。但在特定的条件下也可能发生烷基的迁移而生成甲酸酯。

反应中常用的氧化剂有过氧乙酸、过氧三氟乙酸、过氧苯甲酸、间氯过氧苯甲酸（m-CPBA）、过邻苯二甲酸、过顺丁烯二酸、过硫酸等，其中过氧三氟乙酸和过氧苯甲酸类应用最多。在使用过氧三氟乙酸反应时，常需加入缓冲剂（如 Na_2HPO_4）以避免发生酯交换而生成三氟乙酸酯。另外，由于过氧乙酸、过氧丙酸等过酸的稳定性较差，所以经常采用过氧化氢与相应的羧酸原位生成的方法来制备并立即参与反应。

间歇性跛行治疗药物西洛他唑（cilostazol）的中间体 δ-戊内酯（**60**）就是由环戊酮经 Baeyer-Villiger 重排反应生成的扩环的内酯，反应中由 30% 的过氧化氢和丙酸原位生成过氧丙酸并完成重排反应。

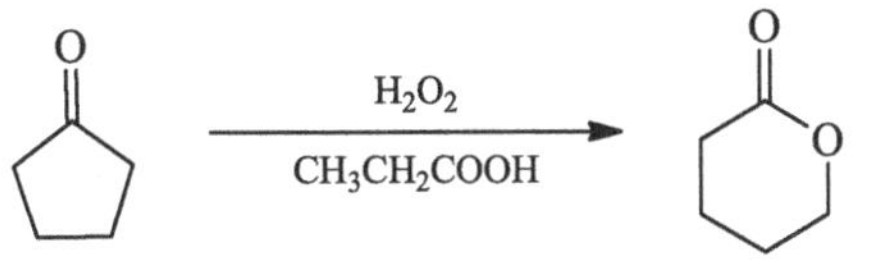

在 Bacycr-Villiger 重排反应中，基团迁移能力的大小次序为：叔烷基＞环己基＞仲烷基＞苄基＞苯基＞伯烷基＞环丙基＞甲基。对取代的芳环而言，取代基的供电子能力越强，相应芳环的迁移能力也越大。由于甲基的迁移能力小，所以利用该重排反应可以由甲基酮制备相应的乙酸酯及其水解产物醇或酚。

例如，降血脂药环丙贝特（ciprofibrate）中间体（**62**）是利用甲基酮（**61**）的 Baeyer-Villiger 重排反应，与顺丁烯二酸酐、乙酸酐及 30% 的过氧化氢混合后反应生成的[14]。

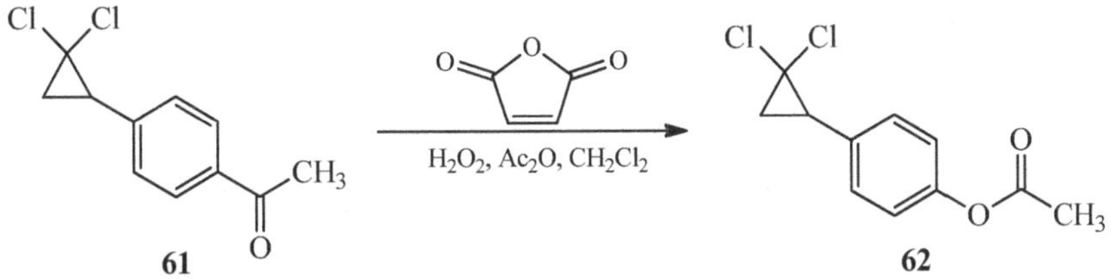

又如，抗帕金森病药物左旋多巴（levodopa）中间体 2-氨基-3-(3, 4-二羟基苯基)丙酸（**64**）的合成[15]，甲基酮（**63**）重排反应生成的乙酸酯不需分离，直接在碱性条件下水解为酚。

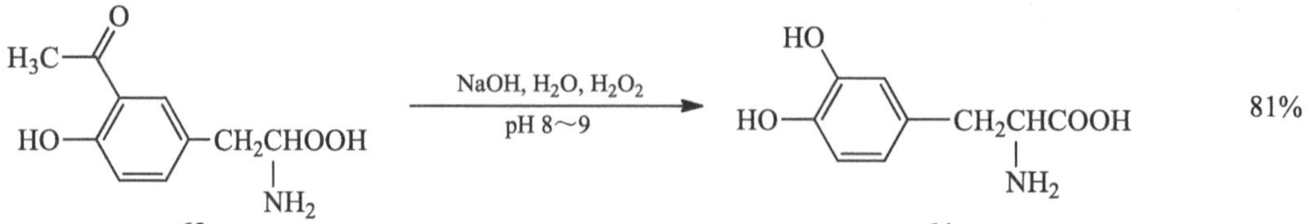

Baeyer-Villiger 重排反应具有一定的区域选择性，且反应中迁移基团的立体化学保持不变，因而在药物及中间体的合成中得到了广泛的应用。

案例 6-1　Bamberger 重排反应

Bamberger 重排反应由德国化学家 E. Bamberger（1857—1932）发现，其是指 N-芳基羟胺（**65**）在强酸水溶液中重排为对氨基苯酚（**66**）的反应，本反应属于亲核重排，其反应通式和反应机理如下：

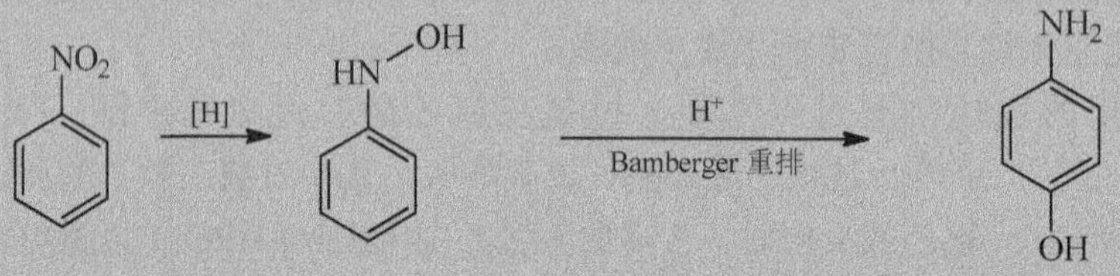

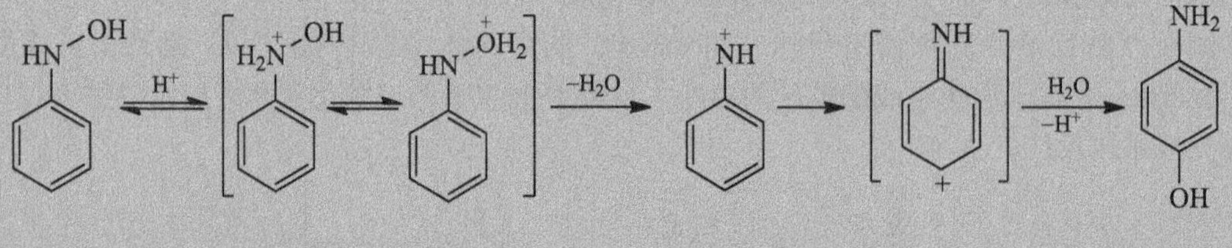

以硝基苯为原料，用锌粉或电化学还原等方法将硝基不完全还原得到 **65**，然后在硫酸作用下重排得到 **66**，该路线仅需两步就能以较高收率得到重要的医药中间体 **66**，其中重排反应一步的收率高达 98%，因而这是 **66** 最重要的一种合成途径。类似地，该重排反应还可用于制备其他的对烷氧基取代的苯胺，如抗肠易激综合征药替加色罗（tegaserod）的中间体 2-乙基-4-甲氧基苯胺等。

【问题】

（1）酚羟基是化学药物中常见的官能团，芳环上引入酚羟基的方法有哪些？

（2）Baeyer-Villiger 重排反应能否在芳环上引入酚羟基？

（3）以对氨基苯酚（**66**）为原料可以制备哪些常见的化学药物？

（4）对氨基苯酚（**66**）还有哪些可能的制备方法？

【案例分析】

Bamberger 重排反应是一种同时在芳环上引入氨基和酚羟基的重要方法，而这两种官能团都是化学药物中所常见的。在芳环上引入酚羟基的方法相对较少，其中较为常见的是芳香族磺酸盐碱熔-水解法，但该法对带有对碱性条件敏感基团的磺酸盐不适用。

本节介绍的 Baeyer-Villiger 重排反应是一种有效的间接在芳环上引入酚羟基的方法，该法以甲基芳基酮为原料，在过酸作用下发生重排而得到芳基的乙酸酯，再通过水解就可以得到酚类化合物。

Bamberger 重排反应的产物 **66** 是一种重要的医药中间体，可以制备多种化学药物，如解热镇痛药扑热息痛（paracetamol）、降血脂药氯贝丁酯（clofibrate）、β 受体阻滞剂普拉洛尔（practolol）和利胆药柳胺酚（osalmide）等，因而每年的市场需求量巨大。

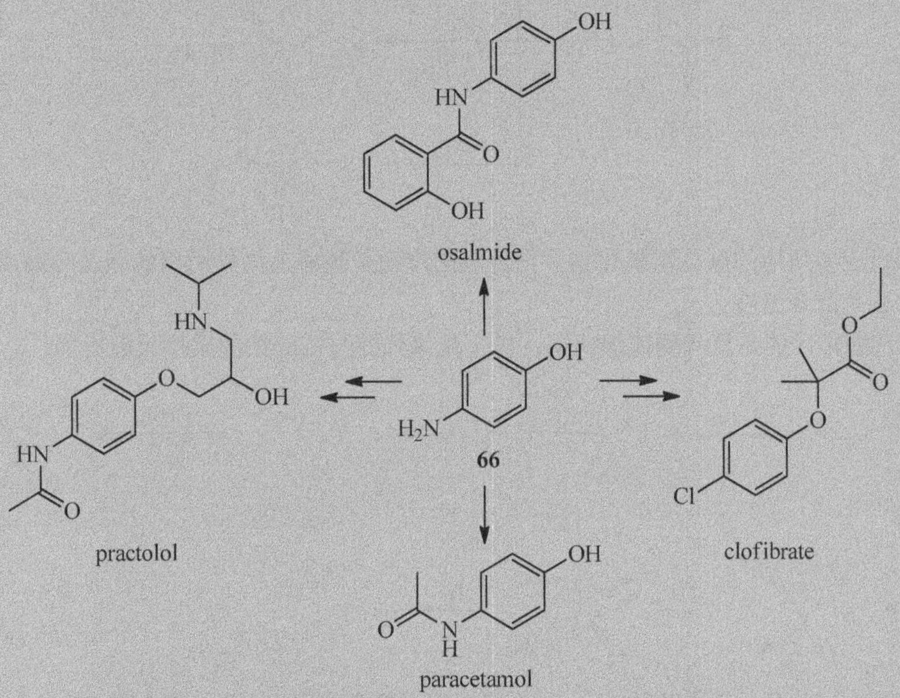

除了以硝基苯为原料，经 Bamberger 重排反应制备 **66** 外，还有其他一些工业化制备 **66** 的方法，具体可参考相关的文献。

第二节　亲电重排

亲电重排反应也称富电子重排，由于重排主要发生在碳原子上，所以也称碳负离子重排反应。其发生过程大致可以分为三步，首先在亲核试剂的作用下，反应底物中的离去基团（氢或金属原子等）离去并生成富电中心，然后迁移基团留下一对成键电子，以正离子的形式迁移至富电中心，并生成更稳定的富电中心，最后新的富电中心与体系中的正电性物质结合转化为稳定的中性分子。

该类重排基本都属于 1,2-重排，根据重排起点原子的不同，可以大致分为从碳原子到碳原子的亲电重排、从氮原子到碳原子的亲电重排和从氧原子到碳原子的亲电重排这三类。

一、从碳原子到碳原子的亲电重排

Favorskii 重排是最重要的从碳原子到碳原子的亲电重排反应。

α-卤代酮在碱性条件下，经重排生成羧酸或其衍生物的反应称为 Favorskii 重排。

1. 反应通式及反应机理

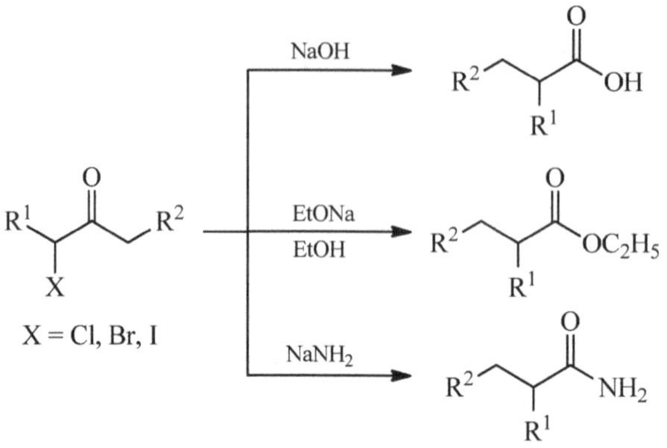

如果反应中所用的碱是氢氧化钠，则生成的产物是羧酸，如果所用的碱是醇钠或氨基钠，则产物分别是酯和酰胺。

α-卤代酮常用的是氯代酮或溴代酮，以下是氯代酮与乙醇钠的重排反应历程。

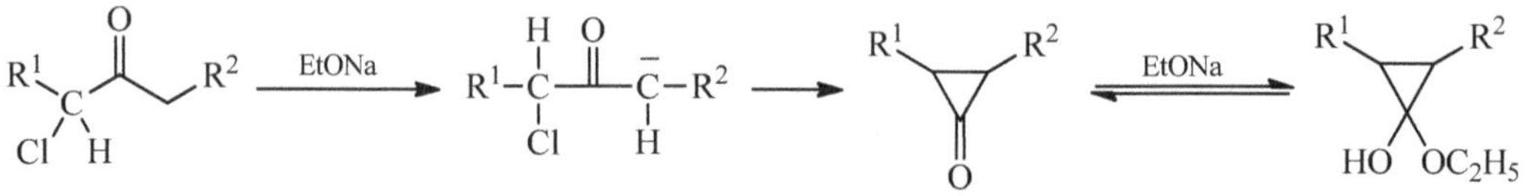

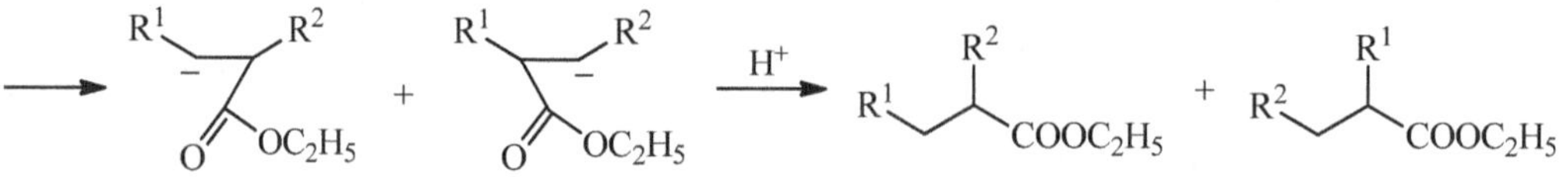

氯代酮在碱性条件下首先失去一个 α-氢，形成碳负离子（**67**），紧接着 **67** 发生分子内的 S_N2 反应，失去氯负离子形成环丙酮中间体（**68**）。乙氧基负离子对羰基进行亲核加成，生成环状半缩酮（**69**），再经开环和质子转移生成重排产物酯。以上中间体 **69** 开环时将有两种不同的方向，其中能形成更稳定碳负离子的方向占优，但如果两种断裂方式的产物稳定性相差不大，那么生成两种产物的比例也应差别不大。

以上是酮羰基两侧中卤素的异侧具有 α-氢的卤代酮的重排机理，一般认为是经历了环丙酮中间体。如果异侧没有 α-氢，反应将按如下的准 Favorskii 重排机理进行，也称为半二苯乙醇酸机理。

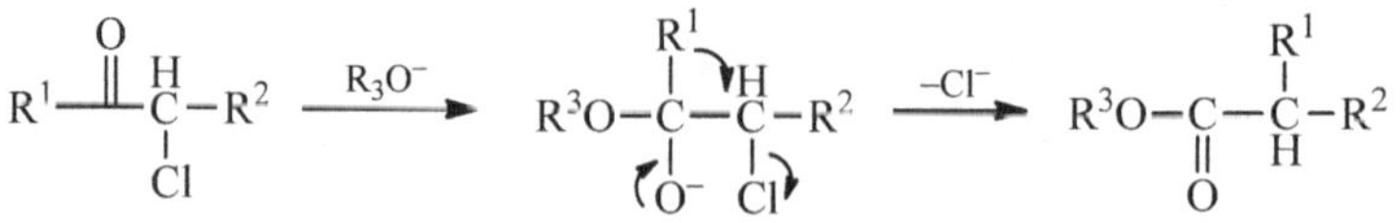

首先碱对羰基进行加成，然后基团 R^1 进行 1,2-迁移，同时离去氯离子而得到重排产物。

2. 反应特点及反应实例

Favorskii 重排反应的底物可以是含有 α-氢的直链 α-卤代酮、α,α'-二卤代酮、α-卤代环酮，也可以是无 α'-氢的各种 α-卤代酮。具有 α-氢的 α,α'-二卤代酮或具有 α'-氢的 α,α-二卤代酮进行重排时，重排产物会同时失去卤化氢，得到 α,β-不饱和羧酸及衍生物。环状 α-卤代酮重排则可得到环上减少一个碳原子的环状羧酸及其衍生物。

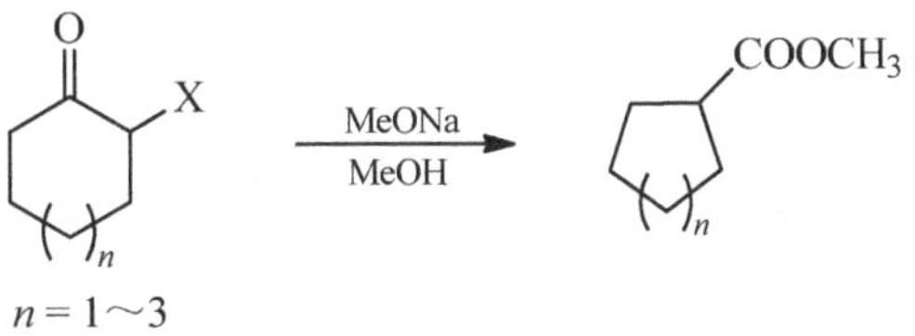

例如，广谱抗吸虫和绦虫药物吡喹酮（praziquantel）中间体环己基甲酸（**71**）即是以 α-氯代环庚酮（**70**）为原料，以碳酸钾为碱进行重排而得到的缩环产物[16]。

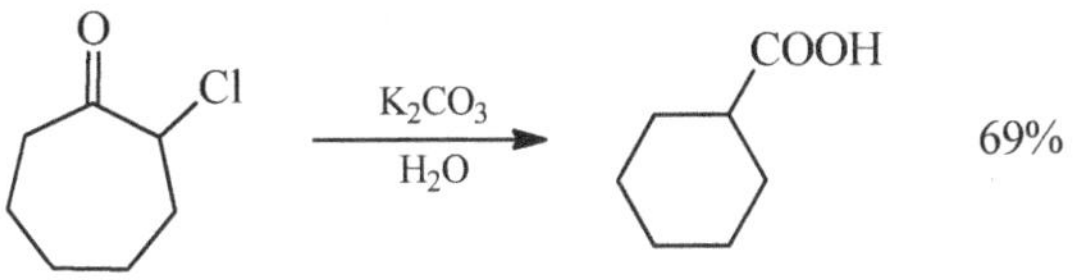

又如，降糖药格列齐特（gliclazide）中间体反-1, 2-环戊基二甲酸（**73**）是以 β-酮酸酯（**72**）为原料，经溴代后在氢氧化钾作用下发生 Favorskii 重排反应而得到。

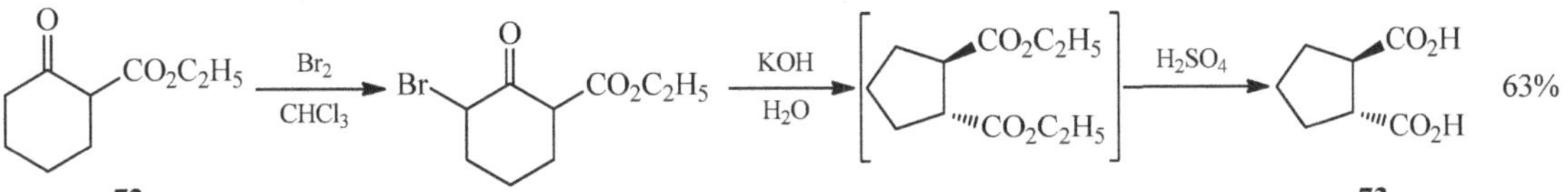

Favorskii 重排反应的应用很广，既适用于开链的脂肪族 α-卤代酮，也适用于环状的 α-卤代酮，还适用于某些 α-位连有其他离去原子或基团的酮类化合物。甚至某些 α-卤代酰胺也能发生 Favorskii 类型的重排反应。例如，2-哌嗪甲酸（**75**）是抗结核药吡嗪酰胺（pyrazinamide）的中间体，可以通过 α-溴代酰胺（**74**）的 Favorskii 重排反应来合成[17]。

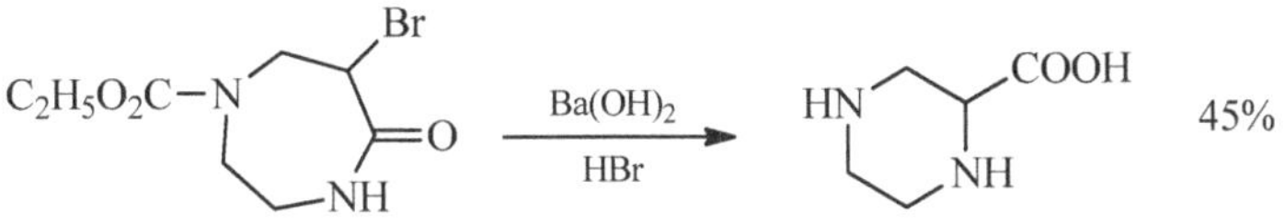

此外，与 Favorskii 重排类似的芳基酮的重排反应在非甾体抗炎药如布洛芬（ibuprofen）等的合成中有着重要的应用，详见案例 6-2。

二、从氮原子到碳原子的亲电重排

季铵盐在碱性条件下发生重排，氮原子上的一个烷基迁移到邻近的碳原子上而得到叔胺，该类重排主要包括 Stevens 重排和 Sommelet-Hauser 重排两类，它们的底物类型及反应条件有所差异。

（一）Stevens 重排

α-位带有吸电子基团的季铵盐在碱催化下重排生成叔胺的反应称为 Stevens 重排。

1. 反应通式及反应机理

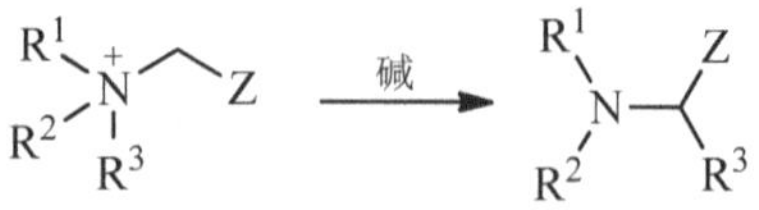

$$Z = COR, Ph, CH\!=\!CH_2, NO_2, 等$$

该反应的机理如下所示：

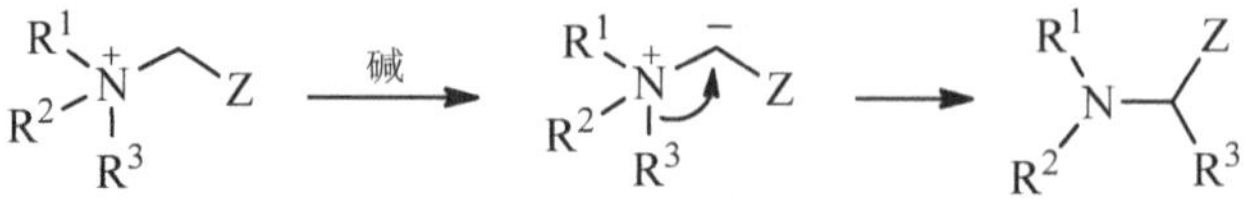

在碱作用下，季铵盐结构中与吸电子基团（Z）相连的 α-氢可被夺取而形成碳负离子，这样就形成叶立德（ylide，即一类在相邻原子上有相反电荷的中性分子）中间体，然后季铵盐氮原子上的一个烷基迁移到邻位的碳负离子上，形成叔胺。

2. 反应特点及反应实例

从以上机理可以看出，叶立德的形成是 Stevens 重排反应的关键。有机叶立德通常用季铵盐或三烷基锍盐与碱反应制备，而所用碱的强弱则要根据叶立德的稳定性来选择。

Stevens 重排反应的底物为含有 α-吸电子基团的季铵盐，其中的吸电子基团 Z 可以是酰基、酯基、芳基、乙烯基、炔基、硝基等。Z 的吸电子能力越强，对叶立德的稳定性能就越好，这时可以用常用的碱（如氢氧化钠和醇钠等）来形成叶立德。而如果季铵盐或三烷基锍盐的氮或硫原子上没有吸电子基团或吸电子基团的能力较弱，则需要使用更强的碱，如氢化钠、氨基钠、烷基锂等才能形成叶立德并进行该重排反应。

在 Stevens 重排中，迁移基团的迁移能力大小顺序为：烯丙基＞苄基＞二苯甲基＞3-苯基丙炔基＞苯甲酰甲基，总体来说基团形成的正离子越稳定，则其迁移能力越强。

例如，抗白血病药物三尖杉碱（cephalotaxine）中间体（**77**）的合成，叔胺（**76**）与苄溴形成的季铵盐中，氮原子 α-位的酯基是一个强的吸电子基团，在碱作用下迁移能力较强的烯丙基从季铵盐氮原子向 α-碳原子迁移，生成新的叔胺 **77**[18]。

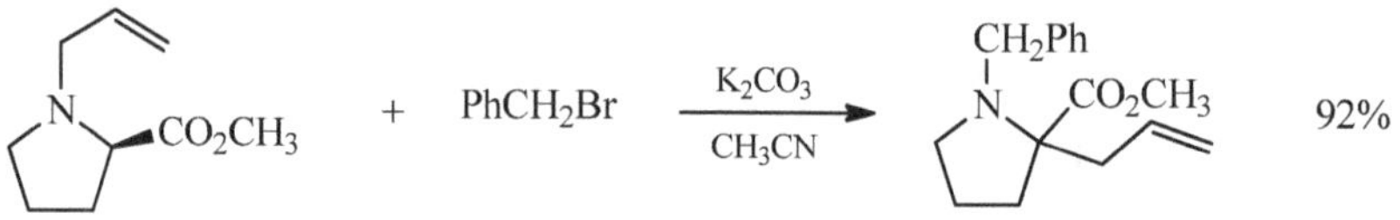

又如，以下的季铵盐化合物（**78**）中乙烯基是较强的吸电子基团，在乙醇钠作用下氮原子 α-位的烯丙位氢被夺取而生成碳负离子，接着与氮相连的另外三个基团（苄基、甲基、亚甲基）中迁移能力最强的苄基发生迁移，从而得到产物 **79**。

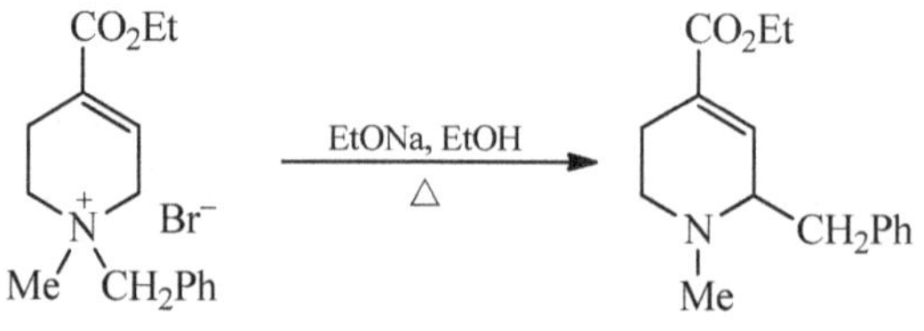

再如，中间体（**81**）的合成，叔胺（**80**）与苄基氯反应生成季铵盐，然后发生 Stevens 重排，迁移能力较强的苄基迁移到羰基的 α-碳上，得到叔胺（**81**）。

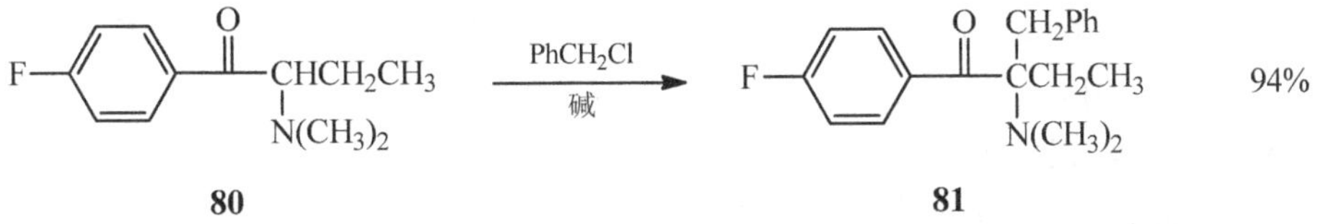

80   **81**

如果季铵盐结构中带有乙烯基，则发生重排后的产物将不止一种，分别得到 1,2-迁移和 1,4-迁移产物，例如：

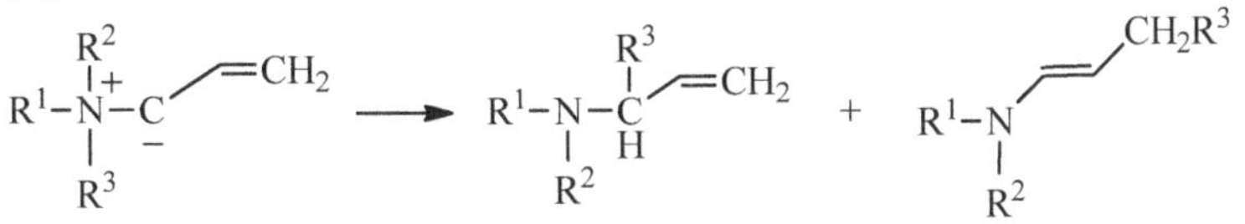

环状的季铵盐在进行 Stevens 重排时可能发生环的扩大或缩小。如季铵盐（**82**）中的强吸电子基团为苯基，其在强碱正丁基锂作用下可以生成叶立德，然后异侧的苄基发生迁移生成缩环的叔胺（**83**）。

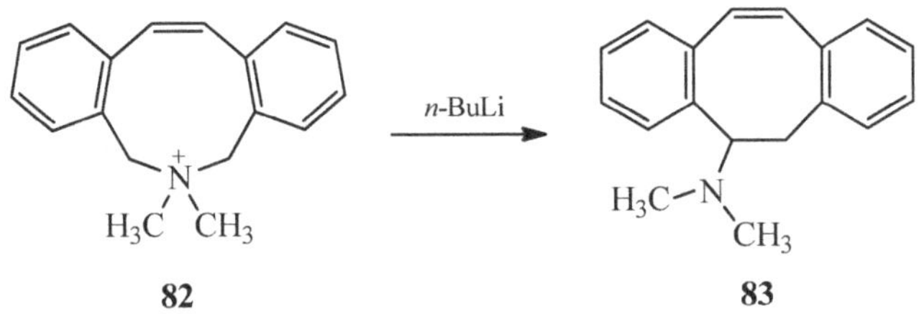

82   **83**

类似地，硫醚与卤代烃反应生成锍盐，也可以进行 Stevens 重排，生成硫醚。

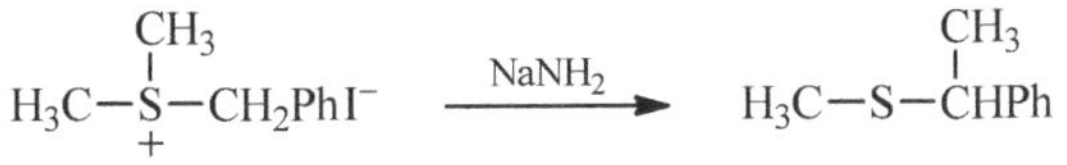

Stevens 重排为分子内的重排反应，反应具有立体专一性，如果迁移基具有手性，重排后构型保持不变。Stevens 重排反应是含氮环状化合物扩环或缩环的一种有效方法，在药物及天然产物的合成中都有一定的应用。

（二）Sommelet-Hauser 重排

苄基季铵盐在氨基钠或其他碱金属氨基盐作用下发生重排，一个烃基迁移至芳环上的邻位，生成苄基叔胺的反应称为 Sommelet-Hauser 重排反应。

1. 反应通式及反应机理

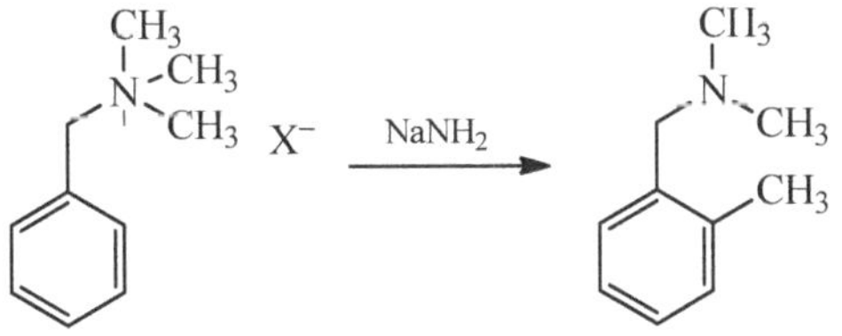

该反应的机理如下所示：

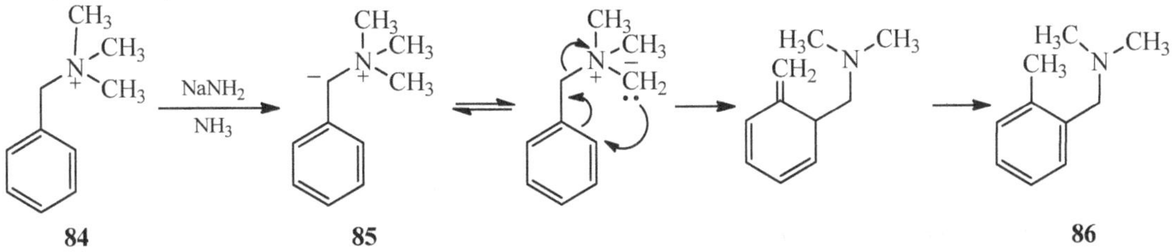

84   **85**   **86**

苄基季铵盐分子（**84**）中苄位的氢酸性较强，在氨基钠作用下失去一个质子形成叶立德（**85**），然后发生[2, 3]-σ 迁移重排，生成邻位取代的苄基叔胺（**86**）。

2. 反应特点及反应实例

Sommelet-Hauser 重排反应的底物以苄基三甲基卤化铵居多，苄基的芳环上可以有各种取代基，反应的收率一般较高。例如，中间体 2-甲基苄基二甲基胺（**86**）的合成是以 *N*, *N*-二甲基苄基胺（**87**）为原料，先与碘甲烷反应生成苄基三甲基碘化铵（**84**），然后再重排生成 **86**[19]。

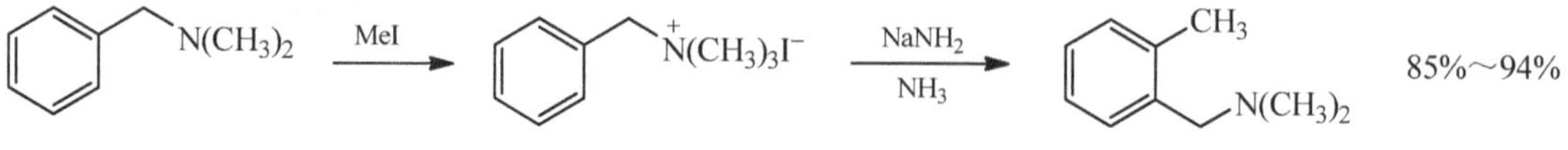

87   84   86

当季铵盐氮上的取代基不同时，常常发生竞争性迁移，从以上的反应历程可以看出，一般能使碳负离子稳定的基团优先迁移。例如，季铵盐（**88**）重排后得到的两种叔胺中 **89** 的比例占优。

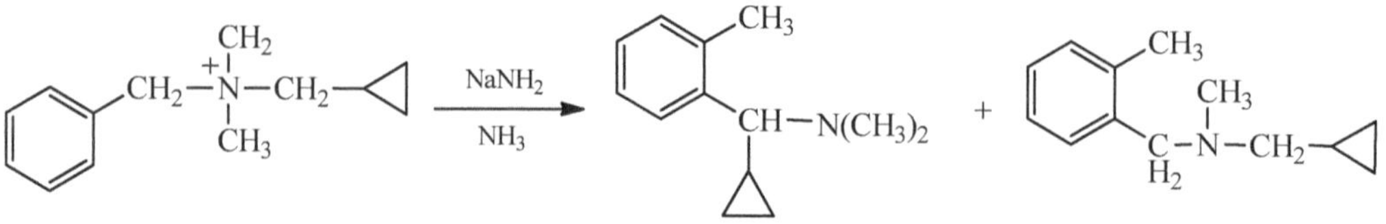

88   89   90

当季铵盐的氮在环上时，可以通过重排形成扩环的产物。

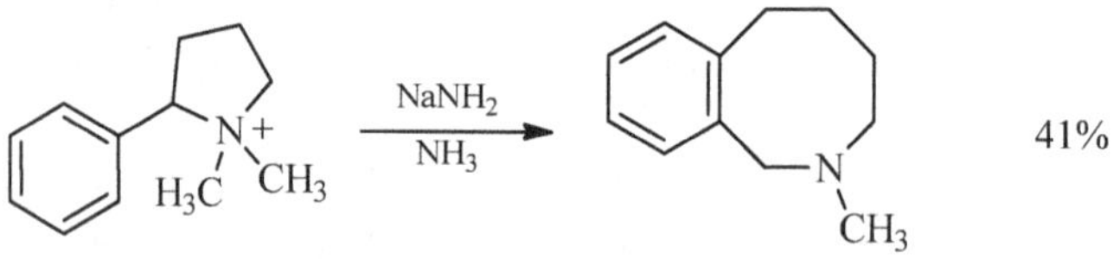

41%

Sommelet-Hauser 重排反应一般采用 NaNH$_2$、KNH$_2$ 作为碱，液氨为溶剂，或者以烷基锂（如 *n*-BuLi、异丁基锂等）为碱，在惰性溶剂如己烷、THF、1, 4-二氧六环等中进行反应。

对 Sommelet-Hauser 重排反应而言，底物苄基季铵盐也会发生 Stevens 重排反应（苯环作为吸电子基团），即两种重排互为竞争性反应，如下所示。一般来说，高温有利于 Stevens 重排，而低温有利于 Sommelet-Hauser 重排，另外反应中所用碱的碱性特别强时，Sommelet-Hauser 反应也会成为主要反应。

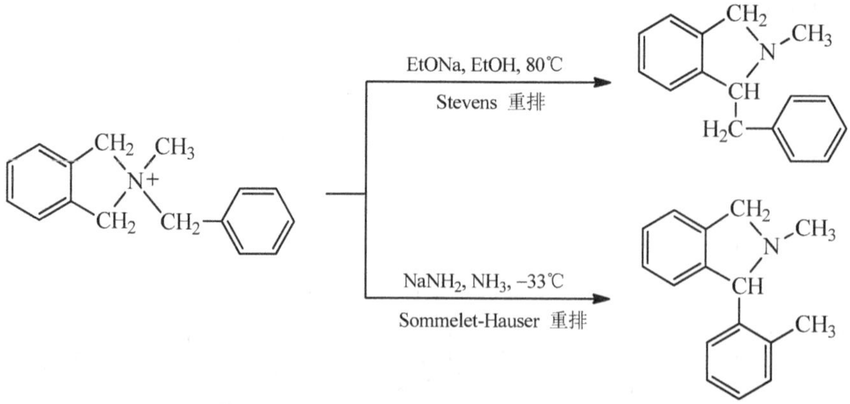

此外，含有 *β*-氢的季铵盐在上述反应条件下还可能发生 E2 消除生成烯的副反应，即季铵碱的 Hofmann 消除反应，这会使反应产物进一步复杂化。

Sommelet-Hauser 重排反应是在苯环邻位引入甲基的方法之一，由于产物是苄基叔胺，进一步烷基化后再次重排，如此继续，可以得到多甲基取代苯。

三、从氧原子到碳原子的亲电重排

该类重排反应中迁移基团从氧原子上不携带电子对迁移到碳原子上，底物可以是酚酯（Fries 重排）或醚（Wittig 重排），相应生成的产物是酚酮或醇。

（一）Fries 重排

酚酯在路易斯酸或 Brönsted 酸催化下进行加热重排，酰基迁移至芳环上原来酚羟基的邻位或对位，生成邻、对羟基芳酮的反应称为 Fries 重排。

1. 反应通式及反应机理

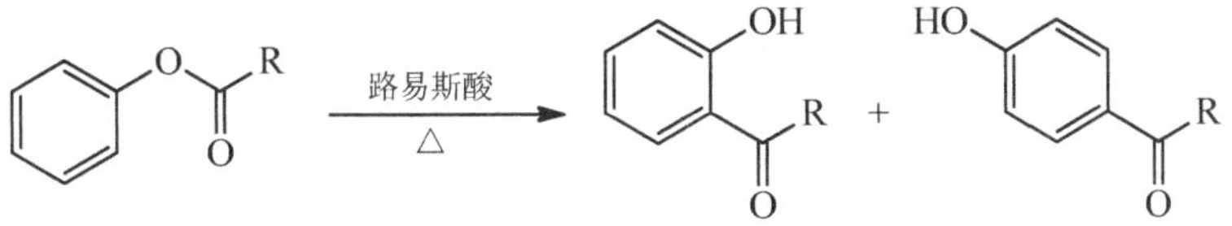

该反应的机理如下所示：

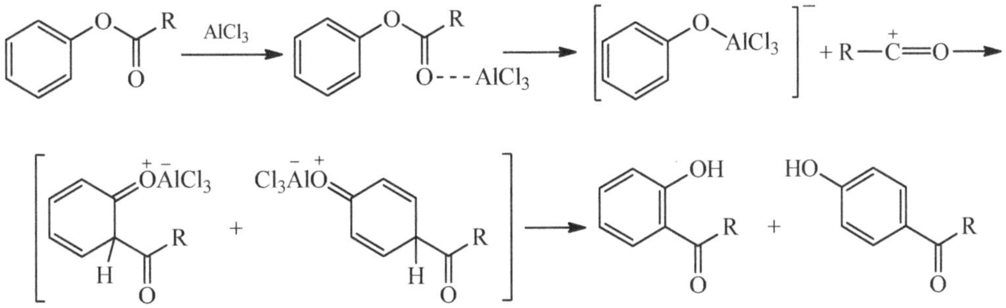

关于 Fries 重排的反应机理，一般认为经历了酰基碳正离子中间体的分子间亲电取代。反应过程中，酚酯首先与三氯化铝形成配合物，在三氯化铝的作用下，C—O 键的极性增加，促使酰氧键断裂，生成酰基碳正离子，然后作为亲电试剂进攻芳环羟基的邻、对位，最后生成邻、对位酰化的产物。已有实验结果表明，如果使用混合酯进行 Fries 重排反应，会有交叉产物生成，即发生了酰基交换，这也从另一方面证明反应是分子间进行的。

2. 反应特点及反应实例

Fries 重排反应机理与 Friedel-Crafts 酰基化反应类似，所用的催化剂也大多是路易斯酸或 Brönsted 酸，如 $AlCl_3$、$TiCl_4$、$FeCl_3$、$ZnCl_2$、$SnCl_4$、BF_3、HF、H_2SO_4、多聚磷酸（PPA）、对甲苯磺酸、甲磺酸等。最常用的催化剂是无水 $AlCl_3$，其用量至少与酚酯等摩尔，且催化剂用量增大有利于邻位产物的生成。

重排反应生成邻、对位产物的比例取决于酚酯的结构、反应条件和催化剂等因素。体积较大的酰基在进行重排时，以邻位重排产物为主，且酰基的体积越大，越有利于邻位异构体的生成。当酚酯的间位带有取代基时，产物以有利于满足空间要求为主。当对位有取代基时仅生成邻位重排产物，如支气管哮喘治疗药氨来占诺（amlexanox）中间体 2-羟基-5-异丙基苯乙酮（**92**）的合成中，酚酯（**91**）的对位有异丙基，因而发生 Fries 重排后乙酰基迁移到酚羟基的邻位。

$(CH_3)_2CH-\langle\rangle-OH$ $\xrightarrow[AcOH]{AcCl}$ $(CH_3)_2CH-\langle\rangle-OCOCH_3$ $\xrightarrow[CS_2]{AlCl_3}$ $(CH_3)_2CH-\langle\rangle$ 带 COCH_3/OH 72%

91   **92**

发生 Fries 重排时迁移的酰基中 R 可以是脂肪族烃基，也可以是芳香族烃基。例如，抗肿瘤药托瑞米芬（toremifene）中间体（**93**）的合成中发生迁移的基团是苯甲酰基。

$\langle\rangle-COO-\langle\rangle$ $\xrightarrow{AlCl_3}$ HO-$\langle\rangle$-CO-$\langle\rangle$ 62%

93

酚酯芳环上的间位定位基一般会阻碍 Fries 重排反应的发生，即使反应可以进行，收率也不高。

反应温度对邻、对位产物比例的影响也比较大，一般来讲，较低温度（如室温）下重排有利于形成对位酰化产物（动力学控制），而较高温度下重排有利于形成邻位酰化的产物（热力学控制）。

80%~85% $\xleftarrow[25℃]{AlCl_3}$ OCOCH_3/CH_3 $\xrightarrow[160℃]{AlCl_3}$ 95%

Fries 重排反应常用的溶剂是二硫化碳、四氯化碳、氯苯、硝基苯等。硝基苯对 AlCl_3 的溶解性比其他溶剂好，反应温度低，反应速率快，但其缺点是毒性较大。

抗早产药利托君（ritodrine）中间体对羟基苯丙酮（**95**）的合成是以丙酸苯酯（**94**）为原料，直接在三氟化硼-乙醚溶液中进行重排反应，其中的三氟化硼作为反应的催化剂[20]。

$\langle\rangle-OCOCH_2CH_3$ $\xrightarrow{BF_3\cdot Et_2O}$ $CH_3CH_2CO-\langle\rangle-OH$ 93%

94   **95**

另外在某些条件下，也可以直接将底物酚酯与 AlCl_3 充分混合后在无溶剂条件下加热反应而得到重排产物，这也更符合现代绿色化学的理念。

Fries 重排反应是在芳环上引入酰基的重要方法之一，但反应结果的影响因素较多，尤其是重排产物的邻、对位比例往往是决定目标产物收率的重要因素。

（二）Wittig 重排

含有 α-亚甲基氢的醚类化合物在烷基锂等强碱作用下，另一个烷基迁移到该 α-碳上而生成醇的反应，称为 Wittig 重排。根据底物和迁移形式的不同，可分为[1, 2]-Wittig 重排和[2, 3]-Wittig 重排。

1. 反应通式及反应机理

[1, 2]-Wittig 重排：

$R^1-CH_2-O-R^2$ $\xrightarrow{R^3Li}$ $R^1-CH(OH)-R^2$

[2, 3]-Wittig 重排：

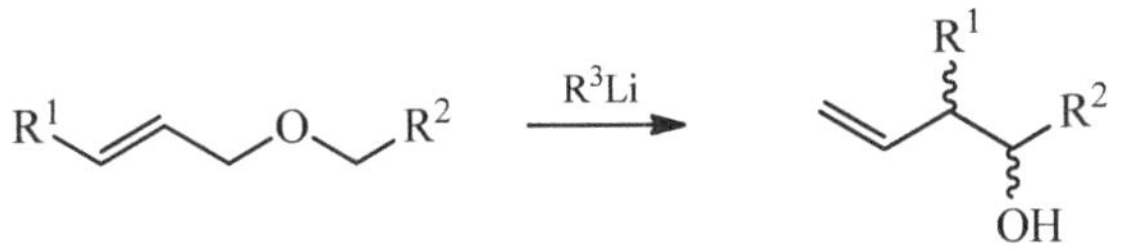

该反应的机理如下所示：

[1, 2]-Wittig 重排：

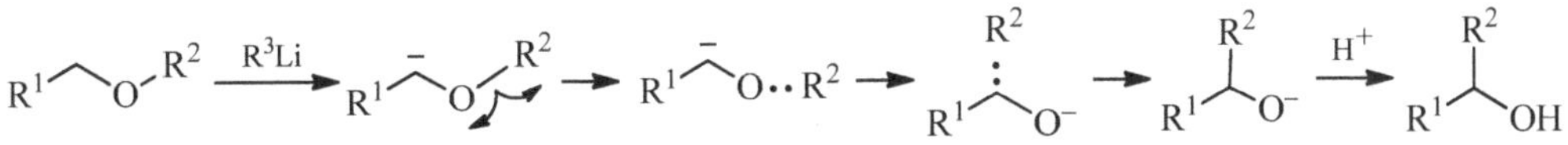

[1, 2]-Wittig 重排为自由基重排机理。在强碱作用下，醚类化合物失去一个 α-碳上的氢，生成碳负离子，然后碳-氧键均裂转化为烷基自由基和碳负离子氧自由基，碳负离子氧自由基立即转变为更稳定的氧负离子碳自由基，后者与烷基自由基重新结合，最终生成醇类重排产物。

[2, 3]-Wittig 重排：

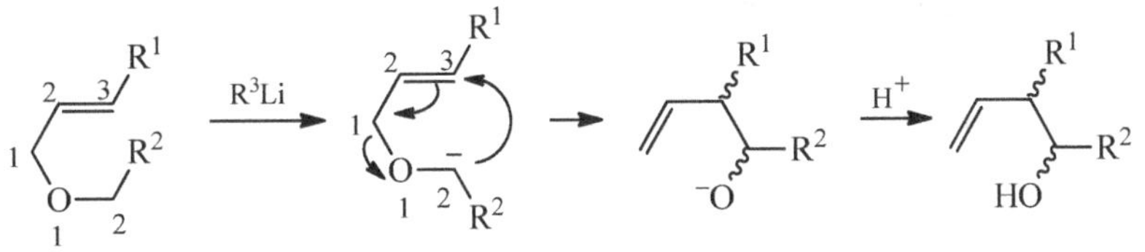

[2, 3]-Wittig 重排反应是一种协同反应。首先强碱夺取烯丙基醚 α-碳上的氢生成碳负离子，接着发生[2, 3]-σ 重排，后处理得到高烯丙醇化合物。由于反应是经过五元环过渡态以协同方式进行的，新的 C=C 键以及两个新的手性中心的形成是立体专一性的。

2. 反应特点及反应实例

Wittig 重排反应底物中的 R^1 和 R^2 可以是烷基、芳基或烯丙基，[1, 2]-Wittig 重排时基团的迁移趋势大小顺序为：烯丙基＞苄基＞乙基＞甲基＞对硝基苯基＞苯基，与自由基的稳定性大小一致，这也说明 Wittig 重排反应是按照自由基机理进行的。但当反应物为烯丙基醚时，反应将按照以上的[2, 3]-Wittig 重排协同机理进行。

从以上的反应机理还可以看出，Wittig 重排反应需要在强碱作用下才能进行，常用的碱有烷基锂、苯基锂、氨基钠、二烷基氨基锂、萘基锂等，有时也可以使用氢氧化钠、氢氧化钾等无机碱。反应一般是在低温的 THF、己烷、苯等溶剂中进行。这些苛刻的条件也在一定程度上限制了该类反应的应用。

在[1, 2]-Wittig 重排过程中，手性基团的相对构型保持不变。例如，制备许多天然产物的中间体 β-羟基-α, β-二苯基丙酰胺（**97**）的合成，底物醚（**96**）中迁移基团的手性中心在重排前后保持不变。

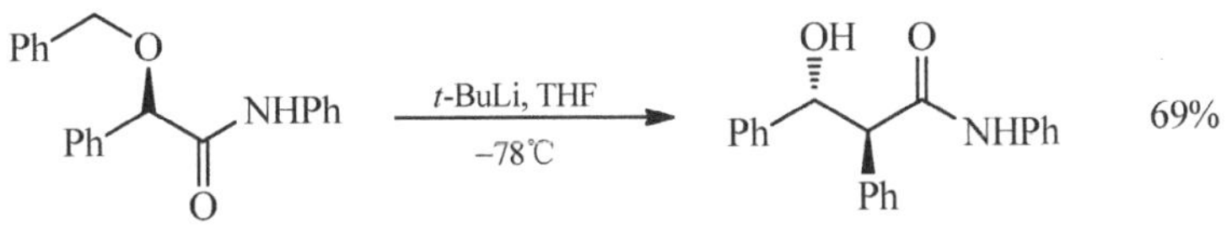

一般来说，[2, 3]-Wittig 重排反应适用于各种吸电子取代基的烯丙基醚，如芳基、芳杂基、卤素、炔基、氰基、酰基、烷氧羰基、羧基、氨基甲酰基等，非环状醚和环状醚在合成中都有一些应用。例如，具有抗炎作用的二萜化合物伪蕨素（kallolide A）的中间体（**99**）合成中就利用了[2, 3]-Wittig 重排缩环反应，而且反应中立体专一性地形成了两个相邻的手性中心[21]。

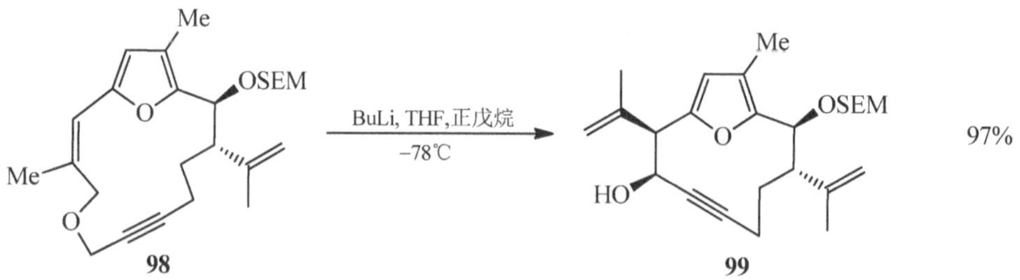

98   99

[1, 2]-Wittig 重排和[2, 3]-Wittig 重排反应是通过形成新的 C—C 键来制备醇的有用方法，该类反应在化学键断裂及形成过程中具有独特的立体选择性，因此在具有手性中心的天然产物合成方面具有一定的应用潜力。

案例 6-2   重排反应在非甾体抗炎药工业化生产中的应用

    非甾体抗炎药是一类不含有甾体结构而又具有抗炎与镇痛作用的药物，其中的 2-芳基丙酸类包括布洛芬（ibuprofen）、酮基布洛芬（ketoprofen）、洛索洛芬钠（loxoprofen sodium）、萘普生（naproxen）等品种，在临床上广泛用于治疗骨关节炎、类风湿性关节炎，以及多种发热和疼痛症状的缓解。

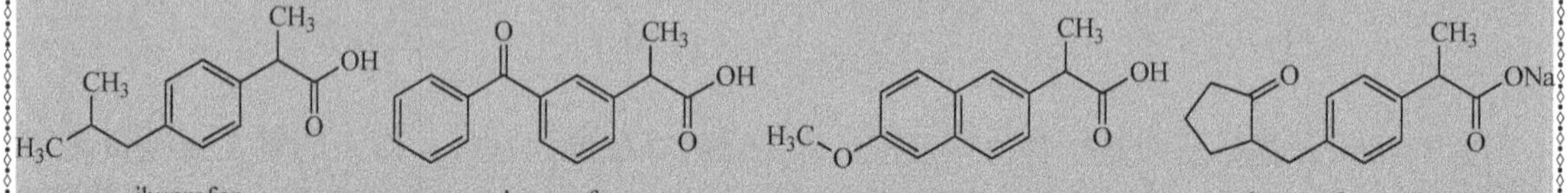

ibuprofen   ketoprofen   naproxen   loxoprofen sodium

    该类非甾体抗炎药的共同结构是取代的芳环上有一个 α-甲基取代的乙酸基团，通过芳基丙酮的重排反应来构建此母体结构是一种高效、简捷的合成策略。我国的精细有机化工和原料药制造专家陈芬儿院士在该领域开展了开创性的工作并作出了突出的贡献。

    根据反应底物及反应条件的不同，该 1,2-芳基重排反应又分为锌盐催化重排法和碘催化重排法两类。前者以布洛芬和洛索洛芬钠的生产工艺为代表，后者以酮基布洛芬和萘普生的生产工艺为代表。下面分别以布洛芬[22]和酮基布洛芬[23]为例说明关键的重排反应。

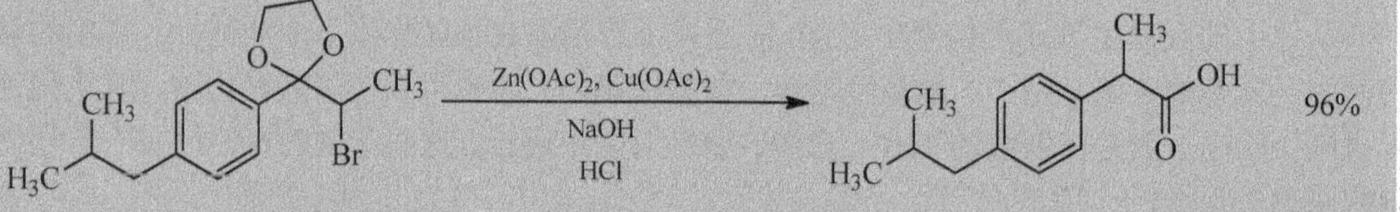

100   ibuprofen

    以 α-溴代芳基丙酮的缩酮（**100**）为原料，在锌盐催化下发生芳基的 1,2-迁移而得到布洛芬。

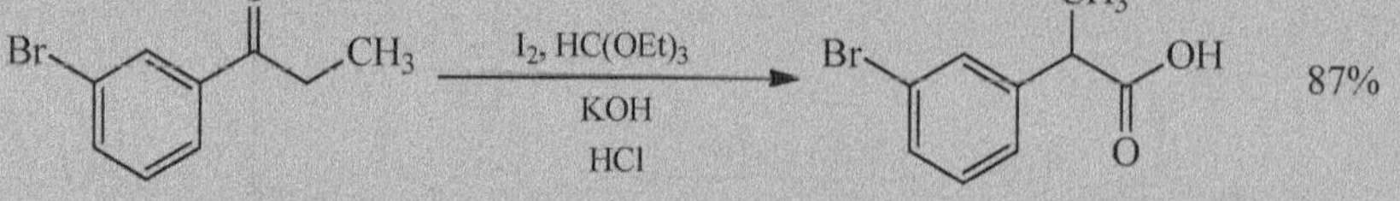

101   102

    直接以芳基丙酮（**101**）为原料，在原甲酸三乙酯存在下用碘作为重排试剂，反应得到重排产物 **102**，再经后续转化得到酮基布洛芬。

    后期陈芬儿院士重点对锌盐催化重排法进行了研究，发明了可用于均相催化相应的 α-卤代芳基缩酮发生 1,2-芳基重排反应的催化剂[24]，能高收率、环境友好地制备 2-芳基丙酸类非甾体抗炎镇痛药物，为该类产品的工业化生产建立了共性支撑技术。

【问题】

（1）本节介绍的 Favorskii 重排与本案例介绍的 2-芳基丙酸类非甾体抗炎药物制备中采用的两类重排方法有什么区别与联系？

（2）为什么 Favorskii 重排反应未能用于 2-芳基丙酸类非甾体抗炎药物如布洛芬的工业化生产？

（3）本案例中的锌盐催化重排法和碘催化重排法的反应机理是怎样的？

【案例分析】

2-芳基丙酸类非甾体抗炎药物制备中，芳基丙酮重排为 α-甲基取代的芳基乙酸的反应与 Favorskii 重排反应类似，它们实现的官能团转化是相同的，但它们的反应底物、反应条件及反应机理有明显的区别。

Favorskii 重排反应以 α-卤代酮为原料，在碱的作用下发生重排而得到羧酸或衍生物，是典型的亲电重排过程。而本案例中所介绍的两种方法分别以 α-溴代芳基酮的环状缩酮或芳基酮为原料，应该属于亲核重排反应的机理。

第三节　σ迁移重排

邻近共轭体系的一个原子或基团的 σ 键沿着共轭体系由一个位置迁移到另一个位置，同时伴随着 p 键的转移，这种分子内非催化的异构化协同反应称为 σ 迁移重排。在反应过程中，原有 σ 键的断裂、新 σ 键的形成以及 p 键的迁移都是经过环状过渡态一步完成的。

σ迁移重排可用数字[i, j]予以分类，将迁移前 σ 键两端用 1, 1 依次编号，i, j 分别代表迁移后终点处 σ 键所连原子的编号，则这种重排称为[i, j]σ 迁移重排。如以下的 H[1, 3]迁移、[3, 3]σ 迁移。

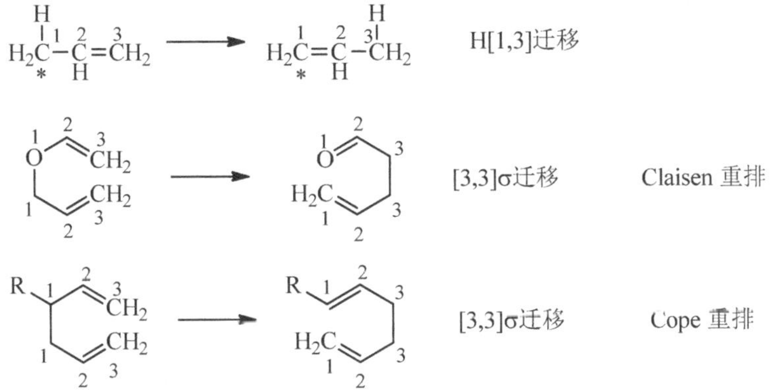

[3, 3]σ迁移重排较为常见且在药物及天然产物的合成中有所应用，Claisen 重排和 Cope 重排都属于[3, 3]σ迁移重排，Fischer 吲哚合成中也涉及[3, 3]σ迁移重排。

一、Claisen 重排

烯醇或酚的烯丙基醚在加热条件下，经[3, 3]σ 迁移使烯丙基自氧原子迁移到碳原子上的反应称为 Claisen 重排。

1. 反应通式及反应机理

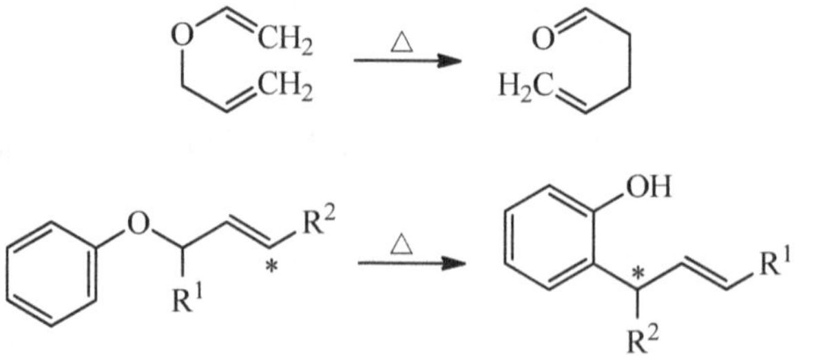

烯醇的烯丙基醚重排后生成 γ, δ-不饱和醛、酮,而酚的烯丙基醚重排后生成邻烯丙基酚。该反应的机理如下所示:

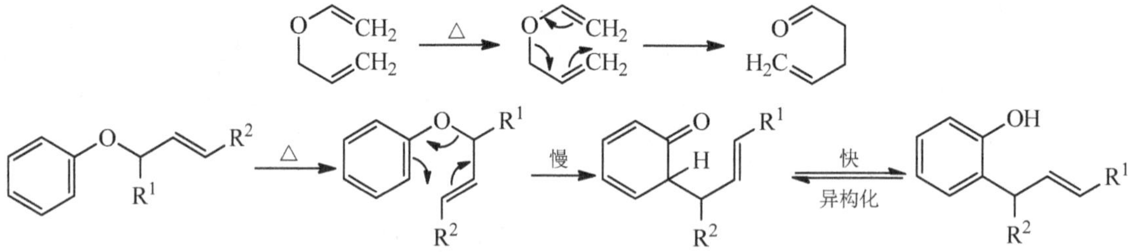

该重排反应是通过分子内的六元环过渡态中间体进行的,旧的 C—O 键断裂、新的 C—C 键生成和 p 键的迁移都是同时完成的,因而该过程属于协同反应。对酚的烯丙基醚而言,当醚的两个邻位都被占据时,因邻位重排中间体不稳定,会再发生第二次[3, 3]σ 迁移(即 Cope 重排),生成烯丙基迁移到对位的产物。

2. 反应特点及反应实例

烯醇的烯丙基醚一般在加热条件下都能发生 Claisen 重排。对于酚的烯丙基醚,只要醚键的两个邻位和对位没有完全被取代基占据,也都可以发生 Claisen 重排。如果苯环上没有其他取代基,则生成的 2-烯丙基苯酚占优势,但也会有少量的 4-烯丙基苯酚。如果两个邻位都被占据,则生成对位烯丙基苯酚。

Claisen 重排反应通常在高温下进行。常用的反应溶剂有甲苯、二苯醚、联苯、四氢萘、DMF、N, N-二甲基苯胺、二甘醇单乙醚以及三氟乙酸等,一般反应在极性溶剂中比在非极性溶剂中更快。另外,某些条件下反应也可在无溶剂、无催化剂条件下加热进行,反应物沸点恒定时表示重排基本结束,因为产物的沸点比烯丙基醚要高,反应中沸点会逐渐升高直至恒定。

由于烯丙基芳基醚容易制备,因此通过 Claisen 重排可在酚类化合物的苯环上引入烯丙基。例如,平喘药奈多罗米钠(nedocromil sodium)中间体(**104**)的合成,取代酚(**103**)先进行烯丙醚化,然后经 Claisen 重排将烯丙基迁移至酚羟基的邻位,在该例中由于酚羟基的一个邻位和对位都存在取代基,所以重排后烯丙基选择性进入剩余的邻位[25]。

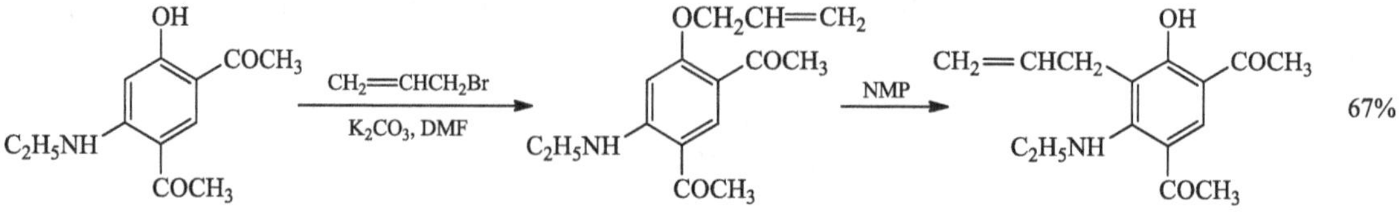

对含有烯丙基乙烯基醚结构的脂肪族化合物,通过 Claisen 重排则可制备 γ, δ-不饱和醛、酮及羧酸衍生物。例如,农药拟除虫菊酯(pyrethroids)中间体 3, 3-二甲基-4-戊烯酸甲酯(**106**)

的合成是以原乙酸三甲酯与异戊烯醇为原料，经缩合、消除得到烯丙基醚（**105**），然后经 Claisen 重排反应得到 **106**[26]。

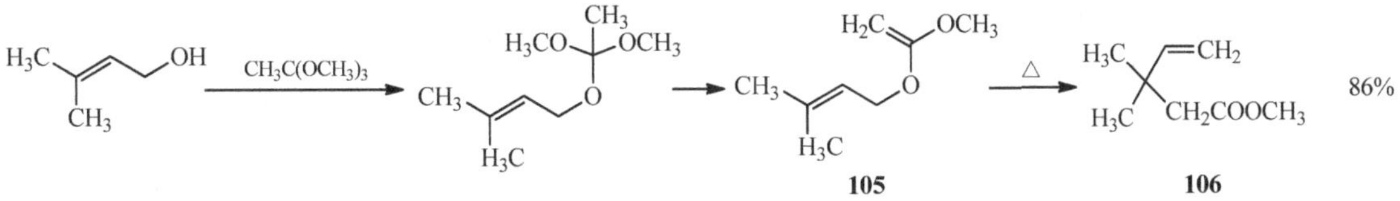

烯丙基醚中的氧原子分别用硫原子和氮原子替换后仍能发生 Claisen 重排，分别称为硫代 Claisen 重排和氨基 Claisen 重排。例如，烯丙基苯基硫醚进行 Claisen 重排，得到硫酚。

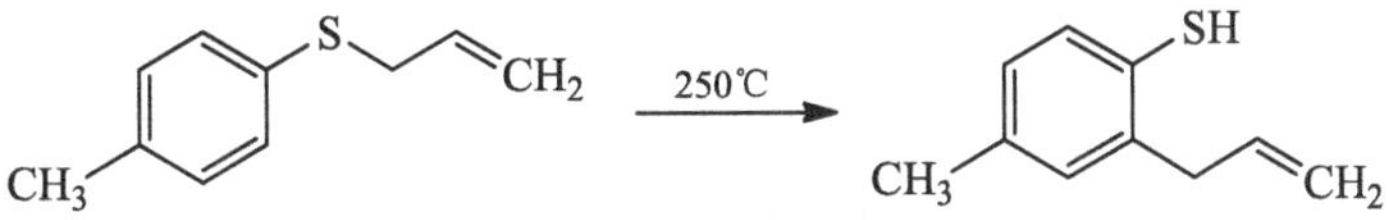

在植物杀菌剂烯丙苯噻唑（probenazole，**108**）的合成中，烯丙基醚（**107**）中氧原子上的烯丙基重排到邻位的氮原子上[27]。

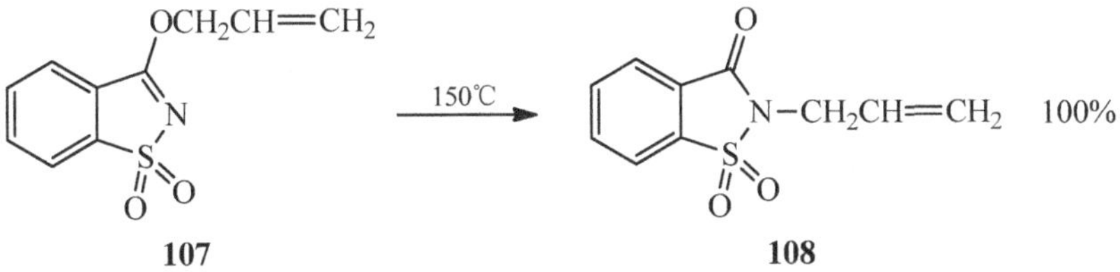

关于 Claisen 重排反应的立体化学，无论底物烯丙基芳基醚中烯丙基双键是 *Z* 构型还是 *E* 构型，重排后产物中双键的构型都是 *E* 构型，这是因为重排反应所经历的六元环过渡态具有稳定的椅式构象。

芳环的结构对反应速率有一定的影响，芳环上的供电子基团对反应有利，使反应速率加快，吸电子基团对反应不利，使反应速率减慢，但这种作用都不十分明显。

由于 Claisen 重排反应可以生成多种不饱和羰基衍生物及烯丙基取代的酚类衍生物，而且在形成重排双键时有高立体选择性，所以在药物及中间体、天然产物的合成中有一定的应用。

二、Fischer 吲哚合成法

醛、酮与芳肼反应生成醛、酮的芳腙，然后在路易斯酸或质子酸存在下加热，脱氨生成吲哚类化合物的反应称为 Fischer 吲哚合成法。

1. 反应通式及反应机理

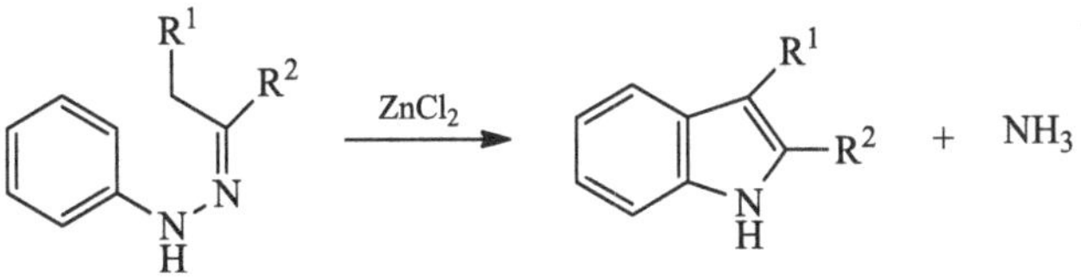

该反应的机理如下所示：

109 110
111 112 113

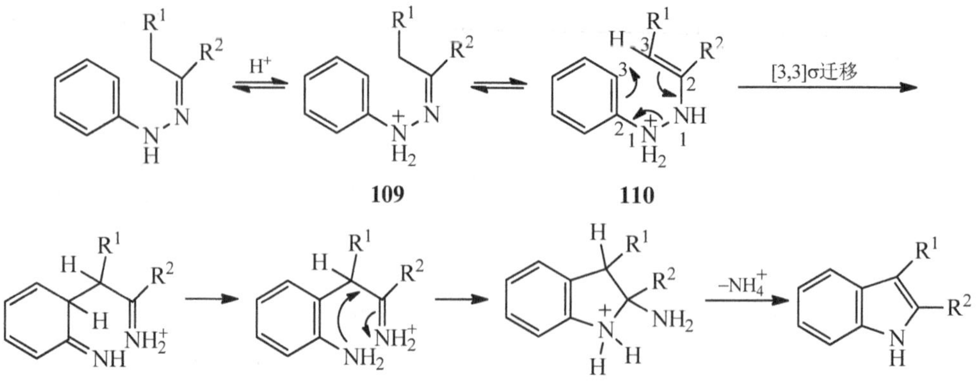

苯腙首先质子化为 **109**，然后互变异构化生成烯肼（**110**），接着发生[3, 3]σ 迁移，N—N 键断裂，同时生成新的 C—C 键并生成中间体双亚胺（**111**），立即异构化为具有苯环结构的中间体（**112**），氨基对亚胺双键进行亲核加成生成中间体（**113**），最后失去氨得到吲哚类化合物。该反应过程的关键一步是[3, 3]σ 迁移。

2. 反应特点及反应实例

Fischer 吲哚合成法的底物是具有 *α*-亚甲基的醛或酮 $R^1CH_2COR^2$，对醛而言，R^1 不能是氢，即乙醛与苯肼生成的腙在氯化锌催化作用下不能合成未取代的吲哚。相反，它是由丙酮酸与苯肼反应得到吲哚-2-甲酸，再加热脱羧来制得的。

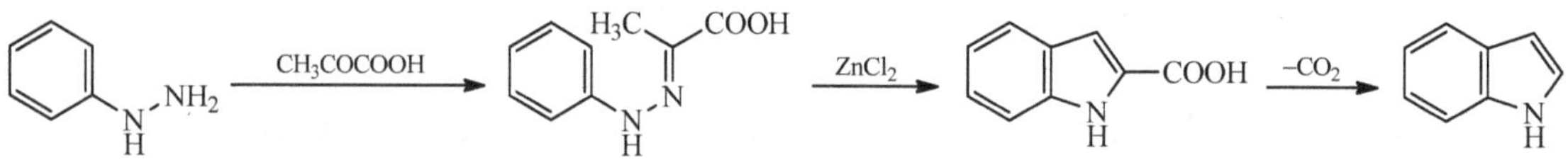

如果所用的羰基化合物是 $R^1CH_2COCH_2R^2$，则生成的将是两种异构体产物，二者的比例将取决于酮的结构、催化剂酸的种类和用量。如果采用的是对称的酮，则产物结构单一。例如，抗抑郁药丙辛吲哚（iprindole）中间体环辛并[*b*]吲哚（**115**）的合成，环辛酮与苯肼反应生成环辛酮苯腙（**114**），再经 Fischer 吲哚合成而得到 **115**[28]。

114 115

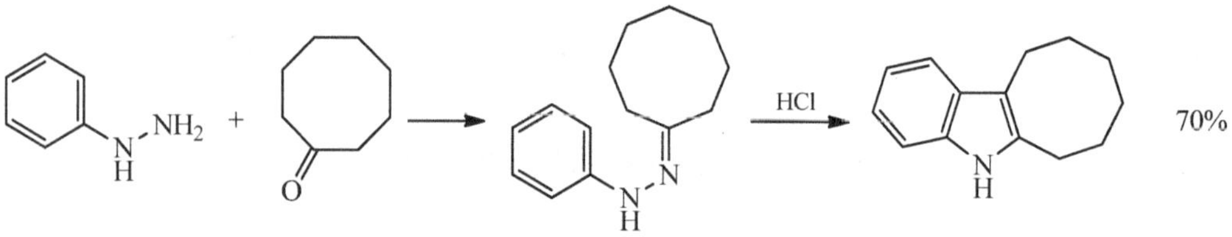

Fischer 吲哚合成法常用的催化剂有无机酸，如浓盐酸、硫酸、磷酸、干燥的氯化氢、多聚磷酸等；也有有机酸，如甲酸、乙酸、对甲苯磺酸等；还可用路易斯酸，如三氟化硼、氯化亚铜、氯化锌、四氯化钛等金属卤化物，其中氯化锌最有效。另外，少数反应也可在无催化剂条件下进行。

营养增补剂色氨酸（tryptophan）结构中含有吲哚环，其合成时先将 4-乙酰氨基-4, 4-二乙氧羰基丁醛苯腙（**116**）在稀硫酸中加热完成吲哚环的构建得到 **117**，再经水解、脱羧等步骤得到色氨酸。

$$CH_3CONHC(COOC_2H_5)_2 \quad \underset{CH_2CH_2CH=NNHC_6H_5}{} \xrightarrow{H_2SO_4} \quad 71\%$$

116　　　　　　　　　　　　　　　　**117**

Fischer 吲哚合成法在具体操作时经常将醛或酮与等量的芳香肼在乙酸中加热发生分子间缩合生成腙，得到的腙不必分离，与催化剂一起加热就可进行重排、脱氨反应，得到吲哚类化合物，该操作方法非常简便。

例如，偏头痛治疗药佐米曲普坦（zolmitriptan，**119**）的合成中使用的取代苯肼（**118**）是经重氮盐还原而得，其与缩醛反应得到的苯腙不用酸催化剂直接加热就可发生重排和环合得到产物[29]。

118　　　　　　　　　　　　　　　　**119**

由于吲哚环是许多具有生物活性的有机分子的基本骨架，所以 Fischer 吲哚合成法在药物及中间体的合成中具有广泛的应用前景，但该方法的局限在于收率一般不高，某些底物反应时区域选择性较低。

参 考 文 献

[1] Miroslav K，Jan R. Org Synth，Coll Vol 7. New York：John Willey and Sons，1990：114.

[2] 王爱霞，宋振雷，高栓虎，等. 苯并螺环 β-溴代酮 Wagner-Meerwein 重排反应研究及其在(±)-Colchicine 形式合成中的应用. 有机化学，2007，27（9）：1171-1175.

[3] Barnier J P，Champion J，Conia J M. Org Synth. Coll Vol 7. New York：John Willey and Sons，1990：129.

[4] 盛荣，胡永洲. 多奈哌齐的合成研究.中国药学杂志，2005，39（18）：1421-1424.

[5] 程潜，李长荣，张彦文，等. 取代芴-9-羧酸酯衍生物的合成.合成化学，1997，5（1）：97-101.

[6] Lee V，Newman M S. Org Synth. Vol 50. New York：John Willey and Sons，1970：77.

[7] Norbeck D W，Kramer J B. Synthesis of(−)-oxetanocin. J Am Chem Soc，1988，110（21）：7217-7218.

[8] 徐显秀，魏忠林，柏旭. Beckmann 重排法合成抗癫痫药加巴喷丁. 有机化学，2006，26（3）：354-356.

[9] 孟庆伟，曾伟，赖琼，等. 奈韦拉平的合成. 中国医药工业杂志，2006，37（1）：5-7.

[10] 张文治，束家友. 帕珠沙星合成中的 Hofmann 重排反应. 中国医药工业杂志，2003，34（12）：593-594.

[11] 邓勇，沈怡，严忠勤，等. 反-4-甲基环己基异氰酸酯的重排合成法.中国医药工业杂志，2005，36（3）：138-139.

[12] 束蒨艳，吴雪松，岑均达. 阿奇沙坦的合成. 中国医药工业杂志，2010，41（12）：881-883.

[13] Newton W W，Joseph C Jr. Org Synth. Coll Vol 5. New York：John Willey and Sons. 1973：273.

[14] 李景锋，吕久安，王赞平，等. 环丙贝特的合成. 沈阳药科大学学报，2008，25（12）：954-955.

[15] 谢如刚，陈翌清，袁德其，等. Dakin 反应的研究. 有机化学，1984，4（4）：297-300.

[16] Kende A S. Organic Reactions. Vol 11. New York：John Willey and Sons，1960：290.

[17] Merour J Y，Coadou J Y. New synthesis of(±)-2-piperazinecarboxylic acid. Tetrahedron Lett，1991，32（22）：2469-2470.

[18] 孙默然，卢宏涛，杨华. 6-烯-8-羰基-1-叔丁氧羰基氮杂螺[4,4]壬烷的合成. 有机化学，2009，29（10）：1668-1671.

[19] Bresen W R，Hauser C R. Org Synth. Coll Vol 4. New York：John Willey and Sons，1963：585.

[20] 王立平，李鸿波，梁伍，等. 利托君的合成. 中国医药工业杂志，2009，40（12）：885-887.

[21] Marshall J A，Liao J. Stereoselective total synthesis of the pseudopterolide Kallolide A. J Org Chem，1998，63（17）：5962-5970.

[22] 陈芬儿，尤彩芬，潘锡平，等. 布洛芬的重排法合成工艺研究. 中国医药工业杂志，1992，23（1）：1-2.

[23] 管春生，陈芬儿. 2-芳基丙酸类消炎镇痛药物的研究——7 用 1,2-芳基重排法合成酮基布洛芬. 华西药学杂志，1997, 12 (3)：172-173.

[24] 陈芬儿，何秋琴，熊方均，等. 一种 2-芳基丙酸锌催化剂及其制备方法和应用：CN 102716768. 2012.

[25] 韩莹，黄淑云，李兴伟. 奈多罗米钠的合成工艺. 现代药物与临床，2010, 25 (2)：142-144.

[26] 廖艳芳，余慧群，莫友彬，等. 3,3-二甲基-4-戊烯酸甲酯合成方法的改进及表征. 精细化工中间体，2012, 42 (5)：14-16.

[27] 尹炳柱，王俊学，姜海燕，等. 3-烯丙氧基-1,1-二氧代苯并异噻唑的克莱森重排反应. 化学通报，1988, 5：31-32.

[28] 胡天佑，陈新，杨祯祥，等. 抗忧郁药丙辛吲哚酸盐的试制. 中国医药工业杂志，1983, 14 (6)：1-3.

[29] 符乃光，陈平. 佐米曲坦的 Fischer 吲哚环合工艺改进. 化学试剂，2008, 30 (11)：865-866.

第七章　氧化反应（Oxidation Reaction）

【学习目标】

学习目的

本章介绍了醇、羰基化合物、烃类化合物及其他化合物的氧化反应，旨在让学生掌握氧化反应的机理及其反应特点，可熟练运用该类反应开展药物分子的合成。

学习要求

掌握醇的氧化，烯烃的环氧化、双羟化、氧化断裂，醛、酮的氧化，苄位氧化，烯丙位及羰基 α-位氧化，包括反应条件、氧化剂、反应机理、反应特点及反应实例。

熟悉芳烃氧化，卤代烃及磺酸酯氧化，以及含硫、含氮化合物氧化，包含常用氧化剂、反应机理及应用特点。

了解含氮化合物氧化。

氧化反应在药物合成中应用广泛，是一类极为常见的有机化学反应。从广义上讲，有机分子失去氢或增加氧的反应，或二者同时发生，统称氧化反应。由氧化反应可以制备醇、醛、酮、羧酸，酚、醌、环氧化合物、过氧化合物、亚砜、砜、氮氧化合物，还可以实现对卤代烃、磺酸酯的氧化。涉及对 C—X、C—N、C—S 等新化学键的反应不在本章讨论。

氧化反应的实现依赖于氧化剂，氧化剂种类众多，包括过渡金属氧化剂、有机过氧化物、高价碘类氧化剂等。过渡金属氧化剂具有其高效性，但成本问题及环境污染问题突出，使用分子氧、过氧化氢、叔丁基过氧化氢、高价碘等绿色低毒的氧化剂广受关注，发展迅速。氧化反应通常是自由能降低的反应，其机理涉及亲电、亲核及自由基反应机理；另外，不同的官能团具有不同的反应性能，相同的官能团由于其环境不同也具有不同的反应性能。控制不同的反应条件，进行各种程度的氧化以制备所需化合物是氧化反应的重要手段。掌握氧化剂的氧化特点和反应特定条件、理解氧化机理是学习本章的关键。

第一节　醇 的 氧 化

醇可以氧化为醛、酮、羧酸及其衍生物，其产物依赖于醇本身的结构及氧化剂特点。常用的氧化剂有铬试剂、锰试剂及二甲亚砜等。

一、一元醇的氧化

（一）铬试剂氧化

铬试剂最常用的铬类氧化物为 $CrO_3(VI)$。常用的铬氧化剂包括：Jones 试剂、Sarret 试剂、Collins 试剂、氯铬酸吡啶盐（PCC）及重铬酸吡啶盐（PDC）。

1. 反应通式及反应机理

$$R^1\text{—CH(OH)—}R^2 \xrightarrow{\text{氧化剂/溶剂}} R^1\text{—CO—}R^2 \qquad R^1,R^2 = \text{alkyl, aryl}$$

反应原料为伯醇、仲醇，反应产物为醛、酮，氧化剂为 Jones 试剂（CrO_3/H_2SO_4/丙酮）、Sarret 试剂（CrO_3/Py）、Collins 试剂（$CrO_3/Py/CH_2Cl_2$）或 PCC、PDC。

$$R^1\text{—CH(OH)—}R^2 + O{=}Cr\text{—OH} \xrightleftharpoons{-H_2O} O{=}Cr\text{—O—}CHR^1R^2(H) \xrightarrow{rds} R^1\text{—CO—}R^2 + HCrO_3^-$$

或者

$$O{=}Cr\text{—O—}CHR^1R^2 \cdots H_2O \xrightleftharpoons{rds} R^1\text{—CO—}R^2 + HCrO_3^-$$

醇先与铬酸加成形成相应的铬酸酯，随后脱氢形成氧化产物，脱氢为速率控制步骤（rds）；脱氢过程可以是分子间过程——在水的促进下完成，也可以是分子内过程——分子内氢转移完成。

2. 反应特点及反应实例

（1）Jones 氧化

Jones 氧化是以化学计量的 CrO_3 的硫酸溶液来实现醇的氧化，反应在丙酮溶液中进行，方便底物醇溶解的同时抑制底物的过度氧化。对酸敏感的醇类不适用于此类氧化。使用 Jones 氧化伯醇容易氧化形成羧酸，仲醇氧化形成酮，烯丙醇和苄醇可有效氧化形成醛，邻二醇氧化会导致 C—C 键断裂。氨基氧化需要保护。在刚性环系化合物中，直立醇（a）比平伏醇（e）反应更快。

Jones 氧化应用广泛，特别是在甾体结构的化合物合成中，如用于晚期乳腺癌治疗的依西美坦（exemestane）合成中，甾体醇 **1** 在 -10°C 经 Jones 试剂氧化形成依西美坦 **2**，甾体醇 **1** 底物结构中无酸敏感官能团，低温下仅仲醇发生反应[1]。

例如，治疗青光眼的碳酐酶抑制剂类药物布林佐胺（brinzolamide）中间体合成中，中间体 **3** 以 Jones 试剂氧化形成酮 **4**[2]。

（2）Sarret 氧化及 Collins 氧化

Sarret 氧化反应通常以吡啶为溶剂。Sarret 试剂制备需要小心地把 CrO_3 加入吡啶溶液中，然后加入高锰酸钾蒸馏纯化。试剂较容易着火，产品从吡啶中分离较困难。烯烃、缩醛、硫化物在该条件下氧化极为缓慢，可实现醇的选择性氧化。仲醇、苄醇、烯丙醇氧化收率较高，伯醇氧化效果差。Collins 针对 Sarret 试剂制备的危险性及伯醇氧化较差的特点进行了改进，把 Sisler 制备分离的 CrO_3-吡啶络合物从吡啶中移除，随后加入二氯甲烷，混合物再与醇反应。氧化剂与底物醇的比例为 5∶1 或 6∶1，反应通常在环境温度下进行。Collins 氧化解决了伯醇氧化的问题，但产物分离问题依然存在。

抗便秘型肠易激综合征治疗药物鲁比前列酮（lubiprostone）中间体 **5** 以 Collins 试剂氧化，未保护的两个羟基均氧化成酮 **6**，而醚键不受影响[3]。

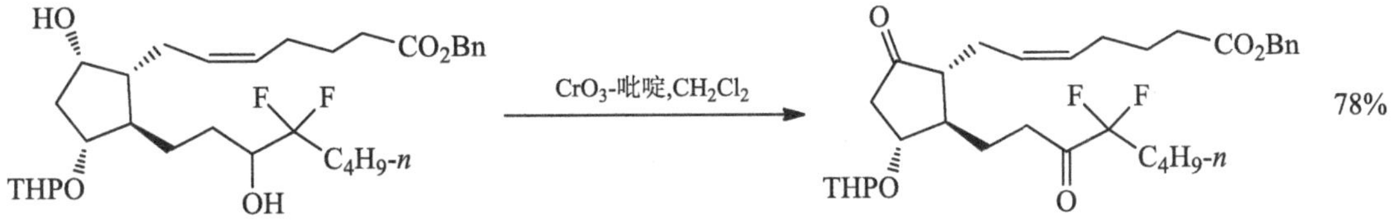

（3）氯铬酸吡啶盐与重铬酸吡啶盐

E. J. Corey 发现加入吡啶到 CrO_3-盐酸水溶液中，可形成固体结晶盐，即氯铬酸吡啶盐（PCC）。PCC 为温和的醇类氧化剂，但具有一定的酸性，对酸敏感的底物难以适用。重铬酸吡啶盐（PDC）可在中性条件使用，可氧化伯醇、仲醇生成相应醛、酮。另外，PDC 在 DMF 中可直接氧化非共轭伯醇、醛生成羧酸。

PCC/PDC 易于保存及制备，相对于 Jones 试剂及 Collins 试剂而言，用量较小，仅需要 1～2eq。对醇的氧化通常在二氯甲烷溶液中进行更加有效。PCC 对烯丙醇的氧化比 Collins 试剂差。在脂肪醇与烯丙醇的氧化中，PDC 可选择性氧化烯丙醇。

盐酸右哌甲酯（dexmethylphenidate hydrochloride）用于治疗注意力缺陷多动障碍，其中间体酯 **9** 的制备：以叔丁氧羰基（Boc）保护的哌啶衍生物 **7** 为原料，利用 PDC 在 DMF 中将伯醇氧化成 2-苯基-2-Boc-哌啶基乙酸（**8**），随后重氮甲烷酯化及去保护得到 **9**[4]。

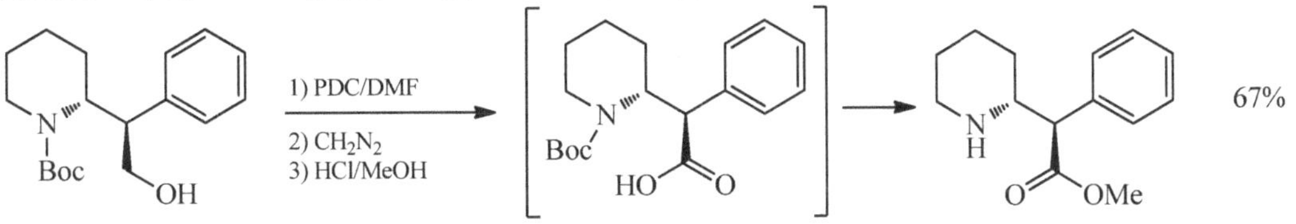

（二）锰试剂氧化

MnO_2 为较温和的氧化剂，可直接购买使用，特殊活性的 MnO_2 需要新鲜制备。MnO_2 可氧化醇形成醛、酮。高锰酸钾价廉，其氧化性能与反应条件有关。

1. 反应通式及反应机理

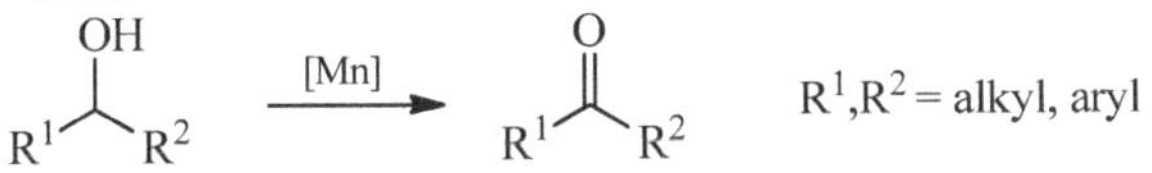

反应原料为伯醇、仲醇、烯丙醇，反应产物为醛、酮，反应溶剂通常为卤代烃类溶剂、苯、乙腈、丙酮及偶极非质子溶剂等。

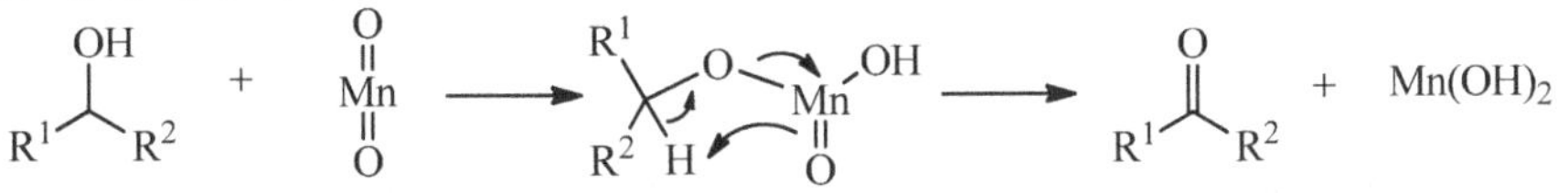

反应机理为亲电消除机理。

2. 反应特点及反应实例

（1）活性 MnO₂

活性 MnO_2 为选择性较高的氧化剂，在多羟基存在时，可选择性氧化烯丙醇、苄醇形成醛、酮，双键不受影响。使用 MnO_2 不会发生双键异构，而 Cr(VI)试剂常因其酸性导致底物中双键的异构。

眼部组胺受体拮抗剂阿卡他定（alcaftadine，**11**）的制备即以 MnO_2 氧化苄醇（**10**）形成醛[5]。

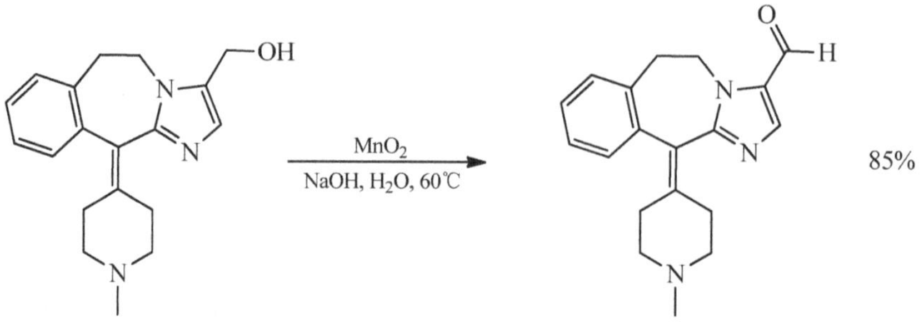

（2）KMnO₄

$KMnO_4$ 氧化能力与溶液 pH 及反应温度相关，$KMnO_4$ 在有机溶剂中溶解性差，反应通常在水溶液或者能与水混溶的溶液中进行。$KMnO_4/H_2SO_4$、$KMnO_4/t\text{-BuOH-}5\%NaH_2PO_4$ 可高效氧化伯醇形成羧酸，仲醇氧化形成酮。

血管紧张素 II 受体拮抗剂阿利沙坦酯（allisartan isoproxil）的前体 **12** 经 $KMnO_4$ 氧化形成羧酸 **13**，最后酯化得到[6]。

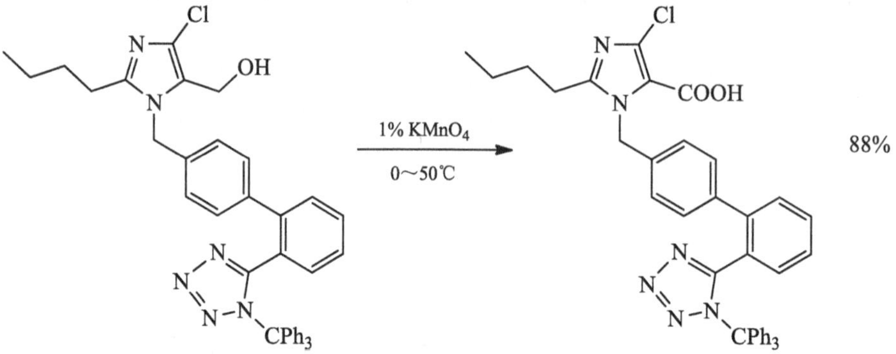

（三）铝试剂氧化

R. V. Oppenauer 以叔丁醇铝/丙酮，成功氧化甾体仲醇到酮，氧化收率高，反应条件温和。事实上，氧化灵感来源羰基的还原方法：以乙氧基铝可还原醛到醇，以异丙醇铝可还原酮到醇，以仲醇衍生的烷氧基金属化合物可高效还原醛酮化合物。上述过程可逆：烷氧基金属铝化合物氧化伯醇及仲醇形成醛酮即 Oppenauer 氧化。

1. 反应通式及反应机理

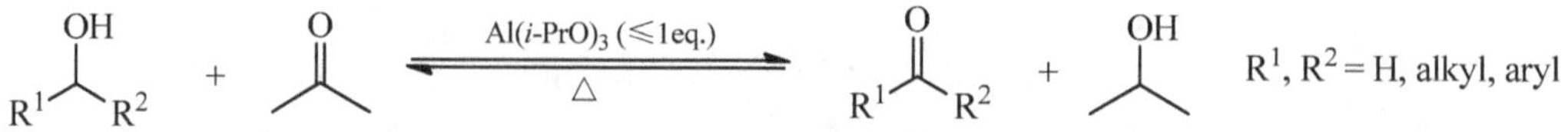

反应原料为伯醇、仲醇，产物为醛、酮，氧化剂为异丙醇铝，其可逆过程为 Meerwein-

Ponndorf-Verley 还原。

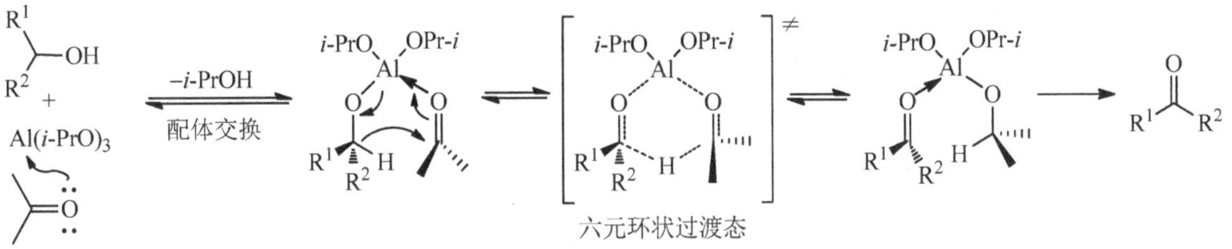

首先，丙酮与异丙醇铝络合使铝离子活化，并进一步与底物醇分子络合，随后通过六元环椅式过渡态转移底物醇中的氢。丙酮还原为异丙醇，醇被氧化成酮。烷氧基产物可以通过醇解离开铝的络合区，但如果烷氧基产物对金属具有很强的亲和力，则会导致配体交换缓慢，因此催化过程是不可能的。显然，Oppenauer 氧化需要使用化学计量的异丙醇铝。

2. 反应特点及反应实例

为使反应趋向正反应方向进行，丙酮需要过量。反应溶剂常用丙酮、苯，伯醇不会过度氧化。官能团兼容性好，烯、炔、醛、酯、酰胺、卤素、硫化物均可兼容。如底物中含有碱性氮原子，需以烷氧基碱金属化合物代替烷氧基铝。仲醇比伯醇氧化更快，可表现出选择性，其他氧化方法较难实现此选择性。

孕激素类药物黄体酮（progesterone）由甾体醇中间体 **14**，经 Oppenauer 氧化及双键异构生成甾体酮 **15**，为后续氧化断裂制备黄体酮打下基础[7]。

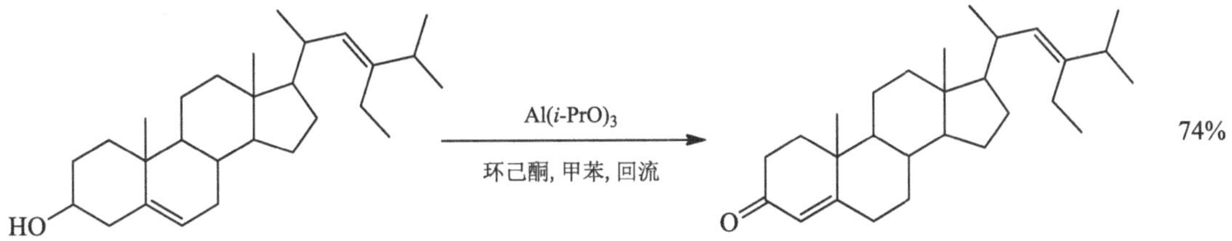

（四）二甲亚砜氧化

二甲亚砜（DMSO）为常见偶极非质子溶剂，也是醇类氧化的有效氧化剂。亲核性的氧容易与亲电中心反应形成锍盐，此活性锍盐与醇反应可转化形成醛酮。以 DMSO 氧化醇因亲电试剂不同而具有多种变化，活化 DMSO 的亲电试剂包括：草酰氯、三氟乙酸酐（TFAA）、二环己基碳二亚胺（DCC）、三氧化硫-吡啶络合物等，这些亲电试剂均是用来活化 DMSO，以除去其氧，形成活性锍盐，进一步实现对醇的氧化。

1. Swern 氧化

–50℃下，DMSO 与 TFAA 在二氯甲烷中反应可得到三氟乙酸三氟乙酰氧基二甲锍盐，此盐在加入三乙胺后可氧化伯醇及仲醇。进一步研究发现，草酰氯能更加有效活化 DMSO。使用 DMSO/TFAA 或 DMSO/草酰氯氧化伯醇或仲醇的方法即 Swern 氧化。

（1）反应通式及反应机理

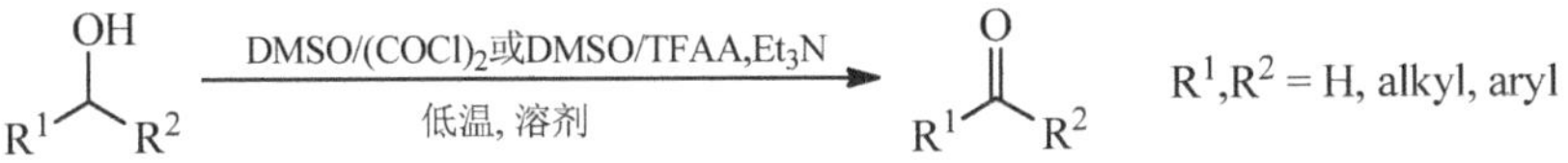

反应原料为伯醇、仲醇，产物为醛、酮，氧化剂为 DMSO/TFAA 或 DMSO/草酰氯，碱为三乙胺。常用溶剂为二氯甲烷。

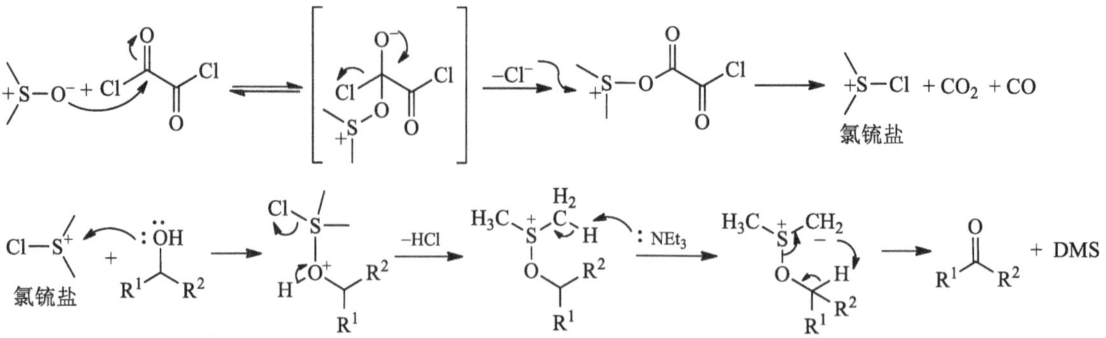

反应机理首先为 DMSO 活化：DMSO 与草酰氯亲核加成形成酯，离去氯离子进攻酯形成高活性氯锍盐，同时释放 CO_2、CO。其次为醇的活化：高活性亲电氯锍盐与亲核性醇反应并失去氯化氢，随后，加入的三乙胺攫取 DMSO 中甲基质子，形成烷氧基硫叶立德。最后为羰基化合物形成：[2, 3] σ 迁移，释放氧化产物醛或酮。

（2）反应特点及反应实例

在无溶剂状态，DMSO 与 TFAA 或草酰氯容易反应形成易爆混合物。加入叔胺可以加速烷氧基锍盐分解。如以 TFAA 为亲电试剂，反应温度须低于−30℃，否则其中间体易发生 Pummerer 重排；如以草酰氯为亲电试剂，反应温度须低于−60℃。

免疫抑制剂盐酸芬戈莫德（fingolimod hydrochloride）为冬虫夏草成分的结构改造物，其中间体 **17** 合成即利用 Swern 氧化，实现对伯醇 **16** 氧化，获得 1, 3-二氧六环-5-醛中间体 **17**。以草酰氯为亲电试剂，在碱性条件下−78℃反应，醚键不受影响[8]。

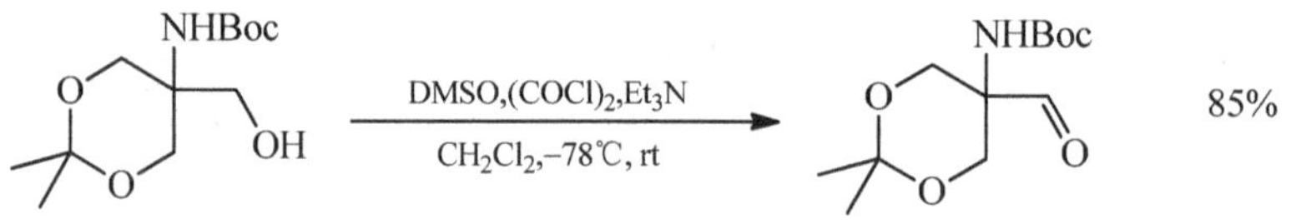

16   **17**   85%

抗糖尿病药物盐酸沙格列汀（saxagliptin hydrochloride）为二肽基肽酶抑制剂（DPP-IV），由金刚烷甲醇 **18** 经 Swern 氧化形成金刚烷甲醛 **19**[9]。

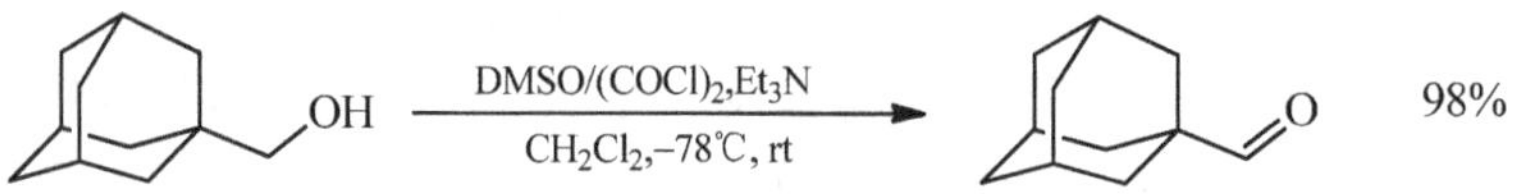

18   **19**   98%

2. Pfitzner-Moffatt 氧化

DMSO-DCC-催化量磷酸体系可有效氧化伯醇、仲醇生成相应醛、酮，此转化即 Pfitzner-Moffatt 氧化。Pfitzner-Moffatt 氧化利用 DCC 作为亲电试剂来除去 DMSO 中的亲核性氧，副产物是极性较大难溶物二环己基脲，可加入草酸除去。利用 Pfitzner-Moffatt 氧化烯丙醇，常导致双键异构，加入三氟乙酸吡啶盐可使其异构程度最小化。

（1）反应通式及反应机理

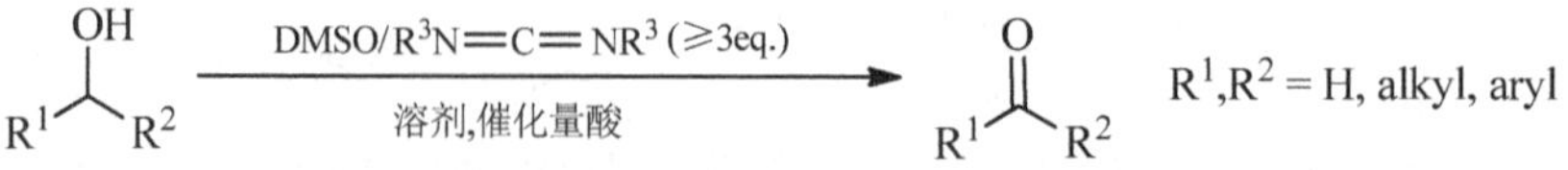

$R^1, R^2 = H$, alkyl, aryl

反应原料为伯醇、仲醇，产物为醛、酮，氧化剂为 DMSO/DCC，0℃到室温反应。

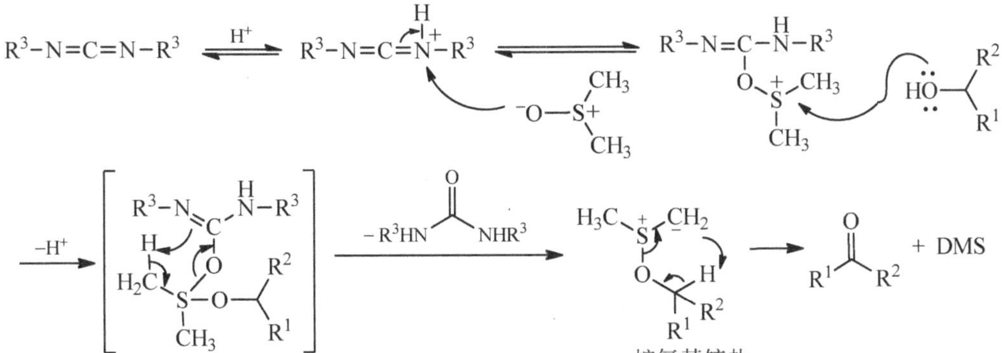

其氧化机理包含：DMSO 的活化——质子酸活化双亚胺，随后 DMSO 亲核加成；醇活化——醇进攻活性锍盐中间体形成相应的硫叶立德中间体（DMSO 氧化共同中间体）；产物形成——[2,3] σ迁移，释放氧化产物醛或酮。

（2）反应特点及反应实例

试剂 DMSO/DCC 价格便宜，反应条件温和，收率高，可用于大规模制备。反应背景干净，副反应较少，偶尔有少量双键异构副产物。官能团兼容性好，叔醇因消去反应不适用于此氧化，需要保护。DMSO 可以作为反应溶剂，使用惰性的共溶剂如乙酸乙酯、苯更有助于产物分离。

抗乙肝药物恩替卡韦（entecavir）合成路线中，其关键中间体制备以 Pfitzner-Moffatt 氧化原料 **20** 中未保护仲羟基，形成酮 **21**[10]。

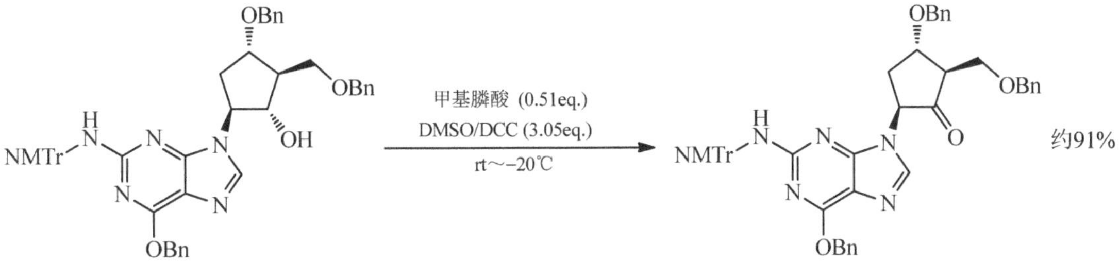

（五）高价碘氧化

高价碘类氧化因其绿色、无毒、温和及高选择性的特点，引起合成化学家的广泛关注，发展迅速。高价碘独特的反应性能归因于其本身的结构，碘原子外层的电子分布超出了稳定的八电子结构，由此而形成的超价键具有高度极化性。高价碘类化合物种类众多，常用的为三价碘及五价碘，如亚碘酰苯[PhIO]（III）、二乙酸碘苯[PhI(OAc)$_2$]（III）、碘酰苯（PhIO$_2$）（V）、2-碘酰基苯甲酸（IBX）（V）、Dess-Martin 试剂（V）等。三价碘试剂活性比五价碘试剂低，在一定催化剂辅助下，也可实现对醇的氧化。从 IBX 衍生出许多结构新颖、溶解性高、活性更高的高价碘试剂。这些高价碘试剂氧化条件温和，可选择性氧化醇到羰基化合物。

1. Dess-Martin 氧化

邻碘苯甲酸在 KBrO$_3$/H$_2$SO$_4$ 存在下可氧化形成 IBX，但因其爆炸性及极低的溶解性阻碍了其广泛应用。D. B. Dess 及 J. C. Martin 通过 IBX 的酰化制备了其三乙酰氧基衍生物——Dess-Martin 试剂（DMP），这种新型高价碘试剂溶解性高，可将伯醇、仲醇氧化成醛、酮，即 Dess-Martin 氧化。

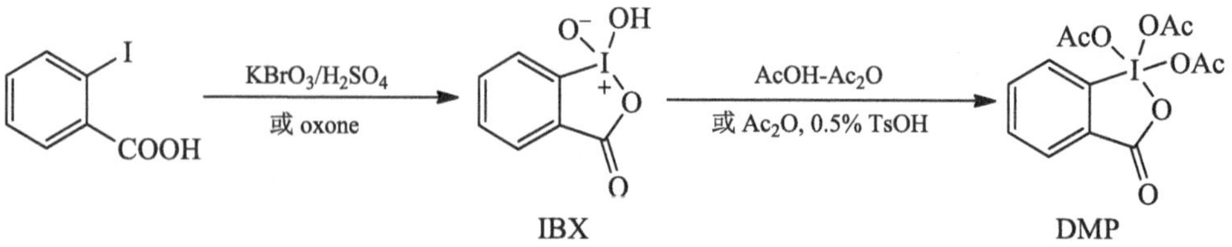

（1）反应通式及反应机理

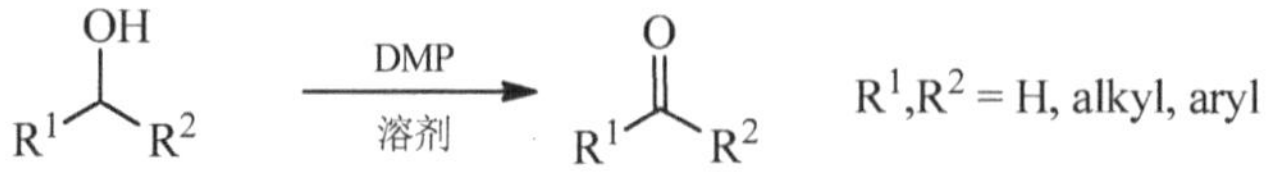

反应原料为伯醇、仲醇，产物为醛、酮，氧化剂为 DMP 试剂，反应溶剂为二氯甲烷、氯仿、偶极非质子溶剂，离子液体最佳。

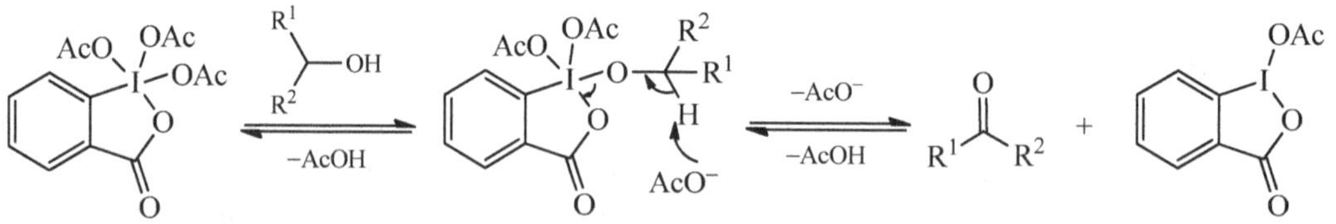

当量醇与 DMP 试剂反应形成二乙酰氧基烷氧基高价碘，随后乙酸离子作碱攫取醇中 α-位质子，形成氧化产物醛或酮，同时释放碘烷。过量的醇可以与 DMP 反应形成乙酰氧基二烷氧基高价碘（丢失 2eq.乙酸离子），此中间体不稳定，可以加速氧化过程。

（2）反应特点及反应实例

反应条件温和，在室温、中性条件下，氧化收率高，不会过度氧化。由于 DMP 试剂具有较高的热稳定性，水可以加速 DMP 氧化，反应应用广泛。除伯醇、仲醇外，可氧化烯丙醇、苄醇、氨基醇。反应化学选择性高，官能团兼容性好。

在二芳基喹啉类抗分枝杆菌药物富马酸贝达喹啉（bedaquiline fumarate）合成中，喹啉乙醇衍生物 **22** 以 DMP 氧化，高收率形成喹啉乙酮衍生物 **23**[11]。

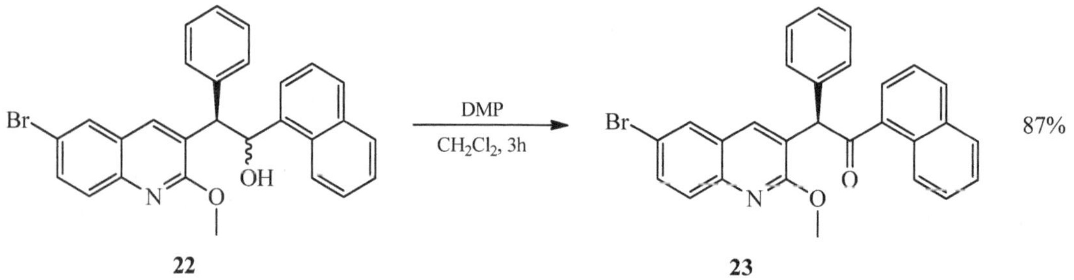

2. IBX 氧化

随着 DMP 试剂的广泛应用，较早发现的 IBX 重回视线。IBX 固体由于分子间强烈的 I—O 相互作用，以复杂的聚合物形式存在，具有粉末状或大粒晶体两种状态，粉末状 IBX 活性更高，晶体状 IBX 可以氢氧化钠和盐酸先后处理转化为粉末状 IBX。以 oxone（$2KHSO_5 \cdot KHSO_4 \cdot K_2SO_4$）为氧化剂，水中氧化邻碘苯甲酸，才方便、安全制备 IBX。由于 IBX 聚合物结构，仅在偶极非质子溶剂二甲亚砜中具有较高的溶解性。科学家的努力集中在升高反应温度，增加 IBX 在乙腈、氯仿、丙酮等溶剂中的溶解度，或者以 IBX 骨架为基础，进行结构衍生。

（1）反应通式及反应机理

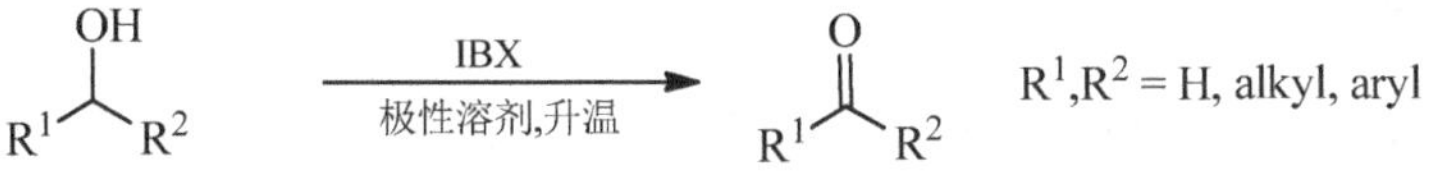

反应原料为伯醇、仲醇，产物为醛、酮，氧化剂为 IBX，反应溶剂为极性溶剂，如 DMSO、DMF、乙腈、氯仿、乙酸乙酯等。

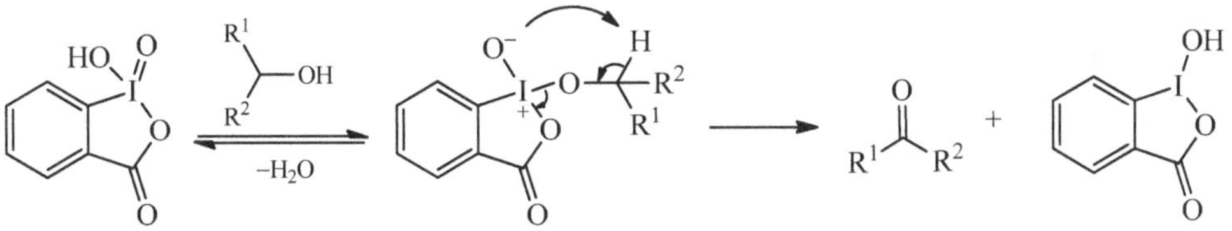

当量醇与 IBX 试剂反应形成烷氧基高价碘，随后分子内碘酰氧负离子攫取醇中 α-位质子，形成氧化产物醛或酮，同时释放碘烷。水可以与烷氧基高价碘反应导致反应逆转。

（2）反应特点及反应实例

反应条件比 DMP 氧化更温和，可用于邻二醇的氧化，而 DMP 氧化会导致 C—C 键断裂。IBX-DMSO 可氧化伯醇到醛，不会过度氧化成羧酸；手性醇氧化不会异构；醚、胺、羧酸、酯官能团均可兼容。

盐酸四环素（tetracycline hydrochloride）可用于治疗十二指肠溃疡及幽门螺杆菌感染，哈佛大学 Myers 小组利用 IBX 氧化实现其关键中间体 **25** 合成，收率为 77%，叔醇未氧化，醚键、硫醚键均未断裂[12]。

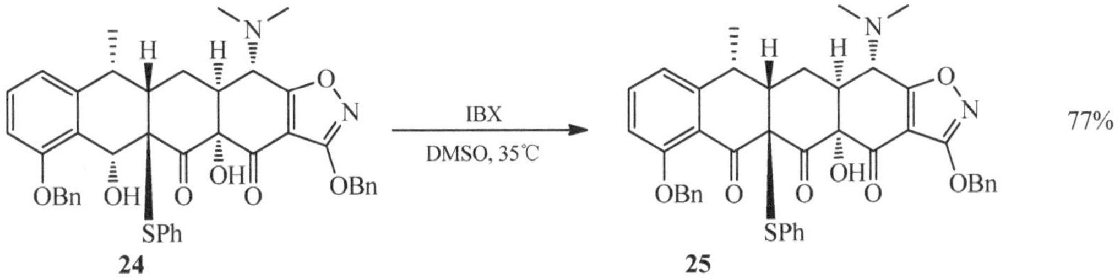

利用 IBX 氧化邻二醇，可方便制备 α-羟基酮。例如，马氏链霉菌代谢物全合成关键中间体 **27** 是由其二醇原料 **26** 经 IBX 在乙酸乙酯中升温选择性氧化得到[13]。

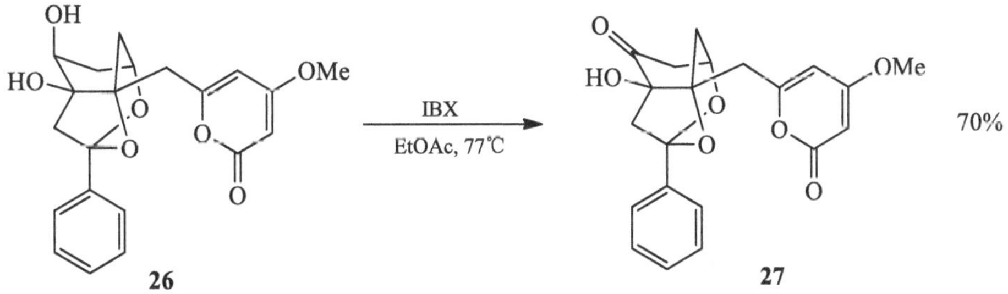

二、1,2-二醇的氧化

邻二醇的氧化涉及 C—C 键的断裂，形成相应的醛、酮甚至氧化到羧酸，与自身结构及氧化剂氧化能力相关，常用氧化剂包括 $NaIO_4$、$Pb(OAc)_4$。

（一）Criegee 氧化

以 Pb(OAc)$_4$ 实现对邻二醇氧化到醛、酮的反应即 Criegee 氧化，反应条件温和，收率高。其他氧化剂，如铋酸钠、焦磷酸锰、二乙酸碘苯、铈（Ⅳ）盐、钒（Ⅴ）盐、铬酸、过氧化镍、银（Ⅰ）盐等也可使邻二醇发生氧化断裂，但效果较差。氧化通常在室温进行，几乎定量反应。氧化速率取决于醇的结构及反应溶剂。反应通常需要无水溶剂，但如果氧化比 Pb(OAc)$_4$ 水解更快，反应也可在含水溶剂中进行。

1. 反应通式及反应机理

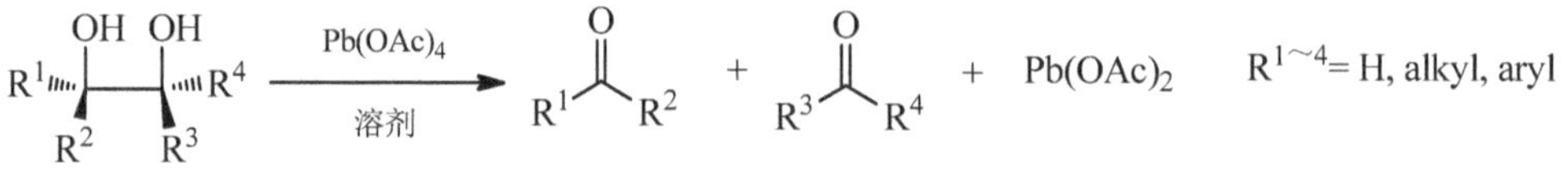

反应原料为邻二醇，反应产物为醛、酮，氧化剂为 Pb(OAc)$_4$。

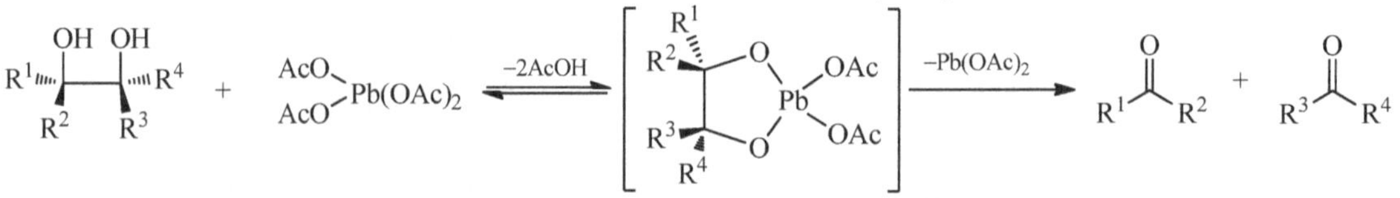

二醇对 Pb(OAc)$_4$ 的亲核进攻形成双齿铅-1, 2-二醇五元环状络合物，随后经双电子过程形成产物。五元环状中间体的断裂为速率控制步骤，反应驱动力来源于 Pb(Ⅳ)的电负性，Pb(Ⅳ)攫取 C—O 键电子对，被还原为 Pb(Ⅱ)，动力学上为二级反应。

2. 反应特点及反应实例

除邻二醇可发生此反应外，1, 2-二胺、β-氨基醇、α-羟基醛酮、α-二酮、α-酮醛也可发生类似的氧化断裂。顺式邻二醇比反式邻二醇反应更快，可以实现选择性氧化断裂，反式邻二醇较难形成五元环状中间体，从而表现出反应惰性。氧化断裂双环醇，将扩环形成环状酮。Criegee 氧化是双键臭氧解（烯烃双羟化的中间体）补充方法。

螺甾-γ-内酯结构的天然化合物(±)-pyrenolide B 合成以邻二醇中间体 **28** 为原料，Pb(OAc)$_4$ 氧化断裂二醇，扩环定量形成内酯 **29**[14]。

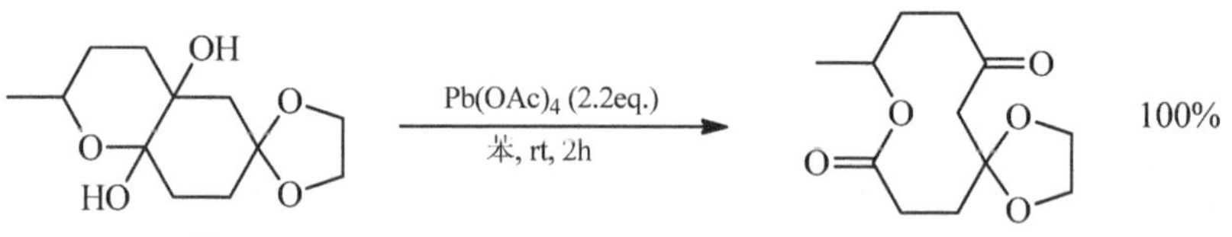

（二）Malaprade 氧化

高碘酸及其盐在水溶液中对二醇的氧化断裂即 Malaprade 氧化。反应通常在室温、缓冲水溶液中进行，较适合水溶液中溶解度较高的邻二醇的氧化，加入醇类溶剂及乙酸有助于原料溶解。

1. 反应通式及反应机理

$$R^{1\sim4} = H, \text{alkyl, aryl}$$

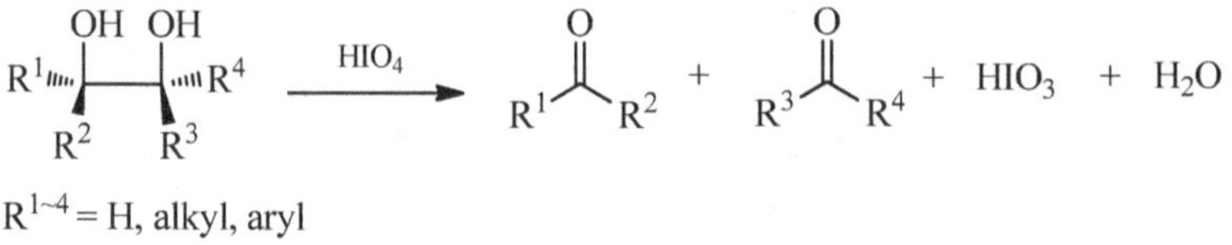

反应原料为邻二醇，反应产物为醛、酮，常用溶剂为丙酮、二氯甲烷、乙酸乙酯。

反应机理类似于 Criegee 氧化。

2. 反应特点及反应实例

反应与 Criegee 氧化类似，可断裂 α-羟基羰基化合物、α-氨基醇、α-氨基酸、多羟基醇。反应在酸性条件下比中性及碱性条件更快。

$NaIO_4$ 氧化邻二醇在药物合成中应用广泛。抗乳腺癌及脂肉瘤药物甲磺酸艾日布林（eribulin mesylate）合成中，其中间体 **30** 在低温下，以 $NaIO_4$ 氧化断裂邻二醇，高收率生成醛 **31**，醚键不受影响[15]。

醇类氧化以铬、锰、铝试剂，DMSO 及高价碘试剂为主。铬试剂中 PCC、PDC 由于反应条件温和，官能团兼容广泛，最为常用。MnO_2 通常用于烯丙醇及苄醇的氧化，$KMnO_4$ 使用需要严格控制温度及 pH，但由于价廉，仍为常用。其他过渡金属氧化剂如烷氧基金属铝也可温和氧化醇到醛、酮。以 DMSO 为基础的氧化，如 Swern 氧化、Pfitzner-Moffatt 氧化等无需过渡金属参与，环境污染小，通常在碱性、低温条件下反应，对酸敏感底物尤其适用，其他以 DMSO 为基础的氧化机理与其类似。高价碘类氧化以 DMP 及 IBX 试剂为主，应用范围广泛，在药物及复杂天然产物合成中较常用。$Pb(OAc)_4$ 和 $NaZO_4$ 均可实现对邻二醇的氧化，两者均可实现对顺式邻二醇的选择性氧化，1,3-二醇、1,4-二醇难以反应。$NaZO_4$ 价廉且溶于水，更适用于对水溶性化合物氧化，如糖类化合物的氧化。

案例 7-1 枸橼酸托法替尼中间体的温和氧化

抗类风湿性关节炎药物枸橼酸托法替尼（tofacitinib）先期合成中以苄基-4-甲基哌啶-3-醇原料，利用温和的 $SO_3 \cdot Py/DMSO/Et_3N$ 氧化形成酮衍生物。DMSO 与 SO_3 发生亲核加成，原位形成活性锍盐来实现对醇的氧化。反应温度 33℃，无需低温，实践性更强。反应速率快，通常在数分钟内完成；该方法官能团兼容性好，烯烃、环醚、缩醛均可兼容[16]。

【问题】

请比较 Swern 氧化、Pfitzner-Moffatt 氧化与上述氧化反应，写出上述氧化的反应机理。

【案例分析】

SO₃·Py/ DMSO/Et₃N 可实现对伯醇、仲醇及烯丙醇的氧化，形成相应的醛、酮衍生物。其氧化实质依然为原位形成活性锍盐来实现对醇的氧化。DMSO 首先与 SO₃ 发生亲核加成，亲核醇氧进攻形成烷氧基锍盐，随后过程与 Swern 氧化类似。反应中二甲硫醚易除去，反应速率快，通常在数分钟内完成。从上述例子可看出，反应条件温和，无需低温反应。反应机理如下：

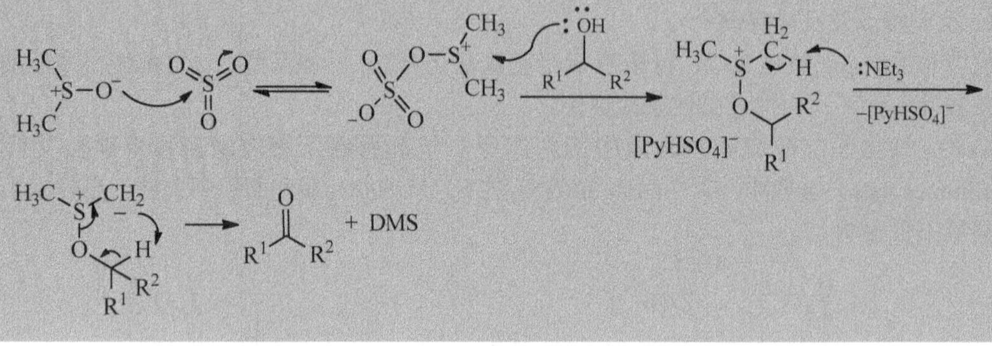

第二节　羰基化合物的氧化

氧化银、铬酸、有机过氧酸、高锰酸盐等均可氧化醛、酮生成相应的羧酸或酯。本小节重点介绍醛的 Pinnick 氧化、Dakin 反应以及酮的 Baeyer-Villiger 氧化。

一、醛 的 氧 化

醛到羧酸的氧化是药物合成中重要的转化，常见氧化剂包括铬酸、高锰酸钾、亚氯酸钠、氧化银等。

（一）Pinnick 氧化

使用 NaClO₂/HClO/清除剂（氨基磺酸、间苯二酚等）可实现香草醛氧化为相应的香草酸。反应过程中容易形成 HClO 副产物，导致进一步与原料 NaClO₂ 反应形成二氧化氯（ClO₂），或者与 C=C 反应。NaClO₂/2-甲基-2-丁烯体系更加适用于 α, β-不饱和醛的氧化，且双键不受影响。以 NaClO₂/2-甲基-2-丁烯氧化脂肪醛、芳香醛以及 α, β-不饱和醛形成相应羧酸的反应即 Pinnick 氧化。反应通常以叔丁醇或与其他溶剂混合作为反应溶剂，醛首先溶解在溶剂中，随后加入过量的 2-甲基-2-丁烯，并在室温滴加 NaClO₂ 的 NaH₂PO₄ 缓冲溶液。

1. 反应通式及反应机理

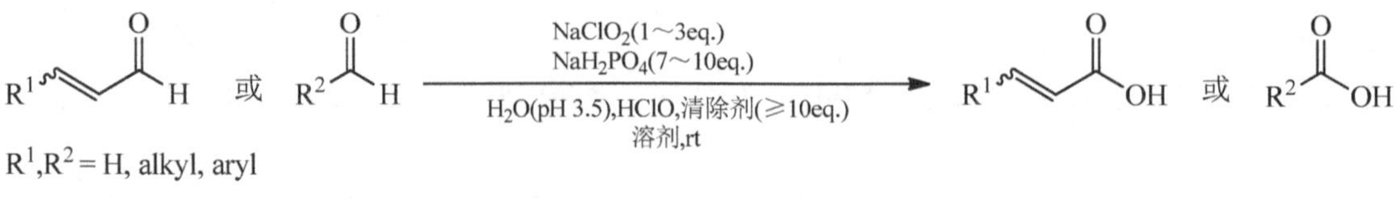

R^1, R^2 = H, alkyl, aryl

反应原料为脂肪醛、芳香醛或 α,β-不饱和醛，反应产物为相应的羧酸。氧化剂为 $NaClO_2$，反应清除剂常用 2-甲基-2-丁烯；溶剂常为叔丁醇或其与四氢呋喃混合溶剂。

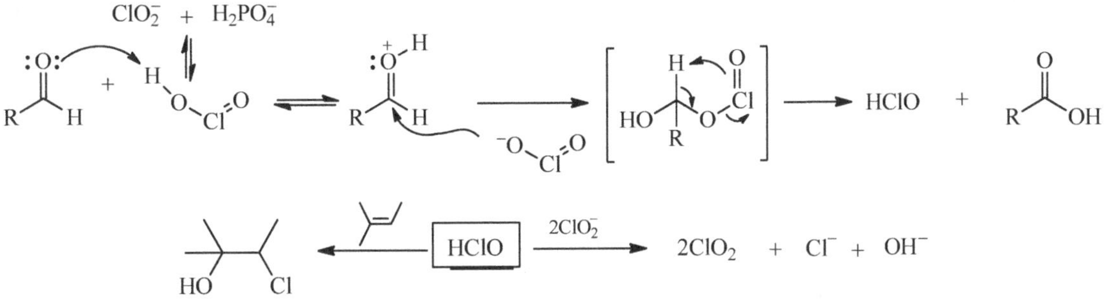

醛经原位形成的亚氯酸质子化活化，并亲核加成，随后周环裂解，醛氢转移并释放 HClO，醛被氧化形成羧酸。

2. 反应特点及反应实例

为保证反应过程中的 pH（弱酸性条件），NaH_2PO_4 需要大大过量。$NaClO_2$ 稍微过量，并溶解在缓冲溶液中，光或过渡金属杂质会导致其分解，反应过程中应当避光及避免使用金属类反应器材。以 2-甲基-2-丁烯为清除剂可以吸收反应产生的 HClO 副产物，避免底物中双键的氯化。手性醛手性中心不受反应条件影响。对于环氧化合物、苄醚、卤代烃（包括碘），羟基均可兼容，无需保护。

皮肤 T 细胞淋巴瘤及外周 T 细胞淋巴瘤治疗药物罗米地辛（Romidepsin）合成中，非共轭醛 **34** 以 Pinnick 氧化形成端基羧酸 **35**，烯烃、磺酸酯、羟基均兼容，手性中心不受影响，醛选择性氧化，烯丙醇、磺酸酯未反应[17]。

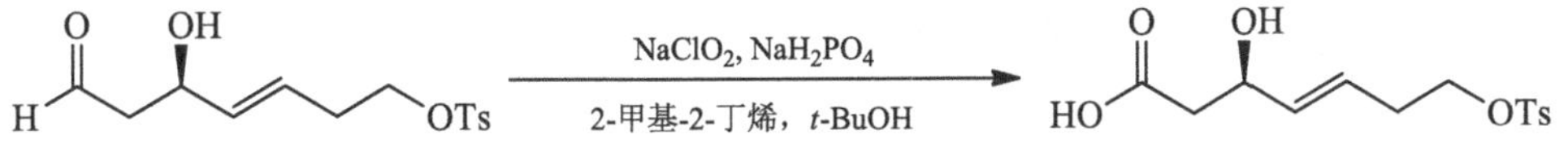

34 **35** 67%

（二）Dakin 氧化

Baeyer-Villiger 氧化用于富电子芳香醛的特殊情况，反应生成甲酸苯酯，可进一步水解而生成苯酚衍生物，即 Dakin 氧化。Dakin 氧化是制备多酚或富电子酚的重要方法。利用苯的甲酰化，随后经过 Dakin 氧化及水解制得苯酚衍生物。一些过渡金属配合物可有效催化 Dakin 氧化，使其能够在较温和条件下反应。

1. 反应通式及反应机理

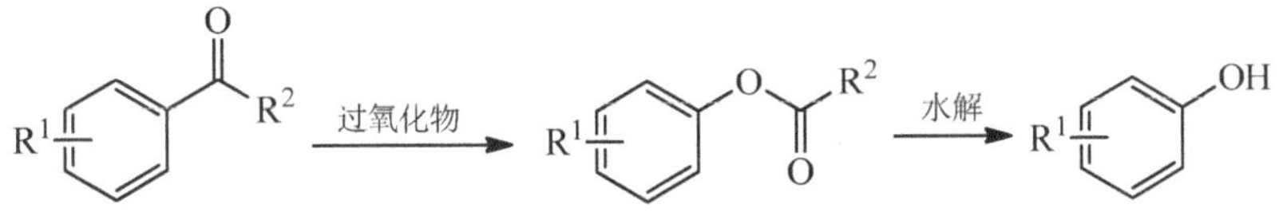

R^1= NH_2, OH 等
R^2= H, alkyl

反应原料为富电子取代芳基醛、酮，氧化剂为过氧化物、过氧碳酸钠、过氧化氢-尿素等，产物为酚类衍生物。

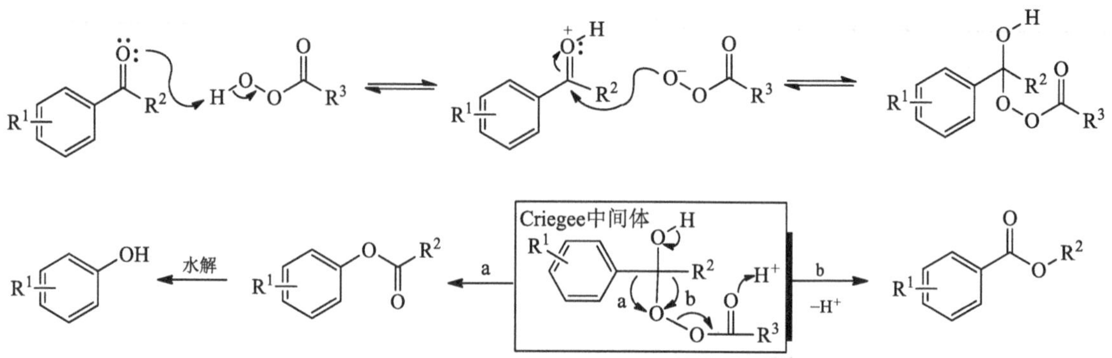

机理类似于 Baeyer-Villiger 氧化：当—CHO 邻、对位有供电子基团时，芳环电子云密度较丰富，有利于 a 重排，形成甲酸芳基酯，水解后则形成酚；若无取代基或供电子基团在间位以及存在吸电子基团时，则按 b 重排，氧化形成酯。

2. 反应特点及反应实例

邻位、对位取代—NH$_2$、—OH，特别是邻位，通过分子内氢键作用可加速反应。提高过氧化氢浓度，如尿素与过氧化氢形成结晶（Julia 试剂，UHP）或以离子液体作溶剂可有效提高该反应收率。加入硼酸可与过氧化氢形成络合物，有利于芳基迁移，可提高产物收率。加入催化量甲基三氧化铼（CH$_3$ReO$_3$，MTO）和过氧化氢络合促进过氧化氢和羰基加成，可加速氧化。

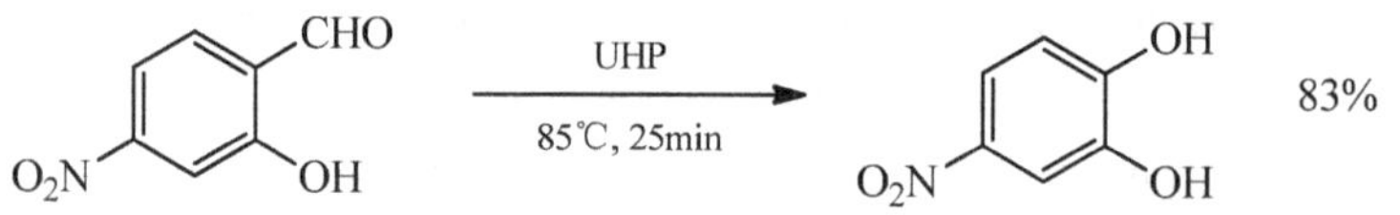

具有抗原发性震颤麻痹及非药源性震颤麻痹活性的左旋多巴衍生物为多酚类物质，可由相应的邻羟基苯甲醛经 Dakin 氧化合成，邻位羟基通过氢键作用可加速反应，以市售过氧化氢氧化及水解可形成相应的邻二酚类产物。

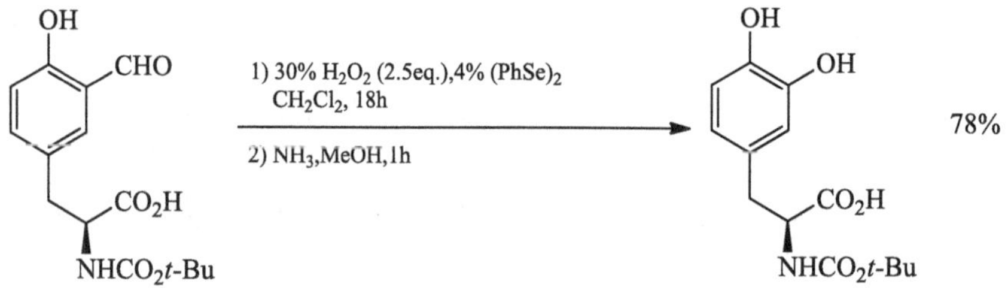

二、酮 的 氧 化

酮或环状酮以过氧酸或过氧化物氧化，经 C—O 重排形成酯或内酯的反应即 Baeyer-Villiger 氧化。从其氧化重排机理来看，Baeyer-Villiger 氧化为亲核重排。过氧化氢、过氧酸均可实现此氧化，其氧化能力如下：

$$t\text{-BuOOH} < H_2O_2 < CH_3COOH < \underset{}{\bigcirc}\text{-CO}_3H < \underset{Cl}{\bigcirc}\text{-CO}_3H < HCOOOH < O_2N\text{-}\bigcirc\text{-CO}_3H$$

$$< \underset{CO_2H}{\bigcirc}\text{-CO}_3H < HO_2CHC=CHCO_3H < CF_3COOOH$$

1. 反应通式及反应机理

$$R^1\overset{O}{\underset{}{C}}R^2 \xrightarrow[\text{CH}_2\text{Cl}_2]{\text{过氧化物}} R^1\overset{O}{\underset{}{C}}\text{O}-R^2$$

$$\overset{O}{\underset{( )_n}{\bigcirc}} \xrightarrow[\text{CH}_2\text{Cl}_2]{\text{过氧化物}} \overset{O}{\underset{( )_n}{\bigcirc}}$$

反应原料为醛、酮、环状酮，反应产物为酯、内酯，常用溶剂为二氯甲烷。

过氧酸活化酮，并与酮发生亲核加成，R^2 迁移到亲电氧，挤出酰基或羟基（过氧化氢氧化时）离去基团同时生成酯。因羟基离去能力弱于酰基，过氧酸催化途径优于碱催化途径。

2. 反应特点及反应实例

当双键与羰基共存于分子中时，采用酸性催化剂则优先活化羰基，双键不会发生环氧化；如以过氧化氢氧化，则以形成环氧化产物为主。以强酸如三氟过氧乙酸氧化，需要在缓冲溶液中反应，其副产物三氟乙酸较强的酸性会导致酯的进一步水解。不对称酮氧化时，依赖于烷基的迁移能力，富电子烷基优先迁移。

抗血小板类药物血酸素受体拮抗剂伐哌前列素（vapiprost）合成以双环[2.2.1]庚酮 **38** 经间氯过氧苯甲酸发生 Baeyer-Villiger 氧化重排形成内酯中间体 **39**，反应过程中，底物叔胺、苄基、酯均兼容，富电子侧优先迁移[18]。

$$\mathbf{38} \xrightarrow[\text{CH}_2\text{Cl}_2, \text{17h, rt}]{m\text{-CPBA}} \mathbf{39} \quad 97\%$$

墨西哥密毛蒙塔诺菊 *Zoapatle* 具抗生育活性，是其民间传统妇产科用药。佐帕诺尔（zoapatanol）为其主要活性成分，关键中间体 **41** 合成即以环己酮衍生物 **40** 经 Baeyer-Villiger

氧化形成内酯，反应过程中加入乙酸钠缓冲，以避免醚键断裂[19]。

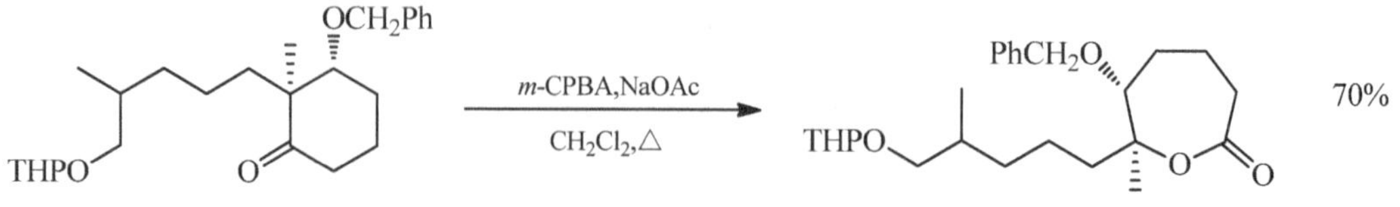

OCH2Ph
THPO
O
m-CPBA,NaOAc
CH2Cl2,△
PhCH2O
THPO
O
O
70%

40　　41

醛、酮的氧化以 Pinnick 氧化、Baeyer-Villiger 氧化为主，Dakin 氧化是 Baeyer-Villiger 氧化用于富电子芳香醛/酮的特殊情况。Pinnick 氧化反应成本低，官能团兼容广泛。这些反应是药物合成中制备酯、内酯、酚类衍生物的经典方法。另外，以铬酸或高锰酸钾氧化，在剧烈反应条件下，α-二酮羰基 C—C 键断裂，形成相应的二羧酸，酮氧化断裂形成羧酸在药物合成中应用较少。

案例 7-2　喜巴辛中间体的 Pinnick 氧化

选择性毒蕈碱受体拮抗剂喜巴辛（himbacine）全合成中以醛-烯-炔底物 **42** 为原料，以四氢呋喃/叔丁醇/水（3∶3∶1）为溶剂，采用 Pinnick 氧化条件，室温下氧化端基醛形成羧酸。羧酸虽然为羟基或羰基氧化的最高态，但药物合成中氧化剂选择需要注意底物官能团兼容性。Pinnick 氧化反应条件温和，底物中烯-炔结构不受影响。1h 反应完成，收率高达 94%，为喜巴辛后续合成奠定了基础[20]。

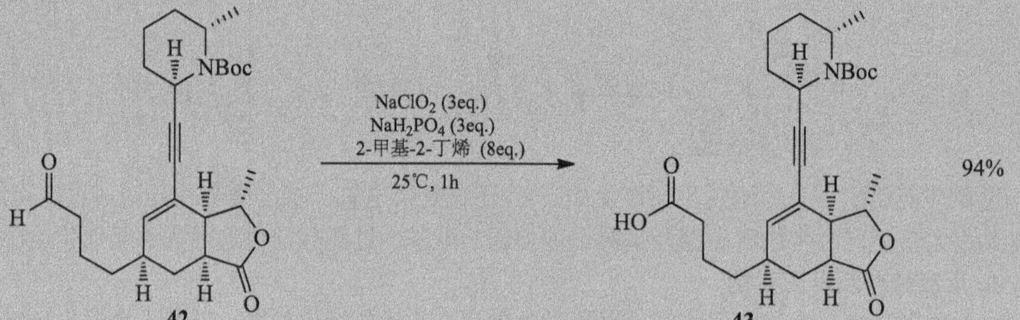

H
NBoc
O
H
H
O
H
H
O
NaClO2 (3eq.)
NaH2PO4 (3eq.)
2-甲基-2-丁烯 (8eq.)
25℃, 1h
H
NBoc
O
HO
H
O
H
H
O
94%

42　　43

第三节　烃类的氧化

饱和脂肪烃 C—H 键氧化较难发生，如在剧烈条件下，则无选择性，产物复杂，合成意义较小。如分子中存在活性位点，如苄位、烯丙位及羰基 α-位氧化，则常常能实现其选择性氧化到相应的醛、酮、羧酸，在药物合成上具有重要意义。烯烃在不同氧化条件下可发生环氧化、双羟化、氧化断裂。芳烃除苄位氧化外，也可氧化到酚、醌，甚至氧化开环。

一、苄位、烯丙位及羰基 α-位氧化

苄位氧化可形成醛、酮，也可氧化形成羧酸，当氧化需要停留在醛的阶段时，需要温和的氧化剂，如硝酸铈铵（CAN）、Davis 氮氧杂环丙烷、铬酰氯（Étard 试剂）等。苄位氧化除上述氧化剂外，$KMnO_4$、$Pb(OAc)_4$、DDQ（2, 3-二氯-5, 6-二氰基对苯醌）等也可实现该氧化。

（一）苄位氧化

1. 反应通式及反应机理

$$Ar\diagup\diagdown R \xrightarrow{[O]} Ar-C(=O)-R \qquad R = H, OH, alkyl, aryl$$

反应原料为芳烃，反应产物为醛、酮、羧酸。

$$ArCH_3 + Ce^{4+} \longrightarrow Ar\dot{C}H_2 + Ce^{3+} + H^+$$

$$Ar\dot{C}H_2 + Ce^{4+} + H_2O \longrightarrow ArCH_2OH + Ce^{3+} + H^+$$

$$ArCH_2OH + 2Ce^{4+} \longrightarrow ArCHO + 2Ce^{3+} + 2H^+$$

CAN 氧化为单电子转移过程（SET），铈离子（Ⅳ）从苄基攫取氢自由基，产生苄基自由基，随后苄基自由基进一步转移电子并形成苄醇，苄醇氧化产生醛。

铬酰氯（CrO_2Cl_2）对苄基的氧化存在离子型（a）及自由基型（b）两种反应机理。该反应即 Étard 反应。

$$(b) \quad ArCH_3 + CrO_2Cl_2 \longrightarrow Ar\dot{C}H_2 + HO\dot{C}rOCl_2 \longrightarrow ArCH_2OCrCl_2OH + CrO_2Cl_2$$

$$\longrightarrow Ar\dot{C}HOCrCl_2OH + HO\dot{C}rOCl_2 \longrightarrow ArCH(OCrCl_2OH)_2 \xrightarrow{H_2O} ArCHO + 2H_2CrO_3$$

2. 反应特点及反应实例

从反应机理来看，富电子芳烃更易反应，含有硝基、卤素等吸电子基团时，则收率降低。当芳环有多甲基存在时，不会发生多苄位同时氧化。当氧化为醛时，进一步氧化更容易形成羧酸。另外，醛的吸电子特性降低了其他苄基的反应活性。当用 CAN 氧化时，较低温度有利于氧化为醛，较高温度则氧化为羧酸。

铬酰氯主要用于苄基的氧化。当以铬酰氯氧化多苄基时，只氧化其中一个甲基到醛。对脂肪烃氧化可能生成酮、醇、卤代酮等，缺乏选择性，无实际意义。如反应原料耐受，可在温和条件下，使用廉价的 $KMnO_4$ 实现苄位氧化。

关节炎治疗药物(S)-(+)-酮洛芬（ketoprofen）制备以原料 **44** 经高锰酸钾-磷酸缓冲溶液氧化[21]。

（二）烯丙位氧化

SeO$_2$ 可氧化酮，也可实现对烯丙位氧化，形成烯丙醇或者烯基酮，此氧化即 Riley 氧化。双键、羰基、芳基常可活化其邻位的亚甲基或甲基。

（1）反应通式及反应机理

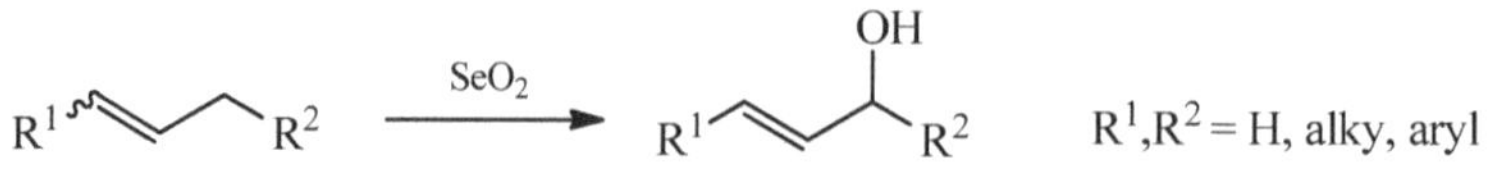

反应原料为烯烃，产物为(E)-烯丙醇，氧化剂为 SeO$_2$。

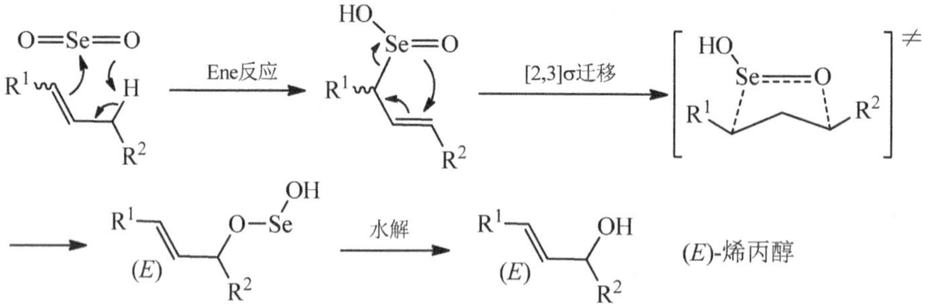

SeO$_2$ 与烯烃发生烯反应而形成烯丙基亚硒酸，随后经[2, 3]σ 迁移形成烯丙基亚硒酸酯，水解产生烯丙醇。因为烯丙基亚硒酸酯的形成经历类似信封型过渡态，故最后产物为(E)-烯丙醇。

（2）反应特点及反应实例

底物烯烃的结构决定反应产物的差异，具体规律如下：①1, 2-二取代烯烃及同源二取代烯：CH＞CH$_2$＞CH$_3$（a 及 b）；②在三取代烯中，氧化发生在多取代端 CH$_2$＞CH$_3$＞CH（c）；③端基烯氧化由于重排生成伯烯丙醇（d）；④同源二甲基烯氧化发生在甲基端（e）；⑤环状烯烃氧化发生在环上，并靠近富电子取代基侧（f）；⑥烯丙位与季碳或环丙基相连易发生重排。

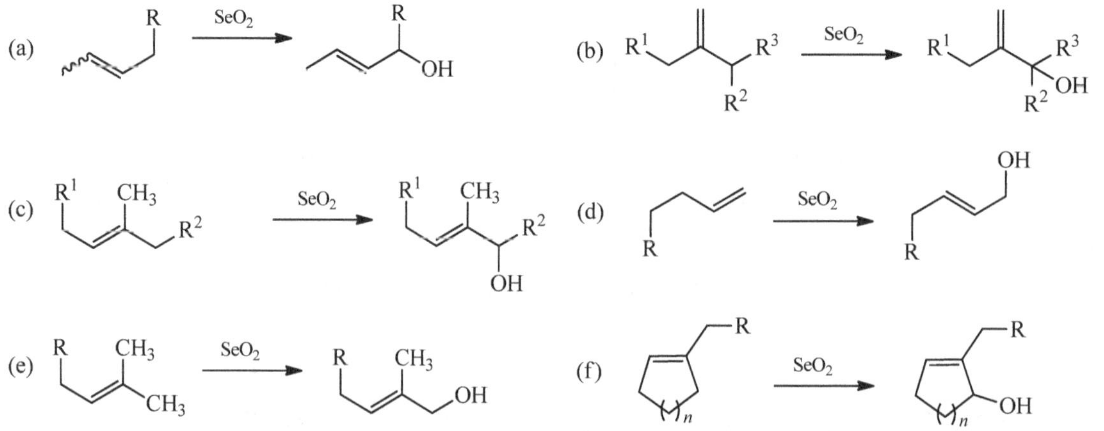

抗阿尔茨海默病药物加兰他敏（galantamine）合成路线需通过烯丙醇中间体制备，Trost 巧妙利用 SeO$_2$ 氧化烯丙醇，获得异构体 **47**，非对映选择性高达 10∶1[22]。

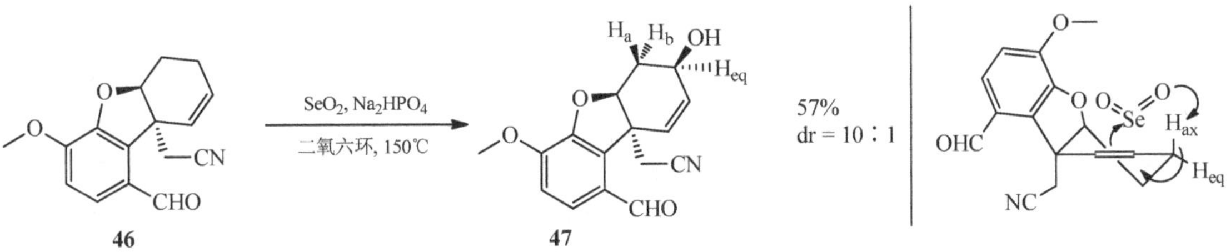

（三）羰基 α-位氧化

1. Riley 氧化

SeO_2 作氧化剂，可有效氧化 α-亚甲基的醛、酮生成 α-二酮。与前述烯丙位氧化一起，统称 Riley 氧化。

（1）反应通式及反应机理

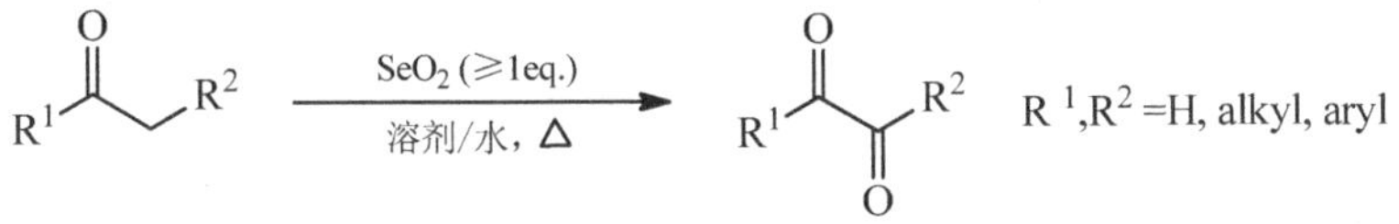

反应原料为酮，产物为 α-二酮，氧化剂为 SeO_2。

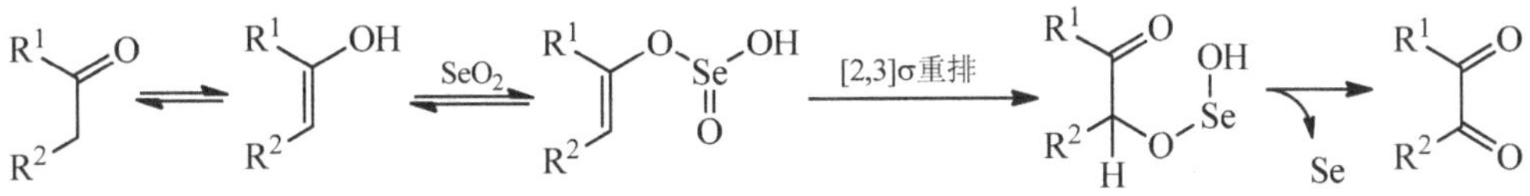

酮异构形成烯醇式结构，然后与 SeO_2 形成烯基亚硒酸，经[2,3]σ 重排生成次硒酸酯，本位消除产生 α-二酮衍生物。

（2）反应特点及反应实例

酮的 Riley 氧化是制备 1, 2-二羰基化合物的重要方法，如 α-二酮或 α-酮酸。通常，小分子醛、酮比大分子醛、酮反应更快。不对称酮位阻小的一侧反应更快。低温反应时，醇、醚、酸、酯、卤代烃可兼容。氧化剂 SeO_2 可循环利用。

用于哮喘及支气管痉挛治疗的奥西那林（orciprenaline）合成路线以 3, 5-二甲氧基苯乙酮 **48** 为原料，由 SeO_2 直接氧化为 3, 5-二甲氧基苯基乙二醛 **49**，为后续胺化提供基础[23]。

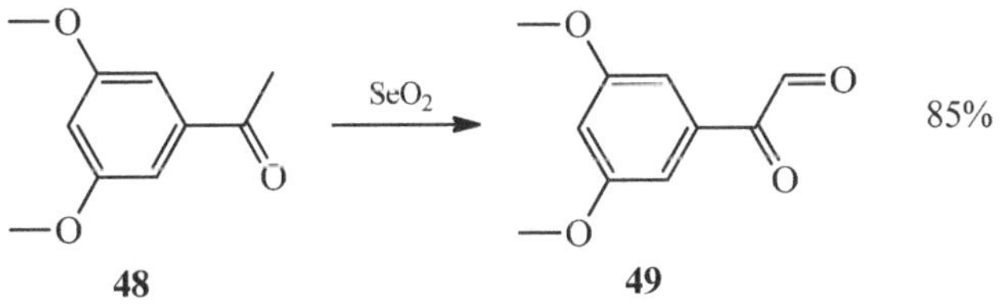

2. Davis 氮氧杂环丙烷氧化

亚胺与过氧酸反应，可形成含有 N、O、C 的三元环状化合物，即氮氧杂环丙烷。此三元环状化合物由于环张力及较弱的 N—O 键而高度活泼，容易在亲核试剂作用下发生开环，可作为氧化剂使用。如 N 端所连的取代基较大，则亲核试剂优先进攻 O 端，发生氧化反应，其反应速率与过氧酸相当。以 2-芳磺酰基-3-芳基氮氧杂环丙烷（Davis 试剂）实现的氧化反应即 Davis 氮氧杂环丙烷氧化。其最大优势在于其高度的化学选择性及中性、非质子氧化条件，广泛应用于烯醇氧化，以制备 α-羟基酮。

（1）反应通式及反应机理

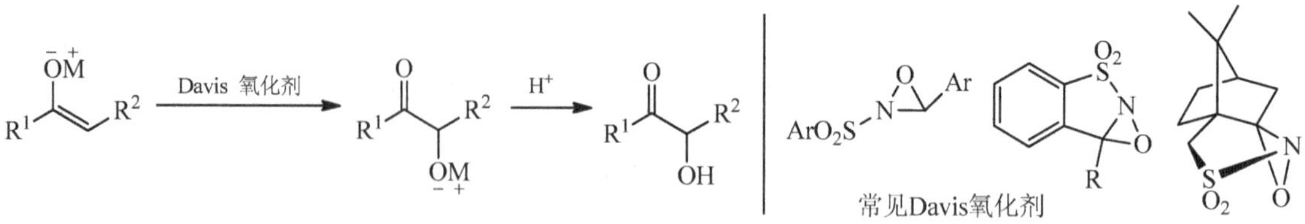

反应原料为烯醇金属盐，反应产物为 α-羟基酮。

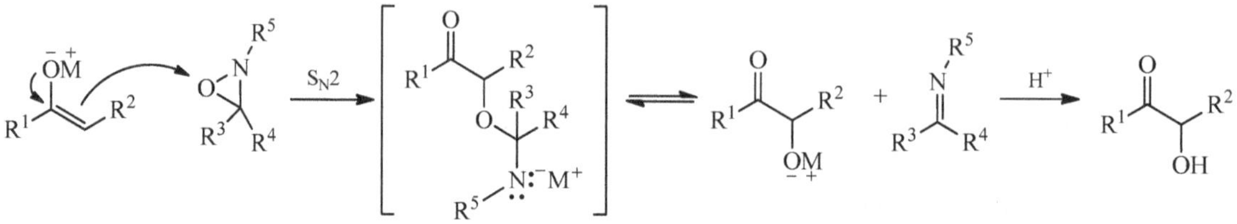

其机理为 S_N2 反应，芳基氮氧杂环丙烷氧转移到烯醇，其副产物为亚胺。

（2）反应特点及反应实例

Davis 试剂氧化条件温和，也可将硫醚、硒醚氧化到亚砜，不会过度氧化到砜。可将烯烃氧化到环氧化合物，胺氧化成羟胺或氧化胺。

在阿霉素（adriamycin）、表阿霉素（eqirubicin）等蒽环类抗肿瘤药物骨架合成中，底物 **50** 先与二异丙基氨基锂（LDA）反应形成烯醇锂盐，再通过 Davis 试剂氧化，并利用樟脑磺酸骨架中磺酸及配位基团对金属氧负离子螯合来实现 α-位不对称羟化[24]。

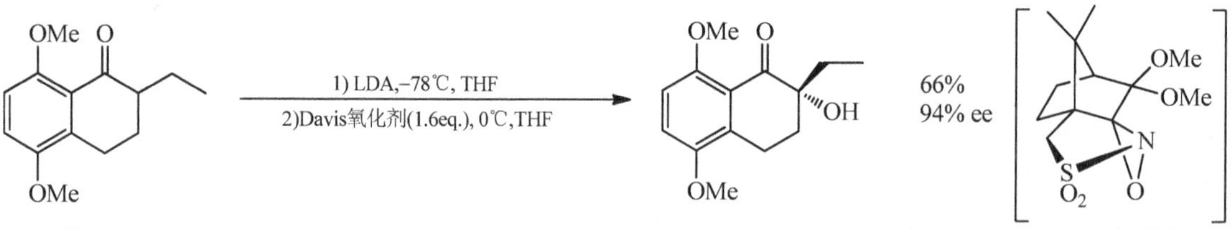

除上述方法可实现酮的 α-位氧化外，$Pb(OAc)_4$ 通过亲核取代可氧化羰基 α-位形成乙酸酯，水解后也可形成 α-羟基酮；另外，通过分子氧对烯醇的自由基加成/还原也可形成 α-羟基酮。

二、烯烃的氧化

（一）环氧化

1. 过氧化物诱导的环氧化

过氧化物与烯烃反应是制备环氧化合物最常见的方法。过氧化物亲电性的氧容易和烯烃中亲核性的 π 键反应。常用的过氧化物包括：过氧化氢、烷基过氧化物、过氧酸。

烯烃与路易斯碱反应，络合过氧化物中的亲电性氧，异裂转移氧到烯烃，随后质子转移释放副产物（水、醇或酸）。过氧键连接吸电子取代基有利于增强其氧化能力，过氧化物氧化能力与其氧化后离去基团的酸性强弱相对应。

（1）Prilezhaev 氧化

以过氧酸氧化烯烃可制备环氧化合物，即 Prilezhaev 氧化反应。因过氧化物氧化能力较弱，使用过氧酸制备环氧化合物是最广泛使用的制备方法（手性环氧化合物除外）。

1）反应通式及反应机理

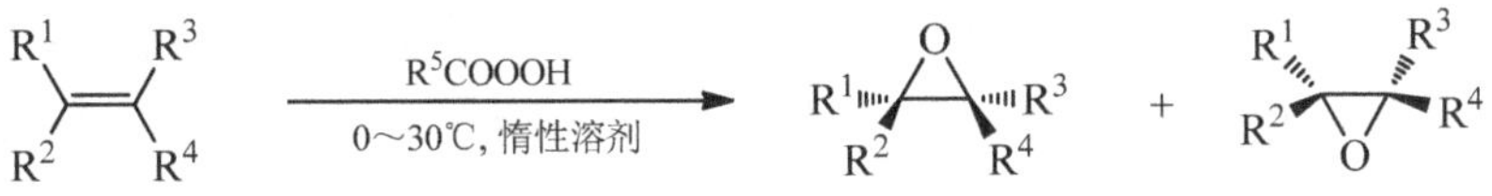

$$R^{1\sim4} = H, alkyl, aryl, alkynyl, CO_2R$$

原料为烯烃，产物为环氧化合物，常用溶剂为丙酮、氯仿、乙醚、二氧六环，氧化剂为过氧酸。

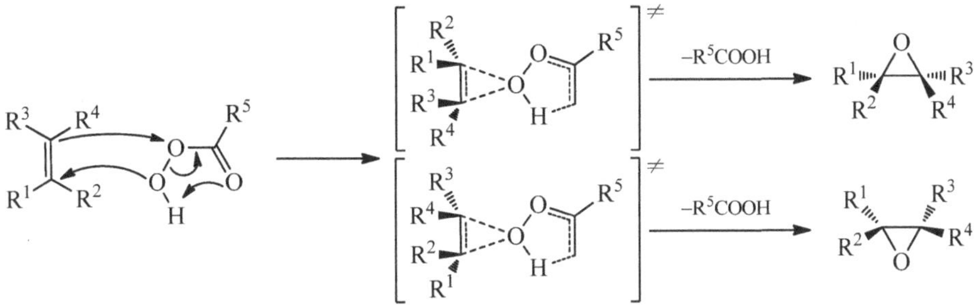

立体专一的顺式（syn）加成（氧加成到双键）。其机理经过协同蝶状过渡态，过氧酸末端氧与烯烃络合——烯烃 π HOMO 与过氧酸 σ* LUMO 络合。

2）反应特点及反应实例

烯烃的立体化学特征在环氧化后保留。富电子烯烃反应更有利，缺电子烯烃应使用氧化能力更强的过氧酸。多孤立双键均可被环氧化。如果烯烃双键相邻官能团能与过氧酸形成氢键，如烯丙醇、烯丙胺、烯丙基氨甲酸酯、烯丙醚、不饱和羧酸等（OH＞CO_2H＞CO_2R＞OCOR，邻基效应），环氧化面将会位于邻基同侧。需要注意，过氧酸酸性比羧酸酸性弱，但反应副产物为相应的羧酸，会导致副反应发生，对酸敏感的底物需使用缓冲溶液。官能团兼容广泛，但需注意，氨基易氧化，需要保护；酮更易发生 Baeyer-Villiger 氧化；炔烃反应极慢。

免疫抑制剂盐酸芬戈莫德（fingolimod hydrochloride）为冬虫夏草成分的结构改造物，其合成路线以苯基烯丙醇中间体 **52**，在二氯甲烷、室温条件与 m-CPBA 反应实现环氧化[25]。

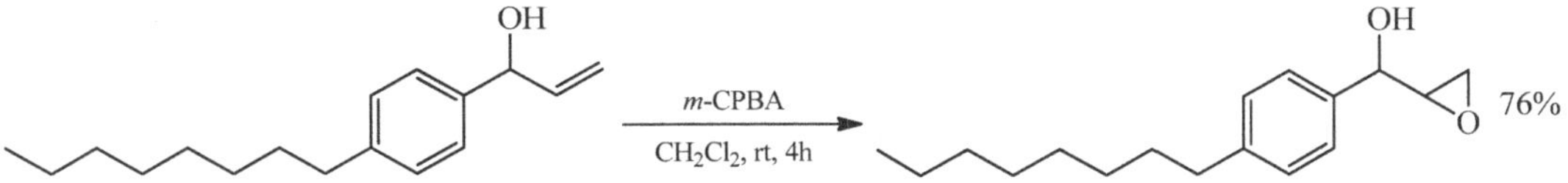

（2）过氧化氢-过渡金属催化的环氧化

过氧化氢、分子氧是环境友好且廉价的氧化剂，其氧化副产物为水。虽然其他氧化剂如过氧酸、次氯酸钠等也能实现烯烃环氧化，其废物排放及原子经济性较前者差。

1）反应通式及反应机理

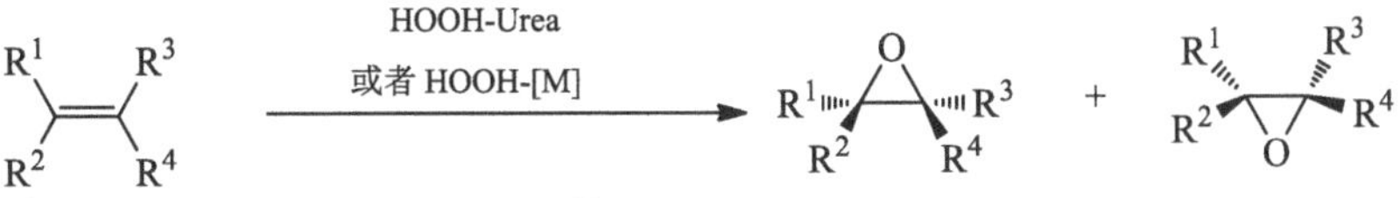

$$R^{1\sim4} = H, alkyl, aryl；[M]=Mn, V, Ti 等$$

反应机理与 Prilezhaev 氧化机理类似。

2）反应特点及反应实例

过氧化氢氧化能力较弱，在碱性条件下可与腈反应生成过氧亚胺酸，随后可与烯烃发生环氧化反应。过氧化氢与尿素结晶后（UHP，Julia 试剂）可与烯烃发生环氧化反应。通过过渡金属催化剂与 H_2O_2 络合来实现烯烃催化绿色环氧化，满足绿色化学及原子经济性要求，是现代合成的重要内容。锰、钒、钛、钨、铼、铁的相应盐较为常用。如 CH₃ReO₃（MTO）为烯烃环氧化强催化剂。MTO 具有极高的热稳定性和溶解性，但强碱性介质会加速 MTO 分解，而酸性介质加速酸敏感环氧产物的分解。加入催化量吡啶（或其衍生物）共催化，使用二氯甲烷（或六氟异丙醇、离子液体等）作溶剂，可避免其分解。

$$C_9H_{19}\!-\!CH\!=\!CH_2 \xrightarrow[\substack{\text{六氟异丙醇, 0℃, 12h}}]{\substack{\text{2eq } H_2O_2 \text{ (30\% aq)}\\ \text{MTO (0.1mol\%)}\\ \text{吡唑 (10mol\%)}}} C_9H_{19}\!-\!CH\!-\!CH_2 \quad 88\%$$

丙肝治疗药物特拉匹韦（telaprevir）合成：以 α, β-不饱和酰胺 **59** 为原料，以 UHP 环氧化，高收率得到关键中间体 **55**[26]。

$$\text{54} \xrightarrow[\substack{\text{TFAA, CH}_2\text{Cl}_2}]{\text{UHP}} \text{55} \quad 90\%$$

抗乙肝药物恩替卡韦（entecavir）合成路线中，其关键中间体的制备以双乙酰丙酮氧化钒催化，叔丁基过氧化氢（t-BuOOH，TBHP）氧化，利用邻基效应实现对映选择性[27]。

$$\text{56} \xrightarrow[\substack{\text{2) BnBr, NaH, Bu}_4\text{NI, DMF}}]{\substack{\text{1) VO(acac)}_2,\ t\text{-BuOOH, CH}_2\text{Cl}_2}} \text{57} \quad 83\% \text{ (2步)}$$

制得关注的是，目前这些成功催化绿色环氧化的催化剂大多也可以实现对含氮化合物、含硫化合物的高效绿色氧化。

2. 不对称环氧化

Sharpless 不对称环氧化是不对称催化反应中最成功的反应之一，对映选择性高，而且可根据底物结构预测产物构型，自此后，不对称环氧化发展迅速。

组合四异丙氧基钛、光学活性的酒石酸二乙酯（DET）配合物及 TBHP 可广泛环氧化烯丙醇，其对映选择性 90%以上。烷氧基钛(IV)-手性酒石酸酯-烷氧基过氧化氢催化环氧化前手性及手性烯丙醇生成光学纯的 2, 3-环氧醇的反应即 Sharpless 不对称环氧化。在反应体系中加入活化的分子筛（200℃，3h）可使四异丙氧基钛-酒石酸二乙酯配合物用量降低到 5mol%～10mol%，且不影响反应收率及对映选择性。为制得高收率及高对映选择性的环氧醇，催化剂需新鲜制备：在−20℃混合 Ti(Oi-Pr)₄ 及 DET，并滴加 TBHP 反应 20～30min，最后加入烯丙醇反应。

（1）反应通式及反应机理

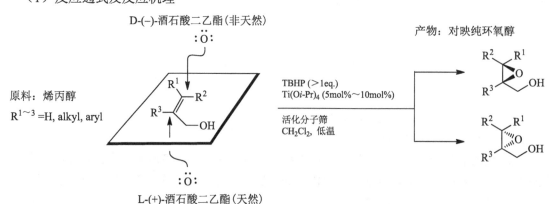

反应原料为烯丙醇，产物为 2,3-环氧醇，氧化剂为 TBHP，催化剂为 Ti(Oi-Pr)$_4$ 与手性配体 D-(-)酒石酸酯或 L-(+)酒石酸酯络合物。

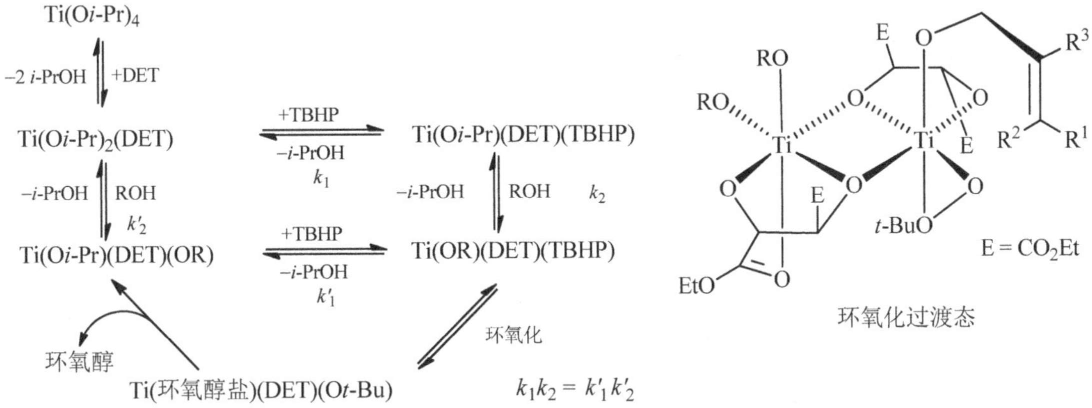

环氧化过渡态

Ti(Oi-Pr)$_4$ 与 DET 迅速进行配体交换，再与烯丙醇底物及 TBHP 进行配体交换。活性催化剂结构极可能为上图（右）的二聚体结构。配体交换活化底物，过氧化氢和烯丙醇占据钛的轴向配位位点使底物具有对映识别能力。

（2）反应特点及反应实例

反应底物为烯丙醇，产物为 2,3-环氧醇。将烯丙醇如通式图放置，D-(-)酒石酸酯从平面上进攻，L-(+)酒石酸酯从平面下进攻，产物构型可预测。烯丙醇连接吸电子取代基将使反应速率降低，底物、酒石酸酯或者过氧化物中连接大位阻取代基对提高收率及对映选择性有利。反应官能团兼容性好，如氨基、羧酸、硫醇等均可兼容。分子筛必须活化，3～5Å 分子筛均可。除酒石酸乙酯外，酒石酸甲酯、酒石酸异丙酯也可以用于配位。

在抗分枝杆菌药物富马酸贝达喹啉合成中，喹啉烯丙醇衍生物 **58** 经 Sharpless 不对称环氧化反应生成手性环氧醇 **59**，对映选择性高达 95%[11]。

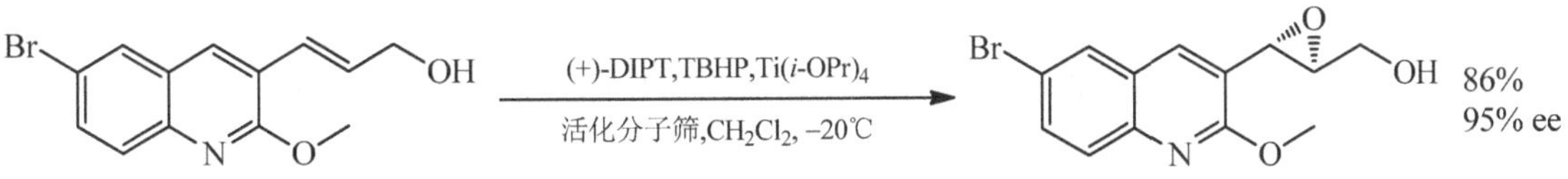

（二）双羟化

单氧加成到烯烃形成环氧化产物，双氧加成则产生邻二醇，即发生双羟化反应。邻二醇结构在天然产物及大环内酯类抗生素中广泛存在。KMnO$_4$、OsO$_4$ 可与烯烃反应生成邻二醇，羧酸银盐也能与烯烃反应发生双羟化。

1. KMnO$_4$ 双羟化

KMnO$_4$ 是强氧化剂，可在酸性、碱性及中性介质中使用，在酸性溶液中，其还原电势为 1.679V 或 1.491V，在碱性介质中仅 0.588V，氧化能力减弱。烯烃与 KMnO$_4$ 反应，发生 1,3-偶极环加成，在碱性稀溶液条件下分解生成顺式邻二醇；在稀酸溶液或碱性高温条件下均会导致 C—C 键断裂，形成醛、酮，如 KMnO$_4$ 过量，则会进一步氧化到羧酸；中性条件将会生成 α-羟基酮。烯烃连接吸电子取代基会促进 C—C 断裂，减少二醇的形成，供电子基则有利于双羟化反应。

（1）反应通式及反应机理

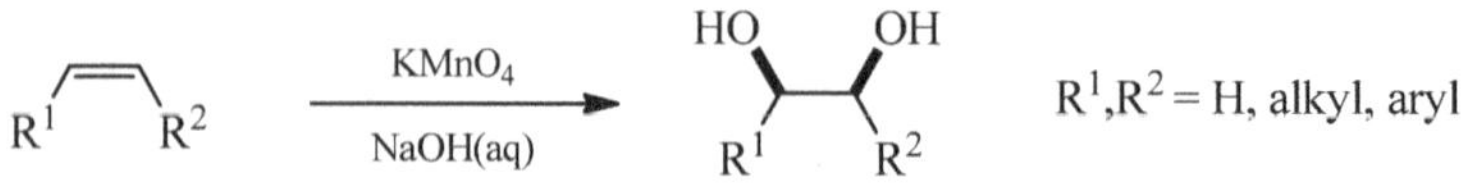

反应原料为烯烃，反应产物为顺式邻二醇。

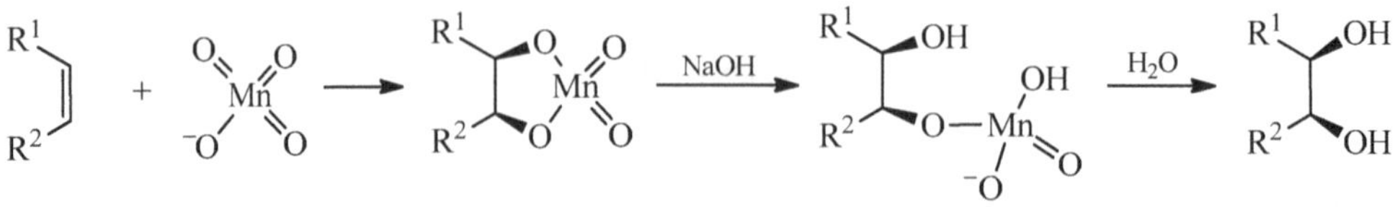

MnO$_4^-$的结构可看作1,3-偶极分子，烯烃供电子给1,3-偶极子中亲电性氧，随后π键断裂，正电荷集中到碳上，受到1,3-偶极子中另一个亲电性氧的进攻，从而形成五元环状锰酯，类似于协同反应。后者Mn(Ⅶ)进一步被还原为Mn(Ⅴ)，在碱性条件下分解产生邻二醇。

（2）反应特点及反应实例

碱性溶液有利于双羟化反应，产物为顺式邻二醇；使用相转移催化剂（如季铵盐等）可使反应在有机溶剂中进行，有助于提高双羟化收率。

丙肝治疗药物索非布韦（sofosbuvir）优化合成路线：利用便宜的KMnO$_4$氧化烯烃中间体**60**，由于底物缩酮氧的邻基效应，故形成顺式二醇**61**[28]。

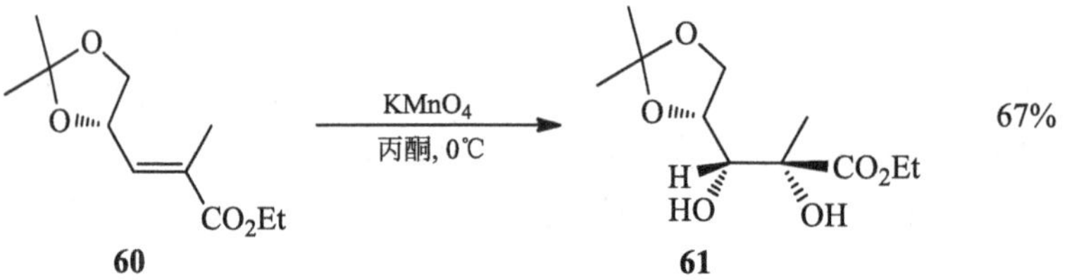

2. OsO$_4$双羟化

烯烃与OsO$_4$反应是制备顺式邻二醇最有效方法之一，但OsO$_4$价格贵，毒性大。使用催化量OsO$_4$，过量次氯酸盐共氧化，可实现催化量OsO$_4$对烯烃的双羟化反应。次氯酸盐、过氧化氢、TBHP、NMO、铁氰化钾都是有效的氧化剂。使用NMO作为共氧化剂，OsO$_4$用量可降至1mol%，并能实现环境温度下的双羟化反应。

（1）反应通式及反应机理

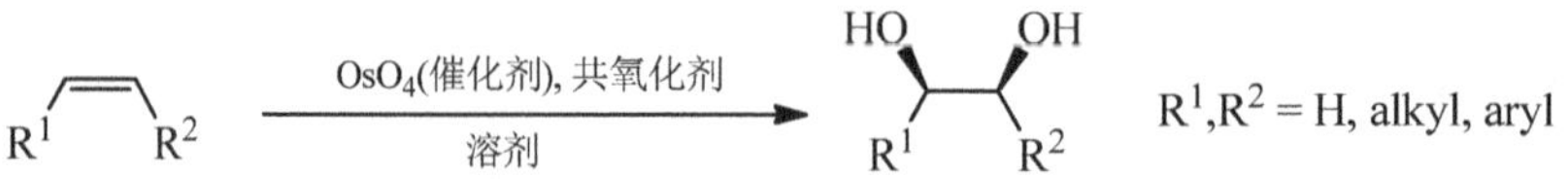

反应原料为烯烃，反应产物为顺式邻二醇，常用溶剂为丙酮、水、四氢呋喃。

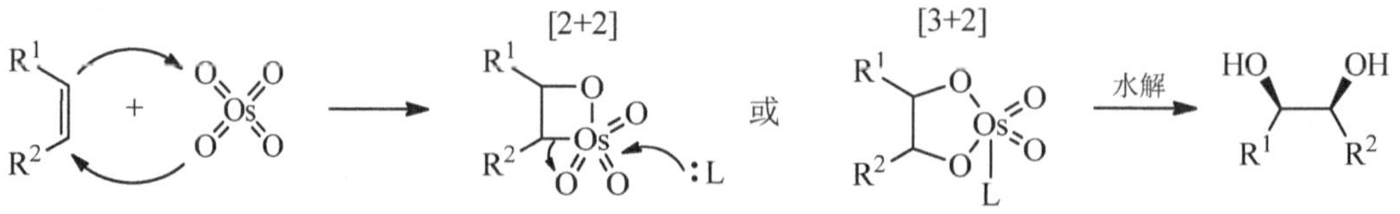

机理可能经过[2+2]或[3+2]环加成，随后水解。

（2）反应特点及反应实例

OsO$_4$体积较大，对空间位阻敏感，通常在空间位阻较小的一侧反应。富电子烯烃比缺电子烯烃反应更快。碱性配体如吡啶、奎宁、三乙烯二胺（DABCO）等加入，有助于形成锇酸酯类络合物，可加速反应。

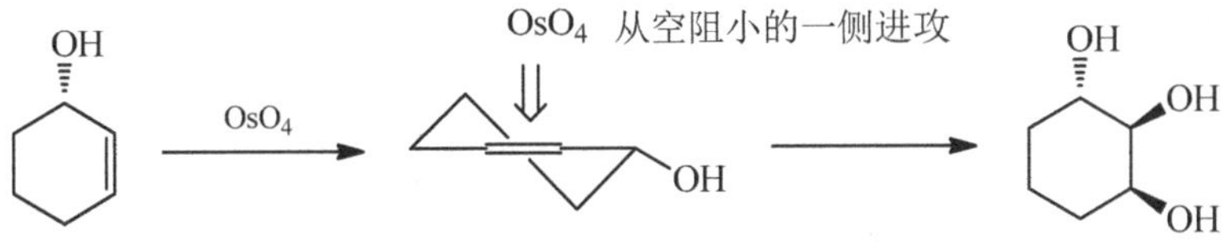

OsO₄ 因其立体选择性及温和反应条件，在烯烃双羟化反应中应用广泛，如急性冠脉综合征治疗药物替格瑞洛（ticagrelor）侧链双羟基引入可利用烯丙醇中间体 **62** 的双羟化来实现，由于底物羟基及双 Boc 保护胺基的立体位阻，双羟基位于内侧[29]。

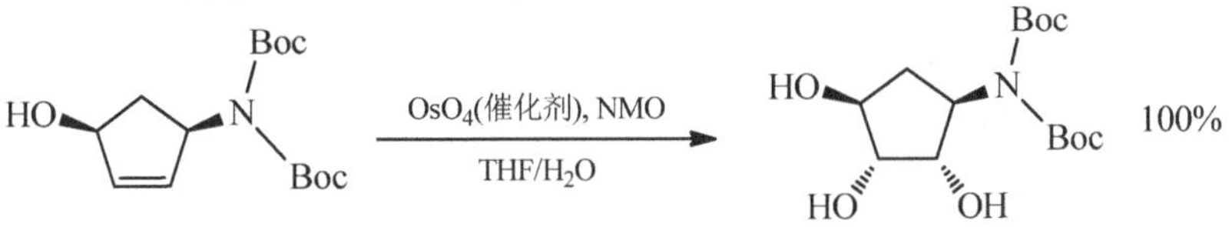

3. Prévost 双羟化及 Woodward 双羟化

以苯甲酸银及分子碘为氧化剂，以干燥苯为溶剂，可实现苯乙烯双键向二苯甲酸酯的转变，后者水解可得到相应的反式邻二醇，由烯烃两步转化为反式邻二醇的反应即 Prévost 双羟化反应。如果溶液中有水存在，可获得相反的选择性——得到顺式邻二醇，即 Woodward 双羟化。

（1）反应通式及反应机理

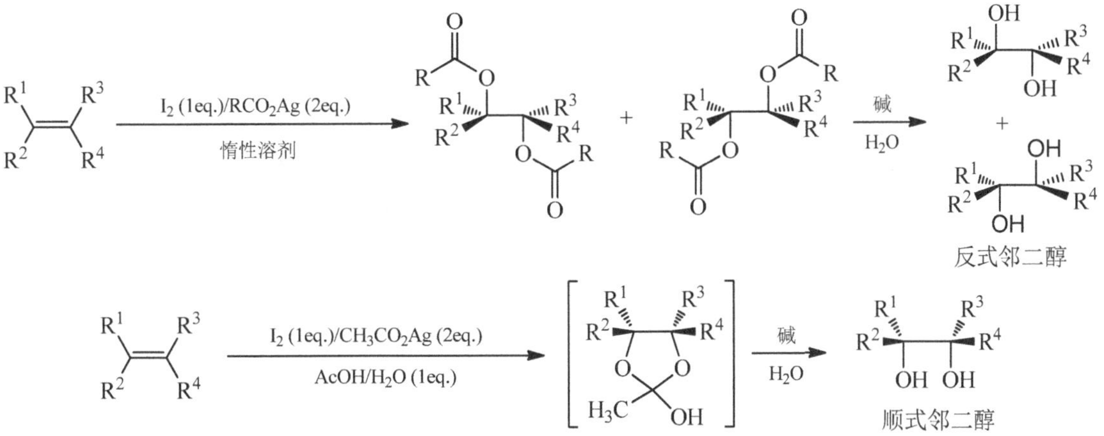

反应原料为烯烃，无水反应条件下产物为反式邻二醇；有水存在，产物为顺式邻二醇。

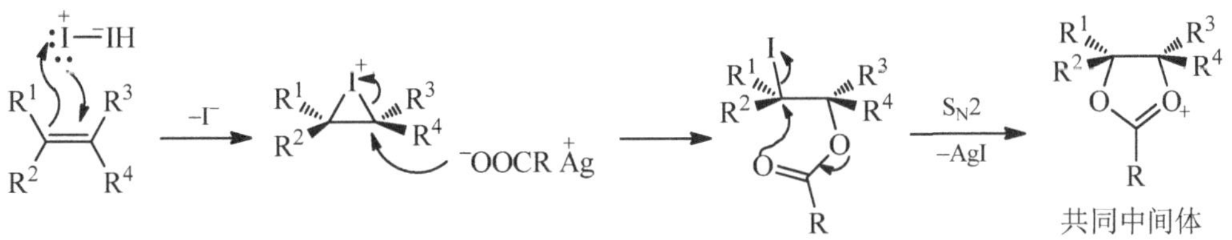

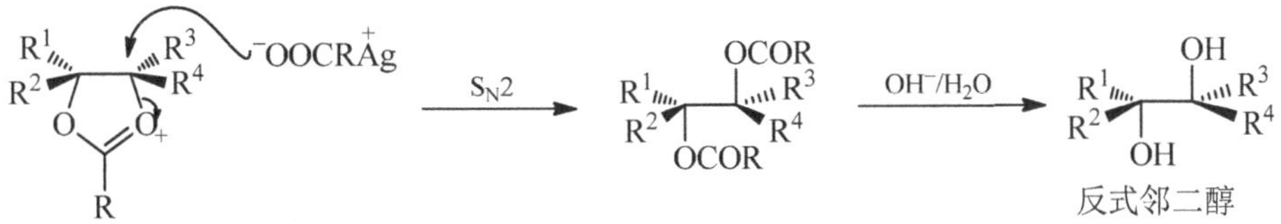

Woodward 双羟化：

顺式邻二醇

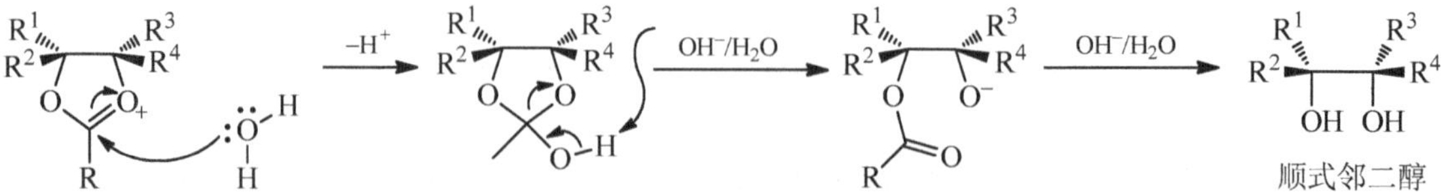

烯烃与碘反应形成环状碘鎓，苯甲酸银背面进攻，环状碘鎓开环，随后分子内羧酸酯羰基氧背面进攻（分子内 S_N2），形成五元环状碳正离子中间体，此为 Prévost 双羟化及 Woodward 双羟化共同的中间体。在无水条件下（Prévost 双羟化），与过量的苯甲酸银发生 S_N2 反应，开环形成反式邻二酯，水解则形成反式邻二醇；如有水存在（Woodward 双羟化），水分子对正离子中间体羰基亲核加成而分解转化为顺式邻羟基酯，水解则形成顺式邻二醇。

（2）反应特点及反应实例

环状烯烃及开链烯烃均可反应，环状烯烃特别是刚性环状体系反应选择性更高。最常用银盐为苯甲酸银、乙酸银，在 Prévost 双羟化反应中，银盐用量至少为 2eq.；Woodward 双羟化反应，银盐用量至少为 1eq.。分子中存在孤立双键及共轭双键时，反应优先发生在孤立双键。

在抗癌天然产物帚天人菊素 C（fastigilin C）全合成方案中，以 Woodward 双羟化条件实现高收率顺式二乙酸酯 **65** 合成，收率 90%，碘鎓形成在内侧，双酯化则位于外侧[30]。

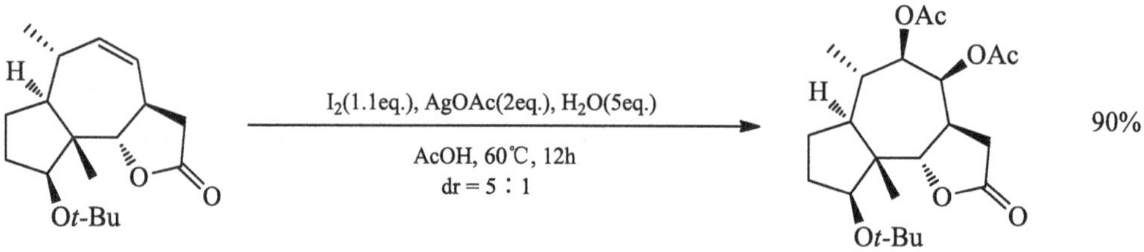

4. Sharpless 不对称双羟化

叔胺配体可加速烯烃与四氧化锇的反应，在金鸡纳生物碱家族多种手性叔胺配体中，当使用(DHQ)₂PHAL[氢化奎宁 1,4-(2,3-二氮杂萘)二醚]及(DHQD)₂PHAL[氢化奎尼定 1,4-(2,3-二氮杂萘)二醚]双齿配体时，可极大加速双羟化进程。以催化量手性金鸡纳生物碱作配体，化学计量的铁氰化钾作共氧化剂，四氧化锇作催化剂来实现烯烃不对称双羟化的反应即 Sharpless 不对称双羟化反应。配体、氧化剂、催化剂均为固体，预拌混合物可直接购买得到：AD-mixα 及 AD-mixβ，其结构如下：

AD-mix α:　　(DHQ)₂PHAL　+　K₂OsO₂(OH)₄　+　K₃Fe(CN)₆
AD-mix β:　　(DHQD)₂PHAL　+　K₂OsO₂(OH)₄　+　K₃Fe(CN)₆

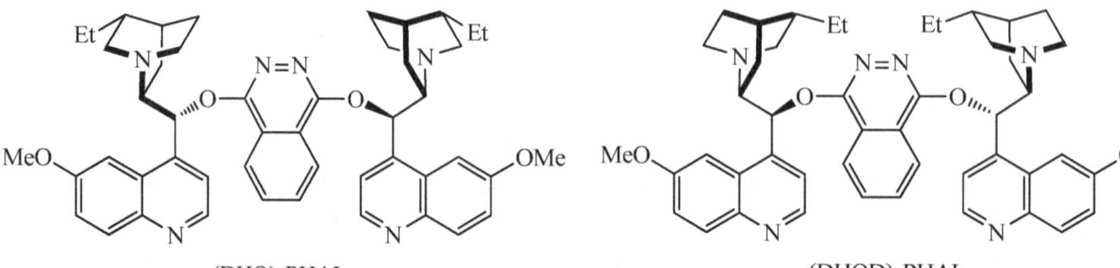

（1）反应通式及反应机理

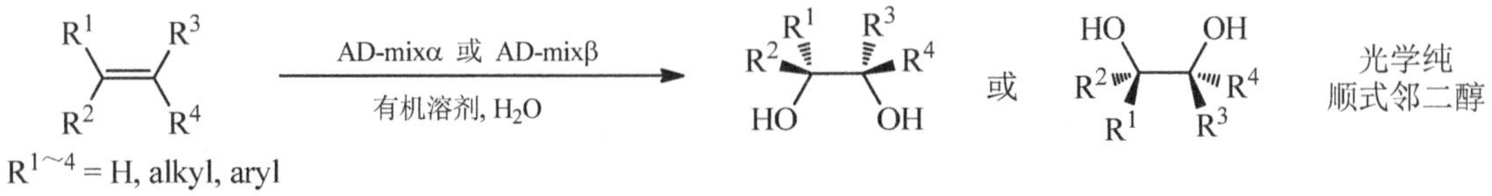

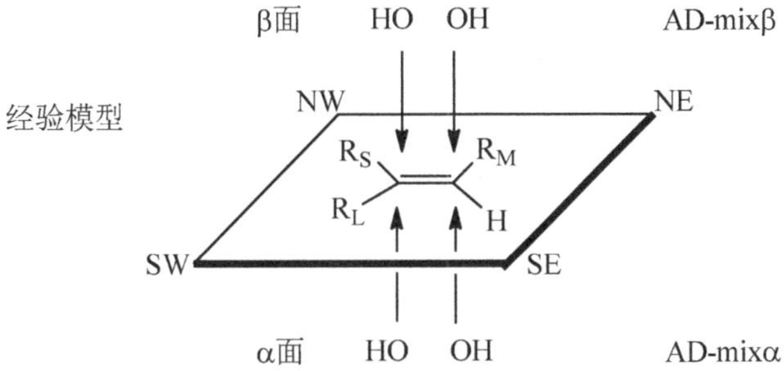

烯烃结构按照如上图方式放置：R_L（大基团）置于西南角，R_M（中等基团）置于东北角，R_S（小基团）置于西北角，H 置于东南角；AD-mix β 则发生 β 面的双羟化，AD-mix α 则发生 α 面的双羟化。

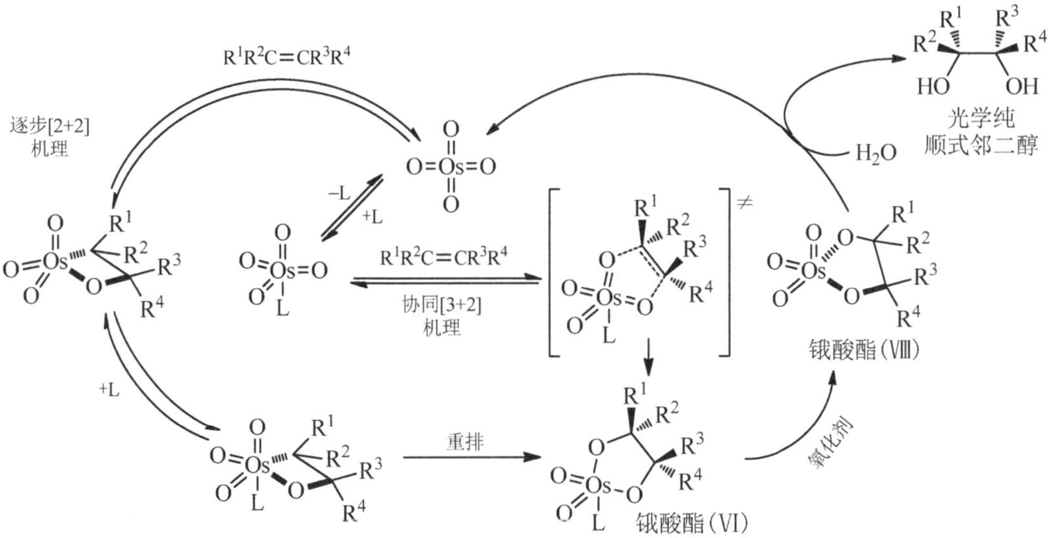

反应机理可能为逐步[2 + 2]机理或者协同[3 + 2]机理。烯烃与四氧化锇经过逐步[2 + 2]加成，随后配体络合，重排形成锇酸酯（Ⅵ），再氧化为环状锇酸酯（Ⅷ），水解最终产生光学活性的邻二醇。

（2）反应特点及反应实例

富电子烯烃比缺电子烯烃反应更快。顺式二取代烯烃对映选择性中等。反应溶剂通常为叔丁醇：水 = 1：1。

Sharpless 不对称双羟化在药物合成中应用广泛。例如，睡眠障碍治疗药物他司美琼（tasimelteon）关键手性中间体二氢苯并呋喃乙二醇 **67** 制备即由相应烯烃在室温条件下，通过 Sharpless 不对称双羟化实现，对映选择性高达 99%[31]。

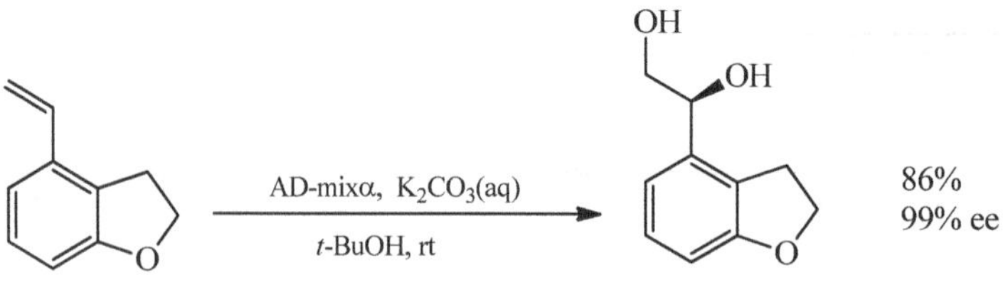

66 → 67

AD-mixα, K₂CO₃(aq)
t-BuOH, rt

86%
99% ee

（三）氧化断裂

烯烃经过双电子过程可发生环氧化即双羟化，如果使用强氧化试剂则会导致碳碳双键断裂形成二羰基化合物。

1. KMnO₄/NaIO₄ 及 OsO₄/NaIO₄ 氧化断裂

烯烃在稀碱性 KMnO₄ 溶液中发生单阶段氧化反应，以高收率生成邻二醇，如果升高浓度，或者在酸性介质中反应，则会导致邻二醇中间体继续反应断裂 C—C 键，生成二羰基化合物甚至进一步氧化为羧酸。使用化学计量的共氧化剂如 NaIO₄，可使 KMnO₄ 用量降至催化量，氧化通常生成酮和羧酸的混合物。类似地，混合催化量的 OsO₄（1mol%～5mol%）及化学计量的 NaIO₄ 也可实现烯烃的氧化断裂，生成醛和酮的衍生物。此反应即 Lemieux-Johnson 氧化。虽然 OsO₄ 价格贵，但反应条件温和，端基烯可氧化到醛，是臭氧氧化较好的替代方法。

（1）反应通式及反应机理

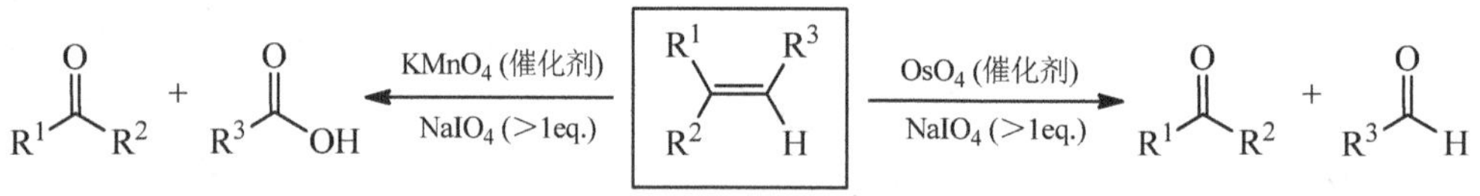

烯烃与 KMnO₄/NaIO₄ 氧化断裂生成酮、羧酸，与 OsO₄/NaIO₄ 氧化断裂生成醛、酮。

反应首先包含以 KMnO₄ 或 OsO₄ 实现烯烃的双羟化，其次包含 NaIO₄ 对邻二醇的氧化断裂。可详见烯烃双羟化及 1,2-二醇的氧化机理。

（2）反应特点及反应实例

加入 2,6-二甲基吡啶可抑制副反应，提高反应收率。OsO₄/O₃ 也可氧化二取代烯烃、炔烃到羧酸。如果烯烃分子包含羟基，可环化形成邻羟基醚。

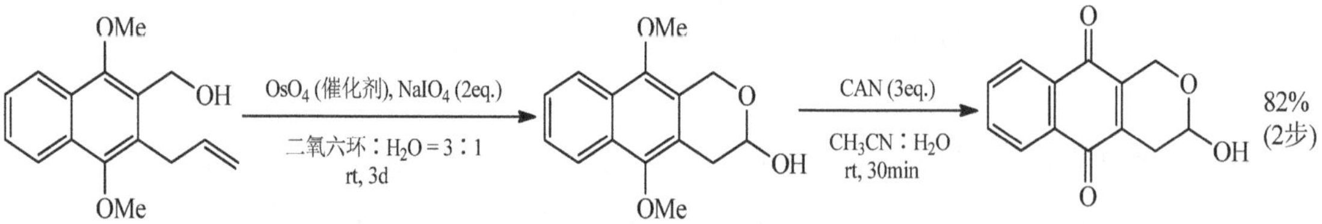

前列腺增生治疗药物度他雄胺（dutasteride）具有甾体内酰胺结构，以 KMnO₄/NaIO₄ 实现中间体 **68** 烯烃的氧化断裂开环，并进一步脱羧形成 **69**[32]。

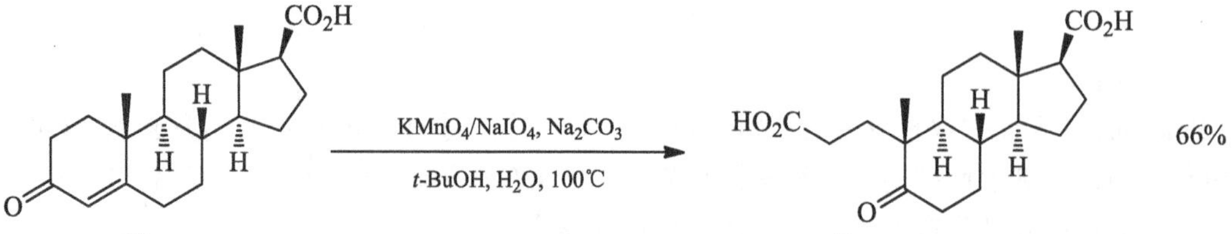

68 → **69**

KMnO₄/NaIO₄, Na₂CO₃
t-BuOH, H₂O, 100℃

66%

在二芳基喹啉类抗分枝杆菌药物富马酸贝达喹啉合成中,喹啉衍生物 **70** 末端双键以 $OsO_4/NaIO_4$ 氧化断裂,温和断裂形成相应的醛中间体 **71**[11]。

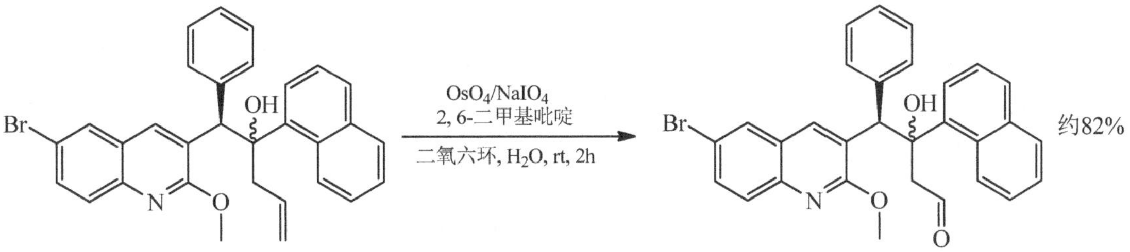

2. 臭氧氧化断裂

臭氧以四种共振形式存在,典型的 1,3-偶极分子。臭氧可与烯烃发生 1,3-偶极环加成形成三氧环戊烷中间体,经过氧化性后处理(H_2O_2、$KMnO_4$、铬试剂、RuO_4)分解形成酮或羧酸;经过还原性后处理(Me_2S、PPh_3、$Zn/AcOH$、硫脲、$H_2/Pd/CaCO_3$)分解形成醛或酮。

(1)反应通式及反应机理

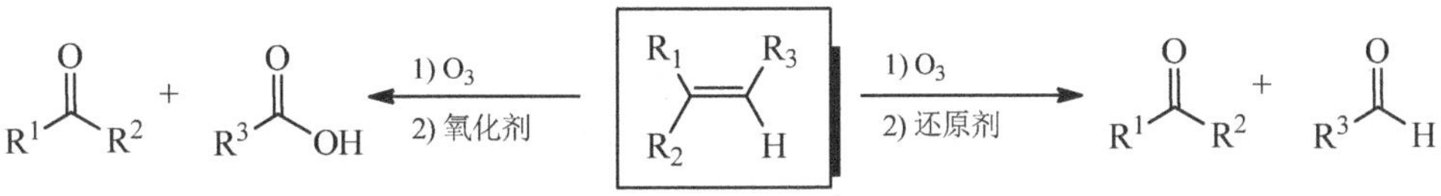

反应原料为烯烃,臭氧氧化-氧化产物为酮或羧酸;臭氧氧化-还原产物为醛或酮。

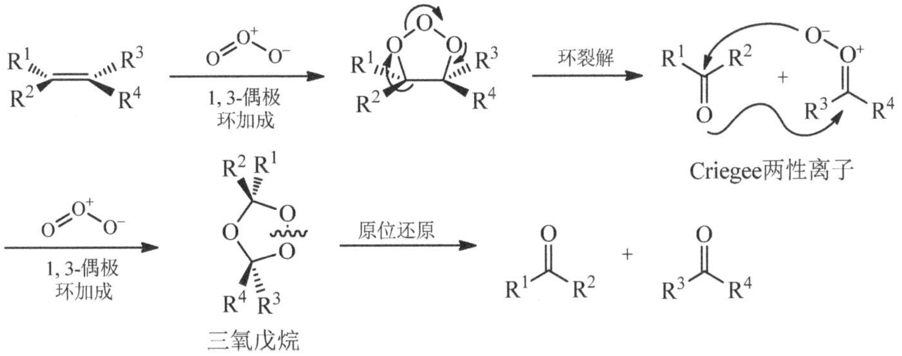

烯烃与臭氧发生 1,3-偶极环加成,形成 1,2,3-三氧戊烷中间体,此中间体极不稳定,O—O键及 C—C 键断裂形成酮及羰基氧化物(Criegee 两性离子),两者发生第二次 1,3-偶极环加成则产生 1,2,4-三氧戊烷中间体,原位还原则形成二酮。

(2)反应特点及反应实例

富电子烯烃反应更快;以 $NaBH_4$、$LiBH_4$ 后处理则还原形成醇。

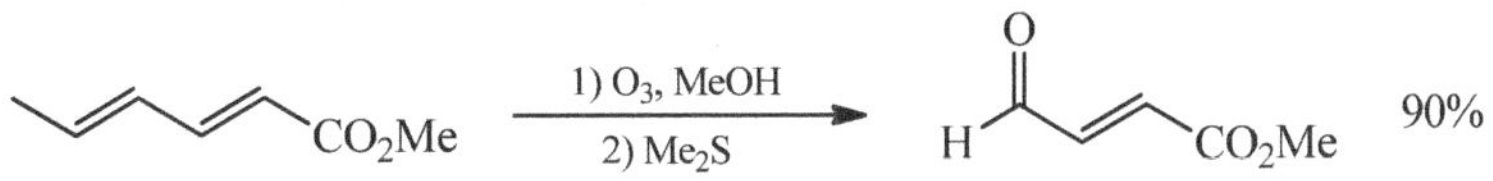

在用于睡眠相位后移综合征治疗药物雷美替胺(ramelteon)克级优化合成路线中,其茚乙醇关键中间体 **73** 制备即以茚丙烯 **72** 的臭氧氧化-还原断裂,经 $NaBH_4$ 直接还原到醇,为后续茚并呋喃骨架构建提供基础[33]。

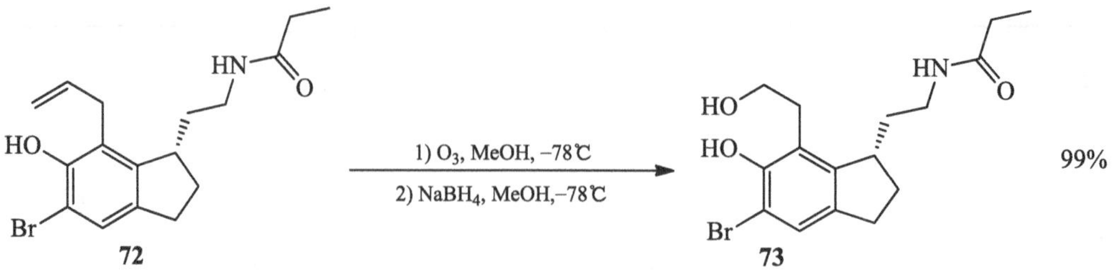

99%

三、芳烃氧化

（一）氧化开环

常用开环氧化剂包括 $KMnO_4$、臭氧、RuO_4 以及过渡金属催化剂-过氧化物，因反应条件不同，苯环可开环形成醛或羧酸。

1. 反应通式及反应机理

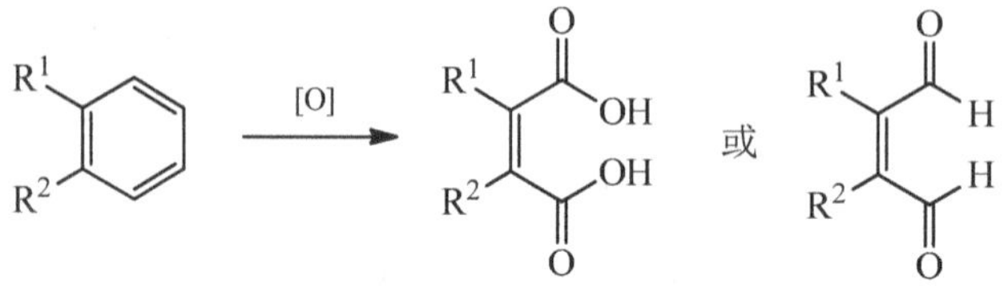

反应原料为芳烃，反应产物为醛或羧酸，常用溶剂为四氯化碳、乙腈、水。

反应机理：亲电加成反应。

2. 反应特点及反应实例

稠环或稠杂环化合物氧化时，优先氧化富电子芳环；以臭氧断裂喹啉，反应条件剧烈。

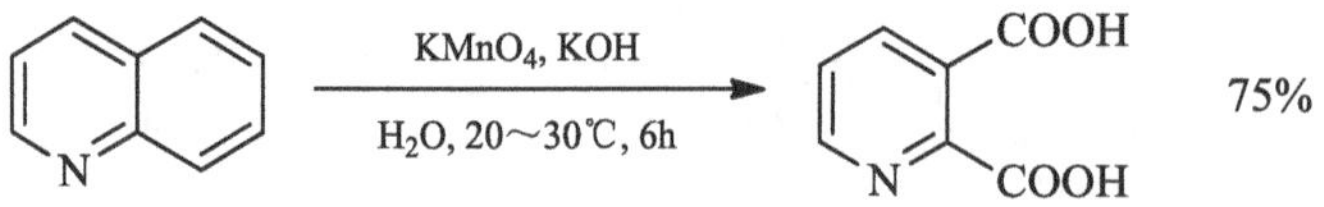

催化量 RuO_4（或者 $RuCl_3$）与 $NaIO_4$（或 HIO_4）可选择性氧化苯环，不影响与之相连的侧链烷基，是制备长链羧酸的方法之一。底物中有氧化敏感官能团不适用，缺电子芳环难以反应。因为钌价格昂贵，一般使用催化量的钌盐和便宜过量的氧化剂搭配，以不断氧化 Ru(Ⅷ) 形成催化循环。

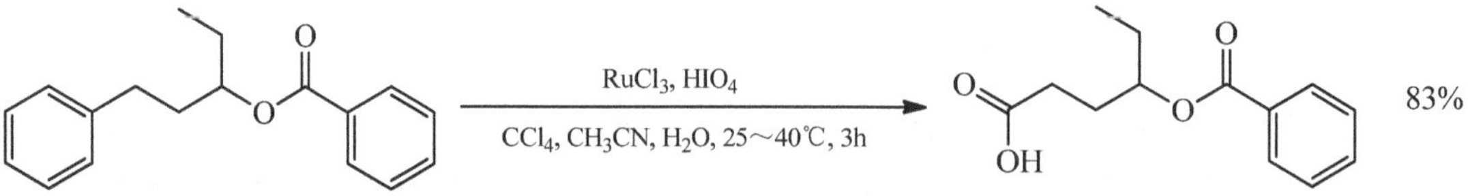

铁盐价廉且丰度高，环境友好，利用催化量铁盐与化学计量的过氧酸来促进芳环开环符合绿色化学的要求。

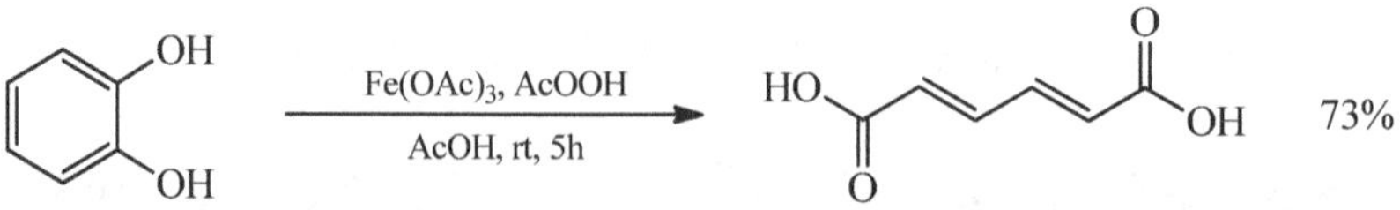

（二）氧化成酚

使用 H_2O_2 及 Fe^{2+} 混合物（Fenton 试剂）可使芳环直接氧化，但收率常低于 20%，大量形成联苯。Elbs 以过硫酸盐/碱性介质成功实现酚对位氧化，先对位氧化形成硫酸盐，经酸催化水解氧化成酚，此反应即 Elbs 过硫酸盐氧化。60 年后，Boyland 把底物范围扩展到芳胺类底物，芳胺也可以发生类似反应，在邻位引入酚羟基，即 Boyland-Sims 氧化。Elbs 过硫酸盐氧化收率不高，反应在 NaCl 或 Na_2SO_4 饱和水溶液中进行，有助于提高收率。酚、萘酚、香豆素、黄酮衍生物等苯环中引入羟基常使用该方法。

1. 反应通式及反应机理

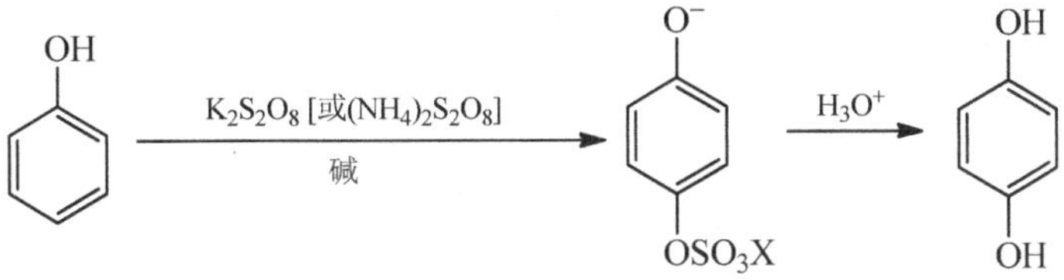

常用过硫酸盐为过硫酸铵、过硫酸钾，与 oxone 氧化效果相当；碱为 KOH、NaOH 或者四甲基氢氧化胺、四乙基氢氧化胺。

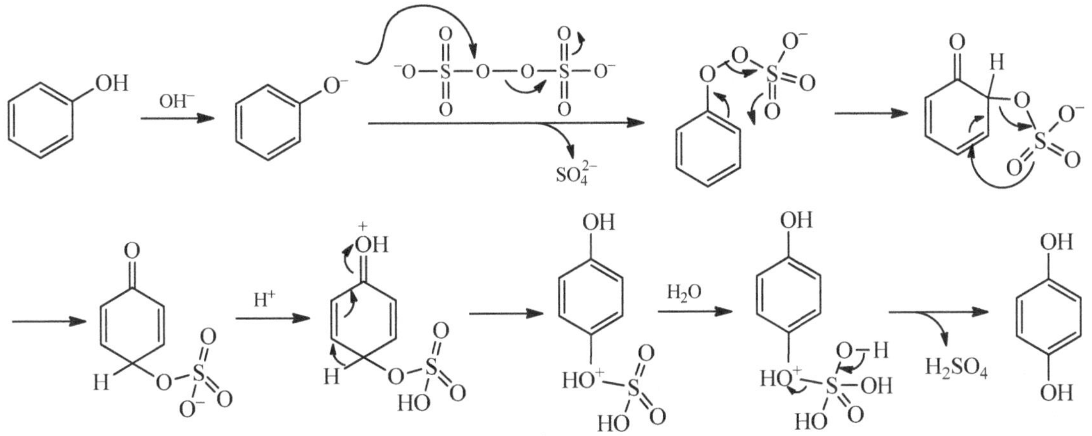

其机理为亲核取代，酚氧离子与过硫酸盐亲核取代形成过硫酸盐，随后发生两次 Claisen 重排形成硫酸盐，水解形成产物。

2. 反应特点及反应实例

用常规方法引入—OH 较难时，可考虑使用此法。如果酚羟基对位被占据，则邻位发生氧化，但收率通常仅 30%～50%。芳胺如果邻位被占据，则发生对位氧化。富电子取代对反应有利，缺电子取代反应收率较低。

黄酮类药物合成可利用黄酮中原有羟基引入新的羟基。例如，汉黄芩素（wogonin）具有降低脑血管阻力、改善脑血循环的作用，可用于脑血管病后瘫痪的治疗。以白杨素（5,7-二羟黄酮）为原料，利用 Elbs 氧化在白杨素 8-位引入羟基，经苄基化及水解可制备其关键中间体 **76**[34]。

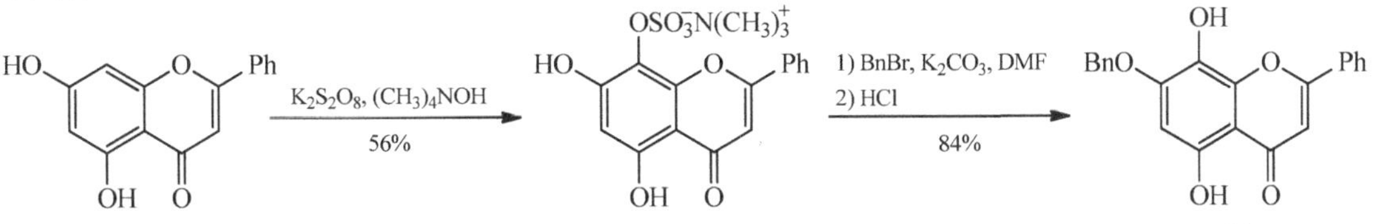

（三）氧化成醌

醌主要分为 1,4-醌及 1,2-醌，由酚氧化成醌是醌类化合物制备主要方法之一。氧化试剂较多，铬酸、$FeCl_3$、$K_3Fe(CN)_6$、Ag_2O、MnO_2、Fremy 盐等均可实现此类氧化。

1. Fremy 盐

Fremy 盐[亚硝基过硫酸钾，$(KO_3S)_2NO\cdot$]是酚氧化成醌最重要的试剂之一，亚硝基过硫酸钾盐比相应钠盐更加有效。Fremy 盐在酸性溶液中不稳定，pH$>$10 分解；Fremy 盐中如有催化量亚硝酸盐存在，将自发分解。该反应较剧烈，可观察到明显紫色消退过程。

（1）反应通式及反应机理

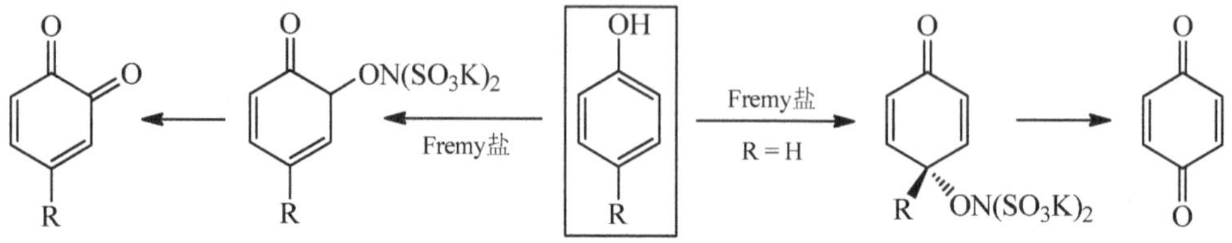

反应原料为取代酚，反应产物为醌，氧化剂为亚硝基过硫酸钠/钾。

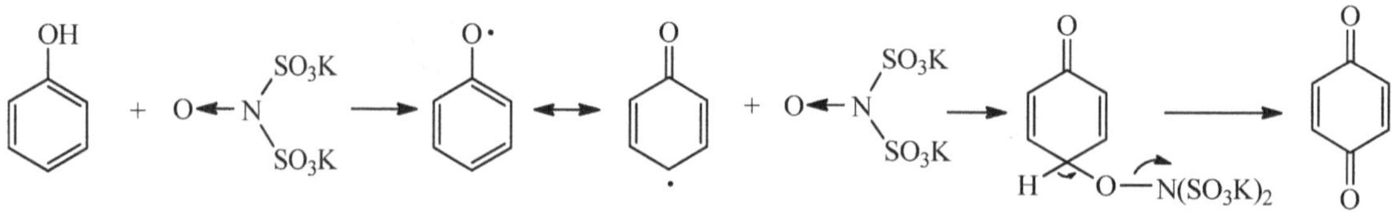

Fremy 盐与酚电子转移形成自由基，与过量的 Fremy 盐自由基进一步聚合，α-氢消除得到醌。

（2）反应特点及反应实例

Fremy 盐是合成苯醌、萘醌、芳杂醌的重要氧化剂。反应溶剂通常为醇（或丙酮）-水-磷酸缓冲溶液。1,4-醌为主要产物，如果对位被占据，形成 1,2-醌，但收率降低。吸电子取代氧化收率低，甚至无法氧化。

促智药艾地苯醌（idebenone）为典型的醌类药物，其醌类骨架由 Fremy 盐氧化苯酚生成，反应溶剂为 DMF-水-甲醇混合溶液[35]。

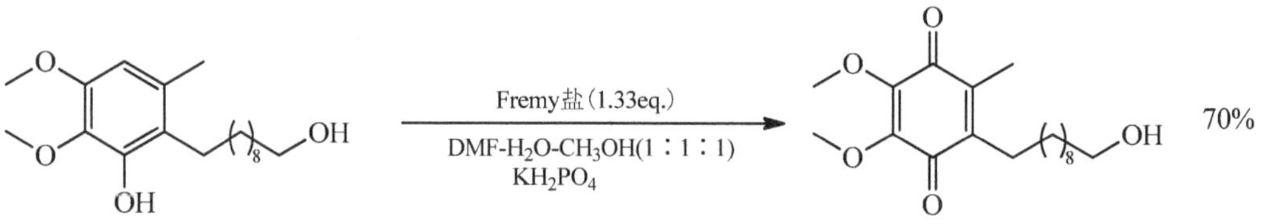

2. 其他氧化剂

（1）反应通式

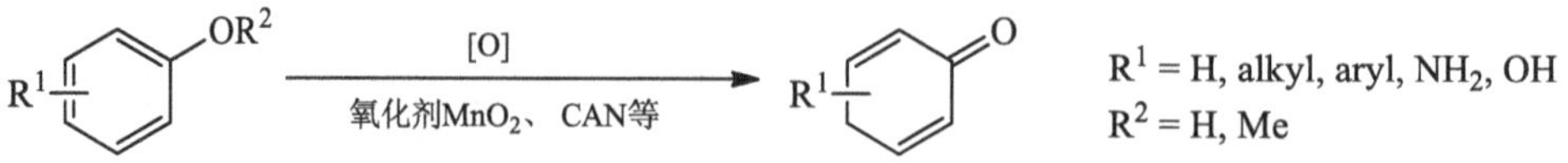

$R^1 = H,$ alkyl, aryl, NH_2, OH
$R^2 = H,$ Me

反应常用氧化剂为 MnO_2、CAN、DDQ、$FeCl_3$、$K_3Fe(CN)_6$。

（2）反应特点及反应实例

MnO_2 可实现对苯酚氧化，形成 1,4-醌。非核苷类逆转录酶抑制剂阿瓦醌（avarone）类化合物具有 1,4-醌结构，可通过相应苯酚衍生物，由 MnO_2 温和氧化得到。

针对多个羟基或胺基取代底物，Ag$_2$O、CAN、铁盐如 FeCl$_3$、K$_3$Fe(CN)$_6$ 以及 DDQ 为氧化剂也可氧化形成苯醌衍生物，苯甲醚也可发生相应氧化。Danishefsky 在抗癌抗生素 (+)-myrocin C 全合成中以 DDQ 或 Ag$_2$O 氧化对苯二甲醚实现环加成前体 **82** 的制备[36]。

双键、芳基、羰基可活化邻位亚甲基或甲基。苄位氧化常用铬酰氯、硝酸铈铵，如反应原料耐受，也可使用廉价的 KMnO$_4$ 氧化。SeO$_2$ 可实现羰基 α-位及烯丙位氧化，用以制备 α-二酮及 α-羟基酮，Davis 氮氧杂环丙烷同样可制备 α-羟基酮。

烯烃中亲核性的 π 键容易和过氧化物亲电性的氧反应而发生环氧化，过氧酸是最常用的氧化剂，另外，氧化能力较弱但廉价的 H$_2$O$_2$、TBHP 与催化量过渡金属络合同样可高效氧化烯烃。体系中如引入手性配体，则可实现不对称环氧化，如 Sharpless 不对称环氧化、Jacobsen-Katsuki 环氧化等，均为手性药物合成中经典方法。烯烃双氧加成则形成双羟化产物。KMnO$_4$、OsO$_4$ 和烯烃反应及 Woodward 双羟化是制备顺式邻二醇的经典手段，而 Prévost 双羟化则可用于制备反式邻二醇。OsO$_4$ 和烯烃反应中，加入催化量手性金鸡纳生物碱及化学计量的铁氰化钾，可实现烯烃不对称双羟化即 Sharpless 不对称双羟化。

邻二醇产物继续以 NaIO$_4$ 氧化则发生氧化断裂，同样地，臭氧氧化烯烃可发生类似反应。富电子芳胺、酚等采用 Elbs 过硫酸盐氧化可在酚的对位引入羟基，而采用 Boyland-Sims 氧化则可在邻位引入羟基。亚硝基过硫酸钾即 Fremy 盐则可将酚或芳胺直接氧化到醌，可广泛用于醌类药物及中间体的制备。

案例 7-3 Laulimalide 不对称环氧化

Laulimalide（**84**）为具有细胞毒活性的海洋天然产物，具有较高的细胞增殖抑制活性，是潜在的微管稳定抗肿瘤化合物。其结构为二十元大环内酯，在酸性条件下容易异构形成 **86**，过氧化物本身的酸性及反应后形成的相应羧酸副产物，均可能导致其异构，环氧化试剂选择仅限于中性及较弱酸性的过氧化物。其全合成最终步骤，依赖于关键中间体 **83** 中的 C15-C17 烯丙醇部分的不对称环氧化。利用 Sharpless 不对称环氧化方法，以(+)-(R, R)-DIPT 反应，仅 C15-C17 烯丙醇部分反应，C20-C22 结构烯丙醇因错误匹配不会发生反应。**83** 内在的结构和试剂酒石酸二异丙酯控制实现了其完美的区域及对映选择性。**83** 也可与(−)-(S, S)-DIPT 反应，形成环氧化产物 **85**，即 C20-C22 烯丙醇部分反应[37]。

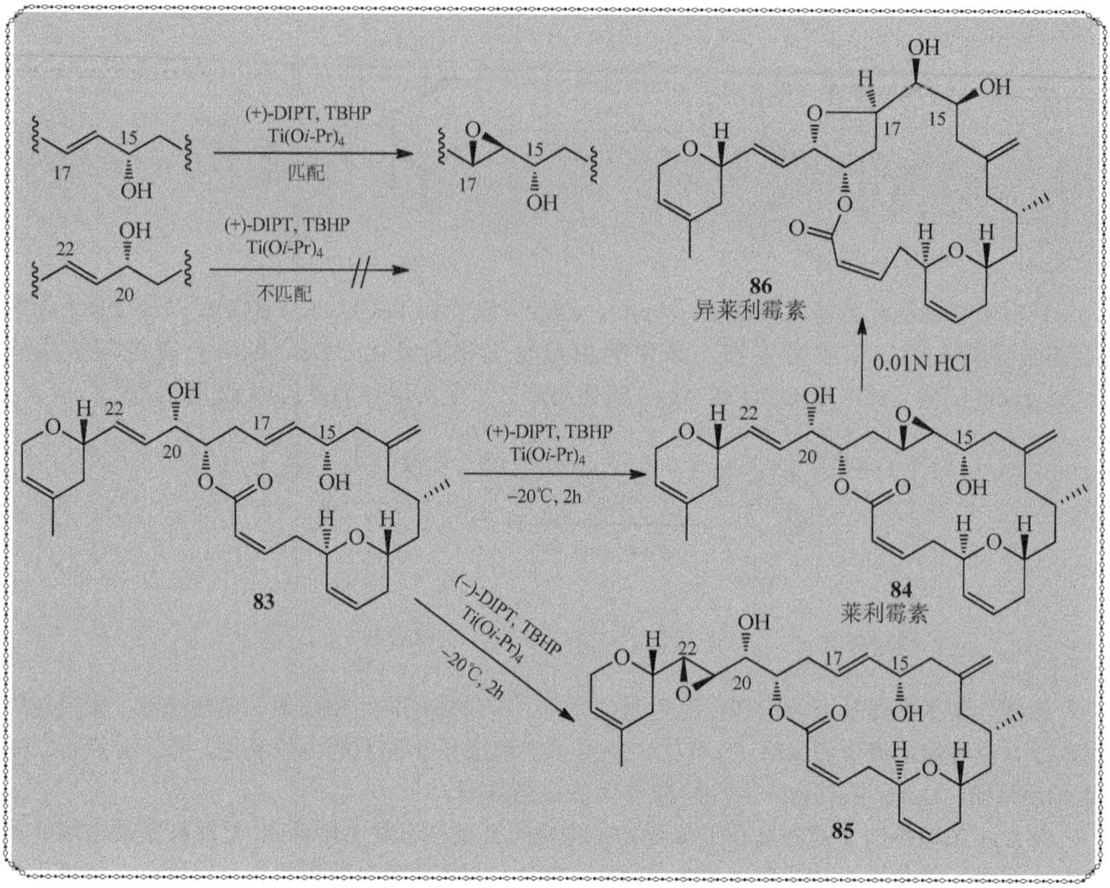

第四节 其他化合物的氧化

除碳原子外，杂原子如 S、N 也容易被氧化。硫醚在不同条件下可氧化到不同阶段形成亚砜、砜；含氮化合物也可氧化到不同阶段形成羟胺、硝酮、氮氧化物、硝基化合物；卤代烃、磺酸酯是一类重要的有机化合物，也可氧化形成羰基化合物。

一、硫化物的氧化

不同亚砜类结构常表现出不同的生物活性，亚砜类化合物具有抗肿瘤、抗病毒、抗溃疡活性，如质子泵抑制剂奥美拉唑（omeprazole）、兰索拉唑（lasoprazole）等是有效的抗酸和抗溃疡药物等，其合成过程均涉及硫化物的氧化。光学活性亚砜在药物化学及药物合成中占有重要地位。

（一）氧化成亚砜

硫醚氧化是合成亚砜最直接的方法，但过度氧化会导致直接形成砜。根据底物特点及氧化剂氧化能力控制氧化仅停留在亚砜阶段是此类化合物合成制备的关键。有机过氧化物、高价金属盐等氧化硫醚可制备相应的亚砜。不对称催化或手性拆分可实现手性亚砜合成，是目前手性亚砜类药物合成的主要方法。

硫醚较烯烃更容易氧化，一般有机过氧化物即能完成氧化，较少使用过渡金属催化剂。最常用的氧化剂为 m-CPBA、$NaIO_4$、高价碘。

1. 反应通式及反应机理

常用氧化剂为有机过氧化物、H_2O_2、$NaIO_4$、二甲基过氧化酮（DMDO）、oxone。

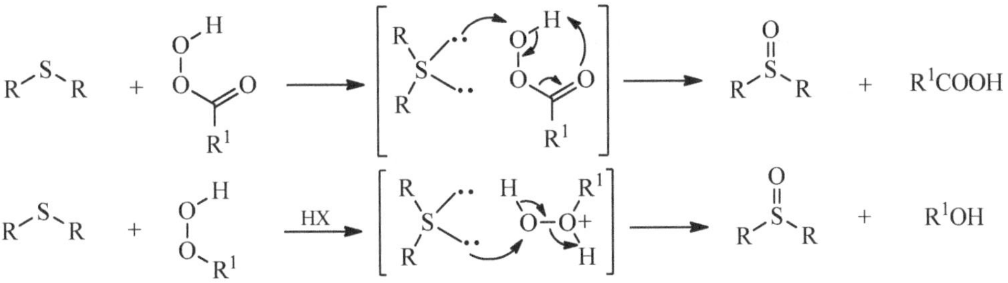

过酸氧化：硫醚进攻 O—O 键（S_N2），O—O 键断裂，氢原子转移到羰基，产生羧酸及亚砜；烷基过氧化物氧化：一般需要酸性催化剂辅助，硫醚进攻 O—O 键（S_N2），O—O 键断裂，释放醇及亚砜。

2. 反应特点及反应实例

过氧酸是最常用的氧化剂，反应通常在室温进行，少量过氧酸会过度氧化到砜。oxone 情况类似，加入季铵盐或硅胶有助于使其停留在亚砜阶段。使用 DMDO 可选择性氧化到亚砜（a），H_2O_2/氟代溶剂（如六氟异丙醇）或酚类溶剂、H_2O_2-过渡金属催化剂也可使氧化停留在亚砜阶段（b）。

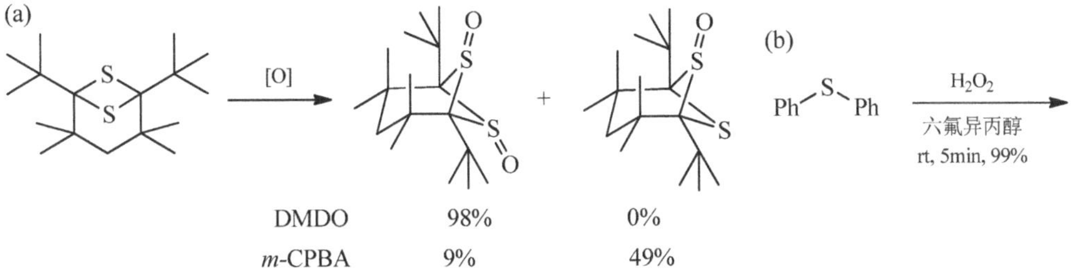

抗过度嗜睡症药物阿莫达非尼（armodafinil）以苄基硫醚 **87** 为原料，过氧化氢异丙苯为氧化剂，(S, S)-酒石酸二乙酯为手性配体合成手性亚砜 **88**，即阿莫达非尼[38]。

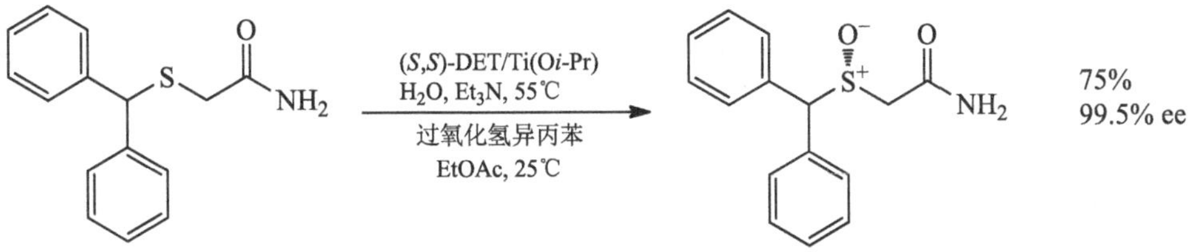

质子泵抑制剂如奥美拉唑、兰索拉唑等，是一大类具有亚砜类结构的药物，用于消化性溃疡及抗幽门螺杆菌治疗。奥美拉唑（omeprazole）的首条制备路线即由苯并咪唑吡啶甲硫醚 **89** 经 m-CPBA 低温氧化制得 **90**[39]。

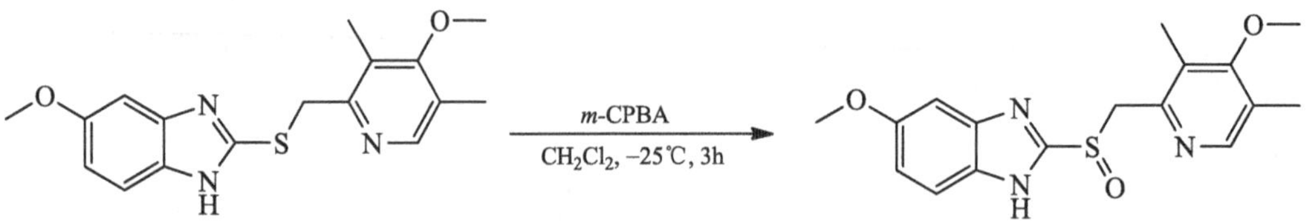

89　　　　　　　　　　　　　　　　　　　　　**90 奥美拉唑**　　86%

（二）氧化成砜

亚砜亲核性弱于硫醚，其氧化到砜的速率比硫醚氧化到亚砜慢。使用前述同样的氧化剂，延长反应时间或升高反应温度可使硫醚或亚砜转化成砜类化合物。砜类化合物无手性。

1. 反应通式及反应机理

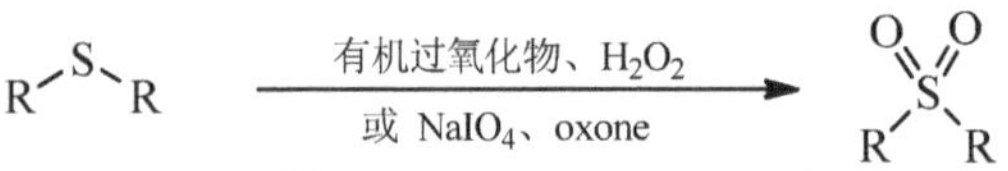

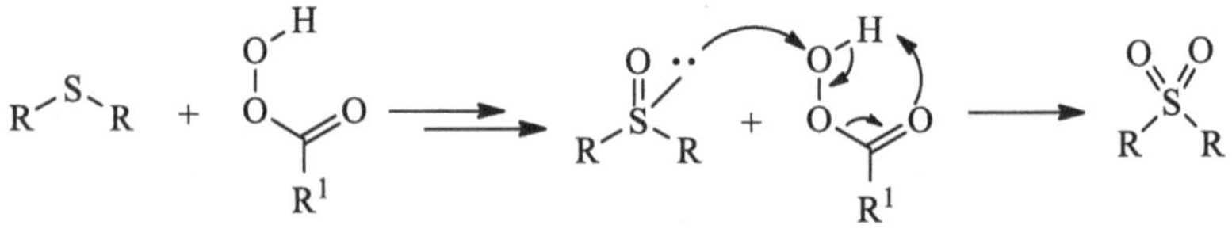

其机理与硫醚氧化到亚砜类似。

2. 反应实例

高胆固醇血症及高脂血症治疗药物——选择性羟甲基戊二酰辅酶 A（HMG-CoA）还原酶抑制剂瑞舒伐他汀钙（rosuvastatin calcium），其中间体经 *m*-CPBA 室温氧化形成砜类中间体[40]。

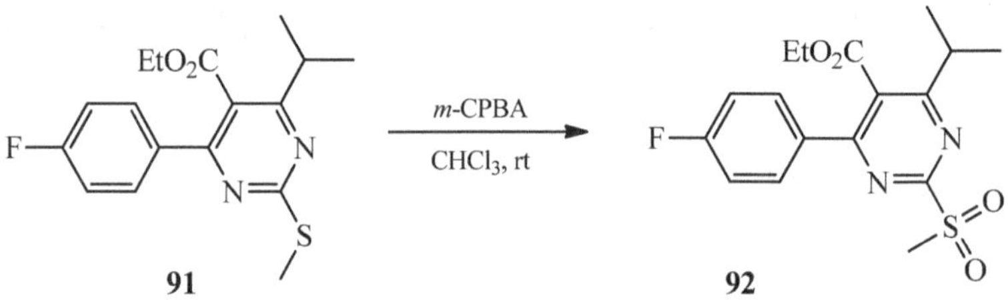

91　　　　　　　　　　　　　　**92**　　96%

二、含氮化合物的氧化

含氮化合物的氧化在药物合成中为常见反应，尤其硝基化合物及氮氧化合物为重要的药物及其中间体。胺容易与过氧化氢或过氧酸反应，酰胺类化合物则较难反应。伯胺的氧化通过羟胺中间体，产生亚硝基和硝基化合物；仲胺同样通过羟胺中间体氧化消除生成硝酮；叔胺容易氧化形成氮氧化物，杂环氮氧化物如吡啶氮氧化物、喹啉氮氧化合物本身是一类重要的药物中间体。

（一）伯胺氧化

伯胺中的氮为最低氧化态，氧化产物由氧化剂及氧化反应条件决定，可氧化生成羟胺、亚硝基化合物、硝基化合物。

1. 反应通式及反应机理

$$R-NH_2 \longrightarrow R-NHOH \longrightarrow R-N=O \longrightarrow R-NO_2 \quad R = alkyl, aryl$$

反应溶剂为甲醇、水、乙腈、二氯甲烷、三氯甲烷、丙酮等极性溶剂。

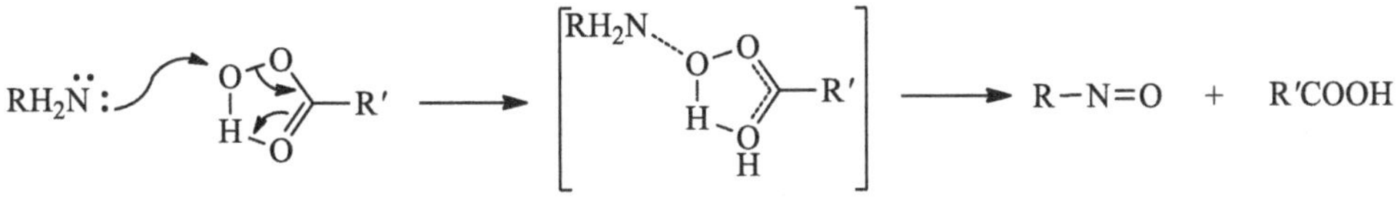

反应机理为自由基消除反应机理。

2. 反应特点

以过量过氧乙酸或过氧化氢在酸性条件下氧化芳伯胺，可氧化形成亚硝基苯；如反应在水中进行，可加入相转移催化剂。常用选择性生成亚硝基苯方法包括 H_2O_2/磷钨酸、H_2O_2/CH_3ReO_3、oxone 等。富电子芳伯胺注意控制反应条件，以免过度氧化；吸电子芳伯胺以过氧酸或过氧化氢氧化形成亚硝基化合物的收率较高。以过氧化物在升高反应温度条件下等均可实现硝基化合物合成。另外，DMDO 也是很好的芳胺及脂肪胺氧化形成硝基化合物的氧化剂。

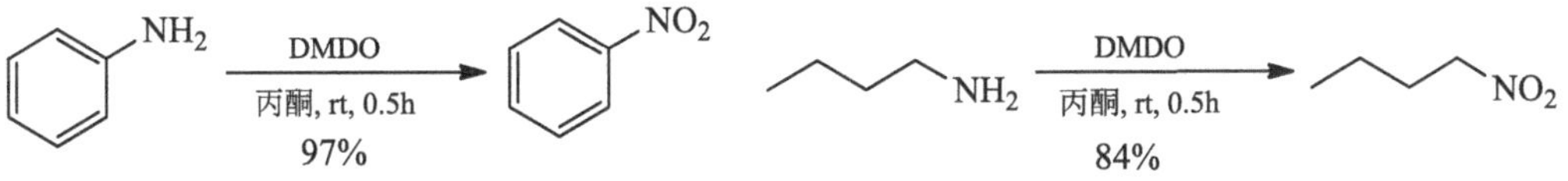

（二）仲胺氧化

仲胺氧化可形成羟胺、硝酮、氧化胺。

1. 反应通式及反应机理

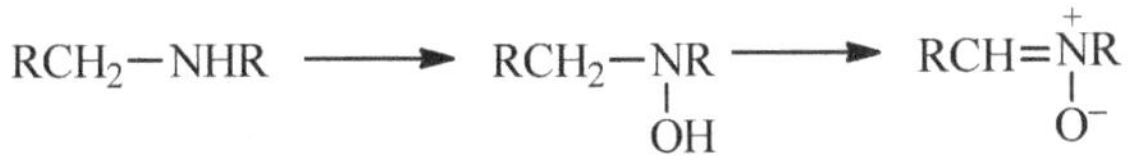

R = alkyl, aryl

反应机理与伯胺氧化类似。

2. 反应特点及反应实例

当脂肪族仲胺没有 α-氢时，可氧化形成羟胺，但收率较低；当有 α-氢时，可进一步氧化形成硝酮。光黄素过氧化物、DMDO 可使反应停留在羟胺阶段，反应温和，收率高。

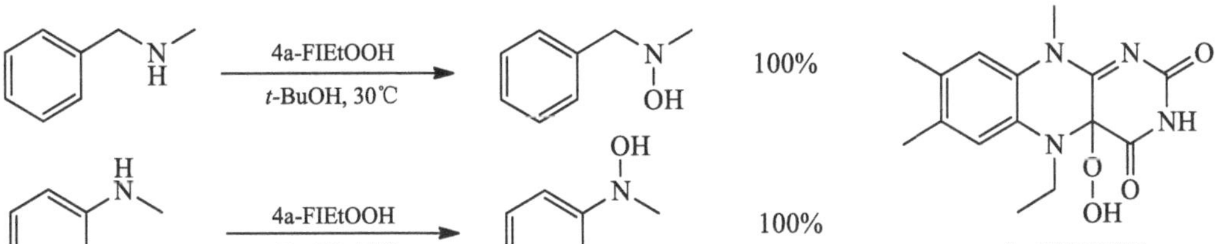

4a-FIEtOOH

过氧酸、H_2O_2/磷钨酸、DMDO 等可氧化环状仲胺到羟胺；过量试剂可进一步氧化到氮氧化物。另外，Davis 氧化剂同样可以实现该氧化。

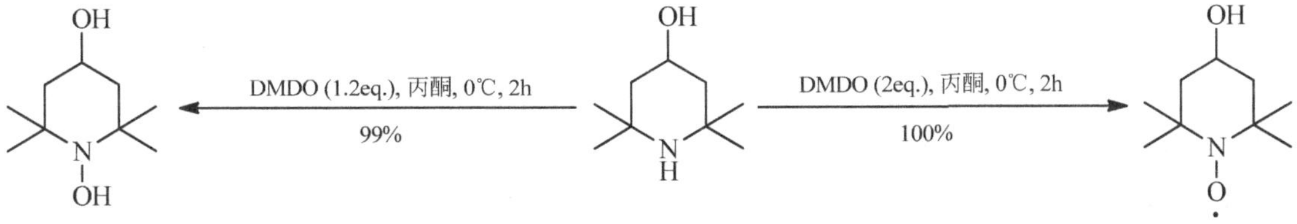

（三）叔胺氧化

叔胺氧化形成氮氧化物。

1. 反应通式及反应机理

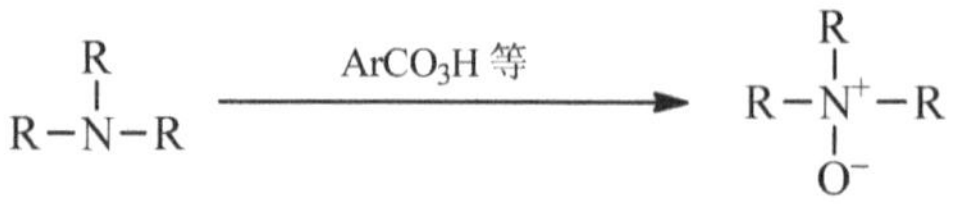

反应溶剂为丙酮、乙醚、叔丁醇、乙醇、四氢呋喃等。氧化剂为过氧酸、ROOH/催化剂、H_2O_2/酸、oxone、DMDO 等。

反应机理与伯胺氧化类似。

2. 反应特点及反应实例

除过酸可氧化叔胺到氮氧化物外，如使用 H_2O_2 及烷基过氧化氢，反应速率较慢。一方面，加入过渡金属催化剂，主要 V 盐、Mo 盐可加快反应速率，提高收率；另一方面，加入 H_2O_2/磷钼酸、H_2O_2/三氟乙酸（乙酸），或者提高过氧化氢浓度，延长反应时间等手段均可实现对叔胺的氧化。DMDO、光黄素过氧化物等也可实现叔胺的温和选择性氧化。

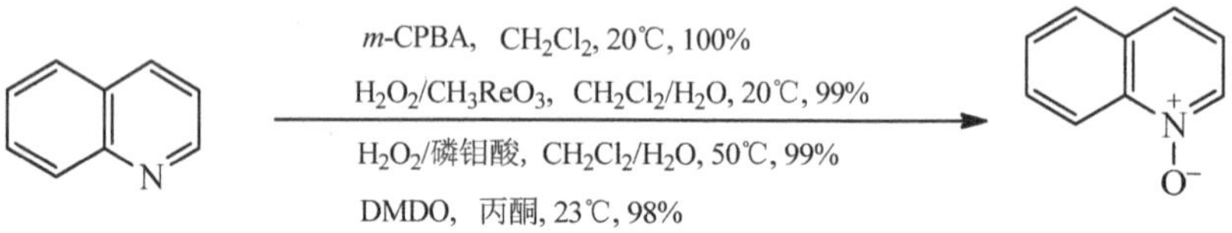

抗酸和抗溃疡药物质子泵抑制剂奥美拉唑合成：以 2, 3, 5-三甲基吡啶为原料，通过吡啶氮氧化形成相应的氮氧化物[41]。

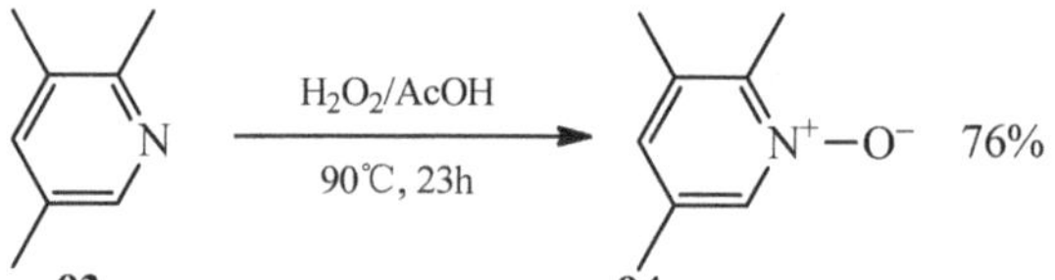

三、卤代烃及磺酸酯的氧化

卤代烃及磺酸酯氧化到羰基化合物

如将活泼的苄溴或者 α-溴代芳基酮溶解在 DMSO 中，可氧化生成相应的醛或 α-二酮，但是低活性的卤代烃如吸电子取代苄溴收率低，烷基卤代烃完全不反应。经过持续努力，研究发现，低活性卤代烃如果先转化为活性磺酸酯，在碱性条件热的 DMSO 中，仍然可以很好地氧化成羰基化合物。卤代烃及磺酸酯可以 DMSO 温和氧化形成羰基化合物，即 Kornblum 氧化。

1. 反应通式及反应机理

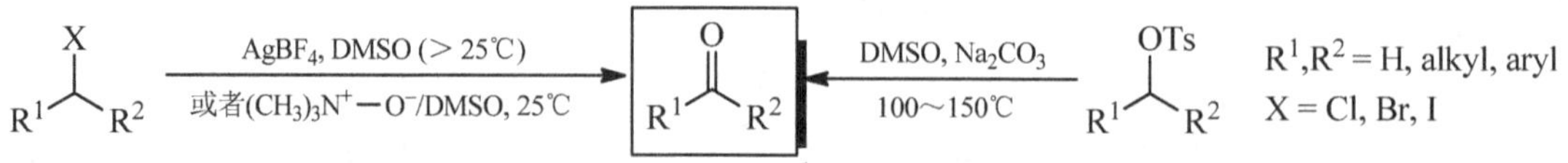

反应原料为卤代烃、磺酸酯，反应产物为酮，碱为 Na_2CO_3、Et_3N、Na_2HPO_4、K_2HPO_4 等。

卤代烃及磺酸酯类机理如下：

卤代烃及磺酸酯：

烷氧基锍盐　烷氧基硫叶立德

α-卤代酮：

烷氧基锍盐　碱

卤代烃与磺酸盐发生第一次 S_N2 形成烷基磺酸酯，DMSO 与烷基磺酸酯发生第二次 S_N2 反应形成烷氧基锍盐（DMSO 对醇类氧化的共同中间体），后者在碱性条件下去质子形成烷氧基硫叶立德，[2, 3]σ 迁移形成酮。如底物为 α-卤代酮，其去质子化发生在酮的 α-氢，而不会形成硫叶立德。

2. 反应实例及反应特点

对于活泼卤代烃，在碱性条件下，DMSO 中加热即可发生反应；对于不活泼卤代烃，可先与磺酸银盐反应转化成活泼的磺酸酯，再在碱性条件下，DMSO 中加热发生反应。如果 DMSO 溶解性差，可加入共溶剂。伯烷基卤代烃收率较高，仲烷基卤代烃由于消去副反应，收率降低，而叔卤代烃不反应。卤代烃活性顺序与其离去能力一致：对甲苯磺酸酯＞碘＞溴＞氯。碱必不可少，一方面避免副产物 HX 氧化形成 X_2，另一方面促进烷氧基锍盐去质子化。反应溶剂为高沸点 DMSO，微波辅助有助于提高反应收率，缩短反应时间；加入 $AgBF_4$ 有利于亲核取代。

用于哮喘及支气管痉挛治疗的奥西那林（orciprenaline）合成路线：以 3, 5-二甲氧基苯乙酮为原料，除 SeO_2 氧化方法外，苯乙酮 α-位溴化/DMSO 氧化一锅反应，也可直接氧化为 3, 5-二甲氧基苯基乙二醛，为后续胺化提供基础[42]。

硫醚以 oxone、DMDO、H_2O_2/氟代溶剂可使氧化停留在亚砜阶段，升高温度、延长反应时间或以较强的过氧酸氧化可直接氧化形成砜。伯胺、仲胺以 H_2O_2/磷钨酸、H_2O_2/CH_3ReO_3、oxone、DMDO 等可使氧化分别控制在亚硝基化合物、羟胺化合物阶段，过度氧化可直接形成硝基化合物、氮氧化合物。卤代烃及磺酸酯以 DMSO 温和氧化可合成羰基化合物：活泼卤代烃，在碱性条件下，DMSO 中加热发生反应；不活泼卤代烃，可先转化成磺酸酯再加碱，再在碱性条件下，DMSO 中加热发生反应，为卤代烃及磺酸酯转化形成羰基化合物的经典方法，这些氧化反应也为这些不同官能团转化及相关药物的制备提供了方法和可能。

案例 7-4　埃格列净关键中间体的选择性氧化

用于成年 2 型糖尿病治疗的埃格列净（ertugliflozin），为钠-葡萄糖转运蛋白 2 抑制剂（SGLT2）。其合成以关键中间体葡萄糖酸内酯 **95** 为原料，在不保护羟基的情况下，如何实现选择性氧化 C6 伯羟基到醛,而避免仲羟基氧化及醛的过度氧化? 酶催化葡萄糖此位点氧化无相关研究;Swern 氧化仅约 50% 转化率;TEMPO 氧化需要大大过量的氧化剂,不适用于工业化生产。利用 Kornblum 氧化反应,先转化成磺酸酯 96,然后在碱性条件下,DMSO 选择性氧化,可实现此选择性转化。以对甲苯磺酸酯衍生物为原料,需要在 130℃下反应,较高的反应温度会导致磺酸酯原料水解而形成醇类初始原料 95,难以转化形成醛 97。研究发现,修饰苯环上的取代基,如 2,6-二氯苯磺酸酯或 2,4,6-三氯苯磺酸酯衍生葡萄糖酸内酯可显著提高产物转化比例,降低反应温度,实现选择性氧化,避免过度氧化[43]。

$97:96:95=93:1:6$

$97:96:95=91:0:9$

参 考 文 献

[1] Di Salle E,Zaccheo T. Exemestane. Aromatase inhibitor Drugs Fut,1992,17:278-280.

[2] Dean T R,Chen H H,May J A. Sulfonamides useful as carbonic anhydrase inhibitors:US 5378703. 1995.

[3] Ueno R,Cuppoletti J. Chloride channel opener:US 2003130352. 2003.

[4] Thai D L,Sapko M T,Reiter C T,et al. Asymmetric synthesis and pharmacology of methylphenidate and its para-substituted derivatives. J Med Chem,1998,41(4):591-601.

[5] Bonde-Larsen A L,Retuerto J M I,Nieto F J G. Methods for the preparation of alcaftadine:WO 20141546201. 2014.

[6] An D,Guo J H. Imidazole-5-carboxylic acid derivant and method of preparing the same:CN 101367795. 2012.

[7] Heyl F W,Herr M E. Progesterone from 3-acetoxybisnor-5-cholenaldehyde and 3-ketobisnor-4-cholenaldehyde. J Am Chem Soc,1950,72(6):2617-2619.

[8] Kim S,Lee H,Lee M,et al. Efficient synthesis of the immunosuppressive agent FTY720. Synthesis,2006,(5):753-755.

[9] Augeri D J,Robl J A,Betebenner D A. Discovery and preclinical profile of saxagliptin(BMS-477118):a highly potent,long-acting,orally active dipeptidyl peptidase IV inhibitor for the treatment of type 2 diabetes. J Med Chem,2005,48(15):5025-5037.

[10] Zahler R,Slusarchyk W A. Hydroxymethyl(methylenecyclopentyl)purines and pyrimidines:US 5206244. 1990.

[11] Porstmann F R,Horns S,Bader T. Process for preparing(alpha S,beta R)-6-bromo-alpha-[2(dimethylamino)ethyl]-2-methoxy-alpha-1-naphthalenyl-beta-phenyl-3-quinolineethanol:WO 2006125769. 2006.

[12] Charest M G,Siegel D R,Myers A G. Synthesis of(-)-tetracycline. J Am Chem Soc,2005,127(23):8292-8293.

[13] Kirsch S,Bach T. Total synthesis of(+)-Wailupemycin B. Angew Chem Int Ed,2003,42(38):4685-4687.

[14] Moricz A,Gassmann E,Bienz S,et al. Synthesis of(±)-pyrenolide B. Helv Chim Acta,1995,78:663-669.

[15] Austad B,Chase C E,Fang F G. Intermediates for the preparation of halichondrinB:WO 2005118565. 2005.

[16] Ripin D H B,Abele S,Cai W,et al. Development of a scaleable route for the production of cis-N-benzyl-3-methylamino-4-methylpiperidine. Org Proc Res Dev,2003,7(1):115-120.

[17] Greshock T J,Johns D M,Noguchi Y,et al. Improved total synthesis of the potent HDAC inhibitor FK228(FR-901228). Org Lett,2008,10(4):613-616.

[18] Lumley P, Finch H, Collington E W C. Vapiprost hydrochloride. Drugs Fut, 1990, 15 (11): 1087-1090.

[19] Kane V V, Doyle D L. Total synthesis of (±)zoapatanol: a stereospecific synthesis of a key intermediate. Tetrahedron Lett, 1981, 22 (32): 3027-3030.

[20] Wong L S M, Sherburn M S. IMDA-radical cyclization approach to (+)-himbacine. Org Lett, 2003, 5 (20): 3603-3606.

[21] Camps P, Farres X, Palomer A, et al. Alternative syntheses of (S)-ketoprofen based on dimetheyl L-tartrate. Synth Commun, 1993, 23 (12): 1739-1758.

[22] Trost B M, Tang W. An efficient enantioselective synthesis of (−)-galanthamine. Angew Chem Int Ed Engl, 2002, 41(15): 2795-2797.

[23] Daniel L. Strategies for organic drug synthesis and design. 2nd Edition. New Jersey: John Wiley & Sons, Inc, 2009: 44-45.

[24] Davis F A, Kumar A, Chen B C. Chemistry of oxaziridines. 16. A short, highly enantioselective synthesis of the AB-ring segments of γ-rhodomycionone and α-citromycinone using (+)-((8, 8-dimethoxycamphoryl)sulfonyl)oxaziridine. J Org Chem, 1991, 56 (3): 1143-1145.

[25] Kalita B, Barua N C, Bezbarua M S, et al. Synthesis of 2-nitroalcohols by regioselective ring opening of epoxides with $MgSO_4/MeOH/NaNO_2$ system: a short synthesis of immunosuppressive agent FTY-720. Synlett, 2001, (9): 1411-1414.

[26] Yip Y, Victor F, Lamar J, et al. Discovery of a novel bicycloproline P2 bearing peptidyl α-ketoamide LY514962 as HCV protease inhibitor. Bioorg Med Chem Lett, 2004, 14 (1): 251-256.

[27] Bisacchi G S, Chao S T, Bachand C, et al. BMS-200475, a novel carbocyclic 2'-deoxyguanosine analog with potent and selective anti-hepatitis B virus activity *in vitro*. Bioorg Med Chem Lett, 1997, 7 (2): 127-132.

[28] Clark J L, Hollecker L, Mason J C, et al. Design, synthesis, and antiviral activity of 2'-deoxy-2'-fluoro-2'-C-methylcytidine, a potent inhibitor of hepatitis C virus replication. J Med Chem, 2005, 48 (17): 5504-5508.

[29] Larsson U, Magnusson M, Musil T, et al. Novel triazolo pyrimidine compounds: WO 2001092263. 2001.

[30] Kürti L, Czakó B. Strategic Applications of Named Reactions in Organic Synthesis. Burlington: Elsevier Academic Press, 2005: 361.

[31] Rao M, Yang M, Kuehner D, et al. A practical pilot-scale synthesis of 4-vinyl-2, 3-dihydrobenzofuran using imidate ester chemistry and phase-transfer catalysis. Org Proc Res Dev, 2003, 7 (4): 547-550.

[32] Wilkinson H S, Hett R, Tanoury G J, et al. Modulation of catalyst reactivity for the chemoselective hydrogenation of a functionalized nitroarene: preparation of a key intermediate in the synthesis of (R, R)-formoterol tartrate. Org Proc Res Dev, 2000, 4 (6): 567-70.

[33] Uchikawa O, Fukatsu K, Tokunoh R. Synthesis of a novel series of tricyclic indan derivatives as melatonin receptor agonists. J Med Chem, 2002, 45 (19): 4222-4239.

[34] Li T H, Weng T W, Wang J B. A practical and efficient approach to the preparation of bioactive natural product wogonin. Org Proc Res Dev, 2017, 21 (2): 171-176.

[35] Goto G, Okamoto K, Okutani T. A facile synthesis of 1, 4-benzoquinones having a hydroxyalkyl side chain. Chem Pharm Bull, 1985, 33 (10): 4422-4431.

[36] Chu-Moyer M Y, Danishefsky S J. Total synthesis of (±)-myrocin C. J Am Chem Soc, 1994, 116 (25): 11213-11228.

[37] Ahmed A, Hoegenauer E K, Enev V S, et al. Total synthesis of the microtubule stabilizing antitumor agent laulimalide and some nonnatural analogues: the power of Sharpless' asymmetric epoxidation. J Org Chem, 2003, 68 (8): 3026-3042.

[38] Rebiere F, Durct G, Prat L. Process for enantioselective synthesis of single enantiomers of modafinil by asymmetric oxidation: WO 2005028428. 2005.

[39] Brandstrom A E, Lamm B R. Intermediates for the preparation of omeprazole: EP 0103553. 1984.

[40] Watanabe M, Koike H, Ishiba T, et al. Synthesis and biological activity of methanesulfonamide pyrimidine- and n-methanesulfonyl pyrrole-substituted 3, 5-dihydroxy-6-heptenoates, a novel series of HMG-CoA reductase inhibitors. Bioorg Med Chem 1997, 5 (2): 437-444.

[41] Kuehler T C, Swanson M, Shcherbuchin V, et al. Structure-activity relationship of 2-[[(2-pyridyl)methyl]thio]-1H-benzimidazoles as anti helicobacter pylori agents *in vitro* and evaluation of their *in vivo* efficacy. J Med Chem, 1998, 41 (11): 1777-1788.

[42] Mathre D J, Shuman R F, Sohar P. Process for the preparation of imidazolyl macrolide immunosuppressants: US 5777105. 1998.

[43] Bernhardson D, Brandt T A, Hulford C A, et al. Development of an early-phase bulk enabling route to sodium-dependent glucose cotransporter 2 inhibitor ertugliflozin. Org Proc Res Dev, 2014, 18 (1): 57-65.

第八章 还原反应（Reduction Reaction）

【学习目标】

学习目的

本章概述了还原反应及其在药物合成中的应用，重点介绍了还原反应的基本概念、常见的还原试剂以及还原反应，旨在让学生理解并掌握常见的还原反应，为有机药物的合成奠定基础。

学习要求

掌握常用的还原试剂，Clemmensen 反应、Wolff-Kishner-黄鸣龙反应、Leuckart 反应、Meerwein-Ponndorf-Verley 反应、Rosenmund 反应等典型还原反应的机理、特点、反应条件及其在药物合成中的应用。

熟悉常见的还原反应类型、氢化催化剂的特点以及反应的影响因素。

了解催化氢化的概念、分类、影响因素及其在药物合成中的应用，了解均相催化、氢解的概念及其应用。

还原反应根据还原方法的不同，主要有以下四大类，即用氢气以外的物质作还原剂的化学还原法，使用氢气和催化剂还原的催化加氢（catalytic hydrogenation），在电解槽的阴极室进行还原的电化学还原（electrolytic reduction），以及用微生物或活性酶催化进行的生物还原反应。本章主要介绍化学还原法和催化氢化法两种还原方法。

第一节 不饱和烃的还原反应

一、炔烃、烯烃的还原反应

炔烃和烯烃化合物一般较易发生催化还原反应，且反应具有较好的官能团耐受性。一般的化学还原剂对烯炔的还原活性较差。自从沙巴第艾（Sabatier）在 1897 年发现烯类化合物可以在镍的存在下还原为饱和烃以来，催化氢化已得到很大的发展，现已成为有机合成中常压还原方法之一，工业上被大量采用，该方法主要优点为反应快速，收率较高，产物纯度较高。

（一）非均相催化氢化反应

1. 反应通式及反应机理

$$\begin{array}{c} R^1 \\ R^2 \end{array} C=C \begin{array}{c} R^3 \\ R^4 \end{array} \xrightarrow[\text{催化剂}]{H_2} \begin{array}{c} R^1 \\ R^2 \end{array} \underset{H}{\overset{}{C}} - \underset{H}{\overset{}{C}} \begin{array}{c} R^3 \\ R^4 \end{array}$$

$$R^1 - C \equiv C - R^2 \xrightarrow[\text{催化剂}]{H_2} R^1 - \underset{H}{\overset{H}{C}} - \underset{H}{\overset{H}{C}} - R^2 \quad + \quad \begin{array}{c} R^1 \\ H \end{array} C=C \begin{array}{c} R^2 \\ H \end{array}$$

催化氢化反应一般都包含以下三个基本过程：反应物扩散到催化剂表面进行物理吸附和化学吸附；被吸附的络合物之间发生化学反应；产物解吸并扩散到反应介质中。

大量实验结果表明，不饱和键氢化，主要得到的是顺式加成产物。原因是反应物立体位阻较小的一面容易吸附在催化剂的表面，然后已经吸附在催化剂上的氢分步转移到被吸附的反应物分子上，进行顺式加成。

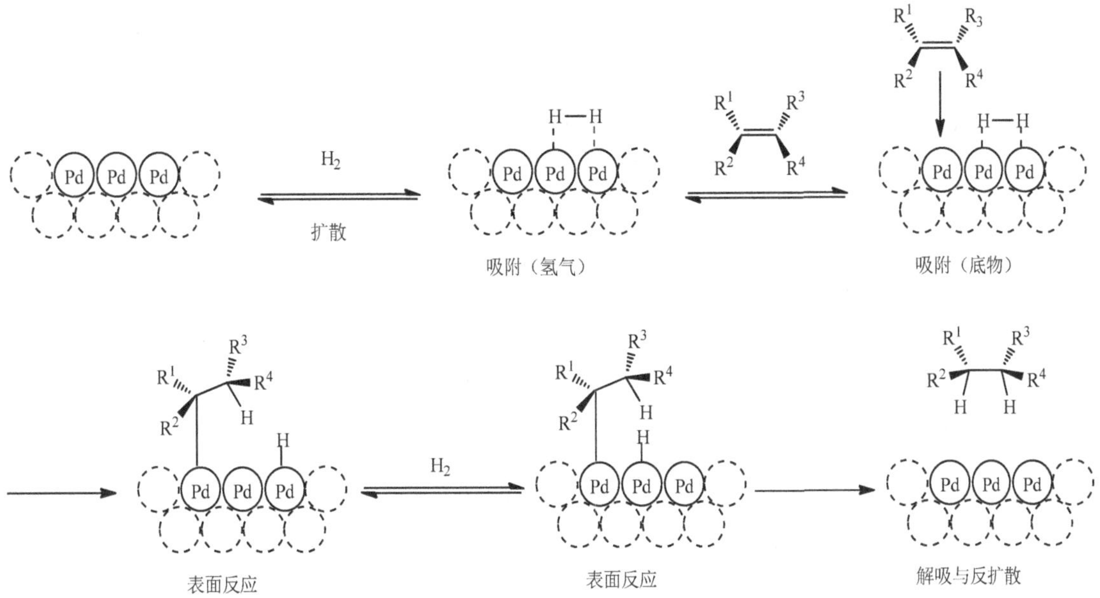

2. 反应物点及反应实例

（1）影响催化氢化反应速率和选择性的因素

催化剂的种类、反应条件和反应物的结构会影响催化氢化反应的专一性和速率。其中，催化剂的种类、用量、配体、载体、助催化剂或抑制剂会影响催化中心从而影响反应；反应条件如温度、氢气压力、体系溶剂的极性和酸碱度等都很大程度上影响氢化反应的速率和选择性。

1）反应物结构的影响

对大多数烯烃及炔烃而言，其取代基的电子效应对还原本身没有影响；但空间位阻影响比较大，取代基越多、体积越大的不饱和烃通常需要较高的压力和较长的反应时间。另外，炔烃的还原活性一般来说要比烯烃的活性高。

2）控制剂的影响

控制剂一般称为毒剂或抑制剂。在催化氢化过程中，催化剂与体系内杂质结合导致催化剂活性不可逆地降低或完全消失，即催化剂中毒现象。其中使催化剂活性消失的物质称为催化剂的毒剂。对于氢化催化反应来说，主要的毒剂为含硫、磷、碘等离子的化合物以及某些有机硫化物和胺类。这类毒剂的本质是特定原子会与催化剂活性中心进行牢固的化学吸附，且难以解吸，从而阻断了反应物与活性中心的接触反应，使其失去催化活性。

相比于毒剂，若该物质可逆地抑制催化剂活性，则被称为阻化，相应的物质被称为催化剂抑制剂。虽然添加抑制剂会抑制催化氢化反应的速率，但反应性的降低带来的是催化氢化反应选择性的提高。例如，在钯催化的氢化反应中加入喹啉、碳酸钙等作为抑制剂，在低温下通入氢气，可将炔键部分还原成烯键而不完全还原成烷烃。例如，丙烯醇（**1**）的合成，选用 Lindlar 催化剂，将炔键部分氢化变为烯键[1]。

$$CF_3C\equiv CCHOHCH_2CH_2Ph \xrightarrow[\substack{\text{Pd-CaCO}_3\\ \text{喹啉}}]{H_2} \underset{\mathbf{1}}{F_3C\diagup\diagdown CHOHCH_2CH_2Ph} \qquad 97\%$$

3）常用催化剂的影响

用于氢化还原的催化剂最常用的为金属镍、钯、铂、铑等。

A. 镍催化剂

根据其制备方法和活性的不同，可分为多种类型，主要有雷尼镍、载体镍、还原镍和硼化镍等。

雷尼镍又称活性镍，是最常用的氢化试剂，为具有多种海绵状结构的金属微粒。在中性或弱碱性条件下，可用于炔键、烯键、硝基、氰基、羰基、芳杂环和芳稠环的氢化及碳-卤键、碳-硫键的氢解；在酸性条件下活性降低，如 pH<3 时活性消失；对苯环及羧酸基的催化活性很弱，对酯及酰胺几乎没有催化作用。

雷尼镍一般都是用镍-铝合金与氢氧化钠水溶液反应制得，反应式表示如下：

$$Ni\text{-}Al + 2NaOH + 2H_2O \longrightarrow Ni + 2NaAlO_2 + 3H_2$$

硼化镍：使用硼氢化钠，在水或醇中，还原乙酸镍可以制得硼化镍。或者用氯化镍，在乙醇中，用硼氢化钠还原也能制得硼化镍。

B. 钯催化剂

钯催化剂作用温和，且具有一定的选择性，适用于多种化合物的选择性氢化。在温和条件下，对羰基、苯环和氰基等官能团几乎没有催化活性，但对三键、双键、肟、硝基却具有很高的催化活性，钯催化剂还是很好的脱卤、脱苄基催化剂。

钯黑：氯化钯的乙醇溶液，通入氢气使氯化钯还原成钯黑。钯黑可以保存在无水乙醇中备用。

$$\text{钯黑}\begin{cases} PdCl_2 + H_2 \longrightarrow Pd\downarrow + HCl \\ \\ PdCl_2 + HCHO + NaOH \longrightarrow Pd\downarrow + HCOONa + NaCl + H_2O \end{cases}$$

载体钯：用钯盐（如氯化钯）水溶液浸渍或吸附于载体上，再经氢、甲醛或硼氢化钠等还原剂处理，使其还原成金属微粒，经洗涤、干燥得载体钯催化剂。使用时不需要活化，是一类优良的催化剂，应用非常广泛。钯较不易中毒，如选用适当的催化活性抑制剂，可得到良好的选择性还原能力，多用于复杂分子的选择性还原，如 Lindlar 催化剂（以碳酸钙或硫酸钡作载体的钯催化剂被少量乙酸铅或喹啉钝化）可选择性还原炔为顺式烯烃，而双键不被还原。如 Lindlar 催化剂在−10℃下通入氢气，用于全反式番茄红素（lycopene）中间体（**2**）的合成[2]。

C. 铂催化剂

铂催化剂一般有铂黑、铂炭等，最常用的为二氧化铂。将氯铂酸或氯铂酸铵与硝酸钠混合均匀后灼热熔融，过程中有大量的二氧化氮放出，经洗涤处理后即得二氧化铂催化剂（Adams 催化剂）。

$$(NH_4)_2PtCl_6 + 4NaNO_3 \xrightarrow{500\sim550℃} PtO_2 + 4NaCl + 2NH_4Cl + 4NO_2 + O_2$$

　　二氧化铂本身并不是一种活性催化剂，但在接触氢气后被还原形成的铂黑具有催化活性。对炔烃选择性还原，可得到顺式烯烃，也可以将酮还原成醇或醚，将硝基还原为胺。当硝基和烯烃同时存在时，只可选择性还原烯烃。pH 对该催化剂有显著影响，酸性环境可以提高还原活性。

　　4）反应条件的影响

　　A. 反应温度

　　反应速率与温度成正比，升高温度会使反应活性提高。催化剂活性足够高时，升高温度会使反应的副反应增多及反应选择性下降。

　　B. 氢气压力

　　氢气压力增大即氢浓度增加，反应速率增加，会使反应平衡向加氢的方向移动，使氢化更加彻底，也会使反应的选择性下降，导致还原过度。例如，在常压氢气氛围中，炔烃的氢化反应可停止在烯烃阶段，但在氢气压力增大后，炔烃则会被氢化还原完全生成相应的烷烃。

　　C. 溶剂和酸碱度

　　催化剂的活性通常随着溶剂的极性和酸性的增加而增加。低压催化氢化常用的溶剂有乙酸乙酯、乙醇、水和乙酸等。高压催化氢化不能用酸性溶剂，以免腐蚀高压釜，常用溶剂为乙醇、水、环己烷、甲基环己烷、1,4-二氧六环等。注意：溶剂沸点应高于反应温度，同时确保产物能溶解在溶剂中，使产物能从催化剂表面上解吸，从而再生催化活性中心。

　　对于有机胺和含氮芳杂环的氢化反应，常用乙酸等可以使氮原子质子化的溶剂进行反应，以免催化剂中毒。对于不同的金属催化剂，镍的氢化反应多发生于中性或弱碱性介质中，而钯和铂则主要在中性或弱酸性条件下还原。

　　（2）反应实例

　　1）不饱和键的选择性还原

　　炔烃和烯烃通常易于被氢化，以钯、铂和雷尼镍为催化剂时，在较温和的条件下即可进行氢化反应。除酰卤和芳硝基外，催化氢化可选择性还原分子内的炔键或烯键，而不影响其他可还原官能团（如羰基等），如避孕药双炔失碳酯中间体（3）的制备。

3

　　另外，通过改变反应条件还可以调控氢化反应的程度，将炔烃选择性地还原成烯烃（表 8-1）。

表 8-1　各种官能团被催化氢化的条件

官能团	产物	催化剂	催化剂用量*	温度/℃	压力/atm
烯键	烷烃	A	5%～10%	25	1～3
		B	0.5%～3%	25	1～3
		C	30%～200%	25	1～3

官能团	产物	催化剂	催化剂用量*	温度/℃	压力/atm
炔键	烯烃	D	8%	25	1
		E	2%催化剂 + 2%喹啉	25	1
		F	10%催化剂 + 4%喹啉	20	1
	烷烃	G	3%	25	1
		H	20%	25	1~4

注：A = 5% Pd/C；B = PtO$_2$；C = 雷尼镍；D = 0.3% Pd(CaCO$_3$)；E = 5% Pd(BaSO$_4$)；F = Lindlar 催化剂；G = 5% Rh(Al$_2$O$_3$)；H = 5% Rh(C)；*表示催化剂对底物的质量分数。

2）转移氢化还原不饱和键

以非气态氢作为氢源，该方法比氢气参与的催化氢化更安全，反应条件更加温和，同时反应也具有更高的选择性。催化转移氢化的适用性更广，不同类型的烯键都可进行氢化反应。由于供氢体加入的量可以调控，故氢化反应进行的程度相比于气相氢化更易于控制。常用的还原烯烃采用的是多相催化剂，以甲酸盐、环己烯等作为氢供体进行反应。

以甲酸铵为供氢体对 α, β-不饱和酮进行催化转移氢化，共轭烯酮的羰基不受影响。例如，抗风湿性药物艾拉莫德（ciguratimod，**4**）的合成[3]。

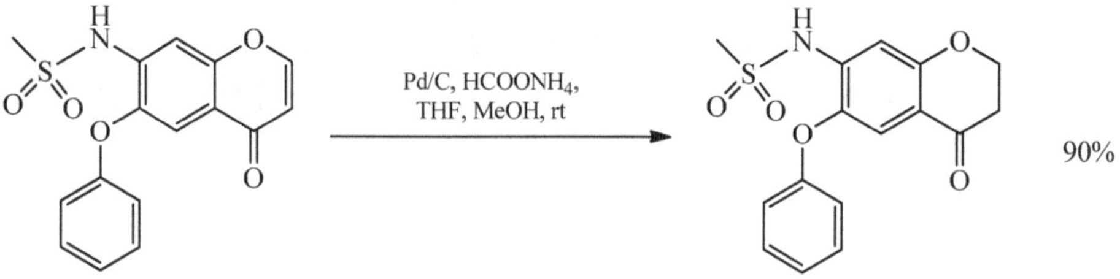

4

（二）均相催化氢化反应

均相催化氢化可以选择性地还原碳-碳不饱和键，并且可实现不对称合成。

1. 反应通式

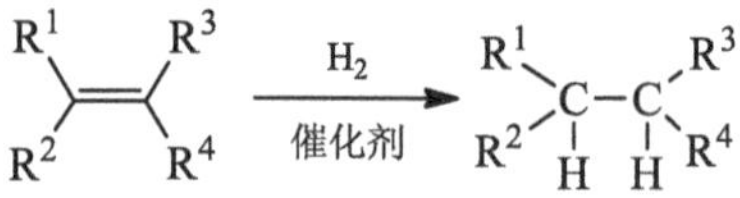

2. 反应特点及反应实例

均相催化氢化反应过程中，金属络合物催化剂及其配体的手性、底物和反应条件都将对反应的立体选择性产生影响，其中催化剂配体的手性影响尤其明显。

（1）反应特点

1）手性催化剂及手性配体

均相催化氢化对烯烃的不对称还原反应的选择性和效率主要取决于手性催化剂及手性配体。

催化剂中心金属多限于过渡金属，其中 Ru、Rh 和 Ir 应用最多，近年来 Fe 作为非稀有金属的均相催化氢化的中心金属原子也有较多研究。

手性配体目前主要包括手性膦、手性胺、手性硫化合物等，如(2R, 3R)-DIOP（**5**）、(R)-BINAP（**6**）、(S, S)-DIPAMP（**7**）等。这些配体用于多种含双键化合物的不对称催化氢化反应，特别是在非天然手性氨基酸的合成中显示了独特的优势，并实现了高立体选择性和高催化活性。

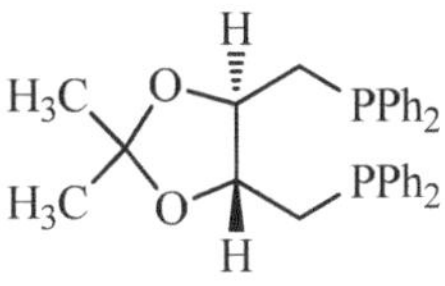

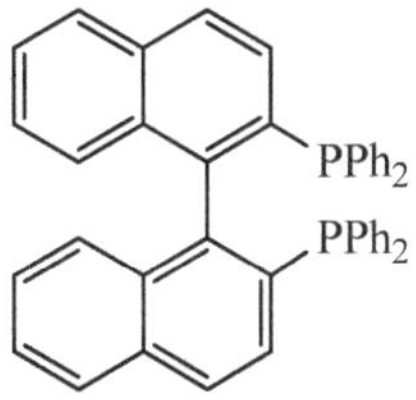

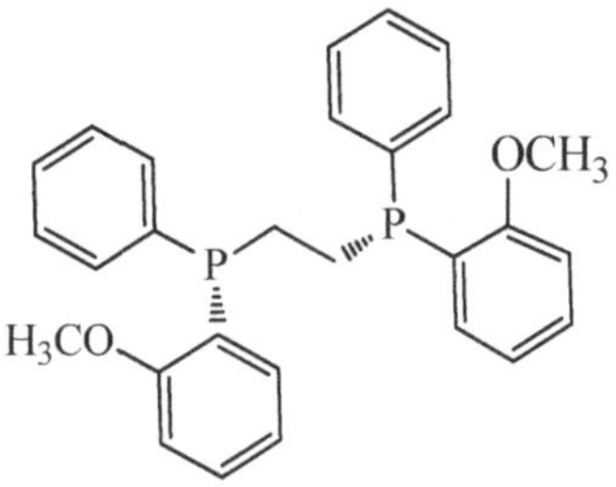

(2R,3R)-DIOP　　　　　(R)-BINAP　　　　　(S,S)-DIPAMP
5　　　　　　　　　　**6**　　　　　　　　　　**7**

手性双膦配体容易获得高对映选择性，Knowels 等发展的手性双膦配体 DIPAMP 可用于抗帕金森疾病的药物 L-多巴胺（L-dopamine）的中间体（**8**）的不对称合成。

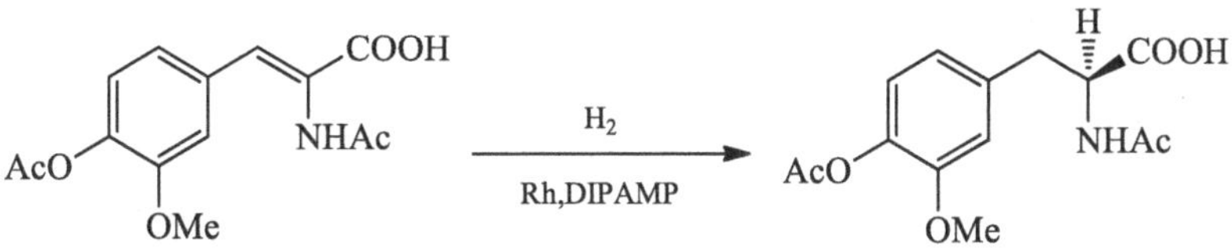

8

2）反应物结构的影响

选用由(Ph₃P)₃RhCl（Wilkinson 催化剂，1964 年 G. Wilkinson 发现这种化合物的烷烃溶液能催化氢化烯烃，该催化剂由此得名）进行均相催化氢化，由于该催化剂中含有立体位阻较大的三苯基膦，而多取代烯烃衍生物的立体位阻比较大，不易与之形成络合物，因此该催化剂对末端双键和环外双键的氢化速率比非末端双键和环内双键大 $10\sim10^4$ 倍（末端双键易氢化：单取代＞双取代＞三取代＞四取代），如下列反应：

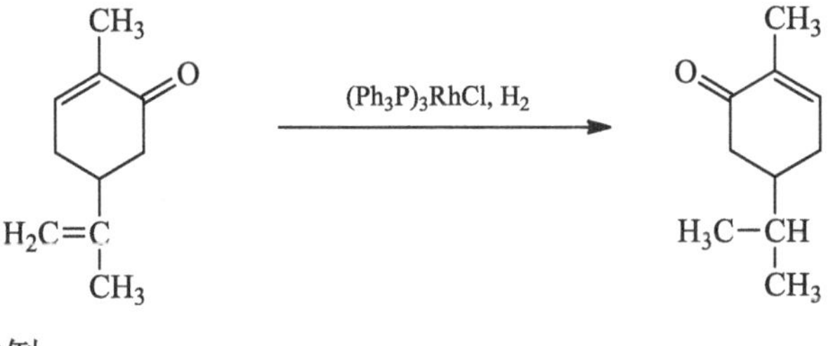

94%

（2）反应实例

均相催化氢化还原烯烃的优点在于对不同化学环境中的烯键具有较高的选择性：用于烯键还原的不对称合成；对毒剂不敏感，催化剂不易中毒；在多数情况下不伴随发生异构化、氢解等副反应。如(S)-萘普生（naproxen）的中间体（**9**）的合成，立体选择性高（ee≥98%）[4]。

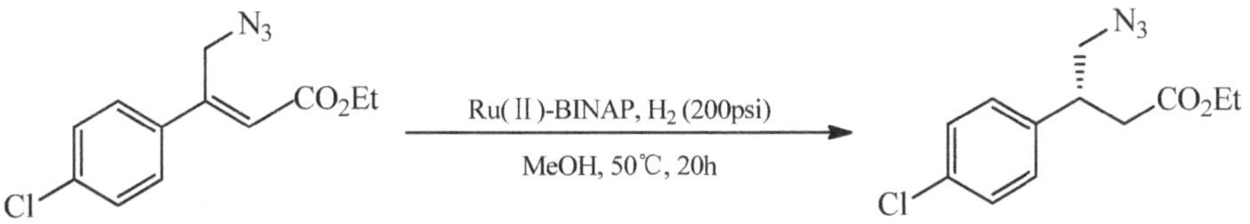

9

（三）硼氢化反应

1. 反应通式及反应机理

$$\underset{R^2}{\overset{R^1}{\diagdown}}C=C\underset{R^4}{\overset{R^3}{\diagup}} \xrightarrow{BH_3} \left(R^1-\underset{H}{\overset{R^2}{\underset{|}{C}}}-\underset{R^4}{\overset{R^3}{\underset{|}{C}}}\right)_3 B \xrightarrow{H_3O^+} R^1-\underset{H}{\overset{R^2}{\underset{|}{C}}}-\underset{H}{\overset{R^3}{\underset{|}{C}}}-R^4$$

硼烷还原碳-碳双键首先是加成反应生成取代硼烷（**10**），然后酸水解，碳-硼键断裂，得到饱和烃，其机理如下。

$$\diagup C=C\diagdown + BH_3 \underset{O(CH_2CH_2OCH_3)_2}{\rightleftharpoons} \quad\quad \longleftarrow \quad\quad \underset{H \quad BH_2}{\overset{|\quad|}{-C-C-}}$$
10

$$\longrightarrow \left(\underset{H}{\overset{|}{-C-}}\underset{}{\overset{|}{C-}}\right)_3 B \xrightarrow{H_3O^+} 3 \underset{H}{\overset{|}{-C-}}\underset{H}{\overset{|}{C-}} + B(OH)_3$$

2. 反应特点及反应实例

（1）反应特点

1）反应底物对反应的影响

多取代烯烃进行还原反应时，硼烷硼原子倾向于加成到位阻较小的碳原子上。而对于与芳基相连的烯烃，硼烷的还原加成还会受到芳基上取代基的电子效应影响。例如，对位取代苯乙烯（**11**）与硼烷加成，生成取代硼烷 **12** 和 **13**，其中 **12** 是优势产物；当 X 为供电子基团时，则更有利于 **12** 的生成。

$$X\text{—}\underset{H}{\overset{}{\diagdown}}\text{—}\underset{H}{\overset{}{C}}=CH_2 \xrightarrow[O(CH_2CH_3OCH_3)_2]{2BH_3} X\text{—}\underset{}{\overset{}{\diagdown}}\text{—}CH_2CH_2BH_2 + X\text{—}\underset{}{\overset{}{\diagdown}}\text{—}\underset{BH_2}{\overset{}{CHCH_3}}$$

11   **12**   **13**

	12	13
X = OCH$_3$	91%	9%
X = H	80%	20%
X = CH$_3$	82%	18%
X = Cl	65%	35%

取代基的位阻在取代基数量相等时对反应选择性影响较大，加成时硼原子倾向于加成在位阻较小的位置；若以大位阻二（2-甲基丙基）硼烷为还原试剂，则这种选择性更明显，反应的选择性可达到 95% 以上。

$$\underset{H}{\overset{i\text{-}Pr}{\diagdown}}C=C\underset{CH_3}{\overset{H}{\diagup}} \xrightarrow[O(CH_2CH_2OCH_3)_2]{硼试剂} i\text{-}PrCH_2\underset{\overset{|}{B}}{\overset{}{CHCH_3}} + i\text{-}PrCHCH_2CH_3\underset{R\quad R}{\overset{}{\overset{|}{B}}}$$

试剂		
BH$_3$	57%	43%
[Me$_2$CHCH$_2$]$_2$BH	95%	5%

2）硼烷取代基体积对反应的影响

硼烷上的取代基数目与其对碳-碳双键的加成速率成反比，即取代基越多，加成速率越低，这是由取代基的位阻作用导致的，如下面反应中还原活性顺序为 **14>15>16**。应用此性质可制备各类硼烷的单取代和双取代物作为还原剂，它们比简单硼烷具有更高的选择性。

$$BH_3 \xrightarrow{\textit{n}\text{-BuCH}=CH_2} \textit{n}\text{-BuCH}_2CH_2BH_2 \xrightarrow{\textit{n}\text{-BuCH}=CH_2} (\textit{n}\text{-BuCH}_2CH_2)_2BH$$
$$\mathbf{14} \qquad\qquad\qquad\qquad \mathbf{15}$$

$$\xrightarrow{\textit{n}\text{-BuCH}=CH_2} (\textit{n}\text{-BuCH}_2CH_2)_3B$$
$$\mathbf{16}$$

（2）反应实例

用硼烷试剂还原不饱和键，相对于催化氢化而言，除选择性较高外，并无显著优点。其价值在于硼烷与不饱和键加成生成烷基取代硼烷后，不经分离，直接氧化，可得到相应的醇。醇羟基的位置与取代硼烷中硼原子的位置一致。如以下反应：

$$CH_2=CHCH_3 \xrightarrow[\text{2) } H_2O_2,\ NaOH,\ H_2O]{\text{1) } (BH_3)_2,\ 25℃} CH_3CH_2CH_2OH \qquad 95\%$$

二、芳烃的还原反应

（一）催化还原反应

1. 反应通式

2. 反应特点及反应实例

（1）反应特点

1）反应物结构对反应的影响

苯为难于氢化的芳烃，芳稠环（如萘、蒽、菲）的氢化活性大于苯环，取代苯（如酚、苯胺）的活性也大于苯，在乙酸中用铂作催化剂时，取代苯的活性顺序为：$ArOH>ArNH_2>ArH>ArCOOH>ArCH_3$。

2）催化剂对反应活性的影响

不同的催化剂有不同的活性次序，用铂、钌、铑催化剂可在较低温度和压力下氢化，钯则需较高的温度和压力。例如，钯催化还原苯甲酸制备环己甲酸（**17**）。

17

（2）反应实例

1）环己烷类化合物的制备

4-异丙基苯甲酸在二氧化铂的催化下，可在较温和条件下还原为糖尿病治疗药物那格列奈（nateglinide）中间体（**18**）——4-异丙基环己甲酸。

18 (*cis*：*trans*=3：1)

2）环己酮类化合物的制备

酚类氢化可得环己酮类化合物，这是制备取代环己酮类较为简捷的方法，如 2, 4-二甲基苯酚氢化得 2, 4-二甲基环己酮（**19**）。

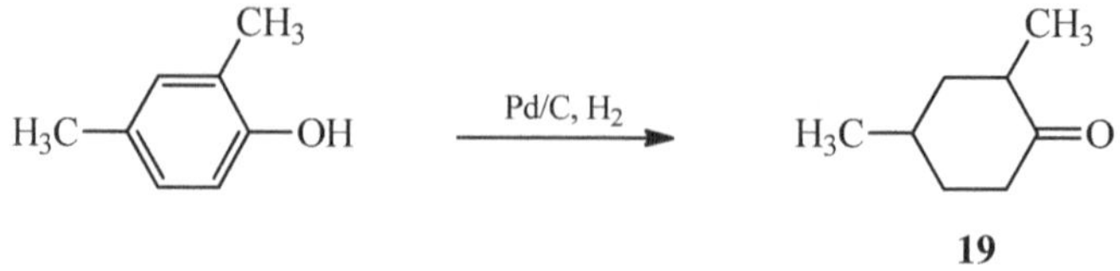

（二）化学还原反应：Birch 反应

芳香族化合物在液氨-金属（钠、锂或钾）中还原，生成非共轭二烯的反应称为 Birch 反应。

1. 反应通式及反应机理

Birch 反应为典型自由基反应机理的芳烃还原反应。

$$Na + NH_3(l) \longrightarrow Na^+ + (e^-)NH_3$$

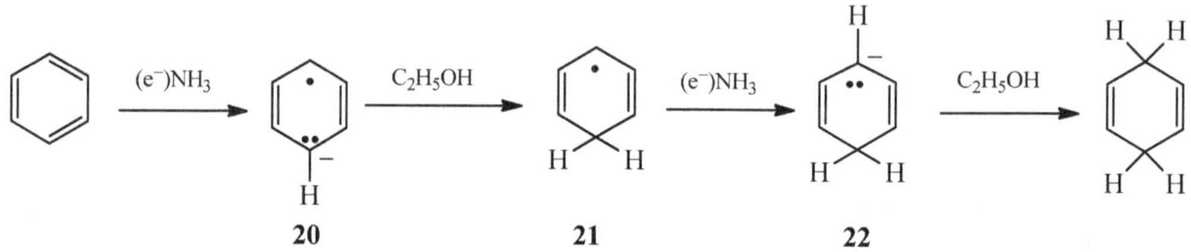

首先是钠和液氨作用生成溶剂化电子，此时体系为蓝色溶液（由溶剂化电子引起的）。然后，苯环得到一个电子生成 **20**，**20** 仍是环状共轭体系，但有一个单电子处于反键轨道上，随后从乙醇中夺取一个质子生成 **21**。**21** 再取得一个溶剂化电子转变成 **22**，**22** 是一个强碱，可以再从乙醇中夺取一个质子生成 1, 4-环己二烯。

2. 反应特点及反应实例

（1）反应特点

1）取代基电子效应对反应的影响

Birch 反应历程为电子转移类型，其反应速率与生成 1, 4-二烯的区域性与芳环上取代基性质有关。当苯环上含有吸电子基时，能加速反应；当含有供电子基时，则阻碍反应进行；当苯环上同时有供电子基和吸电子基时，Birch 还原的选择性主要取决于吸电子基。对于单取代苯，若取代基为供电子基（—CH₃、—OCH₃、—N(CH₃)₂）等，则生成 1-取代基-2, 5-二氢化苯类；若为吸电子基（—COOH 等），则主要生成 1-取代基-1, 4-二氢化苯类。

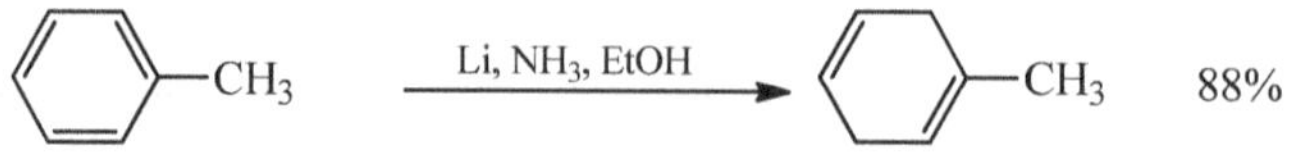

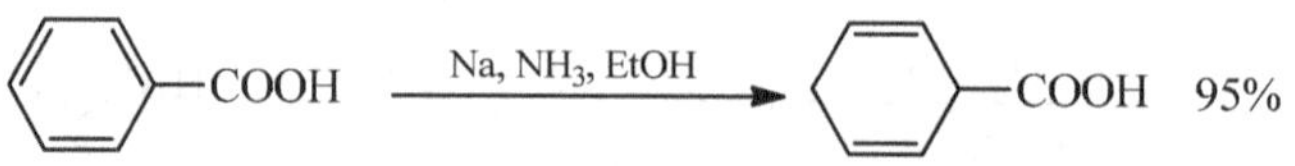

当取代基为—X、—NO₂、—COR(H)时，则不能发生 Birch 还原反应，因为取代基也会被还原。

2）双键对反应的影响

当取代基的双键与苯环共轭时，双键优先被还原；而当取代基的双键为孤立双键时，则双键不受影响，苯环被还原。

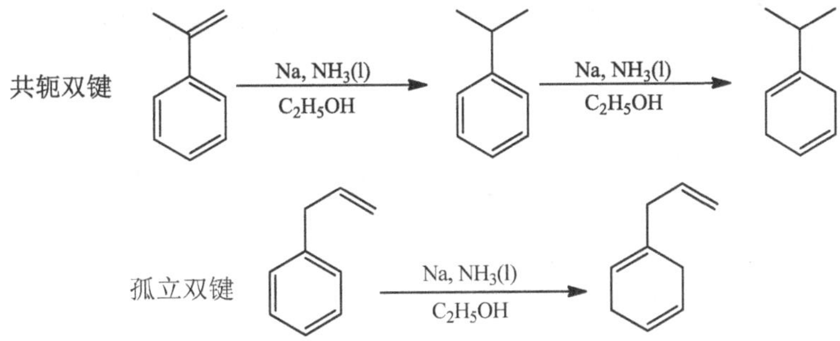

（2）反应实例

海南粗榧内酯中间体（hainannobide，**23**）的制备[5]。

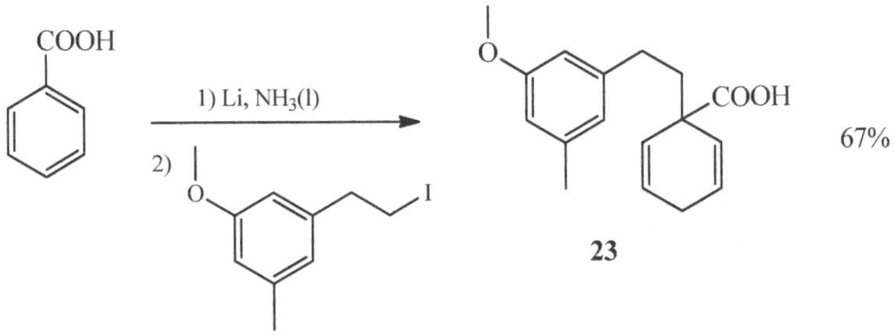

Birch 还原还可用于区域选择性还原不同取代的联苯衍生物。一般而言，还原顺序是 ArOMe＞ArH＞ArOH，如 **24** 的合成[6]。

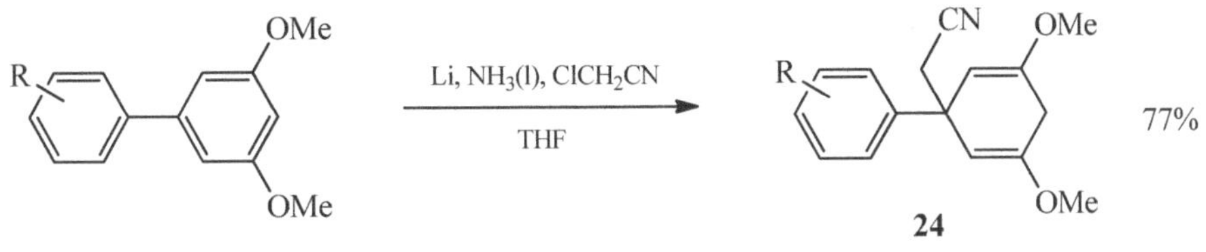

R=OMe, OH, NHBoc

案例 8-1

催化剂中心金属多限于过渡金属，其中 Ru、Rh 和 Ir 应用最多，近年来 Fe 作为非稀有金属的均相催化氢化的中心金属原子也有较多研究。

【问题】有配位活性的过渡金属往往拥有空 d 电子轨道，钯的 d 轨道已经占满，为什么也有较好的配位活性？

【案例分析】氢化催化剂的活性与其最外层电子的空 d 轨道有关。当 d 轨道有 8~9 个电子时最适合作氢化催化剂（如铂、铑、镍等），钯（$4d^{10}$）的 d 轨道虽已被占满，但由于其 d 轨道的电子容易转移至 5s 轨道而变成 $4d^9 5s^1$，所以钯仍然具有较好的催化活性。

案例 8-2　2001 年诺贝尔化学奖

2001 年诺贝尔化学奖授予美国科学家威廉·诺尔斯（William S. Knowles）、日本科学家野依良治（Ryoji Noyori）和美国科学家巴里·夏普莱斯（K. Barry Sharpless），以表彰他们在不对称合成方面所取得的成绩，其中，诺尔斯与野依良治由于在催化不对称氢化反应领域的杰出成就而获得总奖金的一半，夏普莱斯由于在催化不对称氧化反应领域的出色工作而独享总奖金的另一半。三位化学奖获得者的发现则为合成具有新特性的分子和物质开创了一个全新的研究领域。现在，像抗生素、消炎药和心脏病药物等，都是根据他们的研究成果制造出来的。

第二节　羰基化合物的还原反应

醛、酮是有机合成中最重要、最常用的中间体。它们通过加氢可以转化为醇，也可以通过加氢脱氧转化为烃，是合成烷烃、芳烃、醇和酚类化合物的常用方法；它们还可以通过还原胺化反应，将羰基转变为氨基或取代氨基。

一、还原成亚甲基

将醛、酮转化为烷烃或芳烃常用的化学方法有如下几种：在强酸性条件下用锌汞齐直接还原为烃（Clemmensen 反应）；在强碱性条件下，首先与肼反应成腙，然后分解为烃（Wolff-Kishner-黄鸣龙反应）；金属复氢化物还原，如 $LiAlH_4$ 还原、$NaBH_4$ 还原、醇铝还原等；催化氢化还原，如 Pd/C-H_2 还原、雷尼镍还原等。

（一）Clemmensen 反应

1. 反应通式及反应机理

（1）反应通式

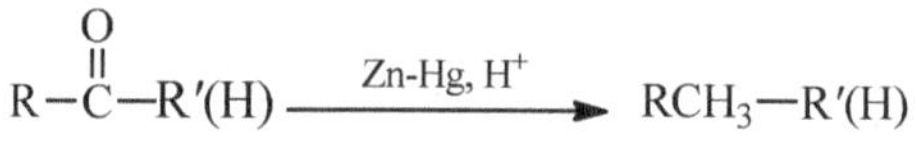

$$R-\overset{\overset{O}{\|}}{C}-R'(H) \xrightarrow{\text{Zn-Hg, H}^+} RCH_3-R'(H)$$

在酸性条件下，用锌粉或锌汞齐还原醛基、酮基为甲基或亚甲基的反应称为 Clemmensen 还原，锌汞齐是将锌粉（粒）和 5%～10% 的二氯化汞水溶液处理后制得的还原剂。

（2）反应机理

Clemmensen 还原的机理是被还原物与锌表面进行电子得失转移的过程，常见的有两种反应历程。

1）碳离子中间体历程

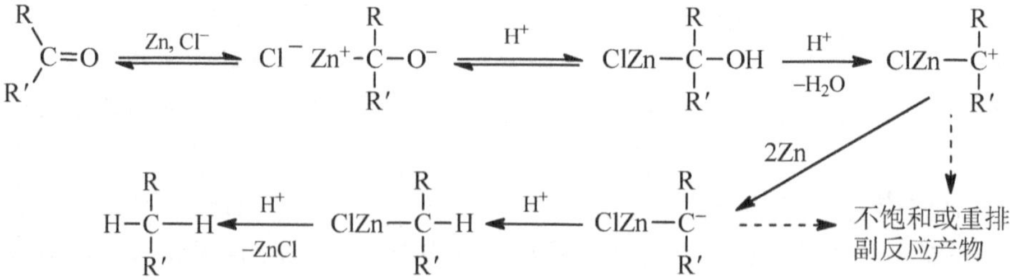

2）自由基中间体历程

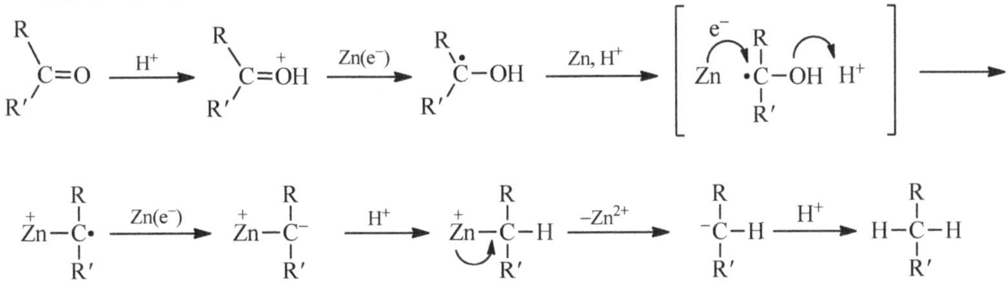

2. 反应特点及反应实例

Clemmensen 还原多用于芳香酮或脂肪酮的还原，反应易于进行且收率较高，一般不适于对酸敏感的羰基化合物的还原（如醇羟基、C=C 等）。对脂肪醛、酮或脂环酮进行 Clemmensen 还原时容易发生树脂化或双分子还原，生成片呐醇（pinacol）等副产物，收率较低。发生双分子还原的原因是在较剧烈反应条件下，生成的阴离子自由基浓度过高而发生相互偶联。

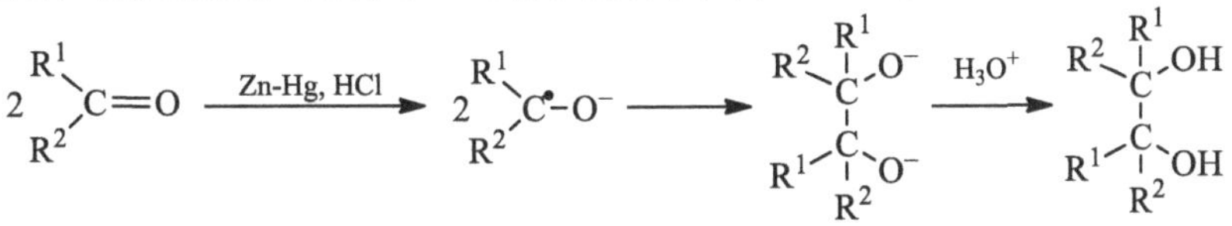

Clemmensen 还原在药物合成中应用广泛，如甾体化合物（**25**）的双羰基可以同时在酸性条件下被还原成亚甲基[7]。

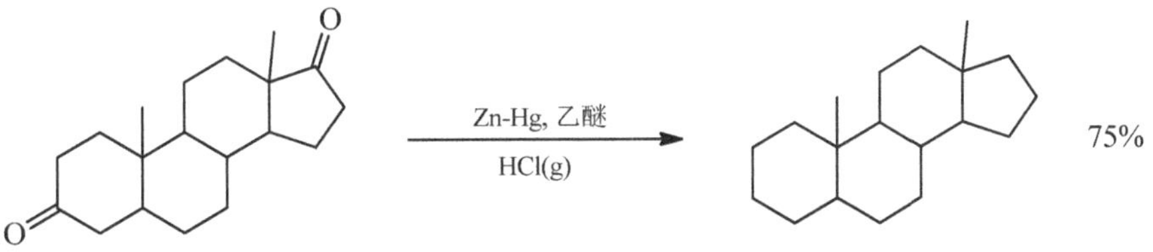

25

根据底物不同，Clemmensen 还原反应会产生不同的异常产物。例如，环状二酮还原得到偶联产物或开环产物；三尖杉生物碱（**26**）在反应条件下生成重排产物[8]。而 β-氨基酮则在还原反应条件下容易生成还原消除产物，如对烟碱类乙酰胆碱受体活性化合物洛贝林（−）-lobeline（**27**）的合成[9]。

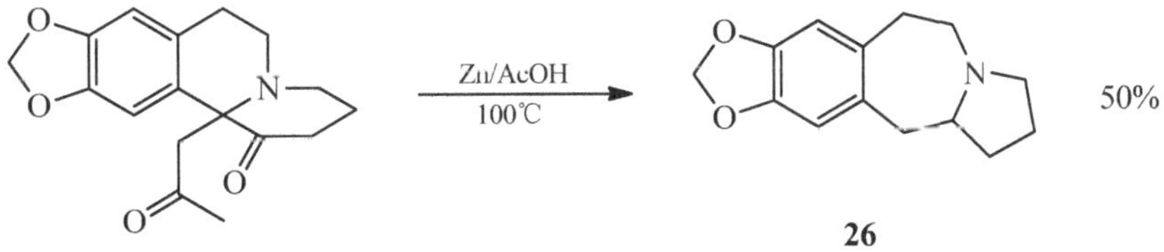

26

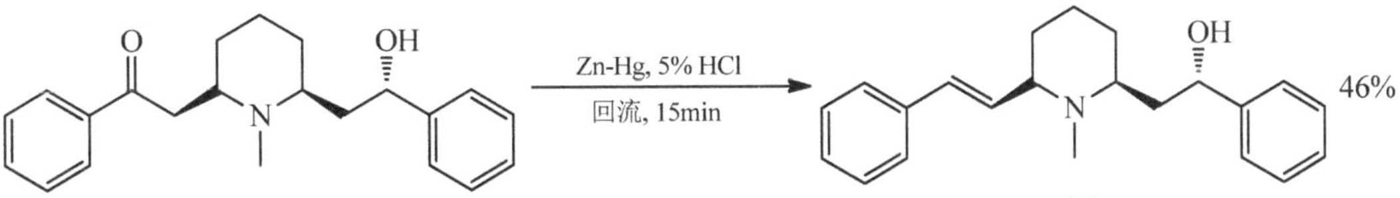

27

Clemmensen 还原反应一般不适于对酸和热敏感的羰基化合物的还原。若采用较温和条件，即在无水有机溶剂（醚、四氢呋喃、乙酸酐）中，干燥氯化氢与锌于 0℃左右反应，可还原羰基化合物，扩大了此反应的应用范围。如胆甾烷类化合物 **28**、**29** 的合成[10-12]。

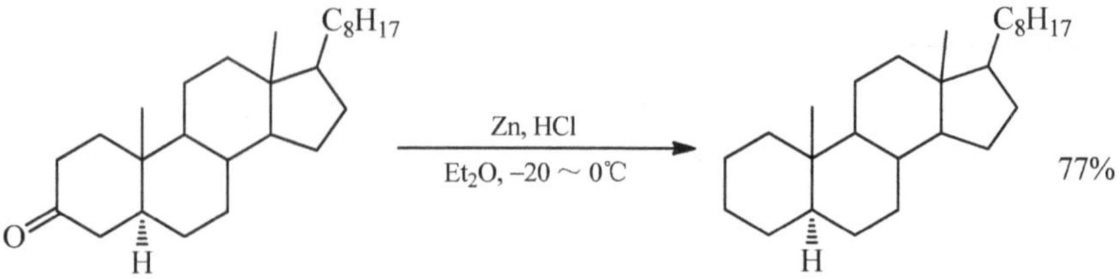

28

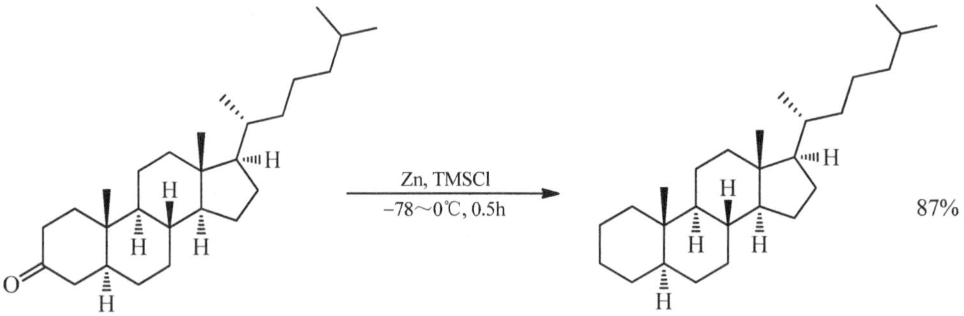

29

（二）Wolff-Kishner-黄鸣龙还原反应

1. 反应通式及反应机理

（1）反应通式

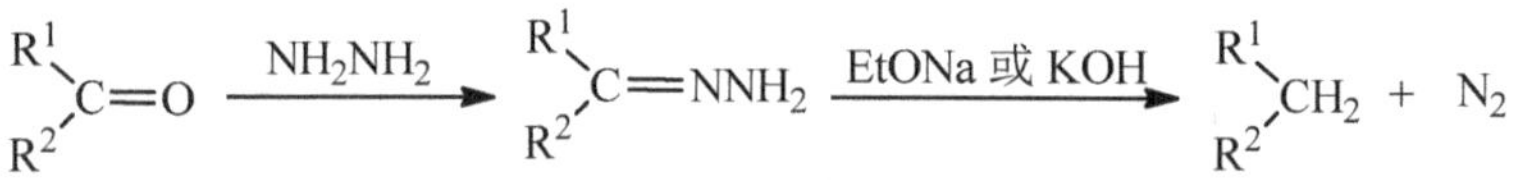

在强碱性条件下，醛、酮与水合肼加热被还原成甲基或亚甲基的反应称为 Wolff-Kishner-黄鸣龙反应。水合肼（hydrazine hydrate）是肼的水合物，而肼是一种无色发烟且具有腐蚀性和强还原性的液体化合物，碱性比氨弱。

（2）反应机理

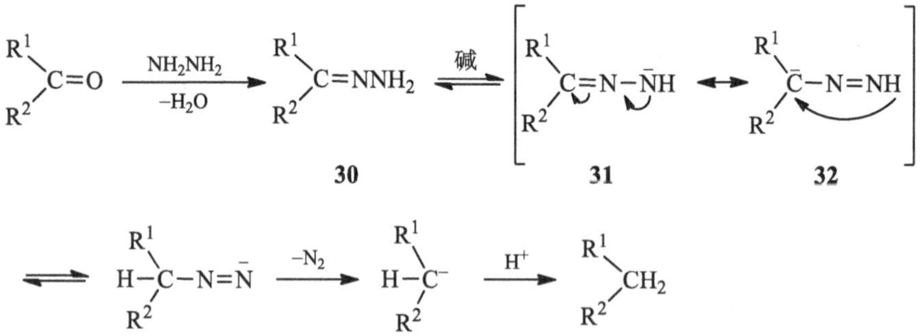

30　　　　　31　　　　　32

33

在强碱性条件下，水合肼与醛、酮发生缩合反应，生成腙 **30**，腙 **30** 在强碱作用下形成氮负离子 **31**，电子转移后形成碳负离子 **32**，然后发生质子转移，放氮分解，并形成碳负离子 **33**，最后与质子结合生成烃。

2. 应用特点及反应实例

此反应是 Kishner（俄国人）和 Wolff（德国人）分别于 1911 年、1912 年发现的，故由此而得名。最初的方法是将羰基转变为腙或缩氨脲，然后与醇钠在高温（约 200℃）下置于封管或高压釜中长时间地热压分解，操作繁杂，收率较低，缺少实用价值。介质中含有的水会使腙在分解发生前水解为醛或酮，醛或酮再与剩余的肼反应，生成连氮（==N—N==）副产物而使收率降低；另外，水解生成的醛或酮，在醇钠存在下还原为醇，使产物不纯。1946 年经中国科学家黄鸣龙改进，将醛或酮和 85%水合肼及 KOH 混合，在二聚乙二醇（DEG）或三聚乙二醇（TEG）等高沸点溶剂中，加热蒸出过量的肼和生成的水，然后升温至 180～200℃，常压反应 2～4h，省去加压装置，收率提高到 60%～95%，具有应用价值，如抗心律不齐药物胺碘酮（amiodarone）中间体（**34**）的制备[13]。

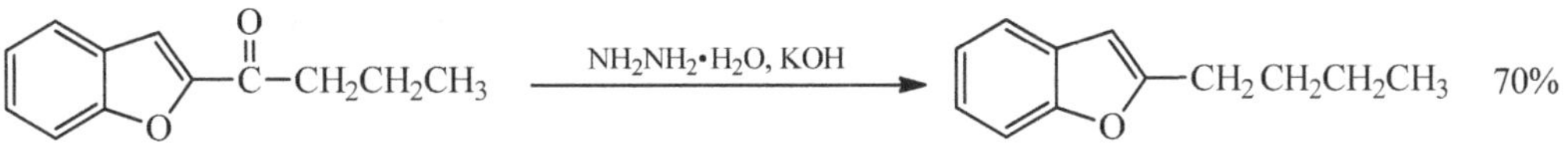

34

本反应弥补了 Clemmensen 还原反应的不足，它能适用于对酸敏感的吡啶、四氢呋喃衍生物；对于甾族羰基化合物及难溶于酸的大分子羰基化合物尤为合适，如番麻皂苷元 12-羰基（**35**）的还原[14]。

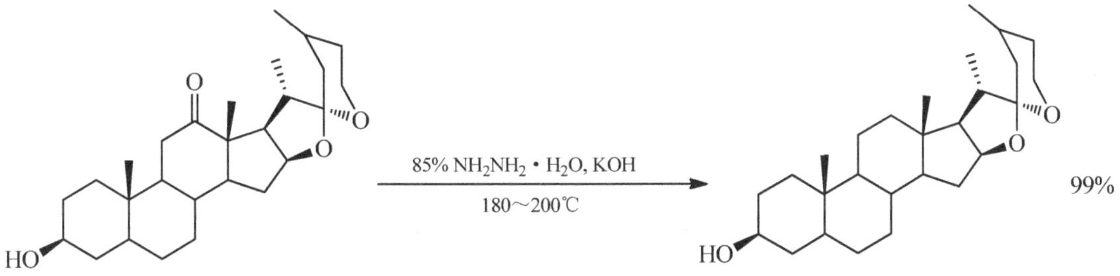

35

还原底物分子中同时有酯、酰胺存在时，在该还原条件下将发生水解；同时含有双键、羟基等官能团存在时，还原不受影响，如柏木醇中间体（**36**）的合成[15]；位阻较大的羰基也可被还原，如白坚木碱中间体（**37**）的合成[16]。

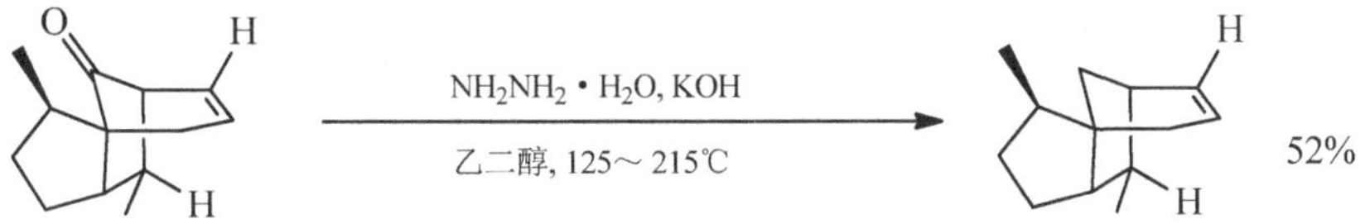

36

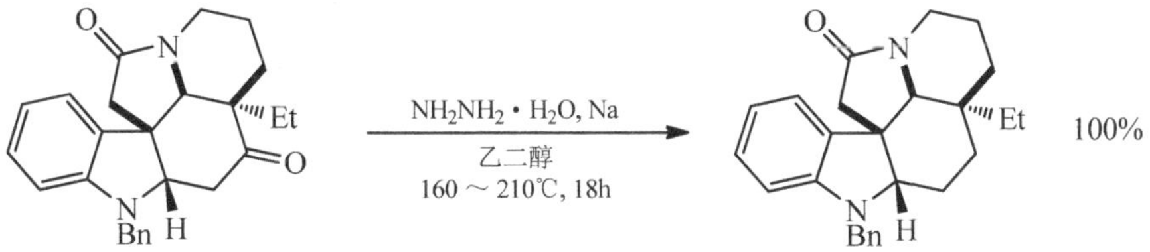

37

还原共轭羰基时，有时双键会发生位移。羰基化合物与对甲苯磺酰肼生成的腙，可用氰基硼氢化钠或邻苯二氧基烷等还原剂，在十分温和的条件下还原成相应的烃，而酯基、酰氨基、氰基、硝基、氧原子的存在并不受到影响，如大环内酯类化合物 antascomicin B 的中间体（**38**）的合成[17]。

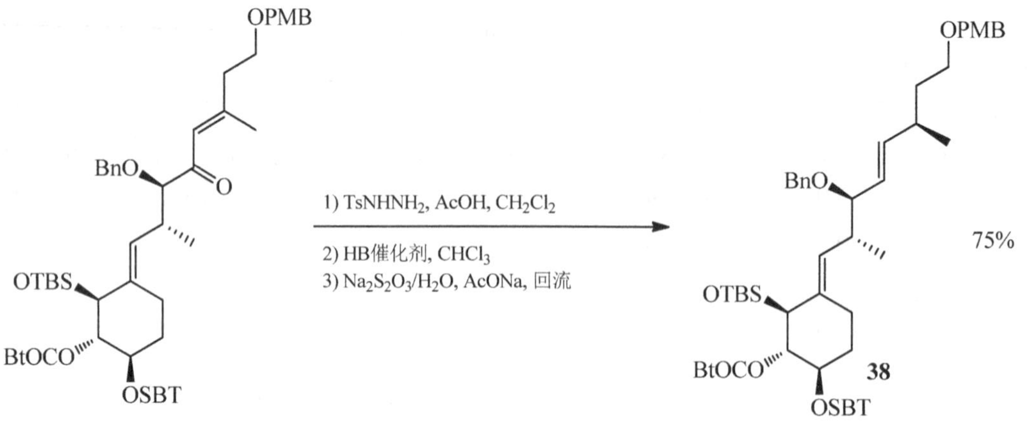

本反应一般不适用于对高温或强碱条件敏感的底物，但可将某些特定结构的羰基化合物先制得相应的腙（**39**），然后采用二甲亚砜作溶剂，叔丁醇钾作碱，使用微波（mirowave，MW）技术能缩短反应时间，提高反应收率[18]。

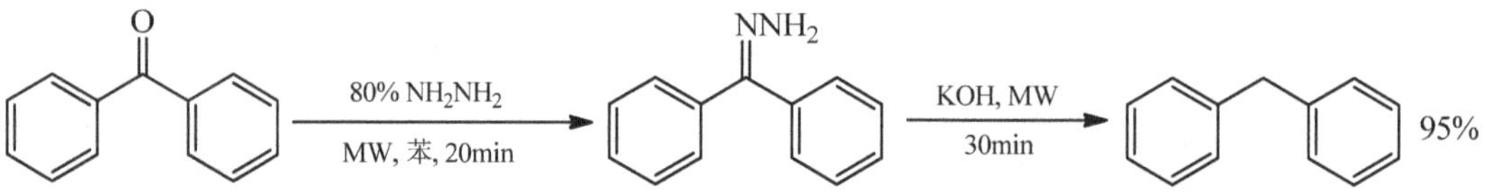

39

（三）金属复氢化物和催化氢化还原反应

1. 反应通式及反应机理

（1）反应通式

$$R^1-\overset{\overset{\Large O}{\|}}{C}-R^2 \xrightarrow[\text{或催化氢化}]{\text{金属复氢化物}} R^1CH_2R^2$$

在一定条件下，金属复氢化物和催化氢化可将某些特定结构的羰基化物还原成相应的烷烃。但其应用范围远不及 Clemmensen 还原和 Wolff-Kishner-黄鸣龙还原那样普遍。还原剂主要是以钠、钾、锂离子和硼、铝等负氢离子形成的复盐。

（2）反应机理

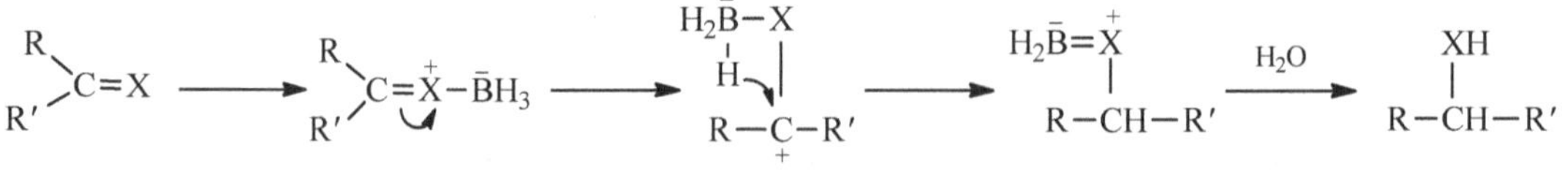

40

R' = H, OR, NR^1R^2, alkyl等；X = O, N, NOH等

硼烷对羰基化合物还原时，首先是缺电子的硼原子与羰基氧原子上未共用电子结合（**40**），活化羰基，然后硼烷中的氢原子以负离子形式转移至羰基碳上，经水解后得到醇。

醛、酮类化合物可在较温和的反应条件下被硼烷还原为醇。酰卤类化合物由于卤素的吸电子效应，羰基氧原子上的电子云密度降低，使氧原子不易与硼烷结合，因此酰卤类化合物不能被硼烷还原。

2. 应用特点及反应实例

（1）金属复氢化物还原酮为烃

二芳基酮或烷基芳基酮，在三氯化铝存在下，用氢化铝锂或硼氢化钠还原，可获得较高收率的烃。据推测，$AlCl_3$ 催化 $NaBH_4$ 生成活性更高的 $Al(BH_4)_3$ 参与反应，如降血糖药物达格列净（dapagliflozin）中间体（**41**）的合成[19]。

$$3NaBH_4 + AlCl_3 \longrightarrow Al(BH_4)_3 + 3NaCl$$

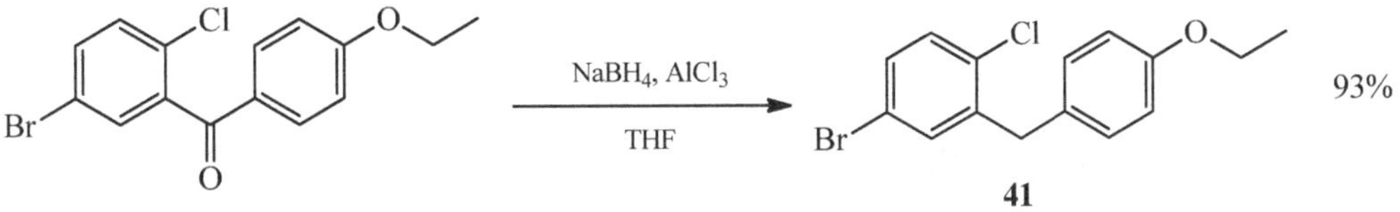

在三氟乙酸存在下，用硼氢化钠可选择性地还原羰基化合物，获得较高收率的烃。如抗抑郁药维拉佐酮（vilazodone）中间体（**42**）的合成，分子中的氰基与双键均未被还原[20]。

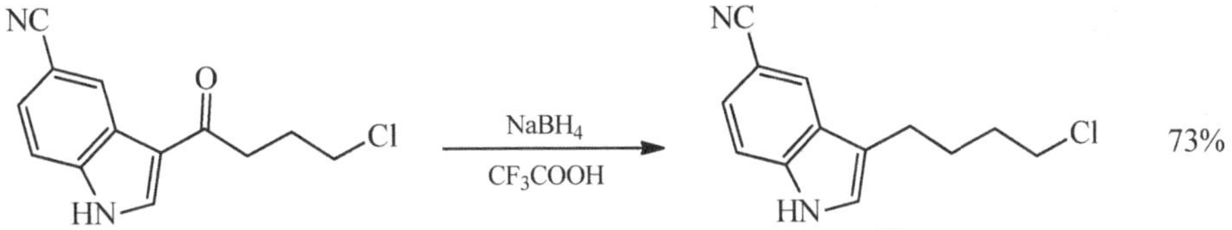

乙硼烷和三氟化硼或三氟乙酸也常用于芳基酮或某些环丙基酮的还原[21]。

三氟乙酸(TFA)和三乙基硅氢共同作用，也可以选择性地还原羰基化合物，分子内的硝基未被还原[22]。

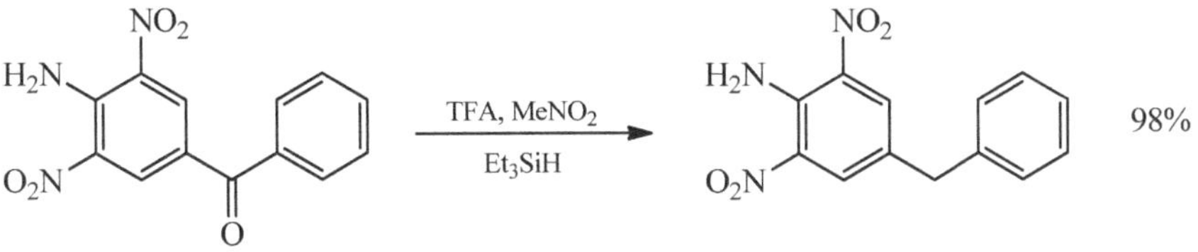

（2）催化氢化还原酮为烃

与脂肪族醛、酮氢化不同，钯是芳香族醛酮氢化十分有效的催化剂。在加压或酸性条件下，所生成的醇羟基能进一步被氢解，最终得到甲基或亚甲基，氢化法是还原芳酮为烃的有效方法之一，如平喘药马来酸茚达特罗（indacaterol maleate）中间体（**43**）的合成，是采用催化氢化方法将酮羰基化合物还原为醇（**44**），再进一步还原成烃[23]。

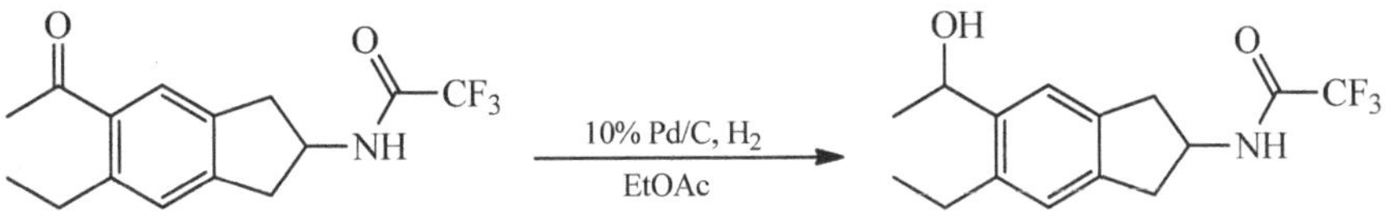

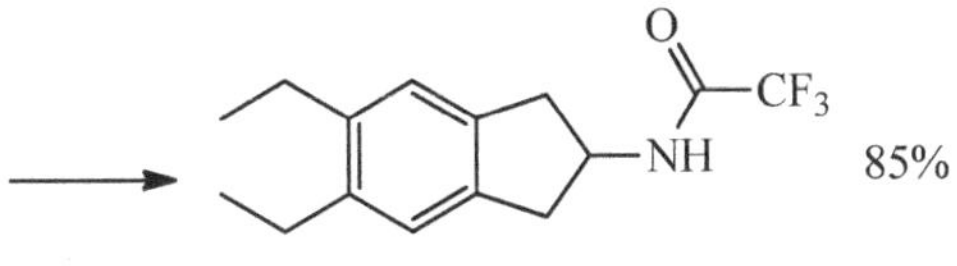

甲酸铵作为供氢体，在金属钯催化的条件下，能够在温和条件下使含有富电子基团的芳环 α-位的酮或醛还原成亚甲基，如消化系统类药物的重要中间体二甲氧基乙基苯（**45**）的合成[24]。

$$\underset{\substack{H_3CO}}{\overset{COCH_3}{\diagup OCH_3}} \xrightarrow[\text{CH}_3\text{COOH, 110℃}]{\text{Pd/C, HCOONH}_4} \underset{\substack{H_3CO}}{\overset{CH_2CH_3}{\diagup OCH_3}} \quad 57\%$$

45

二、还原成羟基

目前，还原羰基为羟基最常用的方法是金属复氢化物还原和催化氢化还原，特别是在手性药物合成中具有重要的作用。此外，还可用醇铝、活泼金属、含氧硫化物和氢化离子对试剂等还原。

（一）金属复氢化合物还原反应

1. 反应通式及反应机理

（1）反应通式

$$R-\underset{\substack{\|\\O}}{C}-R'(H) \xrightarrow[\text{或 M(BH}_4)_n]{\text{LiAlH}_4} R-\underset{\substack{|\\H}}{C}-R'(H)$$

金属复氢化物是还原羰基化合物为醇的首选试剂。该方法具有反应条件温和、副反应少及收率高等优点，特别是某些烃基取代金属化合物以及复杂天然产物的合成，显示出对官能团的高度选择性和较高的立体选择性。

（2）反应机理

$$H-\overset{\substack{H\\|}}{\underset{\substack{|\\H}}{M}}-H + \overset{R}{\underset{R'}{\diagdown}}\overset{\delta^+\ \delta^-}{C=O} \longrightarrow \overset{R}{\underset{R'}{\diagdown}}\overset{H}{\underset{}{|}}C-O\bar{M}H_3$$

(M=Al 或 B)

$$3\ \overset{R}{\underset{R'}{\diagdown}}C=O \longrightarrow \left(\overset{R}{\underset{R'}{\diagdown}}\overset{H}{\underset{}{|}}C-O\right)_4\bar{M} \xrightarrow{2H_2O} \overset{R}{\underset{R'}{\diagdown}}\overset{H}{\underset{}{|}}C-OH$$

该反应机理为氢负离子对羰基的亲核加成。金属复氢化物含有四氢铝离子或四氢硼离子的复盐结构，具有亲核性，可向极性不饱和键中带正电的原子进攻，继而发生氢负离子转移而进行还原。因此能够还原碳-杂原子之间的双键和三键，而不能还原碳-碳之间的双键和三键。

2. 反应特点及反应实例

（1）反应特点

1）还原剂性质

不同的金属复氢化物具有不同的反应特性，其还原活性以 LiAlH$_4$ 最高，可被还原的官能团范围最广泛，然而选择性较差；LiBH$_4$ 次之，NaBH$_4$ 和 KBH$_4$ 还原活性较小，但选择性较好。

2）还原剂化学计量比

四氢铝离子或四氢硼离子都有四个可供转移的氢负离子，还原反应可逐步进行，因此，理论上 1mol 氢化铝锂或硼氢化钠可还原 4mol 的醛或酮。

羧酸也可被还原，但是需要还原剂的量较大。因为羧酸中的氢与氢化铝锂中的一个氢结合形成酰氧三氢铝离子，因此 1mol 的羧酸还原为相应的醇需要 0.75mol 的氢化铝锂。

以硼氢化钠、硼氢化钾、硼氢化锂等作为还原剂，其反应机理都是一样的，每一种还原剂的作用强弱要根据被还原物的性质而定。

3）反应条件

氢化铝锂遇水、酸或含羟基、巯基化合物，可分解放出氢而形成相应的铝盐。因而 LiAlH$_4$、LiBH$_4$ 需在无水条件下使用，且不能使用含有羟基或巯基的化合物作溶剂。一般用无水的乙醚、THF 等作溶剂。

与锂盐不同，硼氢化钾（钠）在常温下，遇水、醇都稳定，能溶于水、甲醇、乙醇而分解甚微，因而常选用醇类作为溶剂。若反应需在较高温度下进行，可选用异丙醇、二甲氧基乙醚等作溶剂。在反应液中，加入少量碱，有促进反应的作用。部分金属氢化络合物的溶解度见表 8-2。

表 8-2 部分金属氢化络合物在 25℃±5℃时的溶解度（g/100g）

氢化物	溶剂							
	水	甲醇	乙醇	乙醚	THF	二氧六环	(CH$_2$OMe)$_2$	Diglyme
LiAlH$_4$				35~40	13	0.1	7（12）*	5（8）*
LiBH$_4$		−2.5（dec）	−2.5（dec）	2.5	28	0.06		
NaBH$_4$	55（88.5）**	16.4（dec）	20（dec）	0.1			0.8	5.5
NaBH$_3$CN	212	易溶	微溶	0	37.2			17.6
NaBH(OMe)$_3$						1.6（4.5）*		
LiAlH(OCMe)$_3$				2	36		4	41

注：*表示 75℃时的溶解度；**表示 60℃时的溶解度；dec 表示溶剂中溶解

4）反应的后处理

以氢化铝锂为还原剂时，反应结束后，可加入乙醇、含水乙醚或 10%氯化铵分解未反应的氢化铝锂和还原物；用含水溶剂分解时，其水量应近于计算量，使生成颗粒状沉淀的偏铝酸锂便于分离。如果水量过多，则偏铝酸锂分解成胶状的氢氧化铝，它与水和有机溶剂形成乳化层，处理困难，造成产物损失。

采用硼氢化物为还原剂时，反应后处理一般加稀酸分解还原物，并使剩余的硼氢化物生成硼酸，便于分离。所以，这类还原剂不能在酸性较强的条件下使用，对于羧酸等酸性物质的还原，则应先中和而后再反应。

（2）反应实例

氢化铝锂还原能力强，但反应条件要求高且选择性较差，主要用于羧酸及其衍生物的还原。硼氢化物由于其选择性好、操作简便、安全，已成为羰基化合物还原的首选试剂，在反应时，分子中存在的硝基、氰基、亚氨基、双键、卤素等不受影响，如用于治疗青光眼的贝美前列素（bimatoprost）的中间体（**46**）的合成[25]。

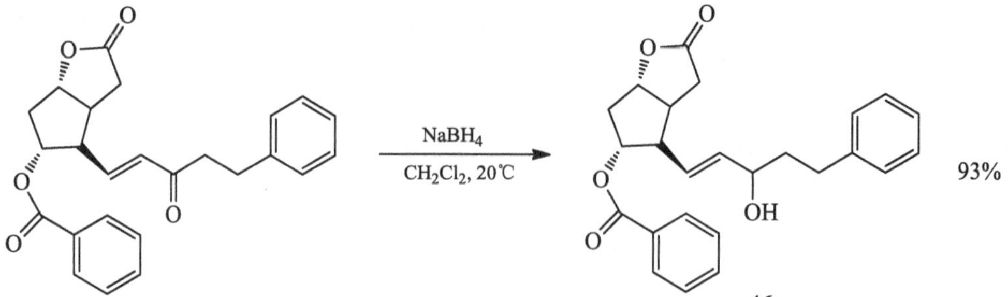

46

脂环酮的立体选择性还原反应可用于合成手性脂环醇类化合物，如用于治疗青光眼的碳酸酐酶抑制剂盐酸多佐胺（dorzlamide）的中间体（**47**）的合成。

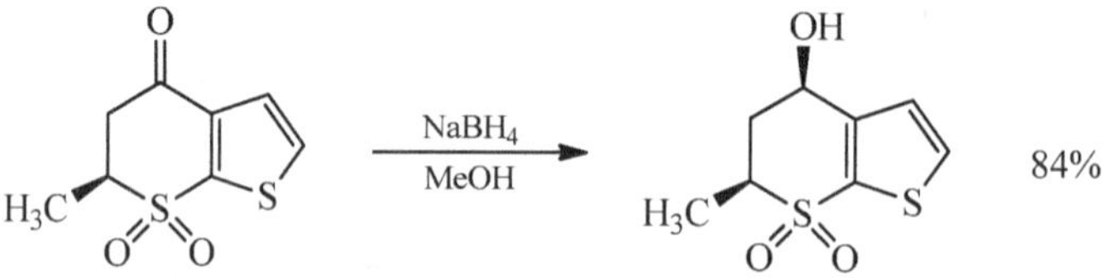

47

（二）醇铝还原反应

1. 反应通式及反应机理

（1）反应通式

$$\mathrm{R{-}\overset{O}{\overset{\|}{C}}{-}R'(H)} \xrightarrow[\triangle]{\mathrm{Al(O}i\text{-}\mathrm{Pr)_3}/i\text{-}\mathrm{PrOH}} \mathrm{R{-}\underset{H}{\overset{OH}{C}}{-}R'(H)} + \mathrm{H_3C{-}\overset{O}{\overset{\|}{C}}{-}CH_3}$$

将醛、酮等羰基化合物和异丙醇铝在异丙醇中共热，可还原得到相应的醇，同时将异丙醇氧化为丙酮的反应称为 Meerwein-Ponndorf-Verley 反应；该反应为 Oppenauer 氧化反应的逆反应。异丙醇铝由金属铝和异丙醇在无水条件下反应而得，用三氯化铝或氯化汞作催化剂。

（2）反应机理

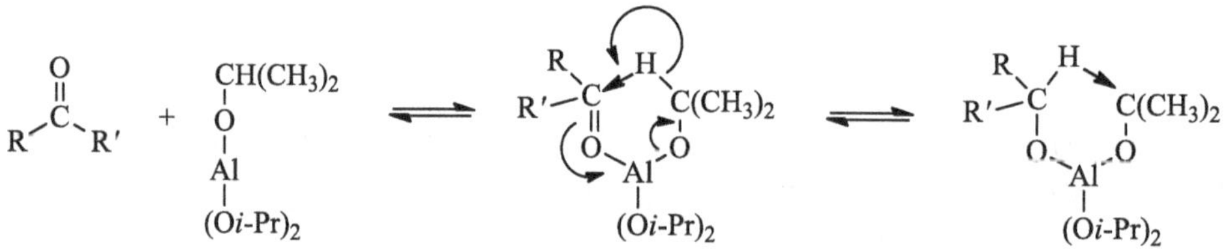

48　　49

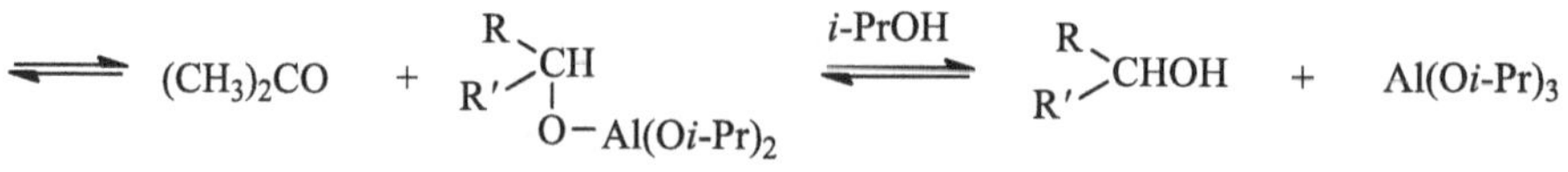

50

Meerwein-Ponndorf-Verley 反应为氢负离子对羰基的亲核加成反应。首先是异丙醇铝的铝原子与羰基的氧原子以配位键结合，形成六元环过渡态（**48**），然后，异丙基上的氢原子以负离子的形式从烷氧基转移到羰基碳原子上，得到一个新的醇-酮配合物（**49**），铝-氧键断裂，生成新的醇-铝衍生物（**50**）和丙酮，蒸馏出丙酮有利于反应完全。醇-铝衍生物经醇解后得到还原产物，此步是决速步骤，因而反应中要求有过量的异丙醇存在。

2. 反应特点及反应实例

（1）反应特点

1）反应试剂对反应的影响

由于该反应为可逆反应，因而使用过量的还原剂或蒸出丙酮，都可以加速反应进程。新制异丙醇铝以三聚体形式与酮配位，因此，酮类化合物与异丙醇铝的比例应不少于1:3。另外，在制备异丙醇铝时向反应体系中加入少量的三氯化铝，生成的氯化异丙醇铝更容易与羰基氧原子形成六元环过渡态，促进氢负离子转移，加速反应并提高收率。

$$2Al(Oi\text{-}Pr)_3 \xrightarrow{AlCl_3} 3ClAl(Oi\text{-}Pr)_2$$

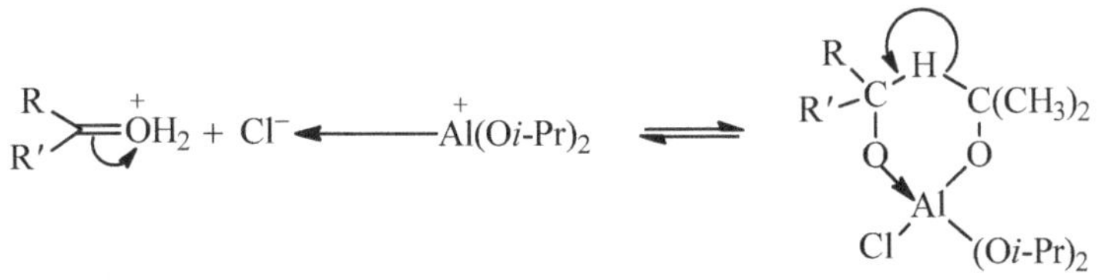

2）反应物中酸性基团对反应的影响

易烯醇化的羰基化合物，如 β-二酮、β-酮酯或含有酚羟基、羧基等酸性基团，其羟基或羧基易与异丙醇铝形成铝盐，使还原反应受到抑制，不能采用本法还原；含有氨基的羰基化合物，也易与异丙醇铝形成复盐而影响还原反应进行，可改用异丙醇钠为还原剂。异丙醇铝还可能影响某些含有活泼亚甲基或 α-氢的羰基化合物，发生分子间的缩合反应。

3）反应物结构对反应立体选择性的影响

醇铝还原的立体选择性与底物结构有关，如氯霉素（chloramphenicol）中间体（**51**）酮基 α-位的 C2 上有一羟甲基，可与异丙醇铝先形成过渡态环状物（**52**），限制了 C1 和 C2 间单键的自由旋转，因此，氢负离子转移到羰基原子上的方向主要发生在结构中立体位阻较小一边，即从环状物的下方转移，形成 **53**，水解后得 96% 的苏型产物（**54**），赤型产物仅占 4%。

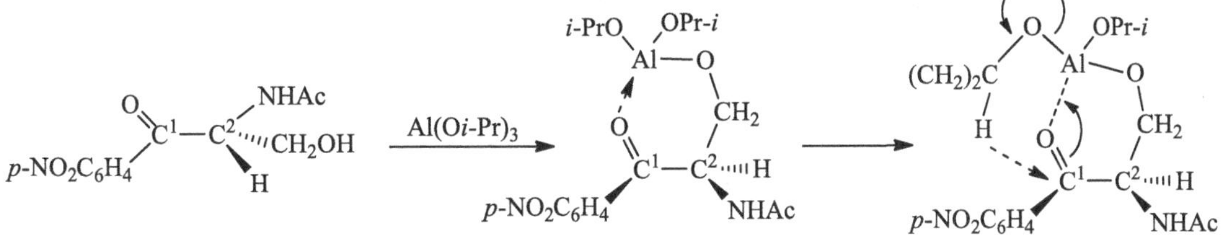

51   **52**   **53**

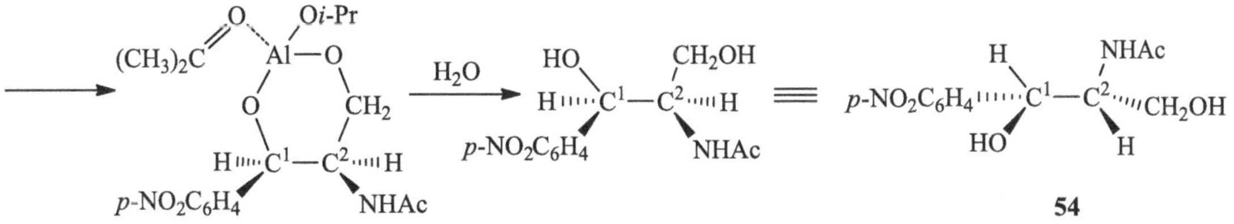

54

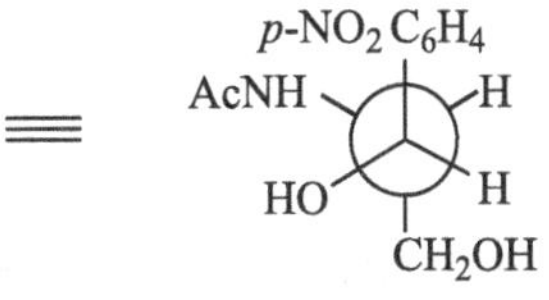

54

（2）反应实例

异丙醇铝是脂肪族和芳香族醛、酮类的选择性还原剂，对分子中含有的烯键、炔键、硝基、氰基及卤素等官能团均无影响[26]。

$$O_2N-C_6H_4-COCH_3 \xrightarrow{\text{Al}(Oi\text{-}Pr)_3,\ i\text{-}PrOH} O_2N-C_6H_4-CH(OH)CH_3 \quad 76\%$$

$$C_6H_5-CH=CH-CHO \xrightarrow{\text{Al}(OEt)_3,\ EtOH} C_6H_5-CH=CH-CH_2OH \quad 86\%$$

$$\xrightarrow[\text{THF, 0~5℃}]{\text{LiAlH}_4(Ot\text{-}Bu)_3} 75\%\sim95\%$$

（三）多相催化氢化还原反应

1. 反应通式及反应机理

（1）反应通式

$$R-\overset{O}{\overset{\|}{C}}-R'(H) \xrightarrow[\text{溶剂}]{\text{催化剂, H}_2} R-\overset{OH}{\overset{|}{\underset{H}{C}}}-R'(H)$$

常用的多相催化氢化催化剂有雷尼镍、Rh、Ru、Pt/C、Lindlar 催化剂（Pd-BaSO$_4$ 或 Pd-CaCO$_3$）、Adams 催化剂（PtO$_2$）与铬催化剂等Ⅷ族的过渡金属或它们的盐类。

（2）反应机理

羰基化合物的多相催化氢化，与烯烃类似，参见本章第一节相关内容。

2. 应用特点及反应实例

多相催化氢化的优点是产物纯度较好、收率高、催化剂可回收重复利用、污染少，符合绿色化学要求。

脂肪族醛、酮的氢化活性比芳香族醛、酮低，通常用雷尼镍和铂为催化剂，而钯催化剂效果较差，一般需在较高的温度和压力下还原。例如，由葡萄糖氢化得到山梨醇（**55**）。

$$\xrightarrow[\substack{1.57\times10^6\sim3.14\times10^6\text{Pa}\\60\sim120℃,\ \text{pH 8.2}\sim8.4}]{\text{H}_2,\ \text{雷尼镍, H}_2\text{O}} 95\%$$

55

杂环脂环酮也可用催化氢化还原成醇。例如，抗过敏药物氯雷他定（loratadine）中间体（**56**）的合成。

$$H_3C-N \bigcirc =O \xrightarrow[\text{雷尼镍}]{H_2,} H_3C-N \bigcirc -OH$$

56

芳香醛、酮用催化氢化还原时，若以钯为催化剂，往往加氢为醇后会进一步氢解为烃，选用雷尼镍为催化剂，在温和条件下可得到醇。例如，抗帕金森病药物左旋多巴（levodopa）中间体（**57**）的合成[27]。

$$\xrightarrow[\text{雷尼镍}]{H_2,}$$

57

抗过敏药物阿司咪唑（astemizole）中间体（**58**）的合成[28]。

$$+ \quad NH_3 \xrightarrow[\text{EtOH}]{H_2, \text{雷尼镍}} + \quad H_2O$$

58

（四）均相催化氢化反应

1. 反应通式及反应机理

（1）反应通式

$$\underset{\text{催化剂,溶剂}}{R-\overset{\overset{O}{\|}}{C}-R'(H) \xrightarrow{H_2}} R-\overset{\overset{OH}{|}}{\underset{|}{C}}-R'(H)$$

常用的均相催化剂多采用能溶于有机溶剂的过渡金属（铑、钌、铱等）与有机膦配体形成的络合物，如三（三苯基膦）氯化铑[(Ph₃P)₃RhCl]、氯代氢三（三苯基膦）钌[(Ph₃P)₃RuClH]、羰基氯双（三苯基膦基）铱[(Ph₃P)₂Ir(CO)ClH]等。

（2）反应机理

羰基化合物的均相催化氢化机理参见本章第一节还原反应机理相关内容。

2. 反应特点及反应实例

均相催化氢化的优点是反应选择性高、条件温和、催化剂经过改进可以用于不对称氢化。不足之处是催化剂回收较困难，热稳定性较差，处理不当会对环境造成污染。

采用均相催化剂对醛、酮羰基化合物进行催化氢化，可以得到手性醇化合物。例如，有机膦 BINAP 类均相络合催化剂可不对称氢化还原酮酸酯、1,2-二酮和含杂原子的酮，并以十分高的 ee 值（对映体过量百分率）得到相应的手性醇[29]。

$$\xrightarrow[\text{H}_2]{\text{Ru-}(R)\text{-BINAP}} \qquad 94\%\sim97\% \text{ ee}$$

$$\xrightarrow[\text{H}_2]{\text{Ru-}(R)\text{-BINAP}} \qquad 86\%\sim97\% \text{ ee}$$

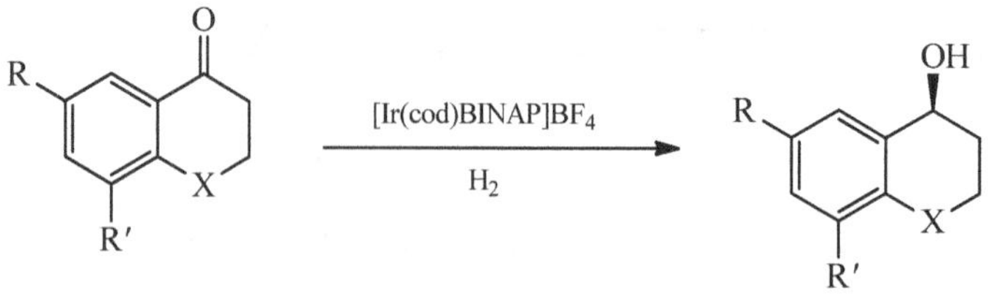

X = N 84%～86% ee
X = CH_2 94%～95% ee
X = O 84%～93% ee
X = S 84%～87% ee

查尔酮（**59**）在使用 Ru 催化且温和的条件下能够取得很高的收率和对映选择性。目前此类催化剂催化一系列的苄基、脂肪族、烯丙基型的 α-羟基硅烷类，都达到 99%的 ee 值[30]。

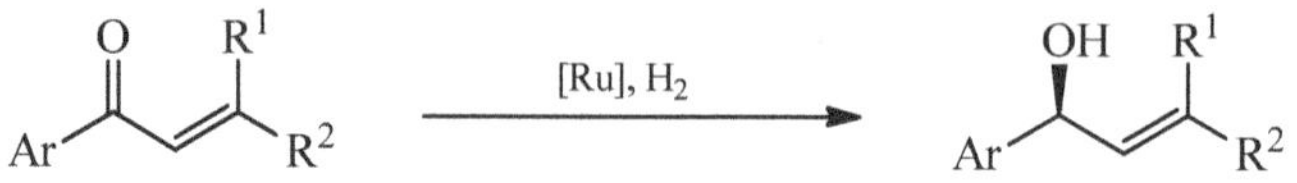

97%, 99%ee

59

Ar = C_6H_5, 或 2-naphthyl; R^1 = H; R^2 = C_6H_5

2008 年，T. Ohkuma 等第一次发现 TolBINAP/PICA Ru 配合物（TolBINAP=2, 2′-二（二-对甲苯基磷）-1, 1′联萘，PICA=2-吡啶甲酸）对酰基硅烷类化合物的氢化具有较高的对映选择性。反应在 10atm 氢气条件下发生。目前此类催化剂催化一系列苄基/脂肪族/烯丙型的 α-羟基硅烷类，都达到了 99%的 ee 值，并且发现 pica 配体中的平面型吡啶环对于酰基硅烷类化合物氢化反应活性具有重要的影响[31]。

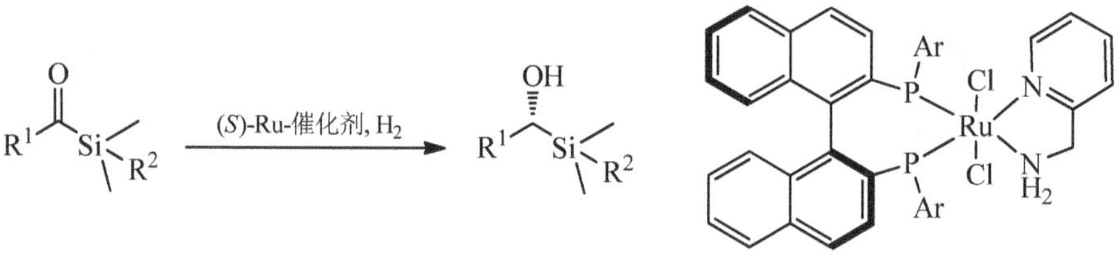

Ar = 4-$CH_3C_6H_4$

三、还原胺化反应

在还原剂存在下，羰基化合物与氨、伯胺或仲胺反应，分别生成伯胺、仲胺或叔胺。常用的还原方法有金属氢化物还原、催化氢化、活泼金属与酸还原、甲酸及其衍生物还原。当用甲酸类作还原剂时，该反应为 Leuckart 胺烷基化反应。以胺作为反应物，此反应为胺的还原烃化，见第二章烃化反应。

（一）羰基还原胺化反应

1. 反应通式及反应机理

（1）反应通式

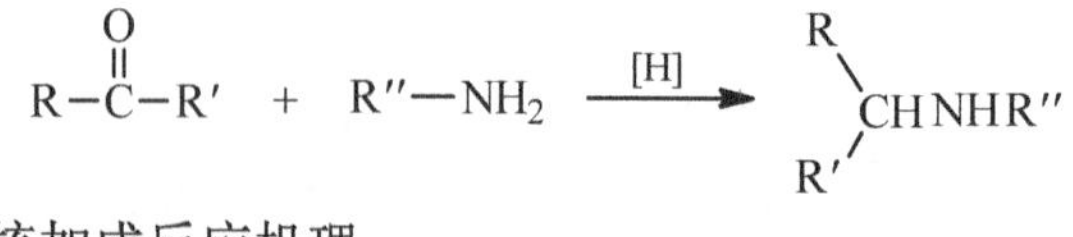

（2）反应机理：亲核加成反应机理

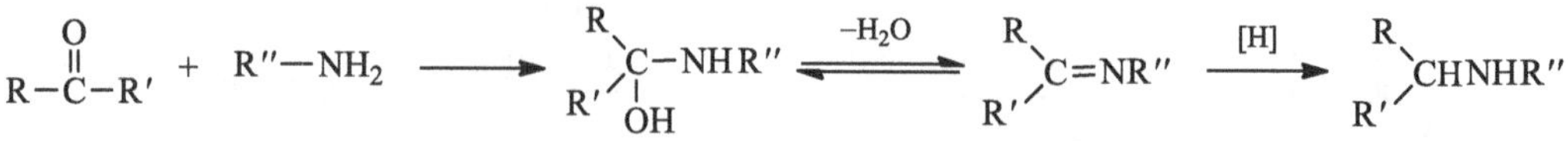

60

羰基化合物与氨、伯胺或仲胺加成得羟胺，继而脱水生成相应的席夫碱（亚胺）（**60**），然后被不同的还原剂还原成胺。

2. 反应特点及应用实例

通过还原胺化反应可用于制备伯胺、仲胺、叔胺，相关内容可参见烃化反应。

（二）Leuckart-Wallach 反应和 Eschweiler-Clarke 反应

1. 反应通式及反应实例

（1）反应通式

$$R\text{-}C(=O)\text{-}R' + R''\text{-}NH_2 \xrightarrow[\triangle]{HCOOH} \underset{R'}{\overset{R}{}}C\underset{}{\overset{CHO}{\underset{N\text{-}R''}{}}} \xrightarrow{H_3O^+} \underset{R'}{\overset{R}{}}CHNHR''$$

在过量甲酸及其衍生物存在下，羰基化合物与氨、胺的还原胺化反应称为 Leuckart-Wallach 反应；若在过量甲酸作用下，甲醛与伯胺或仲胺反应，生成甲基化胺的反应称为 Eschweiler-Clarke 反应，此二者反应机理相同。

（2）反应机理

Leuckart-Wallach 反应机理为胺与甲醛缩合为中间产物席夫碱，随后被甲酸质子化转变为碳正离子，最后来源于甲酸的负氢离子转移到碳正离子上而得到还原胺化产物，同时放出二氧化碳。

2. 反应特点及反应实例

（1）反应特点

1）还原剂及介质

Leuckart-Wallach 反应中常用的还原剂为：甲酸、甲酸铵或甲酰胺等衍生物，还原剂一般过量（每生成 1mol 胺，需 2~4mol 甲酸或其衍生物）。

2）反应条件

该反应一般不需要用溶剂，但对于高级醛，特别是酮，在水存在时收率明显下降，因此，酮的还原胺化常在 150~180℃进行，通过蒸馏将反应体系中的水除去。由于反应在较高温度下进行，反应产物一般为伯胺或仲胺的甲酰化衍生物，需进一步水解游离出氨基。

（2）反应实例

本反应具有较好的选择性。一些易还原基团，如硝基、亚硝基、碳-碳双键等不受影响。许多不溶于水的脂肪酮、脂肪芳香酮及杂环酮，用甲酸铵或甲酰胺还原，然后水解，可得较高收率的伯胺。若用仲胺或叔胺的甲酰胺代替甲酸铵，则可得仲胺或叔胺，如平喘药福莫特罗（formoterol）中间体（**61**）的合成[32]。

61

通过手性配体 TsDPEN 与钌配合物还能实现不对称的 Leuckart 反应[33]。

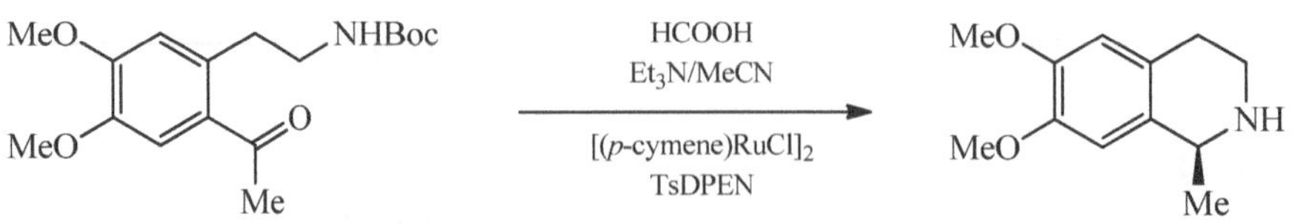

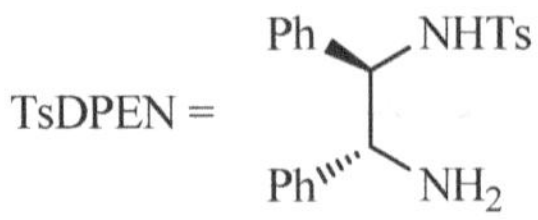

当反应中加入钯碳作为催化剂，以甲醇/水（9∶1）作为混合溶剂，可以在室温条件下采用一锅法还原胺化羰基化合物得到相应的胺，反应条件温和[34]。

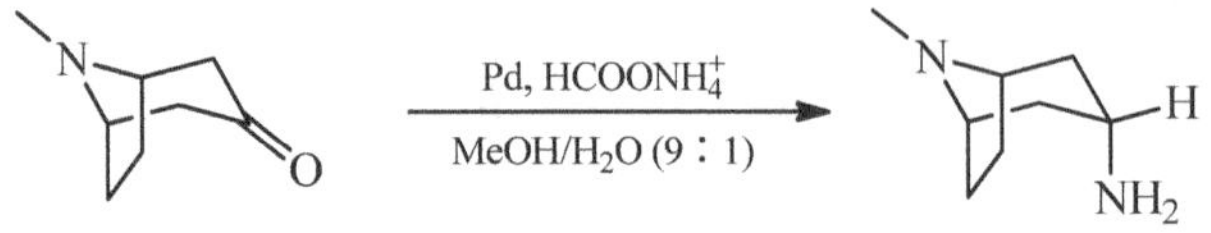

本反应结合固相合成法在中枢神经系统抑制剂苯二氮䓬类骨架（**62**）的合成中有很好的应用[35]。

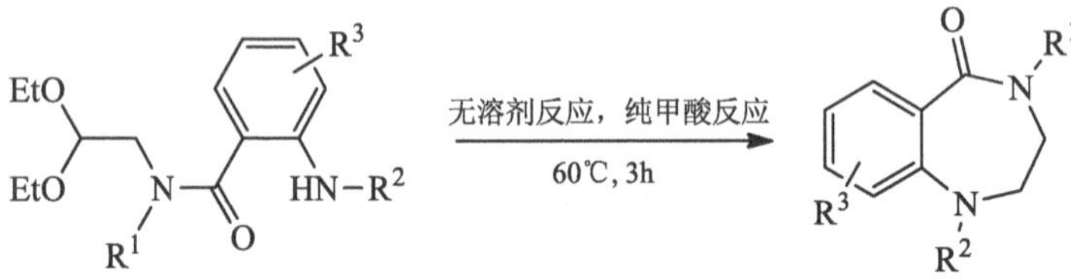

62

案例 8-3　羰基的选择性还原

【问题】硼氢化钠还原羰基生成相应的醇，当体系中有多个羰基时（如图所示化合物），还原选择性如何？会生成何种产物？

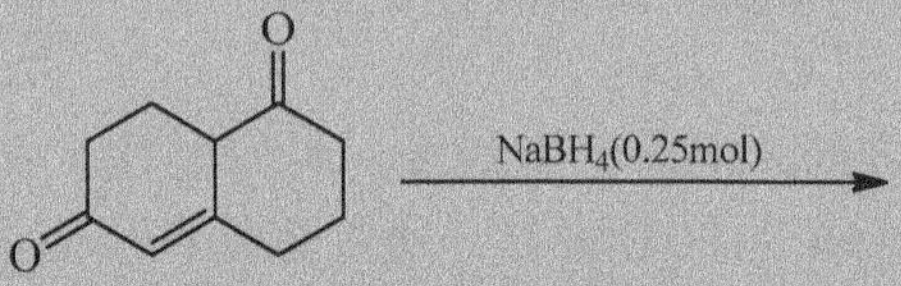

$$NaBH_4(0.25mol)$$

【案例分析】

0.25mol NaBH$_4$ 只能还原一个羰基，其中非共轭的羰基比共轭羰基更容易被还原。

【问题】选择合适的还原剂完成以下反应：

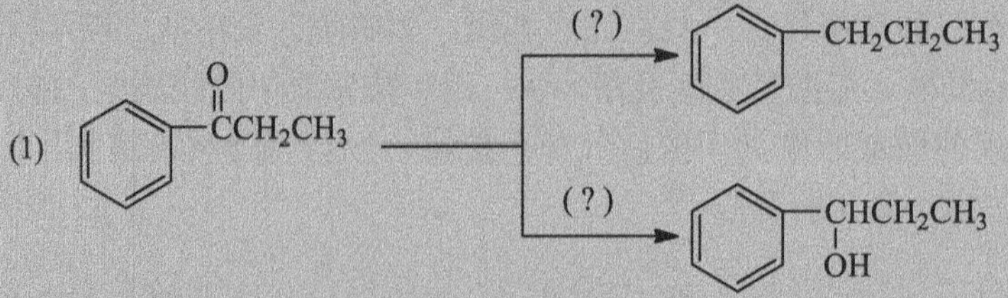

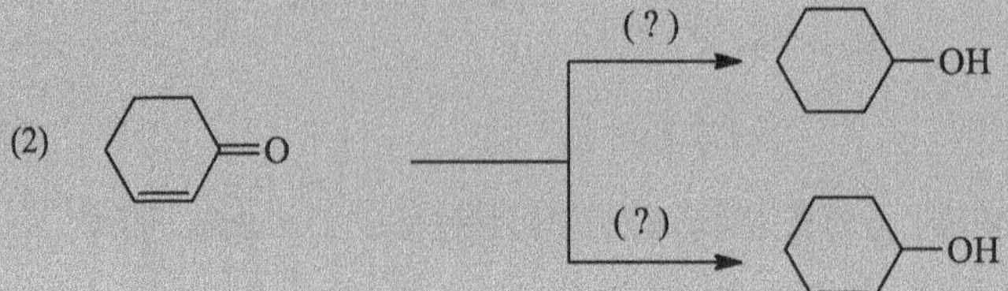

(1)

(2)

【案例分析】（1）Zn-Hg/HCl；①NaBH₄；②H₃O⁺
（2）H₂/Ni；①NaBH₄；②H₃O⁺

第三节　羧酸及其衍生物的还原反应

一、羧酸或羧酸酯还原成醇

（一）羧酸还原成醇

（1）氢化铝锂为还原剂

氢化铝锂是还原羧酸成伯醇的一种最有效的还原剂。反应可在十分温和的条件下进行，一般不会停止在醛的阶段；即使位阻较大的酸，也有较高的收率，因而得到广泛的应用。

$$CH_3-\overset{\overset{\displaystyle CH_3}{|}}{\underset{\underset{\displaystyle CH_3}{|}}{C}}-COOH \xrightarrow[\text{乙醚,}\triangle]{LiAlH_4} CH_3-\overset{\overset{\displaystyle CH_3}{|}}{\underset{\underset{\displaystyle CH_3}{|}}{C}}-CH_2OH \quad 92\%$$

（2）硼氢化钠（钾）为还原剂

硼氢化钠（钾）在通常情况下不能还原羧酸，但是加入路易斯酸以后可以增加其还原性能。路易斯酸与硼氢化钠作用生成硼烷衍生物，具有极强的还原性，能把羧酸还原成醇，反应条件温和，收率理想，而且安全性好。

$$NO_2-\!\!\!\left\langle\!\!\!\!\bigcirc\!\!\!\!\right\rangle\!\!\!-COOH \xrightarrow{NaBH_4, AlCl_3} NO_2-\!\!\!\left\langle\!\!\!\!\bigcirc\!\!\!\!\right\rangle\!\!\!-CH_2OH \quad 82\%$$

（3）硼烷为还原剂

硼烷是选择性地还原羧酸为醇的优良试剂，条件温和，反应速率快。其还原羧酸的速率为：脂肪酸大于芳香酸，位阻小的羧酸大于位阻大的羧酸，但羧酸盐不能还原。

由于硼烷为亲电性还原剂，其还原羧基的速率比还原其他基团快，因此当羧酸衍生物分子中有硝基、酰卤键、卤素、氰基、酯基或醛、酮等基团时，若控制硼烷用量并在低温条件下反应，可选择性地还原羧基为相应的醇，而不影响其他基团。

$$HOOC(CH_2)_4COOEt \xrightarrow[THF, -18℃]{BH_3} HOCH_2(CH_2)_4COOEt$$

（二）羧酸酯还原成醇

1. 反应通式及反应机理

（1）金属氢化物为还原剂

1mol 羧酸酯用 0.5mol 氢化铝锂还原时，可得伯醇。为提高氢化铝锂还原的选择性，可降低其还原能力，一般加入不同比例的无水三氯化铝或加入计算量的无水乙醇，以取代氢化铝锂中 1～3 个氢原子而得到铝烷或烷氧基氢化铝锂。例如，采用铝烷可选择性地还原 α,β-不饱和酯为不饱和醇（**63**），若仅用氢化铝锂还原，则得到饱和醇。

$$PhCH=CHCOOEt \xrightarrow[\text{乙醚}]{AlCl_3 : LiAlH_4 (3 : 1)} PhCH=CHCH_2OH$$
$$\textbf{63}$$

硼氢化钠也可以将羧酸酯还原成醇，与羧酸类似，需要加入路易斯酸提高其还原活性。

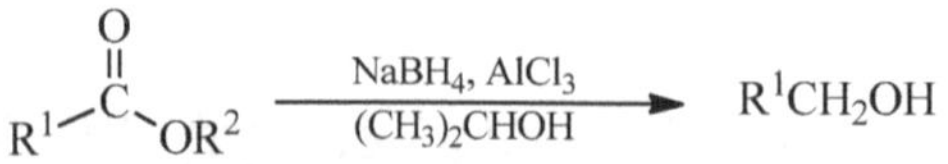

$$R^1\overset{\overset{\displaystyle O}{\|}}{C}OR^2 \xrightarrow[\text{(CH}_3)_2\text{CHOH}]{NaBH_4, AlCl_3} R^1CH_2OH$$

硼烷对脂肪酸酯的还原速率一般比羧酸慢，对芳香酸酯几乎不发生反应，这是由于芳环与羰基的共轭效应，降低了羰基氧上的电子云密度，使硼烷的亲电进攻难以进行。

（2）金属钠为还原剂

金属钠和无水醇将羧酸酯直接还原成相应伯醇的反应称为 Bouveault-Blanc 反应，钠作为单电子转移剂，醇作为质子源，其机理如下。

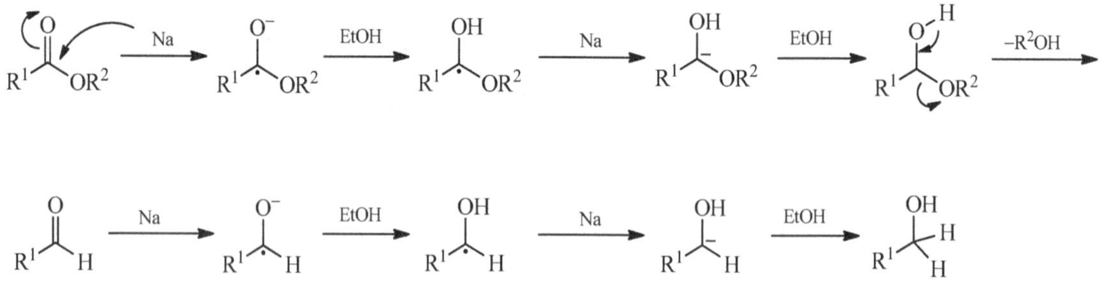

2. 反应特点及反应实例

该反应主要用于高级脂肪酸酯的还原，它需要剧烈的反应条件，且有发生火灾的重大风险，因此该方法在实验室中已被催化氢化和金属氢化物还原替代，但因其简便易行，在工业上仍较广泛选用。例如，心血管药物乳酸普尼拉明（prenylamine）中间体（**64**）的合成。

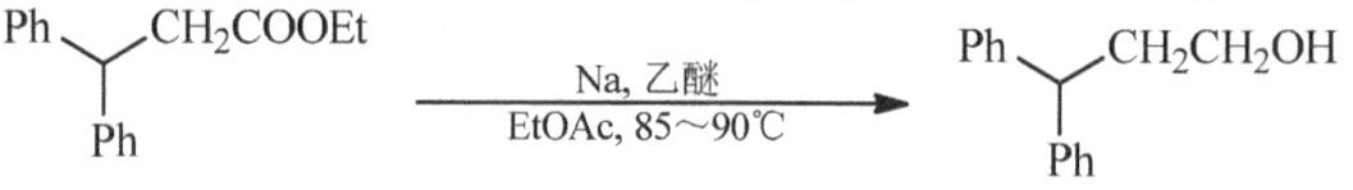

二、羧酸酯还原成醛

（一）金属复氢化物还原反应

在温和条件下，金属复氢化物可将酯还原成醛。1mol 酯用 0.25mol 氢化铝锂还原时，可生成醛。氢化二异丁基铝（DIBAL-H）可使芳香族及脂肪族酯以较高的收率还原成醛，对分子存在的卤素、硝基、烯键等均无影响。

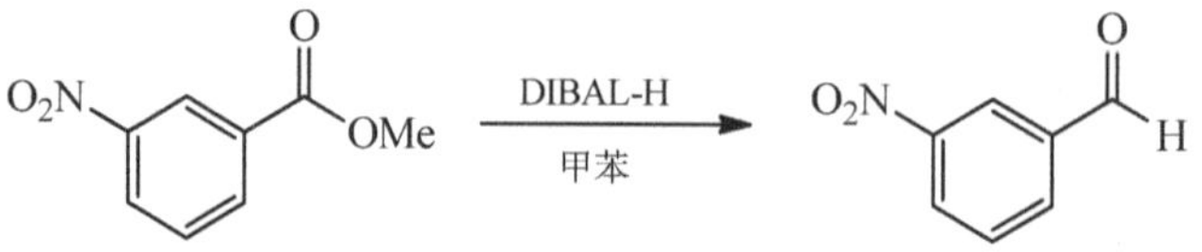

（二）两分子羧酸酯还原反应

1. 反应通式及反应机理

羧酸酯在非质子溶剂（如醚、甲苯、二甲苯）中与金属钠发生还原偶联反应，生成 α-羟基酮的反应称为偶姻缩合，本方法是合成脂肪族 α-羟基酮（**65**）的方法[36]。

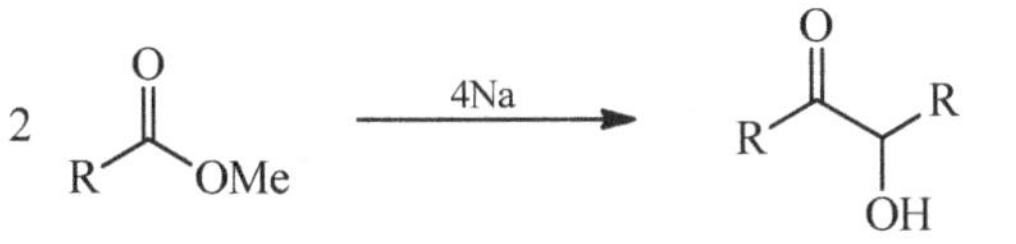

反应机理为金属钠的电子转移形成羧基碳自由基，然后发生双分子偶联，脱去烷氧基后得到二酮（**66**），再进一步还原，得到 α-羟基酮。

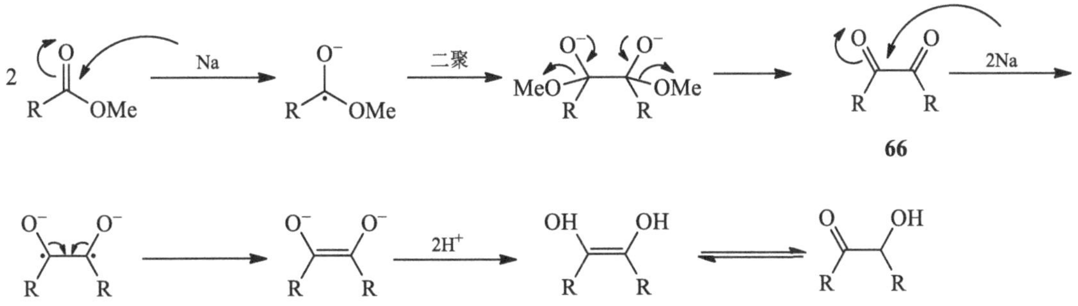

2. 反应特点及反应实例

只有在惰性溶剂中才能生成二聚中间体，如果在质子性溶剂中反应，则酯会被还原成醇（见 Bouveault-Blanc 反应）。利用二元羧酸酯进行分子内的还原偶联反应，可高效合成五元以上的环状化合物，对于大环化合物的合成具有十分重要的意义。例如，麝香酮中间体 2-羟基环十五酮（**67**）的合成[37]。

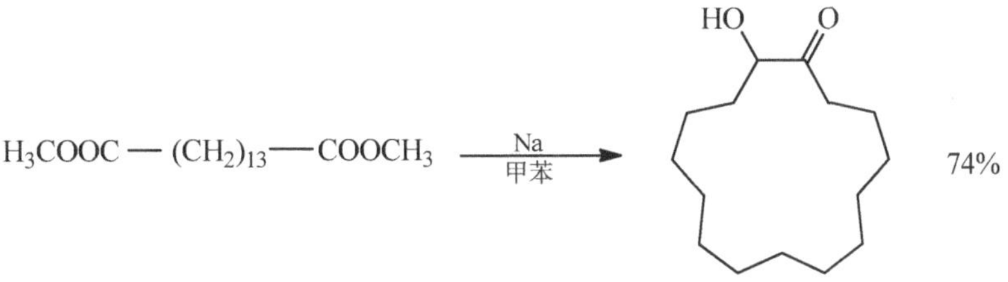

三、酰胺还原成胺或醛

（一）酰胺还原成胺

1. 反应通式及反应机理

酰胺可以用金属氢化物或硼烷还原成伯胺、仲胺、胺叔。

（1）金属氢化物为还原剂

酰胺不易用活泼金属还原，催化氢化法还原酰胺要求在高温、高压下进行，因此，金属氢化物是还原酰胺为胺的主要还原剂，氢化铝锂最为常用，可在较温和的条件进行反应。分子中的碳-碳双键不受影响，分子中的—PhSe 也不受影响。

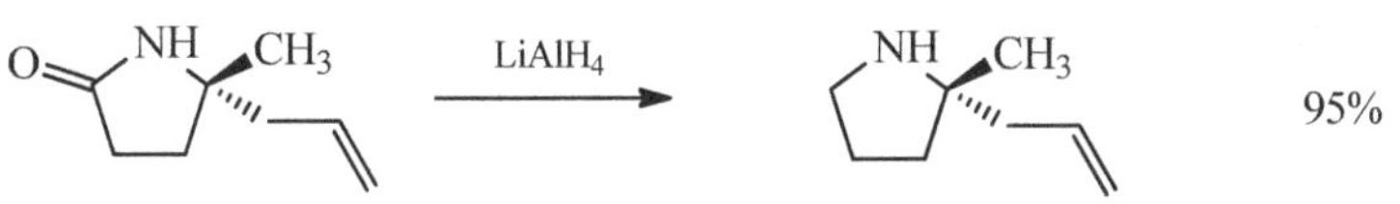

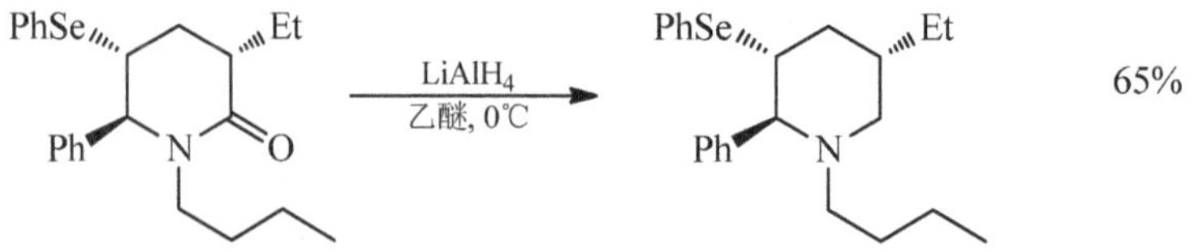

（2）硼烷为还原剂

乙硼烷是还原酰胺的良好试剂，还原反应常在四氢呋喃中进行，收率极佳。还原反应速率顺序为 N,N-二取代酰胺＞N-单取代＞未取代；脂肪族酰胺＞芳香族酰胺。与氢化铝锂还原不同，用乙硼烷作还原剂时，没有生成醛的副反应，且不影响分子中存在的硝基、烷氧羰基、卤素等基团，但如有烯键存在，则同时被还原。

2. 反应特点及反应实例

硼氢化钠也可以还原酰胺为胺，如青光眼治疗药物杜塞酰胺（dorzolamide）中间体（**68**）的合成 [38]。

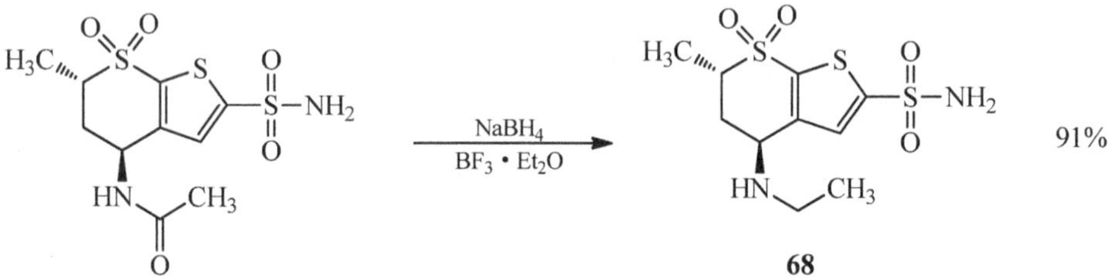

（二）酰胺还原成醛

如果将酰胺还原到醛，则需要控制还原剂的用量和温度较低的反应条件，这样可以避免生成的醛被进一步还原。对于 N-甲基-N-甲氧基酰胺（Weinreb 酰胺）（**69**），可以用氢化铝锂或者 DIBAL-H 将其还原成相应的醛。

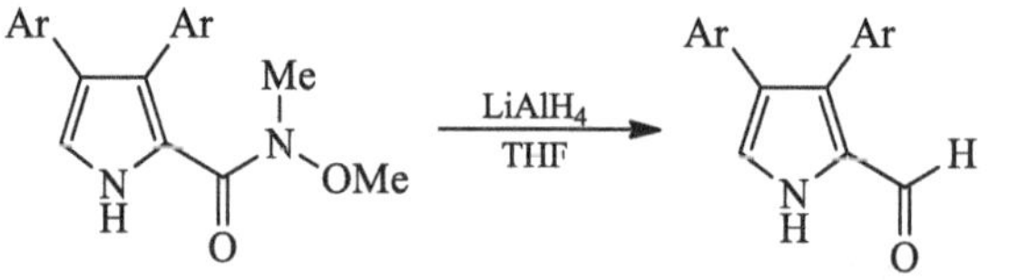

四、酰卤还原成醛

酰卤可以利用金属复氢化物或催化氢化选择性地还原为醛，其中利用催化氢化的方法还原成醛，也称 Rosenmund 反应。

（一）金属复氢化物还原反应

酰卤可被只含有一个氢的金属氢化物还原成醛，否则反应生成的醛将继续被复氢化物还原。三丁基锡氢（Bu₃SnH）、氢化三（叔丁氧基）铝锂[LiAlH(O-tBu)₃]为适宜还原剂。在低温下对芳酰卤及杂环酰卤还原收率较高，且不影响分子中的硝基、氰基、酯键、双键和醚键。

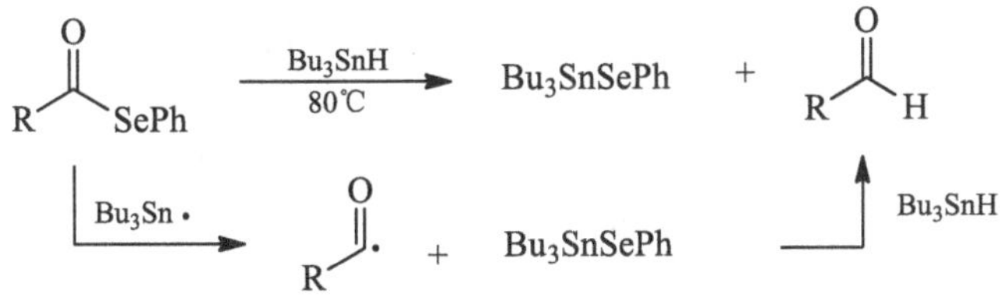

（二）催化氢化反应

1. 反应通式及反应机理

酰卤在 Lindlar 试剂的催化下还原成醛的反应也称 Rosenmund 反应。Lindlar 催化剂是由碳酸钙或硫酸钡吸附的钯催化剂被少量乙酸铅或喹啉钝化而成。钯催化剂必须被钝化，否则催化剂活性太强，无法停止在醛的阶段，会生成相应的醇，醇再与酰卤进一步反应生成酯。分子中存在的双键、硝基、卤素和酯基等不受影响。

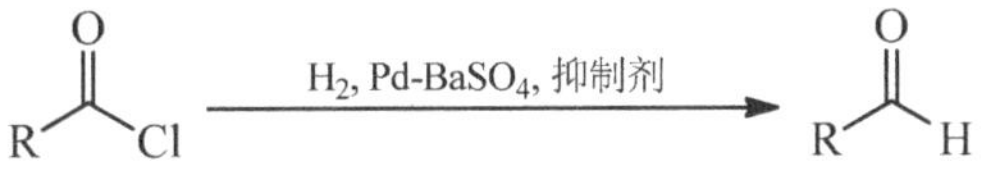

2. 反应特点及反应实例

Rosenmund 反应常用于制备一元脂肪醛、一元芳香醛或杂环醛；而二元羧酸的酰卤通常不能得到较高收率的二醛。例如，抗菌增效剂 3, 4, 5-三甲氧基苯甲醛（**70**）的制备，可以以相应的酰氯为原料，用 Lindlar 催化剂进行氢解还原，反应在常温常压下进行[39]。

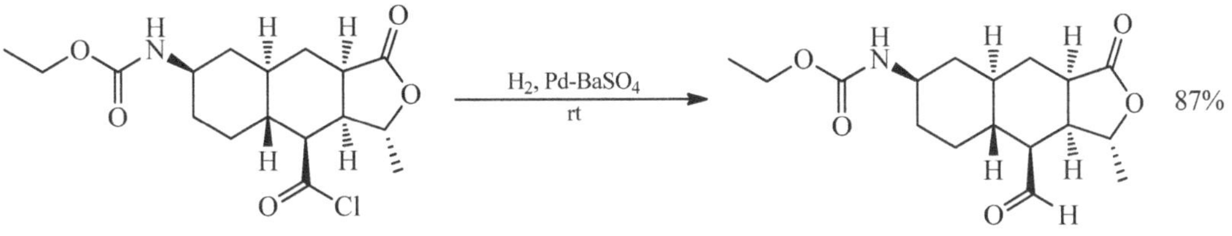

70

案例 8-4 Bouveault-Blanc 反应

金属钠和无水醇将羧酸酯直接还原成相应伯醇的反应称为 Bouveault-Blanc 反应，该反应主要用于高级脂肪酸酯的还原。

【问题】

Bouveault-Blanc 还原反应是经典的还原反应，使用金属钠作还原剂将羧酸酯还原成醇，但现在工业上很少使用，更多会用比金属钠更为昂贵的硼氢化钠来还原酯，请解释原因。

【案例分析】

Bouveault-Blanc 还原反应收率较低，金属钠工业化难度大，后处理较为复杂，三废污染大。

硼氢化钠比较温和，与三氯化铝或碘结合还可以增强还原性而还原酯，有时可用便宜的硼氢化钾代替。

第四节　含氮化合物的还原反应

一、硝基的还原反应

硝基是易于氢化还原的基团。在药物合成中，硝基的还原是很常见的一种还原反应，活泼金属、硫化物、催化氢化以及金属复氢化物均可将硝基还原为胺。

（一）活泼金属还原反应

在酸性条件下，铁粉还原硝基具有操作简单、价格成本较低等优点，缺点是对设备腐蚀和环境污染比较大。以铁粉为还原剂时，其还原机理为硝基化合物在铁粉表面进行电子得失的转移过程，铁粉为电子供给体。1mol 硝基化合物应得到 6 个电子才能还原为氨基化合物，铁粉给出电子后若转化为 Fe^{2+}，则需 3mol 铁；若转化为 Fe^{3+}，则需 2mol 铁；但在实际反应中生成既有 Fe^{2+} 又有 Fe^{3+} 的四氧化三铁（俗称铁泥），因此，1mol 硝基化合物还原成氨基化合物，理论上需要 2.25mol 铁粉。

$$Fe^0 \longrightarrow Fe^{2+} + 2e^-$$

$$Fe^0 \longrightarrow Fe^{3+} + 3e^-$$

$$Ar-NO_2 + 2e^- + 2H^+ \longrightarrow Ar-NO + H_2O$$

$$Ar-NO + 2e^- + 2H^+ \longrightarrow Ar-NHOH$$

$$Ar-NHOH + 2e^- + 2H^+ \longrightarrow Ar-NH_2 + H_2O$$

例如，局部消炎药苯噁洛芬（benoxaprofen）中间体的合成（71）[40]。

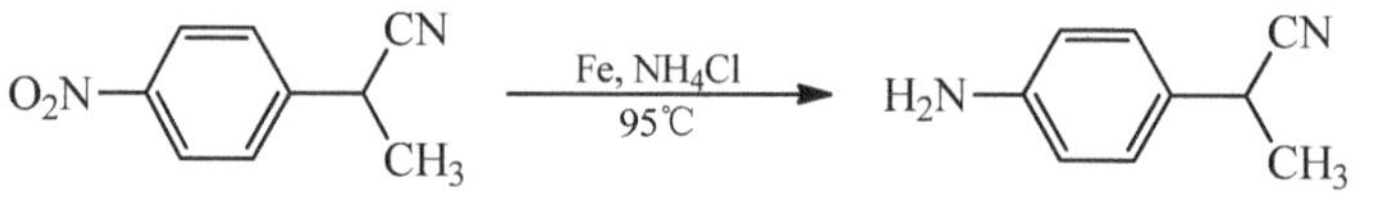

（二）硫化物还原反应

以含硫化合物为还原剂，可将硝基化合物还原为相应的氨基。此类还原剂包括硫化物（如硫化钠、硫氢化钠和多硫化钠）、含氧硫化物［如连二亚硫酸钠（保险粉）、亚硫酸钠和亚硫酸氢钠等］；一般在碱性条件下使用，且不影响醛基和苯环。硫化物或含氧硫化物还原硝基的反应为电子转移自由基还原反应机理，其中硫化物为电子供给体，水或醇为质子供给体。例如，抗凝血药莫哌达醇（mopidamol）中间体（72）的合成用连二亚硫酸钠还原硝基，结构中的双键不受影响[41]。

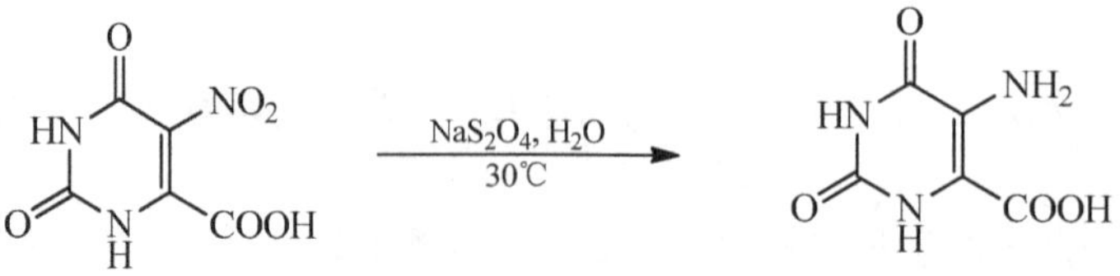

72

（三）催化氢化反应

催化氢化法也是还原硝基化合物常用的方法。铂、钯、镍等都有较好的催化效果，而且催化氢化法三废少，对环境污染小。例如，艾滋病治疗药物核苷逆转录酶抑制剂阿巴卡韦（abacavir）中间体（**73**）的合成即可以采用催化氢化法还原硝基。[42]

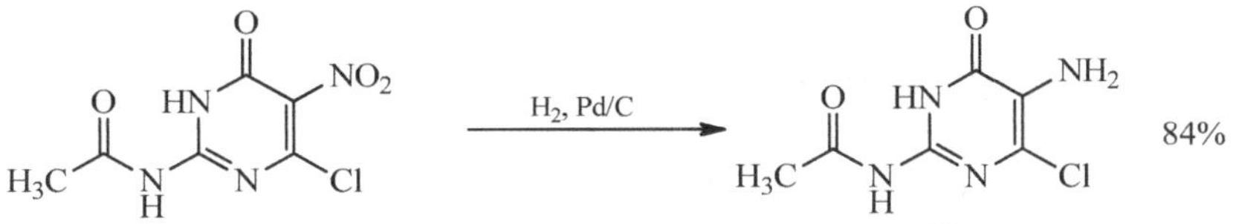

（四）金属复氢化物还原反应

LiAlH$_4$ 或 LiAlH$_4$/AlCl$_3$ 混合物均能有效地还原脂肪族硝基化合物为氨基化合物；芳香基化合物用 LiAlH$_4$ 还原时，通常得到偶氮化合物，如与 AlCl$_3$ 合用，则仍可还原成胺。硝基化合物一般不被硼氢化钠所还原，若在催化剂如硅酸盐、钯、二氯化钴等存在下，则可还原硝基化合物为胺[43]。

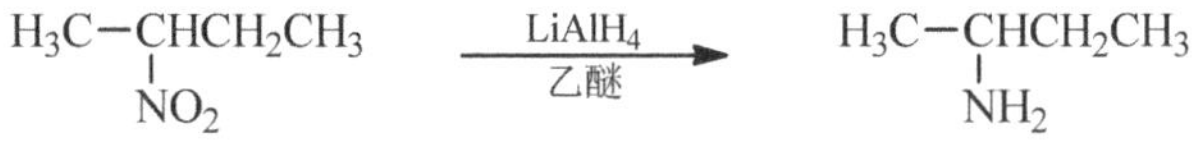

二、腈的还原反应

腈可由卤代烃制备，易水解为羧酸并还原为伯胺，是间接引入羧基及氨基的常用方法。腈的还原主要使用催化氢化和金属氢化物还原法。由于腈易水解，故而不宜采用活泼金属与酸的水溶液作为还原体系。

（一）催化氢化反应

腈的催化氢化可用钯、铂、活性镍作催化剂。还原产物中除伯胺外，通常还含有较多的仲胺，这是由于所生成的伯胺与反应中间物——亚胺发生缩合反应的结果。为了避免生成仲胺的副反应，可采用以下方法：

1）以钯、铂或铑为催化剂，在酸性溶剂中还原，使产物伯胺形成铵盐，从而阻止缩合副反应的进行。

2）以镍为催化剂，在溶剂中加入过量的氨，阻止脱氨从而减少副反应。

在药物合成中，常用催化氢化腈来制备伯胺。如心绞痛治疗药物伊伐布雷定（ivabradine）中间体（**74**）的合成[44]。

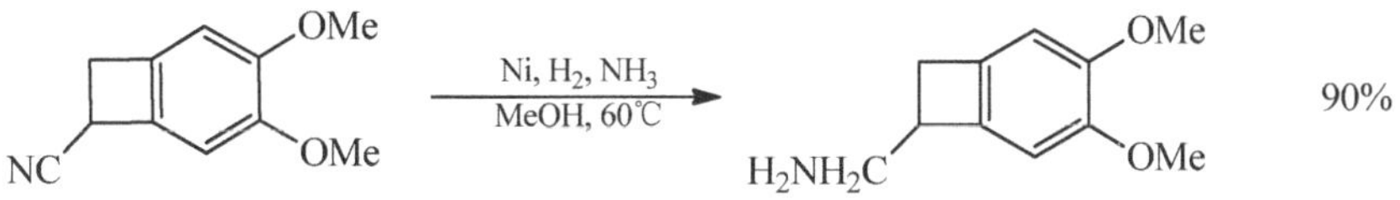

（二）金属复氢化物还原反应

氢化铝锂可还原腈成伯胺，为使反应进行完全，通常加入过量的氢化铝锂。硼氢化钠通常不能还原氰基，但加入活性镍、氯化钯时，反应可顺利进行。

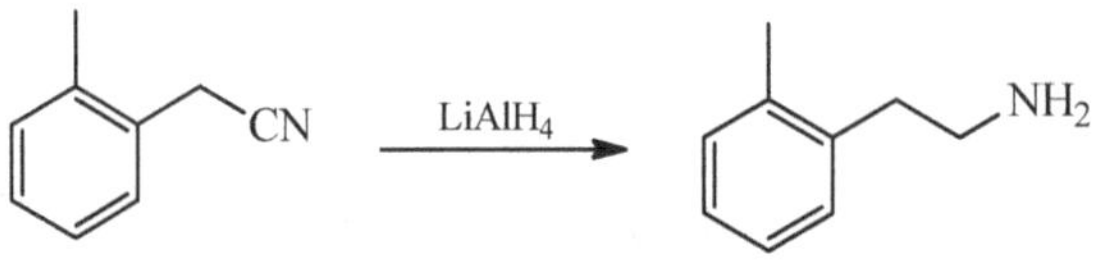

三、其他含氮化合物的还原反应

（一）偶氮化合物的还原反应

偶氮化合物的还原与硝基类似，可以通过催化氢化、活泼金属还原以及连二亚硫酸钠还原得到相应的伯胺。硼烷可在温和条件下还原偶氮化合物而不影响分子中的硝基。水合肼也可以用于偶氮的还原，由于其碱性，通常用于还原酸性条件下不稳定的物质，如在 Pd/C 催化下，用肼作为供氢体可得到化合物 **75**。

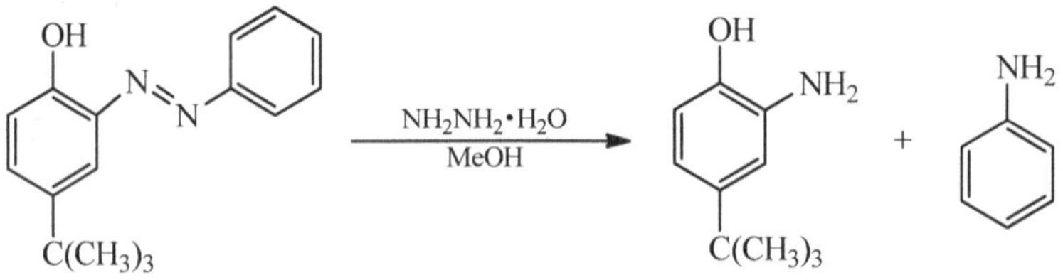

（二）叠氮化合物的还原反应

叠氮化合物可被多种还原剂还原为伯胺，催化氢化、金属复氢化物、硼烷等都是常用的还原方法或还原剂。

催化氢化还原中，常用催化剂为活性镍和钯，如阿利克仑（aliskiren）中间体（**76**）的合成[45]。

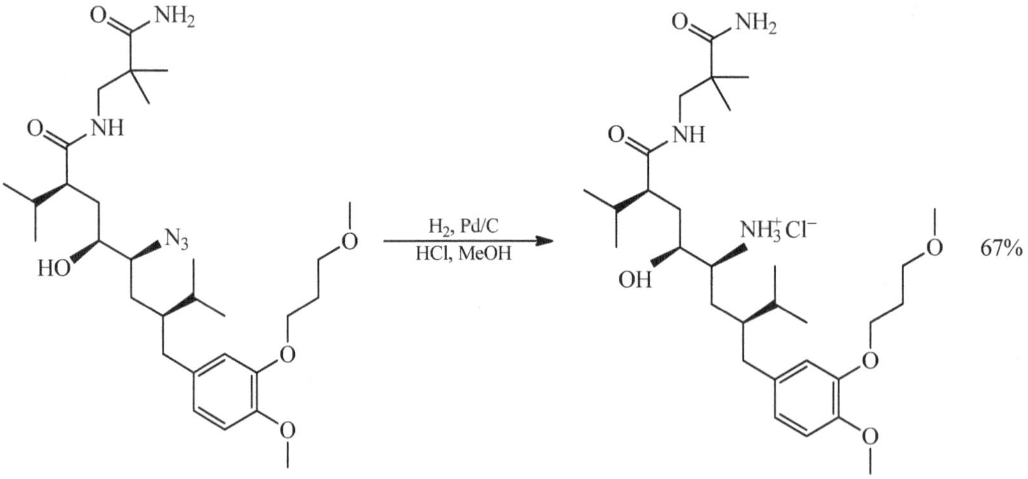

氢化铝锂、硼氢化钠、乙硼烷等均能使叠氮化合物还原为胺。通常，用氢化铝锂还原时，反应较易进行，但选择性不好，分子中的羰基同时被还原；若选用硼氢化钠或乙硼烷对叠氮基进行还原，选择性较好，分子中的羰基不受影响，如叠氮还原得到扎那米韦（zanamivir）中间体（**77**）[46]。

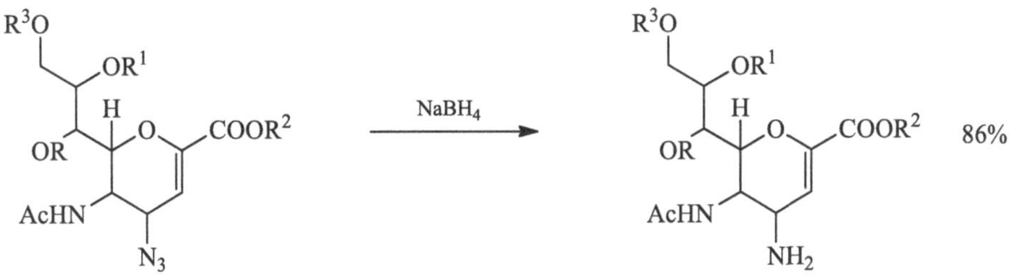

86%

77

（三）亚胺的还原反应

硼烷和胺形成的络合物是一种固体物质，处理方便，容易保存，可以代替其他硼氢化物。硼烷类化合物常在酸性或添加其他供质子剂下还原亚胺。

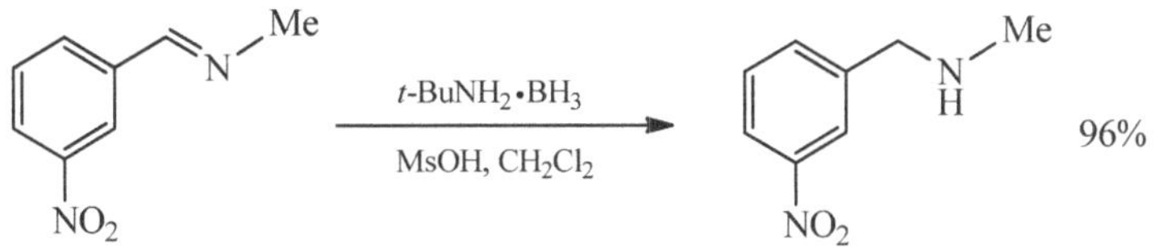

96%

案例8-5　铁粉对硝基的选择性还原

硝基是易于氢化还原的基团。在药物合成中，硝基的还原是很常见的一种还原反应，活泼金属还原、硫化物还原、催化氢化以及金属复氢化物还原均可将硝基还原为胺。

【问题】

用铁粉在盐类电解质（低铁盐和氯化铵等）的水溶液中还原，可将芳香族硝基、脂肪族硝基或其他含氧氮功能基（如亚硝基、羟胺等）还原成相应的氨基。那么铁粉还原对于其他不饱和基团会有影响吗？芳环上取代基的电性对还原反应又有什么影响？

【案例分析】

在铁粉还原中，一般对卤素、烯基等基团无影响，可用于选择性还原。对于不同的硝基化合物，在铁粉还原的条件下也有所不同。当芳环上有吸电子基时，由于硝基氮原子的亲电性增强，还原较易，还原温度较低。当芳环上有供电子基时，则反应温度要求较高，这可能是硝基氮原子上的电子云密度较高、不易接受电子的原因。

还原用的铁粉应选用含硅的铸铁粉，熟铁粉、钢粉及化学纯度的铁粉效果差。用铁粉还原时，常加入少量稀盐酸，使铁粉表面的氧化铁形成亚铁盐而作为催化电解质，也可加入亚铁盐、氯化铵的电解质使铁粉活化。

第五节　氢解反应

氢解反应通常是指在还原反应中碳-杂键（或碳-碳键）断裂，由氢取代离去的杂原子（碳原子）或基团而生成相应烃的反应。在合成结构比较复杂的药物时，氢解反应有着独特的应用价值。反应一般在比较温和的条件下进行，常用的催化剂是金属钯。

氢解反应主要应用催化氢化法，在某些条件下，也可用化学还原法完成。

一、脱卤氢解反应

1. 反应通式及反应机理

（1）反应通式

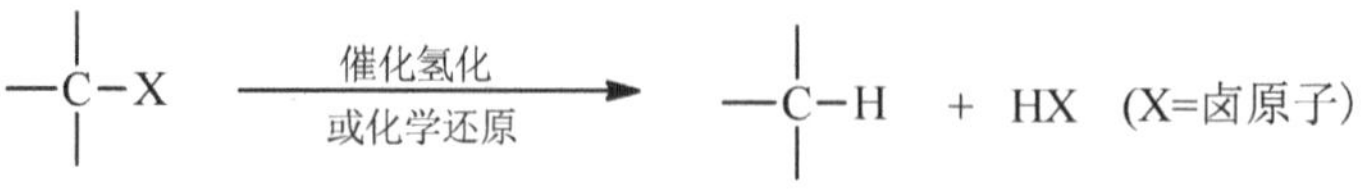

$$—\overset{|}{\underset{|}{C}}—X \xrightarrow[\text{或化学还原}]{\text{催化氢化}} —\overset{|}{\underset{|}{C}}—H \;+\; HX \quad (X=卤原子)$$

（2）反应机理

利用催化氢化的脱卤氢解反应机理为：卤代烃通过氧化加成机理与活性金属催化剂形成有机金属络合物，再按催化氢化机理反应得到氢解产物。

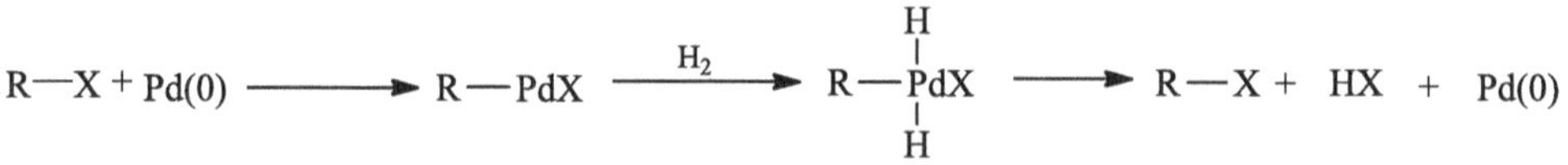

$$R—X + Pd(0) \longrightarrow R—PdX \xrightarrow{H_2} R—\overset{H}{\underset{H}{PdX}} \longrightarrow R—X + HX + Pd(0)$$

2. 反应特点及反应实例

（1）反应特点

卤代烃的氢解活性由两方面因素决定，即卤原子活性和含卤素化合物的结构。

1）卤原子活性

从取代的卤原子来看，活性顺序为碘＞溴＞氯＞＞氟。

2）含卤素化合物的结构

酰卤、α-位有吸电子基的卤原子、苄位或烯丙位卤原子和芳环上电子云密度较小位置的卤原子易发生氢解。酮、硝基、羧酸、酯和磺酸基等的 α-位卤原子，均易发生氢解。一般来说，普通的卤代烃较难氢解。

（2）反应实例

1）脱卤氢解常用方法

A. 催化氢化

催化氢化是脱卤氢解最常用的方法，钯为首选催化剂，镍因易受卤素离子毒化，一般需增大用量比来解决。氢解后的卤素离子，特别是氟离子，可使催化剂中毒，故一般不用于 C—F 键的氢解。在还原过程中，通常用碱中和生成的卤化氢，否则氢解反应速率将减慢甚至停滞。例如，高血压病治疗药贝那普利（Benazepril）的中间体（**78**）的合成[47]。

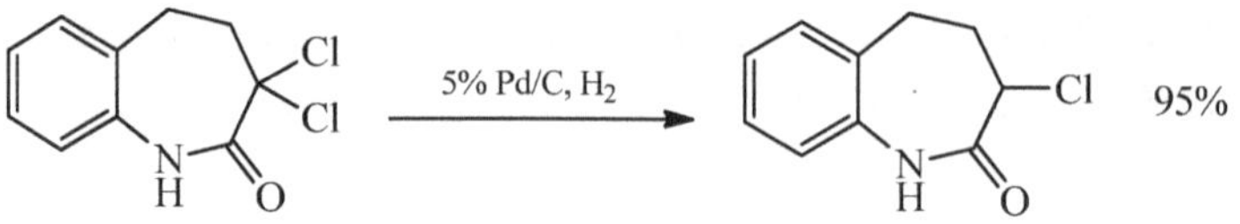

B. 活泼金属还原

活泼金属（如锌粉、Al-Ni 合金等）在一定反应条件下，也可发生脱卤氢解。

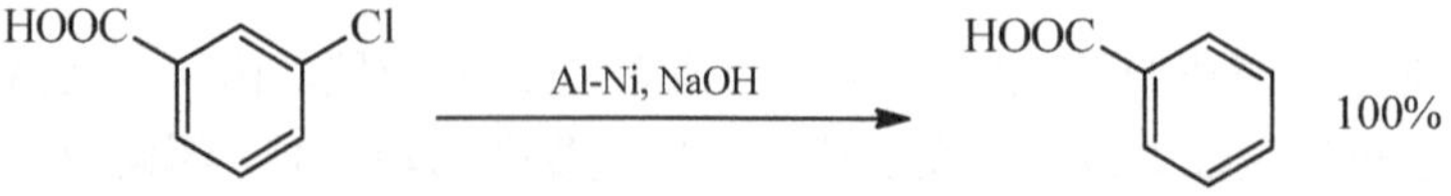

C. 金属复氢化物还原

氢化铝锂、硼氢化钠等金属氢化物，在非质子溶剂中，可用于卤代烃的氢解。其中，氢化铝锂具有更强的还原能力，可用于 C—F 键的氢解。

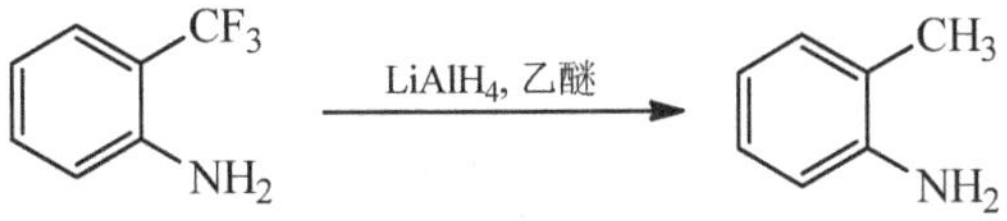

在有机锡化物如$(C_6H_5)_3SnH$、$(n-C_4H_9)_3SnH$ 等存在下，可在较温和的条件下，选择性地氢解卤素，而不影响分子中其他易还原的基团，例如：

硼氢化钠在氯化锌或其他路易斯酸存在下，如化合物 **79** 在极性非质子溶剂中可以选择性地氢解脂肪族卤代烃，而结构中的芳香卤代物则不受影响。

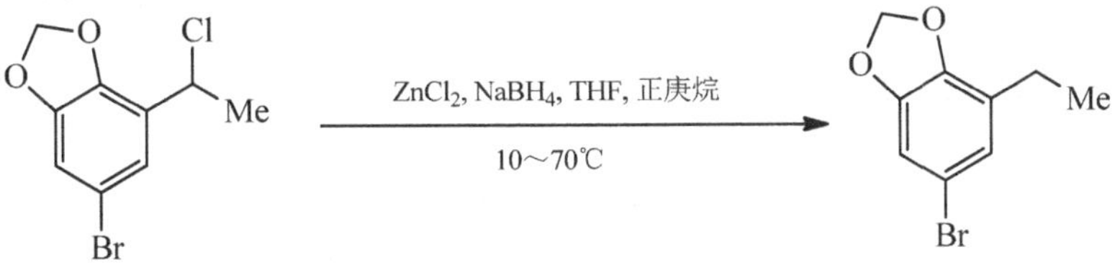

79

在有机锡化物如$(C_6H_5)_3SnH$、$(n-C_4H_9)_3SnH$ 等存在下，可在较温和的条件下，选择性地氢解卤素，而不影响分子中其他易还原的基团，例如：

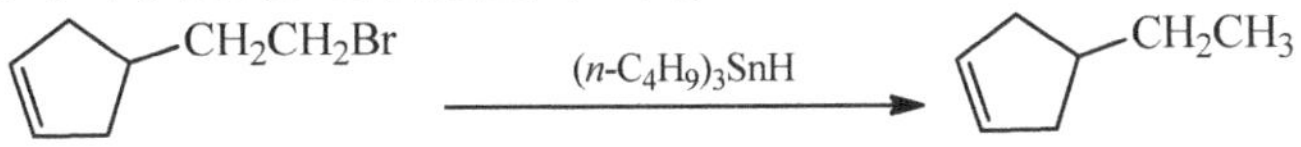

2）反应的选择性

在不饱和杂环化合物中，相同卤原子的选择性氢解往往与卤原子的位置有关，如 2-羟基-4, 7-二氯喹啉（**80**）的氢解，该分子中有两个氯原子，由于吡啶环上氮原子的吸电子作用，4-位的电子云密度降低，其相对氢解活性比 7-位大，故能选择性地氢解 4-位的氯而生成 2-羟基-7-氯喹啉（**81**），即电子云密度小的卤素易被氢解。

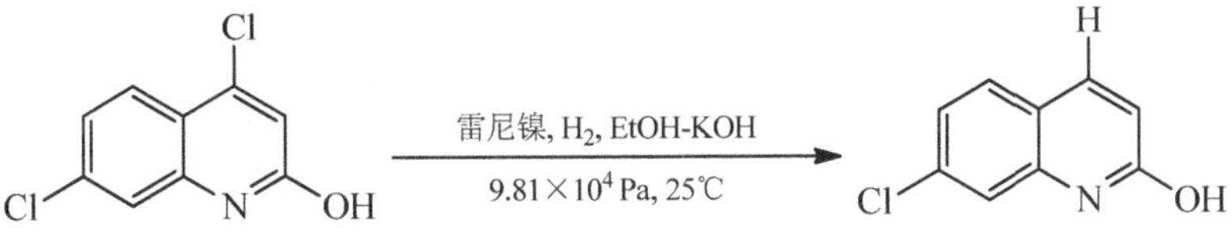

80   **81**

二、脱苄氢解反应

苄基或取代苄基与氧、氮或硫连接而成的醇、醚、酯、苄胺、硫醚等，均可通过氢解反应脱去苄基生成相应的烃、醇、酸、胺等化合物，此反应称为脱苄反应（debenzylation reaction）。目前已发展了多种脱除苄基保护基的方法，常用的有三氟乙酸法、钠醇还原法、2, 3-二氯-5, 6-二氰苯醌（DDQ）还原法以及钯碳（Pd/C）催化氢化法等。其中，钯碳催化氢化法由于反应条件温和、后处理简便而得到广泛应用。

1. 反应通式及反应机理

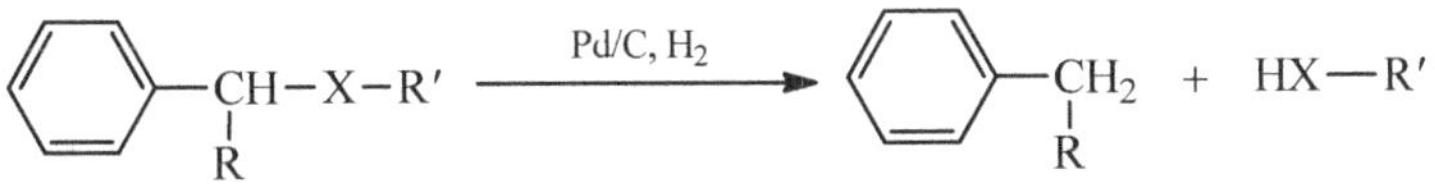

X = O, N, S

催化脱苄氢解反应机理与脱卤氢解相似，见本章第五节脱卤氢解的相关内容。

例如高胆固醇血症治疗新药甲磺酸洛美他派（lomitapide mesylate）中间体（**82**）可经氢氧化钯-碳（Pearlman 催化剂）催化脱苄合成。

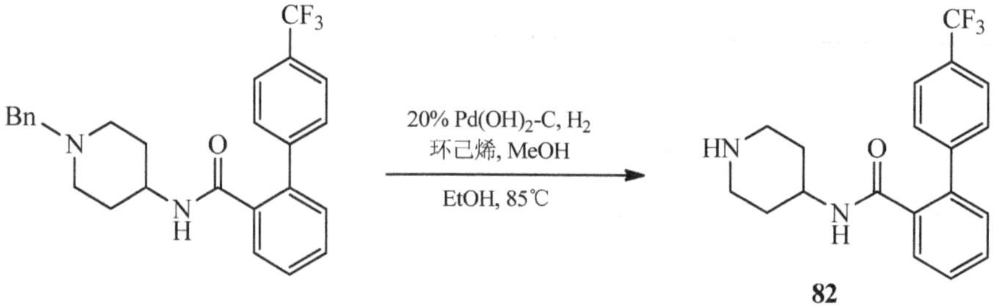

82

2. 反应特点及反应实例

（1）反应特点

在脱苄氢解反应中，底物化学结构对氢解速率有较大影响。氢解反应的难易，一方面取决于底物被还原部位与催化剂表面活性部位接触程度，若与苄基相连的基团位阻较大，则反应较难发生；另一方面，在 Pd/C 催化下，氢解脱苄基的速率与断裂基团的离去能力有关。例如，苄基与氮或氧相连时，脱苄反应的活性因结构不同而有如下顺序：

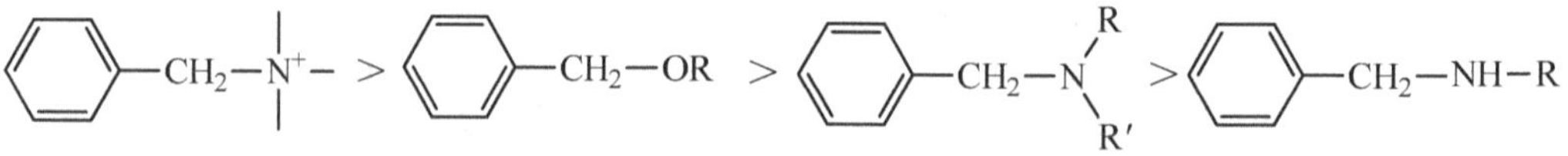

利用其活性差异，可进行选择性脱苄。一般而言，*N*-苄基的脱保护比 *O*-苄基的脱保护要难一些，而且并非所有类型的 *N*-苄基均能用钯碳催化氢化法脱去苄基。例如，酰胺氮原子上的苄基（包括取代苄基）很难被脱除。

如果结构中存在其他易被还原的基团，可以选择氢氧化钯作为氢解催化剂，如化合物 **83** 用 Pearlman 催化剂催化，仅苄基被氢解，而吲哚环不被还原[48]。

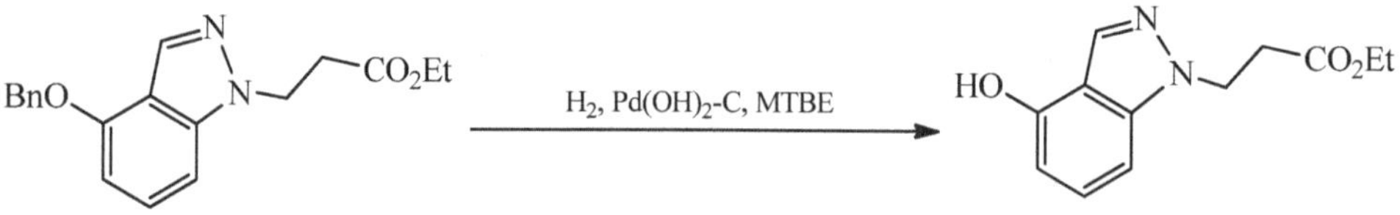

83

另外，Pearlman 催化剂也可用于苄胺的氢解，特点是当还存在其他官能团时，优先脱去 *N*-苄基[49]。

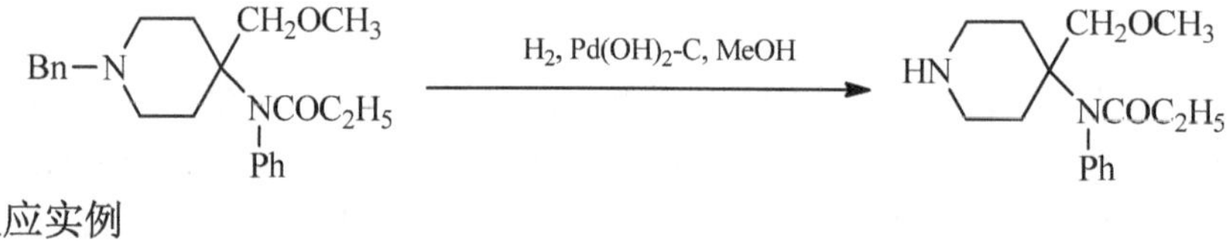

（2）反应实例

脱苄反应可在中性条件下氢解脱保护基，不易引起肽键或其他对酸、碱敏感的结构变化，因而在小分子药物、多肽药物和天然药物的合成中得到广泛应用。例如，治疗青光眼药物倍他洛尔（betaxolol）中间体（**84**）的合成[50]。

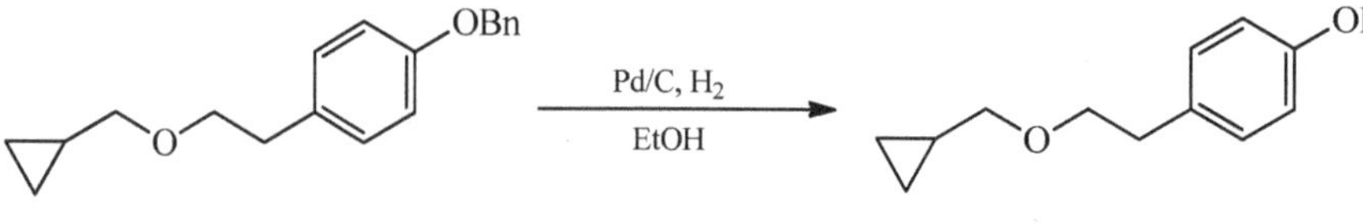

84

控制好反应条件，也可一步同时脱除多部位保护基。例如，降糖先导化合物荞麦碱（fagomine）及其类似物（**85**）合成中通过催化氢化一步脱 3 个部位的苄基[51]。

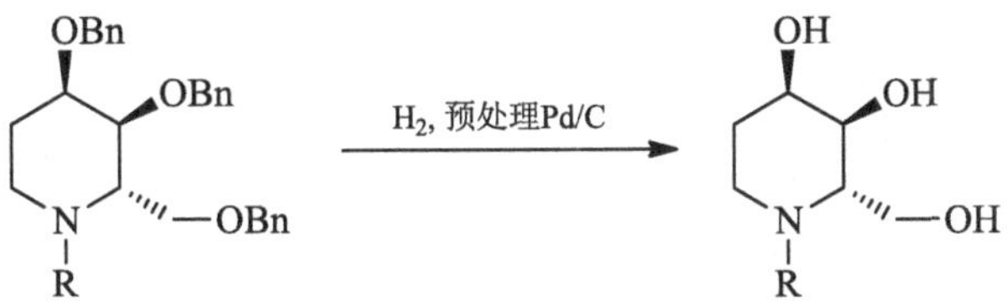

85

三、脱硫氢解反应

硫醇、硫醚、二硫化物、亚砜、砜、含硫杂环化合物等在一定条件下可使碳-硫键断裂，发生氢解脱硫。

1. 反应通式及反应机理

$$\text{R—S—R}' \text{ 或 } \text{R—S—S—R}' \xrightarrow[\text{或化学还原}]{\text{催化氢化}} \text{R—H} + \text{HS—R}' \text{ 或 } \text{R—SH} + \text{HS—R}' \quad (\text{R, R}' = \text{H, 烷基, 芳基等})$$

利用催化氢化或化学还原法的脱硫氢解反应机理与脱卤氢解相似，见本章第五节脱卤氢解反应机理相关内容。

2. 反应特点及反应实例

脱硫氢解可用化学还原法（如金属复氢化物、锌-乙酸、三苯基膦等）或催化氢化法，其中催化氢化常用新制备的含大量氢的活性镍。钯和铂等贵金属催化剂易受硫化物毒化，所以碳-硫键的氢解常用雷尼镍催化剂。

2-位无取代的嘧啶衍生物（**86**）可用氢解脱硫合成。

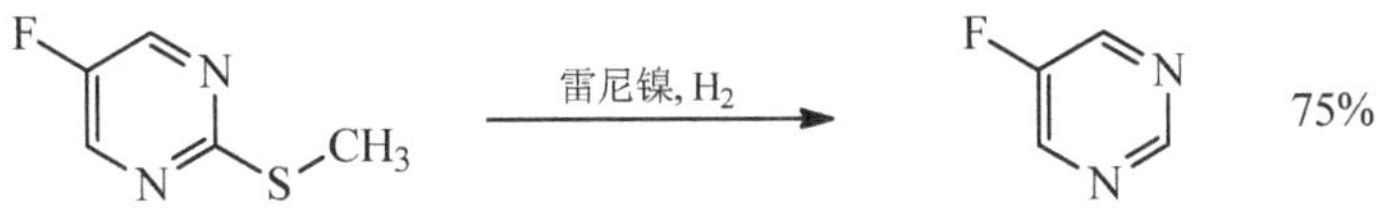

86

（1）将羰基化合物转化为烷烃

硫缩酮氢解脱硫，是将羰基转变为亚甲基的常用方法之一，特别是 α,β-不饱和酮及 α-杂原子取代酮的选择性还原，条件温和，收率较高。例如，化合物 **87** 与硫醇反应生成硫缩酮（**88**），在活性镍存在下，在乙醇中回流，氢解脱硫而得到化合物 **89**。

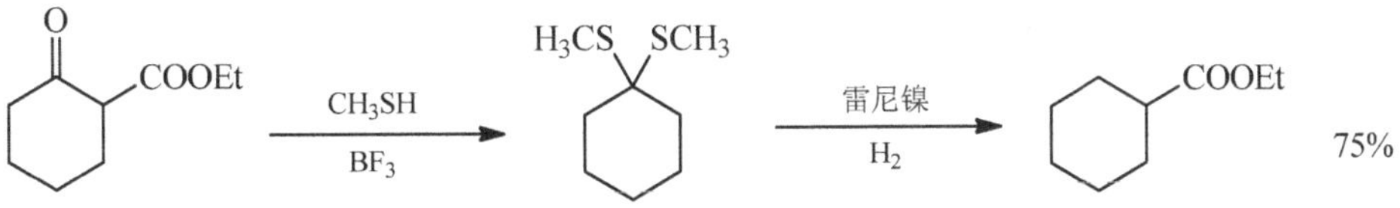

87 **88** **89**

雷尼镍是断裂碳-硫键的有效试剂。

（2）硫醇类化合物的制备

二硫化物可还原氢解为二分子硫醇，是制备硫醇的最常用方法。例如，降血脂药物普罗布考（probucol）中间体（**90**）的合成。

90

案例 8-6　氢解的溶剂与介质

氢解是 σ 键断裂并与氢结合的反应，反应易于控制，产品纯度较高，收率高，三废少，已经广泛应用于工业中。

【问题】

氢解反应中，溶剂和介质对反应有什么影响？

【案例分析】

对于氢解反应，特别是杂原子化合物的氢解反应中，最好使用质子溶剂。芳香烃和烯烃的氢化则选用非质子溶剂。一般来说，氢化反应大多在中性介质中进行，而氢解反应则在酸性或碱性介质中进行。例如，加碱可以促进碳-卤键氢解，加少量酸可以促进碳-氮键和碳-氧键氢解。

参 考 文 献

[1] Kitazume T, Yamazaki T, Mizutani K. Modified preparation method of trifluoromethylated propargylic alcohols and its application to chiral 2, 6-dideoxy-6, 6, 6-trifluoro sugars. J Org Chem, 1995, 60: 6046-6056.

[2] 俞伊莎, 李珊珊, 晏弥卉, 等. 高含量全反式番茄红素的全合成方法研究. 浙江化工, 2014, 8: 17-20.

[3] Lu W, Wang J, Li X, et al. Process for the preparation of anti-inflammatory agent iguratimod from *N*-(4-acetyl-5-methoxy-2-phenoxyphenyl)methanesulfonamide: CN 1462748. 2003.

[4] Thakur V V, Nikalje M D, Sudalai A. Enantioselective synthesis of (*R*)-(−)-baclofen via Ru(Ⅱ)-BINAP catalyzed asymmetric hydrogenation. Tetrahedron Asymmetry, 2003, 14: 581-586.

[5] Mander L N, Zhang H, David C A, et al. A new approach to the total synthesis of the unusual diterpenoid tropone, harringtonolide. Tetrahedron Lett, 1998, 39: 6577-6580.

[6] Lebenf R, Robert F, Landais Y. Regioselectivity of birch reductive alkylation of biaryls. Org Lett, 2005, 7: 4557-4560.

[7] 姚其正. 药物合成反应. 1 版. 北京: 中国医药科技出版社, 2012.

[8] Ma B C, Wang Y Q, Liw D Z. An alternative synthesis of Dolby-Weinreb enamine en route to cephalotaxine. J Org Chem, 2005, 70 (11): 4528-4530.

[9] Flammia D, Dukat M, Damaj M I, et al. Lobeline: structure-affinity investigation of nicotinic acetylcholinergic receptor binding. J Med Chem, 1999, 42, 3726-3731.

[10] Yamamura S, Toda M, Hirata Y. Modified Clemmensen reduction: cholestane. Org Synth, 1988, 6: 289.

[11] Naruse M, Aoyagi S, Kibayashi C. Stereoselective total synthesis of (−)-pumiliotoxin C by an aqueous intramolecular acylnitroso Diels-Alder approach. J Chem Soc Perkin Trans, 1996, 1: 1113-1124.

[12] Xu S, Toyama T, Nakamura J, et al. One-pot reductive cleavage of exo-olefin to methylene with a mild ozonolysis-Clemmensen reduction sequence. Tetrahedron Lett, 2010, 51: 4534-4537.

[13] Hoi N P B, Beaudet C. Benzofurans: US 3012042. 1961.

[14] Todd D. The Wolff-Kishner reduction. Org React, 1948, 4: 378-422.

[15] Jason C G, Thomas R R P. An oxidative dearomatization-induced [5 + 2] cascade enabling the syntheses of *α*-cdrene, *α*-pipitzol, and *sec*-cedrenol. J Am Chem Soc, 2011, 133 (5): 1603-1608.

[16] Mizuki K，Takaaki K. Regioselective inter-and intramolecular formal [4 + 2] cyclobutanones with indoles and total synthesis of (±)-aspidospermidine. Angew Chem Int Ed，2013，52：906-910.

[17] Hutchison J M，Gibson A S，Williams D T，et al. Synthesis of the C21-C34 fragment of antascomicin B. Tetrahedron Lett，2011，52：6349-6351.

[18] Gadhwal S，Baruah M，Sandhu J S. Microwave induced synthesis of hydrazones and Wolff-Kishner reduction of carbonyl compounds. Synlett，1999，10：1573-1574.

[19] Liou J，Wu Y，Li S，et al. Processes for the prepation of SGLT2 inhibitors：WO 2010022313. 2010.

[20] Breuer E. The hydrogenolysis of some cyclopropyl ketones and cyclopropyl carbinols with diborane and borontrifluoride. Tetrahedron Lett，1967，8（20）：1849-1854.

[21] Kwasi A O，Barbara R. Receptor-based design of novel dihydrofolate reductase inhibitors：benzimidazole and indole derivatives. J Med Chem，1991，34：1383-1394.

[22] Prashad M，Hu B，Har D，et al. An efficient and economical synthesis of 5, 6-diethyl-2, 3-dihydro-1H-inden-2-amine hydrochloride. Org Proc Res Dev，2006，10（1）：135-141.

[23] Siya R，Leonard D S. Reduction of aldehydes and ketones to methylen derivatives using ammonium formate as a catalytic hydrogen transfer agent. Tetrahedron Lett，1988，29（31）：3741-3744.

[24] Dong H，Zhang Z L，Huang J H，et al. Practical synthesis of an orally active renin inhibitor aliskiren. Tetrahedron Lett，2005，46（37）：6337-6340.

[25] 吴酮，陈刚，王元忠，等. 贝美前列素的合成. 中国医药工业杂志，2015，46（6）：552-555.

[26] Xavier L C，Mohan J J，Mathre D J，et al. (S)-Tetrahydro-1-methyl-3, 3-diphenyl-1H, 3H-pyrrolo-[1, 2-c][1, 3, 2]oxazaborole-borane complex. Org Synth，1997，9：676.

[27] Yamada S I，Shioriri T，Fujii T. Studies on optically active amino acids. I. Preparation of 3-(3, 4-methylenedioxyphenyl)-D-，and-L-alanine. Chem Pharm Bull，1962，10：680.

[28] 刘广生，贾铁成，李德刚，等. 对氟苄胺合成工艺改进. 精细化工，2014，31（2）：270-272.

[29] Noyori R. Organometallic ways for the multiplication of chirality. Tetrahedron，1994，50：4259.

[30] Arai N，Azuma K，Nii N，et al. Highly enantioselective hydrogenation of aryl vinyl ketones to allylic alcohols catalyzed by the tol-binap/dmapen ruthenium（Ⅱ）complex. Angew Chem Int Ed，2008，47：7457-7460.

[31] Arai N，Suzuki K，Sugizaki S，et al. Asymmetric hydrogenation of aromatic，aliphatic，and α, β-unsaturated acyl silanes catalyzed by tol-binap/pica ruthenium（Ⅱ）complexes：practical synthesis of optically active α-hydroxysilanes. Angew Chem Int Ed，2008，47：1770-1773.

[32] 钱云波，殷亮，徐本全，等. N-[2-(4-甲氧基苯基)-1-甲基乙基]苄胺的制备. 中国医药工业杂志，2007，38（8）：549-550.

[33] Lee S C，Park S B. Novel applications of Leuckart-Wallach reaction for synthesis of tetrahydro-1, 4-benzodiazepin-5-ones library. Chem Commun，2007：3714-3716.

[34] Williams G D，Pike R A，Wade C E，et al. A one-pot process for the enantioselective synthesis of amines via reductive amination under transfer hydrogenation conditions. Org Lett，2003，5：4227-4230.

[35] Marcello A，Roberto A，Candida C. A practical synthesis of 7-azaindolylcarboxy-endo-tropanamide. Org Proc Res Dev，2003，7（2）：209-213.

[36] Thomas K F. The acyloin condensation as a cyclization method. Chem Rev，1964，64（5）：573-589.

[37] Seiichi I，Kikumasa S，Hirohito O. Preparation of α, β-unsaturated macrocyclic ketones：JP 04139144. 1993.

[38] Paul S，David J M，Thomas J B. Enantioselective synthesis of thieno[2, 3] thiopyran 7, 7-dioxide compounds，e.g. dorzolamide，via ritter reaction：EP 617037. 1994.

[39] Chackalamannil S，Wang Y，Thiruvengadam T K. Preparation of modified tricyclic himbacine derivatives as thrombin receptor antagonists：US 20080085923. 2008.

[40] Joachim B，Johann D，Volker K，et al. 4-Aminophenylacetic acid and 4-aminonaphthaleneacetic acid derivatives：ZA 6804711. 1968.

[41] Josef R，Heinz S. Basic-substituted 1, 2, 3, 4-tetrahydropyrimido[5, 4] -pyrimidines：US 3322755. 1967.

[42] Mary S D. Preparation of purinyl cyclopentenemethanol derivatives as medical Antivirals：EP 434450. 1991.

[43] Nystrom R F，Brown W G. Reduction of organic compounds by lithium aluminum hydride. Ⅱ. Carboxylic acids. J Am Chem Soc，

1947，69（10）：2548-2549.

[44]　Michel L J，Pierre L J，Claude S J，et al. Process for the synthesis of ivabradine and addition salts thereof with a pharmaceutically acceptable acid：US 2005228177. 2005.

[45]　Richard G，Klaus M J，Walter S，et al. Preparation of δ-amino-γ-hydroxy-ω-arylalkanoic acid amides as renin inhibitors：EP 678503. 1995.

[46]　Xu R X，Zhang D G，Jian S X，et al. Process for preparation of Zanamivir intermediate with azide reducing agents：CN 101962375. 2010.

[47]　陈芬儿. 有机药物合成法：第一卷. 北京：中国医药科技出版社，1999：12.

[48]　Deshong P. A total synthesis of （±）-tirandamycin B. J Am Chem Soc，1991，113：8791-8798.

[49]　陈芬儿. 有机药物合成法. 北京：中国医药科技出版社，1998：703.

[50]　刘宏民，张京玉，张正. 左旋盐酸倍他洛尔合成工艺：CN 101085742. 2007.

[51]　刘巧珍，江富祥，王果，等. Pd/C 催化氢化高效脱除含氮糖中的苄基型保护基. 暨南大学学报，2013，34（3）：320-323.

第九章　官能团的保护（Protection of Functional Groups）

【学习目标】

学习目的

本章主要介绍了一元醇形成酰化和醚化、二元醇形成缩醛（酮）、氨基形成甲酸酯、醛酮羰基形成缩醛（酮）等保护方法，以及相应的脱保护方法，旨在让学生在药物合成中能灵活运用各种官能团保护的方法，实现药物选择性合成。

学习要求

掌握选择保护基的原则，羟基、氨基、羰基等各种官能团常用的保护试剂和保护方法。

熟悉羟基或羰基形成缩醛（酮）保护的反应机理。

了解各种保护基的结构性质与反应特点。

在药物合成中，往往会遇到有些基团不稳定但在最后需要保留的情况，此时通常需要采用官能团的保护策略。天然产物及对其结构优化得到的衍生物是药物的重要来源之一。近年来，合成复杂结构天然产物的需要，极大地促进了对保护基的研究和发展，而许多结构新颖、选择性好的保护基的出现和应用，又推动和提高了许多复杂天然产物合成的速度和水平。两者相互影响，引起目前多糖、核酸、核苷、大环抗生素和生物碱等全合成工作的蓬勃发展。由此可见，保护基在解决复杂化合物的合成上起了极其重要的作用。

选择保护基的基本条件是：①保护基易于引入，收率高，制备时对分子其他部分无影响；②生成的保护衍生物在以后的反应过程中稳定；③保护基容易脱除，且收率高，反应条件对分子其他部分无影响。

第一节　羟基的保护和脱保护

一、一元醇的保护

醇羟基（$pK_a = 15 \sim 18$）是活性较高的有机官能团，在药物合成中经常利用它们进行氧化、酯化、卤化、脱水和烃化等反应。因此，在某些反应中需要将醇羟基进行保护，常用的保护方法主要分为形成醚、缩醛或缩酮及酯类衍生物。该方法在甾类、糖（包括核苷及核苷酸衍生物）及甘油酯的化学中有着广泛的用途。

（一）醚类保护基

这类保护基主要有甲醚（ROMe）、叔丁醚（ROBu-t）、苄醚（ROBn）、对甲氧基苄醚

（ROPMB）、三苯甲醚（ROTr）、硅醚等。

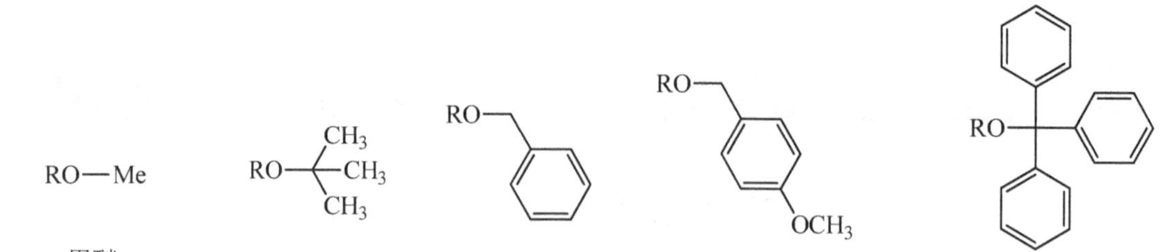

甲醚　　　　　叔丁醚　　　　　苄醚　　　　对甲氧基苄醚　　　　三苯甲醚

1. 甲醚（ROMe）

运用经典的 Williamson 反应在羟基上引入甲基成甲醚，该类保护基主要用于酚羟基的保护，有关的试剂和反应机理参见本书中的 O-烃化反应的章节。

（1）反应通式

$$ROH \xrightarrow[NaOH]{CH_3I或Me_2SO_4} RO-Me$$

醇羟基的甲基化试剂通常用硫酸二甲酯（Me_2SO_4）或碘甲烷等，在浓氢氧化钠作用下进行；酚羟基的甲基化通常在氢氧化钠存在下与硫酸二甲酯反应或在碳酸钾存在下与碘甲烷反应。甲醚是一种很稳定的保护基，对酸、碱、亲核试剂、氧化剂和还原剂是稳定的，缺点是较难脱除。

（2）反应特点及反应实例

简单的甲醚衍生物脱除保护基通常采用质子酸（如 H_2SO_4 在室温下，HBr/AcOH 回流）、路易斯酸（如三氯化铝、三氯化硼、三溴化硼等）等试剂。还有强亲核试剂，如碘化镁、三甲基碘硅烷（Me_3SiI）、钠-液氨、乙硫醇钠、丙硫醇钠、对甲苯硫酚钠等，溶剂采用 CH_2Cl_2、$CHCl_3$ 和 CH_3CN 等。例如，4-溴-2,6-二甲氧基嘧啶 **1** 用 HBr-AcOH 在 70℃加热 2h，几乎以定量的收率得到脱甲基产物 **4**。这是由于甲氧基嘧啶核内氮的质子化（**2** 和 **3**），促进了溴负离子对甲基的亲核性进攻，因而易于酸解脱除。

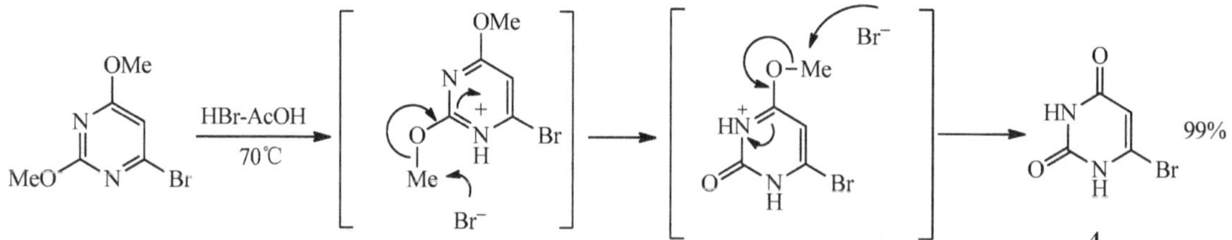

三溴化硼具有较强的脱甲基能力，低温下在二氯甲烷中可以有效脱除甲基，且不伴随其他化学反应，在药物合成中应用广泛。例如，抗抑郁药文拉法辛（venlafaxine，**5**）用 BBr_3 为催化剂，脱除甲基制得去甲基文拉法辛 **6**，其反应机理如下式所示。

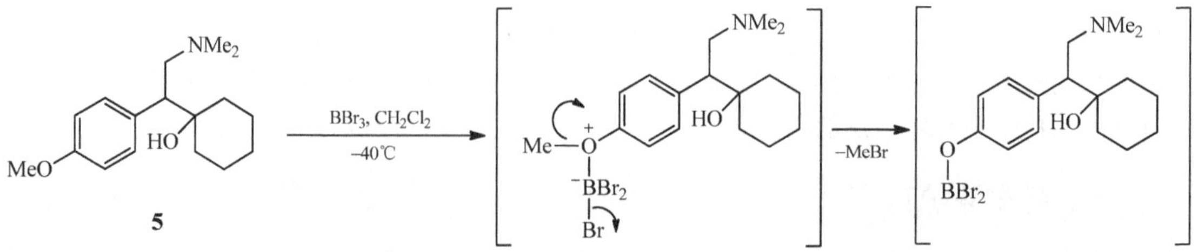

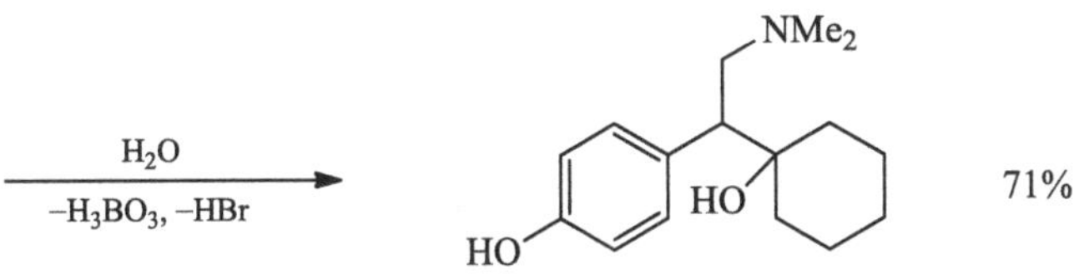

71%

苯甲醚类化合物除了用酸及三卤化硼、三氯化铝脱保护外，还可用碘化锂、氨基钠、硫醇钠、硫酚钠等强亲核性的脱保护试剂，如下式所示。

X = I, NH₂, EtS, PrS, p-MeC₆H₄S

2. 叔丁醚（ROBu-*t*）

叔丁基在多肽药物合成中成功地保护氨基酸的羟基和甾类的羟基。叔丁醚对碱及催化氢化是稳定的，但易被酸脱除。

（1）反应通式

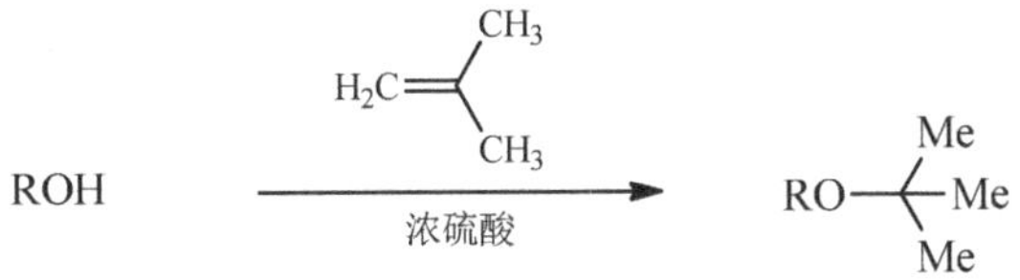

伯羟基或酚羟基在酸催化下与异丁烯在室温下反应，高收率地得到相应的叔丁醚。常用的酸催化剂为浓硫酸。其反应机理为：异丁烯在酸性条件下双键发生质子化生成叔碳正离子，然后与醇羟基反应、脱除质子得到叔丁醚。

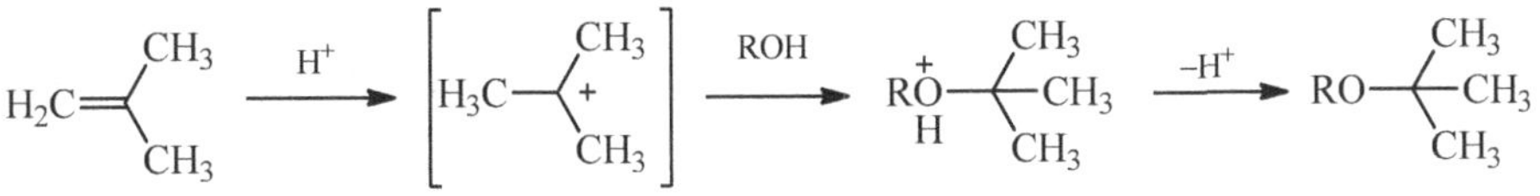

（2）反应特点及反应实例

最常用的脱叔丁基试剂是三氟乙酸及稀硫酸水溶液。因此，当分子中的其他部分在上述酸性条件下稳定时，可用叔丁基保护。例如，对羟基苯乙醇（**7**）的合成中就采用叔丁基保护酚羟基来实现。

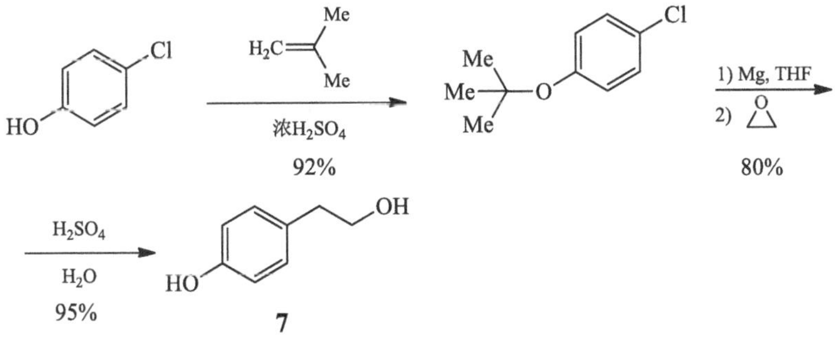

3. 苄醚（ROBn，ROPMB）

苄醚对碱、某些亲核试剂及氧化剂、氢化铝锂等是稳定的，能经受许多氧化反应，如 Swern、氯铬酸吡啶鎓盐（PCC）、重铬酸吡啶鎓盐（PDC）、Jones 等氧化反应，以及 NaIO₄ 和 Pb(OAc)₄ 等强氧化试剂。因此，苄基作为羟基保护基，应用于糖类和氨基酸类药物的合成。

（1）反应通式

X = Cl, Br
R' = H 或 OCH₃

制备苄醚的最常用方法是 Williamson 反应，由苄溴或苄氯与氢化钠、醇钠或醇钾反应而制得，反应在极性非质子溶剂中进行，如 N, N-二甲基甲酰胺（DMF）或四氢呋喃（THF）等。酚的苄醚可在 Na_2CO_3 或 K_2CO_3 作用下与苄溴或苄氯反应制得。苄基化反应中可加入相转移催化剂四丁基碘化铵，利用碘离子置换苄溴或苄氯中的卤素，原位生成活泼的苄碘而加快羟基的苄基化。

（2）反应特点及反应实例

苄醚在中性溶液和室温条件下很易被催化氢化，常用的氢解催化剂为：Pd/C、Pd(OH)₂、Pd(OAc)₂、PdCl₂，而不影响其他保护基团的稳定性，反应后处理操作简便、绿色环保。与苄醚相比，脱除对甲氧基苄基（PMB）的反应条件更为温和，速度更快，并因甲氧基对碳正离子有共振稳定化的作用，故酸性条件下更易脱除，如三氟乙酸-CH₂Cl₂ 溶液能快速地脱除 PMB。另外，去除 PMB 还可用 2, 3-二氯-5, 6-二氰苯醌（DDQ）、硝酸铈铵（CAN）等温和的氧化条件。

抗肿瘤药阿糖胞苷（cytarabine, **11**）的合成中用苄基保护化合物 **8** 的三个羟基。阿糖胞苷 C1 位是 β 构型，绝大多数有生理作用的核苷在 C1′位上都是 β 构型。用苄基保护 2′-位羟基，由于 2′-位苄醚没有邻基参与作用，并且 2′, 3′, 5′-三-O-苄基-氯代呋喃阿拉伯糖端基异构体混合物 **8** 中主要是 α 异构体。当采用 Hilbert-Johnson 法将化合物 **8** 与 **9** 进行 S_N2 反应，在 C1 位发生构型反转而生成 β 构型核苷化合物 **10**。同时，**10** 经氨解、催化氢化脱除苄基得到目标产物阿糖胞苷 **11**，总收率约 50%[1]。

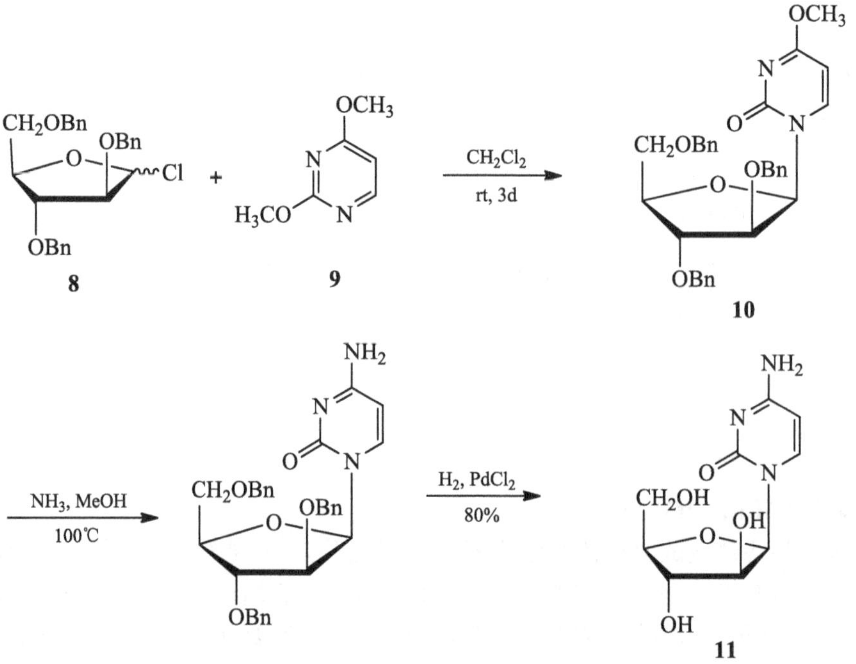

4. 三苯甲醚（ROTr）

醇羟基中的氢被三苯甲基取代形成三苯甲醚，三苯甲基广泛应用于保护糖、核苷及甘油酯中的伯醇基。三苯甲醚具亲脂性，容易结晶，可溶于绝大多数有机溶剂中，它们对碱及其他亲核试剂是稳定的。

（1）反应通式

$$R-OH \xrightarrow{\text{TrCl}} R-O-Tr$$

三苯甲醚的制备通常是用醇与氯代三苯甲烷（TrCl）在有机碱的作用下反应制得，如用TrCl/吡啶在 4-二甲氨基吡啶（DMAP）或 1,8-二氮杂二环十一碳-7-烯（DBU）催化下可以很好地实现羟基的保护。

（2）反应特点及反应实例

在选择性封锁多元醇中的伯醇时，三苯甲基化特别有用。由于立体位阻效应，三苯甲醚被用来区域选择性地保护伯羟基。脱除该保护基一般都用酸性条件（如 80%AcOH、HBr-AcOH、HCO_2H-H_2O 和 HCO_2H-^tBuOH 等），也可用 Birch 还原剂钠-液氨等去除三苯甲基保护基。

抗肿瘤药物阿糖胞苷（cytarabine）的其中一条合成路线中为了实现 2′-位的对甲苯磺酰化，采用三苯甲基选择性地保护化合物 **12** 的 5′-伯羟基，从而实现化合物 **13** 中 2′-位的对甲苯磺酰化。

$\underset{CH_3}{\overset{CH_3}{RO-Si-CH_3}}$	$\underset{Et}{\overset{Et}{RO-Si-Et}}$	$\underset{CH_3}{\overset{CH_3}{RO-Si-^iPr}}$
三甲基硅基(TMS)	三乙基硅基(TES)	二甲基异丙基硅基(IPMS)
$\underset{Et}{\overset{Et}{RO-Si-^iPr}}$	$\underset{CH_3}{\overset{CH_3}{RO-Si-^tBu}}$	$\underset{Ph}{\overset{Ph}{RO-Si-^tBu}}$
二乙基异丙基硅基(DEIPS)	二甲基叔丁基硅基(TBDMS)	叔丁基二苯基硅基(TBDPS)
$\underset{^iPr}{\overset{^iPr}{RO-Si-^iPr}}$		
三异丙基硅基(TIPS)	四异丙基二硅烷氧基亚基(TIPDS)	二叔丁基亚甲硅基(DTBS)

5. 硅醚

羟基与硅烷化试剂在碱性条件下反应生成硅醚类化合物，此类硅醚保护基被广泛应用于糖、甾类及其他醇的羟基保护，在药物合成中得到大量的使用，这主要源于它们在温和条件下容易引入，又可在温和条件下与酸或氟离子试剂反应容易脱除，并且它们的反应性和相对酸、碱的稳定性可通过变换与硅原子相连的取代基来调节。重要的硅基醚保护基归纳如下：

（1）反应通式

$$R-OH \xrightarrow[\text{碱}]{R_3^\prime SiCl \text{ 或 } R_3^\prime SiOTf} R-O-SiR_3^\prime$$

通常情况下，三烃基氯硅烷（R_3SiCl）或三烃基硅烷基三氟甲磺酸（R_3SiOTf）与醇在碱性条件下反应，可快速、高效地与羟基反应成硅醚，所用的碱性物质通常为各种有机碱，如吡啶、三乙胺（TEA）、二异丙基乙基胺（DIPEA）、咪唑、DAMP、2,6-二甲基吡啶或 DBU 等，溶剂可为 CH_2Cl_2、CH_3CN、THF 或 DMF。绝大多数的 R_3SiCl 都可保护伯醇、仲醇和位阻小的叔醇，且反应温度越低越利于位阻小的伯羟基硅醚化；三烃基较大的硅烷基如 TBDMS、TBDPS、TIPS 等，不能保护叔羟基，也较难保护位阻大的仲羟基。

比 R_3SiCl 有更高活性和更有效的硅醚化试剂是 R_3SiOTf，如 TMSOTf、TBSOTf、TESOTf 和 TBDPSOTf 等。它们常在碱催化下用于位阻大的仲醇或叔醇的硅醚化保护。

（2）反应特点及反应实例

在酸性条件下，Si—O 键解离速率与连接在 Si 原子上烃基的大小成反比，即烃基越大，则 Si—O 键解离速率越小，三烃基硅醚在酸催化条件下的相对稳定性次序是：TMS＜TES＜TBS＜TIPS＜TBDPS；三烃基硅醚在碱性介质中的相对稳定性次序是：TMS＜TES＜TBS≈TBDPS＜TIPS。

用三甲基硅基进行保护的一个突出优点是引入及脱除的条件都非常温和。如 5-甲基尿嘧啶 **14** 硅甲基化，六甲基二硅氮烷（HMDS）既作硅烷基化试剂又作溶剂，加入催化量的（NH_4）$_2SO_4$、Me_3SiCl 或 TMSOTf，可以高收率地得到硅甲基化产物 **15**。

三甲基硅（TMS）在质子溶剂中很不稳定，因此，三甲基硅基的脱除只需在稀醇溶液中加热回流即可，这样可以确保分子中的其他部位不受影响。一般来说，空间位阻较小的醇最容易硅基化，但同时在酸或碱中也非常不稳定，易水解。例如，在抗肿瘤药物紫杉醇（taxol）的合成中，用三甲基硅醚保护伯羟基，用二甲基硅醚（DMS）保护叔羟基[2]。

叔丁基二甲基硅（TBS）是目前应用最广的硅醚保护基之一，在分子中羟基位阻不大时主要通过 TBSCl 对羟基进行保护，但当羟基位阻较大时则采用较强的硅醚化试剂 TBSOTf 来实现。

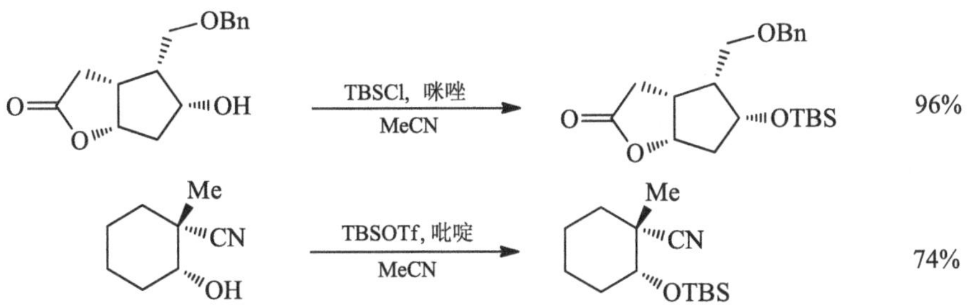

TBS 在多种有机反应中是相当稳定的，如在低温下 *n*-BuLi 反应、格氏反应等条件下能稳定存在。它对碱稳定，对酸敏感。脱除 TBS 保护基除了常用的四丁基氟化铵（Bu$_4$NF、TBAF）外，也可用酸来脱除，如 HCl-MeOH、HCl-二氧六环体系。若有对强酸敏感的官能基存在时，则可选用 AcOH-THF 体系。TBS 醚脱除的难易取决于空间因素，因此常常用于对多官能团、不同位阻的分子进行选择性脱保护。化合物 **16** 中氨基保护基叔丁氧羰基（Boc）在酸性条件下易脱除，为了不影响 Boc 保护基的脱除，选用 AcOH-H$_2$O-THF 条件，选择性地脱除位阻较小的 C5 位上 TBS 保护基得到化合物 **17**。

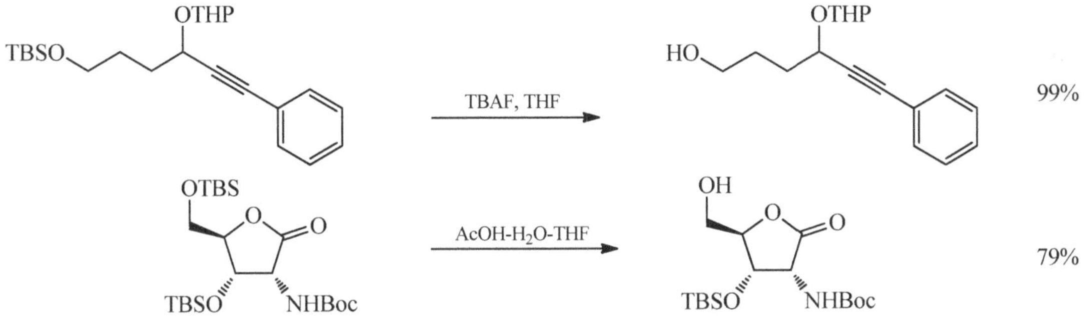

16   **17**

（二）缩醛和缩酮保护基

这类保护基用于单羟基的保护，包括甲氧基甲基（MOM）、甲硫甲基（MTM）、2-甲氧基乙氧基甲基（MEM）、1-乙氧基乙基（EE）、苄氧基甲基（BOM）、2-(三甲基硅基)乙氧基甲基（SEM）和四氢吡喃基（THP）等，由相应的氯化物或溴化物在碱催化下与羟基化合物反应制得。MOMCl 是强致癌物，引入 MOM 保护基时要十分小心。现在常用 MEM 代替 MOM，MEM 醚制备时存在对碱敏感的底物，可采用季铵盐 Et$_3$N$^+$MEMCl$^-$ 与醇反应。

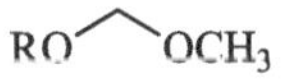

甲氧基甲基醚(MOM) 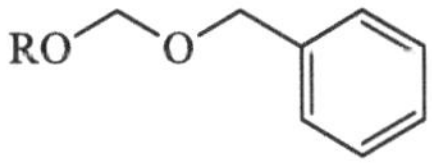   苄氧基甲基醚(BOM) 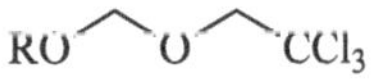   2, 2, 2-三氯乙氧基甲基醚

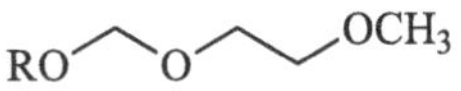

2-甲氧基乙氧基甲基醚(MEM) 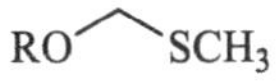   甲硫甲基醚(MTM) 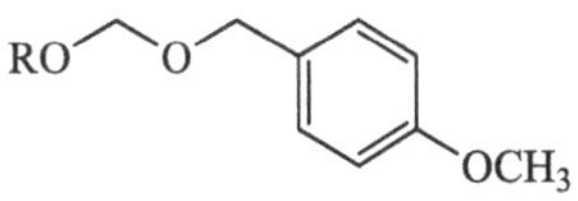   对甲氧基苄氧基甲基醚(PMBM)

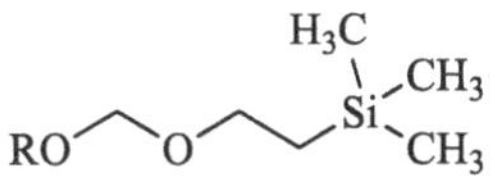

2-(三甲基硅基)乙氧基甲基醚(SEM) 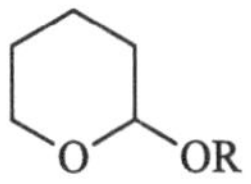   四氢吡喃基醚(THP) 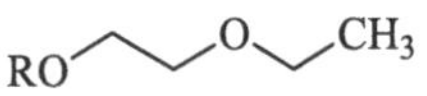   1-乙氧基乙基醚(EE)

1.四氢吡喃（THP）

四氢吡喃醚是由伯醇或仲醇在酸催化下与二氢吡喃（DHP）在二氯甲烷中加成制得，四氢吡喃醚从化学结构上来看是混合缩醛，它广泛应用于炔醇、甾类及核苷酸的合成。

（1）反应通式

$$R-OH \quad + \quad \text{（2,3-二氢-4H-吡喃）} \quad \xrightarrow{H^+} \quad \text{（四氢吡喃醚 OR）}$$

在酸催化下，2,3-二氢-4H-吡喃与醇加成生成四氢吡喃醚，这是最常用的醇保护基之一。常用的溶剂有氯仿、乙醚、二氧六环、乙酸乙酯以及二甲基甲酰胺等。如果醇是液体，有时还可不用溶剂。常用的酸性催化剂有三氯氧磷（$POCl_3$）、氯化氢（包括浓盐酸）、三氟化硼-乙醚络合物（$BF_3 \cdot Et_2O$）、对甲苯磺酸（TsOH）、樟脑磺酸（CAS）以及酸性较温和的对甲苯磺酸吡啶盐（PPTS）等。对于伯、仲、叔醇都能反应，但对于二醇及多元醇的选择性保护，并不是都能成功。

四氢呋喃保护的反应机理：反应过程中，二氢呋喃分子中烯醚氧的 β-碳原子质子化，互变产生强亲电性的氧碳鎓离子，接着醇进攻与氧相邻的碳原子，得四氢呋喃醚。

$$\text{（反应机理示意图）} \quad \xrightarrow{H^+} \quad \cdots \quad \xrightarrow{R-OH} \quad \cdots \quad \xrightarrow{-H^+} \quad \text{（四氢吡喃醚 O-R）}$$

（2）反应特点及反应实例

四氢吡喃醚是混合缩醛，因此对强碱、格氏试剂、烷基锂、氢化铝锂及烃化、酰基化试剂是稳定的，但能在温和条件下酸催化水解，如用 0.1mol/L 盐酸在室温下脱除，用 AcOH-THF-H_2O（4:2:1）在稍加热条件下脱除，也可以用酸性离子交换树脂脱除。

$$\text{TBDPSO—...—HO—}C\equiv C-C_6H_5 \quad \xrightarrow{\text{DHP, PPTS}} \quad \text{TBDPSO—...—THPO—}C\equiv C-C_6H_5 \quad 97\%$$

$$R-C\equiv C-\text{...}-\underset{OH}{}-\underset{OTHP}{}-C\equiv C-C_6H_5 \quad \xrightarrow{\text{PPTS, EtOH, 50℃}} \quad R-C\equiv C-\text{...}-\underset{OH}{}-\underset{OH}{}-C\equiv C-C_6H_5 \quad 94\%$$

2. 2-甲氧基乙氧基甲基保护基（MEM）

它常用于伯、仲和叔羟基的保护而制备成相应的缩醛。

（1）反应通式

$$ROH \quad + \quad Cl-CH_2O-CH_2CH_2-OCH_3 \quad \xrightarrow[\text{溶剂}]{\text{碱}} \quad RO-CH_2O-CH_2CH_2-OCH_3$$

醇在碱性条件与氯甲基 β-甲氧基乙醚反应得到 2-甲氧基乙氧基甲基醚。反应条件通常是 DIPEA-CH_2Cl_2、NaH-THF 或 NaH-DMF。有时加入碘离子可以提高氯甲基 β-甲氧基乙醚的反应活性，加快反应速率，常用的含碘化合物为 $Bu_4N^+I^-$、LiI 或 NaI。

（2）反应特点及反应实例

该保护基在强碱、还原剂、有机金属试剂、氧化剂及弱酸等条件下都是稳定的。它可以在乙醚、苯甲醚、苄醚、烯丙醚、四氢吡喃醚、叔丁基二甲基硅烷醚、三氯乙醚等保护基的存在下选择地脱除。它没有手性，因此也解决了用四氢吡喃醚保护手性分子所带来的增加立体异构体问题。2-甲氧基乙氧基甲基醚保护基仅需要在非质子溶剂中，用弱路易斯酸（如无水溴化锌）在室温下搅拌即可。

$$MeOCH_2CH_2OCH_2OR \xrightarrow[\text{rt}]{\text{ZnBr}_2, \text{乙醚, CH}_2\text{Cl}_2} ROH+CH_2(OH)_2+MeOCH_2CH_2OH \quad >90\%$$

（三）羧酸酯保护基

引入酰基形成酯是保护羟基常用的方法，如用乙酸酯或其他羧酸酯保护。这种保护方法效果较好，保护试剂经济低廉、引入方便，被广泛地用于药物合成中。这类保护基常用的有：新戊酰基（t-BuCO，Piv）、苯甲酰基（PhCO，Bz）、乙酰基（CH_3CO，Ac）、氯乙酰基（$ClCH_2CO$）、甲氧羰基、叔丁氧羰基、苄氧羰基等。酯类保护基的形成方法参见本书第四章第一节。

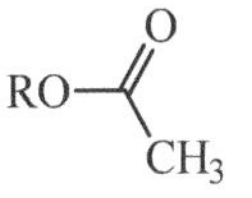

乙酸酯 (Ac)	氯乙酸酯	二氯乙酸酯	三氯乙酸酯
新戊酸酯 (Piv)	苯甲酸酯 (Bz)	对甲氧基苯甲酸酯	对溴苯甲酸酯
碳酸甲酯	碳酸叔丁酯(Boc)	2, 2, 2-三氯乙基碳酸酯(Troc)	碳酸烯丙酯(Alloc)
碳酸苄酯(Cbz)	2-(三甲基甲硅烷基)乙基碳酸酯(Teoc)	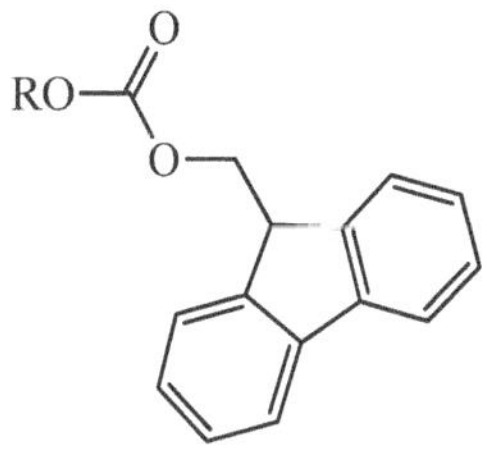	9-(芴基甲基)碳酸酯 (Fmoc)

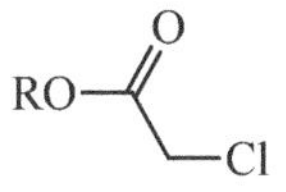

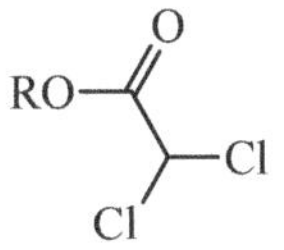

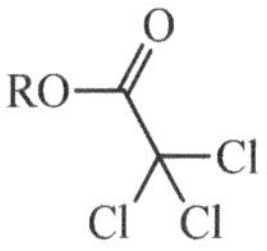

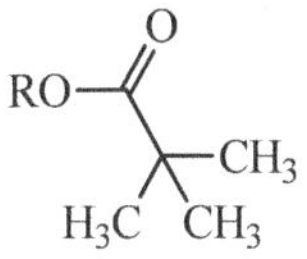

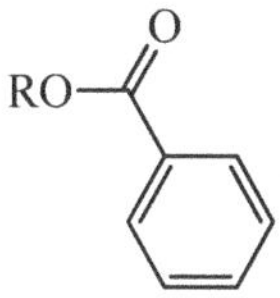

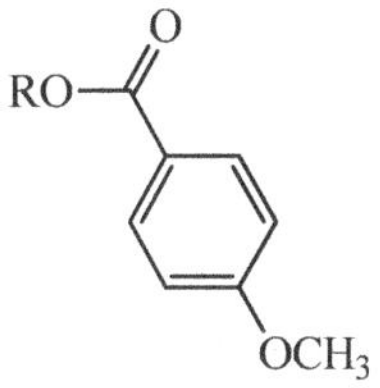

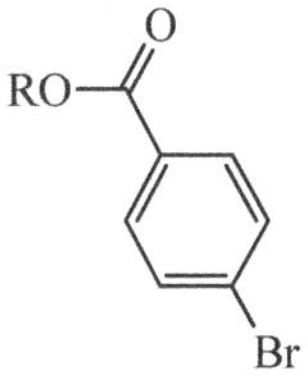

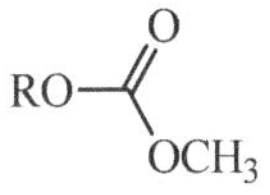

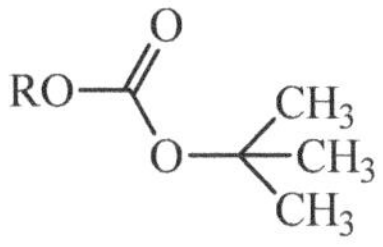

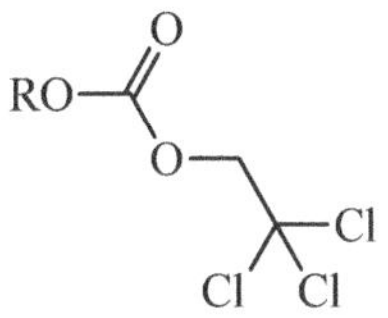

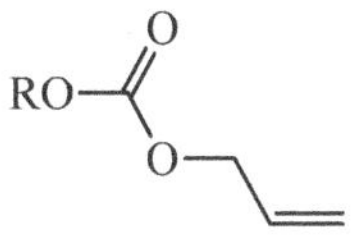

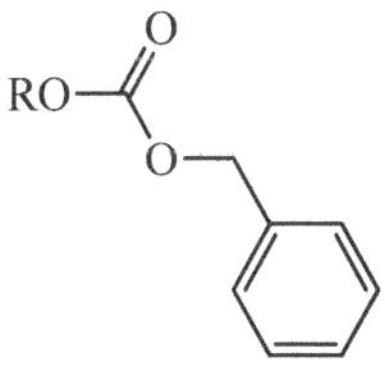

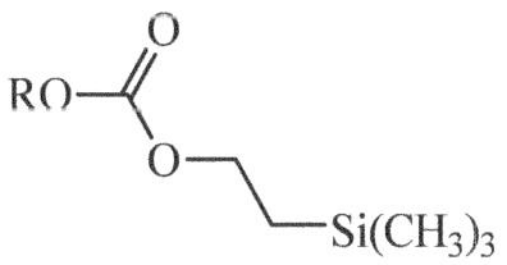

由于酰化剂及羟基的立体要求，有时可以选择地酰化二元或多元醇中的一个或一个以上的羟基。如果选择地保护 1, 2-及 1, 3-二醇类化合物时，就要考虑到酰基转移的可能性。羧酸酯保护基通常可在碱性条件下脱除，但是也可用酸性水解、醇解或其他特殊条件下脱除。二酯或多酯衍生物中，由于位阻、电性及其他因素的差异，可以选择地脱除酰基。

1. 乙酰基（乙酸酯）保护基

在保护甾类、糖、核苷及其他类型化合物的醇羟基时，乙酸酯比较通用。

（1）反应通式

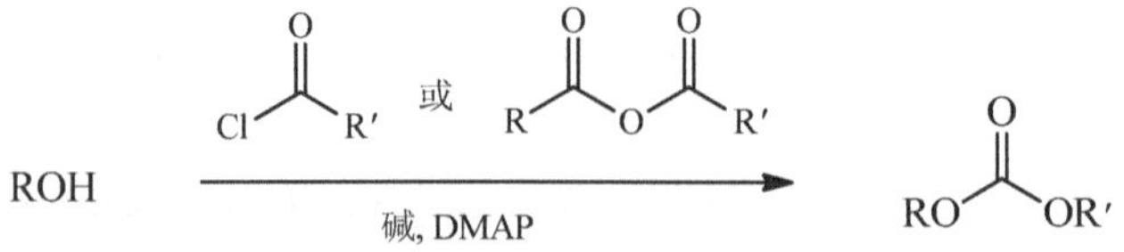

羟基乙酰化通常用乙酸酐在吡啶溶液或加入其他叔胺在室温下获得，但也可以用乙酸酐与无水乙酸钠或加入某些酸性催化剂（如无水氯化锌、硫酸等）反应。DMAP 与酰化试剂作用生成活性中间体，有利于加快亲核试剂和活化酯之间的反应。

（2）反应特点及反应实例

用乙酰化保护醇羟基，在苷（包括核苷）的合成、氧化、磷酸化中应用较多。例如，抗肿瘤药物阿糖胞苷合成中，阿糖尿苷（**18**）在硫化前，糖羟基需要先用乙酰基保护，如下式所示[3]。

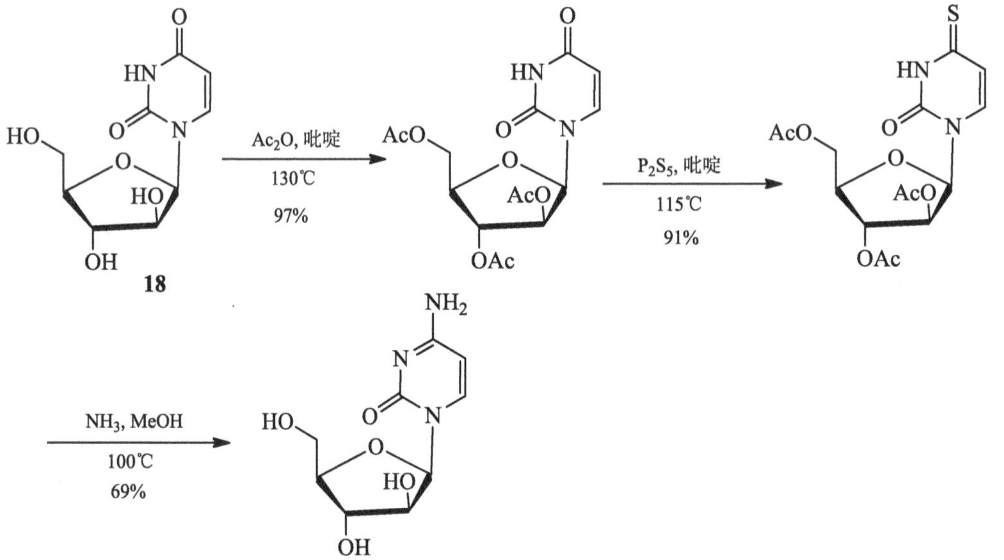

在核苷合成中，某些二醇羟基的单乙酰化，可以采用原酸酯交换法。例如，抗病毒药物缬更昔洛韦（valganciclovir）的合成中，采用在酸催化下，更昔洛韦 **19** 与原乙酸三甲酯迅速反应，得 O-甲氧乙叉衍生物 **20**，后者在很温和的条件下酸性水解，得 O-单乙酰更昔洛韦 **21**，收率 90%[4]。

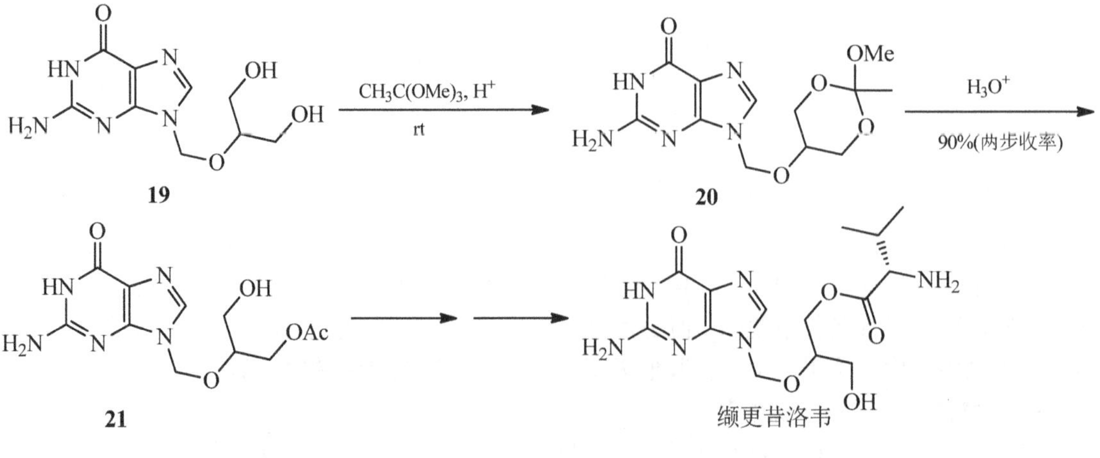

多羟基化合物的选择性酰化只有在一个或几个羟基比其他羟基位阻小时才有可能。例如，用乙酸酐/吡啶在室温下反应，可以选择性酰化多羟基化合物中的伯、仲羟基而不酰化叔羟基，如要使叔醇乙酰化需加入酰化催化剂 DMAP 等，能加速酰化；对位阻较大的叔醇，可通过路易斯酸如 TMSOTf 催化叔醇乙酰化。

2. 苯甲酰基及对位取代苯酰基保护基

除乙酰基外，苯甲酰基用于保护醇羟基比其他酰基更加广泛。特别是在糖化学中，有对位取代的苯甲酸酯（如对硝基、对氯、对甲基等苯甲酸酯）的应用虽然不如无取代的苯甲酸酯应用普遍，但它们的糖羟基保护衍生物却比苯甲酸酯更易得到结晶，而这正是糖的合成中需要解决的问题之一。

（1）反应通式

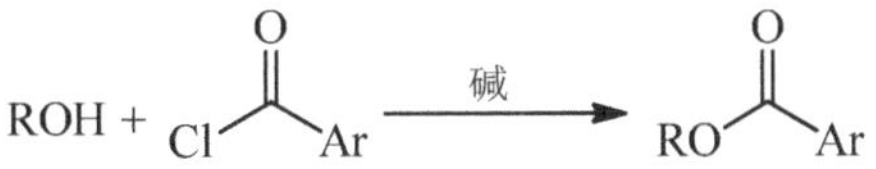

$$ROH + \underset{Cl}{\overset{O}{\|}}Ar \xrightarrow{碱} RO\overset{O}{\overset{\|}{C}}Ar$$

它们的酰化方法可用常规的酰氯/吡啶、酰氯/三乙胺法。

（2）反应特点及反应实例

苯甲酰基与乙酰基相比，有更大的选择性，而且不易发生酰基转移。脱保护的条件也与乙酰基类似，都是在碱性条件下进行，但反应较慢。如果对位有硝基取代，而且在碱性条件下比苯甲酰基容易脱除，这是吸电子基团增强羰基碳电正性的结果。

例如，抗丙肝新药索非布韦（sofosbuvir）的合成中先用苯甲酰基保护氟内酯 **22** 的两个羟基，经系列反应完成核苷中间体 **23** 的合成，用氨甲醇脱除苯甲酰基保护基，得到关键中间体（2′R）-2′-脱氧-2′-氟-2′-甲基脲苷 **24**[5]。

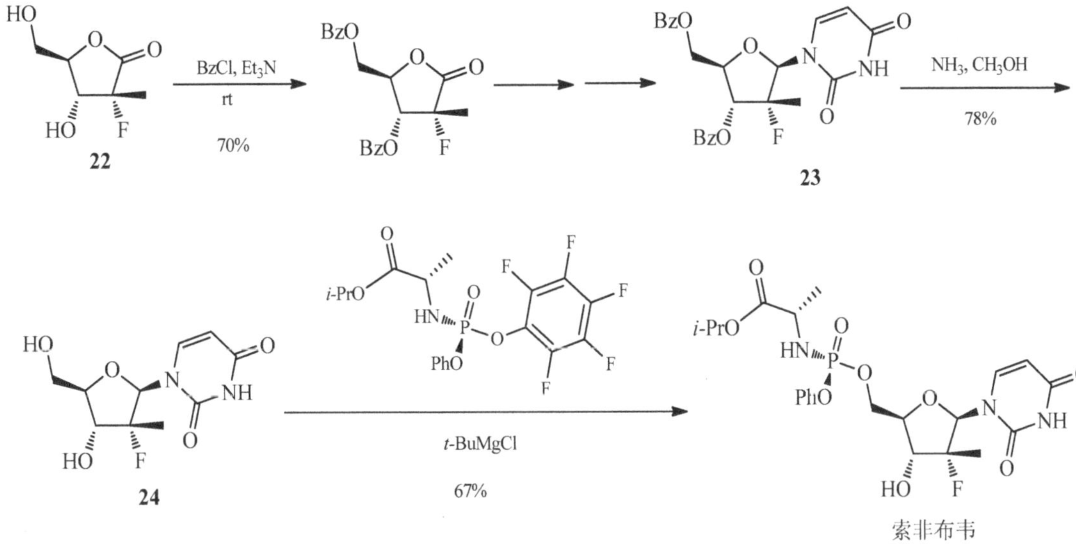

二、二元醇的保护

二元醇的保护往往与醛酮的保护是相互对应的。二元醇的保护基主要有两类：缩醛（acetal）或缩酮（ketal）。1,2-二醇及 1,3-二醇的保护基与醇类似，通常制备成环状衍生物，如环缩醛（酮）、环酯及原酸酯。最常见的 1,2-二醇和 1,3-二醇的保护基形式归纳如下：

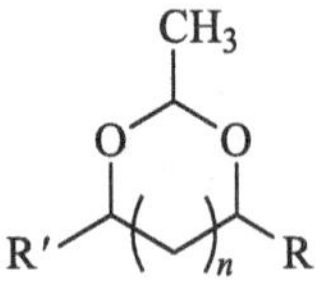

乙叉缩醛 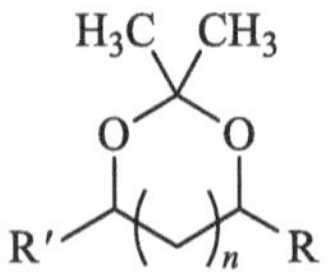　　　　　　丙酮化物 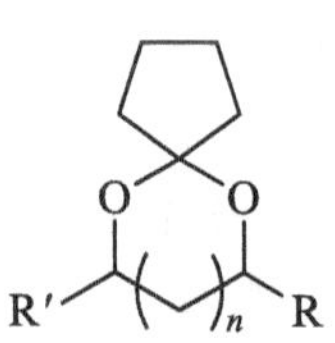　　　　　　环戊叉缩酮 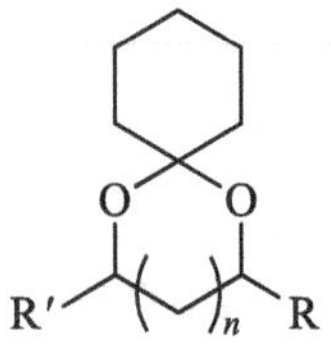　　　　　　环己基缩酮

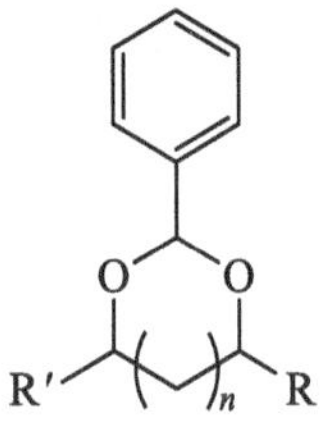

亚苄基缩醛 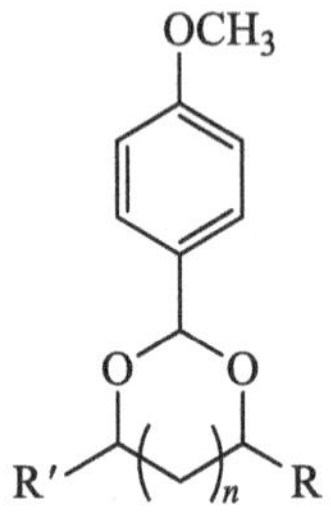　　4-甲氧基亚苄基乙醛 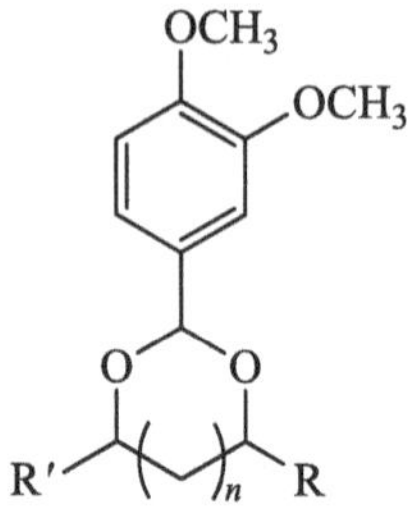　　3,4-二甲氧基亚苄基缩醛 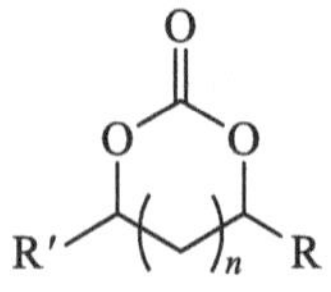　　环状碳酸酯

缩醛或缩酮通常在酸催化下用醛或酮与二羟基化合物反应制得。如要保护 1, 2, 3-或 1, 2, 4-三羟基化合物时，在热力学控制条件下，醛或由醛衍生而来的试剂倾向于生成六元环的缩醛，即 1, 3-二醇保护，而酮或由酮衍生而来的试剂则倾向于生成五元环，即 1, 2-二醇保护。在糖的合成中，醛或酮都更易于和吡喃环糖或呋喃环糖上的顺式-二羟基环合。在动力学条件下，醛或酮最先与伯羟基成键，然后与最接近的第二个羟基发生关环，倾向于生成五元环。

最常用的缩醛或缩酮保护基有苯亚甲基（又称苄叉）、异亚丙基（丙酮叉、异丙叉）和脂环酮叉。除此之外，代替缩醛对二羟基的保护，有原甲（或乙或苯甲）酸三甲（或乙）酯与二羟基化合物在 DMF 或 CH_3CN 中，以 TsOH 或 TFA 为催化剂制得相应的二醇环状原酸酯，它们也可在脱除缩醛的条件下除去。

应用环缩醛（酮）保护甾类、甘油酯和糖类（包括核苷）分子中的 1, 2-二羟基及 1, 3-二羟基的实例较多，其中最常用的是异丙叉缩酮及苄叉缩醛，其次是次甲基及乙叉基缩醛。

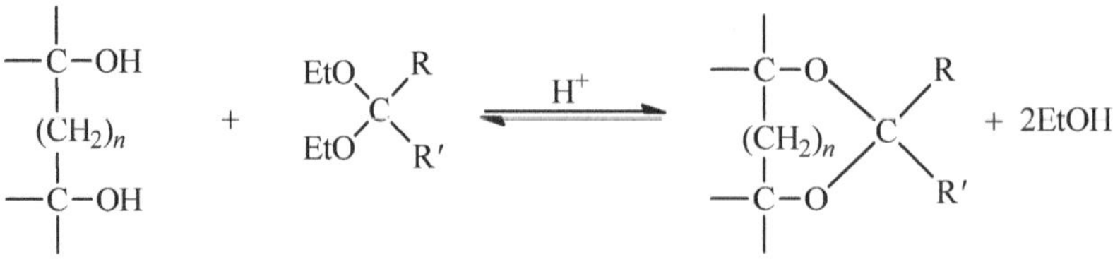

$n=0,1$

保护基的引入是将二元醇与相应的羰基化合物缩酮在酸催化下反应，或者用非环状缩醛或缩酮在酸催化下与二元醇交换。反应可以不用溶剂，也可以在 DMF、二氧六环、甲苯等溶剂中进行。

环缩醛（酮）是非常有用的保护基，因为它们在绝大多数中性及碱性介质中是稳定的。

一般在烃化及酰化反应的条件下不受影响，对铬酐/吡啶、过碘酸、四乙酸铅、氧化银、碱性高锰酸钾氧化及沃氏氧化呈稳定性；对氢化钠、氢化铝锂、钠汞齐的还原（苄叉基缩醛除外）和催化氢化也是稳定的。但环缩醛（酮）对酸性却是敏感的，故用作脱除该保护基的方法。

（一）乙叉环缩醛

乙叉环缩醛保护基广泛地应用于糖化学。

1. 反应通式

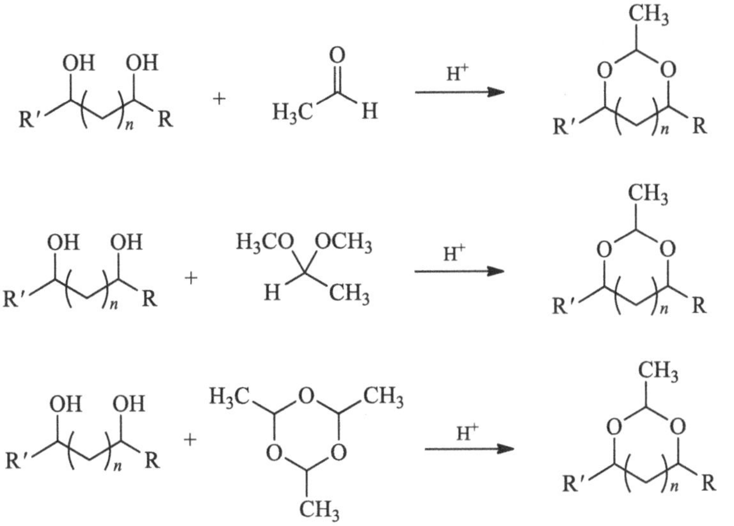

在酸催化下可用二元醇与乙醛、1,1-二甲氧基乙烷或三聚乙醛反应生成五元环或六元环状缩醛。但乙叉基衍生物引入一个新的手性中心，将可能生成非对映异构体的混合物。

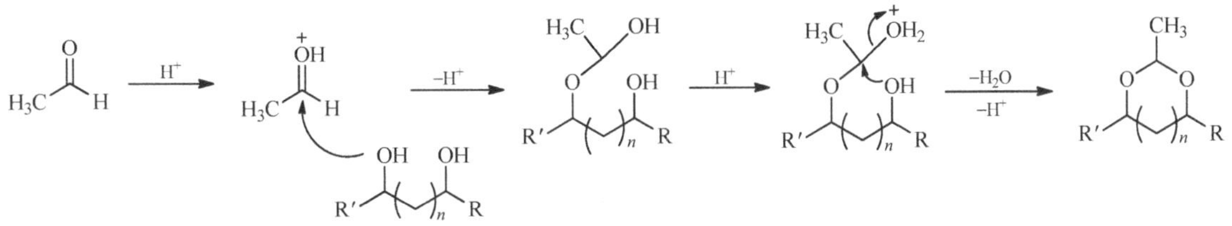

2. 反应特点及反应实例

一般乙叉基保护基在中性及碱性条件下是稳定的，可用酸性水解脱除。例如，从 4,6-O-乙叉基葡萄糖（**25**）过碘酸氧化，失去两个碳原子得到乙叉基保护的赤藓糖（**26**），收率可达 89%，最后经还原并脱除保护，得到赤藓醇（**27**），收率 83%[6]。

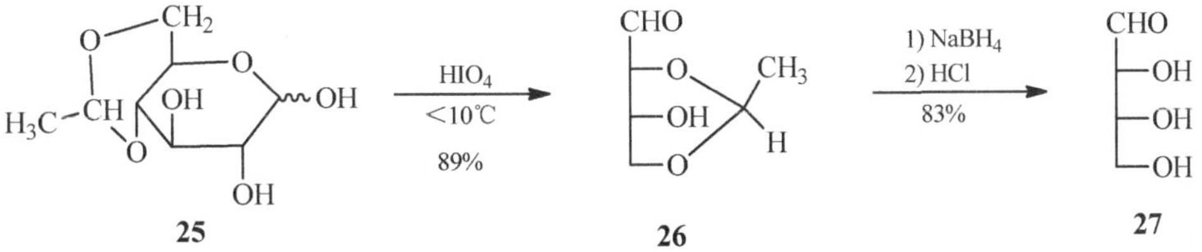

（二）苄叉缩醛

苄叉基保护广泛用于糖及甘油酯化学。

1. 反应通式

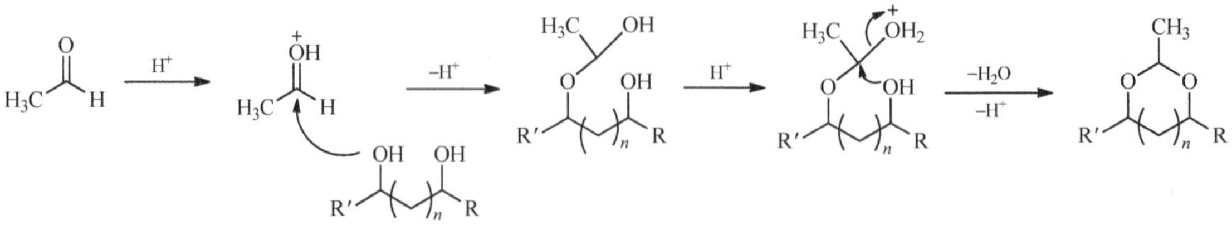

苄叉的形成一般有两种条件：PhCHO 在 ZnCl$_2$ 或质子酸（如氯化氢、硫酸、对甲苯碳酸）催化下与二元醇化合物脱水环合；或者在 DMF 或苯等溶剂中，二元醇与过量的苯甲醛二甲缩醛 [PhCH(OMe)$_2$] 在酸 [如樟脑磺酸（CSA）、对甲苯磺酸（TsOH）、对甲苯磺酸吡啶盐（PPTS）] 催化下进行缩醛交换来制备。

2. 反应特点及反应实例

应用苄叉基保护，生成一个新的手性中心，得到一对非对映异构体混合物。例如，三元醇化合物 **28** 与苯甲醛在氯化锌存在下反应，得到非对映异构体化合物 **29**。

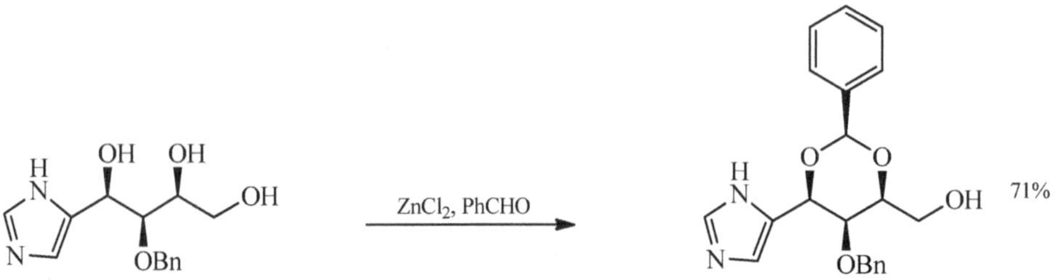

D-葡萄糖与苯甲醛二甲缩醛 **30** 反应，立体专一性地生成 4,6-*O*-苄叉基葡萄糖 **31**，这是因为葡萄糖中的 4-位羟基为平伏键，从能量上来说更有利于形成 4,6-亚苄基-D-吡喃葡萄糖苷 **31**。

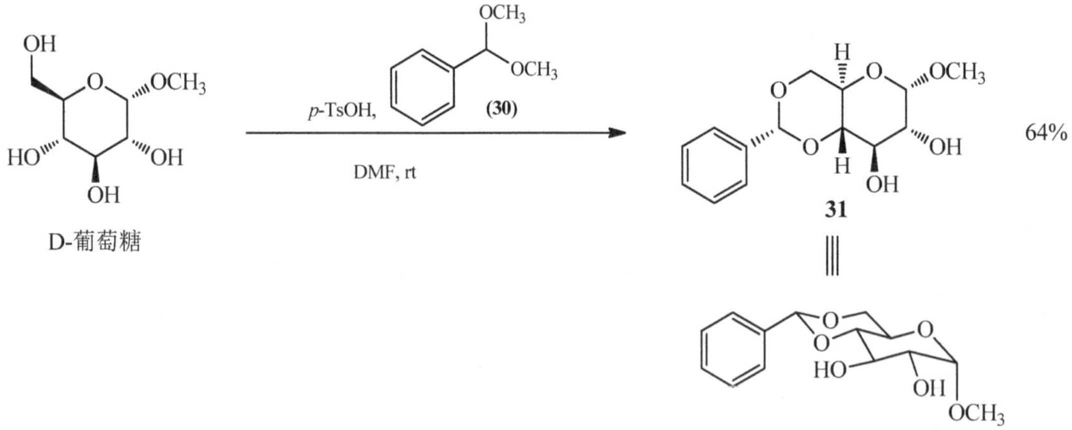

苄叉保护基既可以催化氢化脱除，也可以在温和的酸性水溶液中水解脱除，如 80% AcOH 或 TFA-CH$_2$Cl$_2$-H$_2$O；或者用 Bu$_2$BOTf-BH$_3$·THF 还原开环，形成苄基（Bn）。

在苄叉基保护的葡萄糖 **32** 中，采用不同的反应条件，可以实现苄叉基选择性开环。用 Bu$_2$BOTf-BH$_3$·THF 将位阻较小的 C6 羟基释放出，得到化合物 **33**。但是，在 HCl/THF 中使用氰基硼氢化钠（NaBH$_3$CN）或三乙基硅烷（Et$_3$SiH）在 TFA 中（溶剂为 CH$_2$Cl$_2$）还原开环，则进行相反的区域选择性开环，得到化合物 **34**。

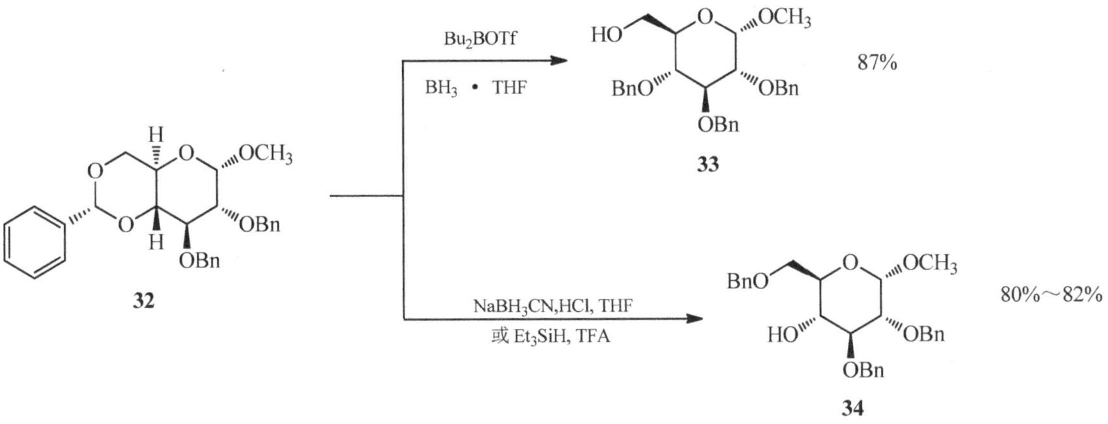

（三）异丙叉缩酮

环状异丙叉缩酮作为二元醇的保护基比其他缩醛及缩酮用得更多，在甾类、糖（包括核苷）及甘油酯化学中得到广泛的应用。

1. 反应通式

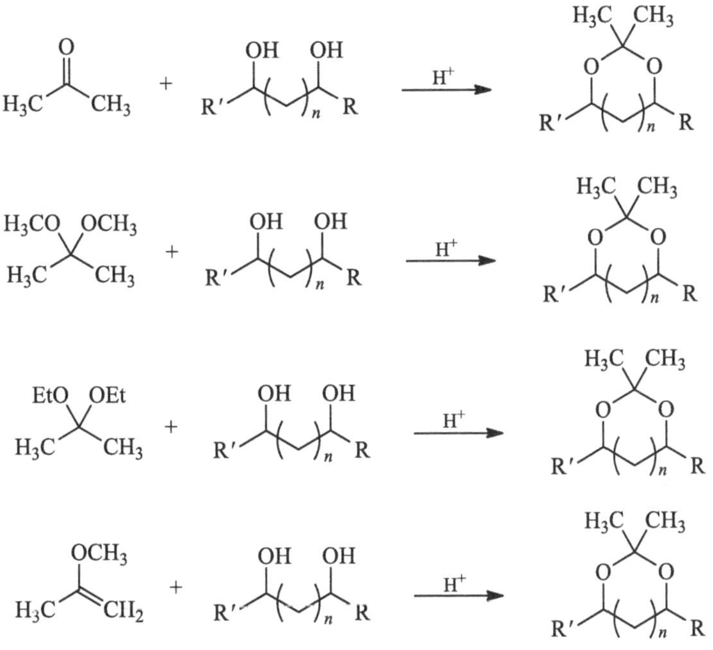

$$n = 0, 1$$

将二元醇与丙酮在酸性催化剂［如氯化氢、硫酸、樟脑磺酸、对甲苯磺酸、对甲苯磺酸吡啶盐或无水氯化锌］存在下反应即得异丙叉衍生物。同样地，在酸催化下将二元醇与 2,2-二甲氧基丙烷或 2,2-二乙氧基丙烷进行缩酮交换，则更为方便，在底物中存有对酸敏感基团时可用该方法。另外，2-甲氧基丙烯在酸性条件下也可以用于保护二元醇。异丙叉基保护比乙叉基及苄叉基好，因产物无新的手性中心，也就不会生成非对映异构体混合物。

2. 反应特点及反应实例

异丙叉基保护之所以得到广泛应用，是因为它易于引入，并在绝大多数的中性及碱性条件下稳定，而且容易在比较温和的条件下酸性水解而脱除。

例如，抗病毒药物喷昔洛韦（penciclovir）合成中，为了实现羟基的选择性溴化，事先需

要对三元醇化合物 **35** 中的 1, 3-二醇用异丙叉基保护，然后溴化得到化合物 **36**，接着与 2-氨基-6-氯嘌呤（**37**）缩合，在酸性条件下脱除异丙叉基保护基，得到喷昔洛韦[7]。

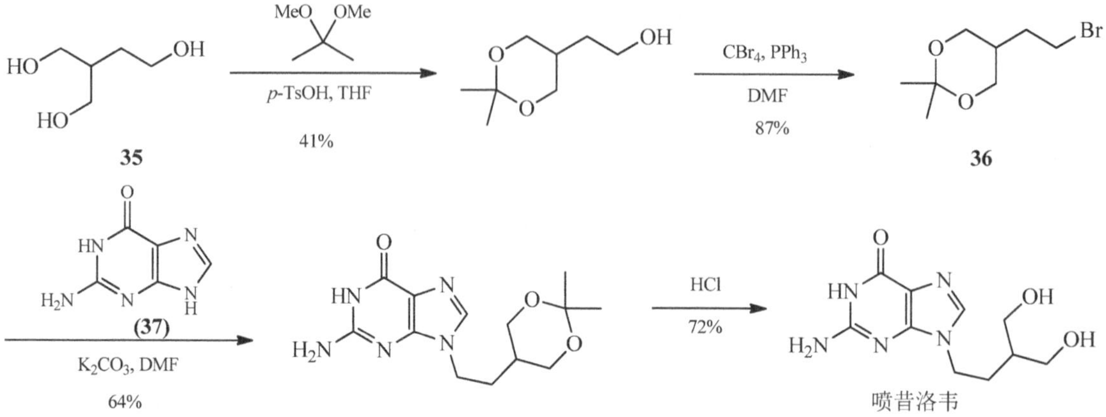

案例 9-1　抗艾滋病药物齐多夫定的合成

齐多夫定，英文名：azidothymidine（简称 AZT），化学名：3′-叠氮基-3′-脱氧胸苷，由英国威尔康公司开发上市，1987 年 3 月获得美国 FDA 批准，首个用于艾滋病或与艾滋病有关的综合征患者及艾滋病病毒感染的治疗。

【问题】

以 β-胸苷为原料合成齐多夫定，如何选择性实现 β-胸苷中 4′-位羟基的官能团转化，同时保持构型不变？

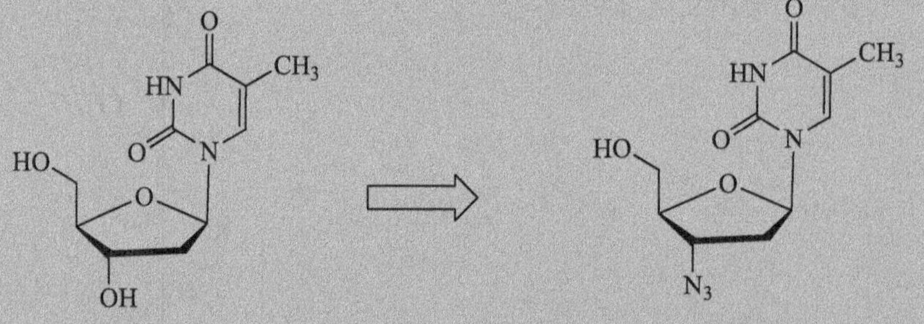

【案例分析】

首先用三苯甲基（Tr）选择性地保护 β-胸苷 **38** 中的 5′-位伯羟基，得到化合物 **39**，然后将 4′-位羟基磺酸酯化、分子内亲核取代得到氧桥物 **41**，之后与叠氮化钠反应顺利实现关键反应 4′-位羟基官能团的转化，得到 5′-O-（三苯甲基）-3′-叠氮基-3′-脱氧胸苷 **42**，最后经酸处理，脱除三苯甲基保护基得到目标产品齐多夫定，总收率达 70%，合成路线见下式[8]。

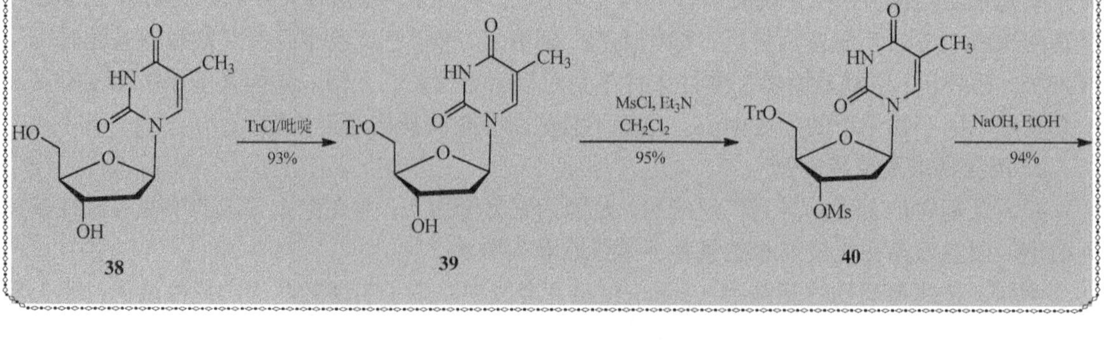

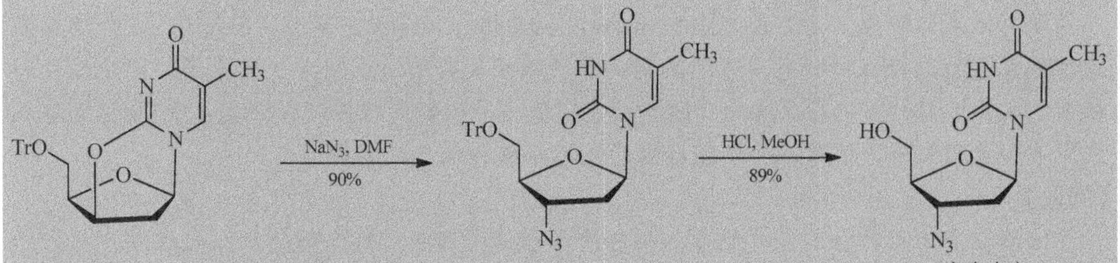

41 → NaN₃, DMF 90% → **42** → HCl, MeOH 89% → 齐多夫定

案例 9-2 降血脂药物辛伐他汀的合成

辛伐他汀，英文名：simvastatin，商品名：舒降之，为羟甲基戊二酰辅酶 A（HMG-COA）还原酶抑制剂，抑制内源性胆固醇的合成，由美国默克公司研制降血脂药物，于 1988 年首次上市，主要用于治疗高胆固醇血症。

【问题】

以洛伐他汀为原料合成辛伐他汀，如何实现侧链 2-甲基丁酸酯 α-位选择性引入甲基？

【案例分析】

首先将 δ-内酯转化为酰胺 **44**，降低其羧基 α-位氢的活性，保证另一侧链酯羧基 α-位进行选择性甲基化。具体合成过程如下：洛伐他汀 **43** 与正丁胺发生氨解得到酰胺 **44**，用叔丁基二甲基硅醚（TBS）保护 3,5-二羟基，从而在 n-BuLi-四氢吡咯烷作用下成功实现选择性甲基化反应，得到化合物 **46**，最后酸性脱除 TBS 保护基、关环制得辛伐他汀[9]。

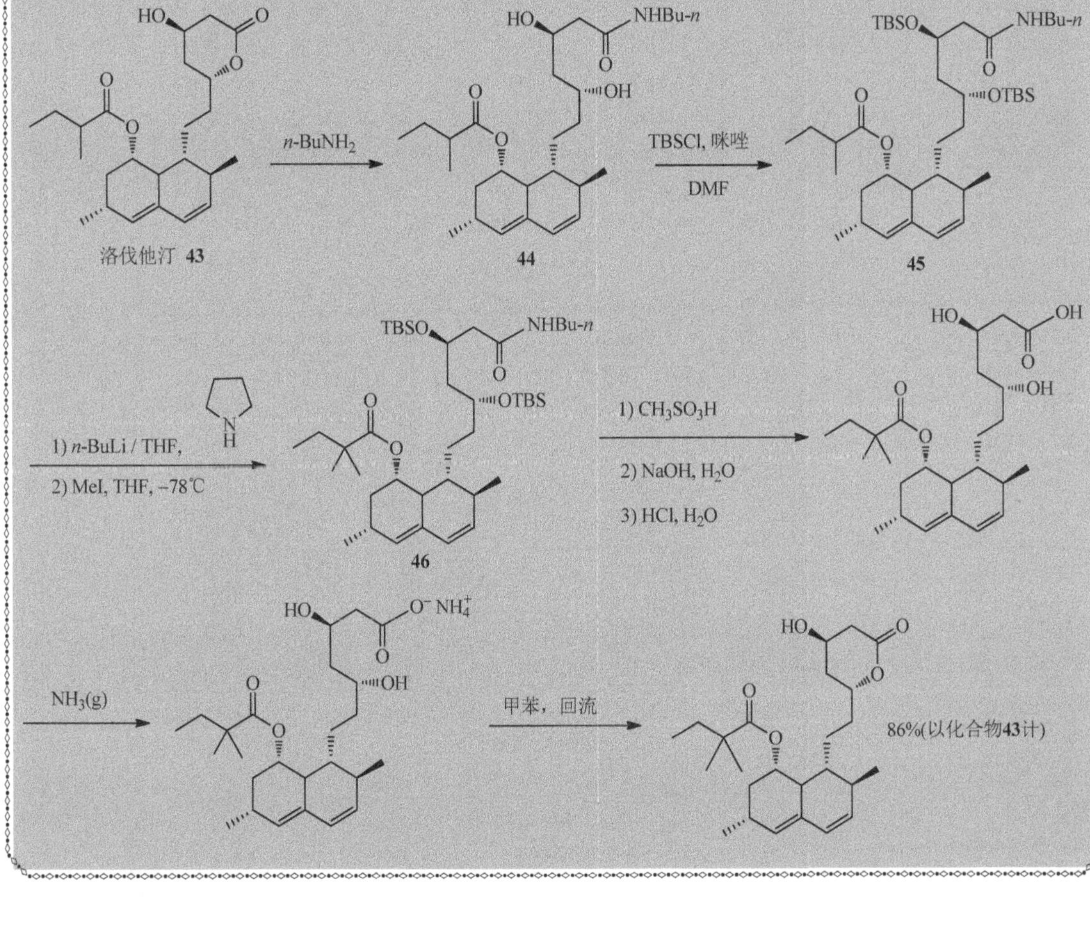

洛伐他汀 **43** → n-BuNH₂ → **44** → TBSCl，咪唑 DMF → **45**

1) n-BuLi / THF, 吡咯 2) MeI, THF, −78℃ → **46** → 1) CH₃SO₃H 2) NaOH, H₂O 3) HCl, H₂O →

NH₃(g) → → 甲苯，回流 → 86%(以化合物**43**计)

案例 9-3 抗流感病毒药物奥司他韦磷酸盐的合成

奥司他韦磷酸盐，英文名：oseltamivir phosphate，商品名：达菲（Tamiflu），为流感病毒神经氨酸酶选择性抑制剂，通过抑制病毒的神经氨酸酶阻止病毒从被感染的细胞释放和播散，从而达到控制流感症状的目的。由吉利德公司和罗氏制药联合开发，于 1999 年首次在瑞士和美国上市，是第一个口服有限的流感病毒神经氨酸酶抑制剂。

【问题】

以草莽酸为原料合成奥司他韦，如何选择合适的保护基对相邻的三个羟基进行巧妙的保护与脱保护？如何选取合适的保护基来实现 C4、C5 位羟基的官能团转化？

【案例分析】

由于 C3、C4 位羟基处于顺式结构，可以运用异丙叉基进行保护。通过 3,4-戊叉缩酮交换异丙叉基保护基，非常巧妙地引入奥司他韦侧链异戊基。具体合成路线如下：草莽酸 47 在对甲苯磺酸催化下与 2,2-二甲氧基丙烷反应，将 C3、C4 位羟基用异丙叉基保护，同时发生分子内酯化得到化合物 48，48 经醇解、羟基选择性磺酰化得到甲磺酸酯 49，49 在磺酰氯（SO₂Cl₂）和吡啶的作用下脱水生成 50，然后在高氯酸催化下与 3-戊酮经缩酮互换引入 3,4-戊叉缩酮保护得到 51，51 经 BH₃·Me₂S 在 TMSOTf 催化下开环得到 52，构建奥司他韦侧链异戊基醚，再在碱性条件下环合得到关键中间体环氧化物 53，最后经一系列官能团的转化合成奥司他韦磷酸盐[10]。

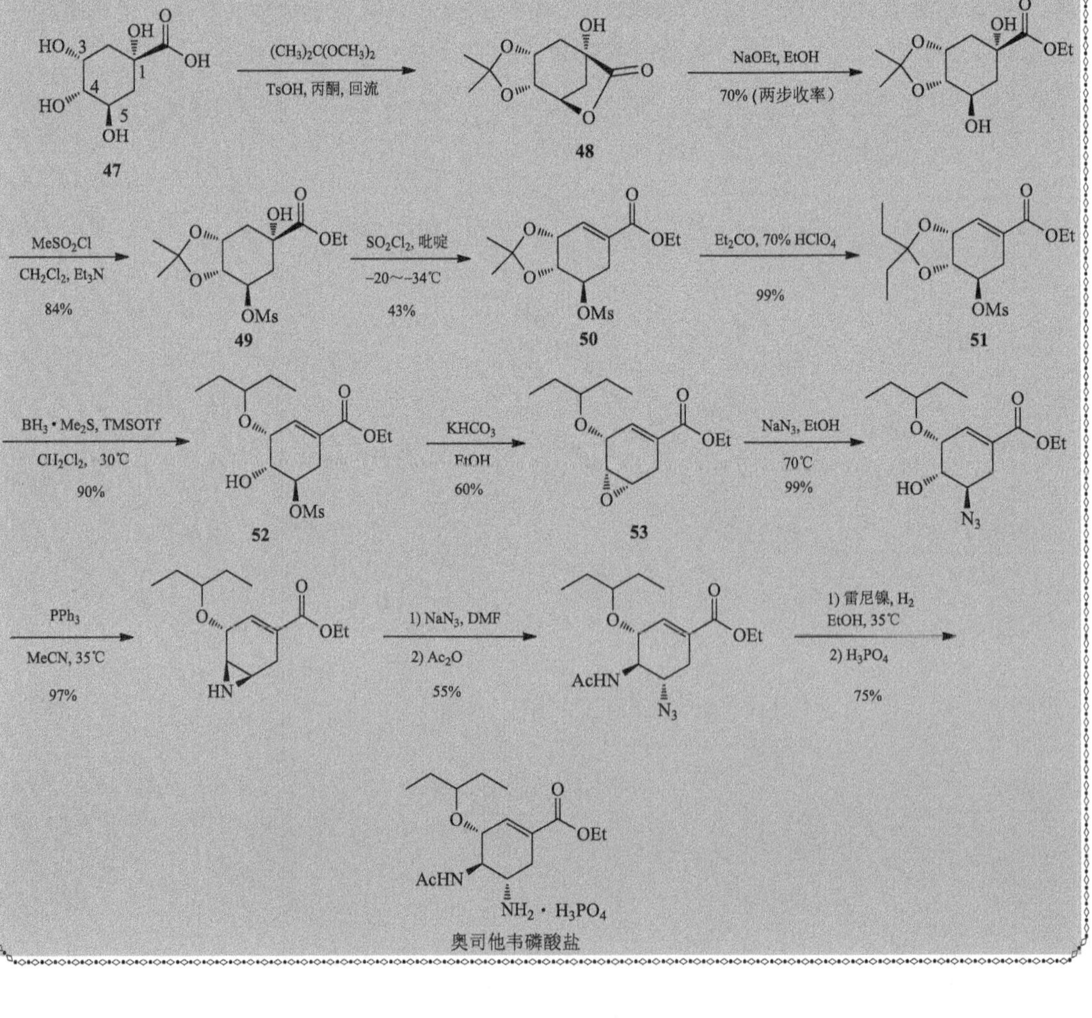

奥司他韦磷酸盐

第二节　羰基的保护与脱保护

醛、酮中的羰基是有机化学中最易发生反应的功能基，如它能起各种亲核加成反应。因此，对醛酮羰基的保护做了大量的研究工作。

羰基是反应活性较强的官能团，在药物合成过程中，为防止羰基被各种亲核试剂进攻，如有机金属化合物、酸、碱、氢化还原剂和一些氧化剂等，需要对羰基进行保护。羰基化合物的活性顺序是：脂肪醛＞芳香醛＞支链酮和环己酮＞环戊酮＞α, β-不饱和酮或者 α, α-双取代酮 $\gg$ 芳香酮，这是选择性保护不同羰基的依据。

最常用的醛、酮的保护基有：O, O-缩醛或缩酮、S, S-缩醛或缩酮以及 O, S-缩醛或缩酮等，如下所示。通常在酸催化下醛或酮与一元醇、二元醇或二硫醇及其衍生物等反应而实现羰基的保护。缩醛或缩酮对碱、亲核试剂、有机金属试剂等都是稳定的，能经受较宽的反应条件。

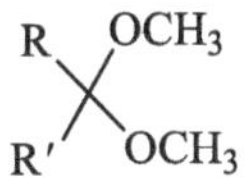

二甲基缩醛 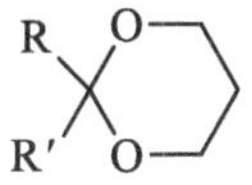　　　　1, 3-二氧六环 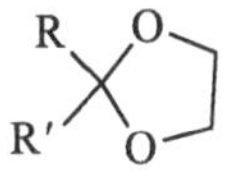　　　　1, 3-二氧戊环

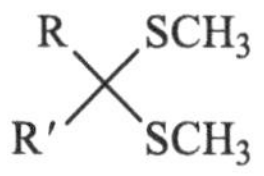

S, S'-二甲基硫代缩醛 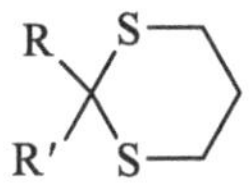　　1, 3-二噻烷 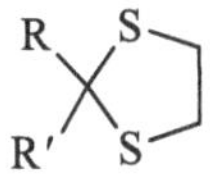　　　1, 3-二硫杂环戊烷

一、二甲基缩醛及缩酮

O, O-二甲基缩醛（酮）是保护羰基最常用的形式。

1. 反应通式

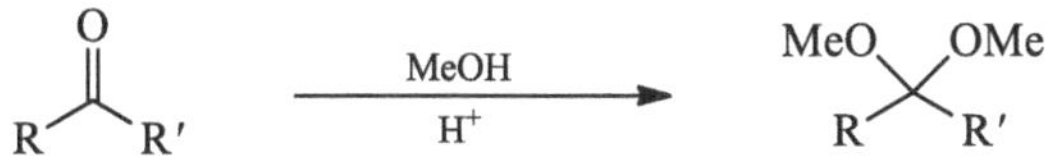

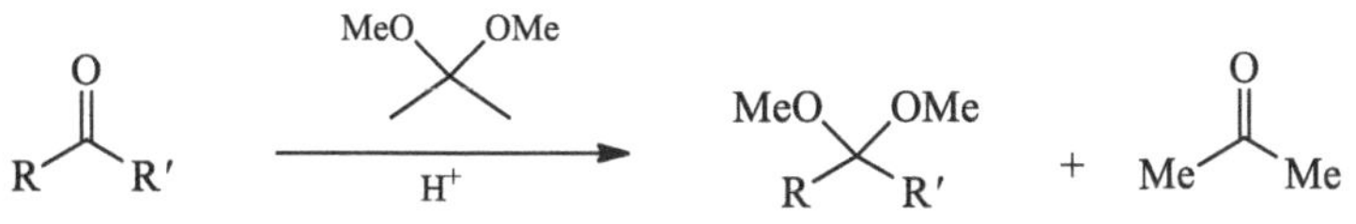

羰基化合物的二甲基缩醛或缩酮可用下列方法来制备：①醛或酮在质子酸或路易斯酸催化下与甲醇反应；②醛或酮在质子酸或路易斯酸催化下与原甲酸酯 [HC(OMe)$_3$] 或 2,2-二甲氧基丙烷反应。常用的酸催化剂有 p-TsOH、CSA、PPTS、TMSOTf 和酸性离子交换树脂等，但上述反应仅适用于醛及位阻小的酮，以制备成相应的缩醛和缩酮。

2. 反应特点及反应实例

这些衍生物对于还原试剂（如钠-液氨、催化氢化、硼氢化钠及氢化铝锂）、中性和碱性条件下的氧化剂以及格氏等亲核试剂都是稳定的。但它们易被酸水解，甚至用草酸、酒石酸水溶液或酸性离子交换树脂等在温和的条件下都可将其脱除。

例如，口服避孕药 18-甲基三烯炔诺酮的合成中，就应用了二甲基缩酮保护酮羰基。要实现化合物 **54** 在 17-位羰基的选择性乙炔化，需要对 3-位羰基进行选择性保护，由于 3-位酮羰基位阻较小，采用 MeOH-HCl 可以选择性形成缩酮 **55** 而加以保护，然后将 17-酮与乙炔加成后，再脱保护和氧化而得到 18-甲基三烯炔诺酮，合成路线如下所示[11]。

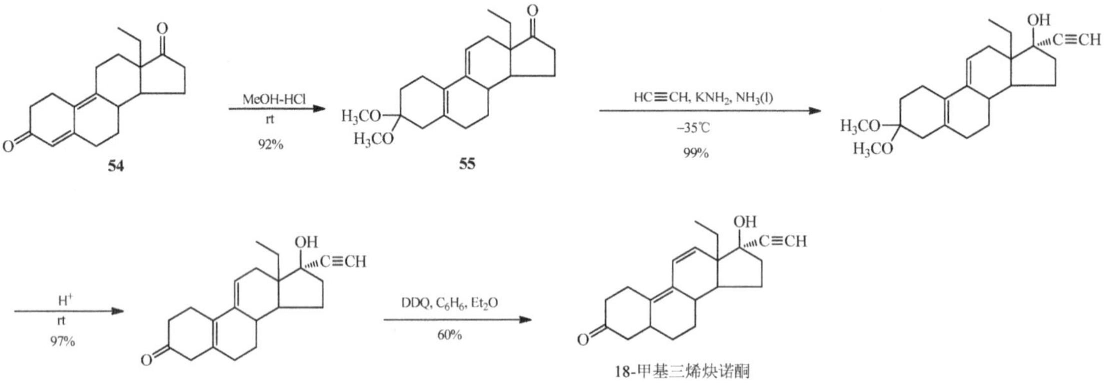

18-甲基三烯炔诺酮

二、环缩醛及环缩酮

二元醇可用环缩醛（酮）来保护，反之，醛酮羰基也可用二元醇制成环缩醛（酮）来保护，其中 1,3-二氧戊环是醛酮最常用的保护基。

1. 反应通式

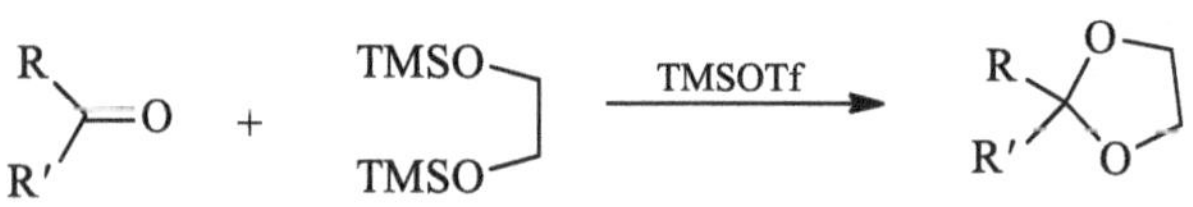

最普遍应用的制备方法与上述二甲基缩醛及缩酮类似，主要有以下几种方法：①醛或酮与乙二醇在酸催化下经甲苯共沸除水制成环缩醛（酮）；②对于一些对水敏感的底物，可用乙二醇双三甲基硅醚（TMSOCH$_2$CH$_2$OTMS）作为保护试剂，这样反应生成副产物硅醚(TMS)$_2$O，而没有水生成，可以避免产物的水解。

除乙二醇外，其他二元醇，如 1,3-丙二醇，2,2-二甲基-1,3-丙二醇也能生成环状缩醛及缩酮。常用的酸催化剂可用对甲苯磺酸（p-TsOH），但当羰基化合物中具有敏感基团时，可采用对甲苯磺酸吡啶盐（PPTS）。

2. 反应特点及反应实例

通常来说，生成 1,3-二氧戊环或其他缩醛（酮）的容易程度按下列顺序递减：醛＞非环酮及环己酮＞环戊酮＞α, β-不饱和酮＞α-单及二取代酮 ≫ 芳香酮。

环缩醛（酮）在碱性及中性的反应条件下是稳定的。但在酸性条件下，可脱除保护而得到羰基化合物。不同类型的缩醛（酮）对不同的裂解条件，其敏感性有较大的差异。一般而言，酸性裂解的难易与形成缩醛（酮）的难易是一致的。大位阻酮一旦形成缩酮，则需要在酸性条件下加热才能断开。因此，选取不同的 pH 条件，可以选择性水解多缩醛及缩酮。

常见的二元醇形成环缩醛（酮）的相对反应速率顺序为

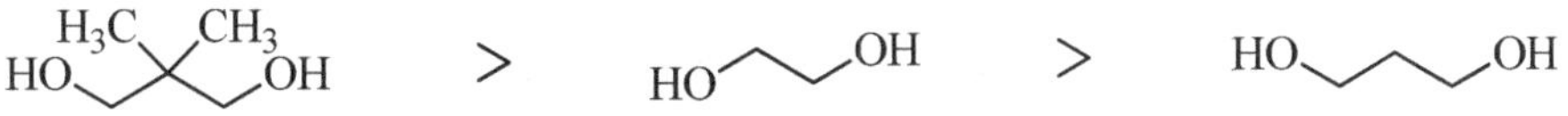

$$\underset{\text{HO}\quad\text{OH}}{\overset{\text{H}_3\text{C}\quad\text{CH}_3}{\diagup}} \quad > \quad \text{HO}\diagdown\diagup\text{OH} \quad > \quad \text{HO}\diagdown\diagup\diagup\text{OH}$$

阿片受体拮抗剂盐酸依那朵林（enadoline hydrochloride）的合成中用乙二醇保护 1,4-环己二酮 **56** 的两个羰基得到 **57**，然后选择性水解脱除其中一个缩酮保护基得到 **58**[12]。

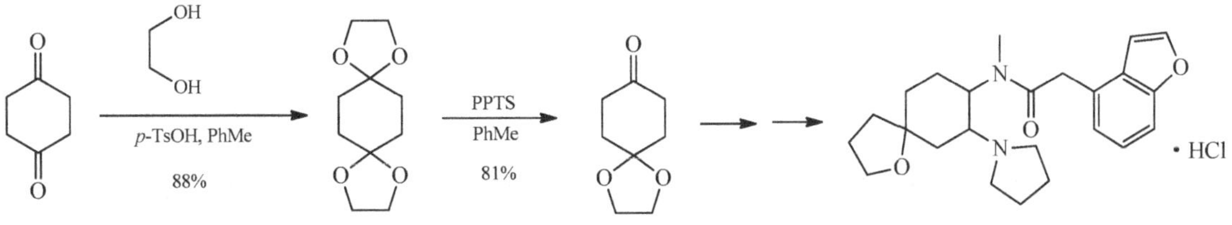

新戊二醇更易形成环缩醛（酮），如在洛索洛芬（loxoprofen）的合成中，就是用新戊二醇保护 **59** 酮羰基后经系列反应制得洛索洛芬[13]。

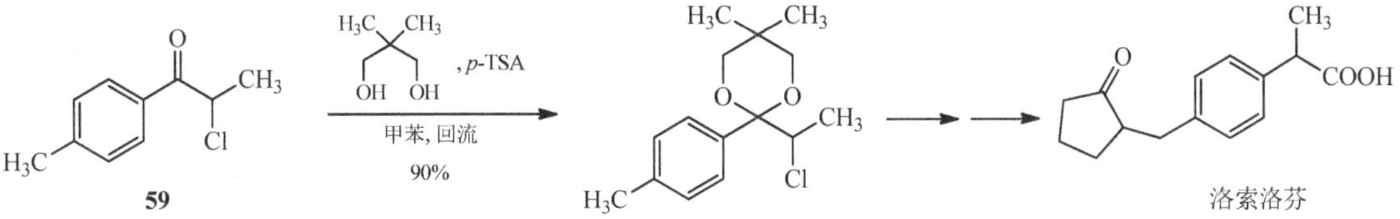

用乙二醇双三甲基硅醚和 TMSOTf 可以在 CH₂Cl₂ 中 −78℃ 低温下对 α, β-不饱和酮进行选择性保护，孤立羰基不受影响，而且双键不会发生位移。

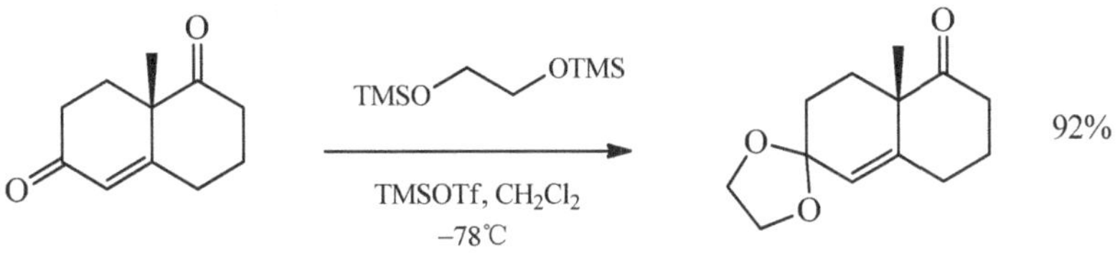

根据以上羰基化合物的活性顺序，生成缩醛有如下反应规律：①醛比酮更易形成缩醛；②环缩醛比非环缩醛更易形成，并且前者比后者更加稳定；③非共轭羰基比共轭羰基易于形成缩醛；④位阻大的羰基形成缩醛的反应相当慢；⑤对于芳香醛，芳基上有吸电子基团比有供电子基团更有利于缩醛的形成；⑥在同一个碳原子上有两个取代基的二元醇（如 2,2-二甲基-1,3-丙二醇）更容易和羰基形成环缩醛。

对于环缩醛（酮）保护基的脱除，酸催化水解是最常用的方法。在这里需强调的是，酮的 1,3-二氧六环式缩酮（ketal）比其 1,2-二氧戊环式缩酮的酸催化水解速率更快些，而缩醛（acetal）正相反。

另外，取代 1,3-二氧环戊缩酮酸催化水解脱除的速率顺序如下所示：

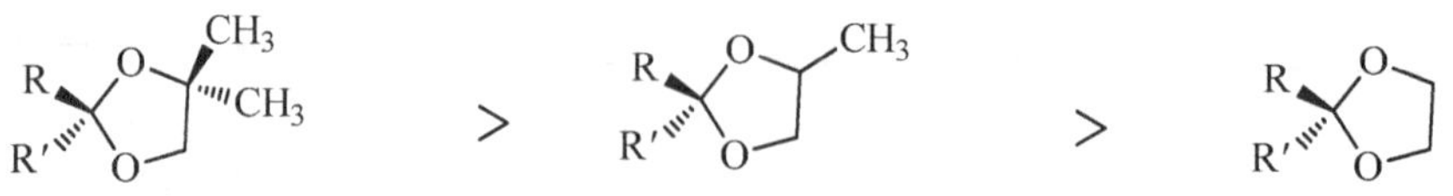

$$50000 \qquad\qquad 5000 \qquad\qquad 1$$

三、半硫及硫缩醛（酮）

（一）半硫缩酮

1. 反应通式

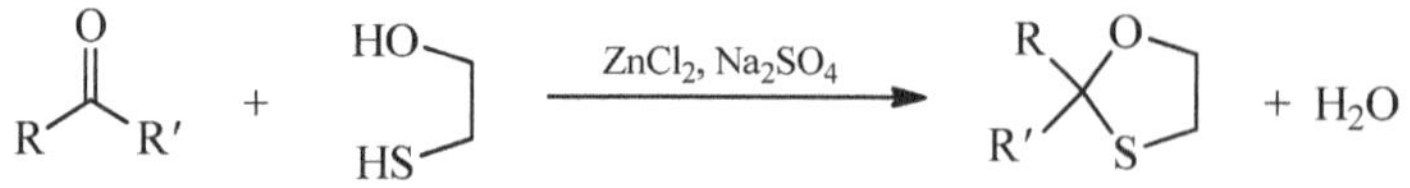

半硫缩醛（酮）可由 2-巯基乙醇与醛（酮）在酸催化下生成。由于巯基乙醇比乙二醇活性强，因此，可在无水氯化锌或三氟化硼/乙酸的存在下，用无水硫酸钠为脱水剂，在室温下反应制得。

2. 反应特点及反应实例

半硫缩酮和 1,3-二氧戊环相似，在碱性或中性的反应条件下是稳定的，但可被无机酸在醇或二氧六环中裂解脱除。与 1,3-二氧戊环保护的缩酮相比，半硫缩酮的优点在于它们可用雷尼镍在中性或弱碱性条件下脱除，但要选用如丙酮等极性较大溶剂，因在非极性溶剂中，主要生成烷及醚。特别当酮中带有对酸非常敏感的基团时，可用此法脱除保护基。

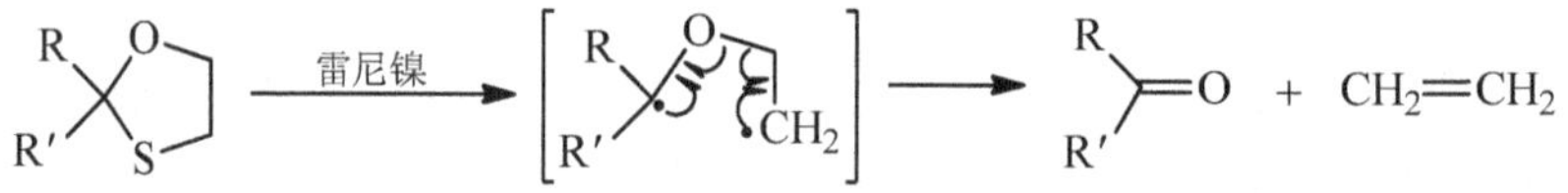

半硫缩酮保护的缺点是引入一个新的手性中心，因此可能生成非对映异构体混合物。

（二）硫缩醛及缩酮

与 O,O-缩醛（酮）相似，醛比酮更易于形成 S,S-缩醛（酮），由于该类保护基易引入，且得到硫缩醛（酮）对水解反应稳定以及反应的高度专一性，该类保护在药物合成中仍有较广泛的应用。

1. 反应通式

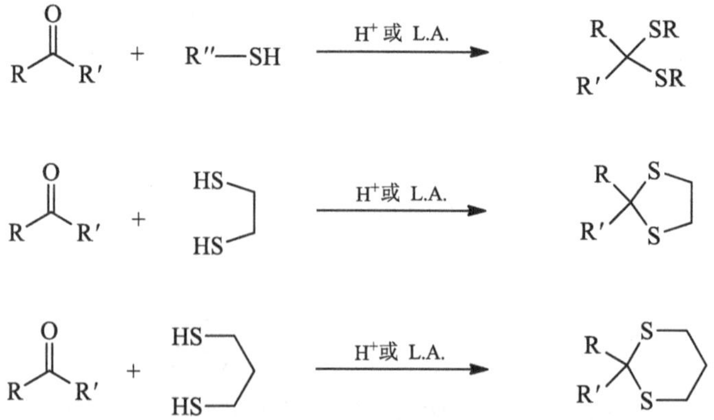

醛（酮）化合物与硫醇或二硫醇在酸（HCl）或路易斯酸（BF$_3$-AcOH，ZnCl$_2$）催化下制得 S, S-硫缩醛（或酮）。不同类型羰基化合物制备成相应硫缩醛（酮）的活性顺序与制备 1, 3-二氧戊环或二烷基缩醛相类似，但二硫醇比硫醇更活泼，因此硫缩醛（酮）更易生成。

对于羰基化合物中含有敏感基团或保护基，用路易斯酸催化有较好的选择性。若用 BF$_3$·Et$_2$O 或 MgSO$_4$ 作催化剂，则对羰基 β-位羟基的保护基有影响，用 Zn(OTf)$_2$ 催化，可以顺利地生成环状 S, S-缩醛（酮）。

2. 反应特点及实例

S, S-硫缩醛（酮）相对于 O, O-缩醛（酮）的水解条件（碱性或中性条件）都是非常稳定的，通过控制不同的反应条件，可以选择性地脱除。较常用的去除硫缩醛的方法是汞盐（如氯化汞、硫酸汞）处理，由于重金属的污染，这不是一种好的脱除方法。采用硫烷基化试剂，如 MeI、三甲基氧鎓四氟硼酸盐（Me$_3$OBF$_4$）、三乙基氧鎓四氟硼酸盐（Et$_3$OBF$_4$）或三氟甲磺酸甲酯（MeOTf）等形成相应的三烷基硫盐，水解得到羰基化合物，这是一种较为温和的脱除硫缩醛（酮）保护基的方法。另外，还可以用氧化反应脱除硫缩醛（酮）保护基，所用的氧化试剂有卤素、CAN、N-氯代丁二酰亚胺（NCS）、N-溴代丁二酰亚胺（NBS）、间氯过氧苯甲酸（m-CPBA）、DDQ、HIO$_4$、硝酸盐以及 PhI(OCOCF$_3$)$_2$ 等。例如，缩硫醛（酮）采用硫酰氯在湿硅胶存在下，室温氧化脱除保护，以定量收率得到酮。

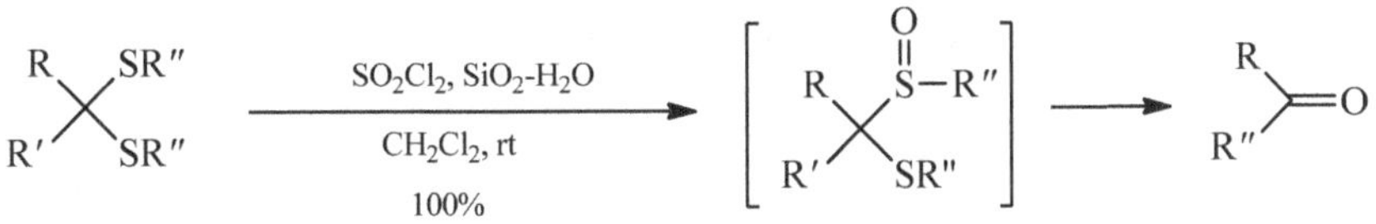

硫缩醛（酮）用雷尼镍催化氢化还原成相应的烃基（本法可代替 Clemmensen 和 Wolff-Kishner 法还原羰基成相应的次甲基）。但硫缩醛（酮）不易被酸裂解脱除。

硫缩醛除用作保护醛羰基外，该保护基可以被碱性（如丁基锂、六甲基二硅氨基锂）去掉 α-氢原子，得到碳负离子中间态，醛羰基的极性发生反转，生成亲核试剂，可用作碳-碳键构建中的合成子。

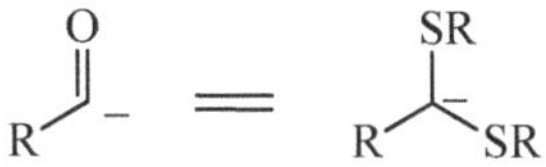

例如，在根赤壳聚糖二甲醚的合成中，硫缩醛衍生得到的碳负离子 **60** 与化合物 **61** 发生 S$_N$2 反应，成功构建该天然产物侧链部分[14]。

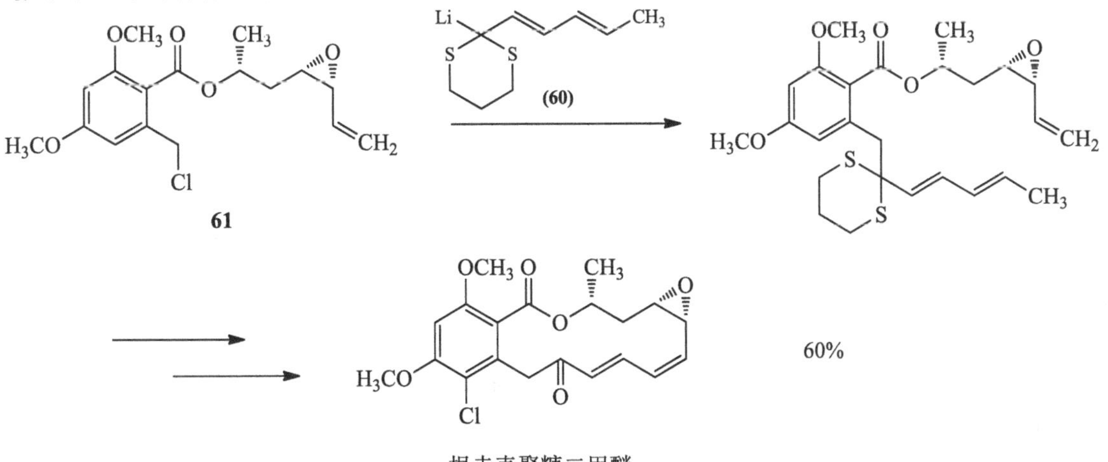

根赤壳聚糖二甲醚

用硫缩醛（酮）对羰基化合物进行保护有以下缺点：①多数含硫化合物具有不好的气味；②脱除该保护基用到重金属盐，具有毒性和环境污染的问题；③含硫化合物对催化剂 Pt 和 Pd 有毒化作用，这时常需用较大量的催化剂和高压条件，对氢化还原反应有很大的限制。尽管如此，由于 S,S-缩醛对水解反应的稳定性、脱除时温和的条件以及反应的高度专一性，该类保护在药物合成中仍有较广泛的应用。

案例 9-4　非甾体抗炎药物酮洛芬的合成

酮基布洛芬，别名：酮洛芬，英文名：ketoprofen，化学名：α-甲基-3-苯甲酰基-苯乙酸，属于非甾体类药物，具有解热镇痛消炎的效果，主要用于风湿性或类风湿性关节炎、骨关节炎、强直性脊椎炎、痛风、痛经等。

【问题】

如何避免在碱性条件下 4-硝基苯乙酮与苯乙腈环合过程中苯乙腈与羰基的亲核加成反应？

【案例分析】

为了避免碱性条件下硝基与苯乙腈缩合时乙酰基所带来的副反应，事先需要将对硝基苯乙酮 62 的羰基用乙二醇进行保护，完成缩合反应之后在酸性条件下将其脱除得到 63，然后通过重氮化脱氨、Darzens 缩合等反应制得酮洛芬，具体合成路线如下所示[15]。

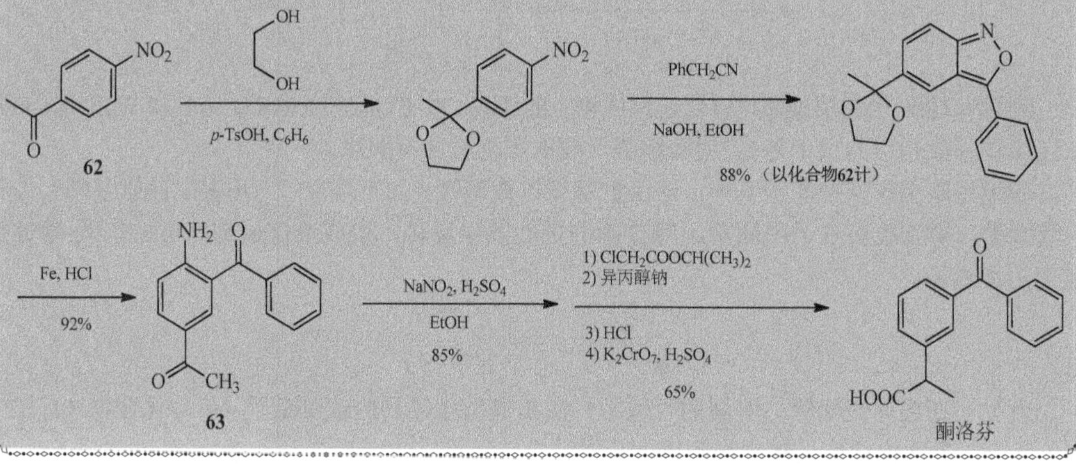

第三节　羧基的保护与脱保护

在药物合成中，羧基的保护是很常见的步骤，对其保护的原因主要是：①为了遮盖羧基的酸性，即保护酸性质子使它不和碱性试剂反应，形成相应的羧酸酯化物是最常用的保护方法；②保护羰基基团以防止亲核加成和金属氢化物的还原，为此，常用具有较大空间阻碍的保护基团（如叔丁酯）进行保护，或者使羧酸形成相应的原酸酯或者噁唑啉。

羧酸羟基中的氢活性较强，羟基也能被置换，通常是用酯的形式来保护，常见的酯基保护基总结如下。

甲基　　　　　　　　叔丁基　　　　　　　　烯丙基　　　　　　1, 1-二甲基烯丙基

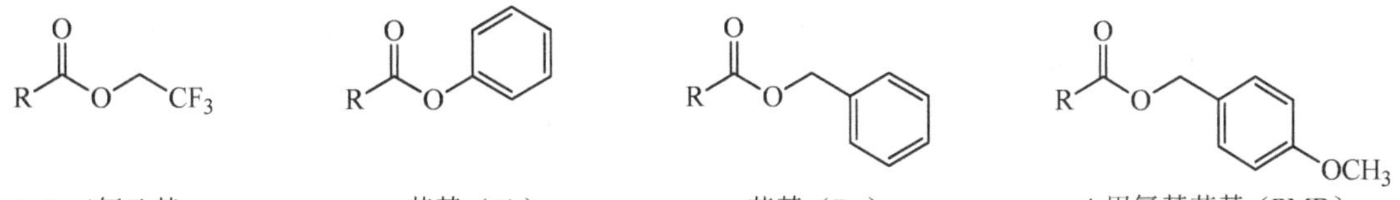

2, 2, 2-三氟乙基　　　苯基（Ph）　　　　　苄基（Bn）　　　　4-甲氧基苄基（PMB）

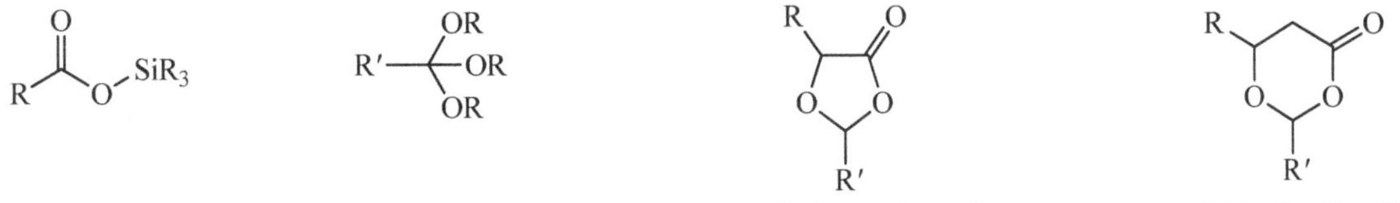

甲硅烷基　　　　　　原酸酯　　　1, 3-二氧杂环戊烷-4-酮　　　1, 3-二氧杂环己烷-4-酮

一、甲酯衍生物

羧酸甲酯（RCO_2CH_3）的制备方法参见本书中的第四章"酰化反应"，其中包括甲醇与羧酸的直接脱水酯化、酯交换、脱水剂 DCC-DMAP 或 EDC-DMAP 作用下活化羧基的酯化、重氮甲烷法和 Mitsunobu 反应等。

1. 反应通式

羧酸甲酯化反应机理参见本书中的第四章"酰化反应"，羧酸与重氮甲烷形成甲酯的过程中，首先重氮甲烷中的亚甲基夺取羧基中的氢质子，然后带负电荷的羧基发生类似 S_N2 的反应，进攻质子化的重氮甲烷，获得甲基而生成羧酸甲酯，同时离去一分子氮气。在该反应中无须加入其他的催化剂如路易斯酸等，因此这种条件下其他的基团如醇、烯键等不会发生改变。

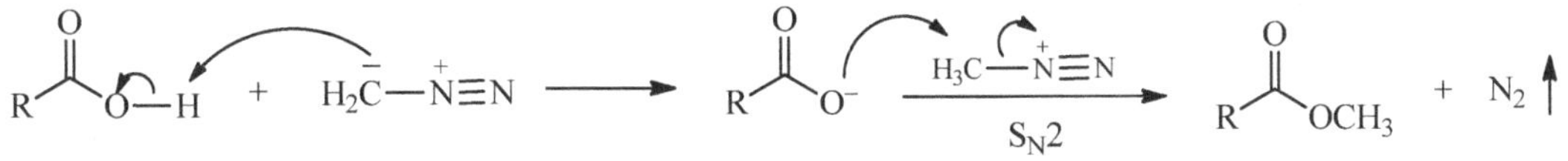

2. 反应特点及反应实例

氨基酸羧基经常采用甲酯保护，通常将氨基酸溶于甲醇中，控制温度在 20℃ 以下加入 $SOCl_2$ 活化，反应过程中产生的 HCl 是该酯化反应很好的催化剂，同时加入催化量的 DMF，在一定程度上会加快反应速率。例如，DL-丝氨酸 **64** 通过该方法合成 DL-丝氨酸甲酯盐酸盐 **65**，再经氯代、乙酰化"一锅法"制备抗高血压药物群多普利（trandolapril）中间体 DL-3-氯-乙酰氨基丙酸甲酯 **66**[16]。

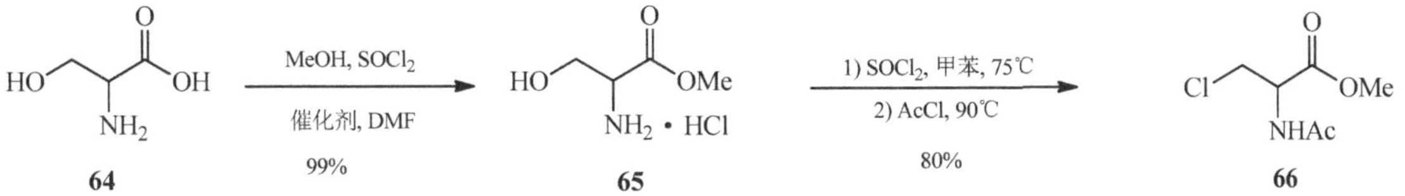

甲酯的脱除通常在 MeOH 或含水的 THF 中进行，在无机碱（如 NaOH、KOH、LiOH）作用下完成。

二、取代乙酯衍生物

由于羧酸甲酯、羧酸乙酯的脱保护常用碱性水解，对许多化合物的合成不适用，因此发展了用取代乙酯保护的方法。取代乙酯的设计思想是乙基上增加取代后，酯基很易发生烷氧键断裂，而乙基则以烯的形式消除。所用的取代乙基有：*β*, *β*, *β*-氯乙基、甲硫乙基、对硝基苯硫乙基和对甲苯磺酰乙基等。

1. 反应通式

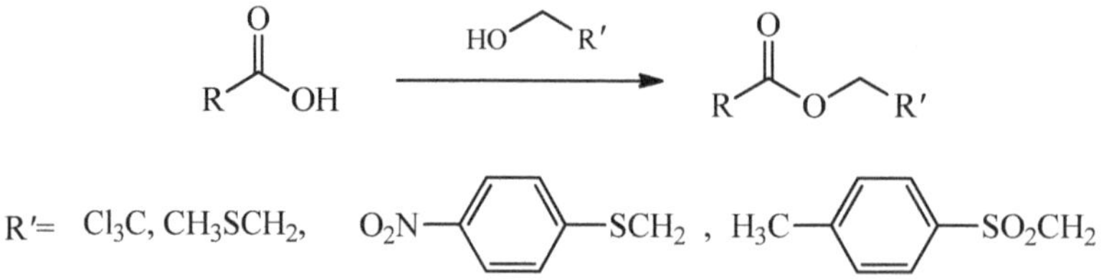

HO R′
R′= Cl3C, CH3SCH2, O2N SCH2 , H3C SO2CH2

制备*β*-取代乙酯是用羧酸分别和各种*β*-取代乙醇在 DCC 等脱水剂作用下缩合而成，或者将以上两种原料经 Mitsunobu 反应而制得。

2. 反应特点与反应实例

取代乙酯中，*β*, *β*, *β*-三氯乙酯 **67** 用锌-乙酸在 0℃下脱除。反应中锌作为供电子体，通过电子转移消除 1, 1-二氯乙烯而达到脱除保护基的目的。

Zn, AcOH
–ZnCl2
67

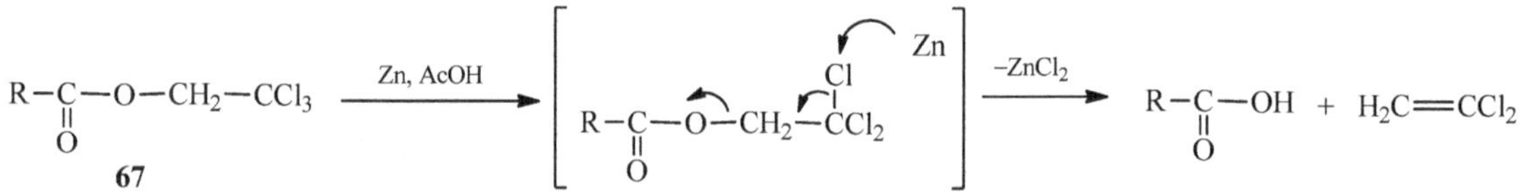

对甲苯磺酰乙酯 **68** 利用氢的活性用碱消除脱除保护基。

NaOH
68

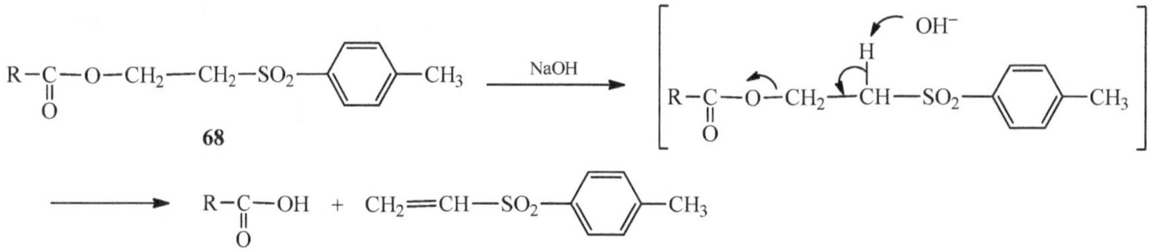

甲硫乙酯 **69** 及对硝基苯硫乙酯 **70** 可用过氧化氢氧化为磺酰乙酯后，经碱消除脱除甲磺酰乙烯 **71** 或对硝基苯磺酰乙烯 **72** 而脱除保护基。

H2O2
R = CH3 69
R = p-NO2Ph 70
RCOO⁻ + H2C=CHSO2R
R = CH3 71
R = p-NO2Ph 72

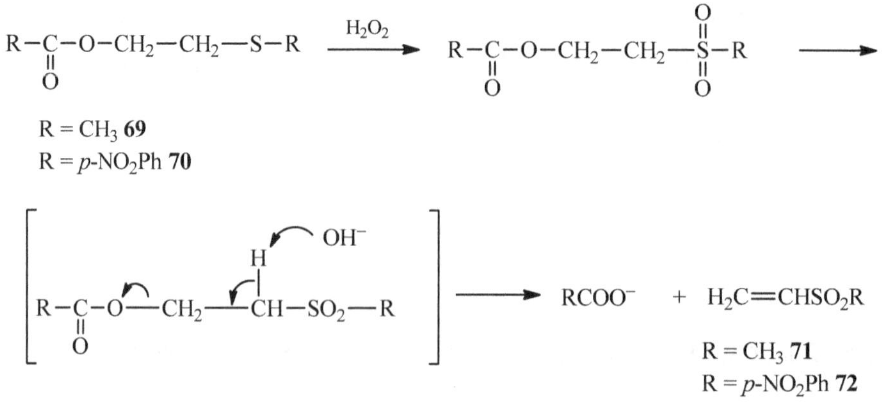

三、叔丁酯衍生物

叔丁酯是由酰氯与叔丁醇在碱存在下或羧酸与异丁烯在硫酸催化下来制备。该类保护基在通常情况下对氢解、氨解及碱性水解稳定。但对酸催化的烷氧断裂反应很敏感。例如，三氟乙酸在室温下，或对甲苯磺酸在甲苯中回流，即生成羧酸及异丁烯。若在分子中同时存在酰胺基团，羧酸的叔丁酯可用氯化氢酸解脱除保护而不影响酰胺基。例如，在抗高血压药物地拉普利（delapril）的合成中，就采用了叔丁酯保护羧基的甘氨酸酯（**74**）与 2-茚满酮（**73**）经羰基还原胺化得到 N-（2-茚满基）甘氨酸叔丁酯（**75**）[17]。

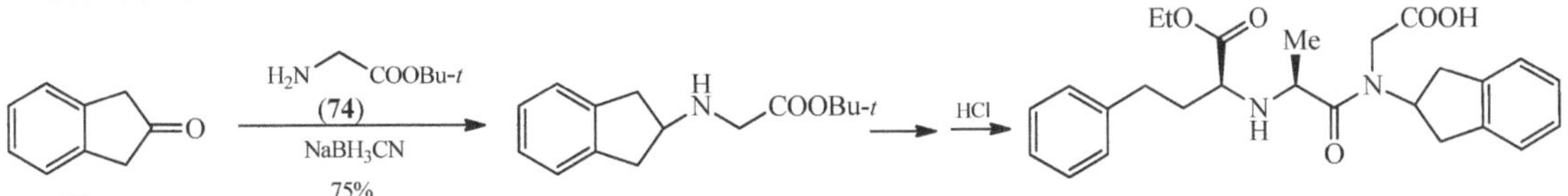

四、苄酯衍生物

在多肽合成中，如用甲酯保护端羧基，在水解脱保护时常引起肽键的部分水解。为此，可由羧酸与苄醇在对甲苯磺酸催化下直接酯化，或由酸酐与苄醇反应，或苄基卤化物与羧酸盐反应等途径制备。这类苄酯保护基容易用氢解法脱除。苄酯还可以在碱性条件下水解或在强酸条件下断裂水解，但应取决于酸的浓度、温度与反应时间。例如，高血压药物群多普利的合成中，中间体 **76** 用苄基保护羧酸羟基，得到化合物 **77**，然后与中间体 **78** 经缩合、Pd/C 催化氢化脱除苄基得到群多普利。

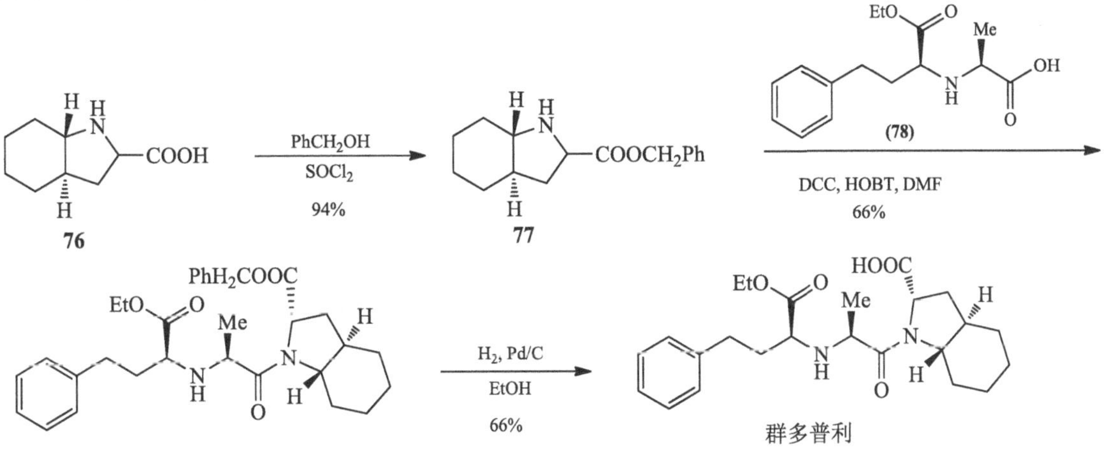

案例 9-5　青霉素 V 钾的合成

青霉素，英文名：Penicillin，别名：盘尼西林，属于 β-内酰胺类抗生素，能破坏细菌的细胞壁并在细菌细胞的繁殖期起杀菌作用，是由青霉菌中提炼出的抗生素。

【问题】

早期青霉素的化学合成中，重点需要解决 β-内酰胺母核的构建，因此，如何选择合适的氨基和羧基保护基是实现青霉素化学合成的关键。

【案例分析】

邻苯二甲酰基保护氨基的丙醛酸叔丁酯 **79** 与青霉胺盐酸盐 **80** 在 AcONa 作用下经缩合、环化得到 **81**，然后用水合肼脱除邻苯二甲酰基保护基、酸性脱除叔丁基得到 **82**，用三苯甲基（Tr）保护 **82** 的氨基，由于位阻较大，不仅屏障了氨基，也有利于形成 β-内酰胺环，从 **83** 经 DCC 关环得到 **84**。接着用 Pd/C 催化氢化、盐酸依次脱除苄基、Tr 保护基，得到 **85**，最后在 KHCO$_3$ 作用下与苯氧氯乙酰氯反应制得青霉素 V 钾[18]。

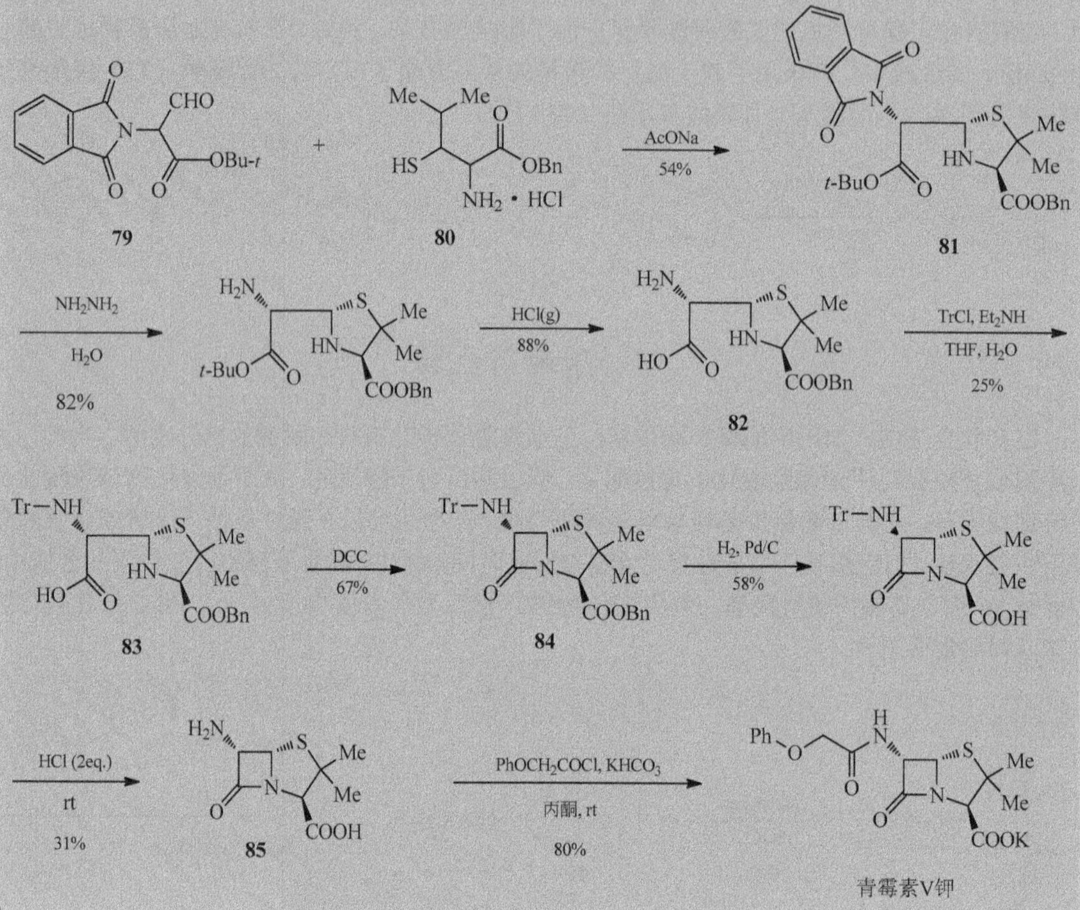

青霉素V钾

第四节　氨基的保护与脱保护

氨基中氮原子的性质和氧原子有很大的区别，伯胺和仲胺容易被氧化，同时氨基具有更强的亲核性，容易发生烷基化、酰化、与醛酮缩合等亲核反应。此外，许多生物活性分子，如氨基酸、肽、氨基糖、核苷和生物碱，以及各类药物分子中都含有氮原子及其所构成的官能团，故对氨基的保护在有机药物合成中具有重要的作用。因此，在一系列合成反应中，需要将氨基保护，发展了许多种类的氨基保护基。

将氨基酰化变成酰胺是保护氨基最简便的方法，在药物合成中得到广泛应用。N-酰基化保护包括酰胺法和磺酰胺法。酰胺制备的方法参见本书第四章第二节"氮原子上的酰化反应"。氨基上未共用电子对与羰基有 p-π 共轭效应，大大降低了氨基的亲核能力。通常伯氨基的单酰化保护，已足够防止氧化和烃化等反应。形成环状双酰衍生物则提供更完全的保护。常用的酰基及其稳定性顺序如下：苯甲酰基＞乙酰基＞甲酰基。简单的酰胺在酸性或碱性水解条件下是稳定的，要在强酸或强碱溶液中强烈加热才可水解脱除。从电性及立体效应来说，甲酰基稳定性最小，最易被脱除。但是有些保护基的脱除条件会引起一些氨基酸的消旋化，因此，为了适应各类化合物保护和脱保护的需要，发展了许多结构类型丰富的取代酰基，具有不同的稳定性，常见的酰基类氨基保护基如下所示。

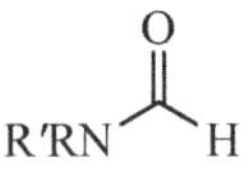

甲酰基 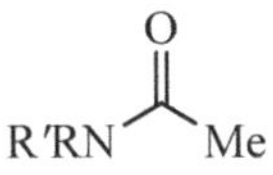　　　　乙酰基 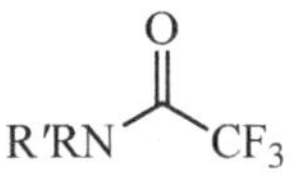　　　　三氟甲酰基 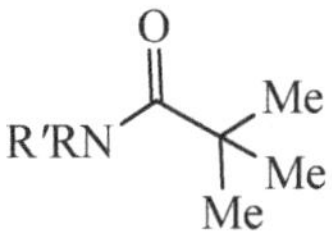　　　　新戊酰基

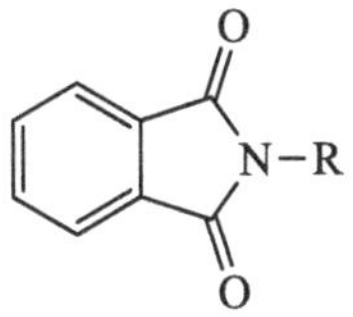

邻苯二甲酰基(Pht) 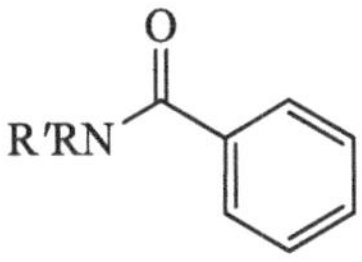　　　苯甲酰基 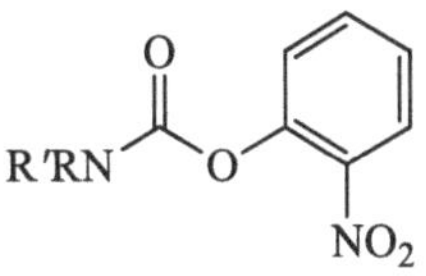　　　邻硝基苯氧乙酰基

一、单酰化保护

氨基可用甲酰基、乙酰基及取代乙酰基保护。

1. 反应通式

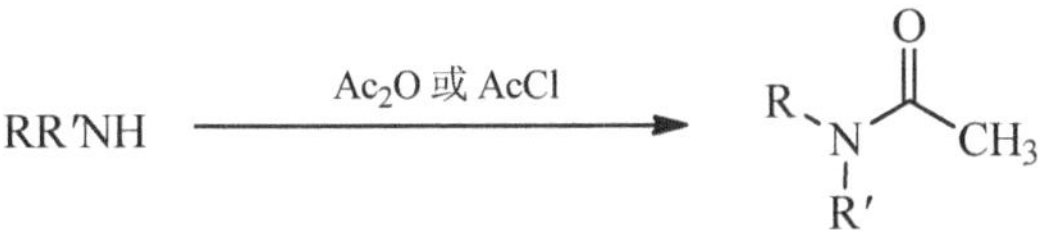

通常胺在加热条件下与甲酸或甲酸甲酯反应进行氨基的甲酰化保护；胺与乙酸酐或乙酰氯反应进行氨基的乙酰化保护。

2. 反应特点与反应实例

甲酰化非常容易进行，仅需将胺与94%～98%甲酸共热，或者与甲酸乙酯通过氨解反应实现。抗阿尔茨海默病药物加兰他敏的合成中，化合物 **86** 在催化量的甲酸作用下与甲酸乙酯反应，实现氨基的甲酰基保护得到 **87**[19]。

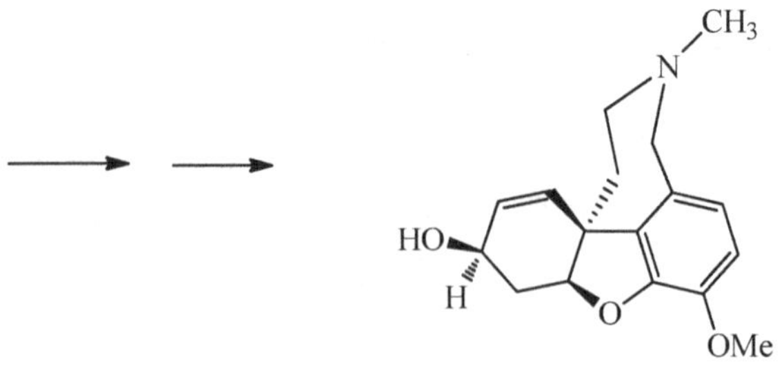

80%

加兰他敏

在有些情况下，用恒沸蒸馏法除去生成的水使反应更加完全。此外，乙酰氯与甲酸钠或98%甲酸与乙酸酐作用都可以生成甲乙酸酐，后者也是较好的甲酰化试剂。对于特别易消旋化的氨基酸，可用甲酸与 DCC 在 0℃时甲酰化。

脱除 N-甲酰基可以在酸催化下经醇解反应来实现，生成胺盐酸盐及甲酸甲酯；也可以在碱性条件下水解；若用肼处理，则生成甲酰肼而使氨基游离；当用 15%过氧化氢溶液处理，可以温和地氧化成相应的氨基甲酸，经脱羧反应除去甲酰基保护基。与其他酰基保护基相比，过氧化氢是脱甲酰基所特有的方法。

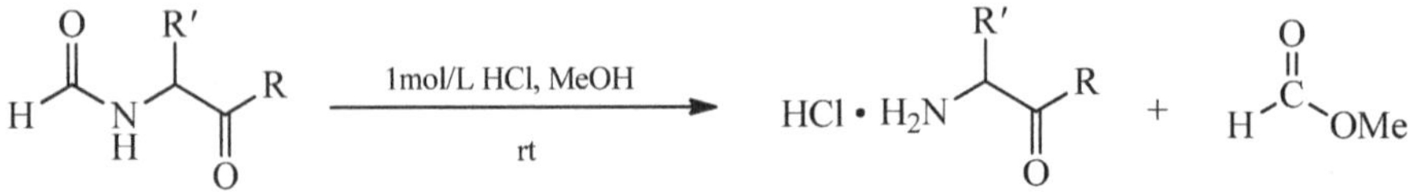

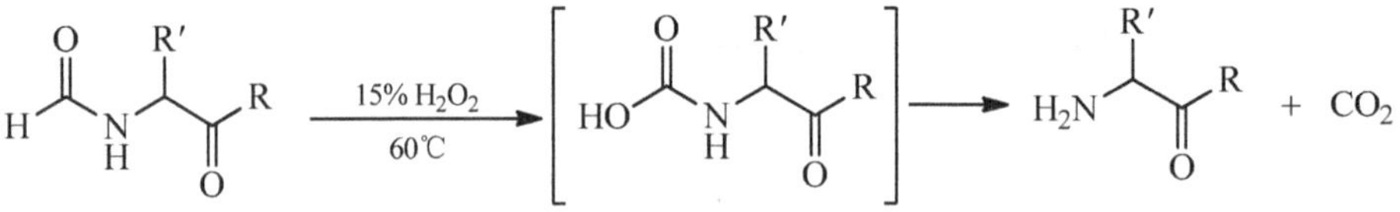

乙酰基在氨基保护上用得最多，它的稳定性大于甲酰基。胺的乙酰及取代乙酰衍生物可用酰氯或酸酐通过酰化来制备，也可以在 DCC 存在下用酸直接酰化。

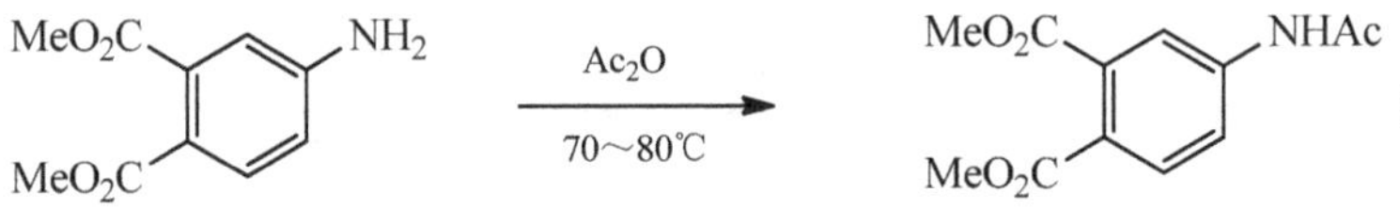

94%

但在合成多肽及核酸时，乙酰基的应用受到限制，因为脱乙酰基的酸性或碱性水解条件对分子中的其他部分会产生影响。

邻苯二甲酰亚胺衍生物是保护伯胺的好方法，可将胺与邻苯二甲酸酐加热制备。对邻苯二甲酰基来说，在绝大多数脱氨基保护基的条件下是稳定的，它不受催化氢化、过氧化氢氧化、Na-NH₃（液）还原、醇解等所用试剂的影响。它可用酸碱水解或肼解法脱除（参见第二章烃化反应中的格氏反应），还可以用 NaBH₄ 在 i-PrOH-H₂O 中进行脱除。其中，用 NaBH₄ 还原的方法脱除 Pht 保护基，反应过程为：NaBH₄ 将 Pht 中一个羰基还原生成半缩醛 **88**，由于 **88** 不稳定，进一步水解、还原得到化合物 **89**，**89** 发生分子内醇解环合生成内酯 **90** 的同时游离出胺化物 **91**[20]。

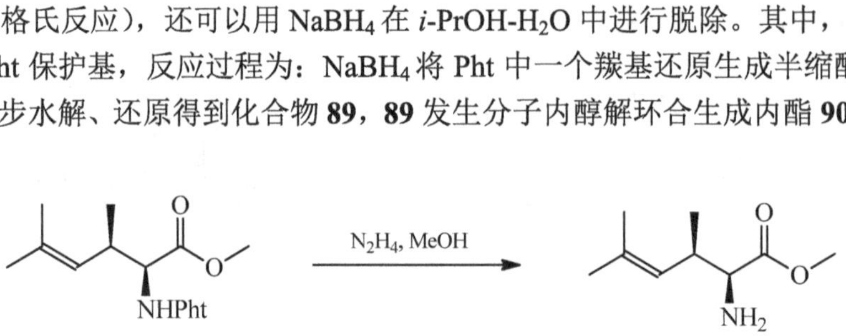

95%

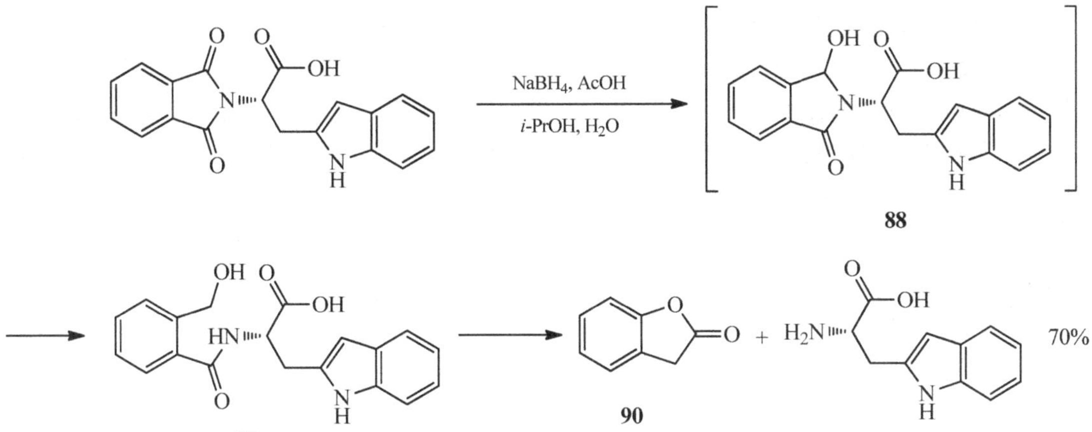

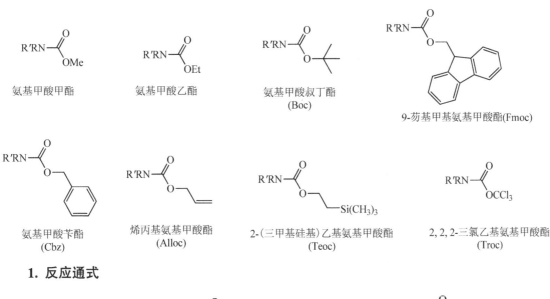

二、氨基甲酸酯衍生物

常见的氨基甲酸酯保护有以下几种：

氨基甲酸甲酯

氨基甲酸乙酯

氨基甲酸叔丁酯
(Boc)

9-芴基甲基氨基甲酸酯(Fmoc)

氨基甲酸苄酯
(Cbz)

烯丙基氨基甲酸酯
(Alloc)

2-(三甲基硅基)乙基氨基甲酸酯
(Teoc)

2, 2, 2-三氯乙基氨基甲酸酯
(Troc)

1. 反应通式

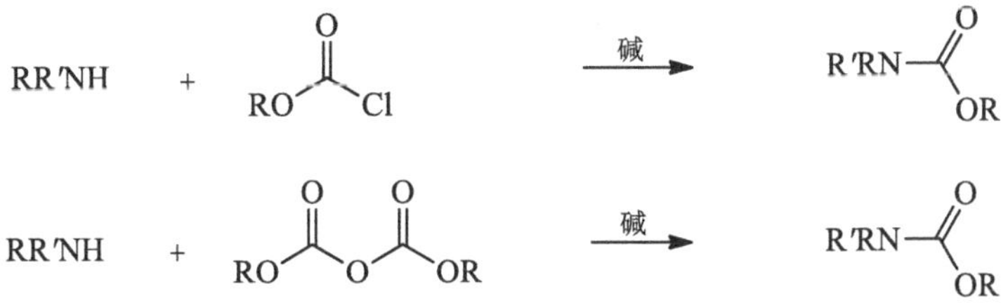

$$RR'NH \quad + \quad RO\text{—}COCl \xrightarrow{\text{碱}} R'RN\text{—}COOR$$

$$RR'NH \quad + \quad ROCO\text{—}O\text{—}COOR \xrightarrow{\text{碱}} R'RN\text{—}COOR$$

通常氨基甲酸酯在碱性条件下由胺与特定的氯代甲酸酯或二碳酸酯反应来制备。

2. 反应特点与反应实例

在这一类保护基中，最有名而又广泛使用的是苄氧羰基保护基（Cbz），它对于肼、热稀乙酸、三氟乙酸（室温）和氯化氢/甲醇（室温）等试剂和条件是稳定的，而这些试剂和条件正是选择地脱除其他保护基的条件。

　　该氨基保护方法成功地应用于抗血栓药物替格瑞洛（ticagrelor）中间体 **92** 的合成，为了在化合物 **92** 的羟基上引入羟乙基，必须在反应前先将其中的氨基进行保护，避免氨基上优先发生烃化反应。因此在实际生产中，首先将化合物 **92** 的氨基用氯甲酸苄酯（CbzCl）保护，然后在碱性条件下与溴乙酸叔丁酯发生 Williamson 醚化反应，再经硼氢化锂还原酯基，最后 Pd/C 催化氢化脱除苄氧羰基保护基，制得关键中间体 **93**[21]。

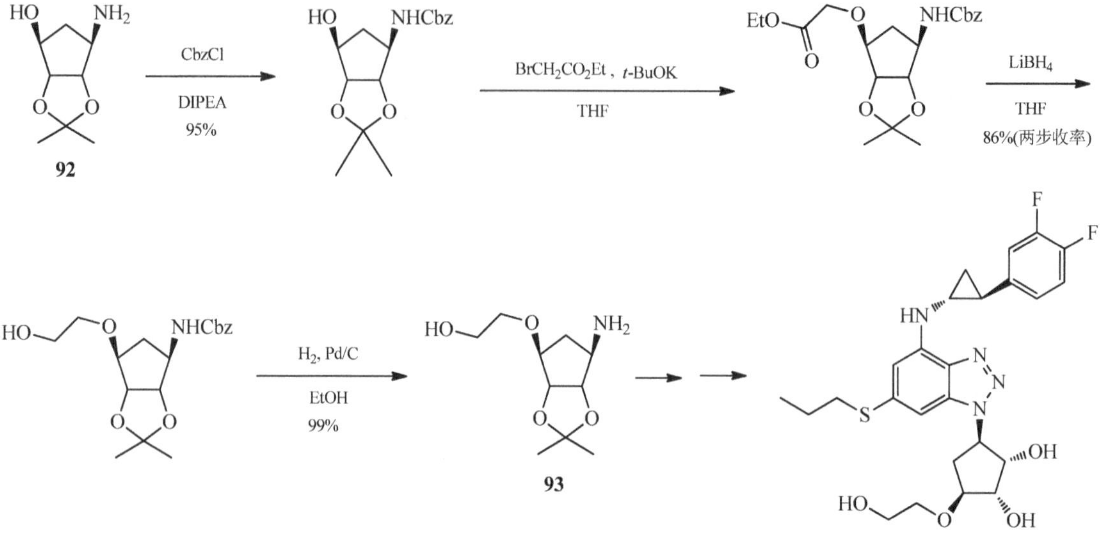

替卡格雷

　　此保护基的优点是不仅可在酸性条件下脱除，还可以在室温、常压、醇溶液中用 Pd/C 催化氢化脱除，而苄酯同时被氢解为二氧化碳及甲苯，所得产物较干净。

　　在药物合成中，叔丁氧羰基是常用的氨基保护基之一，在多肽的合成中，经常用 Boc 对氨基进行保护。Boc 保护基具有以下优点：①被 Boc 保护的氨基化合物能耐受催化氢化、亲核反应，以及较强烈的碱性环境；②Boc 保护的氨基酸大多数为结晶性固体，易于较长时间保存而不分解；③相对于 Cbz，Boc 对酸更敏感，在酸性条件下易于脱除，产生副产物异丁烯气体，易从反应体系中逸出，一般不会带来副反应，在实际生产中可以回收套用，实现资源综合利用。

　　通常 Boc 保护基可用氯代甲酸叔丁酯（ClCOOt-Bu）或碳酸酐二叔丁酯（Boc$_2$O）与胺反应引入，其中 Boc$_2$O 更常用。它们分别在碱性条件下，在有机溶剂中与伯胺或仲胺反应，制得 Boc 保护的胺。所用的碱有 NaOH、NaHCO$_3$、三乙胺、二异丙基乙基胺（DIPEA）等；有机溶剂常为二氧六环、二氯甲烷，甚至还可以是二氧六环-水、叔丁醇-水等混合溶剂。这是引入 Boc 常用方法之一，它的优点是副产物无干扰，并容易除去。对一些亲核性较大的胺，一般可在甲醇中和 Boc 酸酐（Boc$_2$O）直接反应即可，无须加入其他的碱。

　　对水较为敏感的氨基衍生物，采用 Boc$_2$O/Et$_3$N/MeOH 进行反应。对有空间位阻的氨基酸，可以采用 Boc$_2$O/[Me$_4$N]$^+$OH$^-$·5H$_2$O/CH$_3$CN 进行反应。

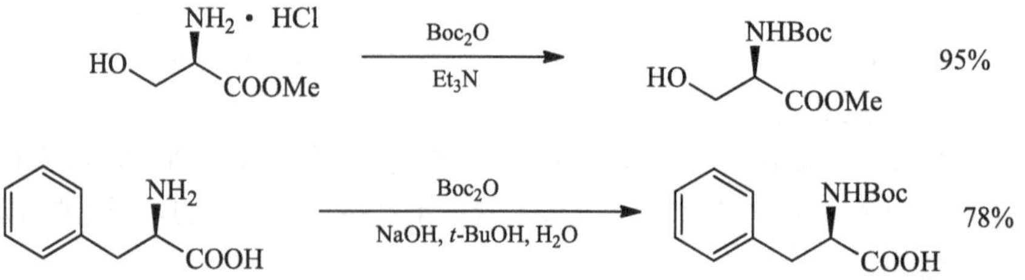

该保护基对氢解、Na-NH$_3$（液）、碱性、肼解等条件稳定，不会产生消旋化。Boc 比苄氧羰基（Cbz）对酸敏感，酸解产物为异丁烯和 CO$_2$。

Boc 的脱除用 HBr-HOAc、HCl-HOAc、HCl-二氧六环或三氟乙酸（TFA）即可脱除，一般采用 1～2mol/L HCl 的有机溶剂。因此，在一个分子中，Cbz 与 Boc 可根据需要选择不同的反应条件优先脱除其中一个保护基，如先催化氢化脱除 Cbz，或先酸解脱除 Boc，因此，两者能很好地配合使用。

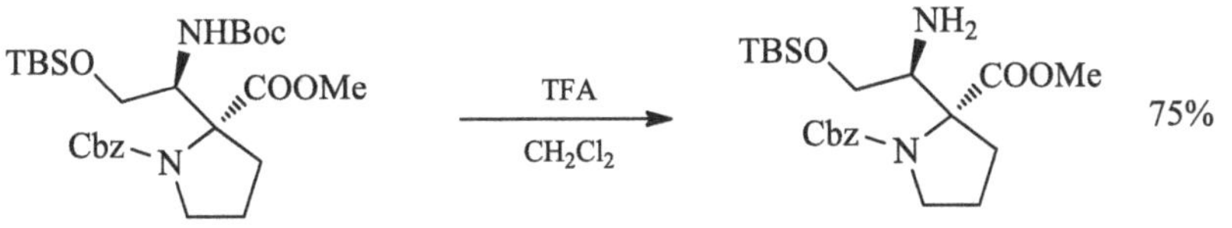

在中性条件下 ZnBr$_2$ 或 TBSOTf-2, 6-二甲基吡啶也可将 Boc 很好地脱除。

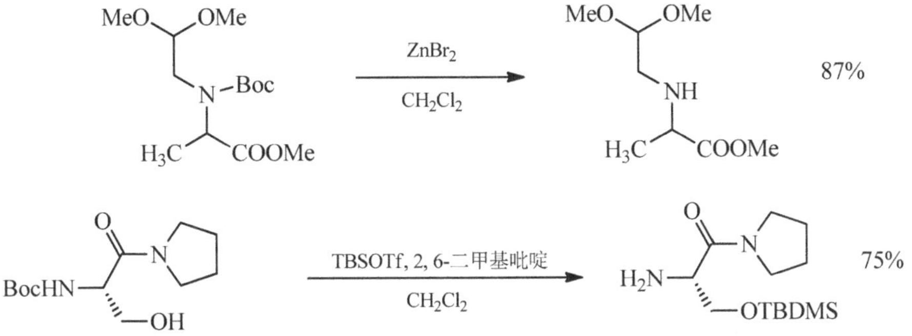

1970 年 Carpino 开发出氨基保护基 Fmoc，在多肽合成中得到广泛应用。Fmoc 保护基的一个主要的优点是它对酸极其稳定，因而可与酸解脱除的保护基配合使用，在它的存在下，可优先脱除 Boc 和苄基保护基。

引入 Fmoc 常用的试剂有：Fmoc-Cl 和 Fmoc-OSu（Su = 丁二酰亚胺基，9-芴甲基丁二酰亚氨基碳酸酯），Fmoc-Cl 由芴甲醇在无水 CH$_2$Cl$_2$ 中与过量的光气（COCl$_2$）反应得到，所得 Fmoc-Cl 在二氧六环-Na$_2$CO$_3$ 或 NaHCO$_3$ 溶液与伯胺或仲胺反应则可得到 Fmoc 保护的胺（一般不能用强碱）。用 Fmoc-OSu 在乙腈/水中进行。目前一般更倾向于用 Fmoc-OSu 引入 Fmoc 保护基。

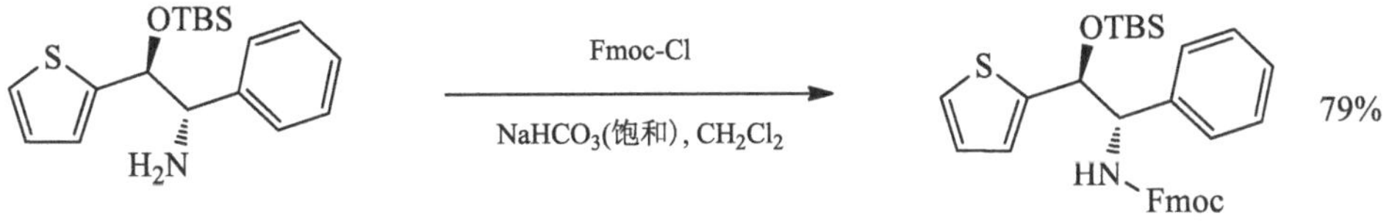

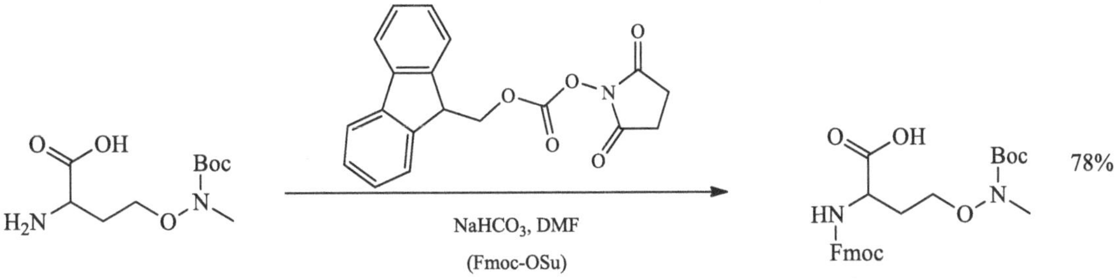

Fmoc 同前面提到的 Cbz 和 Boc 不同，它对酸稳定，较易通过简单的胺（而不是水解）脱保护，被保护的胺以游离碱释放。Fmoc 保护基一般也能用浓氨水、4mol/L NaOH-二氧六环以

及用哌啶、环己胺、吗啡啉、DBU 等胺类脱除。另外，$Bu_4N^+F^-$在室温的脱除效果也很好。叔胺（如三乙胺）的脱除效果较差，具有较大空间位阻的胺，其脱除效果最差。溶剂选用非质子性有机溶剂，如 DMF、NMP（N-甲基吡咯烷酮）、MeCN 以及 CH_2Cl_2。

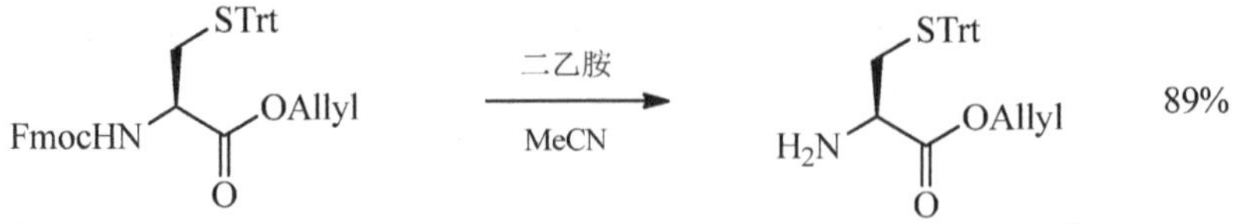

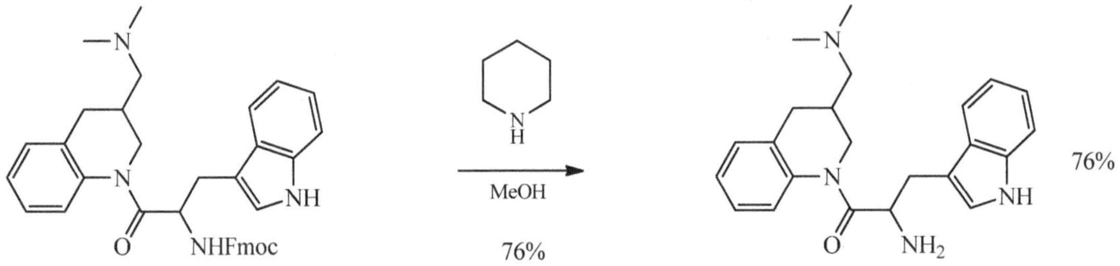

三、苄基衍生物

与羟基类似，氨基也可用 N-烷基化的方法进行保护，但是由于 N-烷基衍生物结构非常稳定，不易脱除，所以一般较少用于氨基的保护。用于保护氨基最常见的烃基有：三苯甲基、苄基、对甲氧基苄基，它们的引入方法与 O-烃基化类似，通过相应的卤代烃与胺在碱作用下反应制得相应的 N-烃化物。其中三苯甲基由于空间位阻提供了较好的保护，提高了反应的选择性，同时又易于脱除，而使用较多。

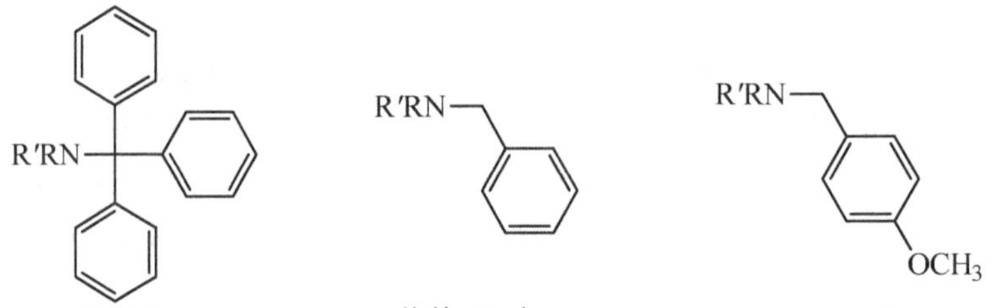

三苯甲基（Tr）　　　　　苄基（Bn）　　　　　对甲氧基苄基（PMB）

1. 反应通式

$$RR'NH \quad + \quad Ar \diagdown Cl \quad \xrightarrow{\text{碱}} \quad R'RN \diagdown Ar$$

通常在碱性条件下由胺与特定的苄氯化合物反应来制备。

2. 反应特点与反应实例

三苯甲基（Tr）用于多肽合成，仅用于保护伯胺，如氨基酸、青霉素、头孢菌素等。三苯甲基引入常用胺与氯代三苯甲烷（Ph_3CCl 或 TrCl）在碱存在下制备，如用 $TrCl-Et_3N$ 容易得到 Tr-氨基酸。因三苯甲基立体位阻很大，一般 Tr 保护的氨基酸酯较难发生水解（除甘氨酸酯外），强烈条件（如高温）会引起消旋化。

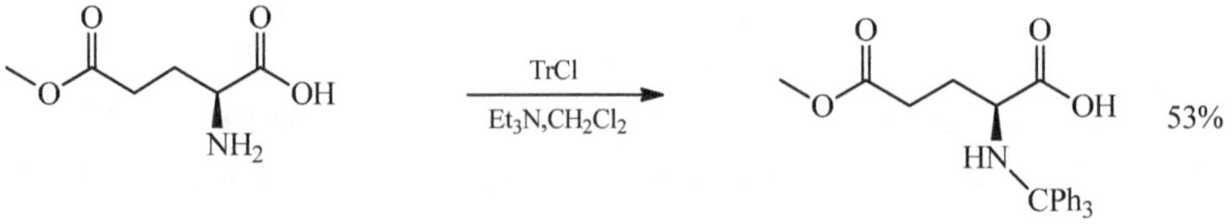

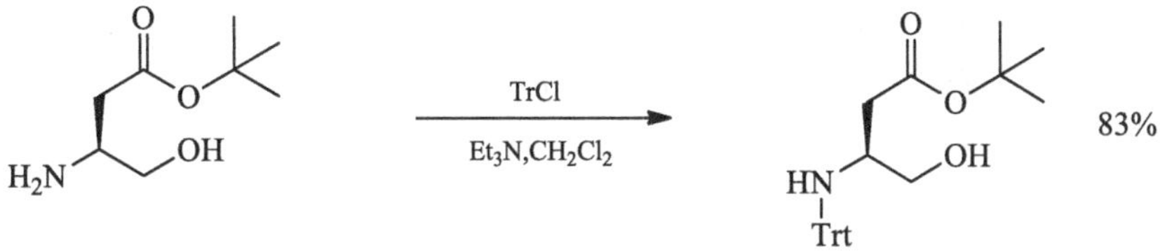

三苯甲基与苄基一样，可以用催化氢化脱除，但其脱除的速度远比 *O*-苄基和 *N*-Cbz 慢。另外，由于三苯甲基对酸敏感，可在温和条件下用酸处理脱除，如用 AcOH、HCl-MeOH、TFA 在室温能顺利除去，这时 *N*-Boc、*N*-Fmoc 和 *O*-*t*-Bu 可以稳定不动。

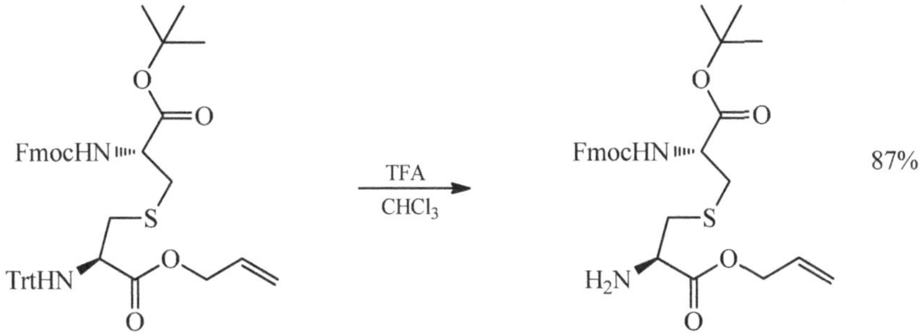

根据所用试剂和脱除方法的不同，Tr 被分解所形成的产物也不同（见下式）。

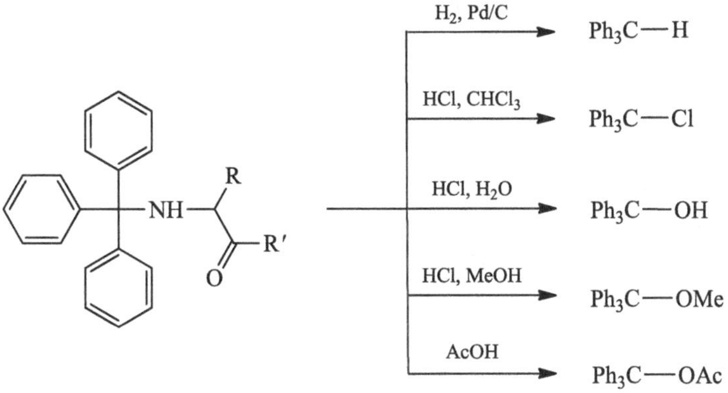

对甲氧基苄基（PMB）是最稳定的氨基保护基之一。PMB 一般采用对甲氧基溴苄（4-MeOC$_6$H$_4$CH$_2$Br）或对甲氧基氯苄（MeOC$_6$H$_4$CH$_2$Cl）和碱（K$_2$CO$_3$、DIPEA、NaH 和 DBU 等）在有机溶剂（如 DMF、二氯甲烷和乙腈等）中反应引入，或通过与对甲氧基苯甲醛缩合、NaBH$_3$CN 或 NaBH(OAc)$_3$ 还原胺化来进行[22, 23]。

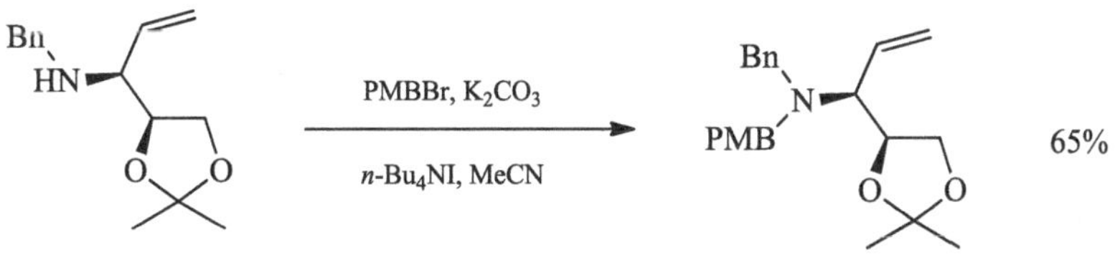

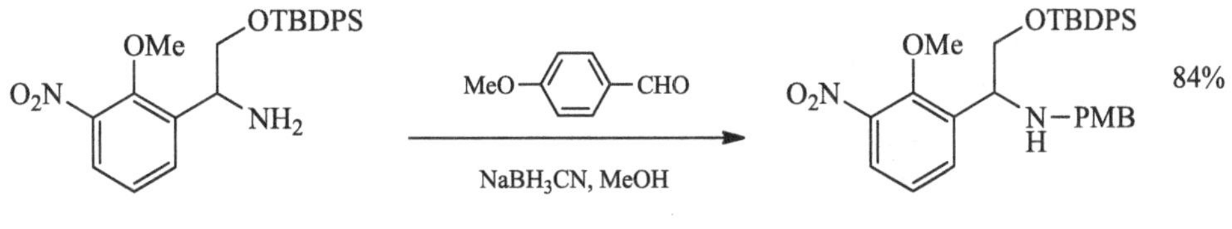

PMB 对大多数反应都是稳定的,在苄基(Bn)存在下,可用 CAN 或 DDQ 氧化选择脱 PMB;同样,在 Boc 和叔丁酯存在下,可用 CAN 氧化选择脱 PMB;也可用 H₂-Pd(OH)₂ 去掉 Bn,而保留 PMB[24, 25]。

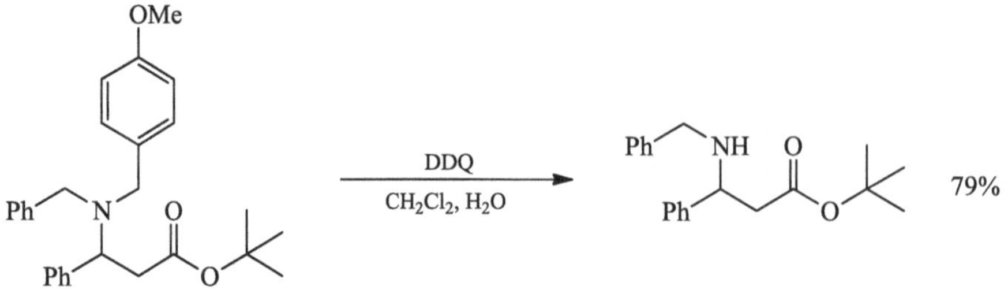

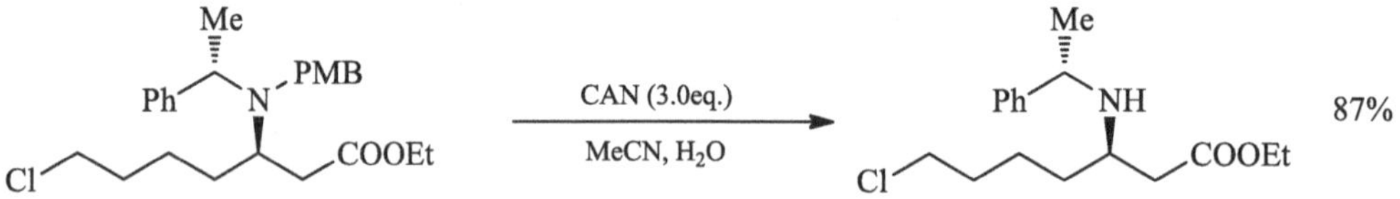

Bn 是常用的氨基保护基之一,其稳定性高于 PMB,因而也更难脱除。酰胺的苄基采用常规加氢方法不易脱除,可以通过 Na-NH₃ 脱除。

采用在 K₂CO₃、DIPEA、NaH、Et₃N 或 n-BuLi 等碱作用下胺化物与溴苄或氯苄在有机溶剂(如 DMF、二氯甲烷和乙腈等)中反应引入 Bn,或者与苯甲醛缩合、用 NaBH₄、NaBH₃CN 或 NaBH(OAc)₃ 还原胺化反应来制得 N-单苄基化合物。

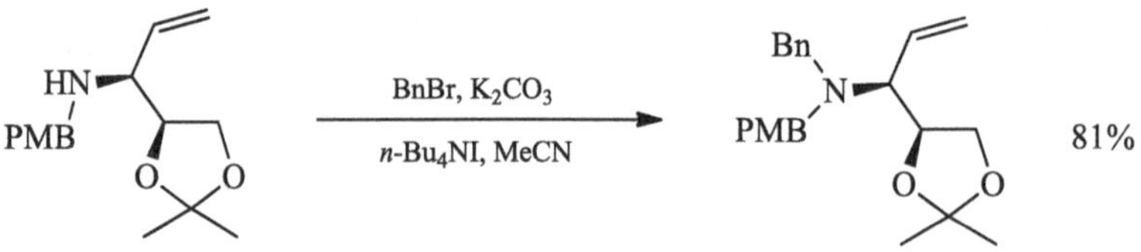

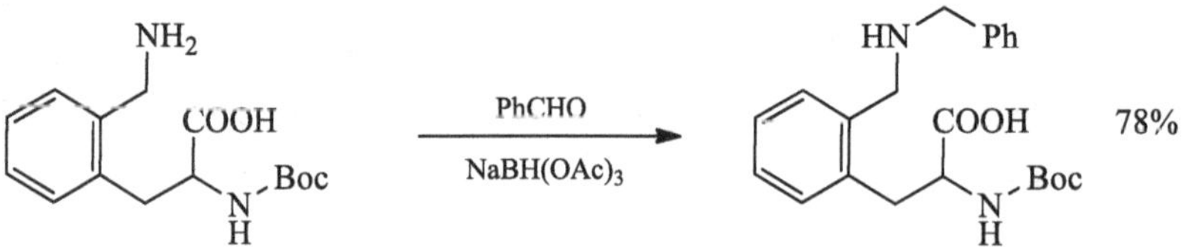

Bn 常用催化氢化脱除,如 H₂-Pd(OH)₂/C、H₂-Pd/C、HCOOH-Pd 或 HCOOH-Pd/C、HCOONH₄-Pd/C、NH₂NH₂-Pd/C。在用催化氢化(H₂,Pd/C)脱苄时,胺对钯催化剂的慢性毒化使得反应通常较慢,甚至反应不彻底,一般加酸来促进 Bn 的离去[26, 27]。

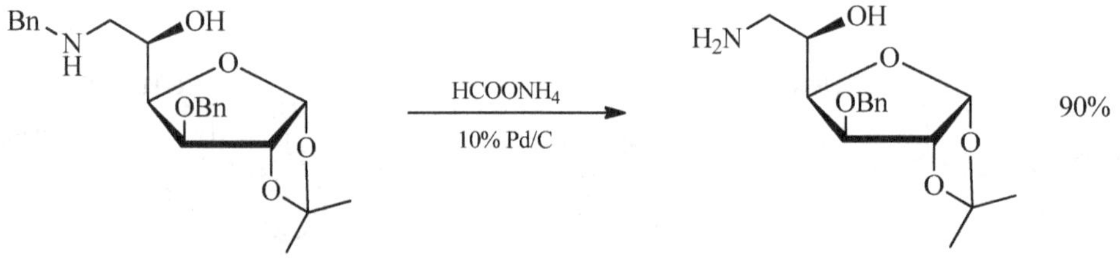

当分子中存在氢化敏感官能团时，需要用化学方法进行脱苄基。一般常用的方法是 $CCl_3CH_2CO_2Cl$-CH_3CN，也可以用 Li-NH_3（液）、Na-NH_3（液）、CAN 来进行脱除。酰胺上的苄基一般较难用氢解脱除，此时可以用 $AlCl_3$ 进行脱除。催化氢化脱苄基有如下的选择性排序：O-Bn＞N-Bn，N-PMB。

四、磺酰基衍生物

氨基除了用酰基保护，也可以用磺酰基来进行保护。

1. 反应通式

通常在碱性条件下由胺与磺酰氯反应来制备。

2. 反应特点与反应实例

磺酰基是最稳定的氨基保护基之一，N-磺酰基衍生物一般易形成很好的结晶，它们不易受亲核试剂的进攻。用苯磺酰化鉴定伯胺、仲胺、叔胺混合物的 Hinsberg 法就是应用苯磺酰基保护氨基的早期例子，并且也可用芳香磺酰化的伯胺衍生物（$PhSO_2NHR$）烃化、水解而合成仲胺。

对甲苯磺酰基保护基是最常用的磺酰基保护基，常用对甲苯磺酰氯（TsCl）在 NaOH、

NaHCO₃ 或有机碱存在下与胺反应，制得 *N*-Ts 衍生物，它对碱性水解和催化还原稳定。对于吲哚和吡咯的保护，可先用强碱夺去 N 原子上的质子，然后再与 TsCl 反应而制得。

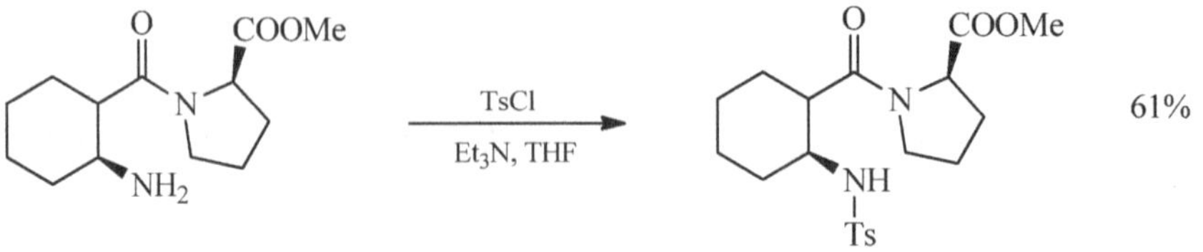

碱性较弱的胺（如吡咯和吲哚）形成的对甲苯磺酰胺比碱性更强的烷基胺所形成的对甲苯磺酰胺更易脱除，可以通过碱性水解去保护，而后者通过碱性水解去保护是不可能的。

对甲苯磺酰基非常稳定，对酸解（TFA 和 HCl 等）、皂化、催化氢化等条件有较好的耐受性，常用 Na-NH₃（液）、Li-NH₃（液）或 Mg-MeOH 进行脱除。

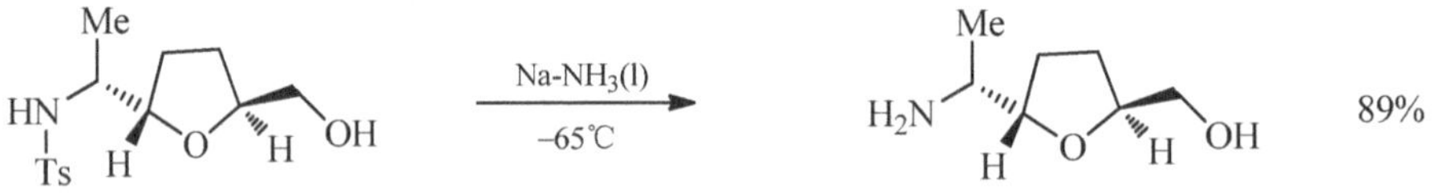

案例 9-6　抗病毒药物依法韦伦的合成

依法韦伦，英文名：Efavirenz，是一种抵抗艾滋病毒的特效药物。由 Merck 公司和 Dupont 公司联合开发，于 1999 年在美国上市。它是一种属于非核苷逆转录酶抑制剂，能有效抑制 HIV-1 逆转录酶，从而阻断 HIV 病毒复制。临床上与蛋白酶抑制剂和核苷类逆转录酶抑制剂（NRTIs）联合用于 HIV-1 型病毒感染的治疗。

【问题】

对氯苯胺在强碱性条件下与三氟乙酸乙酯反应，在苯环上引入三氟乙酰基，考虑如何选择合适的基团对氨基进行保护？另外，为顺利实现 2-氨基-5-氯三氟苯乙酮与环丙乙炔锂试剂的亲核加成反应，应如何选择合适的氨基保护基？

【案例分析】

在碱性条件下对氯苯胺与新戊酰氯反应，得到新戊酰基保护的氨基化合物 **94**，然后通过 *n*-BuLi/CF₃CO₂Et 引入三氟乙酰基，再酸性水解脱除新戊酰基，得到 2-氨基-5-氯三氟苯乙酮 **95**，接着用对甲氧基苄基保护氨基，与环丙乙炔锂试剂经不对称加成得到 **96**，**96** 经三光气（BTC）关环、CAN 氧化脱除 PMB 保护基，制得依法韦伦[28]。

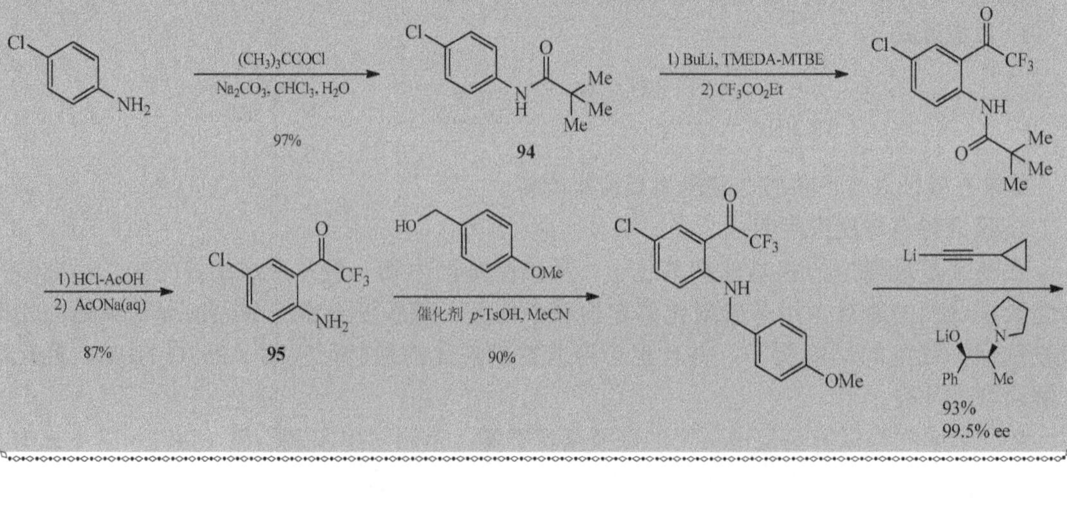

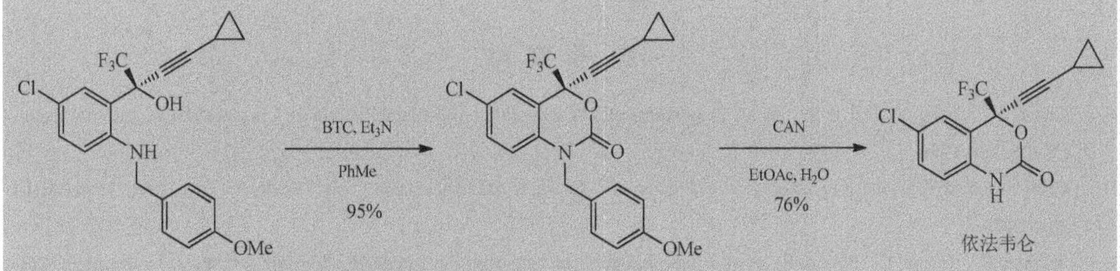

96 → BTC, Et₃N, PhMe, 95% → CAN, EtOAc, H₂O, 76% → 依法韦仑

案例 9-7 抗抑郁药利培酮的合成

利培酮，英文名：Risperidone，为苯并异噁唑衍生物，是新一代的抗精神病药，用于治疗急性和慢性精神分裂症，与 5-HT2 受体和多巴胺 D2 受体有很高的亲和力。由比利时 Janssen 开发，1993 年在英国和加拿大首次上市，1994 在美国上市。

【问题】

制备哌啶-4-甲酰氯之前是否需要对氨基进行保护？如何选取合适的氨基保护基？

【案例分析】

如果哌啶-4-甲酸直接制成酰氯，会发生自身的酰胺化反应。因此哌啶-4-甲酰氯在与间二氟苯进行 Friedel-Crafts 酰化反应之前需要对其氨基进行保护，合成路线如下：哌啶-4-甲酸在碱性条件下与氯甲酸乙酯反应，得到 N-乙氧羰基哌啶-4-甲酸（**97**），然后经酰氯化、Friedel-Crafts 酰化得到 **98**，**98** 在酸性条件下脱除乙氧羰基保护基，与盐酸羟胺缩合、分子内环合制得关键中间体苯并异噁唑衍生物（**99**），最后与 **100** 反应得到利培酮[29]。

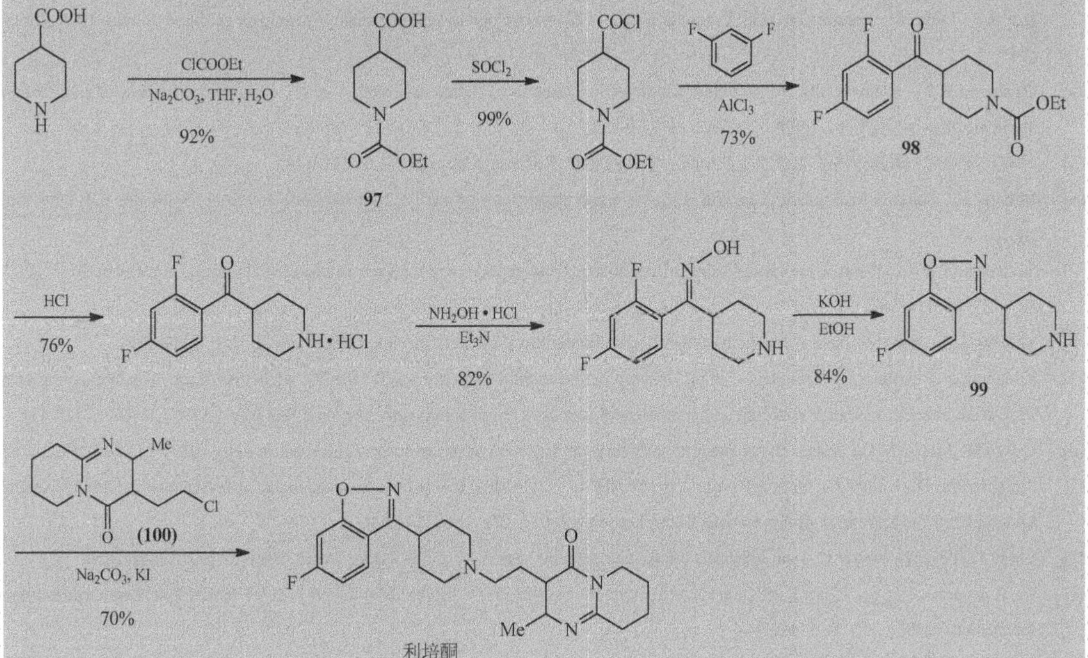

参 考 文 献

[1] Chu C K，Cheng Y，Pai B S，et al. Preparation of 2′-deoxy-2′-fluoro-β-L-arabinofuranosyl nucleosides as antiviral agents：US 5753789. 1998.

[2] Chen S，Farina V. Synthesis and biological evaluation of C-13 amide-linked paclitaxel（taxol）analogs. J Org Chem，1996，61（6）：2065-2070.

[3] Saladino R，Crestini C，Bernini R，et al. A new and efficient synthesis of cytidine and adenosine derivatives by dimethyldioxirane oxidation of thiopyrimidine and thiopurine nucleosides J Chem Soc Perkin Transactions 1：Organic and Bio-Organic Chemistry，1994，21：3053-3054.

[4] Arzeno H B，Humphreys E R，Wong J W，et al. Process for preparing a 2-(2-amino-1, 6-dihydro-6-oxo-purin-9-yl)methoxy-1, 3-propanediol（ganciclovir）mono-L-valinate ester：US 5840890. 1998.

[5] Wang P，Chun B K，Rachakonda S，et al. An efficient and diastereoselective synthesis of PSI-6130：a clinically efficacious inhibitor of HCV NS5B polymerase. J Org Chem，2009，74（17）：6819-6824.

[6] Ramage R，MacLeod A M，Rose G W. Dioxalanones as synthetic intermediates. Part 6. Synthesis of 3-deoxy-D-manno-2-octulosonic acid（KDO），3-deoxy-D-arabino-2-heptulosonic acid（DAH）and 2-keto-3-deoxy-D-gluconic acid（KDG）. Tetrahedron，1991，47（29）：5625-5636.

[7] Harnden M R，Jarvest R L，Bacon T H，et al. Synthesis and antiviral activity of 9-[4-hydroxy-3-(hydroxymethyl)but-1-yl]purines. J Med Chem，1987，30（9）：1636-1642.

[8] 刘世领，陈艳，易飞，等.齐多夫定的合成. 中国医药工业杂志，2006，37（9）：577-579.

[9] Askin D，Verhoeven T R，Liu T M H，et al. Synthesis of synvinolin: extremely high conversion alkylation of an ester enolate. J Org Chem，1991, 56（16）：4929-4932.

[10] Kent K M，Kim C U，Mcqee，L R，et al. Preparation of carbocyclic compounds：US 5886213.1999.

[11] 甾族激素组（中国科学院上海有机化学研究所），上海第九制药厂. 口服避孕药三烯炔诺酮和 dl-18-甲基三烯炔诺酮的合成. 化学学报，1975，33（2）：139-147.

[12] 焦萍，仇缀百. 依那朵林的合成. 中国医药工业杂志，2001，32（8）：342-345.

[13] Oreste P，Pietro M，Lorenzo D，et al. Production of 2-(4-(2-oxocyclopentyl-methyl)phenyl)propionic acid and its salt：JP 09323954. 1997.

[14] Garbaccio R M，Danishefsky S J. Efficient asymmetric synthesis of radicicol dimethyl ether：a novel application of ring-forming olefin metathesis. Org Lett，2000，2（20）：3127-3129.

[15] 吕布，汪永忠. 酮基布洛芬的合成工艺研究. 中国药物化学杂志，2000，10（2）：127-128.

[16] Militzer H，Schmidt M. Procedure for the production and purification of methyl 2-(acetamino)-3-chloropropanoate：DE 19941062. 2001.

[17] Anderson G W，Callahan F M. t-Butyl esters of amino acids and peptides and their use in peptide synthesis. J Am Chem Soc，1960，82（13）：3359-3363.

[18] Sheehan J C，Henery-Logan K R. The total synthesis of penicillin V. J Am Chem Soc，1959，81（12）：3089-3094.

[19] Küenburg B，Czollner L，Fröhlich J，et al. Development of a pilot scale process for the anti-alzheimer drug(−)-galanthamine using large-scale phenolic oxidative coupling and crystallisation-induced chiral conversion. Org Proc Res Dev，1999，3（6）：425-431.

[20] Osby J O，Martin M G，Ganem B. An exceptionally mild deprotection of phthalimides. Tetrahedron Lett，1984，25（20）：2093-2096.

[21] Springthorpe B，Bailey A，Barton P，et al. From ATP to AZD6140：the discovery of an orally active reversible P2Y12 receptor antagonist for the prevention of thrombosis. Chem Lett，17 2007，（21）：6013-6018.

[22] Cossy J，Pévet I，Meyer C. Total synthesis of(−)-4a, 5-dihydro streptazolin. Eur J Org Chem，2001，（15）：2841-2850.

[23] van Rompaey K，van den Eynde I，de Kimpe N，et al. A versatile synthesis of 2-substituted 4-amino-1, 2, 4, 5-tetrahydro-2-benzazepine-3-ones. Tetrahedron，2003，59（24）：4421-4432.

[24] Bull S D，Davies S G，Fenton G，et al. Chemoselective debenzylation of N-benzyl tertiary amines with ceric ammonium nitrate. J Chem Soc，Perkin Transactions 1，2000，（22）：3765-3774.

[25] O'Brien P，Porter D W，Smith N M. Asymmetric synthesis of cyclic β-amino acids. Synlett，2000，9：1336-1338.

[26] Tilekar J N, Patil N T, Jadhav H S, et al. Concise and practical synthesis of (2*S*, 3*R*, 4*R*, 5*R*) and (2*S*, 3*R*, 4*R*, 5*S*) -1, 6-dideoxy-1, 6-iminosugars. Tetrahedron, 2003, 59（11）: 1873-1876.

[27] Basso A, Banfi L, Riva R, et al. A novel highly selective chiral auxiliary for the asymmetric synthesis of L- and D-α-amino acid derivatives via a multicomponent Ugi reaction. J Org Chem, 2005, 70（2）: 575-579.

[28] Pierce M E, Parsons R L, Radescal, et al. 1998. Practical asymmetric synthesis of efavirenz（DMP 266）, an HIV-1 reverse transcriptase inhibitor. J Org Chem, 1998, 63（23）: 8536-8543.

[29] Strupczewski J T, Allen R C, Gardner B A, et al. 1985. Synthesis and neuroleptic activity of 3-(1-substituted-4-piperidinyl)-1, 2-benzisoxazoles. J Med Chem, 1985, 28（6）: 761-769.

第十章 合成设计策略(Synthetic Design Strategy)

【学习目标】

学习目的

本章介绍了逆向合成分析策略、正向合成分析策略的概念，并通过药物及活性分子的合成实例，分析这两种策略的应用技巧与特点，旨在使学生掌握各种合成设计策略在药物合成中的应用。

学习要求

掌握逆向合成分析策略中的各种概念及其应用；掌握正向合成分析策略中的各种概念及其应用。

熟悉逆向合成分析策略在化合物合成路线设计中的应用。

了解组合化学和固相合成技术在化合物库合成中的应用。

完美的药物合成从两个方面来实现，一是根据反应物或目标分子的官能团特点，应用已知的或者创造新的反应类型来构建目标分子的骨架和构型，在反应进行过程中，须满足包括化学选择性、区域选择性及立体选择性的要求；二是如何采用最合适的策略，也可以说是战略规划，设计出合理、有效以及可以大量制备的合成路线。即使是同一个药物分子，会有多种合成途径与方式，使用不同的反应、原料和试剂，合成的效率会大相径庭，因此，药物合成极富有挑战性和创造性。"在有机合成中充满着兴奋、冒险、挑战和艺术"（R. B. Woodward），新反应、新试剂层出不穷，几十年来有机药物合成领域取得的卓越成就[1-3]，已经证明有机药物合成既是一门科学，又是一门艺术，实现这一科学与艺术的完美结合，合成设计策略尤为重要。

合成设计策略，即应用逻辑思维方式，灵活运用各种合成反应类型、骨架构建、官能团转化、选择性控制等合成方法，结合实验技术，制定出目标分子最合理的合成路线。一条完美的合成路线具有原料易得、产率高、成本低、绿色环保、路线简洁、可以大规模制备等特点。

前面几章介绍了药物合成中涉及的几种经典反应类型，本章重点介绍逆向合成分析与正向合成分析策略在药物合成中的应用。

第一节 逆向合成分析

20 世纪 60 年代，E. J. Corey 为代表的化学家首次提出了逆合成（retrosynthesis）的概念，发展了逆向合成分析策略，提出化学合成的逻辑推理方法，使合成设计趋向于规律化和合理化，形成了自成体系的有机合成方法学理论。E. J. Corey 也因此荣获 1990 年诺贝尔化学奖。Corey 的逆向合成分析理论共分为五个方面，称为"五大策略"，即①基于转化方式的策略（transform-based strategies）；②基于结构目标的策略（structure-goal strategies）；③拓扑学策略（topological strategies）；

④立体化学的策略（stereochemical strategies）；⑤基于官能团的策略（functional group-based strategies），该合成设计理论已成为合成复杂分子的有效指导方法。

本节简单介绍逆向合成分析法的主要内容，包括基本概念、常用逆向合成切断策略，同时介绍该法在药物合成路线设计中的应用实例。

一、基 本 概 念[1-7]

逆向合成分析法（retrosynthetic analysis）又称反合成法（antisynthesis），指将合成的目标分子或靶分子（target molecule，TM ），应用合适的转换方式，将其转化为一系列更简单的前体结构，以此类推，重复此过程，直到转换为结构简单、价廉的起始原料（starting material，SM），由此设计出目标分子的合成路线，达到合成的目的。

该方法从目标分子的结构入手，采用逆合成转变方法，如逆向切断、逆向连接、逆向重排和逆向官能团互换、逆向添加、逆向除去等方法，得到所需的合成前体及原料。

正向合成指从原料出发，经过若干反应，最后得到目标分子，每步常用箭头“$\longrightarrow$”表示原料到产物的反应方向。而在逆向合成中，首先是从目标分子出发，经过逆合成转换，最后得到目标分子的前体（以此类推，前体的前体等）或反应原料，常用符号“$\Longrightarrow$”表示结构转换方向。

正向合成步骤：

$$\mathrm{SM} \longrightarrow \mathrm{A} \longrightarrow \mathrm{B} \longrightarrow \mathrm{C} \longrightarrow \mathrm{TM}$$

逆向合成步骤：

$$\mathrm{TM} \Longrightarrow \mathrm{C} \Longrightarrow \mathrm{B} \Longrightarrow \mathrm{A} \Longrightarrow \mathrm{SM}$$

在逆向合成分析的过程中，需要满足以下几点要求：①每一步都有合适且合理的反应机理和合成方法；②整个合成要做到最大可能的简单化；③有廉价易得的原料。

本节主要介绍逆合成分析中的常用的基本概念。

（一）合成子与合成等价试剂

合成子（synthon），是指在分子中，由逆合成转换而产生的结构单元，即凡是能用已知的或合理的操作连接成分子的结构单元，均称为合成子。

“合成子”是一个概念化名词，它区别于实际存在的发生反应的离子、自由基或分子。逆合成转换产生的合成子，有些是有效的，有些是无效的。合成子可能实际存在，本身即是试剂或中间体，可以大到接近整个分子，也可以小到只含一个氢原子。但也可能很不稳定，实际不存在。

合成等价物（synthetic equivalent），是指与合成子相对应的具有同等功能的稳定化合物，又称合成等价试剂。

靶分子、合成子、等价试剂的关系如下所示：

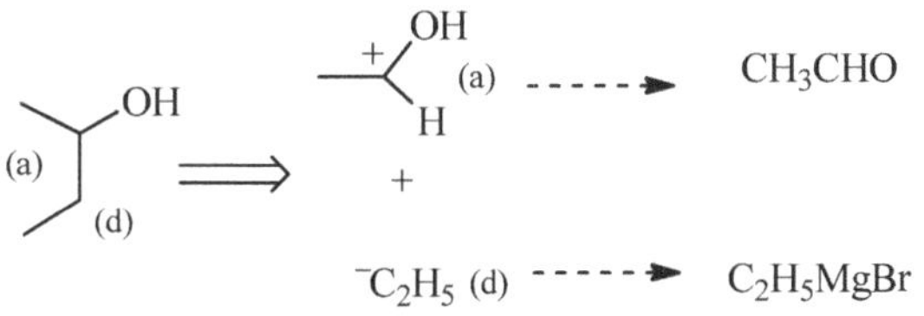

靶分子　　　　合成子　　　　等价试剂

（注：虚线箭头表示合成子与等价试剂之间的对应关系）

（二）合成子的分类

合成子可分为以下几类：受电子合成子（a-合成子）、供电子合成子（d-合成子）、自由基合成子、中性分子合成子等。

在"a"或"d"的右上角标上不同的数字，可以表示合成子中心碳原子和官能团之间的相对位置。若官能团所连接的碳原子是反应中心，则称为 d^1-合成子或 a^1-合成子；若官能团相邻的 C2 原子是反应中心，则称为 d^2-合成子或 a^2-合成子，这样依此类推。没有连接官能团的烃基合成子，称为"烃化合成子"（alkylating synthon），即 R_d-合成子或 R_a-合成子。另外，能和 d-合成子或 a-合成子形成碳杂原子键的、具有正电荷或负电荷的杂原子，称为 a^0-合成子或 d^0-合成子。

$$\overset{X}{\underset{FG}{-\overset{|}{C}{}^1-\overset{|}{C}{}^2-\overset{|}{C}{}^3-}}$$

X=杂原子
FG=官能团

1. 受电子合成子（acceptor synthon）

具有亲电性或可以接受电子的合成子，简称为 a-合成子，如碳正离子合成子等。

常见的 R_a-合成子的等价试剂：烷基卤化物、硫酸烷基酯、磷酸烷基酯、硫镓或氧镓化合物、卤化物和路易斯酸的复合物等。

$$R-X \quad X=Cl, Br \ , \quad RO\overset{O}{\underset{O}{\overset{\|}{\underset{\|}{S}}}}OR \ , \quad RO\overset{O}{\underset{OR}{\overset{\|}{\underset{|}{P}}}}OR \ , \quad (CH_3)_3S^+X^-, (CH_3)_3O^+BF_4^-, R^+AlCl_4^-$$

常见的 a^1-合成子等价试剂：羰基化合物、Vilsmeier 试剂（取代酰胺与卤化物的复合物）、原酸酯、酰卤与路易斯酸的复合物等。

$$\underset{R}{\overset{O}{\overset{\|}{\diagup}}}R(X) \ , \quad \underset{R}{\overset{R}{\underset{Cl}{N-\overset{+}{C}H}}} \ {}^-O-\overset{O}{\overset{\|}{P}}Cl_2 \ , \quad RO\overset{R}{\underset{OR}{\overset{|}{\underset{|}{C}}}}OR \ , \quad \underset{R}{\overset{O}{\overset{\|}{\diagup}}} + AlCl_4^-$$

常见的 a^2-合成子等价试剂：α-位具吸电子基的羰基类化合物、硝基乙烯等。

$$\underset{Cl}{\overset{O}{\underset{|}{R\overset{\ }{\diagup}}}}R \ , \quad \overset{NO_2}{=\!\!<}$$

常见的 a^3-合成子等价试剂：α,β-不饱和羰基化合物、烯丙基卤化物或其磺酸酯等。

$$\overset{O}{\overset{\|}{=\!\!<\!\!\diagup}}R \ , \quad =\!\!<\!\!\diagdown\!\!Br(OTs)$$

此外，具有共轭双键的不饱和羰基化合物或环丙烷结构转化成相应的 a^n-合成子。

2. 供电子合成子（donor synthon）

具有亲核性或可以给出电子的合成子，简称为 d-合成子，如碳负离子合成子。

多数 d-合成子是不同形式的碳负离子，杂原子（N、O、S 等）为 d^0-合成子。烃基碳负离子的主要等价试剂为相应的有机金属化合物（R—M，M = MgX、Na、Li、Cu 等）。饱和烃基、芳基或烯基卤化物经金属-卤素交换反应，可生成相应的有机金属化合物。此外，通过金属-金属交换反应，可将有机锂、有机镁等化合物转化成有机铜等化合物。炔基负离子较为稳定，可直接用强碱（$NaNH_2$、LiBu 等）将含活性 CH 的炔基转化为相应的负离子。

饱和烃基负离子只起烷基化作用，所以是 R_d-合成子；而不饱和烃、芳烃负离子因反应后仍保留不饱和键，故成为 $d^{1,2}$-合成子，可进一步反应。

常见的 d^1-合成子等价试剂：硝基烷烃和氢氰酸、烷基硅烷、烷基磷叶立德、1,3-二噻烷、亚砜、砜等分子中的碳负离子等价试剂。

$$H_3C-NO_2 \qquad HC\equiv N \qquad , \qquad R-\underset{R}{\overset{R}{Si}}-CH_2Cl \quad , \quad Ph-\underset{Ph}{\overset{Ph}{P^+}}-\bar{C}H_2 \quad , \quad \text{（1,3-二噻烷 } S\text{—}R\text{—}S\text{）} , \quad \underset{R}{\overset{O}{S}}R \quad , \quad \underset{R}{\overset{O\ O}{S}}R$$

常见的 d^2-合成子等价试剂：羰基衍生物 α-位碳负离子的等价试剂，如烯醇、烯胺等。

$$\text{（烯醇 OH）} \qquad , \qquad \text{（烯胺 N-R）}$$

常见的 d^3-合成子等价试剂：烯丙硫醇、1,4-二羰基化合物、丙炔酸酯、烯丙醇硅醚等。

$$\diagdown\diagup SH \quad , \quad ROOC\diagdown\diagup COOR \quad , \quad HC\equiv C-COOR \quad , \quad \diagdown\diagup_{OSiR_3}$$

在逆向合成分析中，R_d-合成子、$d^{1,2}$-合成子、d^1-合成子和 d^2-合成子等价试剂应用较为广泛。

3. 自由基合成子（radical synthon）

自由基合成子是通过自由基反应而形成的碳-碳键所需的自由基活性形式，以 r-合成子表示。

4. 中性分子合成子（electrocyclic synthon）

中性分子合成子又称周环反应合成子，在周环反应中形成碳-碳键所需的合成子，是实际存在的中性分子，以 e-合成子表示，如在 Diels-Alder 反应中二烯和亲二烯试剂均为 e-合成子。常见合成子和合成等价试剂见表 10-1 和表 10-2。

表 10-1　常见 a 合成子和合成等价试剂举例

合成子简称	合成子	等价试剂
R_a	R^I	$RX(X = Cl, Br, I, OTs, OMs, OTf)$ $Me_3S^+X, R^+ AlCl_4^-$
a^0	$^+PMe_2$	Me_2PCl
a^1	$R-\overset{O}{\overset{\|}{C^+}}$	$R-\overset{O}{\overset{\|}{C}}R, \quad R-\overset{R'}{\underset{OSiR'_3}{\overset{\|}{C}}}SR', RCOX$
a^2	$^+CH_2COR$	$BrCH_2COR$
	$^+CH_2CHOHR$	$XCH_2CHOHR, HC=CHNO_2$ $(X = Br, OTs, OMs)$
a^3	$^+CH_2CH_2COR$	$H_2C=CHCOOR, H_2C=CHCOOR,$
	$^+CH_2CH=CHR$	$H_2C=CHCN, H_2C=CHCH_2X$

表 10-2　常见 d 合成子和合成等价试剂举例

合成子简称	合成子	等价试剂
R_d	Me^-	$MeLi$
	R^-	$RM (M=Na, Li, MgX); R_2CuLi, Ph_3P=CHR$
d^0	CH_3S^-	CH_3S^-
$d^{1,2}$	$R-HC=CH^-$	$RHC=CHX$
	$R-C\equiv C^-$	$RHC\equiv CH$
d^1	$^-C\equiv N$	KCN
	$H_2\overset{-}{C}-\overset{+}{N}\underset{O^-}{=}O$	CH_3NO_2
	$Z-\overset{-}{\underset{H}{C}}-Z$	(1,3-二硫杂环己烷 R)
d^2	$^-H_2C-CHO$	H_3C-CHO
	$^-H_2C-\overset{O}{\overset{\|}{C}}-$	$^-H_2C-\overset{O}{\overset{\|}{C}}-CH_3$
	$H_2C=\overset{O}{\underset{OEt}{C}}$	CH_3COOEt
d^3	$^-C\equiv C-CH_2NH_2$	$LiC\equiv C-CH_2NH_2$
	$^-H_2CCH_2CH=S$	$^-H_2CCH_2CH=SH$
	$RO_2CCH_2CH^-CO_2R$	$RO_2CCH_2CH_2CO_2R$
	$^-C\equiv C-CO_2R$	$HC\equiv C-CO_2R$

（三）逆向切断、逆向连接和逆向重排

合成化学的基础是各种类型的碳-碳成键和官能团转化反应，因此，逆向合成分析也就是通过骨架转换和官能团转换来实现。

逆向切断、逆向连接和逆向重排是改变目标分子碳-碳骨架的重要方法，在逆向合成分析中应用广泛。

1. 逆向切断

将化学键切断，把目标分子骨架拆分成两个或多个合成子，称为逆向切断（antithetical disconnection，简称 dis）。在被切断的化学键上画一条波浪曲线"｜"表示，逆向切断是一种简化分子结构主要方法。化学键的断裂方式分为：异裂切断、均裂切断和电环化切断。

异裂切断是在一个化学键切断的过程中，其成键的一对电子完全归属于其中一个合成子。因此，通过异裂切断，可以得到带正电荷和带负电荷的两种合成子。例如：

逆格氏反应变换：降糖药物瑞格列奈（repaglinide）的中间体（**1**）的转换

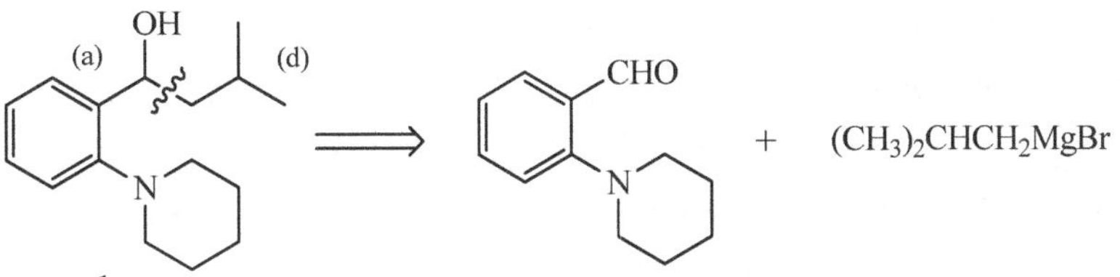

均裂切断是指在一个键切断的过程中，其成键的一对电子平均分配于相应的两个合成子。因此，通过均裂切断，可以得到两个电中性的自由基合成子。例如，

辛二酮（**2**）的逆偶姻缩合变换：

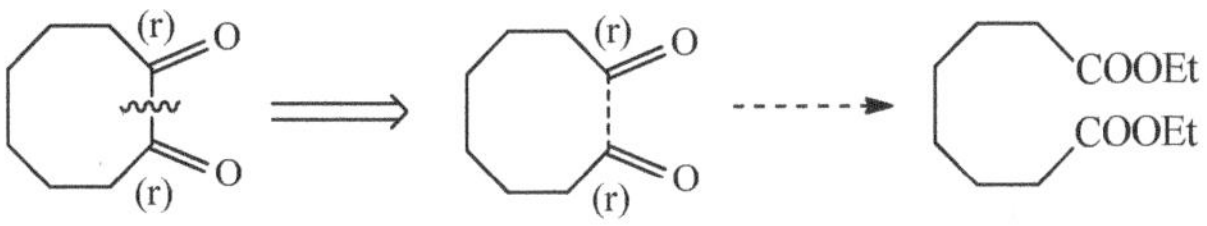

频哪醇（**3**）的逆向均裂切断：

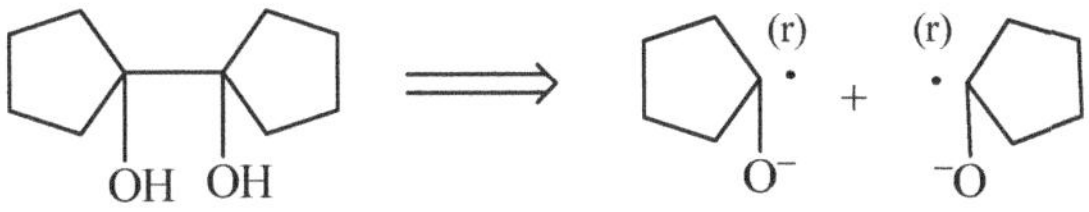

具有抗肿瘤活性的二萜生物碱中间体（**4**）的切断

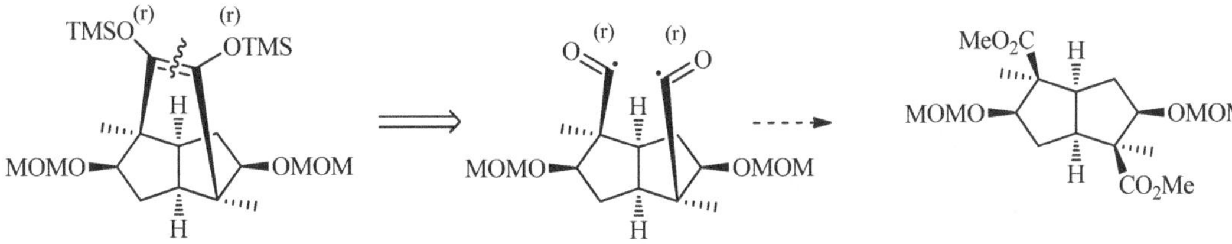

电环化切断通常是指在一个环状化合物的切断过程中，需要通过电子转移的方式切断相应的键，由此产生的合成子不可能带有电荷或为自由基。因此，通过电环化切断，可以得到两个电中性的合成子。

例如，环己二烯(**5**)的逆 Diels-Alder 双烯加成变换：

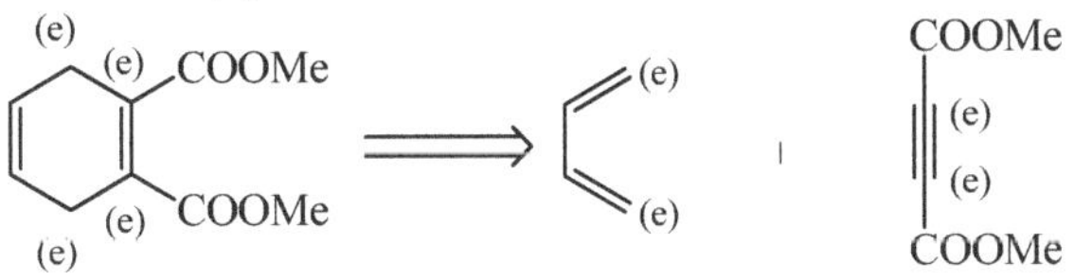

（试剂为合成子）

麦角酸中间体（**6**）的逆向变换：

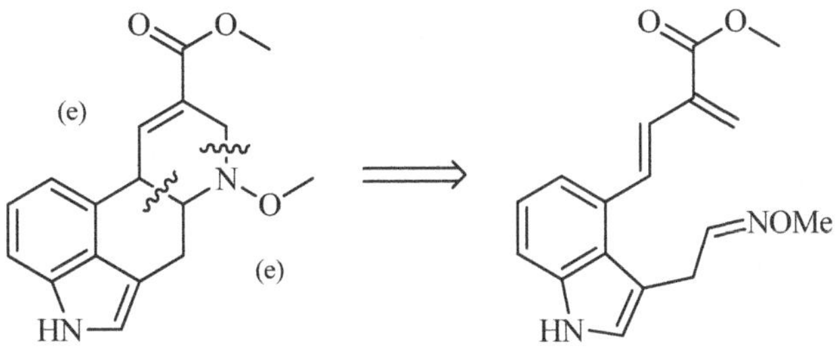

逆向切断应该遵循的几个原则是：①切断必须基于合理的反应机理，以已知、可行、简单的合成反应为基础；②优先考虑切断连接杂原子的化学键，该切断属于异裂切断，一般杂原子带负电荷，为供电子合成子；③多个键切断的过程中，要避免产生化学选择性的问题，优先切断易反应的官能团所连接的键；④ 切断时遵循最大程度简化原则；⑤如果切断有几种可能，应该选择合成步骤少、产率高、原料易得的方案。

2. 逆向连接和逆向重排

将目标分子中两个适当碳原子用新的化学键连接起来，称为逆向连接（antithetical connection，简称 con）。

例如，**7** 的逆臭氧化变换：

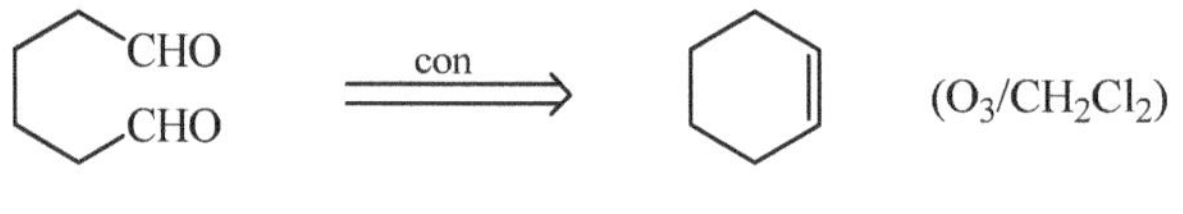

7

甾体化合物（**8**）的变换：

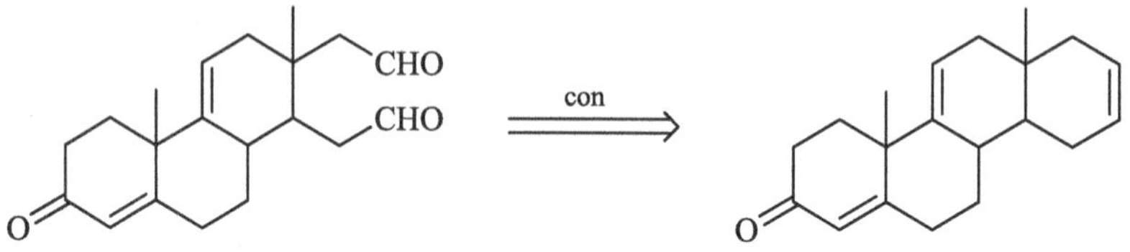

8

把目标分子骨架拆开和重新组装，则称为逆向重排（antithetical rearrangement，简称 rearr）。这两种变换均为实际合成中氧化断裂反应或重排反应的逆向过程。

例如，环己酰胺（**9**）的逆 Beckmann 重排变换：

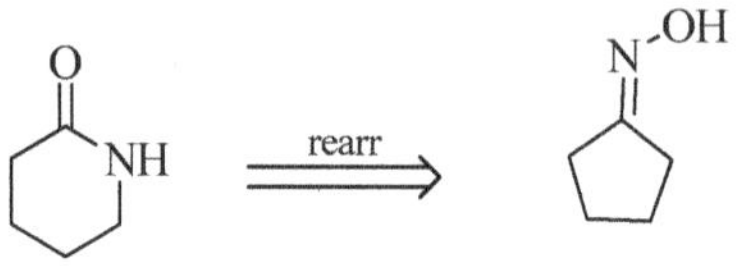

9

抗癫痫药加巴喷丁（gabapentin）中间体（**10**）的转换：

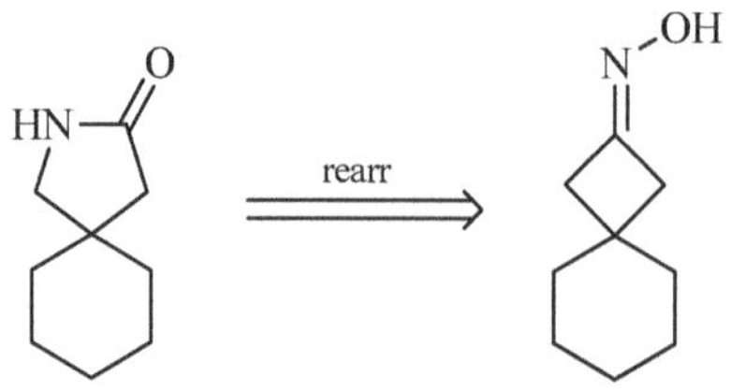

10

（四）逆向官能团转换

官能团转换是在不改变目标分子骨架的前提下，变换官能团的类型或位置，以此来简化目标分子。

官能团转换的目的有三方面：①目标分子变成一种更易合成的前体化合物或易得的原料；

②为了进行逆向的切断、连接和重排等逆向合成分析，首先须经过官能团转换把目标分子变换成适宜的形式；③添加导向基如活化基、钝化基、阻断基和保护基等，以提高化学选择性、区域选择性或立体选择性。

官能团转换一般有以下三种类型。

1. 官能团互变（functional group interconversion，FGI）

例如，化合物（**11**）中双键、羟基与羰基之间的转换：

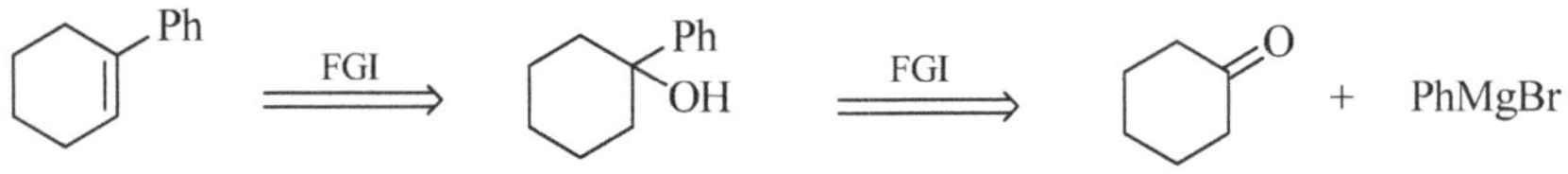

11

托品酮（**12**）中羟基逆向转换为溴原子：

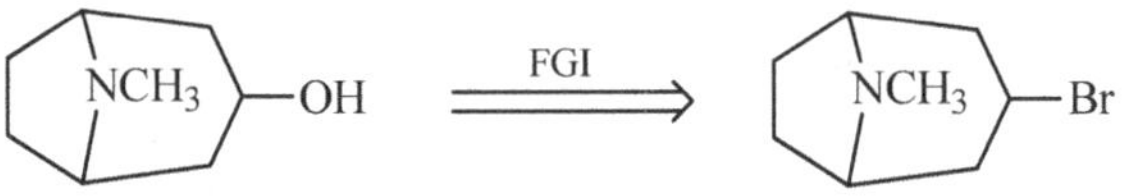

12

抗 HIV-1 药物利匹韦林（Rilpivirine）中间体（**13**）醛基逆向转换为羟基：

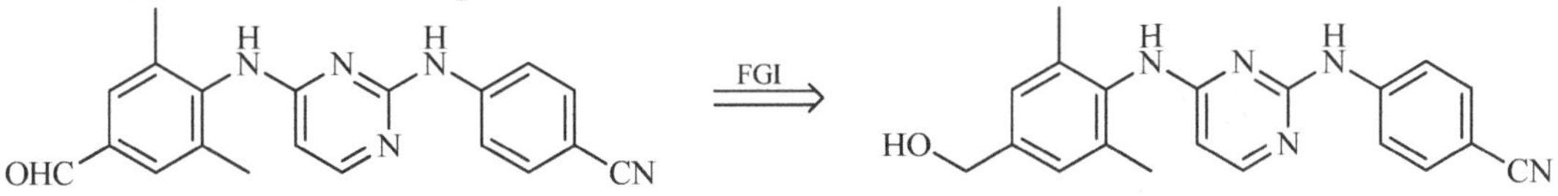

13

2. 官能团添加（functional group addition，FGA）

例如，靶分子(**14**)中羰基 a、b 位逆向添加双键：

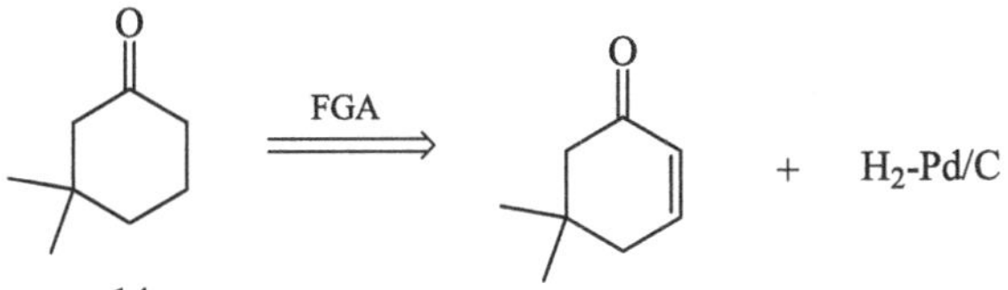

14

托品酮关键中间体（**15**）环上逆向添加羧基：

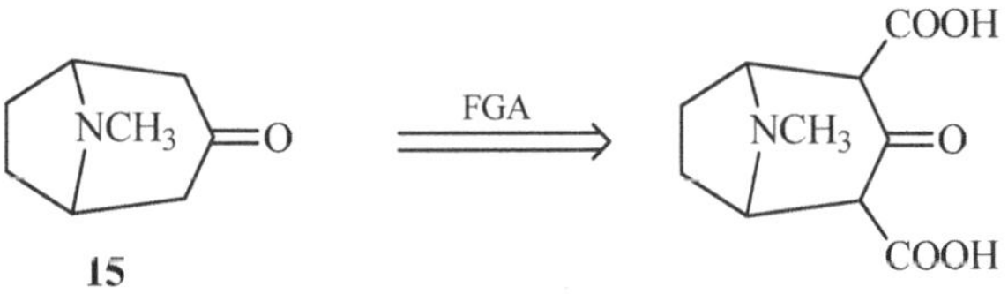

15

HCV 蛋白酶抑制剂波西普韦（Boceprevir）的中间体 **16** 环上逆向添加羰基：

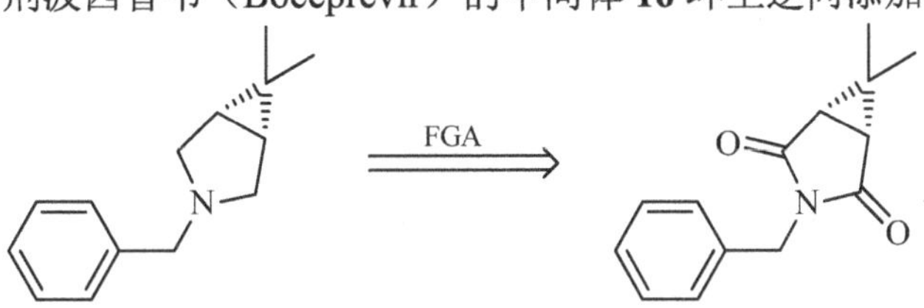

16

3. 官能团消除（functional group removal，FGR）

靶分子（**17**）羰基 a-位的逆向消除：

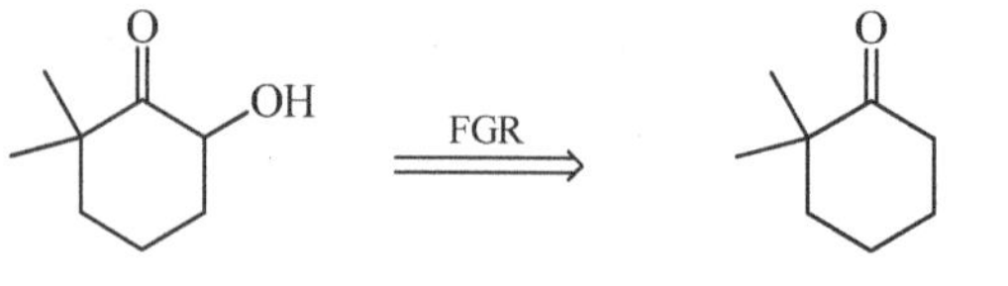

17

托品酮关键中间体（**18**）中溴原子逆向消除成双键：

18

抗风湿性药物艾拉莫德（iguratimod）中间体（**19**）逆向消除磺酰基：

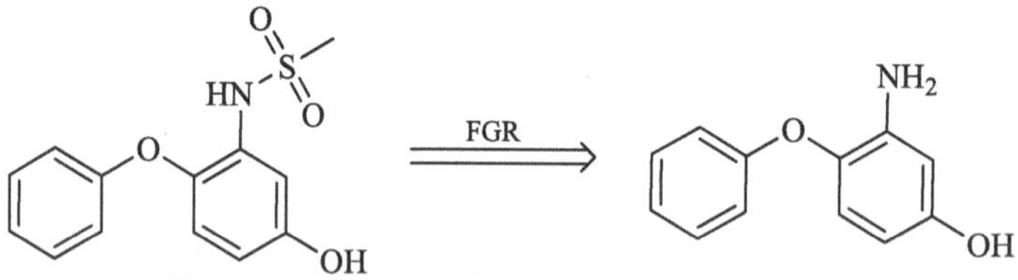

19

▌（五）合成子的极性反转

通过杂原子的交换、引入或添加另一碳基团，将某一合成子的正常极性转化为其相反性质（如 $a^1 \rightarrow d^1$），或将电荷从原来的中心碳原子迁移到另一个碳原子上（如 $a^3 \rightarrow a^4$），这种导致合成子类型发生改变的过程，被称为极性反转。极性反转在较大程度上扩大了合成等价体的选择范围（表 10-3）。

表 10-3　a 合成子和 d 合成子的转换

转换类型	化学反应
$a^1 \rightarrow d^1$ （交换杂原子）	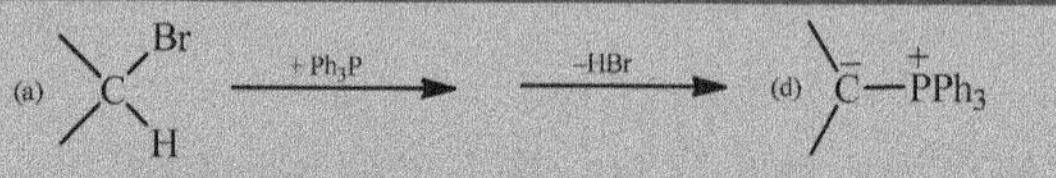 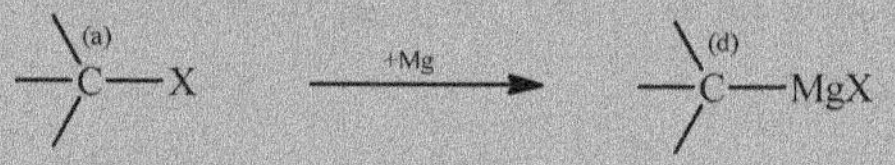 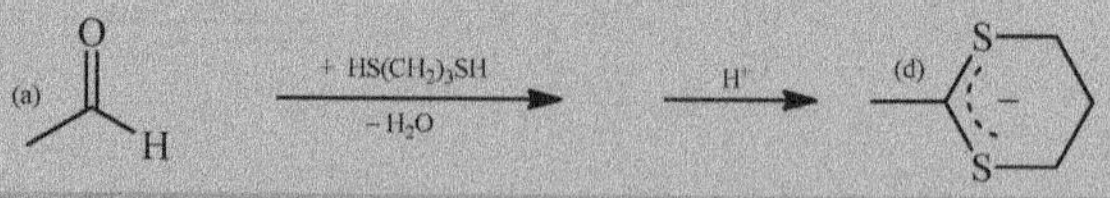
$a^1 \rightarrow d^1$ （加成）	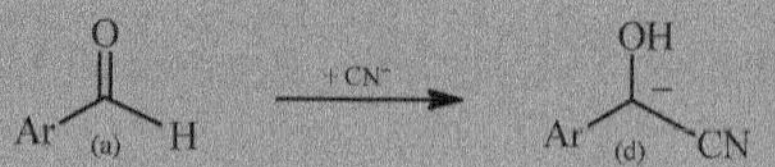
$d^2 \rightarrow a^2$ （取代）	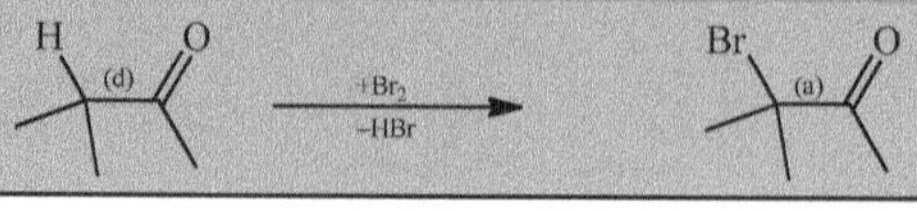

二、逆向合成切断策略

在逆向合成分析中，最常用的逆向转换法是切断法，切断法是简化目标分子最有效的手段。

不同的切断方式和切断顺序会产生不同的合成路线,提高分子切断的技巧,将有利于设计比较合理的合成路线。

一条理想的合成路线包括以下几个方面:合理的反应机理、简洁的合成路线(会聚式、直线式)、优异的化学选择性、区域选择性和立体化学选择性控制、合成效率高、原料和试剂易得且操作安全简便、符合绿色合成原则等。本节只介绍几种常用的逆向切断策略。

(一)优先考虑分子骨架的形成

有机化合物一般是由分子骨架、官能团和立体构型组成的,而立体构型并不是每个化合物都必备的,因此,合成路线设计的最基本的过程是分子骨架的形成和官能团的引入,其中分子骨架的形成是合成路线设计的核心。

在考虑分子骨架的形成时,应先分析目标分子的骨架由哪几个较小的片段通过碳-碳键反应形成,较小的片段又由更小的片段通过碳-碳键反应形成。依次类推,直到推得最小的片段,此时就得到了合成的原料。

在设计合成路线时,需考虑分子骨架和官能团两方面的变化,官能团和骨架的形成互相协同作用,官能团决定着化合物的性质,新分子骨架的反应总是发生在官能团上,或是在受官能团的影响而骨架产生的活泼部位,所以在优先考虑分子骨架的形成同时,须考虑官能团的存在和变化。形成碳-碳键,前体靶分子必须要有成键的官能团,在官能团附近的适当位置上切断,并且不同碳-碳成键反应需要不同的官能团。

例如,靶分子(**20**)中醛基是形成碳-碳键的关键官能团,此处切断利于形成碳链:

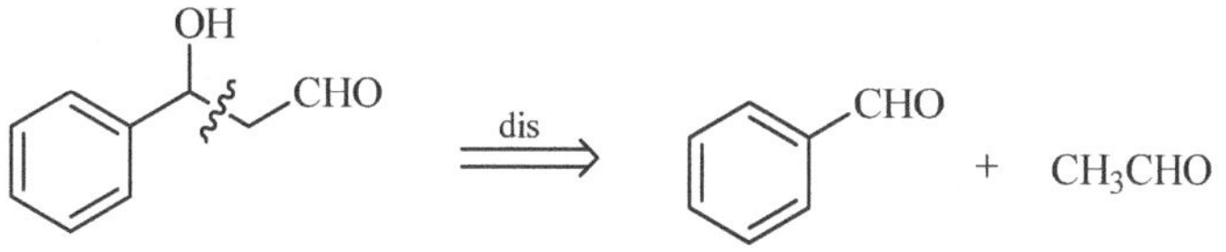

20

降脂药物阿托伐他汀中间体(**21**)在羰基处逆向切断:

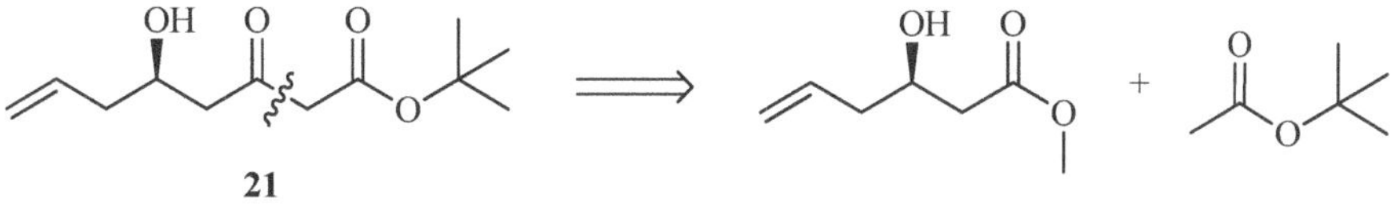

21

依非韦仑(efavirene,**22**)中羟基骨架形成的官能团:

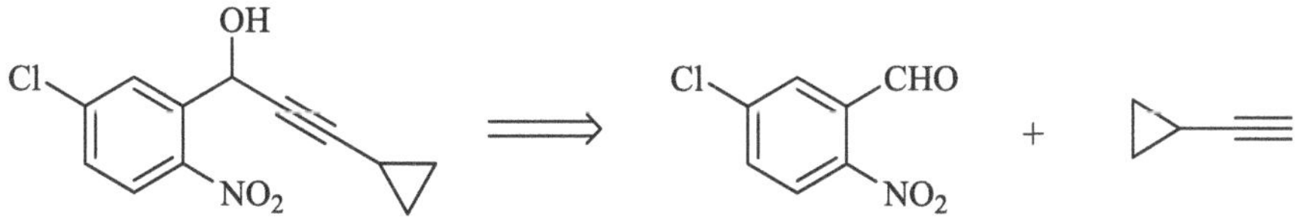

22

(二)优先在杂原子(O、N、S)处切断

碳-杂原子键是极性共价键,可由亲电试剂与亲核试剂反应而形成,对于构建分子骨架和引入官能团有着重要作用,所以当目标分子中含有杂原子时,可优先选择在杂原子处切断。在逆向合成分析中,碳-杂原子键切断的顺序要依据目标分子的具体情况而定。由于相对于碳-碳键,碳-杂原子键通常相对更易形成,因此在一般情况下优先切断碳-杂原子键是较好的选择。

例如，乙基叔丁基醚（**23**）的逆向切断方式，可优先切断碳-氧键：

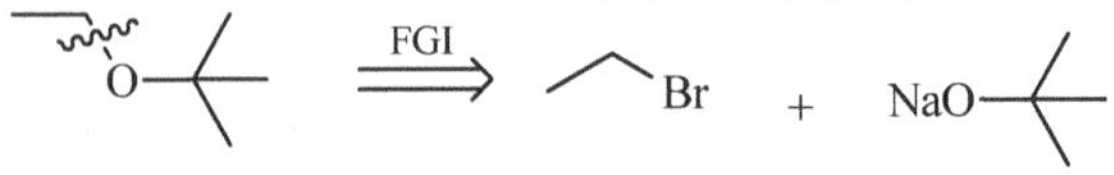

23

内酯化合物（**24**），可以在内酯的碳-氧键处切断：

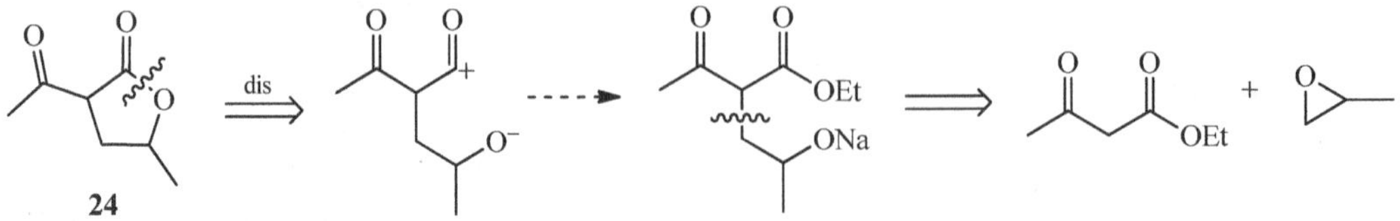

24

四环素中间体（**25**）从内酯环切断转换为前体分子：

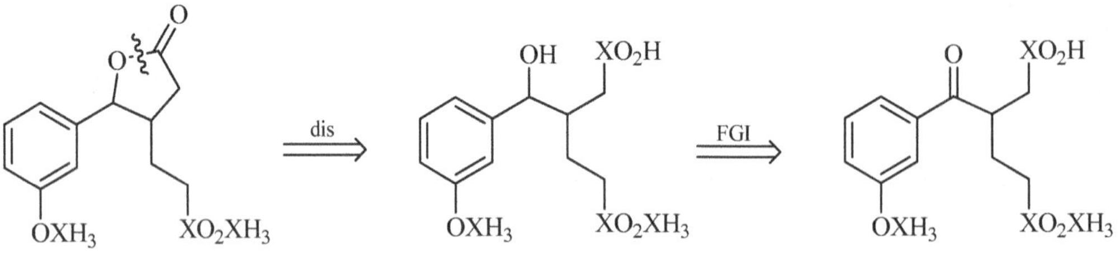

25

丙氯苯胺（**26**）可以在碳-氮键处切断：

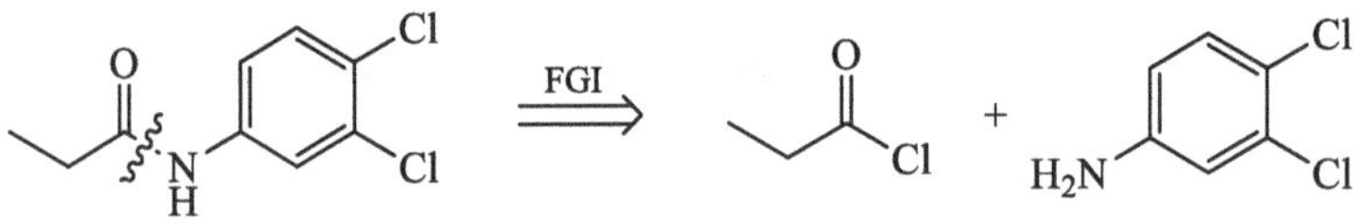

26

凡德他尼（vandetanib，**27**）在喹啉母核的碳-氮键处切断：

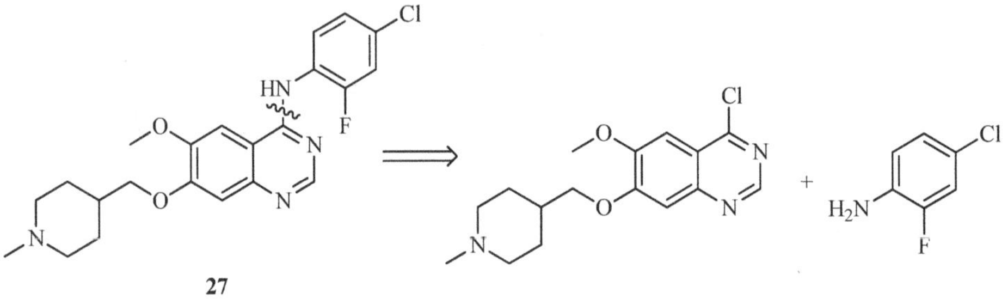

27

抗精神病药物氯普噻吨（chlorprothixene，**28**）在优先切断硫代占吨环：

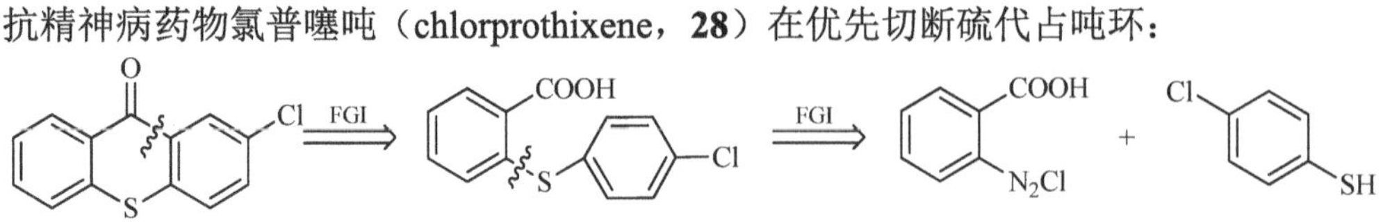

28

▌（三）对应于已知的合成反应来进行切断

在逆向切断时，对应于已知的合成反应，充分利用官能团的特征，以便利用一些特殊反应来合成目标分子。

靶标分子（**29**）利用 Diels-Alder 反应逆向切断：

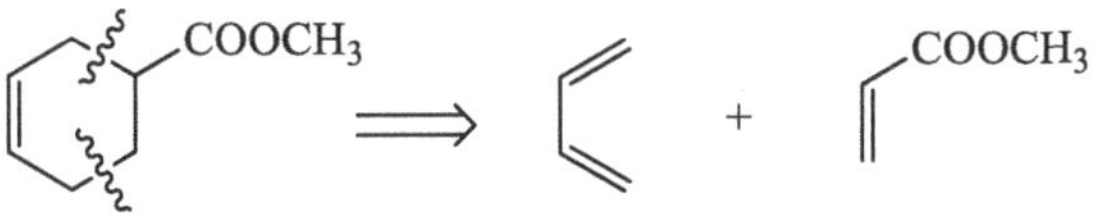

29

利血平的中间体（**30**）采用同样方法逆向切断：

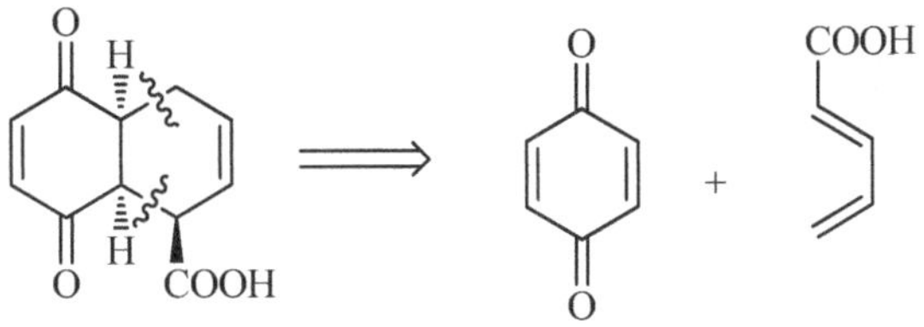

30

肉桂酸（cinnamic acid，**31**）利用 Heck 反应逆向切断：

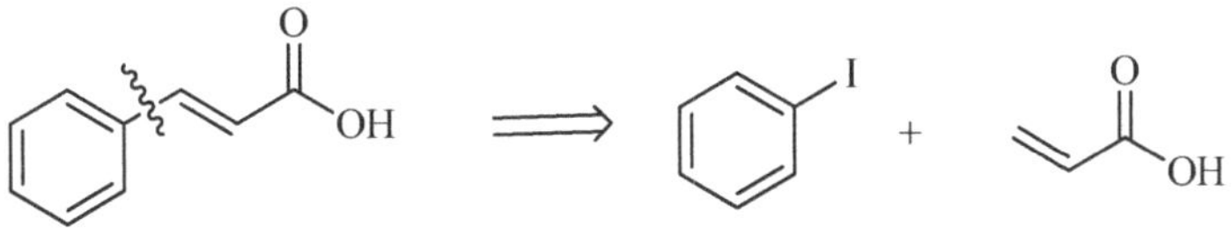

31

（四）利用分子的对称性或潜在对称性来确定切断方式

有些目标分子是对称结构或具有潜在对称性，巧妙利用对称性特点进行切断可以简化合成路线。利用分子的对称性沿着对称面或对称中心将分子切断，有时可以达到事半功倍的效果，大大简化合成路线。

例如，靶标分子（**32**）是对称结构，可以将两个对称结构同时切断，用苯甲醛和丙酮经过缩合反应合成：

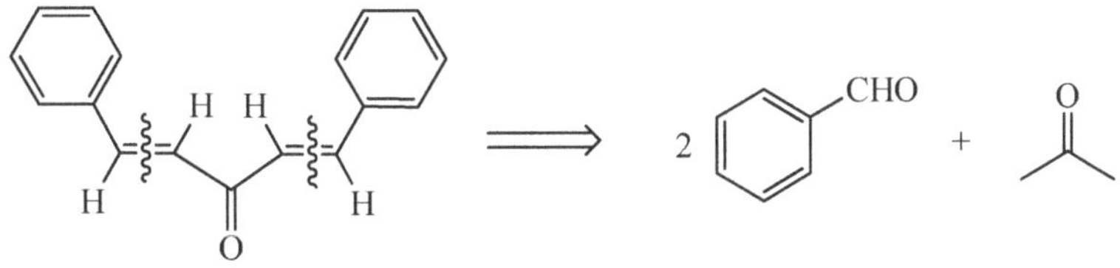

32

苯丁酸甘油酯（ravicti，**33**）由 3 个对称结构组成，可同时切断：

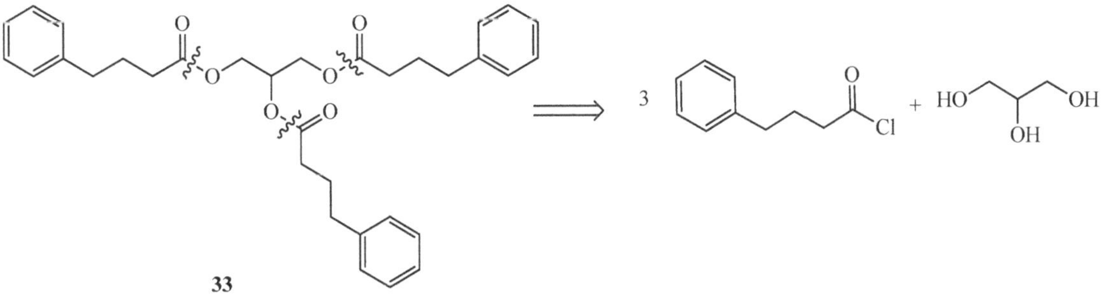

33

在很多情况下，目标分子并不是对称分子，但其可能具有潜在的对称性，可以通过某些逆向合成转化后得到对称性的分子结构，从而达到简化的目的。

例如，对异丁基-异戊基甲酮（**34**），经过变换，回推到对称炔烃分子：

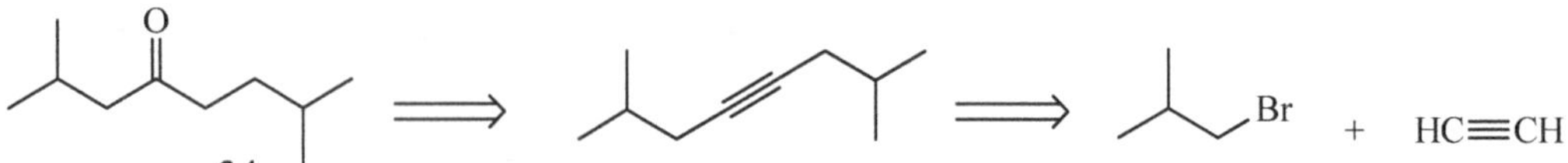

34

松萝酸（**35**），来自天然松萝，具有止血、抗菌、消炎、伤口愈合、除牙斑等作用。对口腔溃疡病有较好的疗效，也作为牙膏和化妆品的添加剂。其结构具有潜在的对称性，经过切断和一定的转化可以得到两个相同的结构，然后再进一步转换为较简单的结构。

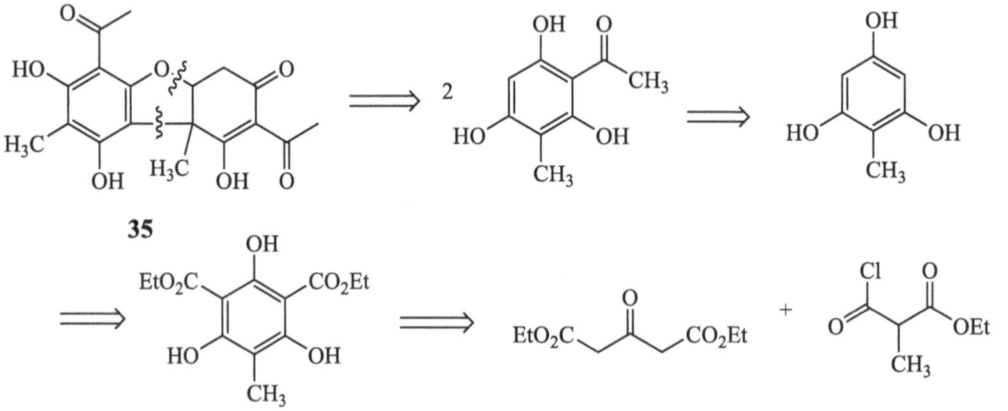

35

抗麻风病药氯法齐明（clofazimine，**36**）变换为（**36a**），即为对称结构，同时切断碳-氮键，得到4-氯苯基邻苯二胺：

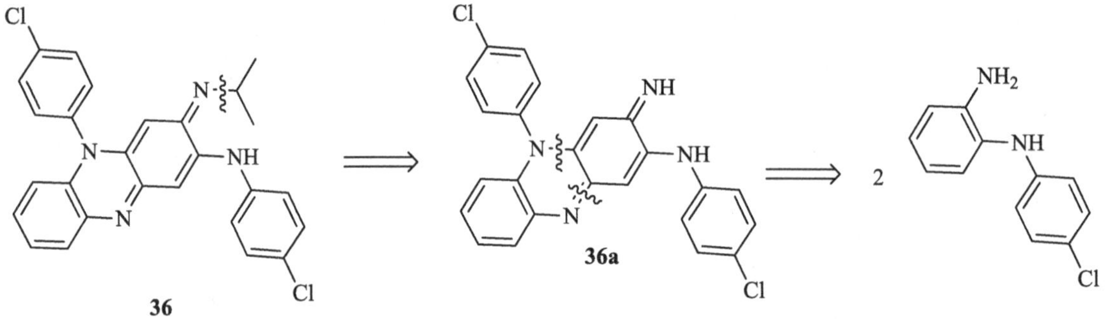

36　　　　**36a**

（五）引入辅助官能团后再切断

在逆向合成分析中，有些分子直接切断不容易实现，可以在目标分子中引入适当的官能团后才能进行合理的逆向切断。

例如，9-甲基八氢化萘（**37**）分子内不含任何官能团，直接合成比较困难，若根据分子骨架的特征，在适当位置引入官能团，可导向如下两种不同的切断。

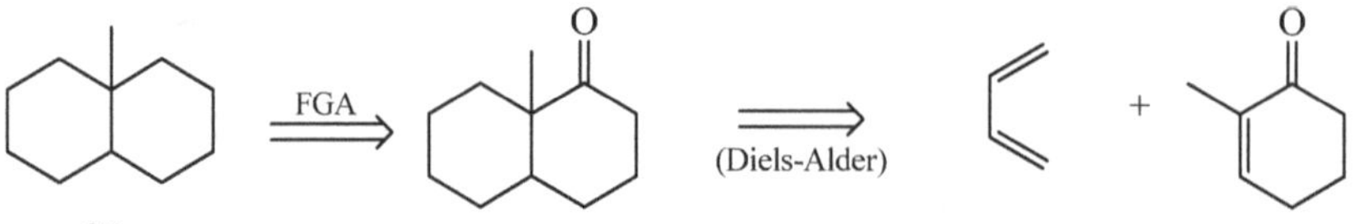

37

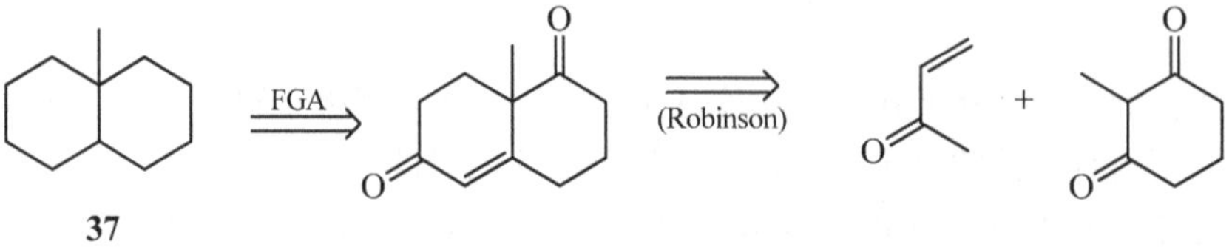

37

下面两个分子 **38** 和 **39** 可引入辅助官能团再切断:

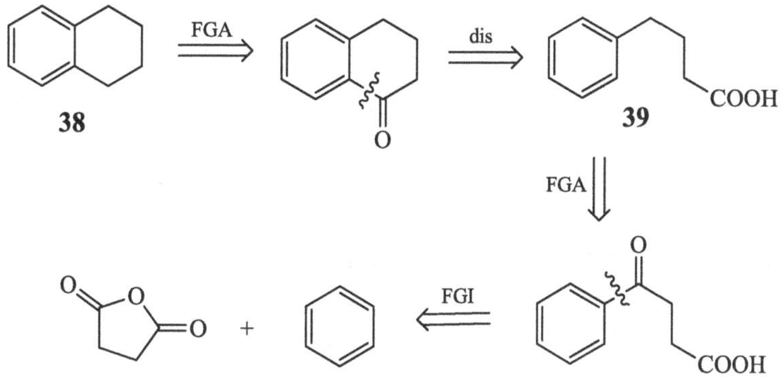

具有抗心律失常作用的鹰爪豆碱(sparteine,**40**),为了方便逆向切断,可以先在对称中心的亚甲基上引入一个羰基,然后在分子两侧对称地利用 Mannich 反应来逆向切断,可得到三种简单易得的合成原料:哌啶、甲醛和丙酮。该例子既使用了引入辅助官能团再切断的策略,又应用了对称分子的切断技巧。

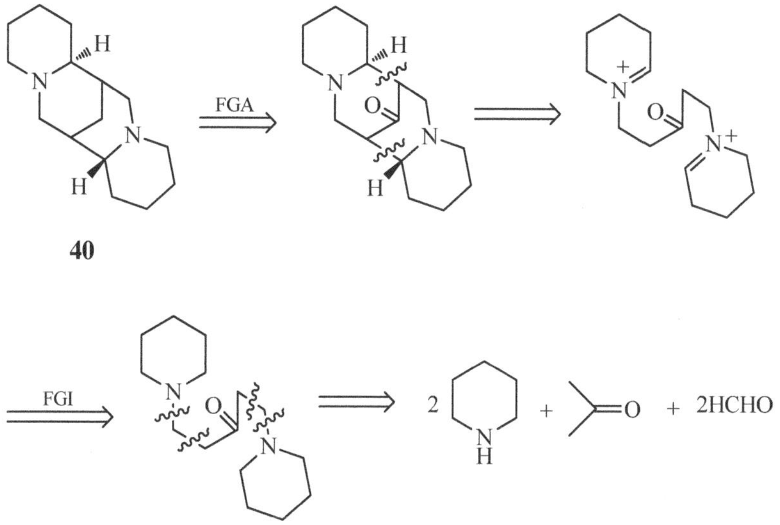

（六）将目标分子回推到适当阶段再切断

有些目标分子并不是由合成子直接反应合成,合成子构成的只是它的前体。这个前体在形成后,需要经过多种转化才能成为目标分子,因此此时需要先将目标分子回推到对应的前体,然后进行分子的逆向切断。

例如,靶分子(**41**)首先转换为(**42**),然后进行逆双烯合成切断:

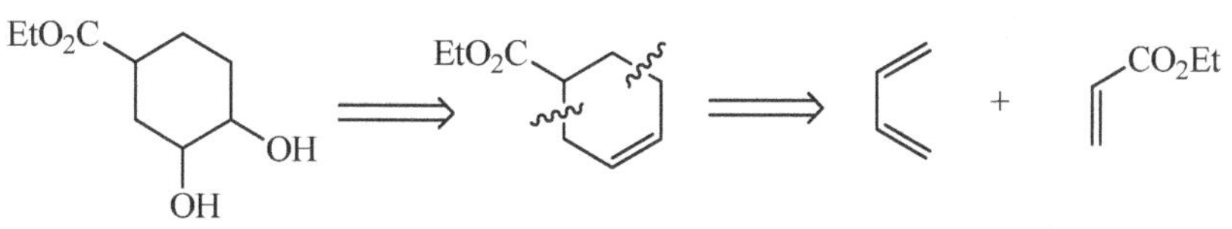

H1 受体拮抗剂盐酸赛庚啶(cyproheptadine,**43**)先将双键转换为羟再进行切断:

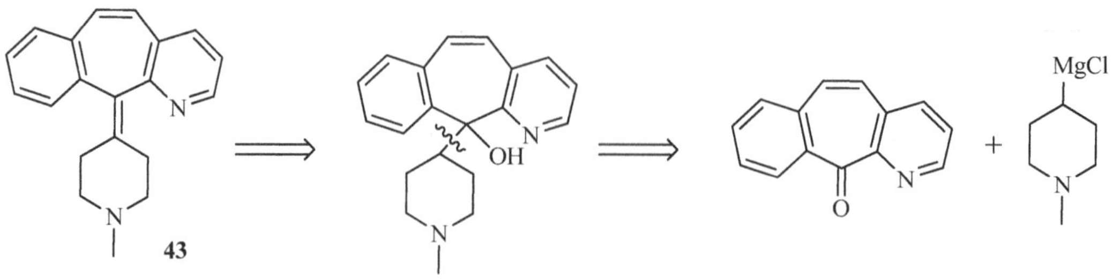

（七）采用共用原子法在支链处切断，指导多环分子的切断

在对多环化合物进行逆向切断时，首先要确定连接两个环的共用原子，然后根据官能团的特征在连接处进行合适的切断，达到简化分子的目的。例如，桥环靶标分子（**44**）可以在环上两处切断，简化为两个单环前体分子：

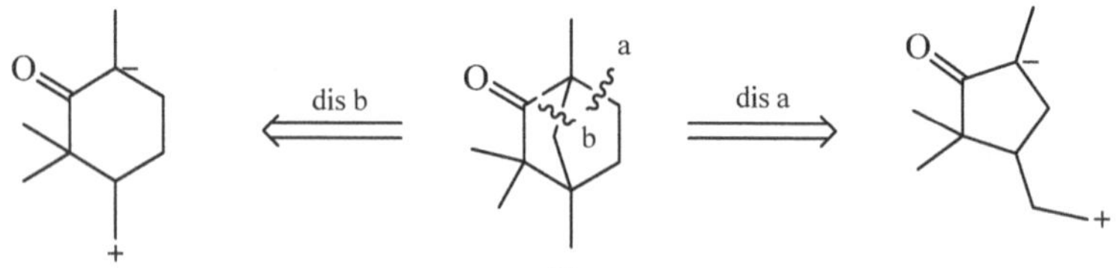

镇痛药喷他佐辛（pentazocine，**45**）是一类吗啡烃类分子，具有复杂的多环结构，切断环，以简化分子：

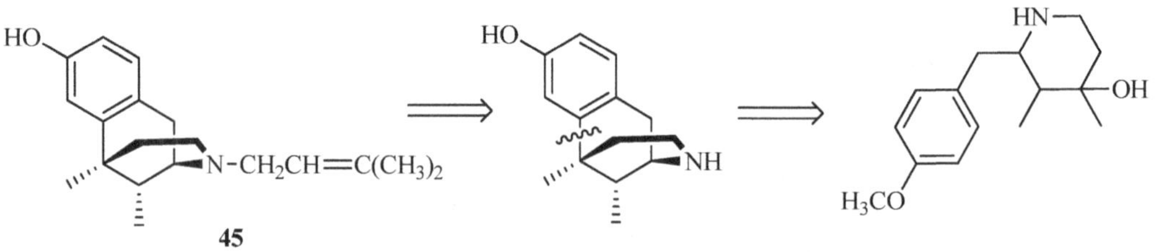

以上简单介绍了几种常用逆向合成分析的切断技巧，在逆向切断中如何选择分子的切断部位，决定着设计合成路线的可行性与难易程度。切断时应当全面地考虑问题，如要考虑如何减少或者避免发生可预见的副反应。当分子有不同可供切断的部位时，需要从中选取最优的切断方式，若选择不当甚至会导致合成的失败。因此，应该尽量尝试切断分子的不同部位，得到最大程度的简化，从而获得更简单、更易得的原料。

三、逆向合成分析的实例

（一）瑞德西韦的逆向合成分析

瑞德西韦（remdesivir）是一种核苷类似物，是美国吉利德公司研发的抗埃博拉病毒的试验药物，可抑制 RNA 合成酶（RdRp），具有抗病毒活性，2020 年 1 月新型冠状病毒肺炎（COVID-19）疫情爆发期间，《新英格兰医学杂志》（*NEJM*，2020，DOI：10.1056/NEJMoa2001191）报道了美国首例确诊新型冠状病毒肺炎患者成功治愈的病例，在当时无特效药的情况下，被誉为"人民的希望"。之后该药被用于治疗 COVID-19 的临床试验研究，2020 年 5 月 2 日，美国 FDA 正式批准瑞德西韦紧急使用权，限于新型冠状病毒肺炎重症的治疗。Mackman 课题组（J. Med. Chem. 2017，60，1648-1661）在 2017 年报道了瑞德西韦合成方法。该合成路线的逆合成分析如下：

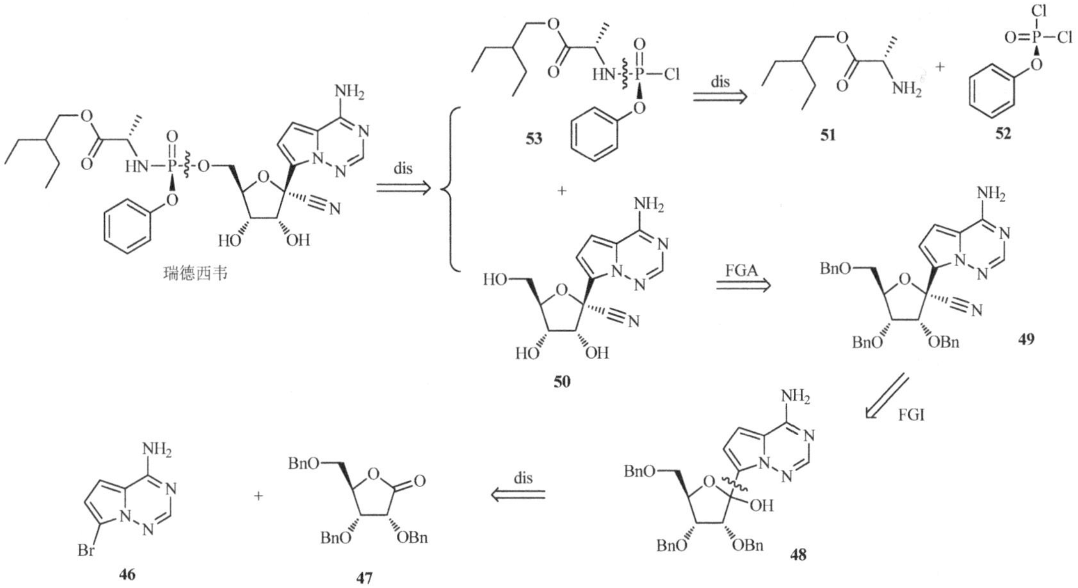

根据逆合成分析可以设计以下合成路线，采用了简单易得的起始原料，合成路线简便。首先以 7-溴吡咯并三嗪-4-胺（**46**）为起始化合物，在丁基锂的作用下与五元糖内酯(**47**)进行

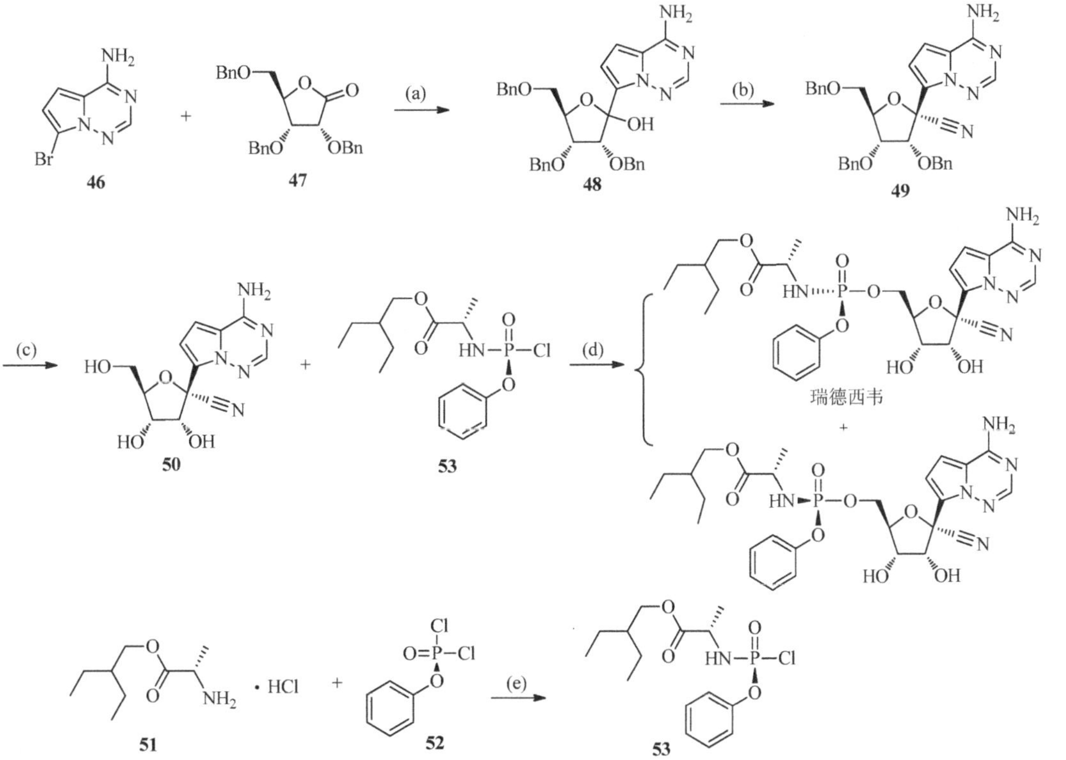

试剂与条件：（a）n-BuLi, (TMS)Cl, THF, −78℃；（b）(TMS)CN, BF$_3$·Et$_2$O, CH$_2$Cl$_2$, −78℃；（c）BCl$_3$, CH$_2$Cl$_2$, −78℃；（d）NMI, OP(OMe)$_3$；（e）OP(OPh)Cl$_2$, Et$_3$N, CH$_2$Cl$_2$, 0℃

糖苷化反应得到中间体 **48**（此步反应省去了官能团保护和脱保护的过程。化合物 **46** 的芳香伯胺首先进行了原位硅基保护反应，之后又脱保护基团，游离出氨基）。然后 **48** 进行氰基化反应，紧接着进行脱苄基保护得到中间体 **50**。中间体 **50** 再与取代的氨基磷酰氯（**53**）反应得到瑞德西韦的消旋产物，最终进行手性拆分得到手性异构体目标分子瑞德西韦。

（二）骆驼宁生物碱 luotonin F 的逆向合成分析

骆驼宁生物碱 luotonin F 是从骆驼蓬中分离得到的一类具有治疗风湿、炎症、脓肿等良好药物活性的生物碱。基于其良好的生理活性，有多种全合成 luotonin F 的方法报道，但总收率低，均未超过 40%。

2013 年，吴安心等[8]利用"自组织一锅全合成策略"（self-directed one-potsynthesis），完成骆驼宁生物碱 luotonin F 及其类似物的全合成，产率到达 72%，从原料来源和收率上都呈现明显的优越性。他们通过逆向合成分析，寻找新的合理切断方式，发现对应的有机单元反应以及廉价易得的起始原料，合成路线的逆合成分析如下所示，逆推得到简单原料 3-乙酰基喹啉。

luotonin F

57 **56** **54** **55** X = Br, I

以 3-乙酰基喹啉作为原料，历经乙酰基 α-C—H 键的卤代反应、Kornblum 氧化、与 2-氨基苯甲酰胺缩合环化、氧化芳构化反应等四个单元反应，依次分步生成中间体，并最终获得骆驼宁生物碱 luotonin F。然后通过合理设计，从廉价易得的起始原料 3-乙酰基喹啉、2-氨基苯甲酰胺、反应试剂碘和 DMSO 出发，在 110℃下，将上述四个单元反应组装集成于一锅中，以分步合成所获得的中间体进行比对检测，证明四个有机单元反应可以自序化地依次转化，自组织一锅合成骆驼宁生物碱 luotonin F。

这是首例基于逆向合成分析的理性设计，获得一组反应序列，并成功实现自组织合成天然产物的反应。这一合成实例极大地减少了合成步骤，并依据理性的逻辑设计，实现人工分步合成到自组织一锅全合成的跨越。

（三）紫杉醇的逆向合成分析[9-12]

紫杉醇（paclitaxel，商品名 taxol）是红豆杉属植物中的一种复杂的次生代谢产物，具有显著的抗癌活性，是可以促进微管聚合和稳定已聚合微管的药物。20 世纪 70 年代由美国国家癌症研究所（NCI）科学家在太平洋紫杉树中分离获得，1992 年 FDA 批准百时美施贵宝（Bristol-Myers Squibb，BMS）公司研发的紫杉醇用于治疗晚期卵巢癌，之后用于多种癌症的治疗。

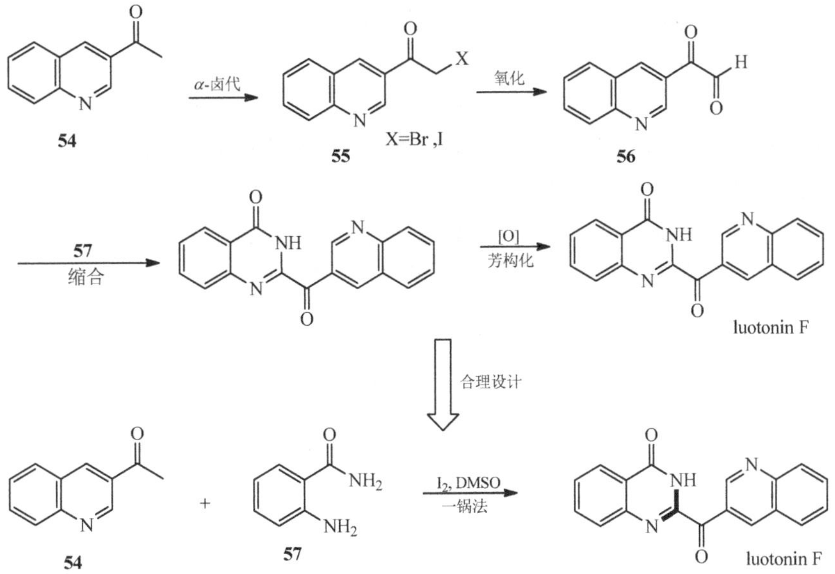

紫杉醇从紫杉的树皮中提取，含量很少，植物来源十分有限。紫杉醇分子结构复杂，母核由四个环组成，从其三维结构分析，其合成难点在于：①6-8-6 全碳桥环骨架，带有一个桥头双键和一个偕二甲基桥，具有很大环的张力；②四元环醚结构也具有较大的环张力；③分子骨架高度氧化，各种含氧官能团组合成具有复杂反应性的结构，使分子在很多条件下并不稳定。20 世纪 80 年代后期开始进行全合成和半合成研究。1994 年初，Holton 和 Nicolaou 两个小组分别独立完成首次全合成。

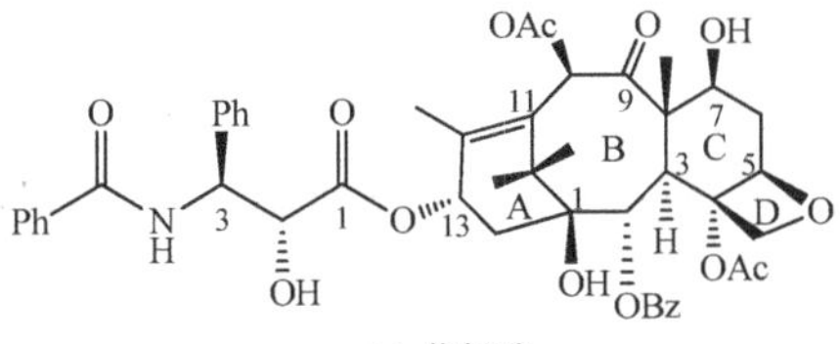

(−)-紫杉醇

紫杉醇的逆向合成策略采用了直线式、会聚式以及这两种方法（直线-会聚）的联合应用。Holton 等报道的合成路线应用了经典直线式逆向合成分析法。该路线以价廉易得的天然手性冰

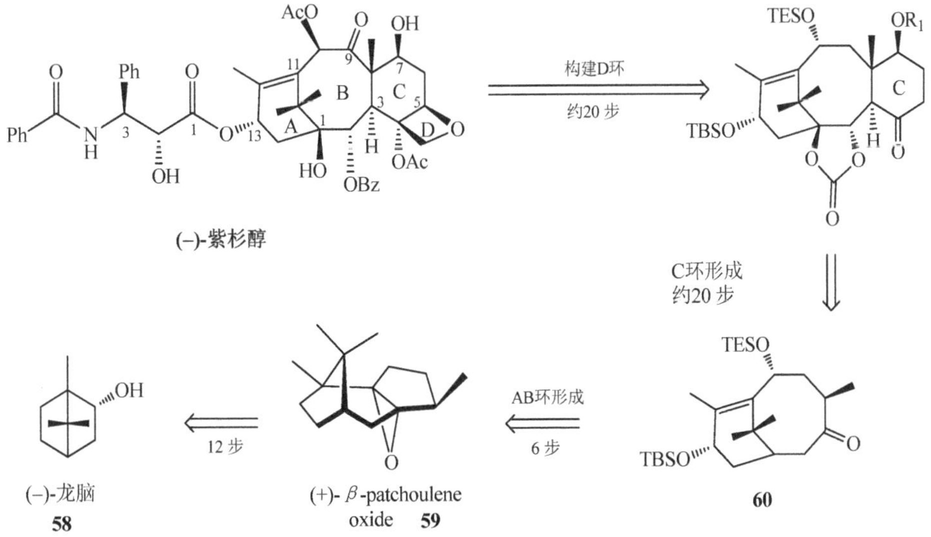

(−)-紫杉醇

(−)-龙脑
58

(+)-β-patchoulene
oxide **59**

60

片为起始原料，经多步反应得到具有桥环骨架的 β-patchoulene oxide。经过环氧醇裂解反应定量转化为具 AB 环系的中间体，再经羟醛缩合及类似 Chan 重排分别引入 C7 和 C4，接着引入 C1 和 C2 含氧基，再经 Dieckmann 反应完成 C 环构建得到具 ABC 三环体系的中间体。采用 Potier-Danishefsky 法建立 D 环时，最难的是引入 4α-乙酰基和除去 13-OTBS 保护基。最后，采用 Holton-Ojima 法引入侧链，总收率为 4%～5%。该策略通过巧妙选取手性原料，避免了从零开始构建 8-6 环系，高效实现了 8-6 桥环体系的不对称构建。

Holton 法合成紫杉醇中 A、B 环构建部分的反应路线举例：

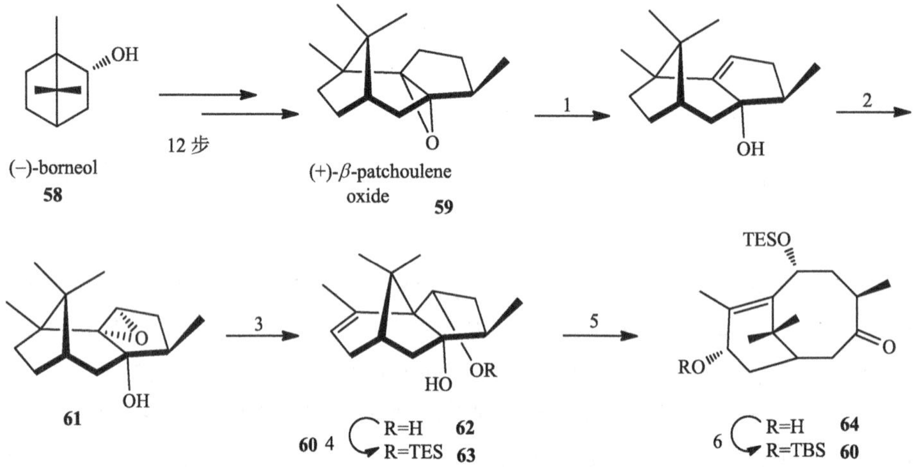

试剂和条件：1. *t*-BuLi，己烷，回流，5h；2. TBHP，Ti(O*i*-Pr)$_4$，CH$_2$Cl$_2$，2h，98%；3. BF$_3$OEt$_2$，CF$_3$SO$_3$H，CH$_2$Cl$_2$，−80℃，22h，93%；4. TESCl，DMAP，Et$_3$N，CH$_2$Cl$_2$，rt，1.75h；5. TBHP，Ti(O*i*-Pr)$_4$，thenMe$_2$S；6. TBSOTf，吡啶，93%以化合

而 Nicoloau 等报道的路线则是应用会聚式逆向合成分析法，将具有母核的中间体拆分为两个复杂程度近似相等的片段，对缩短整条路线、扩大规模制备很有帮助。其先分别以 Diels-Alder 反应合成 A 环和 C 环片断，再通过 Shapiro 反应和 McMurry 反应连接成 ABC 三环体系，在此基础上合成不稳定的环氧丙烷（D 环），然后通过成熟的半合成方法连接上

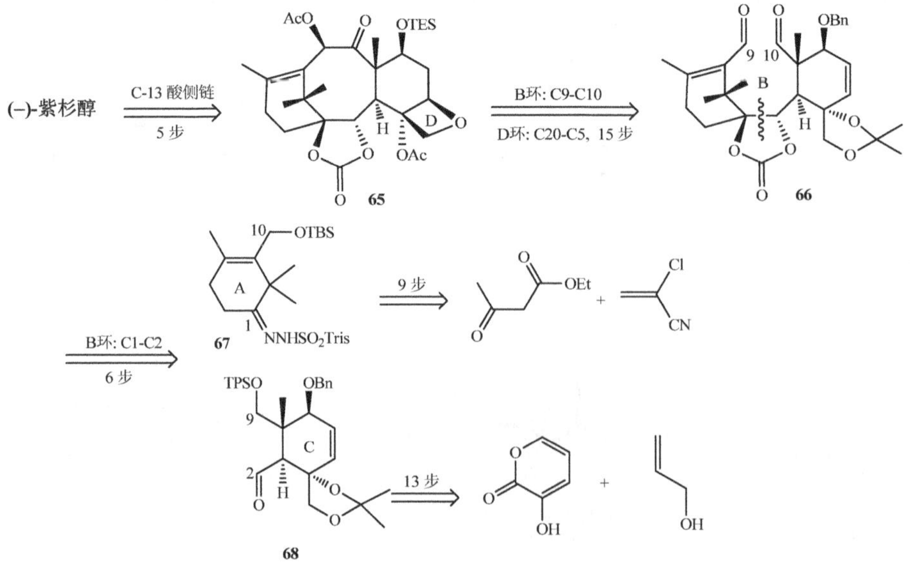

13-酸侧链而完成整个分子的全合成。其合成的关键是从开始就引入尽可能多的官能团于 B 环上，闭环后再引入那些失去的基团。由于存在大量的官能团，八元 B 环合成更加困难，所以 Nicoloau 小组在 B 环构建上颇费周折，且最终所得的关环产物收率不高。

Nicoloau 法合成紫杉醇中 B 环构建部分的反应路线举例：

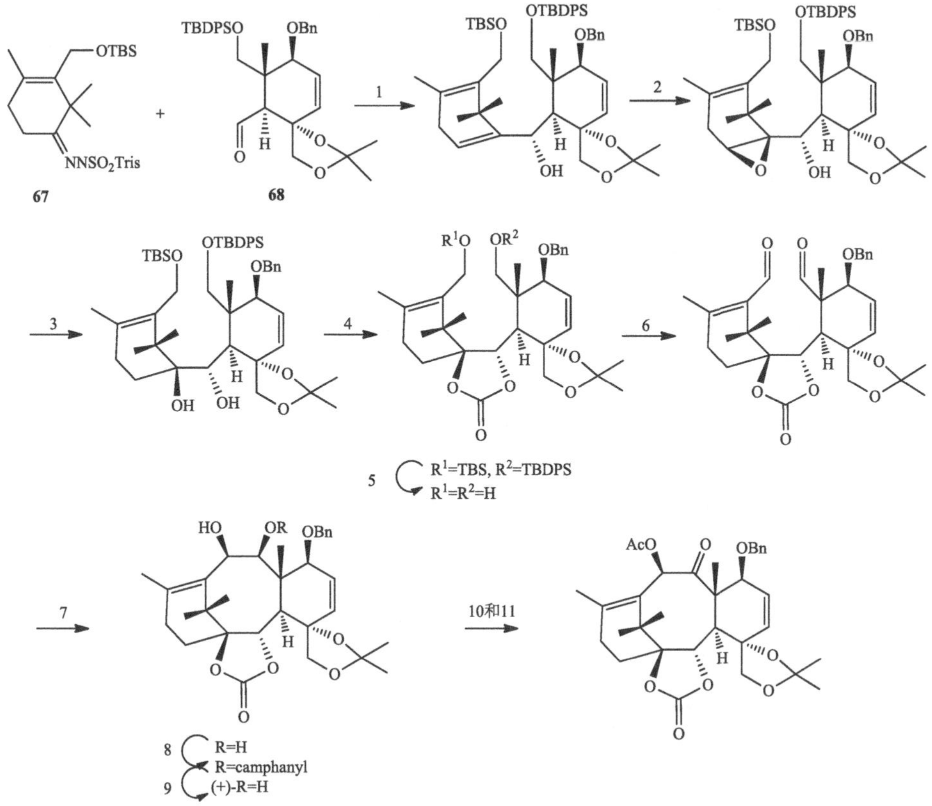

试剂和条件：1. **67**——THF，*n*-BuLi，**68**——THF，0.5h，82%. 2. VO(acac)$_2$，TBHP，4Å MS，C$_6$H$_6$，rt，12h，87%. 3. LiAlH$_4$，Et$_2$O，rt，7h，76%. 4. KH，HMPA/Et$_2$O，COCl$_2$，rt，2h，48%. 5. TBAF，THF，rt，7h，80%. 6. TPAP，NMO，82%. 7. (TiCl$_3$)$_2$(DME)$_3$，Zn-Cu，DME，70℃，1h，23%. 8. 1-(*S*)氯化樟脑，41%. 9. MeOH，K$_2$CO$_3$，90%. 10. Ac$_2$O，DMAP，95%. 11. TPAP，NMO，MeCN，rt，2h，93%

案例 10-1

己烯雌酚（stilbestrol）是人工合成的非甾体雌激素，能产生与天然雌二醇相同的所有药理与治疗作用；主要用于雌激素低下症及激素平衡失调引起的功能性出血、闭经，还可用于引产前以提高子宫肌层对催产素的敏感性。

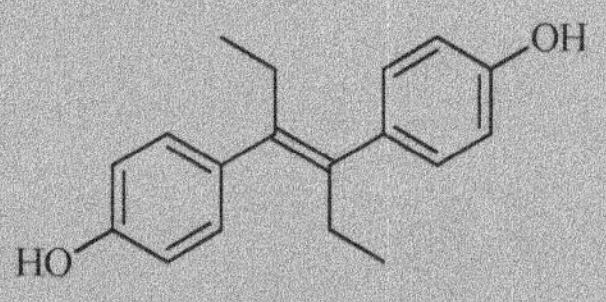

stilbestrol

【问题】

若要合成己烯雌酚，如何对其进行逆向合成分析并设计合成路线？

【案例分析】

逆向合成分析一：

设计合成路线一：

逆向合成分析二：

设计合成路线二：

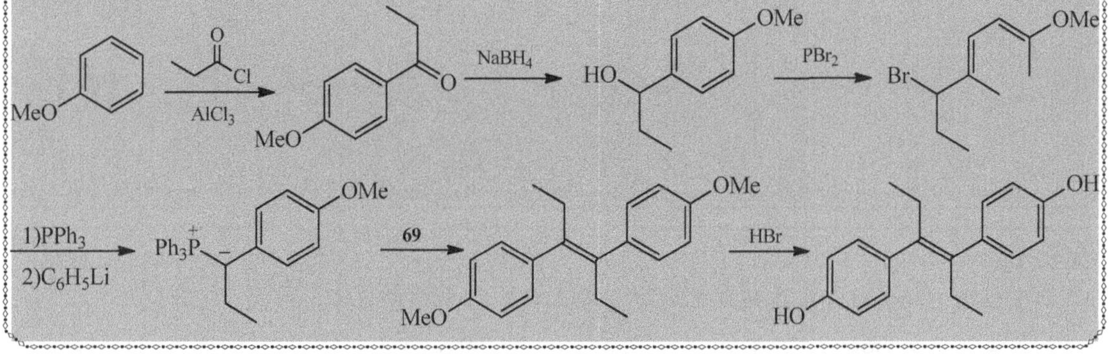

案例 10-2

度冷丁（dolantin），即盐酸哌替啶，一种人工合成的阿片受体激动剂，属于苯基哌啶衍生物，是一种临床应用的合成镇痛药，长期使用会产生依赖性，被列为严格管制的麻醉药品。

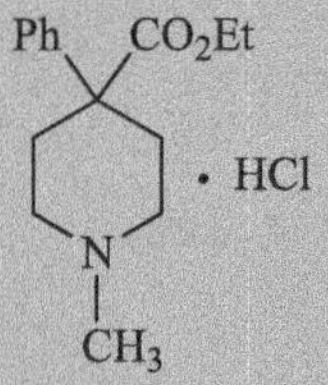

dolantin

【问题】

试对其作逆向合成分析，并设计合成路线。

【案例分析】

逆向合成分析：

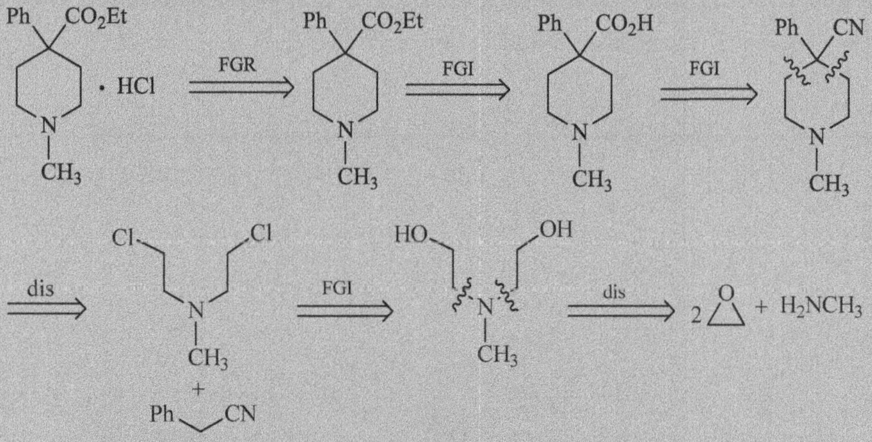

设计合成路线：

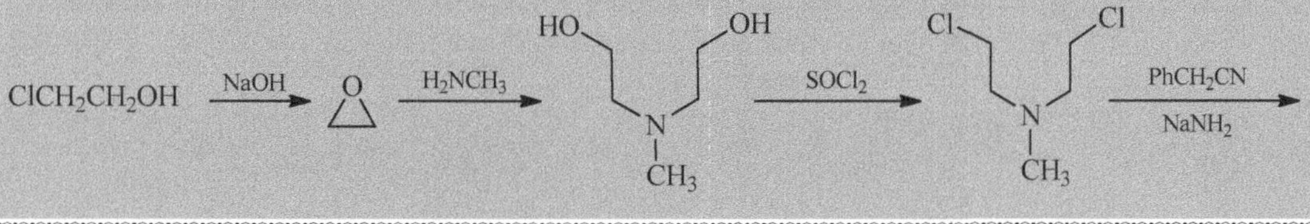

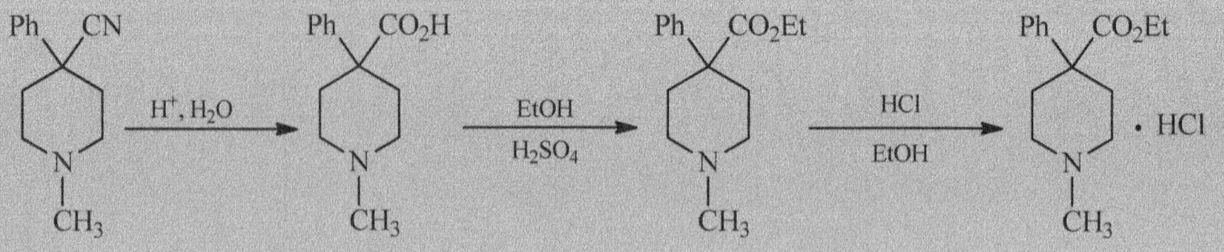

案例 10-3

化合物（70）是合成盐酸罂粟碱等一些生物碱的重要中间体。

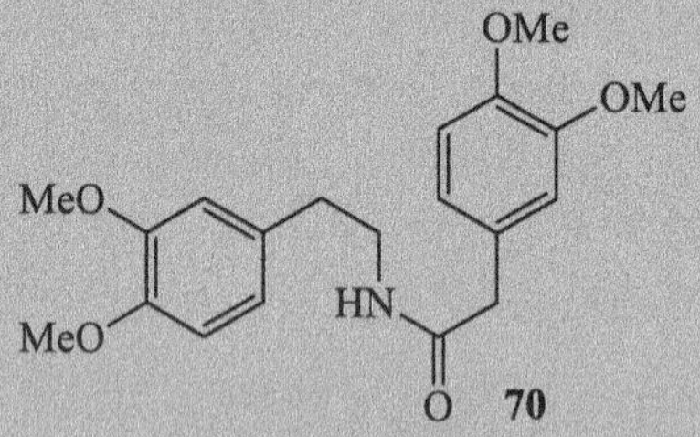

【问题】

试对其作逆向合成分析，并设计合成路线。

【案例分析】

逆向合成分析：

首先，观察结构中含有四个甲氧基官能团，但由于它们可以从简单的起始物中直接引入，所以关键官能团其实是酰胺结构。第一个断开的键应该是 C—N 键，可逆推得到化合物 71 和 72。化合物 71 中的—CH₂—NH₂ 结构可由—CN 还原得到。72 中的羧基也可以由—CN 在碱性或酸性条件下水解得到。因此，苄氰化合物（73）可同时作为 71 和 72 的上游原料。制备苄氰化合物（73）的方法是由氯苄（74）或溴苄与氰化钠发生取代反应。苄氯的合成可通过氯甲基化反应（Blanc 氯甲基化反应，条件：甲醛、氯化氢、无水氯化锌）。

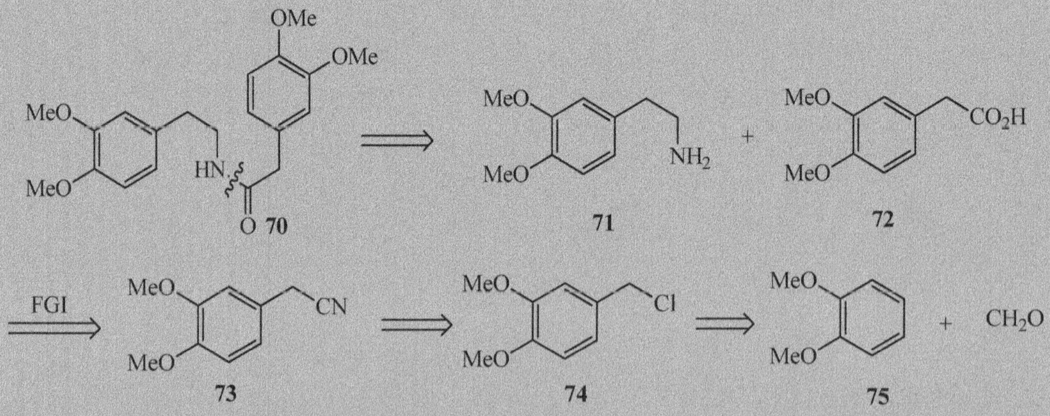

设计合成路线：

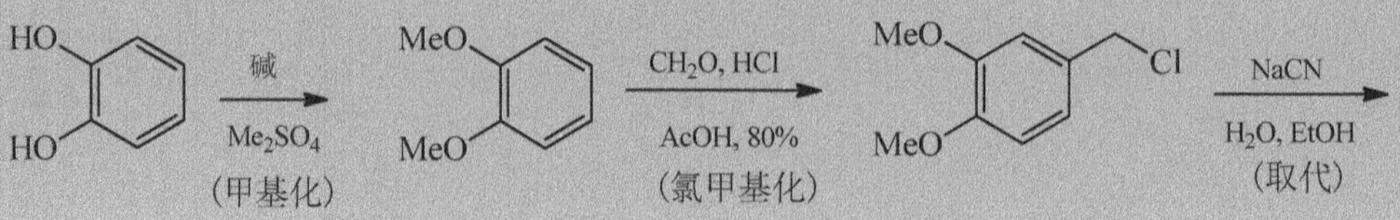

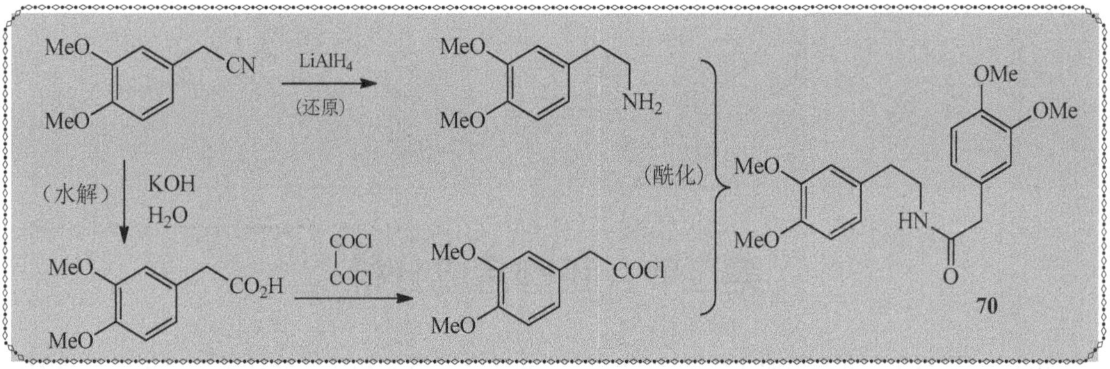

70

案例 10-4

维生素 A（vitamin A），即视黄醇（retinol），是最早被发现的维生素。维生素 A 可以调节上皮组织细胞的生长，维持上皮细胞组织的正常形态与功能。保持皮肤湿润，防止皮肤黏膜干燥角质化，免受细菌伤害。临床上用于治疗夜盲症、结膜软化症、角膜干燥症等。

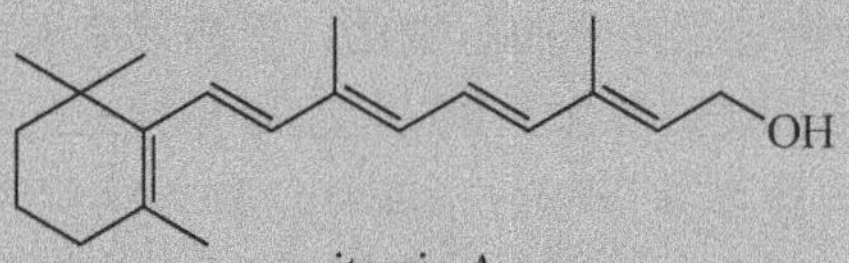

vitamin A

【问题】

试对其作逆向合成分析，并设计合成路线。

【案例分析】

逆向合成分析：

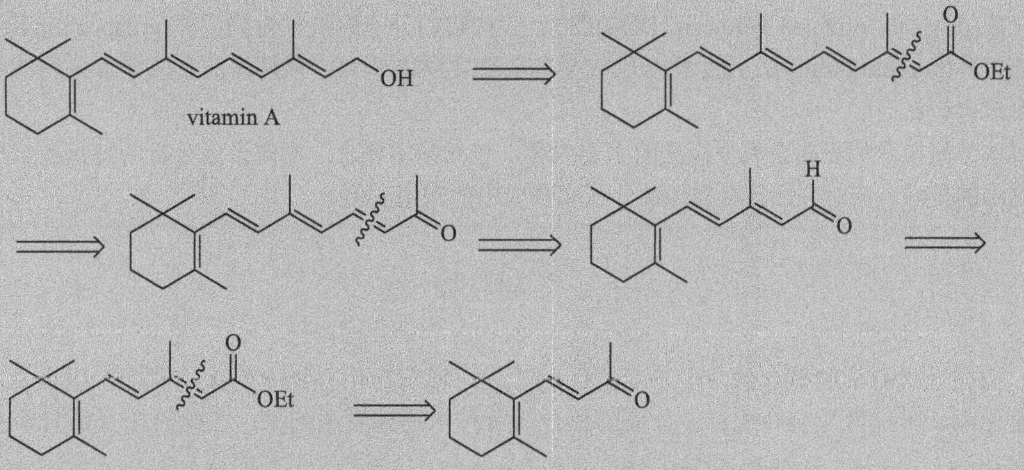

设计合成路线：

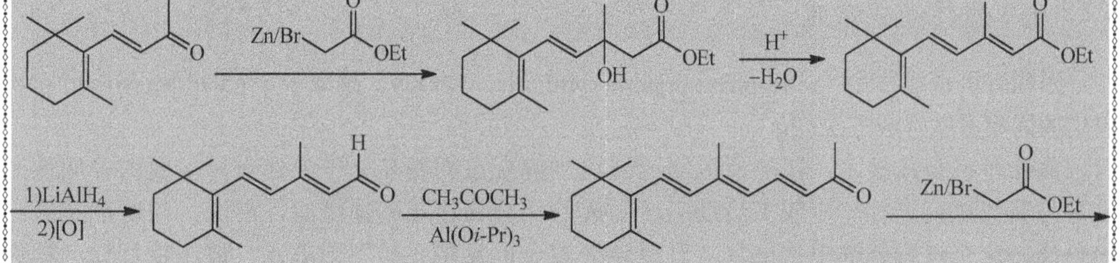

第二节 正向合成分析

1997 年，美国加利福尼亚大学的 M. R. Spaller 等[13]首次提出了在合成中采用正向合成的思想，2004 年，哈佛大学的 M. D. Burke 和 S. L. Schreiber 正式提出了正向合成分析（forward synthetic analysis）的概念[14]。正向合成分析策略的发展，完善了有机合成和药物合成规律，丰富了药物合成的策略，进一步促进了天然产物和药物合成的发展。

20 世纪 80 年代以来，高通量筛选技术、计算机辅助设计及结构生物学飞速发展，为了对天然的或设计的药物先导化合物进行充分的衍生化，更高效率地合成大量目标分子以供活性筛选，组合化学(combinatorial chemistry)概念于 20 世纪 90 年代末应运而生[15]，针对一种特定先导化合物，以组合化学的方法构建系列目标分子库，这种方法称为目标导向合成(target-oriented synthesis，TOS)，构建的组合库称为靶标库（targeted library），用以发现可调控某一生物学过程的候选药物，并进行结构优化和修饰，这类方法在药物研发中广泛应用。靶标库的合成设计采用的是逆向合成分析法。

21 世纪初，化学生物学及基因组学迅速发展，针对某一个先导化合物，只得到一种结构类型的探针分子，满足不了对生物大分子功能研究的需求，因此，Schreiber[16]提出了多样性导向合成(diversity-oriented synthesis，DOS)的概念，构建的分子库被称为预期库(prospecting library)或随机库(random library)，用于化学生物学和药物化学的研究。预期库的合成设计采用的是正向合成分析法。

本节简单介绍正向合成分析法的主要内容，包括基本概念、正向合成分析的特点及合成化合物库的技术，同时介绍该法在活性分子库合成中的应用实例。

一、基 本 概 念

正向合成分析的概念的产生于后基因组时代，随着对化合物库构建的需求，组合合成、组合化学、多样性导向合成、小分子固相合成等技术迅速发展起来，在此简单介绍几个主要概念。

（一）固相有机合成

固相有机合成技术（solid-phase organic synthesis，SPOS），起源于 1963 年 Merrifield 首次提出的固相多肽合成方法[17]。

固相有机合成技术，即把反应物或催化剂键合在固相高分子载体上，生成的中间体产物再与其他试剂进行一步或多步反应，生成的化合物连同载体过滤、淋洗，与试剂及副产物分离，这个过程能够多次重复，可以连接多个重复单元与不同单元，最终将目标产物通过解脱剂从载体上解脱出来。

固相有机合成涉及的主要反应如下：①将反应物键合于高分子载体上；②应用所需的反试剂与键合于高分子载体上的反应物进行反应；③选择适当的试剂将目标产物从树脂裂解下来。其原理如下所示：

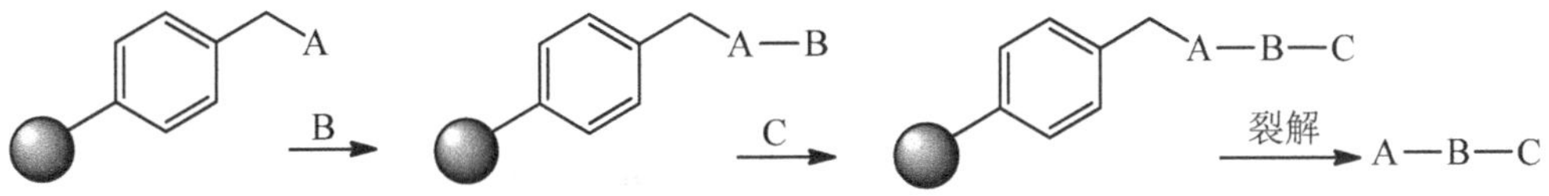

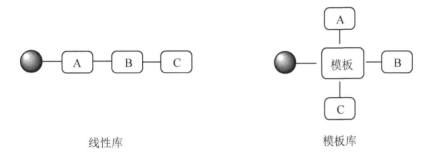

如果用于合成目标分子库，库中的化合物可以直线延长，制得线性库；也可以围绕某一核心结构（模板），在其侧链上变化多个官能团，得到结构多样性的模板库。

线性库　　　　　　　　　　模板库

■（二）目标导向合成

目标导向合成（target-oriented synthesis，TOS）指针对一类特定的目标分子，通常是先导化合物、生物活性分子或天然产物，运用逆向合成分析策略设计合成路线，采用组合合成技术构建结构多样性的目标分子库。构建的化合物库被称为聚焦库(focused library)、靶标库(targeted library)或定向库(directed library)。

聚焦库一般结构明确，因此一般化合物数目不大，从几十到几百个化合物；化合物库纯度要求高；平行组合合成并进行分离纯化。

例如，目标分子是含有烯烃和酮官能团的顺式稠合双环（**76**），可以通过 Oxy-Cope 重排反应来合成。逆向合成分析：**76** 转换为乙烯基和羟基连接到环上同一个碳原子上的桥联双环，进一步转换为含酮官能团的桥联双环酮，然后转换为己二烯和乙烯酮。因此由特定的复杂分子分子逆向转换为简单的合成原料[16]。

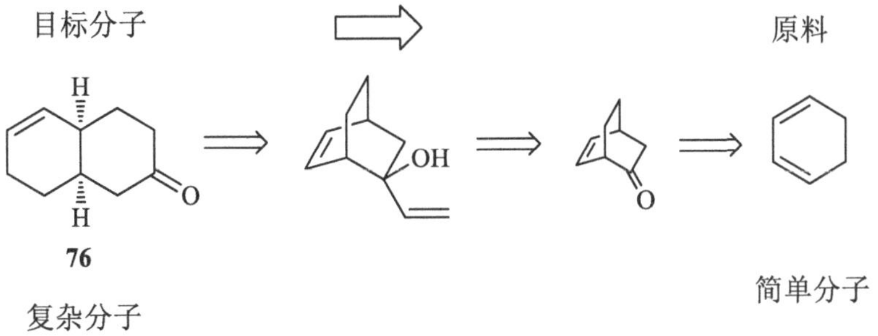

目标分子　　　　　　　　　　　　　　　　　　　原料

76

复杂分子　　　　　　　　　　　　　　　　　　简单分子

例如，目标分子异喹啉骨架（**77**），首先逆向异构化为 **78**，接着逆向 Heck 转换为 **79**，进一步逆向转换为 Ugi-4 反应的四个简单分子单元。由此策略即可构建异喹啉分子库[18]。

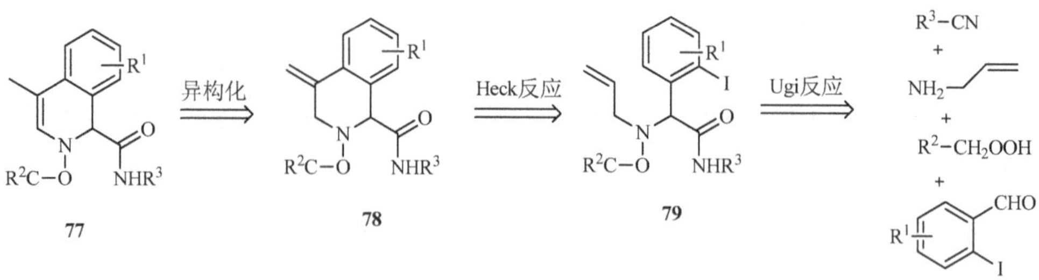

以同样的 Ugi-Heck 策略，可以构建异喹啉酮（**80**）分子库[18]。

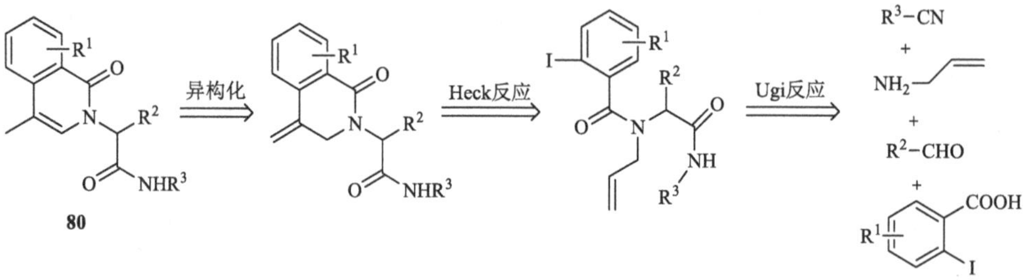

（三）多样性导向合成

多样性导向合成(diversity-oriented synthesis，DOS)指从单一的起始原料出发，通过选择合适的构建单元、立体化学控制因素和分支反应路径，灵活运用产生结构复杂性的反应和构象分析策略，构建具有结构复杂性、结构多样的有机小分子化合物库，以寻找新的生物靶标和探索生物大分子的功能，用于化学生物学和药物发现。由多样性导向合成形成的分子库被称为预期库或随机库。

预期库的目标分子的结构不明确，化合物涵盖尽可能多的多样性，所以化合物库的数目偏大，一般为几百到上千个化合物，通常采用组合化学的技术合成。

多样性导向合成最早的例子如下所示，1882 年 Hantzsch 报道了二氢吡啶类的合成，1893 年 Biginelli 发现了嘧啶酮类的合成方法。两个反应所用的原料几乎都一样，只是反应条件不同导致了新骨架的产生，这两个反应所达到的效果，具备多样性导向合成的特点。虽然当时还没有提出正向合成分析的概念，但这为正向合成分析理念提供了支持依据。由此产生的化合物库通常称为预期库。

Hantzsch 合成方法：

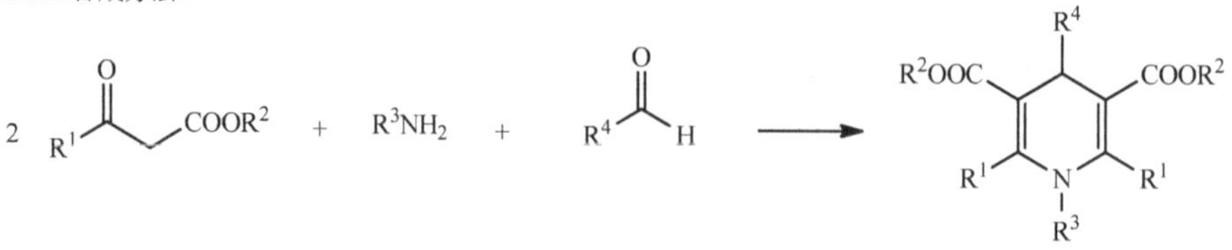

Biginelli 合成方法：

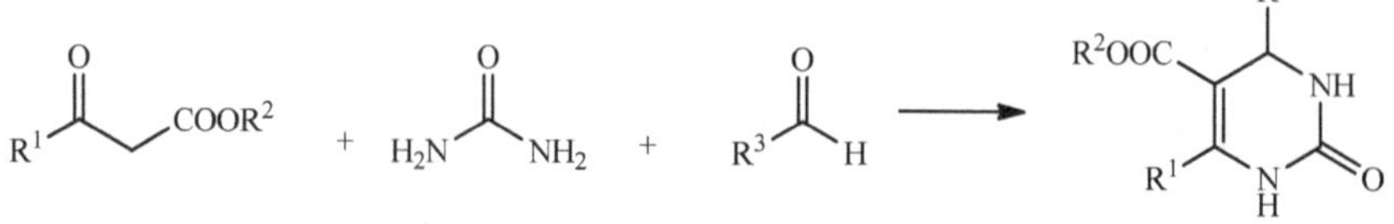

近年，Schreiber 等发展了多样性导向合成的理论，例如，以莽草酸（**81**）为原料，负载到

固相载体,然后与硝基羧酸衍生物缩合,得到四环化合物(**82**),通过多位点官能团(building block)的引入,得到上百万个结构多样性的化合物库,如下所示[18]。

预期库补充了聚焦库的不足,建库目的是发现各种新的潜在先导化合物。由此可见,在多样性导向合成中,由于没有锁定目标分子结构,无法采用逆向合成分析来指导合成路线设计,于是 Schreiber 等提出用 "正向合成分析" 策略指导合成设计。

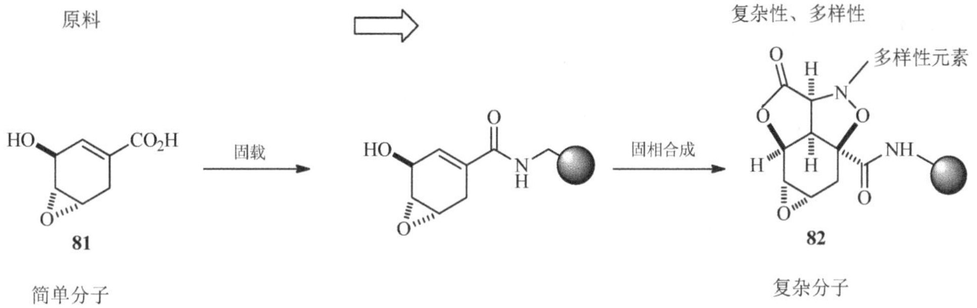

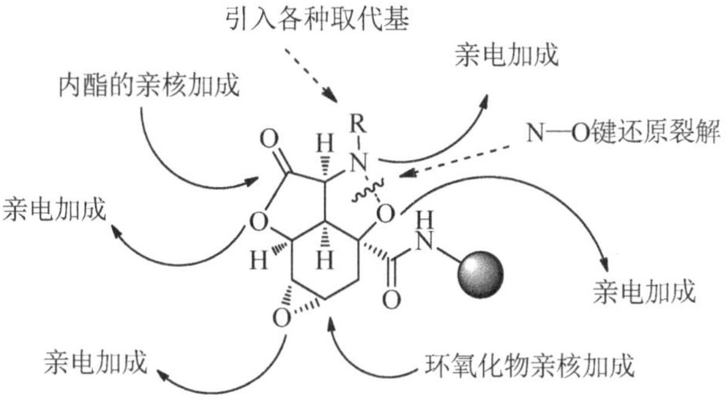

二、正向合成分析的特点

正向合成分析策略是基于多样性导向发展起来的,其核心思想是从起始原料出发,通过选择合适的反应来设计合成路线,从而提高产物的多样性和复杂性[19],最终获得结构复杂多样的化合物库。该策略要求:

1)用最少的反应来构建复杂分子,即在短的合成步骤(3~5 步内)用成环、产生手性中心、形成 C—C 键等手段来实现分子复杂性。

2)用单元多样性(即在骨架上引入不同基团或小分子片段)、立体化学多样性和骨架多样性等方法实现产物的多样性。

不管是"逆向合成分析"策略,还是"正向合成分析"策略,都对药物合成路线设计和合成方法的选择产生了极大的影响,而且已深入到有机合成、生物合成、材料科学等多个研究领域,两种策略之间在合成化学中相辅相成,既存在区别又互为补充,如表 10-4 所示[20]。

表 10-4 正逆向合成分析的比较

项目	逆向合成分析	正向合成分析
药物分子剖析	从复杂到简单的分解	从简单到复杂的构建
分析方向	从目标分子到起始原料	从起始原料到预期分子

续表

项目	逆向合成分析	正向合成分析
合成树类型	直线式、会聚式合成	枝状、发散式合成
分子多样性种类	引入多样性官能团，保持核心结构	创制新结构多样性复杂分子
反应类型	双组分反应为主	尽可能应用多组分反应
建立组合库的类型	聚焦库	预期库
合成目的	先导化合物的结构修饰与优化	发现新的潜在先导化合物
合成导向性类别	用于目标分子导向合成	用于多样性导向合成

（一）提高产物复杂性

在多样性导向合成中，提高产物结构的复杂性是一种获得化合物库的有效方法。在药物研发过程中筛选化合物库时，结构复杂的分子骨架往往在药理活性和选择性方面有优势。

为了提高产物库的复杂性，在利用正向合成设计合成路线时，尽可能使用一些产生复杂性的反应，尤其是能够快速成环、产生手性中心、形成碳-碳键的反应，如多组分反应、环加成反应、过渡金属催化的碳-碳键形成等反应。同时尽可能使上一步的产物可以直接促进下一步产物复杂性的产生，且尽量避免官能团的保护和脱保护的步骤，这样可以用较短的反应步骤来构建结构较复杂的化合物库。

例如，Schreiber 等[21]使用 Ugi 反应、分子内的 Diels-Alder 反应、烯烃复分解反应三个复杂性的反应合成了一种[7-5-5-7]多环的分子骨架（88）。

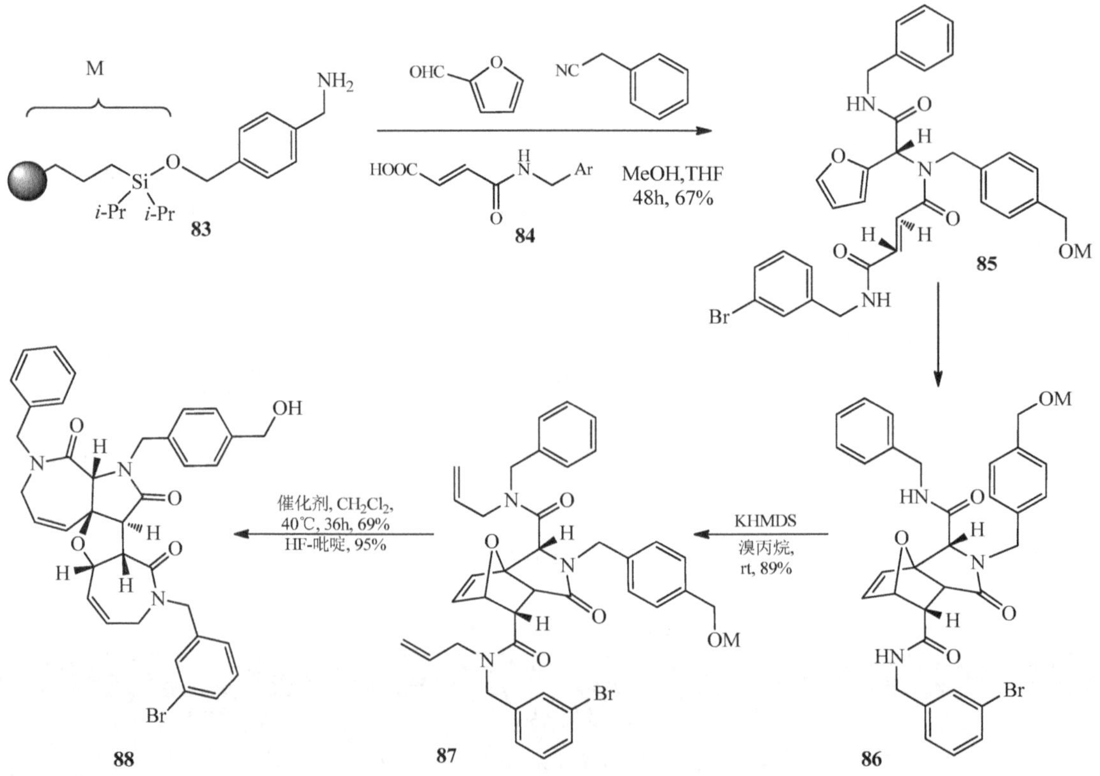

（二）提高产物多样性

多样性导向合成中，一方面需要提高产物的复杂性，此外提高产物多样性也同样重要，主要方法有提高构建单元多样性、提高立体化学多样性和提高分子骨架多样性等。

1. 构建单元多样性（building blocks diversity）

每个分子骨架上都有各种附件，即骨架上引入的不同基团或小分子片段，通俗来讲，就是取代基，提高构建单元多样性是一种提高产物多样性的简便方法，即通过在相同的分子骨架上的不同位置引入不同的构建单元来提高产物的多样性。例如，Schreiber 等[18]将莽草酸固载在树脂珠上，通过环加成反应构建四环分子骨架（**89**），将 30 种不同的末端炔构建单元与分子骨架发生 Sonogashira 偶联（**90**），接着再与 62 种伯胺发生亲核取代反应（**91**），最后与 62 种羧酸缩合偶联（**92**），合成了一个 218 万种化合物的小分子库。合成策略中利用高效的偶联反应，使用混合-裂分固相技术，获得了目标分子库的多样性。

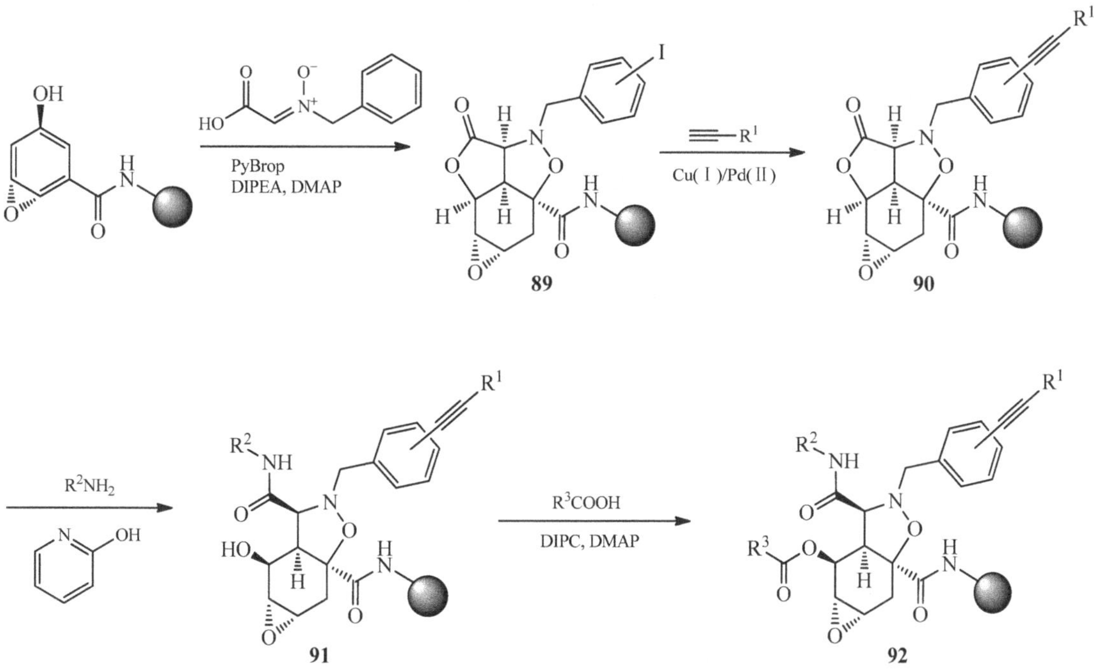

通过构建单元多样性来提高产物多样性，是在同一种分子骨架上的不同位置引入结构不同的构建单元来实现的，但由于骨架反应位点的局限性，构建单元往往类型相似，因此所合成的化合物库尽管在化学结构上具有多样性，但其立体构型与空间结构相差不大，还需考虑立体化学多样性和分子骨架多样性。

2. 立体化学多样性（stereochemical diversity）

目标分子的立体化学多样性，一般采用两种方式实现，一是采用对映选择性或非对映选择性的反应来获得立体化学多样性的分子骨架，如通过不对称环加成、不对称 Aldol 等反应，在形成碳-碳键构建分子骨架的同时，产生不同的立体构型；二是采用立体构型不同的构建单元来构建立体化学多样性的分子骨架。例如，Schreiber 等[22]通过不对称催化对映选择性合成，从而实现立体化学的多样性。

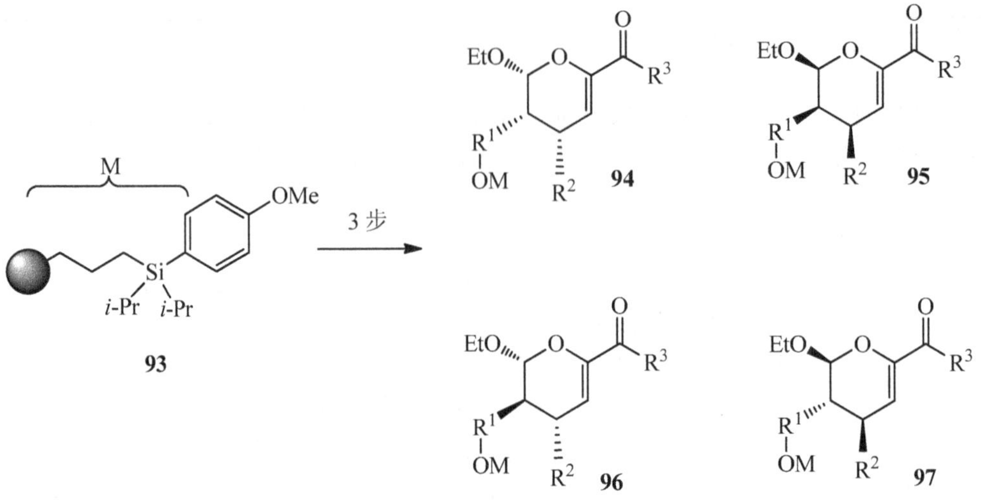

3. 分子骨架多样性（molecular skeletal diversity）

目标分子的骨架多样性，一是利用底物不同的反应性，与不同试剂进行反应获得多样性的分子骨架；二是在同一分子骨架上，可以引入不同的构建单元生成不同的化合物，如果这些化合物能够在相同的条件下转化为各种新的分子骨架，那么就可以产生分子骨架多样性，这个分子骨架信息元素被称为 σ 元素（σ element），在分子骨架多样性的构建中将不同的 σ 元素混合使用，有助于进一步提高分子骨架多样性。在此基础上同时提高构建单元多样性和立体化学多样性，可以使构建的化合物库的多样性更加丰富[23]。

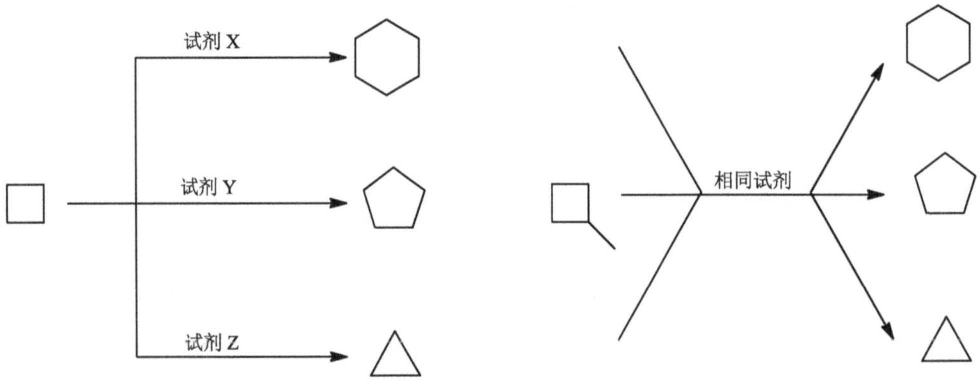

Schreiber 等[24]利用第一种方法，即利用同一底物，与不同试剂反应，获得了多样性的分子骨架。首先得到 40 种固载在 macrobead 上的 Fallis 型三烯（**101**），再与多种二取代、三取代或四取代的环状亲二烯体发生 Diels-Alder 反应，得到了一个含 29400 种多环化合物的分子库，其中包含 10 种不同的分子骨架。

三、正向合成分析的实例

1992 年，Ellman 等[25]首次将固相有机合成技术引入到非肽类有机小分子的合成，实现了苯并二氮䓬酮类小分子化合物库的构建，开创了小分子固相合成研究的先河。1, 4-苯二氮䓬类是具有抗焦虑、镇静催眠、抗惊厥多种作用的药物分子。基于正向合成分析的方法，该小分子库的

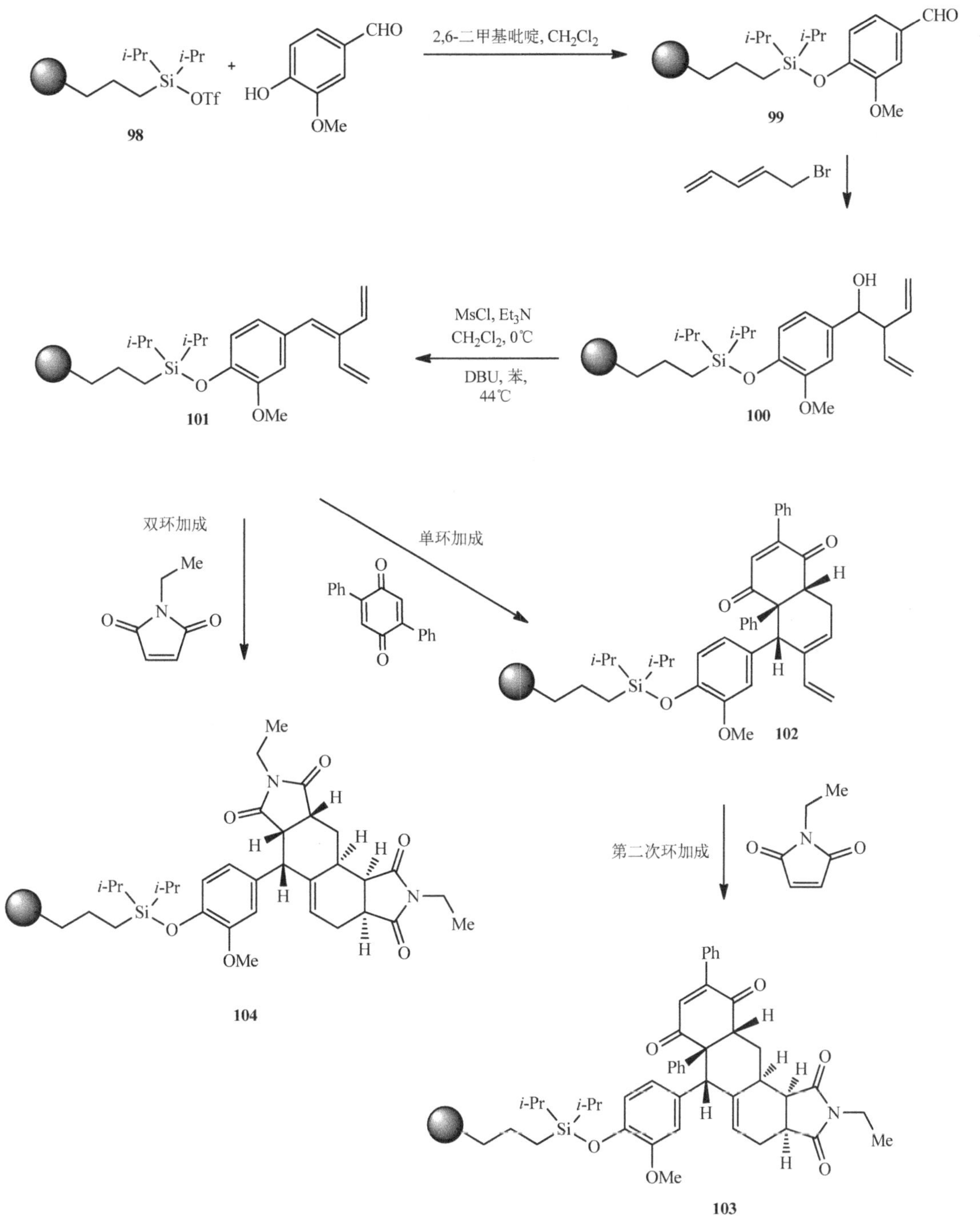

合成经过三个步骤：①首先将 2-氨基-二苯甲酮衍生物（**105**）通过羟基或羧基连接在固相树脂；
②通过五步化学转化完成苯并二氮䓬酮骨架的构建（**110**），其中肽键形成反应具有挑战性，
在使用常规的偶联试剂不能发生反应的情况下，作者尝试使用较为特殊的酰氟解决了这一难
题；③使用酸性条件脱去树脂，得到目标产物库，通过这种方法，该研究组首先合成了 192 个化
合物，并从中发现了胆囊收缩素 A 受体（cholecystokinin A receptor)抑制剂。随后该课题组合成了
一个更大的化合物库（1680 个），从中又筛选出一些具有其他重要生物活性（如酪氨酸激酶抑制
剂）的先导化合物。该化合物库构建单元包括酰胺、羧酸、胺、酚和吲哚等各种官能团。

105 106 (107) 108 109 110 111

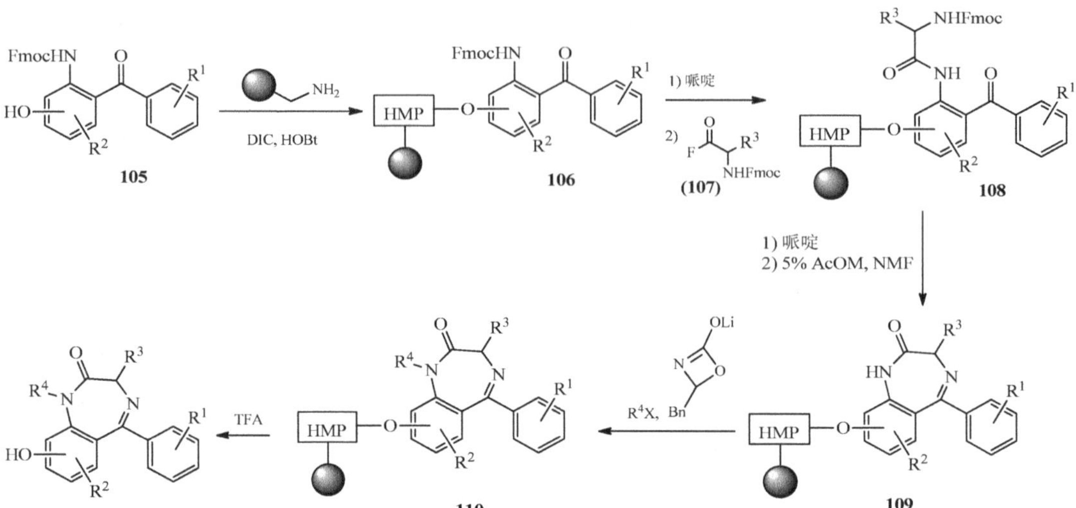

2001 年，Pelish 等[26]利用正向合成分析的思想，构建了天然产物雪花莲胺（galanthamine）分子库，雪花莲胺具有抗乙酰胆碱酯酶活性。利用正向合成策略，首先制备得到硅醚树脂，经还原氨化及官能团保护得到 **112**，结合仿生合成方法，在 $PhI(OAc)_2$ 催化下环合及金属催化脱保护基团后，构筑了雪花莲胺分子的对映异构核心骨架（**113**），随后对其进行了多样性衍生，在 4 个部位分别发生：Mitsunobu 反应、共轭加成反应、乙酰化反应、亚胺形成反应，最终构建了由 2527 个化合物（**114**）组成的化合物库。尽管雪花莲胺是一种对分泌途径没有影响的天然产物，但以多样性导向合成且结合表型筛选，发现了一种阻断高尔基体功能的活性分子，这种分子可作为探索蛋白质转运的探针试剂。通过多样性导向合成策略发现新功能活性分子，对用于研究细胞生物学的小分子有着重要意义。

112 113 114

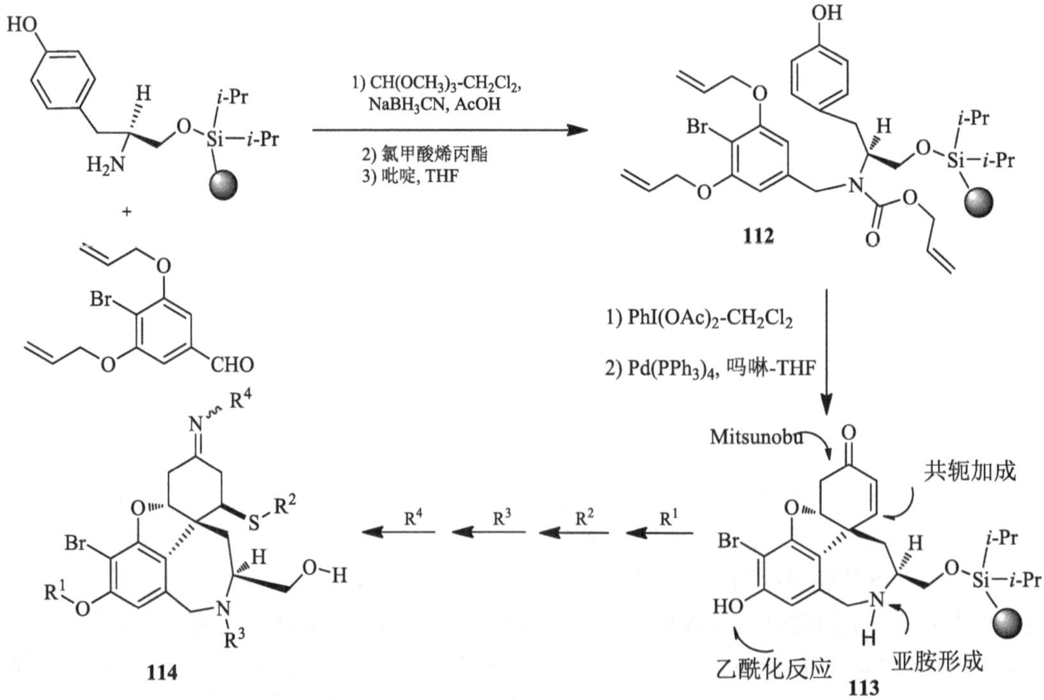

案例 10-5

　　知识介绍：组合化学与组合合成

【问题】什么是组合化学合成技术？

【案例分析】

　　组合化学（combinatorial chemistry）是一门将化学合成、组合理论、计算机辅助设计结合为一体的技术。它根据组合原理在短时间内将不同构建模块（building block）以共价键系统地、反复地进行连接，从而产生大批的分子多样性群体，形成化合物库（compound library）；然后，运用组合原理，以巧妙的手段对化合物库进行筛选、优化，得到可能的有目标性能的化合物结构。组合化学广泛应用于药物研发领域。

　　组合化学是一种快速获得大量化合物的合成技术，是应高通量筛选技术的需要而产生的。它与传统合成有显著的不同，传统合成方法每次只合成一个化合物，组合化学可以快速获得大量化合物。

　　组合化学起源于固相多肽合成，自20世纪80年代起多种固相多肽库的合成技术迅速发展，Geysen 于1984年提出多中心合成法[27]；Houghton 于1985年建立"茶叶袋"法[28]；1988年 Furka 首先提出了混合裂分法（split-pool synthesis）[29, 30]，并于1991被 Lam 应用且又发展了"一珠一化合物"法[31]，只需经过很少的几步化学步骤就能合成数目巨大的多肽库，1991年"组合化学"这一术语被正式使用，组合化学因此而诞生，并给传统的有机合成技术带来了革命性的变化，是有机合成化学史上的又一次革命，被称为"21世纪的化学合成"。

　　组合化学最初应用到新药研发领域，现在已经扩展到有机、无机、生物及材料等领域。

　　组合合成是指在化合物库的合成过程中，至少有一步反应的试管（或者操作）数目少于所得到的化合物的数目。例如，同步完成几个反应，但实现一次性纯化。通常所说的平行合成即是组合合成；可以应用固相合成技术，也可以应用液相合成技术。

　　组合合成和组合化学既有联系，也有区别，组合合成库强调完成合成化学库的步骤，适合于小规模化合物库的构建，可用于多模型筛选目的。

　　组合化学库强调利用组合合成的原理，在短时间内合成大规模具有结构多样性的化合物库，同时必须考虑后期的生物学研究，从化合物库中识别（筛选）并鉴定活性分子，一般包括合成-筛选（识别）-解析结构等组合步骤。主要应用固相合成技术。

　　例如，下图是混合-裂分法制备化合物库的示意图：

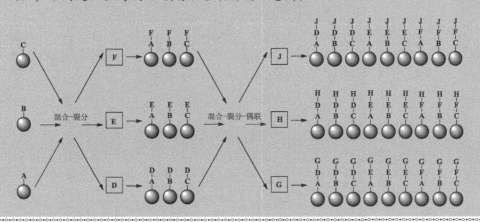

案例 10-6

2,2-二甲基苯并吡喃结构广泛存在于多种生物活性天然产物中。据报道，2,2-二甲基苯并吡喃衍生物具有舒张平滑肌、抗菌、抗肿瘤、抗缺氧诱导因子和抑制新血管生成等多种生物活性。由于其良好的活性和相对简单的结构，可作为结构修饰及筛选抗肿瘤药物的先导化合物，因此，对 2,2-二甲基苯并吡喃衍生物的研究日益受到人们的关注。如下是 2,2-二甲基苯并吡喃的结构。

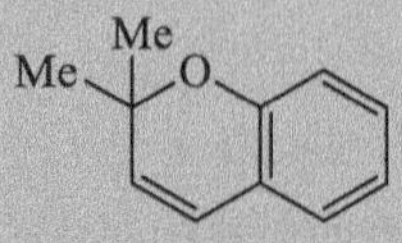

【问题】

如何通过正向合成分析，对 2,2-二甲基苯并吡喃类骨架进行多样性构建，形成多样性化合物库？

【案例分析】

要得到 2,2-二甲基苯并吡喃结构化合物库，可以通过固相合成技术实现。例如，首先可以将聚苯乙烯树脂官能团，得到溴化硒树脂（selenium-functionalized resin），然后将邻异戊烯苯酚与溴化硒树脂反应固载，一步反应环合即可得到树脂固载的 2,2-二甲基苯并吡喃核心骨架，该方法使得吡喃环的改造比较方便，同时保证了苯环进一步衍生时不受电子效应影响。Nicolaou 等[32,33]基于此方法，通过正向合成分析，一方面，改变邻异戊烯苯酚中苯环的 4 个取代基（$R^1 \sim R^4$），制备得到多种取代的邻异戊烯苯酚原料，提高构建单元的多样性，另一方面，利用官能团转化，将母核骨架上引入新的官能团，由此策略形成了一个由 10000 个分子组成的含 2,2-二甲基苯并吡喃骨架的天然产物衍生物分子库，设计策略如下所示：

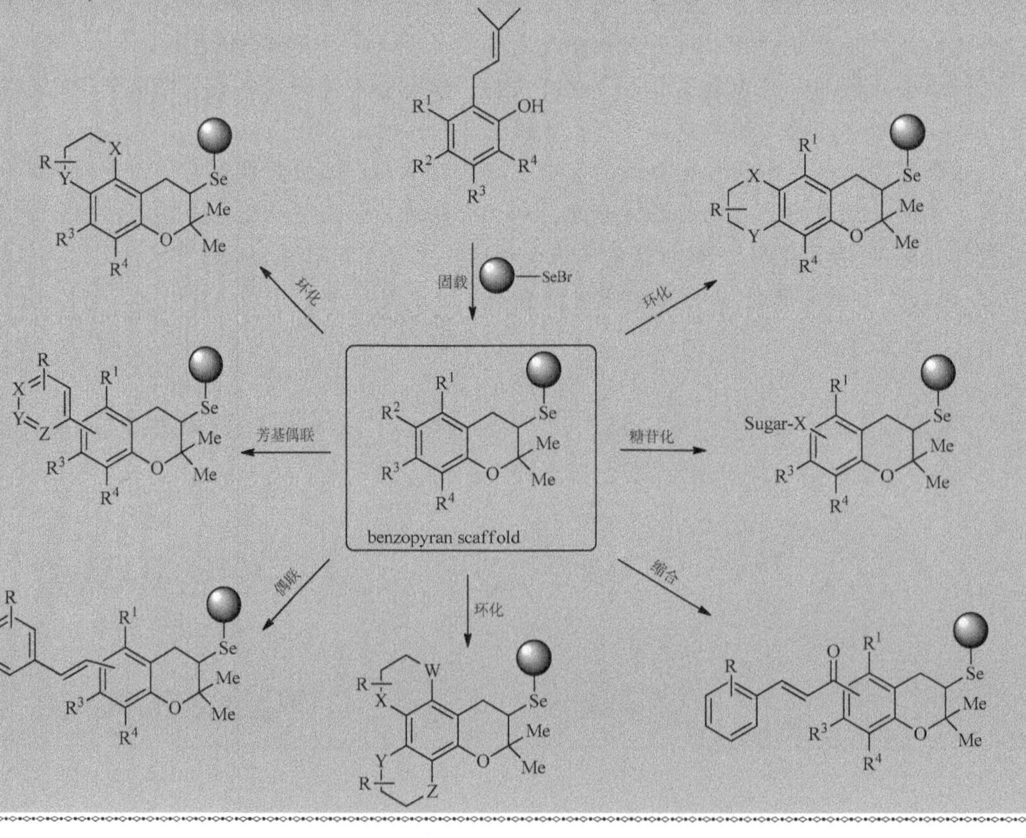

天然产物查尔酮骨架衍生物合成路线如下所示：首先合成得到固相负载的羰基取代的2,2-二甲基苯并吡喃，接着与芳香醛缩合，得到查尔酮，氧化裂解后，从树脂上切割获得多取代查尔酮衍生物。

其后的活性筛选获得了多个结果：发现了泛醌氧化还原酶（NADH）抑制剂并优化了其活性；另外，用报告基因测试（reporter gene assay）方法进行筛选和随后的SAR研究，得到了多个潜在的FXR（farnesoid X receptor）激动剂。

参 考 文 献

[1] Corey E J. General methods for the construction of complex molecules. Pure Appl Chem，1967，14（1）：19-38.

[2] Corey E J，Cheng X M. The Logic of Chemical Synthesis. New York：John Wiley & Sons，1989.

[3] Nicolaou K C，Sorensen E J，Winssinger N. The art and science of organic and natural products synthesis. J Chem Ed，1998，75（10）：1225-1258.

[4] 闻韧. 药物合成反应. 2 版. 北京：化学工业出版社，2003：429-455.

[5] Fuhrhop J H，Li G T. Organic Synthesis Concepts and Methods. 3 版. 张书圣，温永红，李英，等，译. 北京：化学工业出版社，2006：360-363.

[6] 邢其毅，裴伟伟，徐瑞秋，等.基础有机化学. 4 版. 北京：北京大学出版社，2017：1164-1170.

[7] 巨勇，席婵娟，赵国辉. 有机合成化学与路线设计. 2 版. 北京：清华大学出版社，2007：32-35，83-103.

[8] Zhu Y P，Fei Z，Liu M C，et al. Direct one-pot synthesis of luotonin F and analogues via rational logical design. Org Lett，2013，15（2）：378-381.

[9] Wani M C，Taylor H L，Wall M E，et al. Plant antitumor agents. VI. The isolation and structure of taxol，a novel antileukemic and antitumor agent from *Taxus brevifolia*. J Am Chem Soc，1986，88（16）：2325.

[10] Holton R A，Somoza C，Kim H B，et al. First total synthesis of taxol. 1. Functionalization of the B ring. J Am Chem Soc，1994，116（4）：1597-1598.

[11] Holton R A，Kim H B，Somoza C，et al. First total synthesis of taxol. 2. Completion of the C and D rings. J Am Chem Soc，1994，116（4）：1599-1600.

[12] Nicolaou K C，Yang Z，Liu J J，et al. Total synthesis of taxol. Nature，1994，367（6464）：630-634.

[13] Spaller M R，Burger M T，Fardis M，et al. Synthetic strategies in combinatorial chemistry. Curr Opin Chem Biol，1997，1（1）：47-53.

[14] Burke M D，Schreiber S L. A Planning strategy for diversity-oriented synthesis. Angew Chem Int Ed Engl，2004，43（1）：46-58.

[15] Maclean D，Baldwin J J，Ivanov V T，et al. Glossary of terms used in combinatorial chemistry（technical report）. Pure Appl Chem，1999，71（12）：2349-2365.

[16] Schreiber S L. Target-oriented and diversity-oriented organic synthesis in drug discovery. Science ，2000，287（5460）：1964-1969.

[17] Merrifield R B. Solid phase synthesis. Science，1986，232（4748）：341-347.

[18] Tan D S，Foley M A，Shair M D，et al. Stereoselective synthesis of over two million compounds having structural features both reminiscent of natural products and compatible with miniaturized cell-based assays. J Am Chem Soc，1998，120（33）：8565-8566.

[19] 吴毓林，麻生明，戴立信. 现代有机化学合成进展. 北京：化学工业出版社，2005：271-275.

[20] 张健，张启虹，王晓晨，等. 药物合成策略的近期发展. 药学进展，2008，32（10）：433-440.

[21] Lee D，Sello J K，Schreiber S L. Pairwise use of complexity-generating reactions in diversity-oriented organic synthesis. Org Lett，2000，2（5）：709-712.

[22] Stavenger R A, Schreiber S L. Asymmetric catalysis in diversity-oriented organic synthesis: enantioselective synthesis of 4320 encoded and spatially segregated dihydropyrancarboxamides. Angew Chem Int Ed Engl, 2000, 40 (18): 3417-3421.

[23] Burke M D, Berger E M, Schreiber S L. A synthesis strategy yielding skeletally diverse small molecules combinatorially. J Am Chem Soc, 2004, 126 (43): 14095-14104.

[24] Kwon O, Park S B, Schreiber S L. Skeletal diversity via a branched pathway: efficient synthesis of 29400 discrete, polycyclic compounds and their arraying into stock solutions. J Am Chem Soc, 2002, 124 (45): 13402-13404.

[25] Bunin B A, Ellman J A. A General and expedient method for the sotid-phase synthesis of 1, 4-benzodiazepine derivatives. J Am Chem Soc, 1992, 114:10998-10999.

[26] Pelish H E, Westwood N J, Feng Y, et al. Use of biomimetic diversity-oriented synthesis to discover galanthamine-like molecules with biological properties beyond those of the natural product. J Am Chem Soc, 2001, 123 (27): 6740-6741.

[27] Geysen H M, Meloen R H, Barteling S J.Use of peptide synthesis to probe viral for epitopes to a resolution of a single amino acid. Proc Natl Acad Sci USA, 1984, 81:3998-4002.

[28] Houghten R A.General method for the rapid solid-phase synthesis of large numbers ntides:Specificity of antigen-antibody interaction at the level of individual amino cids. Proc Natl Acad Sci USA, 1985, 82:5131-5135.

[29] Furla A, Sebestyen F, Asgedom M, et al. Abstr.14th Int.Congr.Biochem.Prague, Czechoslovakia, 1988, 5: 47.

[30] Furka A, Sebestyen F, Asgedom M, et al.General method for rapid synthesis of multi-component peptide mixtures.Int J Peptide Protein Res, 1991, 37: 487-493.

[31] Lam K S, Salmon S E, Hersh E M, et al. A new type of synthetic peptide libraryor identifying ligand-binding activity. Nature, 1991, 354: 82-84.

[32] Nicolaou K C, Pfefferkorn J A, Cao G Q. Selenium-based solid-phase synthesis of benzopyrans Ⅰ: applications to combinatorial synthesis of natural products. Angew Chem Int Ed Engl, 2000, 112 (4): 750-755.

[33] Nicolaou K C, Cao G Q, Pfefferkorn J A. Selenium-based solid-phase synthesis of benzopyrans Ⅱ: applications to combinatorial synthesis of medicinally relevant small organic molecules. Angew Chem Int Ed Engl, 2000, 112 (4): 755-759.

附录一 全书英文缩略语列表

Ac	acetyl	乙酰基
Ac₂O	acetic anhydride	乙酸酐
AcOF	acyl hypofluoric anhydride	酰基次氟酸酐
Ac-TMH	3-acetyl-1, 5, 5-trimethylhydantoin	3-乙酰-1, 5, 5-三甲基乙内酰脲
AIBN	2, 2'-azobis(2-methylpropionitrile)	2, 2'-偶氮二异丁腈
Ar	aryl,heteroaryl	芳基、杂芳基
BINAP	2, 2'-bis(diphenylphosphino)-1, 1'-binaphthalene	1, 1'-联萘-2, 2'-二苯膦
Bn	benzyl	苄基
Boc	*t*-butyloxy carbonyl	叔丁氧羰基
BOM	benzyloxymethyl	苄氧基甲基
BOP-Cl	bis(2-oxo-3-oxazolidinyl)phosphinic chloride	二（2-氧-3-噁唑烷基）次磷酰氯
BPO	dibenzoyl peroxide	过氧苯甲酰
Bu	buty	丁基
Bz	benzoyl	苯甲酰基
CAN	ceric ammonium nitrate	硝酸铈铵
CAS	camphorsulfonic acid	樟脑磺酸
Cat	catalyst	催化剂
Cbz	benzyloxycarbonyl	苄氧羰基
CDI	*N*, *N'*-carbonyldiimidazole	*N*, *N'*-羰基二咪唑
COD	1, 5-cyclooctadiene	1, 5-环辛二烯
Con	antithetical connection	逆向连接
DABCO	1, 4-diazabicyclo[2.2.2]octane,triethylenediamine	三乙烯二胺
Dba	dibenzylideneacetone	二亚苄基丙酮
DBAD	di-*tert*-butyl azodicarboxylate	偶氮二甲酸二叔丁酯
DBDMH	1, 3-dibromo-5, 5-dimethyl-2, 4-imidazoline dione	1, 3-二溴-5, 5-二甲基-2, 4-咪唑啉二酮
DBU	1, 5-diazabicyclo[5, 4, 0]undecen-5-ene	1, 5-二氮杂二环[5, 4, 0]-5-十一烯
DCC	dicyclohexyl carbodiimide	二环己基碳二亚胺
DCDMH	1, 3-dichloro-5, 5-dimethylhydantoin	1, 3-二氯-5, 5-二甲基-2, 4-咪唑啉二酮

DCM	dichloromethane	二氯甲烷
DCU	1, 3-dicyclohexylurea	1, 3-二环己基脲
DDQ	2, 3-dichloro-5, 6-dicyanobenzoquinone	2, 3-二氯-5, 6-二氰对苯醌
DEAD	diethyl azodicarboxylate	偶氮二羧酸二乙酯
dec	decyl	癸基
DECP	diethyl cyanophosphonate	氰代磷酸二乙酯
DEG	diethylene glycol	二乙二醇
DET	diethyl tartrate	酒石酸二乙酯
DHP	3, 4-dihydro-2*H*-pyran	3, 4-二氢吡喃
DIAD	diisopropyl azodicarboxylate	偶氮二甲酸二异丙酯
DIBAL-H	diisobutyl aluminium hydride	二异丁基氢化铝
DIC	*N, N'*-diisopropylcarbodiimide	*N, N*-二异丙基碳二亚胺
DIOP	(4*S*, 5*S*)-(+)-4, 5-bis(diphenylphosphinomethyl)-2, 2-dimethyl-1, 3-dioxolane	异丙烯-2, 3-二羟-1, 4-双二丙基膦丁烷
DIPAMP	1, 2-bis[(2-methoxyphenyl)(phenyl)phosphino]ethane	双[(2-甲氧基苯基)苯基磷]乙烷
DIPEA	*N, N*-diisopropyl ethylamine	*N, N*-二异丙基乙胺
dis	antithetical disconnection	逆向切断
DMA	*N, N*-dimethylacetamide	*N, N*-二甲基乙酰胺
DMAP	4-dimethylaminopyridine	4-二甲氨基吡啶
DMDO	dimethyldioxirane	二甲基过氧化酮
DME	dimethoxyethane	二甲醚
DMEDA	*N, N'*-dimethylethylenediamine	*N, N'*-二甲基乙二胺
DMF	*N, N*-dimethylformamide	*N, N*-二甲基甲酰胺
DMP	Dess-Martin periodinane	Dess-Martin 试剂
DMSO	dimethyl sulfoxide	二甲亚砜
DOS	diversity-oriented synthesis	多样性导向合成
DPPA	diphenyl azidophosphate	叠氮磷酸二苯酯
DPP-Cl	diphenylphosphinyl chloride	二苯基次磷酰氯
DPPF	1, 1'-bis(diphenylphosphino)ferrocene	1, 1'-双(二苯基膦)二茂铁
E2	bimolecular elimination reaction	双分子消除反应
EA	ethyl acetate	乙酸乙酯
EDC	1-(3-dimethylaminopropyl)-3-ethylcarbodiimide hydrochloride	1-(3-二甲氨基丙基)-3-乙基碳二亚胺盐酸盐
Et	ethyl	乙基
FGA	functional group addition	官能团引入
FGI	functional group interconversion	官能团互变
FGR	functional group removal	官能团消除

h	hour(s)	小时
HATU	*O*-(7-azabenzotriazol-1-yl)-*N*, *N*, *N'*, *N'*-tetramethyluronium hexafluorophosphate	*O*-(7-氮杂苯并三唑-1-基)-*N*, *N*, *N'*, *N'*-四甲基脲六氟磷酸盐
HDAC	histone deacetylase	组蛋白去乙酰酶
HMDS	1, 1, 1, 3, 3, 3-hexamethyldisilazane	六甲基二硅氮烷
HMPA	hexamethylphosphoric triamide	六甲基磷酰三胺
i-	*iso*-	异-
IBX	2-iodoxybenzoic acid	2-碘酰基苯甲酸
IPAC	isopropyl acetate	乙酸异丙酯
L	ligand	配体
LDA	lithium diisopropylamide	二异丙基氨基锂
LiHDMS	lithium bis(trimethylsilyl)amide	二(三甲基硅基)氨基锂
LTA	lead tetraacetate	乙酸铅
m-	*meta*-	间-
m-CPBA	*m*-chloroperbenzoic acid	间氯过氧苯甲酸
Me	methyl	甲基
MEM	2-methoxyethoxymethyl	2-甲氧基乙氧基甲基
Mol	mole	摩尔（量）
MOM	methoxymethyl	甲氧基甲基
MPTA	thiodimethyl phosphoryl azide	硫代二甲基磷酰基叠氮
Ms	sulfonyl group	磺酰基
MS	molecular sieve	分子筛
MTBE	methyl *tert*-butyl ether	甲基叔丁基醚
MTC	medullary thyroid carcinoma	甲状腺髓样癌
MTO	methylrhenium(Ⅶ) trioxide	甲基三氧化铼
n-	normal	正-
NBA	*N*-bromoacetamide	*N*-溴代乙酰胺
NBS	*N*-bromosuccinimide	*N*-溴代丁二酰亚胺
n-BuLi	*n*-butyl lithium	正丁基锂
NCA	*N*-chloroacetamide	*N*-氯代乙酰胺
NCS	*N*-chlorosuccinimide	*N*-氯代丁二酰亚胺
NFSI	*N*-fluorobenzenesulfonimide	*N*-氟苯磺酰亚胺
NMO	4-methylmorpholine *N*-oxide	4-甲基吗啉-*N*-氧化物
NMP	*N*-methyl-2-pyrrolidinone	*N*-甲基吡咯烷酮
Nu	nucleophilic group	亲核基团

o-	*ortho-*	邻-
p-	*para-*	对-
PCC	pyridinium chlorochromate	氯铬酸吡啶鎓盐
PDC	pyridinium dichromate	重铬酸吡啶鎓盐
Ph	phenyl	苯基
Piv	pivaloyl	新戊酰基
pK_a	acid dissociation constant	酸的解离常数
PMB	*p*-methoxybenzyl	对甲氧基苄基
PPA	polyphosphoric acid	多聚磷酸
PPTS	pyridinium 4-toluenesulfonate	对甲苯磺酸吡啶盐
PPY	4-pyrrolidinopyridine	4-吡咯烷基吡啶
Pr	propyl	丙基
PTC	phase-transfer catalyst	相转移催化剂
PTT	3-pivaloyl-1, 3-thiazolidine-2-thione	3-特戊酰基-1, 3-噻唑烷-2-硫酮
Py	pyridine	吡啶
R	alkyl，etc	烷基等
rearr	antithetical rearrangement	逆向重排
rt	room temperature	室温
s-	*sec-*	仲-
SEAr	aromatic electrophilic substitution	亲电芳基取代
SET	single electron transfer	单电子转移
S_N1	unimolecular nucleophilic substitution	单分子亲核取代反应
S_N2	bimolecular nucleoplilic substitution	双分子亲核取代反应
s-Phos	dicyclohexyl(2′, 6′-dimethoxy[1, 1′- biphenyl]-2-yl) phosphine	2-双环己基膦-2′, 6′-二甲氧基-1, 1′-二联苯
SPOS	solid-phase organic synthesis	固相有机合成
t-	*tert-*	叔-
TBAB	tetrabutylammonium bromide	四丁基溴化铵
TBAF	tetrabutylammonium fluoride	四丁基氟化胺
TBAHS	tetrabutylammonium hydrosulfate	四丁基硫酸氢铵
TBAI	tetrabutylammonium iodide	四丁基碘化铵
TBDPS	*t*-butyldiphenylsilyl	叔丁基二苯基硅烷基
TBS	*t*-butyldimethylsilyl	叔丁基二甲基硅烷基
TBTU	*O*-(benzotriazol-1-yl)-*N*, *N*, *N*′, *N*′-tetramethyluronium tetrafluoroborate	*O*-苯并三氮唑-*N*, *N*, *N*′, *N*′-四甲基脲四氟硼酸盐
TDS	*t*-butyldimethylsilyl	叔丁基二甲基硅基

TEA	triethylamine	三乙胺
TEG	triethylene glycol	三甘醇
TES	triethylsilyl	三乙基硅基
Tf	trifluoromethanesulfonyl,triflyl	三氟甲磺酰基
TFA	trifluoroacetic acid	三氟乙酸
TFAA	trifluoroacetic acid anhydride	三氟乙酸酐
THF	tetrahydrofuran	四氢呋喃
THP	tetrahydropyran	四氢吡喃
TIPS	triisopropylsilyl	三异丙基硅基
TMS	trimethylsilyl	三甲基硅基
TMSCl	trimethyl chlorosilane	三甲基氯硅烷
TNTU	2-(endo-5-norbornene-2, 3-dicarboxylimide)-1, 1, 3, 3-tetramethyluroniumtetrafluoroborate	2-(5-降冰片烯-2, 3-二甲酰亚胺基)-1, 1, 3, 3-四甲基脲四氟硼酸季铵盐
Tol	toluene	甲苯
TPS	t-butyldimethylsilyl	叔丁基二甲基硅基
Tr	trityl	三苯甲基
Ts	p-toluenesulfonyl	对甲苯磺酰基
TsCl	p-toluenesulfonyl chloride	对甲苯磺酰氯
TsOH	p-toluenesulfonic acid	对甲苯磺酸
TSTU	N, N, N', N'-Tetramethyl-O-(N-succinimidyl)uronium tetrafluoroborate	N, N, N', N'-四甲基-O-(N-琥珀酰亚胺)脲四氟硼酸盐
UHP	urea hydrogen peroxide	过氧化尿素
Xantphos	4, 5-bis(diphenylphosphino)-9, 9-dimethylxanthene	4, 5-双二苯基膦-9, 9-二甲基氧杂蒽

附录二 全书人名反应及药物名称索引

A

阿巴卡韦	abacavir	259
阿的平	mepacrine	21
阿尔维林	alverine	65
阿伐斯汀	acrivastine	73
阿夫唑嗪	alfuzosin	94
阿戈美拉汀	agomelatine	126
阿拉普利	alacepril	94
阿立哌唑	aripiprazole	12
阿利吉仑	aliskiren	67
阿利沙坦酯	allisartan isoproxil	190
阿霉素	adriamycin	206
阿米洛利	amiloride	84, 92
阿莫达非尼	armodafinil	221
阿哌沙班	apixaban	59
阿奇沙坦	azilsartan	166
阿奇霉素	azithromycin	163
阿司咪唑	astemizole	249
阿糖胞苷	cytarabine	272, 273, 278
阿托伐他汀	atorvastatin	20, 319
阿托品	atropine	133
阿瓦醌	avarone	218
阿维 A 酯	etretinate	103
阿西替尼	axitinib	31
埃格列净	ertugliflozin	225
艾地苯醌	idebenone	100, 218
艾地骨化醇	eldecalcitol	148
艾尔巴韦	elbasvir	71
艾法韦仑	efavirenz	128
艾氟康唑	efinaconazole	129
艾拉莫德	iguratimod	232, 318
艾乐替尼	alectinib	56
艾沙康唑	isavuconazonium	71

安立生坦	ambrisentan	146
氨来占诺	amlexanox	177
胺碘酮	amiodarone	241
奥达特罗	olodaterol	60
奥拉西坦	oxiracetam	107
奥美拉唑	esomeprazole	220, 221, 224
奥司他韦	oseltamivir	286
奥西那林	orciprenaline	205, 225
Aldol 缩合		116
Arndt-Eistert 反应		160

B

斑鸠菊苦素	*dl*-vernolepin	46
斑鸠菊门苦素	*dl*-vernomenin	46
保泰松	phenylbutazone	96
贝达喹啉	bedaquiline	142
贝美前列素	bimatoprost	245
贝那普利	benazepril	262
贝那替嗪	benactyzine	124
倍他洛尔	betaxolol	8, 264
苯巴比妥	phenobarbital	130
苯丁酸氮芥	chlorambucil	99
苯噁洛芬	benoxaprofen	258
苯海拉明	diphenhydramine	17
苯妥英钠	phenytoin sodium	110, 112, 124, 160
苯溴马隆	benzbromarone	99
吡喹酮	praziquantel	173
吡仑帕奈	perampanel	57
吡嗪酰胺	pyrazinamide	86, 173
苄普地尔	bepridil	22
表阿霉素	epirubicin	206
丙辛吲哚	iprindole	184

泊那替尼	ponatinib	33
布雷菲德菌素 A	brefeldin A	82
布林佐胺	brinzolamide	59, 188
布洛芬	ibuprofen	128, 173, 180
布洛芬愈创木酚酯	ibuprofen guaiacol ester	87
布新洛尔	bucindolol	133
Baeyer-Villiger 氧化		199-202
Baeyer-Villiger 重排		169-171
Bamberger 重排		170, 171
Beckmann 重排		162, 163
Birch 反应		236
Boyland-Sims 氧化		217, 219
Buchwald-Hartwig 反应		27

C

雌二醇	estradiol	89
Cannizzaro 反应		119
Claisen-Schmidt 反应		119
Claisen 重排		181, 182
Claisen 酯缩合反应		129
Clemmensen 反应		238
Collins 氧化		188, 189
Cope 重排		182
Criegee 氧化		196, 197
Curtius 重排		165

D

达格列净	dapagliflozin	243
达沙布韦	dasabuvir	56
胆酸	cholic acid	141
地布酸钠	sodium dibunate	34
地拉普利	delapril	295
丁卡因	tetracaine	81
丁螺环酮	buspirone	21
杜鹃素	farrerol	101
杜塞酰胺	dorzolamide	256
度冷丁	dolantin	331
度他雄胺	dutasteride	214

多萘哌齐	donepezil	159
多塞平	doxepin	100
Dakin 氧化		199, 200, 202
Darzens 反应		145, 146
Davis 氮氧杂环丙烷氧化		205
Délépine 反应		20
Demyanov 重排		156
Dess-Martin 氧化		193
Dieckmann 反应		106
Diels-Alder 反应		147, 148

E

恩他卡朋	entacapone	70
恩替卡韦	entecavir	128, 193, 208
Elbs 过硫酸盐氧化		217
Eschweiler-Clarke 反应		25, 251
Étard 反应		203

F

番茄红素	lycopene	230
非洛地平	felodipine	144
非那沙星	finafloxacin	55
非诺多泮	fenoldopam	44
芬太尼	fentanyl	131
氟伐他汀	fluvastatin	103
氟灭酸	flufenamic acid	27
氟哌啶醇	haloperidol	22
福莫特罗	formoterol	251
富马酸贝达喹啉	bedaquiline fumarate	194, 209, 215
Favorskii 重排		172, 173
Finkelstein 反应		72
Fischer 吲哚合成法		183-185
Friedel-Crafts 反应		33, 34, 98-100
Friedel-Crafts 烃化反应		33, 34
Friedel-Crafts 酰化反应		98-100
Fries 重排反应		177, 178

G

| 睾酮 | testosterone | 120 |

格列美脲　glimepiride　166
格氏反应　126-128
更昔洛韦　ganciclovir　278
胍乙啶　guanethidine　159
光黄素　lumiflavin　223, 224
Gabriel 反应　19
Gattermann 反应　102
Gattermann-Koch 反应　102
Gattermann-Schmidt 反应　102

甲磺酸洛美他派　lomitapide mesylate　263
甲磺酸萘莫司他　nafamostat mesylate　88
甲基多巴　methyldopa　13, 109
甲氰菊酯　fenpropathrin　157
甲氧西林　methicillin　94
Jones 氧化　188
5-甲基尿嘧啶　thymine　274
18-甲基三烯炔诺酮　18-methylnorgestrienone　288

H

琥珀酸普卡必利　prucalopride　63
海南粗榧内酯　hainanolide　237
汉黄芩素　wogonin　217
环丙贝特　ciprofibrate　169
环丙沙星　ciprofloxacin　73, 159
黄体酮　progesterone　191
磺胺多辛　sulfadoxine　107
磺胺甲氧吡嗪　sulfamethoxypyridazine　8
Heck 反应　30, 31
Hell-Volhard-Zelinsky 反应　62
Hinsberg 反应　29
Hoesch 反应　100, 101
Hofmann 消除反应　176
Hofmann 重排反应　164, 165
Horner-Wittig 反应　141
Huisgen 环加成反应　149
Hunsdiecke 反应　71, 72

J

吉非贝齐　gemfibrozil　12, 48
吉非替尼　gefitinib　26
吉格列汀　gemigliptin　131
己烯雌酚　stilbestrol　229
加巴喷丁　gabapentin　163, 316
加兰他敏　galantamine　204
甲琥胺　methsuximide　145
甲磺酸艾日布林　eribulin mesylate　197
甲磺酸加贝酯　gabexate mesilate　88

K

卡博替尼　cabozantinib　74
卡托普利　captopril　95
坎地沙坦　candesartan　70
莰烯　camphene　157
可卡因　cocaine　86, 150
Knoevenagel 缩合反应　143, 144
Kochi 反应　72
Kornblum 氧化　224, 226

L

L-薄荷醇　L-menthol　80
拉呋替丁　lafutidine　19
拉诺康唑　lanoconazole　51
兰索拉唑　lasoprazole　220, 221
雷迪帕韦　ledipasvir　54, 56, 68
雷美替胺　ramelteon　215
雷米普利　ramipril　105
利伐沙班　rivaroxaban　65
利凡斯的明　rivastigmine　67
利福平　rifampicin　167
利美尼定　rilmenidine　107
利尼法尼　linifanib　73
利尿酸　ethacrvnic acid　134
利培酮　risperidone　307
利匹韦林　rilpivirine　69, 317
利托君　ritodrine　178
利托那韦　ritonavir　66
利扎曲坦　rizatriptan　56

联苯乙酸	felbinac	102
邻乙氧基苯甲酰胺	ethenzamide	12
磷苯妥英钠	fosphenytoin disodium	66
柳胺酚	osalmide	171
卤仿反应		59
卢非酰胺	rufinamide	150
卤内酯化反应		46
芦卡帕尼	rucaparib	57
鲁比前列酮	lubiprostone	189
鲁索替尼	ruxolitinib	57, 140
罗氟司特	roflumilast	56
罗格列酮	rosiglitazone	8
罗米地辛	romidepsin	199
洛贝林	(一)-lobeline	239
洛哌丁胺	loperamide	107
洛匹那韦	lopinavir	66
洛索洛芬	loxoprofen	289
洛索洛芬钠	loxoprofen sodium	180
骆驼宁生物碱	luotonin	326
氯贝丁酯	clofibrate	171
氯丙那林	clorprenaline	106
氯卡色林	lorcaserin	67
氯雷他定	loratadine	249
氯霉素	chloramphenicol	20, 247
氯普唑仑	loprazolam	100
氯维地平	clevidipine	144
L-多巴胺	L-dopamine	233
Leuckart 反应		23
Leuckart-Wallach 反应		251
Losson 重排		168

M

马来酸曲美布汀	trimebutine maleate	138
马来酸茚达特罗	indacaterol maleate	243
吗啡	morphine	87
美卡拉明	mecamylamine	97
咪喹莫特	imiquimod	52
米非司酮	mifepristone	49
米诺膦酸	minodronic acid	61, 133, 142

莫达非尼	modafinil	79
莫哌达醇	mopidamol	258
莫沙必利	mosapride	55
Malaprade 氧化		196
Mannich 反应		132
Meerwein-Ponndorf-Verley 反应		246
Michael 加成反应		138
Mitsunobu 醚化反应		15
Mukaiyama 反应		118

N

那格列奈	nateglinide	235
奈多罗米钠	nedocromil sodium	182
奈韦拉平	nevirapine	164
萘普生	naproxen	180
尼美舒利	nimesulide	16
拟除虫菊酯	pyrethroids	182
柠檬酸	citric acid	160
(S)-萘普生	(S)-naproxen	233

O

欧芹籽油	oxetanocin	161
Oppenauer 氧化		190, 191

P

帕比司他	panobinostat	53
帕珠沙星	pazufloxacin	164
哌拉西林	piperacillin	92
培美曲塞	pemetrexed	60
喷托维林	pentoxyverin	36
喷昔洛韦	penciclovir	283
匹伐他汀	pitavastatin	45
扑热息痛	paracetamol	171
普拉格雷	prasugrel	129
普拉洛尔	practolol	171
普拉曲沙	pralatrexate	120
普罗布考	probucol	265
普萘洛尔	propranolol	22
普尼拉明	prenvlamine	254

普瑞巴林　　　　pregabalin　　　　　164
Perkin 反应　　　　　　　　　　　144
Pfitzner-Moffatt 氧化　　　　　192, 193
Pictet-Spengler 反应　　　　　　　134
Pinacol 重排　　　　　　　　　　158
Pinnick 氧化　　　　　198, 199, 202
Prévost 双羟化　　　　211, 212, 219
Prilezhaev 氧化　　　　　　206, 207
Prins 反应　　　　　　　　　　　121
Pummerer 重排　　　　　　　　　192
α-蒎烯　　　　　α-pinene　　　　　157

Q

齐多夫定　　　　zidovudine　　　　284
前列腺素　　　　prostaglandin　　　82
羟胺唑头孢菌素　　cefatrizine　　　150
羟孕酮　　　　hydroxyprogesterone　83
荞麦碱　　　　　fagomine　　　　　264
青霉素　　　　　penicillin　　　　　295
秋水仙碱　　　　colchicine　　　　157
曲吡那敏　　　　tripelennamine　　　29
曲格列汀　　　　trelagliptin　　　　54
曲美布汀　　　　trimebutine　　　　25
去甲基文拉法辛　Desmethylvenlafaxine　270
群多普利　　　　trandolapril　　　293

R

瑞舒伐他汀钙　rosuvastatin calcium　222
Reformatsky 反应　　　　　　　　124
Reimer-Tiemann 反应　　　　　　103
Riley 氧化　　　　　　　　　204, 205
Robinson 环化反应　　　　　　　120
Rosenmund 反应　　　　　　　　256

S

噻苯达唑　　　　thiabendazole　　　91
噻氯匹定　　　　ticlopidine　　　　128
三尖杉碱　　　　cephalotaxine　　　174

色氨酸　　　　　tryptophan　　　　184
色瑞替尼　　　　ceritinib　　　　　28
沙格列汀　　　　saxagliptin　　　　192
沙美特罗　　　　salmeterol　　　　11
鲨肝醇　　　　　batyl alcohol　　　10
山梨醇　　　　　sorbitol　　　　　248
舍曲林　　　　　sertraline　　　　　99
舒必利　　　　　sulpiride　　　　　95
双氯芬酸钠　　　diclofenac sodium　95
双香豆素　　　　dicoumarol　　　　108
顺苯磺酸阿曲库铵　cisatracurium besilate
　　　　　　　　　　　　　　　　135
索非布韦　　　　sofosbuvir　69, 210, 279
Sandmeyer 反应　　　　　　　　　73
Sarret 氧化　　　　　　　　　　188
Schmidt 重排　　　　　　　　　　166
Semipinacol 重排　　　　　　　　159
Sharpless 不对称双羟化　212, 213, 219
Sharpless 不对称环氧化　208, 209, 219
Sommelet-Hauser 重排　　　　　175
Sonogashira 反应　　　　　　　　32
Stevens 重排　　　　　　　　　173
Suzuki 反应　　　　　　　　　　34
Swern 氧化　　　　　191, 192, 197

T

他喷他多　　　　tapentadol　　　　129
他司美琼　　　　tasimelteon　　　　213
特比萘酚　　　　terbinafine　　　　158
特拉匹韦　　　　telaprevir　　　　208
特立氟胺　　　　teriflunomide　　　58
替格瑞洛　　　　ticagrelor　144, 211, 300
替加色罗　　　　tegaserod　　　　170
替格瑞洛　　　　ticagrelor　　　　300
酮基布洛芬　　　Ketoprofen　　180, 292
（酮洛芬）
头孢呋辛　　　　cefuroxime　　　　93
头孢哌酮钠　　　cefoperazone sodium　70
托法替尼　　　　tofacitinib　　　　197

托瑞米芬	toremifene	178
妥拉磺脲	tolazamide	95
Tollens 缩合反应		119

U

| Ullmann 反应 | | 16, 27 |

V

| Vilsmeier-Haack 反应 | | 102 |

W

威罗菲尼	vemurafenib	57
维拉帕米	verapamil	36
维拉佐酮	vilazodone	243
维生素 A	vitamin A	333
伪蕨素	kallolide A	179
文拉法辛	venlafaxine	270
沃诺他赞	vonoprazan	59
Wagner-Meerwein 重排		155
Williamson 醚化反应		7
Wittig 反应		139
Wittig 重排		178
Wohl-Zeigler 烯丙基溴化反应		54
Wolff-Kishner-黄鸣龙还原反应		240
Wolff 重排		160
Woodward 双羟化		211, 212, 219
[1, 2]-Wittig 重排		178
[2, 3]-Wittig 重排		178

X

西地那非	sildenafil	131
西洛他唑	cilostazol	169
烯丙苯噻唑	probenazole	183
硝酸布康唑	butoconazole nitrate	66
缬更昔洛韦	valganciclovir	278
辛伐他汀	simvastatin	285
新斯的明	neostigmine	87
溴美喷酯	piperidinium	81
雪花莲胺	galanthamine	342

Y

盐酸丁咯地尔	buflomedil hydrochloride	101
盐酸多佐胺	dorzolamide hydrochloride	248
盐酸芬戈莫德	fingolimod hydrochloride	192, 207
盐酸匹莫苯	pimobendan hydrochloride	134
盐酸四环素	tetracycline hydrochloride	195
盐酸维拉帕米	verapamil hydrochloride	25
盐酸右哌甲酯	dexmethylphenidate hydrochloride	189
伊伐布雷定	ivabradine	259
依度沙班	edoxaban	73
依法韦伦	efavirenz	306
依鲁替尼	ibrutinib	35
依曲韦林	etravirine	57
依索昔康	isoxicam	96
依托咪酯	etomidate	90
依西美坦	exemestane	188
乙胺嘧啶	pyrimethamine	109
乙硫异烟胺	ethionamide	108
乙酰半胱氨酸	acetylcysteine	93
异戊巴比妥	amobarbital	41
抑草丁	flurenol	160
吲哚美辛	indometacin	80, 95
茚地那韦	indinavir	50
鹰爪豆碱	sparteine	323
优降宁	pargyline	21
鱼藤酮	rotenone	111
育亨宾	yohimbine	135

Z

扎鲁司特	zafirlukast	90
扎那米韦	zanamivir	260
樟脑	camphor	157
帚天人菊素 C	fastigilin C	212
珠卡赛辛	zucapsaicin	140
紫杉醇	paclitaxel, taxo	274, 326
左西孟旦	levosimendan	134

左旋多巴　　　levodopa　　　170, 249　　　　佐帕诺尔　　　zoapatanol　　　201

佐米曲普坦　　zolmitriptan　　185

索　引

A

阿的平（mepacrine）　　　　　　　21
阿尔维林（alverine）　　　　　　　65
阿伐斯汀（acrivastine）　　　　　　73
阿夫唑嗪（alfuzosin）　　　　　　　94
阿戈美拉汀（agomelatine）　　　　126
阿卡他定（alcaftadine）　　　　　　190
阿拉普利（alacepril）　　　　　　　94
阿利吉仑（aliskiren）　　　　　　　67
阿利沙坦酯（allisartan isoproxil）　190
阿霉素（adriamycin）　　　　　　　206
阿米洛利（amiloride）　　　　　84, 92
阿莫达非尼（armodafinil）　　　　221
阿哌沙班（apixaban）　　　　　　　59
阿奇霉素（azithromycin）　　　　　163
阿奇沙坦（azilsartan）　　　　　　166
阿托品（atropine）　　　　　　　　133
阿维 A 酯（etretinate）　　　　　　103
阿西替尼（axitinib）　　　　　　　31
埃格列净（ertugliflozin）　　　　　225
艾地苯醌（idebenone）　　　　100, 218
艾地骨化醇（eldecalcitol）　　　　148
艾尔巴韦（elbasvir）　　　　　　　71
艾氟康唑（efinaconazole）　　　　129
艾乐替尼（alectinib）　　　　　　　56
艾沙康唑（isavuconazonium）　　　71
安立生坦（ambrisentan）　　　　　146
安息香缩合　　　　　　　　　111, 123
氨基苯酚　　　　　　　　　　　　170
氨来占诺（amlexanox）　　　　　　177
奥达特罗（olodaterol）　　　　　　60
奥拉西坦（oxiracetam）　　　　　　107
奥美拉唑（omeprazole）　　220, 221, 224

奥司他韦　　　　　　　　　　　　286
奥西那林（orciprenaline）　　205, 225
AD-mixα　　　　　　　　　　　　213
AD-mixβ　　　　　　　　　　　　213
AIBN　　　　　　　　　　　　　　54
Arndt-Eistert 反应　　　　　　　　160

B

斑鸠菊苦素（dl-vernolepin）　　　　46
斑鸠菊门苦素（dl-vernomenin）　　46
半硫缩醛（酮）　　　　　　　　　290
保泰松（phenylbutazone）　　　　　96
贝达喹啉（bedaquiline）　　　　　142
贝那替嗪（benactyzine）　　　　　124
倍他洛尔（betaxolol）　　　　　8, 264
苯巴比妥（phenobarbital）　　　　130
苯丁酸氮芥（chlorambucil）　　　　99
苯海拉明（diphenhydramine）　　　17
苯甲酰基　　　　　　　　　　　　279
苯妥英钠（phenytoin sodium）　110, 112,
　　　　　　　　　　　　　　124, 160
苯溴马隆（benzbromarone）　　　　99
吡喹酮（praziquantel）　　　　　　173
吡仑帕奈（pcrampancl）　　　　　　57
吡嗪酰胺（pyrazinamide）　　　86, 173
苄普地尔（bepridil）　　　　　　　22
表阿霉素（epirubicin）　　　　　　206
丙辛吲哚（iprindole）　　　　　　184
泊那替尼（ponatinib）　　　　　　33
不饱和羧酸的卤内酯化反应　　　　46
布雷菲德菌素 A（brefeldin A）　　82
布林佐胺（brinzolamide）　　　59, 188
布洛芬（ibuprofen）　　　128, 173, 180

布洛芬愈创木酚酯（ibuprofen guaiacol ester） 87

布新洛尔（bucindolol） 133

Baeyer-Villiger 氧化 199-202

Baeyer-Villiger 重排 169-171

Bamberger 重排 170, 171

Beckmann 重排 162, 163

Boyland-Sims 氧化 217, 219

Buchwald-Hartwig 反应 27

C

草酰氯 191, 192

重铬酸吡啶盐（PDC） 187，189

雌二醇（estradiol） 89

CAN 202

Cannizzaro 反应 119

Cl_2O 54

Claisen-Schmidt 反应 119

Claisen 反应 106

Claisen 酯缩合反应 129

Claisen 重排 181, 182

colchicine 157

Collins 试剂 187, 189

Collins 氧化 188, 189

Criegee 氧化 196, 197

CuAAC 反应 150

Curtius 重排 165

D

达沙布韦（dasabuvir） 56

单电子转移过程（SET） 203

胆酸（cholic acid） 141

地布酸钠（sodium dibunate） 34

地拉普利 295

碘酰苯（$PhIO_2$） 193

叠氮化磷酸二苯酯（DPPA） 84

丁卡因（tetracaine） 81

丁螺环酮（buspirone） 21

定向羟醛缩合（directed aldol condensation） 118

杜鹃素（farrerol） 101

度冷丁（dolantin） 331

度他雄胺（dutasteride） 214

对甲苯磺酰乙酯 294

对甲氧基苄基（PMB） 272

对羟基苯乙醇 271

对硝基苯硫乙酯 294

对乙酰氨基酚（paracetamol） 163

多萘哌齐（donepezil） 159

多塞平（doxepin） 100

Dakin 氧化 199, 200, 202

Darzens 反应 145, 146

Davis 氮氧杂环丙烷 202

Davis 氮氧杂环丙烷氧化 205

Davis 试剂 206

Davis 氧化剂 223

Délépine 反应 20

Demyanov 重排 156

Dess-Martin 试剂（DMP） 194

Dess-Martin 氧化 193

Dieckmann 反应 106

Dieckmann 缩合反应 131

Diels-Alder 反应 147, 148

DMSODCC 192, 193

DMSOTFAA 191

DMSO 草酰氯 191

2-碘酰基苯甲酸（IBX） 193

E

恩他卡朋（entacapone） 70

恩替卡韦（entecavir） 128, 193, 208

二苯基次磷酰氯（DPP-Cl） 84

二苯羟乙酸重排 159

二环己基碳二亚胺（DCC） 7, 14, 78

二甲醚（DME） 8, 66

二甲亚砜（DMSO） 2, 191

二氧六环（1,4-dioxane） 66

二乙酸碘苯[$PhI(OAc)_2$] 193

二异丙基氨基锂（LDA） 131, 206

二（2-氧-3-唑烷基）磷酰氯（BOP-Cl） 84

Elbs 过硫酸盐氧化   217

Eschenmoser 盐   132

Eschweiler-Clarke 反应   25, 251

Étard 反应   203

1-(3-二甲氨基丙基)-3-乙基碳二亚胺（EDC）   90

1, 3-二氧戊环   288, 290

2, 2′-二吡啶二硫化物   81

2, 3-二氯-5,6-二氰苯醌（DDQ）   203, 272

4-二甲氨基吡啶（DMAP）   80, 273

1, 3-二氯-5, 5-二甲基-2, 4-咪唑啉二酮（DCDMH）   54

1, 3-二溴-5, 5-二甲基-2, 4-咪唑啉二酮（DBDMH）   54

F

伐哌前列素（vapiprost）   202

芳香醛的 α-羟烷基化反应   123

非洛地平（felodipine）   144

非那沙星（finafloxacin）   55

非诺多泮（fenoldopam）   44

芬太尼（fentanyl）   131

氟伐他汀（fluvastatin）   103

氟灭酸（flufenamic acid）   27

氟内酯   279

氟哌啶醇（haloperidol）   22

富马酸贝达喹啉（bedaquiline fumarate）   194, 209, 215

米非司酮（mifepristone）   49

Fenton 试剂   216

Finkelstein 反应   172

Fischer 吲哚合成法   183-185

Fremy 盐   218, 219

Friedel-Crafts 反应   33, 34, 98-100

Friedel-Crafts 烃化反应   33, 34

Friedel-Crafts 酰化反应   98-100

Fries 重排   177, 178

2-芳磺酰基-3-芳基氮氧杂环丙烷（Davis 试剂）   205

G

高锰酸钾   189, 198

睾酮（testosterone）   120

格列美脲（glimepiride）   166

格列齐特（gliclazide）   20

格氏反应   126-128

铬酰氯（Étard 试剂）   202

根赤壳聚糖二甲醚   291

胍乙啶（guanethidine）   159

光黄素   223, 224

过氧苯甲酰（BPO）   53

Gabriel 反应   19

Gattermann-Koch 反应   102

Gattermann-Schmidt 反应   102

Gattermann 反应   102

H

琥珀酸普卡必利（prucalopride succinate）   63

汉黄芩素（Wogonin）   217

环丙贝特（ciprofibrate）   169

环丙沙星（ciprofloxacin）   73, 159

环加成反应（cycloaddition reaction）   146

环缩醛（酮）   288

黄体酮（progesterone）   191

磺胺多辛（sulfadoxine）   107

磺胺甲氧吡嗪（sulfamethoxypyridazine）   8

磺酰基   304

$H_2O_2CH_3ReO_3$ 223, 225

Heck 反应   31, 32

Hell-Volhard-Zelinsky 反应   62

Hinsberg 反应   29

Hoesch 反应   100, 101

Hofmann 消除反应   176

Hofmann 重排反应   164, 165

Horner-Wittig 反应   141

Horner 反应   141

Huisgen 环加成反应   149

Hunsdiecke 反应　　　　　　71, 72

I

IBX　　　　　　　　193, 194, 195, 197
IBX 氧化　　　　　　　　　　194
IBX-DMSO　　　　　　　　　195

J

吉非贝齐（gemfibrozil）　　　12, 48
吉非替尼（gefitinib）　　　　26
吉格列汀（gemigliptin）　　　131
极性反转（polarity inversion）　109, 318
己烯雌酚（stilbestrol）　　　229
加巴喷丁（gabapentin）　　　163, 316
加兰他敏（galantamine）　　　204
甲琥胺（methsuximide）　　　145
甲磺酸艾日布林（eribulin mesylate）　197
甲磺酸加贝酯（gabexate mesilate）　88
甲磺酸萘莫司他（nafamostat mesilate）　88
甲基多巴（methyldopa）　　　13, 109
甲基三氧化铼（CH$_3$ReO$_3$，MTO）　200
甲硫乙酯　　　　　　　　　294
甲氰菊酯（fenpropathrin）　　157
甲酰化　　　　　　　　　　297
甲氧基甲基（MOM）　　　　275
甲氧西林（methicillin）　　　94
甲状腺髓样癌（MTC）　　　74
酒石酸二乙酯（DET）　　　208
Jacobsen-Katsuki 环氧化　　　219
Jones 试剂　　　　　187, 188, 189
Jones 氧化　　　　　　　　188
18-甲基三烯炔诺酮　　　　　288
2-甲基-2-丁烯　　　　　　198, 199
2-甲氧基乙氧基甲基（MEM）　275
5-甲基尿嘧啶　　　　　　　274

K

卡博替尼（cabozantinib）　　74
卡托普利（captopril）　　　　95

坎地沙坦（candesartan）　　　70
莰烯（camphene）　　　　　157
可卡因（cocaine）　　　　86, 150
KMnO$_4$　　　　　　　　　190
KMnO$_4$NaIO$_4$　　　　　　214
Knoevenagel 缩合反应　　　143, 144
Kochi 反应　　　　　　　　72
Kornblum 氧化　　　　　224, 226

L

拉呋替丁（lafutidine）　　　19
拉诺康唑（lanoconazole）　　51
兰索拉唑（lasoprazole）　　220, 221
雷迪帕韦（ledipasvir）　　54, 56, 68
雷美替胺（ramelteon）　　　215
雷米普利（ramipril）　　　　105
利多卡因（lidocaine）　　　　22
利伐沙班（rivaroxaban）　　　65
利凡斯的明（rivastigmine）　　67
利福平（rifampicin）　　　　167
利美尼定（rilmenidine）　　　107
利尼法尼（linifanib）　　　　73
利尿酸（ethacrvnic acid）　　134
利托君（ritodrine）　　　　178
利托那韦（ritonavir）　　　　66
利扎曲坦（rizatriptan）　　　56
联苯乙酸（felbinac）　　　　102
磷苯妥英钠（fosphenytoin disodium）　66
硫代二甲基磷酰基叠氮（MPTA）　84
硫缩醛（酮）　　　　　　　290
柳胺酚（osalmide）　　　　171
六甲基二硅氮烷（HMDS）　　274
卢非酰胺（rufinamide）　　　150
芦卡帕尼（rucaparib）　　　　57
卤仿反应（haloform reaction）　59
鲁比前列酮（lubiprostone）　　189
鲁索替尼（ruxolitinib）　　57, 140
罗氟司特（roflumilast）　　　56
罗格列酮（rosiglitazone）　　8
罗米地辛（Romidepsin）　　　199

洛哌丁胺（loperamide）　107

洛匹那韦（lopinavir）　66

洛索洛芬（loxoprofen）　289

洛索洛芬钠（loxoprofen sodium）　180

骆驼宁生物碱 luotonin F　326

氯贝丁酯（clofibrate）　171

氯丙那林（clorprenaline）　106

氯代三苯甲烷（TrCl）　273

氯代三甲硅烷　89

氯铬酸吡啶盐（PCC）　187, 189

氯卡色林（lorcaserin）　67

氯霉素（chloramphenicol）　20, 247

氯普唑仑（loprazolam）　100

氯维地平（clevidipine）　144

Laulimalide 不对称环氧化　219

Lemieux-Johnson 氧化　214

Leuckart 反应　23

LiHMDS　142

Losson 重排　168

Lucas 试剂　65

L-薄荷醇（L-menthol）　80

M

吗啡（morphine）　87

美卡拉明（mecamylamine）　97

咪喹莫特（imiquimod）　52

米诺膦酸（minodronic acid）　61, 133, 142

莫达非尼（modafinil）　79

莫沙必利（mosapride citrate）　55

（＋）-myrocin C　219

Malaprade 氧化　196

Mannich 反应　132

Mannich 碱　132

m-CPBA　169

Meerwein-Ponndorf-Verley 反应　246

Michael 加成反应　138

Mitsunobu 醚化反应　15

MnO_2　189, 190, 197, 218

MTO　200

Mukaiyama 反应　118

N

钠-葡萄糖转运蛋白 2 抑制剂（SGLT2）　225

奈多罗米钠（nedocromil sodium）　182

奈韦拉平（nevirapine）　164

萘普生（naproxen）　180

拟除虫菊酯（pyrethroids）　182

柠檬酸（citric acid）　160

1-萘乙酸乙酯　161

N-芳基羟胺　170

N, *N*-二甲基甲酰胺（DMF）　272

N, *N*-二甲基乙酰胺（DMAC）　70

N, *N*-二异丙基碳二亚胺（DIC）　90

N, *N*, *N′*, *N′*-四甲基-*O*-(*N*-琥珀酰亚胺)脲四氟硼酸盐（TSTU）　91

$NaClO_2$　199

$NaClO_2$2-甲基-2-丁烯　198

NaI　56

$NaIO_4$　44, 195, 197, 214, 216, 219, 221

NMO　210

N-氟苯磺酰亚胺（*N*-fluorobenzenesulfonimide, NFSI）　54

N-溴（氯）代丁二酰亚胺（NBS，NCS）　50

N-溴（氯）代乙酰胺（NBA，NCA）　50

O

偶氮二甲酸二乙酯（DEAD）　15, 80

偶氮二异丁腈（AIBN）　54

1, 3-偶极环加成反应
（1, 3-dipolar cycloaddition）　149

2-(5-降冰片烯-2, 3-二甲酰亚胺基)-1, 1, 3, 3-
四甲基脲四氟硼酸季铵盐（TNTU）　91

Oppenauer 氧化　190, 191

OsO_4　210, 211, 214, 219

$OsO_4$$NaIO_4$　214

$OsO_4$$NaIO_4$ 氧化断裂　214

$OsO_4$$O_3$　214

欧芹籽油（oxetanocin）　161

oxone　45, 194, 221, 223

O-(7-氮杂苯并三唑-1-基)-*N*, *N*, *N′*, *N′*-四甲

基脲六氟磷酸盐（HATU） 91

O-苯并三氮唑-*N, N, N', N'*-四甲基脲四氟硼
酸（TBTU） 91

4, 6-*O*-苄叉基葡萄糖 282

P

帕比司他（panobinostat） 53

帕珠沙星（pazufloxacin） 164

哌拉西林（piperacillin） 92

培美曲塞（pemetrexed） 60

喷托维林（pentoxyverin） 36

匹伐他汀（pitavastatin） 45

扑热息痛（paracetamol） 171

普拉格雷（prasugrel） 129

普拉洛尔（practolol） 171

普拉曲沙（pralatrexate） 120

普林斯（Prins）反应 121

普萘洛尔（propranolol） 22

普瑞巴林（pregabalin） 164

Pb(OAc)₄ 196, 202

PCCPDC 189

Perkin 反应 144

Prévost 双羟化 212

Pfitzner-Moffatt 氧化 192, 193

Pictet-Spengler 反应 134

Pinacol 重排 158

Pinnick 氧化 198, 199, 202

PPA 88

Prévost 双羟化 211, 212, 219

Prilezhaev 氧化 206, 207

Prins 反应 121

Pummerer 重排 192

α-蒎烯（*α*-pinene） 157

2-吡啶硫醇酯 81

4-吡咯烷基吡啶（PPY） 80

(±)-pyrenolide B 196

Q

齐多夫定 284

前列腺素（prostaglandin） 82

羟胺唑头孢菌素（cefatrizine） 150

羟孕酮（hydroxyprogesterone） 83

氰代磷酸二乙酯（DECP） 84

曲吡那敏（tripelennamine） 29

曲格列汀（trelagliptin） 54

曲美布汀（trimebutine） 25

取代乙酯衍生物 294

去甲基文拉法辛 270

群多普利 293

R

瑞福马斯基（Reformatsky）反应 124

瑞舒伐他汀钙（rosuvastatin calcium） 222

Reformatsky 反应 124

Reformatsky 试剂 125

Reformatsky 烯醇盐 125

Reimer-Tiemann 反应 103

Riley 氧化 204, 205

Robinson 环化反应 120

RuO₄ 216

S

赤藓糖 281

噻苯达唑（thiabendazole） 91

噻氯匹定（ticlopidine） 128

三苯甲基 273, 284

三氟乙酸酐（TFAA） 162, 191

三尖杉碱（cephalotaxine） 174

三氯苯甲酰氯 84

三氯乙酯 294

三烃基硅烷基三氟甲磺酸（R₃SiOTf）
274

三烃基氯硅烷（R₃SiCl） 274

三乙烯二胺（DABCO） 210

三氧化硫-吡啶 191

色氨酸（tryptophan） 184

色瑞替尼（ceritinib） 28

鲨肝醇（batylalcohol） 10

舍曲林（sertraline） 99

视黄醇（retinol） 333

叔丁基　　271
叔丁基二甲基硅（TBS）　　274
叔丁氧羰基（Boc）　　97, 189, 275
舒必利（sulpiride）　　95
双 1, 4-二叔丁基-2-咪唑二硫化物　　81
双-1-甲基-2-咪唑二硫化物　　81
双氯芬酸钠（diclofenac sodium）　　95
双三甲基硅基氨基锂（LHMDS）　　131
双香豆素（dicoumarol）　　108
双乙烯酮　　85
四丁基氟化铵　　275
四氢吡喃（THP）　　276
四乙酸铅（LTA）　　72
四异丙氧基钛-酒石酸二乙酯　　208
速率控制步骤（rds）　　188
羧酸-1-苯并三唑酯　　82
羧酸-2-吡啶酯　　82
羧酸二甲硫基烯醇酯　　82
羧酸三硝基苯酯　　82
羧酸异丙烯酯　　82
索非布韦（sofosbuvir）　　69, 210, 279
Sandmeyer 反应　　73
Sarret 试剂　　187, 188, 189
Sarret 氧化　　188
Schmidt 重排　　166
Semipinacol 重排　　159
SeO$_2$　　204, 205
Sharpless 不对称环氧化　　208, 209, 219
Sharpless 不对称双羟化　　212, 213, 219
S$_N$2　　225
Sommelet-Hauser 重排　　175
Sonogashira 反应　　32
Stevens 重排　　173
Stille 反应　　31
Strecker 反应　　136
Swern 氧化　　191, 192, 197
2, 4, 6-三甲基苯甲酸酯　　86

T

他喷他多（tapentadol）　　129

他司美琼（tasimelteon）　　213
碳负离子中间体（benzoyl anion equivalent）　　123
羰基的烯化反应（Wittig 反应）　　139
羰基二咪唑（CDI）　　87
特比萘酚（terbinafine）　　158
特拉匹韦（telaprevir）　　208
特立氟胺（teriflunomide）　　58
替格瑞洛（ticagrelor）　　144, 211, 300
替格瑞洛（ticagrelor）　　300
替加色罗（tegaserod）　　170
酮基布洛芬（ketoprofen）　　180, 292
头孢呋辛（cefuroxim）　　93
头孢哌酮钠（cefoperazone sodium）　　70
托法替尼（tofacitinib）　　197
托瑞米芬（toremifene）　　178
妥拉磺脲（tolazamide）　　95
TBHP　　208, 209, 210, 219
TMSCl　　118
Tollens 缩合反应　　119
TsCl　　68
β-羰烷基化反应（Michael 反应）　　138
3-特戊酰基-1, 3-噻唑烷-2-硫酮（PTT）　　87

U

UHP　　200, 208
Ullmann 反应　　16, 27

V

Vilsmeier-Haack 反应　　102
Vilsmeier-Haack 试剂　　67

W

威罗菲尼（vemurafenib）　　57
维拉帕米（verapamil）　　36
维生素 A（vitamin A）　　333
伪蕨素（kallolide A）　　179
文拉法辛　　270
沃诺他赞（vonoprazan）　　59
Wagner-Meerwein 重排　　155

Williamson 醚化反应　　　　　　　7

Wittig 反应　　　　　　　　　　139

Wittig 试剂　　　　　　　　　　141

Wittig 重排　　　　　　　　　　178

Wohl-Zeigler 烯丙基溴化反应　　54

Wolff 重排　　　　　　　　　　160

Woodward 双羟化　211, 212, 219

[1,2]-Wittig 重排　　　　　　　178

[2,3]-Wittig 重排　　　　　　　178

X

西洛他唑（cilostazol）　　　　169

烯丙苯噻唑（probenazole）　　183

喜巴辛（himbacine）　　　　　202

酰基次氟酸酐（AcOF）　55

酰基咪唑　86, 87

香草醛（vanillin）　　　　　　104

硝酸布康唑（butoconazole nitrate）　66

硝酸铈铵（CAN）　　　　　　202

辛伐他汀　　　　　　　　　　285

新斯的明（neostigmine）　　　87

溴美喷酯（piperidinium）　　　81

3-酰基-2-硫噻唑啉　　　　　　96

Y

亚碘酰苯[PhIO]　　　　　　　193

亚硝基过硫酸钾　　　　　　　218

盐酸丁咯地尔（buflomedil hydrochloride）

　　　　　　　　　　　　　101

盐酸芬戈莫德（fingolimod hydrochloride）

　　　　　　　　　　192, 207

盐酸匹莫苯（pimobendan hydrochloride）

　　　　　　　　　　　　　134

盐酸沙格列汀（saxagliptin hydrochloride）

　　　　　　　　　　　　　192

盐酸四环素（tetracycline hydrochloride）

　　　　　　　　　　　　　195

盐酸维拉帕米（verapamil hydrochloride）25

盐酸右哌甲酯

（dexmethylphenidate hydrochloride）　189

盐酸依那朵林（enadoline hydrochloride）

　　　　　　　　　　　　　289

依度沙班（edoxaban）　　　　73

依法韦伦　　　　　　　　　　306

依鲁替尼（ibrutinib）　　　　35

依曲韦林（etravirine）　　　　57

依索昔康（isoxicam）　　　　96

依托咪酯（etomidate）　　　　90

依西美坦（exemestane）　　　188

乙胺嘧啶（pyrimethamine）　109

乙二醇双三甲基硅醚　　　　　289

乙硫异烟胺（ethionamide）　　108

乙酸异丙烯酯　　　　　　　　84

乙烯酮　　　　　　　　　　　84

乙酰半胱氨酸（acetylcysteine）　93

异亚丙基（丙酮叉、异丙叉）　280

异丙叉缩酮　　　　　　　　　283

异丙醇铝　　　　　　　　　　191

异戊巴比妥（amobarbital）　　41

吲哚美辛（indometacin）　80, 95

优降宁（pargyline）　　　　　21

鱼藤酮（rotenone）　　　　　111

育亨宾（yohimbine）　　　　　135

1-乙氧基乙基（EE）　　　　　275

3-乙酰-1,5,5-三甲基乙内酰脲（Ac-TMH）　88

Z

杂 Diels-Alder 反应　　　　　148

扎鲁司特（zafirlukast）　　　　90

樟脑（camphor）　　　　　　157

帚天人菊素 C（fastigilin C）　212

珠卡赛辛（zucapsaicin）　　　140

紫杉醇（paclitaxel，taxol）185, 326

组蛋白去乙酰酶（HDAC）　　53

左西孟旦（levosimendan）　　134

左旋多巴（levodopa）　170, 249

左旋多巴衍生物　　　　　　　200

佐米曲普坦（zolmitriptan）　185

佐帕诺尔（zoapatanol）　　　201

Zoapatle　　　　　　　　　201